합격률 및 시험 일정 안내

2024년 합격률 알아보기

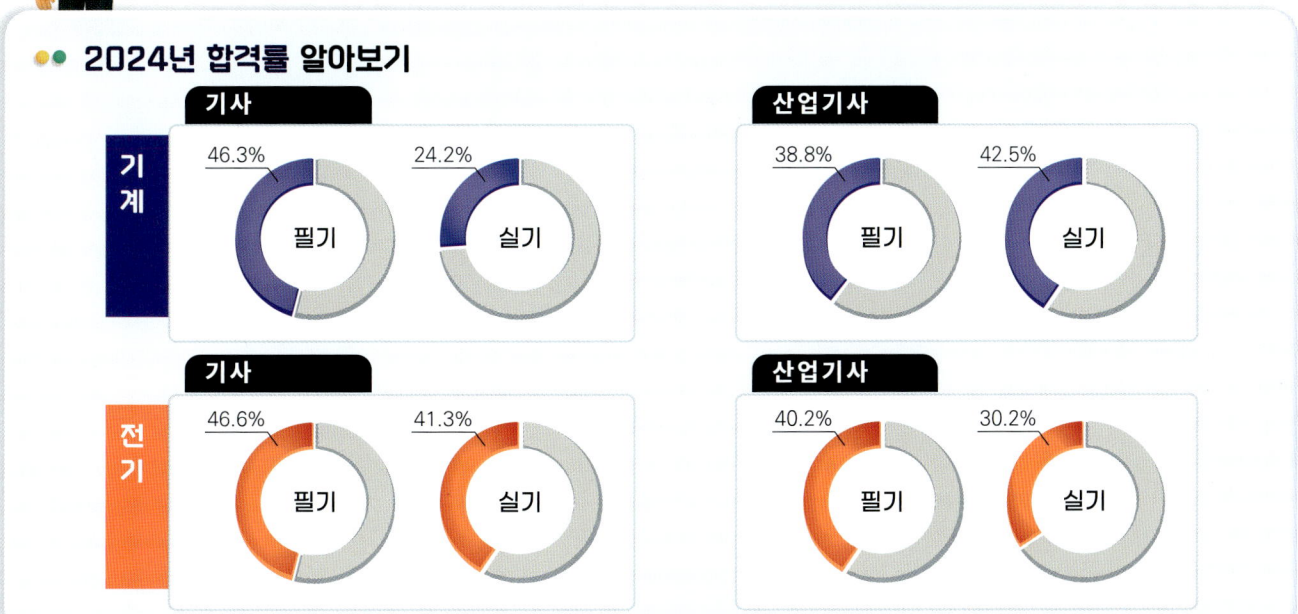

2026년 시험일정 예상하기

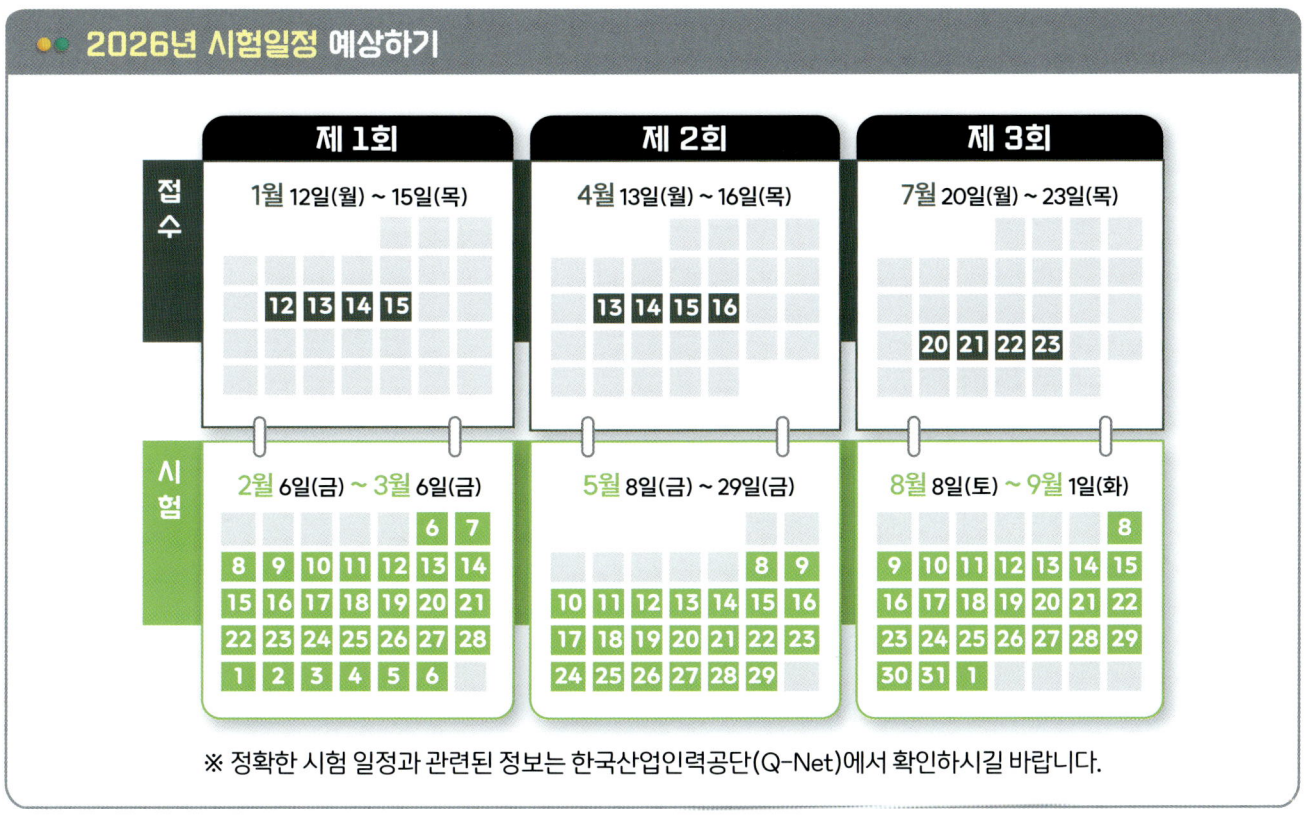

※ 정확한 시험 일정과 관련된 정보는 한국산업인력공단(Q-Net)에서 확인하시길 바랍니다.

합격으로 입증할 오직 초격차만의 가치

3회독 시스템 — **1회독**

단계별 학습

목표 설정 및 전체적인 내용 이해

2026년 대비 최신출제경향 분석

2026년 시험 대비를 위해 최신출제경향을 분석하고 과목별 7개년 출제경향을 완벽 분석하였습니다.

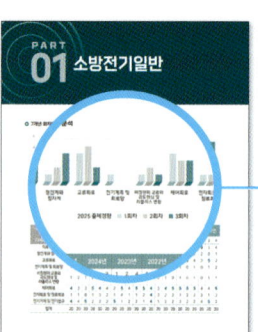

학습 목표와 단원별 마인드맵

단원의 전체 내용을 한눈에 파악할 수 있습니다.

심화 학습 및 문제 적용

핵심 포인트로 초압축

표나 그림으로 표현한 핵심사항들을 쉽고 정확하게 이해할 수 있습니다.

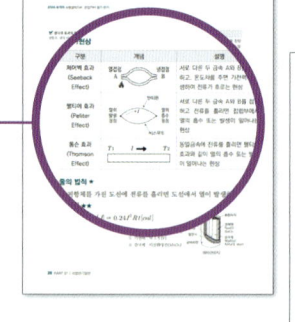

Upgrade!

이해를 돕는 보조단 구성

초격차가 제시하는 다양한 꿀팁을 본문과 함께 확인하여 효과적으로 학습할 수 있습니다.

암기 : 암기법 제시
선생님팁 : 학습 시 알아두면 좋은 선생님만의 팁
용어, 개념 설명 : 용어와 개념의 정의
문제링크 : 이론과 연관된 예상문제 페이지 안내
*자주 출제되는 문제 위주로 배치

2회독

3회독

심화 학습 및 문제 적용

OX 퀴즈와 예상문제
다양한 문제뿐만 아니라 풍부한 해설로 이론을 완벽하게 마스터할 수 있습니다.

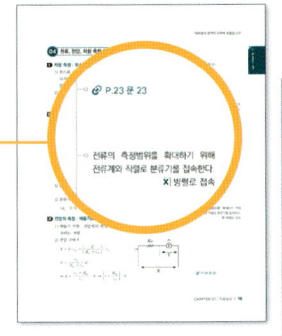
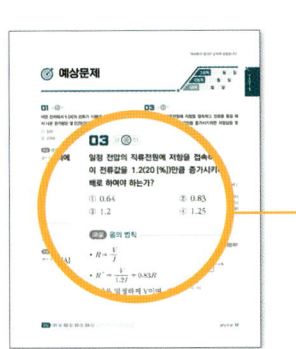

신유형 문제 & 문제별 난이도
2025년 신유형 문제와 다양한 난이도의 문제에 적응하고 대비할 수 있습니다.

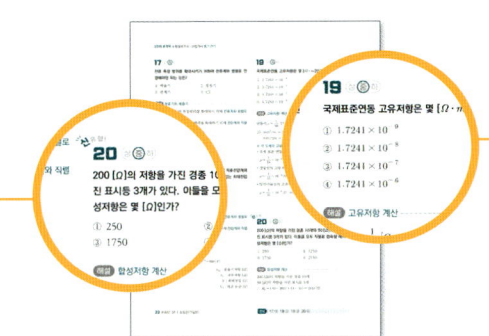

복습 및 강화

다회독으로 마스터하기
다회독에 최적화된 초격차만의 구성으로 편리한 반복학습이 가능합니다.

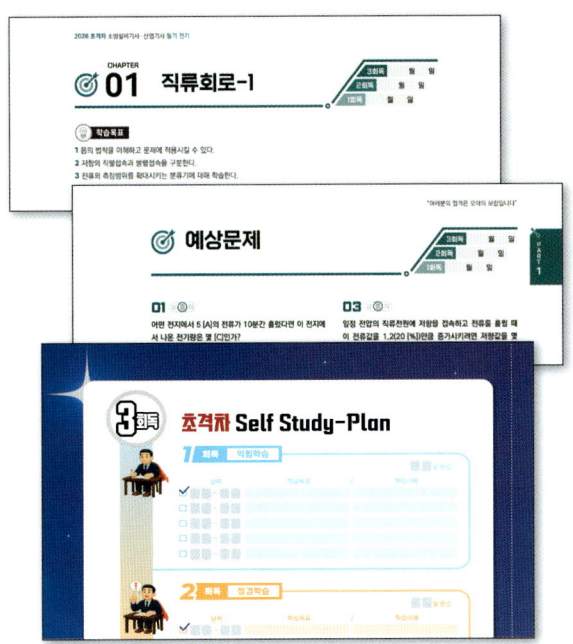

+ 책속의 책
핵심 내용만 압축해서 정리하였으며, 자주 출제되는 빈출지문을 따로 정리하여 수월하고 빠르게 학습을 마무리할 수 있도록 하였습니다.

초격차로 압도적인 합격의 격차를 만들다!
- <초격차>로 공부했던 선배 합격생들의 리얼 합격 스토리 -

"시작부터 마지막까지 함께하는 초격차!"

기존에 막연했던 이론 공부의 어려움을 초격차의 깔끔하게 정리된 개념을 보면서 극복할 수 있었습니다. 팁과 암기법 등이 부담감을 많이 줄여주었습니다. 특히 책속의 책에 핵심요약과 중요빈출지문이 잘 정리되어 있어서 도움이 많이 됐습니다. 책속의 책을 보면서 시험에 나올 핵심 내용을 마지막으로 점검하고 시험장에 들어갔습니다. 초격차 덕분에 끝까지 잘 정리해서 합격할 수 있었습니다.

2025년 2회 합격자 안○○

2025년 2회 합격자 장○○

"핵심이론-기출-다회독으로 끝내는 초격차!"

이론을 어떻게 어떤 식으로 외워야하는지, 중요한 것은 무엇인지 핵심 정리가 잘 되어 있어서 좋았습니다. 이론 학습 후 챕터별 예상문제를 바로 풀면서 배운 내용을 다시 복습하고 과년도 기출문제로 넘어갔습니다. 이 순서대로 3회차까지 보았는데 회독 날짜를 보니 점점 시간이 단축되는게 보여서 자신감이 많이 붙었습니다. 그 결과가 합격으로 이어진 것 같아 감사드립니다.

"비전공자도 이해할 수 있는 초격차!"

비전공자라 전반적인 이해가 부족해 독학이 어려웠는데 교재를 따라 공부하다보니 문제나 공식도 점차 이해할 수 있었습니다. 기출문제를 풀 때 상세한 해설 덕분에 문제 풀이 과정을 명확하게 알 수 있었던 점이 좋았습니다. 단순한 정답 암기가 아니라 왜 틀리고 왜 맞는지 이해할 수 있었습니다. 7개년 기출문제를 반복 학습하며 자연스럽게 문제 유형에 익숙해진 것도 합격하는데 큰 도움이 되었습니다.

2025년 1회 합격자 김○○

2025년 1회 합격자 오○○

"효율적인 학습이 가능한 초격차!"

방대한 양의 소방설비기사 내용을 모두 공부하기보다 초격차 교재의 구성에 따라 중요한 부분에 집중했습니다. 이론 공부할 땐 특히 암기법이 도움이 많이 되었습니다. 헷갈리는 부분도 암기법을 통해 외우니 오래 기억할 수 있었습니다. 단원별로 정리된 문제를 풀면서 문제에 대한 적응도가 많이 좋아졌고 과년도 기출문제를 풀면서 반복적으로 등장하는 문제들을 정복할 수 있었습니다. 초격차 덕분에 단기간에 합격이라는 목표를 달성할 수 있었습니다.

소방설비기사·산업기사 필기 전기

소방전기일반 / 소방전기시설의 구조 및 원리

2026 초격차 超格差

황모아 · 오민정

모아북스

2024-2025 출제경향 분석

[소방전기일반]

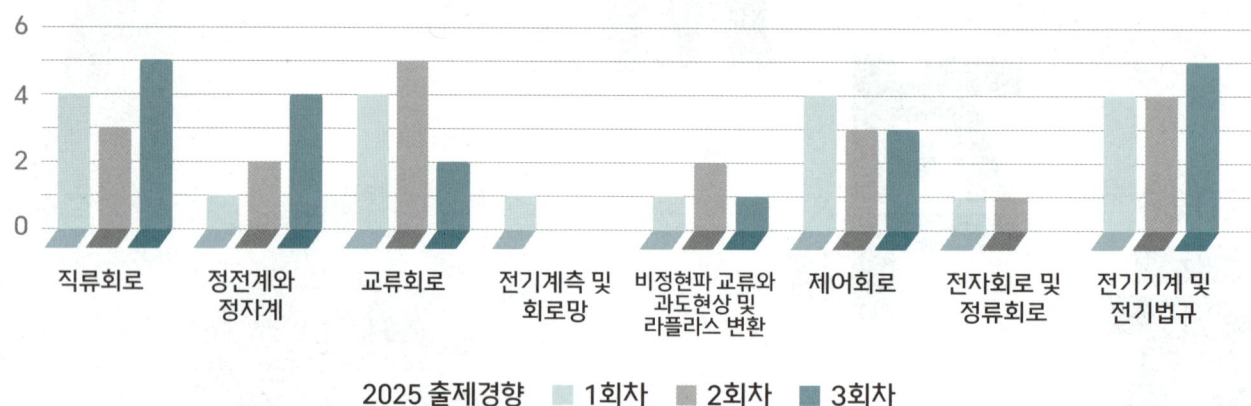

2025 출제경향 ■ 1회차 ■ 2회차 ■ 3회차

CHAPTER 연도 및 회차		직류회로	정전계와 정자계	교류회로	전기계측 및 회로망	비정현파 교류와 과도현상 및 라플라스 변환	제어회로	전자회로 및 정류회로	전기기계 및 전기법규	합계
2025년	1	**4**	1	**4**	1	1	**4**	1	**4**	20
	2	3	2	**5**	0	2	3	1	4	20
	3	**5**	4	2	0	1	3	0	**5**	20
2024년	1	4	4	3	1	0	**5**	1	2	20
	2	3	1	**4**	3	0	**4**	3	2	20
	4	**5**	2	1	3	0	4	2	2	20

격차를 뛰어넘어 압도적인 격차를 만들다

[소방전기시설의 구조 및 원리]

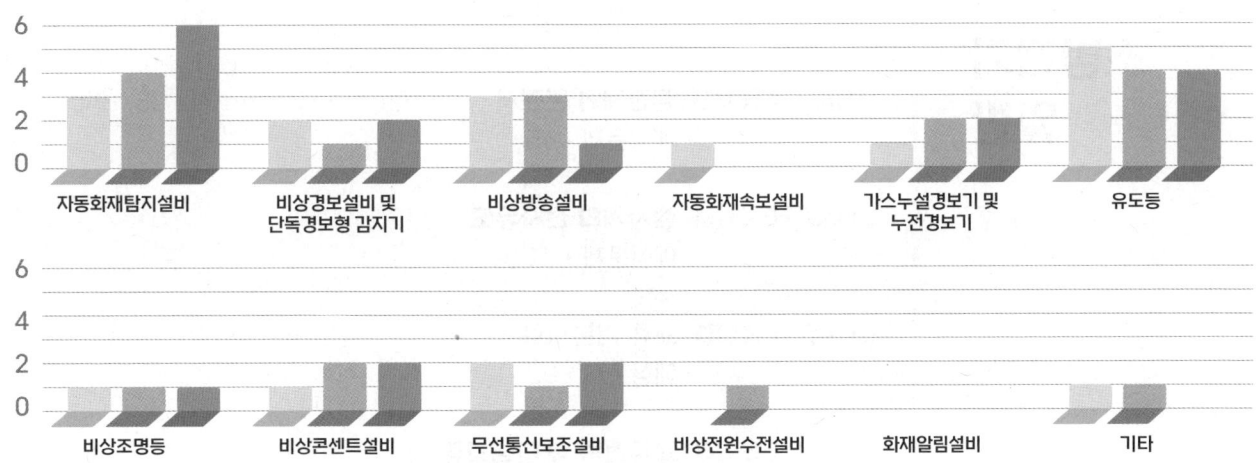

2025 출제경향 ■ 1회차 ■ 2회차 ■ 3회차

연도 및 회차	CHAPTER	자동화재탐지설비	비상경보설비 및 단독경보형감지기	비상방송설비	자동화재속보설비	가스누설경보기 및 누전경보기	유도등	비상조명등	비상콘센트설비	무선통신보조설비	비상전원수전설비	화재알림설비	기타	합계
2025년	1	3	2	3	1	1	5	1	1	2	0	0	1	20
	2	4	1	3	0	2	4	1	2	1	1	0	1	20
	3	6	2	1	0	2	4	1	2	2	0	0	0	20
2024년	1	3	1	4	2	2	2	2	0	2	2	0	0	20
	2	3	1	5	1	2	2	2	1	2	0	0	1	20
	4	5	2	1	1	4	3	1	1	1	0	0	1	20

CONTENTS

PART 01 소방전기일반

CHAPTER 01 직류회로-1 ·········· 8
예상문제 • 17

CHAPTER 02 직류회로-2 ·········· 26
예상문제 • 32

CHAPTER 03 정전계와 콘덴서 ·········· 38
예상문제 • 45

CHAPTER 04 정자계와 전자유도 ·········· 51
예상문제 • 71

CHAPTER 05 교류 기본회로 ·········· 79
예상문제 • 92

CHAPTER 06 교류전력 및 다상교류 ·········· 103
예상문제 • 112

CHAPTER 07 전기계측 및 회로망 ·········· 122
예상문제 • 130

CHAPTER 08 비정현파 교류와 과도현상 및 라플라스 변환 135
예상문제 • 141

CHAPTER 09 제어회로 ·········· 143
예상문제 • 157

CHAPTER 10 전자회로 및 정류회로 ·········· 173
예상문제 • 182

CHAPTER 11 전기기계 및 전기법규 ·········· 189
예상문제 • 199

PART 02 소방전기시설의 구조 및 원리

CHAPTER 01 자동화재탐지설비 ········· 206
예상문제 • 246

CHAPTER 02 비상경보설비 및 단독경보형 감지기 ········· 265
예상문제 • 272

CHAPTER 03 비상방송설비 ········· 277
예상문제 • 282

CHAPTER 04 자동화재속보설비 ········· 286
예상문제 • 292

CHAPTER 05 가스누설경보기 및 누전경보기 ········· 296
예상문제 • 311

CHAPTER 06 피난구조설비 ········· 317
예상문제 • 332

CHAPTER 07 비상조명등 ········· 341
예상문제 • 347

CHAPTER 08 비상콘센트설비 ········· 353
예상문제 • 360

CHAPTER 09 무선통신보조설비 ········· 368
예상문제 • 373

CHAPTER 10 비상전원수전설비 ········· 379
예상문제 • 387

CHAPTER 11 화재알림설비 ········· 389

CHAPTER 12 창고시설의 화재안전성능기준 ········· 394

CHAPTER 13 공동주택의 화재안전성능기준 ········· 396

CHAPTER 14 도로터널의 화재안전기술기준 ········· 399

CHAPTER 15 지하구의 화재안전기술기준 ········· 402

PART 01 소방전기일반

7개년 회차별 출제빈도 분석

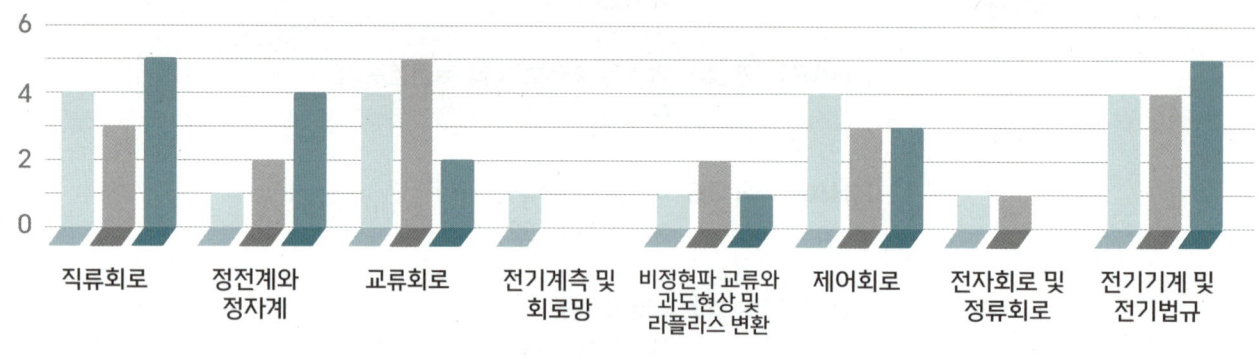

연도 및 회차 CHAPTER	2025년 1	2	3	2024년 1	2	3	2023년 1	2	4	2022년 1	2	4	2021년 1	2	4	2020년 1,2	3	4	2019년 1	2	4
직류회로	4	3	5	4	3	5	3	2	2	3	2	1	2	4	2	3	4	3	5	3	4
정전계와 정자계	1	2	4	4	1	2	3	3	5	3	3	4	4	3	3	3	2	2	2	0	1
교류회로	4	5	2	3	4	1	2	3	4	3	4	3	2	2	3	3	5	4	2	5	2
전기계측 및 회로망	1	0	0	1	3	3	1	1	2	3	3	1	2	2	3	1	0	1	0	1	2
비정현파 교류와 과도현상 및 라플라스 변환	1	2	1	0	0	0	3	1	0	0	0	0	3	1	0	1	0	1	0	1	1
제어회로	4	3	3	5	4	4	2	5	4	5	5	4	3	4	5	5	5	5	4	4	5
전자회로 및 정류회로	1	1	0	1	3	2	1	4	1	1	2	4	3	2	2	1	2	2	3	1	3
전기기계 및 전기법규	4	4	5	2	2	2	5	1	2	2	1	4	1	2	2	3	2	2	4	5	2
합계	20	20	20	20	20	20	20	20	20	20	20	20	20	20	20	20	20	20	20	20	20

격차를 뛰어넘어 압도적인 격차를 만들다

CHAPTER 01	직류회로-1
CHAPTER 02	직류회로-2
CHAPTER 03	정전계와 콘덴서
CHAPTER 04	정자계와 전자유도
CHAPTER 05	교류 기본회로
CHAPTER 06	교류전력 및 다상교류

CHAPTER 07	전기계측 및 회로망
CHAPTER 08	비정현파 교류와 과도현상 및 라플라스 변환
CHAPTER 09	제어회로
CHAPTER 10	전자회로 및 정류회로
CHAPTER 11	전기기계 및 전기법규

○ 출제경향 및 학습방법

전기분야 전공과목인 소방전기일반은 전기 관련 전공자이거나 전기 관련 자격증 취득자들에게는 쉬운 과목일 수는 있으나 비전공자들에게는 많은 학습시간을 투여해야 하는 과목이다. 따라서 비전공자들은 계산문제보다는 빈출되는 개념들을 암기하는 학습전략을 세운다면 효과적일 수 있다. 그러나 그것만으로는 과락을 당할 가능성이 있기 때문에 주요 공식들을 암기하고 기출문제들을 통해 상대적으로 쉬운 계산문제를 공략한다면 충분히 과락으로부터 벗어날 수 있다.

CHAPTER 01 직류회로-1

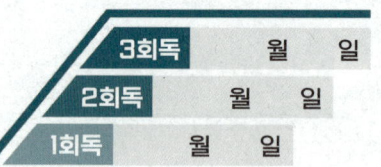

학습목표

1. 옴의 법칙을 이해하고 문제에 적용시킬 수 있다.
2. 저항의 직렬접속과 병렬접속을 구분한다.
3. 전류의 측정범위를 확대시키는 분류기에 대해 학습한다.
4. 전압의 측정범위를 확대시키는 배율기에 대해 학습한다.

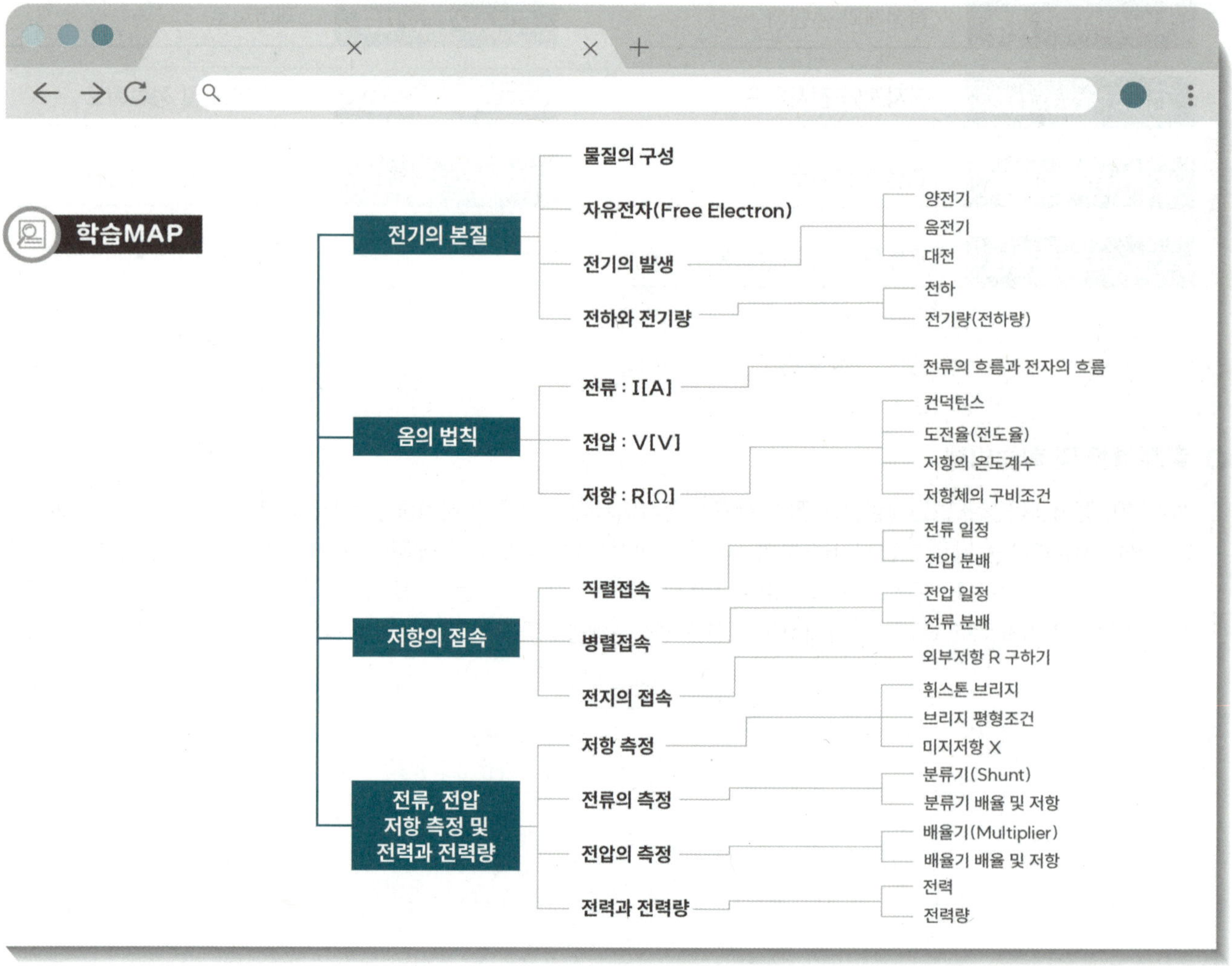

학습MAP

- 전기의 본질
  - 물질의 구성
  - 자유전자(Free Electron)
  - 전기의 발생
    - 양전기
    - 음전기
    - 대전
  - 전하와 전기량
    - 전하
    - 전기량(전하량)

- 옴의 법칙
  - 전류 : I[A] — 전류의 흐름과 전자의 흐름
  - 전압 : V[V]
    - 컨덕턴스
    - 도전율(전도율)
    - 저항의 온도계수
  - 저항 : R[Ω]
    - 저항체의 구비조건

- 저항의 접속
  - 직렬접속
    - 전류 일정
    - 전압 분배
  - 병렬접속
    - 전압 일정
    - 전류 분배
  - 전지의 접속
    - 외부저항 R 구하기

- 전류, 전압 저항 측정 및 전력과 전력량
  - 저항 측정
    - 휘스톤 브리지
    - 브리지 평형조건
    - 미지저항 X
  - 전류의 측정
    - 분류기(Shunt)
    - 분류기 배율 및 저항
  - 전압의 측정
    - 배율기(Multiplier)
    - 배율기 배율 및 저항
  - 전력과 전력량
    - 전력
    - 전력량

01 전기의 본질

1 물질의 구성

1) 전자 1개가 갖고 있는 전기량 : $e = 1.602 \times 10^{-19}$ [C]
2) 전자의 질량 : $m = 9.109 \times 10^{-31}$ [kg]

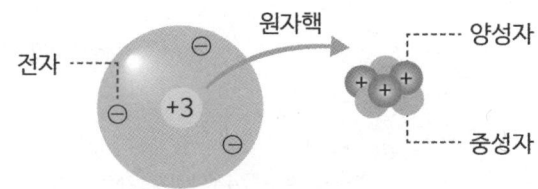

3) 모든 물질은 분자 또는 원자의 집합으로 구성되어 있으며, 원자는 양(+)전기를 가진 원자핵과 그 주위를 도는 음(-)전기를 가진 전자로 구성되어 있다.

2 자유전자(Free Electron)

1) 물질 내에서 자유로이 움직일 수 있는 전자
2) 자유 전자에 의해 전기적인 현상이 발생

3 전기의 발생

1) 양전기 : 자유전자가 물질의 바깥쪽으로 나감으로써 띠는 전기
2) 음전기 : 자유전자가 물질의 내부로 들어옴으로써 띠는 전기
3) 대전(Electrification) : 자유전자에 의해 양전기나 음전기를 띠는 현상

4 전하와 전기량

1) 전하(Electric Charge) : 물체가 대전되었을 때 가지고 있는 전기의 양
2) 전기량(전하량)
   (1) 전하가 가지고 있는 전기의 양
   (2) 기호 : Q[C]
   (3) 수식 : $Q = I \cdot t$ ★
       $I[A]$: 전류, $t[\sec]$: 시간

○ 자유전자는 물질 내에서 자유롭게 움직일 수 있는 전자이다. **O**

○ 자유전자가 물질의 바깥쪽으로 나감으로써 띠는 전기는 음전기이다. **X** 양전기

○ P.17 문 01

암기 ▶ 요이땅!

※ 그림으로 표현

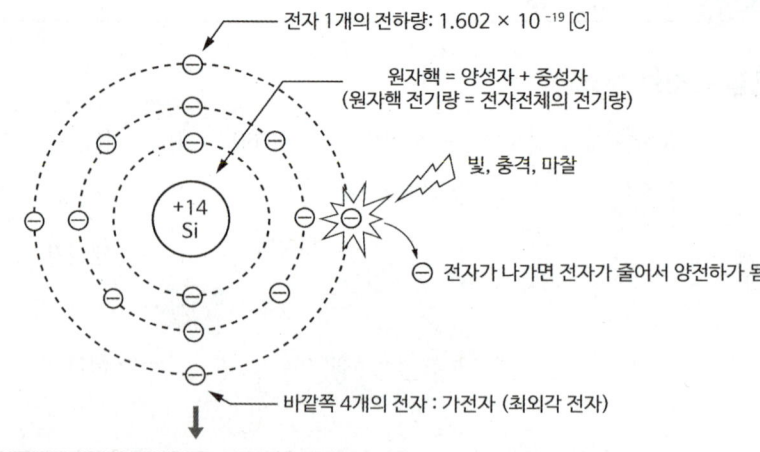

02 옴의 법칙 ★★

1 전류 : I [A]

1) 도체에 단위 시간 동안 이동한 전하의 흐름
2) 수식
   (1) $I = \dfrac{Q}{t}$ [C/sec]   단위 [A] : [C/sec]
   (2) 시간에 대한 전류 변화량 : $Q = \displaystyle\int_0^t i\,dt$
3) 전류의 흐름과 전자의 흐름
   (1) 전류의 흐름 : + 에서 - 로 흐른다.
   (2) 전자의 흐름 : - 에서 + 로 흐른다.

> 선생님 TIP
> 전류의 흐름과 전자의 흐름은 반대입니다.
>
> P.17 문 02

2 전압 : V [V]

1) 전류를 연속적으로 흐르게 하는 원동력으로, 도체 내에 있는 두 점 사이의 단위 전하당 전기적인 위치에너지의 차이를 전압이라 한다.
2) 수식 : 공간 내에서 단위 전하를 이동시키는 데 필요한 에너지
   $V = \dfrac{W}{Q}$ [J/C]
   (W[J] : 전하의 이동에 필요한 에너지, Q[C] : 전하량)
   단위 [V] = [J/C]과 같다.

③ 저항 : R [Ω]

1) 전류의 흐름을 방해하는 소자를 저항이라 한다.

2) 수식 : $R = \rho \dfrac{l}{A} = \rho \dfrac{l}{\pi r^2} = \rho \dfrac{l}{\pi \left(\dfrac{D}{2}\right)^2} = \rho \dfrac{l}{\dfrac{\pi D^2}{4}} = \rho \dfrac{4l}{\pi D^2}$ [Ω]

$\rho\,[\Omega \cdot mm^2/m,\ \Omega \cdot m]$: 도선의 고유저항, $A\,[m^2]$: 도체의 단면적
$l\,[m]$: 도선의 길이, $r\,[m]$: 전선의 반경, $D\,[m]$: 전선의 직경

> ※ 각 도체의 고유저항 ★★
> - 국제 표준 연동선의 고유저항 :
> $\rho = \dfrac{1}{58} \times 10^{-6} = 1.7241 \times 10^{-8}\,[\Omega \cdot m]$
> - 경동선의 고유저항 : $\rho = \dfrac{1}{55} \times 10^{-6}\,[\Omega \cdot m]$
> - 알루미늄선의 고유저항 : $\rho = \dfrac{1}{35} \times 10^{-6}\,[\Omega \cdot m]$

3) 컨덕턴스 : 저항의 역수
   (1) 전류가 흐르는 정도로서 저항이 가지고 있는 특성의 반대이다.
   (2) $G = \dfrac{1}{R}\,[S = \Omega^{-1} = \mho]$ 　　단위 : 지멘스[S] 또는 모우[℧]

4) 도전율(전도율)
   (1) 고유저항의 역수로서, 물질에서 전류가 잘 흐르는 정도를 나타내는 물리량
   (2) $\sigma = \dfrac{1}{\rho}\,[\mho/m]$

5) 저항의 온도계수
   (1) 온도가 1[℃] 상승할 때 원래의 저항값에 대한 저항의 증가 비율을 의미한다.
   (2) 온도 변화에 따른 저항값의 변화
       $R_2 = R_1(1 + \alpha(t_2 - t_1))$
       R_2 : 상승 후 저항 [Ω], R_1 : 상승 전 저항 [Ω], t_1 : 상승 전 온도 [℃]
       t_2 : 상승 후 온도 [℃], α : t_1 [℃]에서의 온도계수
   (3) 합성저항 온도계수 : $\dfrac{합성저항}{저항성분} = \dfrac{\alpha_1 R_1 + \alpha_2 R_2}{R_1 + R_2}$ ★

P.18 문 07

- 저항은 도체의 단면적에 비례한다. [X] 반비례
- 저항은 도체의 길이에 비례한다. [O]

P.19 문 10

선생님 TIP
전도도와 비슷하나 전도도는 크기변수이며 도전율은 세기변수입니다.

[보충] ▶ 온도가 변하면 저항값도 변한다.

6) 저항체의 구비조건
   (1) 고유저항이 크고, 내열성과 내식성을 가질 것
   (2) 구리에 대한 열기전력을 가질 것
   (3) 저항에 대한 온도계수가 작을 것
   (4) 가공이 용이하고, 접속이 쉽고, 경제적일 것

※ 전체적인 수식 표현

> 저항체는 내열성과 내식성을 가져야 한다.

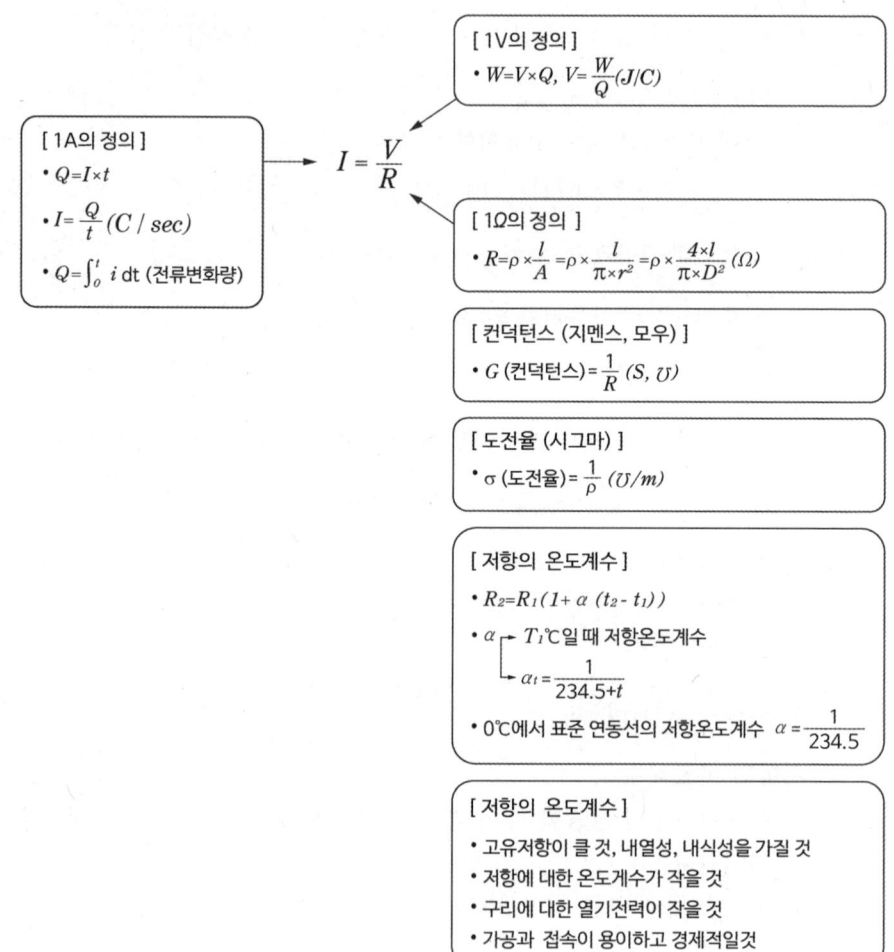

03 저항의 접속 ★★★

1 직렬접속 : 전류 일정, 전압 분배 ★★★

1) 저항값이 다를 때 합성저항

$R_0 = R_1 + R_2$

2) 동일 저항일 때 합성저항

$R_0 = n \cdot R$

3) 전류 : $I = \dfrac{V}{R_0} = \dfrac{V}{R_1 + R_2}$

4) 전압 분배법칙

$V_1 = I \cdot R_1 = \dfrac{V}{R_1 + R_2} \cdot R_1$

$V_2 = I \cdot R_2 = \dfrac{V}{R_1 + R_2} \cdot R_2$

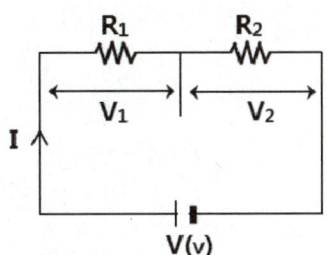

2 병렬접속 : 전압 일정, 전류 분배 ★★★

1) 저항값이 다를 때 합성저항

$\dfrac{1}{R_0} = \dfrac{1}{R_1} + \dfrac{1}{R_2} \Rightarrow R_0 = \dfrac{R_1 R_2}{R_1 + R_2}$

2) 동일 저항일 때 합성저항 : $R_0 = \dfrac{R}{n}$

3) 전압 : $V = I R_0 = I \cdot \left(\dfrac{R_1 R_2}{R_1 + R_2} \right)$

4) 전류 분배법칙

$I_1 = \dfrac{V}{R_1} = \dfrac{1}{R_1} \times \left(\dfrac{R_1 R_2}{R_1 + R_2} \right) \cdot I = \dfrac{R_2}{R_1 + R_2} \cdot I$

$I_2 = \dfrac{V}{R_2} = \dfrac{1}{R_2} \times \left(\dfrac{R_1 R_2}{R_1 + R_2} \right) \cdot I = \dfrac{R_1}{R_1 + R_2} \cdot I$

P.20 문 13

보충 ▶ 옴의 법칙에 의해 전압과 저항은 비례한다.

P.17 문 04

P.18 문 05

10 [Ω] 저항 5개가 병렬로 연결되어 있을 때의 합성저항은 5 [Ω] 이다.   ✗ 2 [Ω]

3 전지의 접속 : 외부저항 R 구하기

1) 전지와 외부저항을 접속한 후 외부저항값을 구한다.
2) 전지의 내부저항을 계산해야 한다.
3) 외부저항 R구하기

$$V = I \cdot R \Rightarrow \left(\frac{E}{R+r}\right) \cdot R$$
$$E \cdot R = (R+r)V$$
$$R(E-V) = V \cdot r$$
$$R = \frac{V}{E-V} \cdot r$$

R : 외부저항 [Ω]
r : 내부저항 [Ω]
E : 기전력 [V]

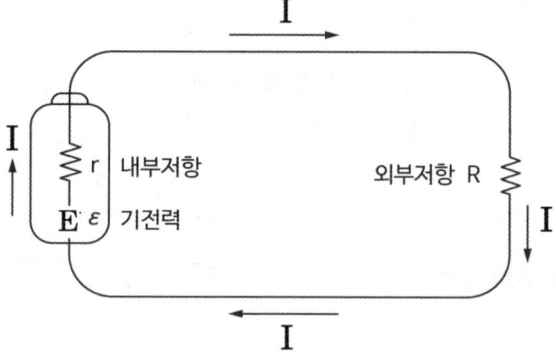

04 전류, 전압, 저항 측정 및 전력과 전력량 ★★

1 저항 측정 : 휘스톤 브리지

1) 휘스톤 브리지는 저항 측정 시 이용되며, 브리지의 평형조건이 성립되면 검류계 G에는 전류가 흐르지 않는다.
2) 브리지 평형조건 : $PR = XQ$
3) 미지저항 X 구하기 : $X = \dfrac{PR}{Q}$

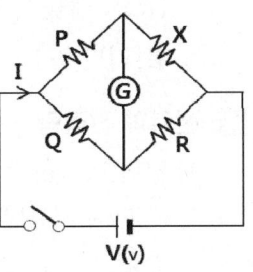

2 전류의 측정 : 분류기(Shunt, 전류의 측정범위 확대, 병렬접속)

1) 분류기 저항 : 전류의 측정범위를 확대하기 위해 전류계와 병렬로 접속하는 저항
2) 전류 구하기

$$I_a = \dfrac{R_s}{R_s + r_a} \cdot I$$

$$\Rightarrow I = \dfrac{R_s + r_a}{R_s} \cdot I_a$$

$$\Rightarrow I = \left(1 + \dfrac{r_a}{R_s}\right) \cdot I_a$$

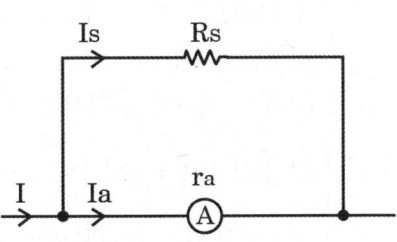

3) 분류기 배율 : $n = 1 + \dfrac{r_a}{R_s}$
4) 분류기 저항 : $R_s = \dfrac{r_a}{n-1}$

(R_s : 분류기 저항$[\Omega]$, r_a : 전류계 내부저항$[\Omega]$)

3 전압의 측정 : 배율기(Multiplier, 전압의 측정범위 확대, 직렬접속)

1) 배율기 저항 : 전압계의 측정 범위를 확대하기 위해 전압계와 직렬로 접속하는 저항
2) 전압 구하기

$$V = I \cdot r_V = \left(\dfrac{E}{R_m + r_V}\right) \cdot r_V$$

$$V = \dfrac{r_V}{R_m + r_V} E$$

$$\Rightarrow E = \dfrac{r_V + R_m}{r_V} \cdot V \Rightarrow \left(1 + \dfrac{R_m}{r_V}\right) \cdot V$$

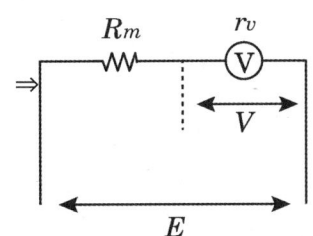

○ P.23 문 21

○ 휘스톤 브리지
저항의 직렬, 병렬접속의 성질을 이용해 미지 저항을 측정하는 계측기

○ P.22 문 18

○ P.23 문 23

○ 전류의 측정범위를 확대하기 위해 전류계와 직렬로 분류기를 접속한다.
Ⓧ 병렬로 접속

○ P.24 문 26

> 배율기 배율을 구하는 공식은 $m = 1 + \dfrac{R_m}{r_V}$ 이다. **O**

3) 배율기 배율 : $m = 1 + \dfrac{R_m}{r_V}$

4) 배율기 저항 : $R_m = r_V(m-1)$

(R_m : 배율기 저항[Ω], r_v : 전압계 내부저항[Ω], V : 전압계 최대눈금[V])

4 전력과 전력량

1) 전력(Power) : P [W]

   (1) 단위 시간당 소비되는 에너지 비율을 전력이라 한다.

   (2) 수식 : $P = \dfrac{W}{t} [J/\sec] = VI = I^2 R = \dfrac{V^2}{R}$

   (3) 마력 : 일률의 한 단위로서 말 한 마리가 1초 동안에 할 수 있는 일의 양으로 정의하며, 1초 동안에 75 [kg·m]의 일을 할 때에 1마력이라 하며, 일의 양을 시간으로 나눈 값이다.

> **TIP** 독일기준 1 [PS] = 735.5 [W]

   (4) 마력으로 환산 : 1 [HP] = 746 [W]

2) 전력량 : W [J]

   (1) 전기 기구가 일정시간 동안 사용한 전기적 에너지의 양

   (2) 수식 : $W = P \cdot t [W \cdot \sec = J] = VIt = I^2 Rt = \dfrac{V^2}{R} t$

   (3) $1 [kWh] = 10^3 [Wh] = 3.6 \times 10^6 [J] = 860 [kcal]$

> 전력량은 전력에 시간을 나누어서 구한다. **X** 곱해서 구한다.

예상문제

01 (상중하)

어떤 전지에서 5 [A]의 전류가 10분간 흘렀다면 이 전지에서 나온 전기량은 몇 [C]인가?

① 300
② 1000
③ 2000
④ 3000

해설 전기량 계산

$Q = I \cdot t [C]$
$= 5 \times 10 \times 60 = 3000 [C]$

I : 전류 [A]
t : 시간 [s]

02 (상중하)

10 [V]의 기전력으로 50 [C]의 전기량이 이동할 때 한 일은 몇 [J]인가?

① 250
② 400
③ 500
④ 600

해설 일 [J] 계산

$W = V \cdot Q = 10 \times 50 = 500 [J]$

V : 기전력 [V]
Q : 전기량 [C]

03 (상중하)

일정 전압의 직류전원에 저항을 접속하고 전류를 흘릴 때 이 전류값을 1.2(20 [%])만큼 증가시키려면 저항값을 몇 배로 하여야 하는가?

① 0.64
② 0.83
③ 1.2
④ 1.25

해설 옴의 법칙

- $R = \dfrac{V}{I}$
- $R' = \dfrac{V}{1.2I} = 0.83R$

(전압은 일정하게 V이며, 전류만 20 [%] 증가하였기 때문에 I' = 1.2I)

V : 전압 [V]
I : 전류 [A]
R : 저항 [Ω]

04 (상중하)

다음과 같은 회로에서 a-b 간의 합성저항은 몇 [Ω]인가?

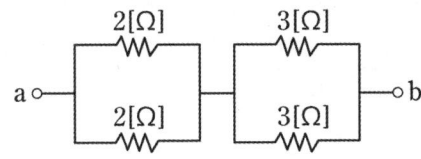

① 2.5
② 5
③ 7.5
④ 10

정답 01 ④ 02 ③ 03 ② 04 ①

해설 합성저항

$$R = \frac{2 \times 2}{2+2} + \frac{3 \times 3}{3+3} = 2.5 [\Omega]$$

(병렬접속 $R_0 = \frac{R_1 R_2}{R_1 + R_2}$, 직렬접속 $R_0 = R_1 + R_2$)

05 상(중)하

20 [Ω]과 40 [Ω]의 병렬회로에서 20 [Ω]에 흐르는 전류가 10 [A]라면 이 회로에 흐르는 총 전류는 몇 [A]인가?

① 5
② 10
③ 15
④ 20

해설 전류 계산

- 전체 전압 : $V = IR = 10 \times 20 = 200 [V]$
- 전체 전류 : $I = \frac{V}{R_0}$

이때 $R_0 = \frac{20 \times 40}{20 + 40}$

∴ $I = \frac{200}{\frac{20 \times 40}{20 + 40}} = 15 [A]$

V : 전압 [V]
I : 전류 [A]
R : 저항 [Ω]

06 상(중)하

그림과 같이 전류계 A₁, A₂를 접속할 경우 A₁은 25 [A], A₂는 5 [A]를 지시하였다. 전류계 A₂의 내부저항은 몇 [Ω]인가?

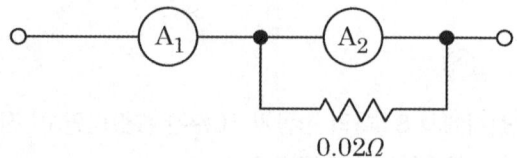

① 0.05
② 0.08
③ 0.12
④ 0.15

해설 병렬회로 전류 분배

A₁ = A₂ + 0.02 [Ω]에 흐르는 전류
A₂에 흐르는 전류 = 5 [A]
A_{V2} = 0.02 [Ω]에 걸리는 전압
A_{R2} = 0.02 [Ω] × 4 = 0.08 [Ω]

A₁ : A₁에 흐르는 전류
A₂ : A₂에 흐르는 전류
A_{V2} : A₂에 걸리는 전압
A_{R2} : A₂의 내부저항

07 상(중)하

직류회로에서 도체를 균일한 체적으로 길이를 10배 늘이면 도체의 저항은 몇 배가 되는가?

① 10
② 20
③ 100
④ 120

정답 05 ③ 06 ② 07 ③

해설 저항 계산

$R = \rho \dfrac{\ell}{A} [\Omega]$, 체적 $= A \times \ell$

- 길이를 10배 증대 : $l' \Rightarrow 10l$
- 균일한 체적이기 때문에 단면적이 감소

$\therefore A' \Rightarrow \dfrac{1}{10}A$

- $R' = \rho \dfrac{10l}{\dfrac{1}{10}A} = 100R$

R : 저항 [Ω]
ρ : 고유저항(저항률) [Ω]
l : 길이 [m]
A : 면적 [m²]

09 (상*중*하)

배전선에 6000 [V]의 전압을 가하였더니 2 [mA]의 누설 전류가 흘렀다. 이 배전선의 절연저항은 몇 [MΩ]인가?

① 3   ② 6
③ 8   ④ 12

해설 저항 계산

$R = \dfrac{E}{I_g} = \dfrac{6000}{2 \times 10^{-3}} = 3 \times 10^6 = 3 [M\Omega]$

$I_g = 2[mA] = 2 \times 10^{-3} [A]$

$E = 6000 [V]$

08 (상*중*하)

회로의 전압과 전류를 측정하기 위한 계측기의 연결방법으로 옳은 것은?

① 전압계 : 부하와 직렬, 전류계 : 부하와 병렬
② 전압계 : 부하와 직렬, 전류계 : 부하와 직렬
③ 전압계 : 부하와 병렬, 전류계 : 부하와 병렬
④ 전압계 : 부하와 병렬, 전류계 : 부하와 직렬

해설 전압·전류 측정방법

전압계	전압 측정, 병렬연결
전류계	전류 측정, 직렬연결

10 (상*중*하)

지름 8 [mm]의 경동선 1 [km]의 저항을 측정하였더니 0.63536 [Ω]이었다. 같은 재료로 지름 2 [mm], 길이 500 [m]의 경동선의 저항은 약 몇 [Ω]인가?

① 2.8   ② 5.1
③ 10.2   ④ 20.4

해설 경동선의 저항

$R_1 = \rho \dfrac{\ell}{A} [\Omega]$

$0.63536 = \rho \times \dfrac{1000}{\dfrac{\pi \times 0.008^2}{4}}$

$\therefore \rho = 3.19 \times 10^{-8}$

$R_2 = 3.19 \times 10^{-8} \times \dfrac{500}{\dfrac{\pi \times 0.002^2}{4}} = 5.08 [\Omega]$

R_1 : 지름 8 [mm] 경동선 저항 [Ω]
R_2 : 지름 2 [mm] 경동선 저항 [Ω]

정답 08 ④ 09 ① 10 ②

11 (상중하)

그림과 같은 회로에서 R₁과 R₂가 각각 2 [Ω] 및 3 [Ω]이었다. 합성저항이 4 [Ω]이면 R₃는 몇 [Ω]인가?

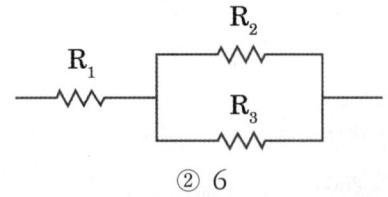

① 5　　　　　② 6
③ 7　　　　　④ 8

해설 합성저항 계산

합성저항 $R_0 = R_1 + \dfrac{R_2 R_3}{R_2 + R_3}$

$4 = 2 + \dfrac{3 \times R_3}{3 + R_3}$

∴ $R_3 = 6[\Omega]$

병렬접속 $R_0 = \dfrac{R_1 R_2}{R_1 + R_2}$

직렬접속 $R_0 = R_1 + R_2$

12 (상중하)

2 [Ω]의 저항 5개를 직렬로 연결하면 병렬연결 때의 몇 배가 되는가?

① 2　　　　　② 5
③ 10　　　　④ 25

해설 저항 계산

- 직렬일 때 : n배

  ∴ $2 \times 5 = 10[\Omega]$

- 병렬일 때 : n분의1배

$R_{병렬} = \dfrac{1}{\dfrac{1}{R_1} + \dfrac{1}{R_2} + \cdots + \dfrac{1}{R_n}}$

$= \dfrac{1}{\dfrac{1}{2} + \dfrac{1}{2} + \dfrac{1}{2} + \dfrac{1}{2} + \dfrac{1}{2}} = \dfrac{2}{5}[\Omega]$

∴ 직렬일 때가 병렬일 때의 25배

13 (상중하)

그림과 같은 회로에서 전압계 ⓥ가 10 [V]일 때 A – B 간의 전압은 몇 [V]인가?

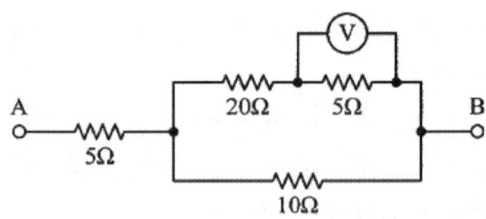

① 50　　　　② 85
③ 100　　　 ④ 135

해설 직·병렬에서의 전압분배

- 전압계가 10 [V]이므로 5 [Ω]에 흐르는 전류는 2 [A]
- 20 [Ω]에 걸리는 전압 = 40 [V]
- 10 [Ω]에 걸리는 전압 = 50 [V]
- 직렬 부하의 저항비는 35 : 50이므로 5 [Ω]에 35 [V]가 흐른다. 즉, 35 + 50 = 85 [V]이다.

14 (상-중-하)

어느 직류전원에 전류를 흘릴 때 전원전압을 6배로 하여 흐르는 전류가 2.5배가 되도록 하려면 저항값은 몇 배로 해야 하는가?

① 0.4   ② 2.4
③ 3.9   ④ 15.0

해설 옴의 법칙(V = IR)

$V = IR$

전압 6배, 전류 2.5배

$\Rightarrow 6V = 2.5I \times xR$

$x = \dfrac{6}{2.5} = 2.4$

∴ 2.4배

V : 전압 [V]
I : 전류 [A]
R : 저항 [Ω]

15 (상-중-하)

그림과 같은 회로에서 전체에 흐르는 전류를 I[A]라 하고, 저항 R_1과 R_2에 흐르는 전류를 I_1, I_2로 표시할 때 $\dfrac{I_2}{I_1}$는 얼마가 되겠는가? (단, $R_1 = 2\,[\Omega]$, $R_2 = 3\,[\Omega]$이다)

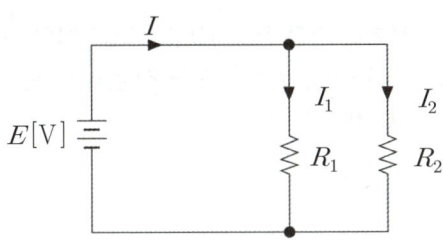

① $\dfrac{1}{2}$ ② $\dfrac{3}{2}$
③ $\dfrac{2}{3}$ ④ $\dfrac{3}{4}$

해설 병렬로 연결된 저항

- $E = IR \Rightarrow I = \dfrac{E}{R}$, $I_2 = \dfrac{E}{R_2} = \dfrac{E}{3}$

  $I_1 = \dfrac{E}{R_1} = \dfrac{E}{2}$

- 전류비 $\dfrac{I_2}{I_1} = \dfrac{\frac{E}{3}}{\frac{E}{2}} = \dfrac{2}{3}$

※ 병렬이기 때문에 전압 E는 같음

E : 기전력[V]
I : 전류 [A]
R : 저항 [Ω]

16 (상-중-하)

동선의 길이는 2배로, 전선의 단면적은 1/2로 되었다. 이때 저항은 처음의 몇 배가 되는가? (단, 체적은 일정하다)

① 2배   ② 4배
③ 8배   ④ 16배

해설 저항 계산

$R = \rho \dfrac{l}{A}$

동선의 길이 l이 2배

단면적 A가 $\dfrac{1}{2}$배가 되었으므로

$R = \rho \dfrac{2l}{\frac{1}{2}A} = 4\rho \dfrac{l}{A} = 4R$

R : 저항 [Ω]
ρ : 고유저항 [Ω]
l : 길이 [m]
A : 면적 [m²]

정답 14 ② 15 ③ 16 ②

17 (상/중/하)

전류 측정 범위를 확대시키기 위하여 전류계와 병렬로 연결해야만 되는 것은?

① 배율기 ② 분류기
③ 중계기 ④ CT

해설 분류기와 배율기

- 분류기 : 전류의 측정범위를 확대하기 위해 전류계와 병렬로 접속
- 배율기 : 전압계의 측정 범위를 확대하기 위해 전압계와 직렬로 접속

18 (상/중/하)

최고 눈금 50 [mV], 내부저항이 100 [Ω]인 직류전압계에 1.2 [MΩ]의 배율기를 접속하면 측정할 수 있는 최대전압은 약 몇 [V]인가?

① 3 ② 60
③ 600 ④ 1200

해설 배율기

- 분류기 : 전류의 측정범위를 확대하기 위해 전류계와 병렬로 접속
- 배율기 : 전압계의 측정 범위를 확대하기 위해 전압계와 직렬로 접속

$V = m V_0$

$V = \left(1 + \dfrac{R_m}{R_v}\right) V_0$

$= \left(1 + \dfrac{1.2 \times 10^6}{100}\right) \times 50 \times 10^{-3} = 600 [V]$

R_m : 분류기저항 [Ω]
R_v : 내부저항 [Ω]
V : 최대전압 [V]
V_0 : 최고 눈금 [V]

19 (상/중/하)

국제표준연동 고유저항은 몇 [Ω·m]인가?

① 1.7241×10^{-9}
② 1.7241×10^{-8}
③ 1.7241×10^{-7}
④ 1.7241×10^{-6}

해설 고유저항 계산

연동선 $\rho = \dfrac{1}{58} [\Omega \cdot mm^2/m]$

$[\Omega \cdot mm^2/m] = [\Omega \cdot m^2/m] \times 10^{-6}$

$0.017241 = 1.7241 \times 10^{-8}$

※ 각 도체의 고유저항

- 국제 표준 연동선의 고유저항

$\rho = \dfrac{1}{58} \times 10^{-6} = 1.7241 \times 10^{-8} [\Omega \cdot m]$

- 경동선의 고유저항

$\rho = \dfrac{1}{55} \times 10^{-6} [\Omega \cdot m]$

- 알루미늄선의 고유저항

$\rho = \dfrac{1}{35} \times 10^{-6} [\Omega \cdot m]$

20 (상/중/하)

200 [Ω]의 저항을 가진 경종 10개와 50 [Ω]의 저항을 가진 표시등 3개가 있다. 이들을 모두 직렬로 접속할 때의 합성저항은 몇 [Ω]인가?

① 250 ② 1250
③ 1750 ④ 2150

해설 합성저항 계산

200 [Ω]의 저항을 가진 경종 10개
50 [Ω]의 저항을 가진 표시등 3개
∴ $R_0 = (10 \times 200) + (3 \times 50) = 2150 [\Omega]$

정답 17 ② 18 ③ 19 ② 20 ④

21 (상-중-하)

다음 그림과 같은 브리지회로에서 흐르는 전류는 몇 [A]인가?

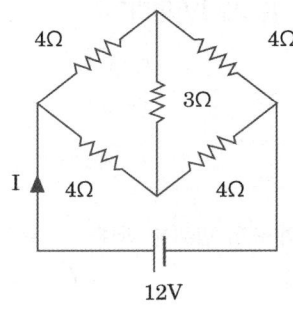

① 3
② 4
③ 4.5
④ 5

해설 휘스톤 브리지

$4 \times 4 = 4 \times 4$로 대각선의 곱이 같음
∴ 3 [Ω]에는 전류가 흐르지 않는다.

$$I = \frac{V}{R} = \frac{12}{\frac{8 \times 8}{8+8}} = 3[A]$$

V : 전압[V]
I : 전류 [A]
R : 저항 [Ω]

22 (상-중-하)

전압 및 전류 측정방법에 대한 설명 중 틀린 것은?

① 전압계를 저항에 병렬접속
② 전류계는 저항에 직렬접속
③ 전압계 측정범위를 확대하기 위하여 배율기는 전압계와 직렬접속
④ 전류계 측정범위를 확대하기 위하여 저항분류기는 전류계와 직렬접속

해설 전압·전류 측정방법

- 분류기 : 전류의 측정범위를 확대하기 위해 전류계와 병렬로 접속
- 배율기 : 전압계의 측정 범위를 확대하기 위해 전압계와 직렬로 접속

23 (상-중-하)

최대눈금이 200 [mA], 내부저항이 0.8 [Ω]인 전류계가 있다. 8 [mΩ]의 분류기를 사용하여 전류계의 측정범위를 넓히면 몇 [A]까지 측정할 수 있는가?

① 19.6
② 20.2
③ 21.4
④ 22.8

해설 분류기

분류기 : 전류의 측정범위를 확대하기 위해 전류계와 병렬로 접속

$$I = \left(1 + \frac{R_A}{R_S}\right) I_0$$
$$= \left(1 + \frac{0.8}{8 \times 10^{-3}}\right) \times (200 \times 10^{-3})$$
$$= 20.2 [A]$$

R_A : 전류계 내부저항 [Ω]
R_S : 분류기저항 [Ω]
I_0 : 최대눈금 [A]
I : 전류계 최대측정범위 [A]

※ 배율기 : 전압계의 측정 범위를 확대하기 위해 전압계와 직렬로 접속

정답 21 ① 22 ④ 23 ②

24 (상중하)

일정전압의 직류전원에 저항을 접속하고 전류를 흘릴 때 전류의 값을 20 [%] 감소시키기 위한 저항값은 처음의 몇 배인가?

① 0.05
② 0.83
③ 1.25
④ 1.5

해설 옴의법칙(V = IR)

전류의 값이 20 [%] 감소했기 때문에
$I' = 0.8\,I$
$V = I \times R_1 = 0.8\,I \times R_2$
$\dfrac{R_1}{0.8} = R_2,\ R_1 = 1.25 R_2$

25 (상중하)

지름 1.2 [m], 7.6 [Ω]의 동선에서 이 동선의 저항률을 0.0172 [Ω · m]라고 하면 동선의 길이는 약 몇 [m]인가?

① 200
② 300
③ 400
④ 500

해설 저항 계산

$R = \rho \dfrac{\ell}{A}\,[\Omega]$

$7.6 = 0.0172 \times \dfrac{l}{\dfrac{\pi \times 1.2^2}{4}}$

∴ $l = 500\,[m]$

※ $A = \dfrac{\pi}{4} \times d^2 = \dfrac{\pi}{4} \times 1.2^2$

R : 저항 [Ω]
ρ : 고유저항 (저항률) [Ω]
l : 길이 [m]
A : 면적 [m²]

26 (상중하)

직류전압계의 내부저항이 500 [Ω], 최대 눈금이 50 [V]라면 이 전압계에 3 [kΩ]의 배율기를 접속하여 전압을 측정할 때 최대 측정치는 몇 [V]인가?

① 250
② 300
③ 350
④ 500

해설 배율기

배율기 : 전압계의 측정 범위를 확대하기 위해 전압계와 직렬로 접속

$V = \left(\dfrac{R_v}{R_v + R_m}\right) V_0$

$V_0 = \left(\dfrac{R_v + R_m}{R_v}\right) V = \left(\dfrac{500 + 3000}{500}\right) 50$
$= 350\,[V]$

R_m : 배율기 저항
R_v : 전압계 내부저항 [Ω]
V : 전압계 최대눈금 [V]
V_0 : 측정하고자 하는 전압 [V]

※ 분류기 : 전류의 측정범위를 확대하기 위해 전류계와 병렬로 접속

정답 24 ③ 25 ④ 26 ③

27 (중)

그림과 같은 회로에서 2 [Ω]에 흐르는 전류는 몇 [A]인가? (단, 저항의 단위는 모두 [Ω]이다)

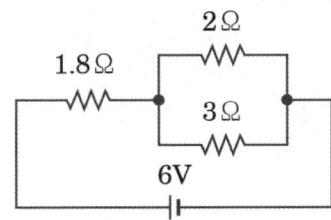

① 0.8　　② 1.0
③ 1.2　　④ 2.0

해설 전류분배법칙

1) 합성저항

$$R_T = R_1 + \frac{R_2 \times R_3}{R_2 + R_3}$$
$$= 1.8 + \frac{2 \times 3}{2 + 3} = 3\ [\Omega]$$

2) 전체 전류

$$I = \frac{V}{R_T} = \frac{6}{3} = 2\ [A]$$

3) 2 [Ω]에 흐르는 전류

$$I_{2\Omega} = \frac{3}{2+3} \times 2 = 1.2\ [A]$$

28 (중)

분류기를 사용하여 내부저항이 R_A인 전류계의 배율을 9로 하기 위한 분류기의 저항 R_S [Ω]은?

① $R_s = \frac{1}{8} R_A$　　② $R_s = \frac{1}{9} R_A$

③ $R_s = 8 R_A$　　④ $R_s = 9 R_A$

해설 분류기와 배율기

분류기 : 전류의 측정범위를 확대하기 위해 전류계와 병렬로 접속

$$I = m I_0 = \left(1 + \frac{R_A}{R_S}\right) I_0$$

$$m = \left(1 + \frac{R_A}{R_S}\right) = 9$$

$$R_s = \frac{1}{8} R_A,\ \ R_A = 8 R_s$$

R_A : 전류계 내부저항 [Ω]
R_S : 분류기저항 [Ω]
I_0 : 최대눈금 [A]
I : 전류계 최대측정범위 [A]

※ 배율기 : 전압계의 측정 범위를 확대하기 위해 전압계와 직렬로 접속

정답 27 ③　28 ①

CHAPTER 02 직류회로-2

3회독 월 일
2회독 월 일
1회독 월 일

학습목표

1 기본법칙들에 대해 학습한다.
2 연 축전지와 알칼리 축전지의 특징에 대해 학습한다.
3 전지의 접속과 충전방식을 비교분석한다.
4 축전지 용량을 구하는 공식을 학습한다.

학습MAP

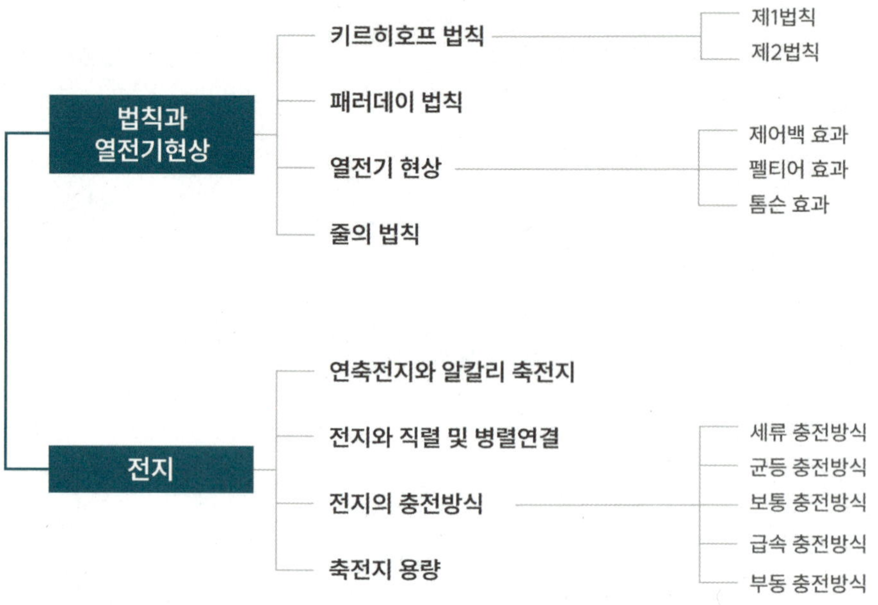
법칙과 열전기현상
키르히호프 법칙
제1법칙
제2법칙
패러데이 법칙
열전기 현상
제어백 효과
펠티어 효과
톰슨 효과
줄의 법칙
전지
연축전지와 알칼리 축전지
전지와 직렬 및 병렬연결
전지의 충전방식
세류 충전방식
균등 충전방식
보통 충전방식
급속 충전방식
부동 충전방식
축전지 용량

01 법칙과 열전기현상

1 키르히호프법칙 ★★★

1) 제1법칙

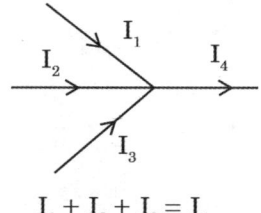

$$I_1 + I_2 + I_3 = I_4$$

(1) 임의의 한 접속점을 기준으로 유입되는 전류와 유출되는 전류의 대수합은 0이다.

(2) 수식 표현

$$I_1 + I_2 + I_3 - I_4 = 0$$

$$\sum I = 0$$

2) 제2법칙

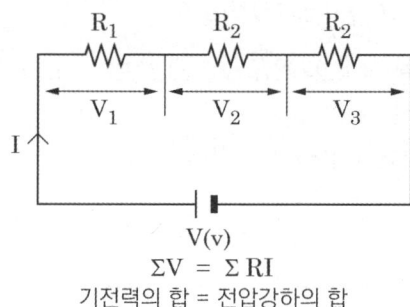

$$\Sigma V = \Sigma RI$$

기전력의 합 = 전압강하의 합

(1) 임의의 폐회로에 인가해주는 기전력의 대수합은 그 회로의 전압강하의 대수합과 같다.

(2) 기전력의 합 = 전압강하의 합

(3) 수식 표현

$$V_1 + V_2 + \cdots + V_n \Rightarrow R_1 I_1 + R_2 I_2 + \cdots + R_n I_n$$

$$\therefore \sum V = \sum IR = E$$

2 패러데이법칙

1) 전기분해에 의해서 석출되는 물질의 양은 전해액 속을 통과하는 전기량과 전기 화학당량에 비례한다.

2) 수식

$$W = KQ = KIt \, [g] \quad (K : 물질의 전기화학당량 = \frac{원자량}{원자가})$$

─○ 키르히호프 제1법칙은 전압에 관한 법칙이다. ✗ 전류에 관한 법칙

보충 ▶ 전기분해
전압을 걸어 화학 반응이 일으켜 화학적으로 분해하는 것

☑ 펠티에 효과의 활용
냉장고, 냉각 시스템

3 열전기현상

구분	개념	설명
제어벡 효과 (Seeback Effect)	열접점 A — 냉접점 B	서로 다른 두 금속 A와 B를 접합하고, 온도차를 주면 기전력이 발생하여 전류가 흐르는 현상
펠티에 효과 (Peliter Effect)	안티몬 / 열의 발생 접점 — I — 열의 흡수 접점 / 비스무트	서로 다른 두 금속 A와 B를 접합하고 전류를 흘리면 접합부에서 열의 흡수 또는 발생이 일어나는 현상
톰슨 효과 (Thomson Effect)	T_1 → I → T_2	동일금속에 전류를 흘리면 펠티에 효과와 같이 열의 흡수 또는 발생이 일어나는 현상

4 줄의 법칙 ★

1) 저항체를 가진 도선에 전류를 흘리면 도선에서 열이 발생하는 현상
2) 수식 ★★

$$H = I^2 Rt\,[J] = 0.24 I^2 Rt\,[cal]$$

$$H = 0.24 Pt = 0.24 VIt = 0.24 I^2 Rt = 0.24 \frac{V^2}{R} t$$

🔗 P.32 문 02

단위시간당 발열량은 전류세기의 제곱과 도선의 저항의 곱과 같다.

3) 열량의 환산

$$1\,[J] = 0.24\,[cal] \Leftrightarrow 1\,[cal] = 4.2\,[J]$$

02 전지 ★★

1 1차 전지와 2차 전지

1) 1차 전지(망간전지 = 르클랑세 전지 = Primary Cell)
   (1) 방전 후 재사용이 불가능한 전지를 1차 전지라 한다.
   (2) 구조
      ① 양극 : 탄소막대(C)
      ② 음극 : 아연 원통(Zn)
      ③ 전해액 : 염화암모늄(NH_4Cl)
      ④ 기전력 : 약 1.5 [V]
      ⑤ 감극제 : 이산화망간(MnO_2)

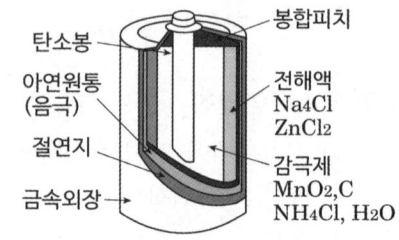

[망간건전지]

2) 2차 전지(Secondary Cell)
   (1) 충전을 통해서 반영구적으로 사용이 가능한 전지를 2차 전지라 한다.
   (2) 종류 : 연(납) 축전지, 알칼리 축전지, 리튬이온 전지, 니켈 – 수소 전지
   (3) 연(납) 축전지와 알칼리 축전지

2 연(납) 축전지와 알칼리 축전지

구분	연(납) 축전지	알칼리 축전지
구조	음극판(페이스트식), 양극판(글러스터식), 격리판	(+)극 단자, 외장제, (-)극(분말아연), 혼합물, (+)극(이산화망간), 격리판, (-)극 단자
특징	• 양극(+) : 이산화납(PbO_2) • 음극(-) : 납(Pb) • 전해액 : 묽은 황산(H_2SO_4) • 비중 : 1.2 ~ 1.24 • 공칭전압 : 2 [V/cell] ★★ • 공칭용량 : 10 [Ah] ★★	• 양극(+) : 수산화니켈($Ni(OH)_2$) • 음극(-) : 카드뮴(Cd) • 전해액 : KOH • 비중 : 1.2 ~ 1.25 • 공칭전압 : 1.2 [V/cell] ★★ • 공칭용량 : 5 [Ah] ★★

○ 연(납) 축전지의 공칭전압값은 1.2 [V/cell]이다. ✗ 2 [V/cell]
○ 알칼리 축전지의 공칭용량은 5 [Ah]이다. ○

3 전지에서 발생하는 이상현상

1) 분극현상
   (1) 전지에 부하를 걸면 양극에 수소기체가 발생하여 전류의 흐름을 방해하여 기전력 감소로 이어지는 현상이다(수소가 전극의 표면에 축적되어 분극을 일으킨다).
   (2) 방지대책 : 감극제 사용, 염다리 사용

2) 국부작용
   (1) 전지 내부에서 불순물에 의해 단락전류가 흐르면 자기방전이 발생하여 기전력이 감소하는 현상
   (2) 방지대책 : 순수 아연판 사용, 아연판에 수은 도금

선생님 TIP

분극현상(분극작용)을 성극작용이라고도 출제됩니다.

4 전지의 직렬 및 병렬연결

1) 전지 n개의 직렬연결
   (1) 직렬연결 시 합성저항 : $R' = n \cdot r + R$ [Ω]
   (2) 외부저항 R에 흐르는 전류 : $I = \dfrac{E}{R'}$, $I = \dfrac{nE}{nr + R}$ [A]

2) 전지 m개의 병렬연결

(1) 병렬연결 시 합성저항 : $R' = \dfrac{r}{m} + R\ [\Omega]$

(2) 외부저항 R에 흐르는 전류 : $I = \dfrac{E}{R'}$, $I = \dfrac{E}{\dfrac{r}{m}+R}$ [A]

3) 비교

전지의 접속	기전력(E)	내부저항(r)	전지의 용량
직렬접속(n개 접속)	n배	n배	불변
병렬접속(m개 접속)	불변	$\dfrac{1}{m}$배	m배

5 전지의 충전방식 ★★

구분	내용
세류 충전방식	축전지의 자기방전을 보충하기 위해 부하를 제거한 상태로 늘 미소전류로 충전하는 방식(자기 방전량만 상시 충전)
균등 충전방식	부동충전방식 사용 시 Cell에서 일어나는 전위차를 균등하게 하기 위해 3주에 1회 정도 축전지 공칭전압의 120 ~ 125 [%]의 정전압으로 10 ~ 12시간 충전하는 방식
보통 충전방식	필요할 때마다 표준 시간율로 충전하는 방식
급속 충전방식	단시간에 2 ~ 3배의 전류로 충전하는 방식
부동 충전방식 ★★★	(1) 전지의 자기방전을 보충함과 동시에 상용부하에 대한 전력공급은 충전기가 부담하도록 하되, 충전기가 부담하기 어려운 일시적인 대전류 부하는 축전지로 하여금 부담하게 하는 충전방식 (2) 회로 계통 교류 → 변압기 → 정류회로 → 필터 → 부하보상 → 부하 　　　　　　　　　　　　　　　↳ 전지 ※ 충전기 = 정류기

P.33 문 05

전지의 자기방전을 보충함과 동시에 상용부하에 대한 전력공급은 충전기가 부담하도록 하되, 충전기가 부담하기 어려운 일시적인 대전류 부하는 축전지로 하여금 부담하게 하는 충전방식은 부동 충전방식이다. O

P.34 문 09

6 축전지 용량

1) 완전 충전된 축전지를 일정한 전류로 연속 방전시켜서, 단자의 전압이 방전 종지전압에 이를 때까지 사용할 수 있는 전기량

2) 축전지 용량 수식 : $C = \dfrac{1}{L} KI \, [\text{Ah}]$ ★★

   L : 보수율(사용 연수와 사용 조건의 변동에 의한 축전지의 용량변화의 보정값)

   ※ 보수율이 문제에서 주어지지 않으면 0.8 대입

   K : 환산시간계수

   I : 방전전류 [A]

3) 충전기 2차 전류 [A]

$$\dfrac{축전지정격용량[Ah]}{축전지공칭용량[Ah]} + \dfrac{상시부하용량[VA]}{표준전압[V]}$$

정격방전률 [h]
= 축전지공칭용량 [Ah]
알칼리 축전지 : 5시간
연(납) 축전지 : 10시간

○ 축전지 용량을 구하는 공식은
$C = \dfrac{1}{LI} K \, [\text{Ah}]$ 이다.
  ✗ $C = \dfrac{1}{L} KI \, [\text{Ah}]$

○ 충전기 2차 전류를 구하는 공식은
$\dfrac{축전지공칭용량[Ah]}{축전지정격용량[Ah]}$
$+ \dfrac{상시부하용량[VA]}{표준전압[V]}$ 이다.
  ✗ $\dfrac{축전지정격용량[Ah]}{축전지공칭용량[Ah]}$
  $+ \dfrac{상시부하용량[VA]}{표준전압[V]}$

예상문제

01 (중)

100 [V], 1 [kW]의 니크롬선을 3/4의 길이로 잘라서 사용할 때 소비전력은 약 몇 [W]인가?

① 1000
② 1333
③ 1430
④ 2000

해설 소비전력 계산

1) $P = VI = I^2R = \dfrac{V^2}{R}$ [W]

2) $R = \dfrac{V^2}{P} = \dfrac{100^2}{1000} = 10$ [Ω]

   $\dfrac{3}{4}$ 길이만 사용하므로

   $R_{\frac{3}{4}l} = 10 \times \dfrac{3}{4} = \dfrac{30}{4}$ [Ω]

3) $P = \dfrac{V^2}{R} = \dfrac{100^2}{\frac{30}{4}} = 1333$ [W]

P : 소비전력 [W]
V : 전압 [V]
I : 전류 [A]
R : 저항 [Ω]

02 (중)

줄의 법칙에 관한 수식으로 틀린 것은?

① $H = I^2Rt$ [J]
② $H = 0.24I^2Rt$ [cal]
③ $H = 0.12VIt$ [J]
④ $H = \dfrac{1}{4.2}I^2Rt$ [cal]

해설 줄의 법칙

$H = I^2Rt$ [J]
$= \dfrac{1}{4.2}I^2Rt$ [cal]
$= 0.24I^2Rt$ [cal]

1 [cal] = 4.2 [J]
1 [J] = 0.24 [cal]

03 (중)

1개의 용량이 25 [W]인 객석유도등 10개가 연결되어 있다. 이 회로에 흐르는 전류는 약 몇 [A]인가? (단, 전원전압은 220 [V]이고 기타 선로손실 등은 무시한다)

① 0.88 [A]
② 1.14 [A]
③ 1.25 [A]
④ 1.36 [A]

해설 전류 계산

$P_0 = P \times N = 25 \times 10 = 250$ [W]
$P_0 = VI$, $250 = 220 \times I$
∴ $I = 1.14$ [A]

P : 객석유도등 1개의 용량
P_0 : 객석유도등 전체 용량
N : 객석유도등 개수
V : 전압 [V]
I : 전류 [A]

정답 01 ② 02 ③ 03 ②

04 (상)(중)(하)

지하 1층, 지상 2층, 연면적이 1500 [m²]인 기숙사에서 지상 2층에 설치된 차동식 스포트형 감지기가 작동하였을 때 전 층의 지구경종이 동작되었다. 각 층 지구경종의 정격전류가 60 [mA]이고, 24 [V]가 인가되고 있을 때 모든 지구경종에서 소비되는 총 전력 [W]은?

① 4.23
② 4.32
③ 5.67
④ 5.76

해설 지구경종의 소비되는 전력

경종개수(N) : 3개 (지하 1, 지상 2)
$P_0 = P \times N = V \times I \times N (\because P = VI)$
$= 24 \times 0.06 \times 3 = 4.32 [W]$

P_0 : 지구경종의 총 전력 [W]
P : 지구경종 1개의 전력 [W]

05 (상)(중)(하)

어떤 전지의 부하로 6 [Ω]을 사용하니 3 [A]의 전류가 흐르고, 이 부하에 직렬로 4 [Ω]을 연결했더니 2 [A]가 흘렀다. 이 전지의 기전력은 몇 [V]인가?

① 8
② 16
③ 24
④ 32

해설 전지의 기전력 계산

$E = V + Ir = IR + Ir = I(R+r)$
• 6 [Ω] 사용 시 $E = 3(6+r)$
• 4 [Ω] 사용 시 $E = 2(4+6+r)$
• 내부저항 r 구함
  $3(6+r) = 2(4+6+r)$
  $r = 2 [\Omega]$
• $E = 3(6+2) = 18 + 6 = 24 [V]$

E : 기전력 [V]
R : 전지부하 [Ω]
r : 내부저항 [Ω]

06 (상)(중)(하)

100 [V]의 전위차가 있는 곳에 50 [A]의 전류가 6분간 흘렸을 때 전력량은 몇 [J]인가?

① 18×10^5
② 18×10^4
③ 18×10^3
④ 18×10^2

해설 전력량 계산(W)

$W = Pt = VIt \quad (\because P = VI)$
$= 100 \times 50 \times 360$
$= 18 \times 10^5 [J]$

W : 전력량
P : 전력 [W]
t : 시간 [s]
V : 전압 [V]
I : 전류 [A]

07 (상)(중)(하)

다른 종류의 금속선으로 된 폐회로에서 두 접합점의 온도차에 의하여 기전력이 발생하는 효과는?

① 펠티에 효과
② 제어백 효과
③ 톰슨 효과
④ 핀치 효과

해설 제어백 효과

제어백 효과	두 종류의 금속의 온도차 있으면 기전력 발생
펠티에 효과	두 종류의 금속에 전류를 흘리면 열 발생
톰슨 효과	온도차가 있을 때 전류 흘리면 열 발생

정답 04 ② 05 ③ 06 ① 07 ②

08 상중하

100 [V], 500 [W]의 전열선 2개를 같은 전압에서 직렬로 접속한 경우와 병렬로 접속한 경우의 전력은 각각 몇 [W]인가?

① 직렬 : 250, 병렬 : 500
② 직렬 : 250, 병렬 : 1000
③ 직렬 : 500, 병렬 : 500
④ 직렬 : 500, 병렬 : 1000

해설 직·병렬연결 시 전열선 소비전력

$$P = VI = I^2R = \frac{V^2}{R}$$

$$R = \frac{V^2}{P} = \frac{100^2}{500} = 20\,[\Omega]$$

$$P_{직렬} = \frac{V^2}{2R} = \frac{100^2}{40} = 250\,[W]$$

$$P_{병렬} = \frac{V^2}{\frac{1}{2}R} = \frac{100^2}{10} = 1000\,[W]$$

$P_{직렬}$: 직렬연결 시 소비전력 [W]
$P_{병렬}$: 병렬연결 시 소비전력 [W]

09 상중하

전지의 자기방전을 보충함과 동시에 상용부하에 대한 전력공급을 충전기가 부담하도록 하되, 충전기가 부담하기 어려운 일시적인 대전류부하는 축전지로 하여금 부담하게 하는 충전방식은?

① 급속충전 ② 부동충전
③ 균등충전 ④ 세류충전

해설 충전방식

구분	내용
세류 충전방식	축전지의 자기방전을 보충하기 위해 부하를 제거한 상태로 늘 미소전류로 충전하는 방식(자기 방전량만 상시 충전)
균등 충전방식	부동충전방식 사용 시 Cell에서 일어나는 전위차를 균등하게 하기 위해 3주에 1회 정도 축전지 공칭전압의 120~125 [%]의 정전압으로 10~12시간 충전하는 방식
보통 충전방식	필요할 때마다 표준 시간율로 충전하는 방식
급속 충전방식	단시간에 2~3배의 전류로 충전하는 방식
부동 충전방식 ★★★	전지의 자기방전을 보충함과 동시에 상용부하에 대한 전력공급은 충전기가 부담하도록 하되, 충전기가 부담하기 어려운 일시적인 대전류 부하는 축전지로 하여금 부담하게 하는 충전방식

10 상중하

축전지의 정격용량이 50 [Ah], 상시부하 2 [kW], 표준전압 100 [V]인 부동 충전방식의 충전기의 2차 전류(충전전류)는 몇 [A]인가? (단, 상용전원 정전 시의 비상 부하용량은 1 [kW]이다)

① 5   ② 15
③ 25 ④ 35

해설 충전기 2차 전류 계산(I_2)

$$I_2 = \frac{축전지정격용량[Ah]}{축전지 공칭용량[Ah]} + \frac{상시부하용량[VA]}{표준전압[V]}$$

$$= \frac{50}{10} + \frac{2000}{100} = 25\,[A]$$

TIP 축전지 종류가 나와 있지 않으면 연(납) 축전지
연(납) 축전지의 공칭용량 : 10 [Ah]

정답 08 ② 09 ② 10 ③

11 (중)

1 [W·s]와 같은 것은?

① 1 [J]　　② 1 [kg·m]
③ 1 [kWh]　④ 860 [kcal]

해설 전력량 계산

$W = P \cdot t$
$[J] = [W \cdot s]$

TIP 1 [J] = 0.24 [cal]
W : 전력량 [J]
P : 전력 [W]
t : 시간 [s]

12 (중)

내부저항 0.2 [Ω]인 건전지 5개를 직렬로 접속하고, 이것을 한 조로 하여 5조 병렬로 접속하면 합성내부저항은 몇 [Ω]인가?

① 0.1　　② 0.2
③ 1　　　④ 2

해설 직·병렬 합성저항

$R_{직렬} = R_1 + R_2 + \cdots + R_n$
$= 0.2 \times 5 = 1 [\Omega]$

같은 저항값을 직렬로 n개 연결했을 때 : n배

$R_{병렬} = \dfrac{1}{\dfrac{1}{R_1} + \dfrac{1}{R_2} + \cdots + \dfrac{1}{R_n}}$
$= \dfrac{1}{1 \times 5} = 0.2 [\Omega]$

같은 저항값을 병렬로 n개 연결했을 때 : n분의 1배

13 (중)

축전지의 부동충전방식에 대한 일반적인 회로계통은?

① 교류 → 변압기 → 부하보상 → 정류회로 → 부하
② 교류 → 변압기 → 정류회로 → 부하보상 → 부하
③ 교류 → 변압기 → 필터 → 정류회로 → 부하
④ 교류 → 변압기 → 부하보상 → 필터 → 부하

해설 부동충전방식

- 충전기는 전지의 자기 방전을 보충
- 대전류 부하는 축전지가 부담
- 회로계통 : 교류 → 변압기 → 정류회로 → 부하보상 → 부하

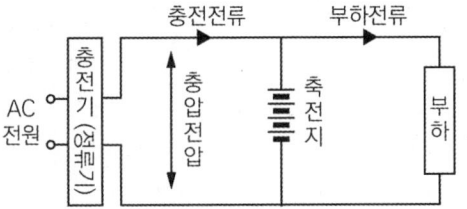

14 (중)

두 종류의 금속으로 폐회로를 만들어 전류를 흘리면 양 접속점에서 한쪽은 온도가 올라가고, 다른 쪽은 온도가 내려가는 현상은?

① 펠티에 효과　② 제어백 효과
③ 톰슨 효과　　④ 홀 효과

해설 펠티에 효과

- 다른 종류의 금속에 전류를 흘린다.
- 전류를 흘리면 열이 발생한다.

TIP

제어백 효과	두 종류의 금속의 온도차 있으면 기전력 발생
펠티에 효과	두 종류의 금속에 전류를 흘리면 열 발생
톰슨 효과	온도차가 있을 때 전류를 흘리면 열 발생

정답 11 ①　12 ②　13 ②　14 ①

15 (상,중,하)

어느 빌딩에서 형광등 32 [W] 125개를 8시간씩 매일 사용한다면 30일 동안 소비한 전력량 [kWh]은?

① 960
② 9600
③ 96000
④ 960000

해설 전력량 계산(W)

$W = Pnt = 32 \times 125 \times 8 \times 30$
$\quad = 960000 [Wh] = 960 [kWh]$

P : 전력[kW]
n : 형광등 개수

16 (상,중,하)

알칼리축전지의 음극 재료는?

① 수산화니켈
② 카드뮴
③ 이산화연
④ 연

해설 축전지

연(납)축전지	알칼리축전지
음극판(페이스트식) 양극판(글러스터식) 격리판	• 양극(+) : 이산화납(PbO$_2$) • 음극(-) : 납(Pb) • 전해액 : 묽은 황산(H$_2$SO$_4$) • 비중 : 1.2 ~ 1.24 • 공칭전압 : 2 [V/cell] • 공칭용량 : 10 [Ah]
(+)극 단자 외장제 (-)극(분말아연) 혼합물 (+)극(이산화망간) 격리판 (-)극 단자	• 양극(+) : 수산화니켈(Ni(OH)$_2$) • 음극(-) : 카드뮴(Cd) • 전해액 : KOH • 비중 : 1.2 ~ 1.25 • 공칭전압 : 1.2 [V/cell] • 공칭용량 : 5 [Ah]

17 (상,중,하)

전류가 22 [A]로서 2.6 [kW]의 전력을 소비하는 직류 부하의 저항은 약 몇 [Ω]인가?

① 3.27 ② 5.37
③ 7.27 ④ 9.37

해설 저항 계산

$P = VI = \dfrac{V^2}{R} = I^2 R$

$2600 = 22^2 \times R$

$\therefore R = 5.37 [\Omega]$

P : 전력 [kW]
I : 전류 [A]
R : 저항 [Ω]

정답 15 ① 16 ② 17 ②

18 상⦗중⦘하

그림과 같은 회로에서 각 저항에 생기는 전압강하와 단자전압은?

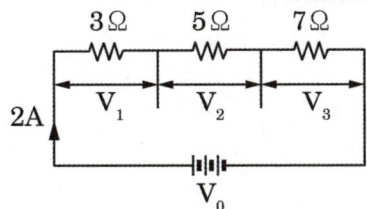

① $V_1 = 10, V_2 = 5, V_3 = 7, V_0 = 22$
② $V_1 = 10, V_2 = 5, V_3 = 10, V_0 = 25$
③ $V_1 = 6, V_2 = 10, V_3 = 14, V_0 = 30$
④ $V_1 = 10, V_2 = 6, V_3 = 14, V_0 = 25$

해설 전압강하 계산

- 전압강하
 $V_1 = IR_1 = 2 \times 3 = 6 [\text{V}]$
 $V_2 = IR_2 = 2 \times 5 = 10 [\text{V}]$
 $V_3 = IR_3 = 2 \times 7 = 14 [\text{V}]$
- 단자전압
 $V_0 = V_1 + V_2 + V_3$
  $= 6 + 10 + 14 = 30 [\text{V}]$

정답 18 ③

CHAPTER 03 정전계와 콘덴서

학습목표
1. 쿨롱의 법칙에 대해 학습한다.
2. 전기력선의 성질을 완벽히 이해하고 암기한다.
3. 전위의 개념에 대해 학습한다.
4. 정전용량과 콘덴서의 접속에 대해 학습한다.
5. 정전에너지의 계산공식을 학습한다.

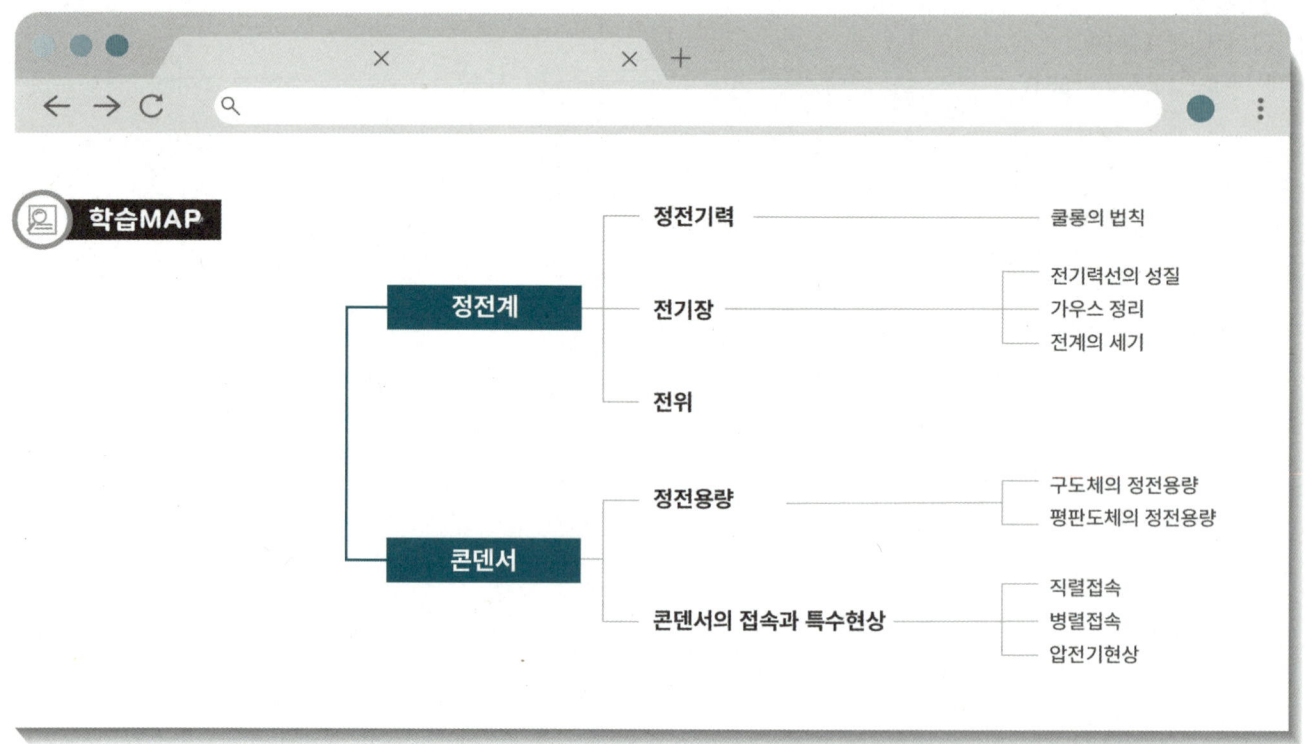

01 정전계 ★★★

1 용어 정리

1) 정전기(Static Electricity)
   (1) 두 종류의 물체를 마찰시키면 전기가 발생하게 되고, 이 전기는 정지하고 있는 상태가 되는데 이를 정전기라 한다.
   (2) 전하가 정지 상태에 있어 흐르지 않고 머물러 있는 전기를 의미한다.
2) 대전 : 양전기나 음전기를 띠는 현상을 대전이라 한다.
3) 정전유도
   (1) 대전된 도체와 대전되지 않은 도체를 가까이 하면 가까운 쪽은 다른 전하가 나타나고, 반대쪽은 같은 전하가 나타나는 현상

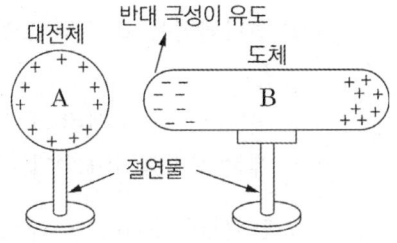

   (2) 대전체와 가까운 쪽 : 다른 종류의 전하
   (3) 대전체와 먼 쪽 : 같은 종류의 전하

2 정전기력

1) 정전기력 : 정지해 있는 전하 사이에 작용하는 기본적인 힘
   (1) 같은 종류의 전하 : 반발력
   (2) 다른 종류의 전하 : 흡인력
2) 쿨롱의 법칙 ★★★
   (1) 임의의 공간 내에서 두 점전하 Q_1, Q_2 사이에 작용하는 힘은 두 전하량의 곱에 비례하고, 거리의 제곱에 반비례한다.

$$F = \frac{1}{4\pi r^2} \times \frac{Q_1 Q_2}{\varepsilon} [N]$$
$$= \frac{1}{4\pi\varepsilon_0\varepsilon_s} \times \frac{Q_1 Q_2}{r^2} [N]$$
$$= 9 \times 10^9 \times \frac{Q_1 Q_2}{r^2} [N]$$

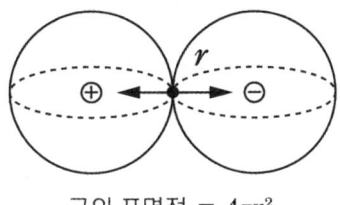

구의 표면적 = $4\pi r^2$

   (2) 유전율
   ① 유전체가 전하를 축적하는 성질
   ※ 유전체 : 절연체와 같은 말로서 전기가 흐르는 것을 막아주는 성질을 의미하며, 이러한 유전체에 전하가 축적되는 것을 유전율이라 한다.

② 공식 $\varepsilon = \varepsilon_0 \cdot \varepsilon_s$

ε_0 : 진공의 유전율($8.855 \times 10^{-12}[F/m]$),

ε_s : 비유전율(진공 = 1, 공기 ≒ 1)

❸ 전기장

1) 전기력선의 성질 ★★★

　⑴ 전기력선은 양전하의 표면에서 나와 음전하의 표면에서 끝난다.

　⑵ 전하가 없는 곳에서는 전기력선의 발생소멸이 없고, 연속적이다.

　⑶ 임의의 점에서 전기력선의 접선방향은 그 점에서의 전계방향과 일치한다.

　⑷ 전기력선은 그 자신만으로 폐곡선이 되지 않으며 서로 교차하지 않는다.

　⑸ 전기력선은 도체의 표면(등전위면)에 수직으로 출입하며 도체 내부에는 전기력선이 없다.

　⑹ 단위전하에서는 $\dfrac{1}{\varepsilon_0}$개의 전기력선이 출입한다.

　⑺ 전위가 높은 점에서 낮은 점으로 향한다.

2) 가우스 정리

　⑴ 임의의 폐곡면을 통해 나오는 전기력선의 총수를 가우스 정리에 의해 정의한다.

　⑵ 전기력선의 총수 : $N = \dfrac{Q}{\varepsilon} = \dfrac{Q}{\varepsilon_0 \varepsilon_s}$ [개]

3) 전기장(전계의 세기) ★★★

전하를 가진 물체나 전압이 가해진 선의 주위에서 전기력이 작용하는 공간, 또는 전기력선이 작용하는 공간을 전기장이라 한다.

　⑴ 전기장 세기

$$E = \frac{1}{4\pi r^2} \times \frac{Q}{\varepsilon} [V/m] = \frac{1}{4\pi \varepsilon_0 \varepsilon_s} \times \frac{Q}{r^2} [V/m]$$

$$= 9 \times 10^9 \times \frac{Q}{r^2} [V/m]$$

　⑵ 전기장과 쿨롱의 법칙과의 관계

$$F = EQ \Rightarrow E = \frac{F}{Q} [N/C]$$

4 전위

1) 전위

   (1) 전위의 개념

   ① 전기장 내에서 단위 점전하를 기준점에서 임의의 점까지 옮기는 데 필요한 에너지 또는 전기장 내에서 단위 전하가 갖는 위치에너지

   ② 전위는 양전하를 기준으로 하고 기준점에 대해 상대적인 크기로 나타낸다.

   ③ 음전하가 갖는 전기에너지의 전위는 (-)전위로서 어떤 기준점보다 전위가 낮다는 의미이며, 양전하가 음전하보다 전위가 높다.

   (2) 수식

   ① 전위

   $$V = \frac{1}{4\pi r} \times \frac{Q}{\varepsilon} \, [V]$$
   $$= \frac{1}{4\pi\varepsilon_0\varepsilon_s} \times \frac{Q}{r} \, [V]$$
   $$= 9 \times 10^9 \times \frac{Q}{r} \, [V]$$

   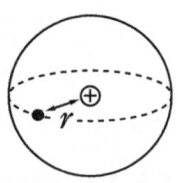

   ② 전위와 전기장과의 관계
   $$V = E \cdot r$$

2) 전위차 : 단위 전하를 이동시키는 데 필요한 에너지

   $$V = V_1 - V_2 = \frac{Q}{4\pi\varepsilon}\left(\frac{1}{r_1} - \frac{1}{r_2}\right) [V]$$

○ 전위와 전기장과의 관계는 $V = \frac{E}{r}$ 이다.　　**X** $V = E \cdot r$

5 전속밀도(Dielectric Flux Density)

1) 정의

   (1) 1 [m²]의 단위 면에서 몇 (C)의 전속선이 나오는지를 나타내는 양이다.

   (2) 단위 면을 지나는 전속선의 양으로서 전기력선의 분포도를 나타내는 의미와 같다.

2) 수식

   (1) 전속밀도 수식 : $D = \frac{Q}{A} = \frac{Q}{4\pi r^2} \, [C/m^2]$

   (2) 전속밀도와 전기장과의 관계 : $D = \varepsilon E = \varepsilon_0 \varepsilon_s E$

   $\varepsilon = \varepsilon_0 \cdot \varepsilon_s$

   ε_0 : 진공의 유전율($8.855 \times 10^{-12} [F/m]$)

   ε_s : 비유전율(진공 = 1, 공기 ≒ 1)

선생님 TIP

즉, 전속밀도는 전속을 단위면적으로 나누어 전속의 밀집한 정도를 나타냅니다.

02 콘덴서

1 콘덴서

1) 개념 : 전하를 축적하는 작용 외에 교류전류만을 흐르게 하는 작용이 있으므로 이것을 이용해 직류와 교류가 섞여 있는 전류에서 교류를 분리하는 데 사용한다.
2) 콘덴서의 종류
    (1) 전해 콘덴서 : 극성이 있으므로 교류회로에서는 사용이 불가능하다.
    (2) 세라믹 콘덴서 : 성능과 고주파 특성이 우수하고 가성비가 좋아 가장 많이 사용한다.
    (3) 마이카 콘덴서
        ① 표준 콘덴서로 사용
        ② 온도 변화에 따른 용량 변화가 적고 절연 저항이 높은 특성이 있다.
    (4) 마일러 콘덴서 : 필름을 유전체로 사용하고 저주파 특성이 우수하다.

> 📌 **선생님 TIP**
> 콘덴서도 전하를 축적하는 기능을 갖습니다.

2 정전용량 ★★

1) 정전용량 C[F]
    (1) 콘덴서가 전하를 축적할 수 있는 능력을 의미한다.
    (2) 수식
    $$Q = C \cdot V [C] \quad C = \frac{Q}{V} [F]$$
2) 정전용량의 계산
    (1) 구도체의 정전용량 : $C = 4\pi\varepsilon r [F] \quad r[m]$: 구도체의 반지름
    (2) 평판도체의 정전용량 : $C = \varepsilon \frac{A}{d} [F] \quad d[m]$: 극판의 간격
    $$A[m^2] : 면적$$

🔗 P.48 문 14

3 콘덴서의 접속과 특수현상 ★★★

1) 직렬접속
    (1) 전기량(Q)은 일정, 전압(V)은 분배
    $$V_1 = \frac{Q}{C_1}[V], \quad V_2 = \frac{Q}{C_2}[V]$$
    $$V = V_1 + V_2 = \frac{Q}{C_1} + \frac{Q}{C_2}$$
    $$= \left(\frac{1}{C_1} + \frac{1}{C_2}\right) \times Q[V]$$

🔗 P.49 문 15

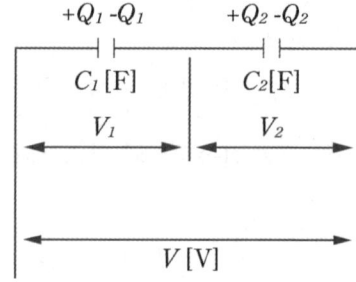

(2) 합성정전용량(C_0)

$$C_0 = \frac{Q}{V} = \frac{Q}{\left(\frac{1}{C_1}+\frac{1}{C_2}\right)Q} = \frac{C_1 \times C_2}{C_1+C_2} \text{ [F]}$$

(3) 전체 전기량 $Q = C_0 V = \dfrac{C_1 \times C_2}{C_1+C_2} \times V$ [C]

(4) 각 콘덴서에 걸리는 전압

$$V_1 = \frac{Q}{C_1} = \frac{C_2}{C_1+C_2} \times V \text{ [V]}, \quad V_2 = \frac{Q}{C_2} = \frac{C_1}{C_1+C_2} \times V \text{ [V]}$$

(5) 전체 전압(V)을 서서히 증가할 때 (C)값이 작은 콘덴서가 가장 먼저 파괴된다.

2) 병렬접속

(1) 전압(V) 일정, 전기량(Q) 분배

$Q_1 = C_1 V, \ Q_2 = C_2 V$ [C]

$Q = Q_1 + Q_2$
$= (C_1 + C_2) V$ [C]

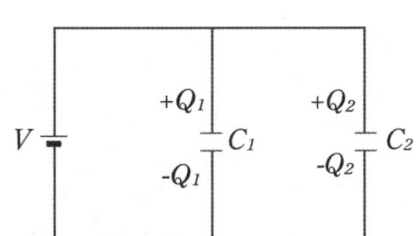

(2) 합성정전용량(C_0)

$$C_0 = \frac{Q}{V} = C_1 + C_2 \text{ [F]}$$

(3) 전체전압

$$V = \frac{Q}{C_0} = \frac{Q}{C_1+C_2} \text{ [V]}$$

(4) 각 콘덴서에서의 전기량 분배

$$Q_1 = C_1 V = \frac{C_1}{C_1+C_2} \times Q\text{[C]}, \quad Q_2 = C_2 V = \frac{C_2}{C_1+C_2} \times Q\text{[C]}$$

3) 콘덴서 특수현상 : 압전기현상(Piezo-effect)

압축이나 인장(기계적 변위)을 가하면 전기가 발생되고 반대로 전기를 흘려주면 기계적 변화가 생기는 현상이다. 주로 라이터에 사용하며 마이크나 스피커의 원리가 된다.

4 에너지와 흡입력

1) 정전 에너지 : 콘덴서에 축적되는 전기 에너지

(1) 콘덴서에 전압을 인가한 후 전하가 축적되는 경우 축적되는 에너지

(2) 수식 : $W = \dfrac{1}{2}QV = \dfrac{1}{2}CV^2 = \dfrac{Q^2}{2C}$ [J]

$C[F]$: 정전용량, $V[V]$: 전압, $Q[C]$: 축적된 전하

TIP 콘덴서의 합성정전용량은 저항의 계산과 반대로 한다.

콘덴서를 병렬로 접속하였을 때 합성정전용량은 $C_0 = C_1 + C_2$로 구한다. O

2) 절연체 내부에서의 전계의 세기 : $E = \dfrac{V}{l}\,[V/m]$

   $l\,[m]$: 전극 간 간격

3) 단위 체적당 축적되는 에너지 : $W_0 = \dfrac{1}{2}ED = \dfrac{1}{2}\varepsilon E^2 = \dfrac{D^2}{2\varepsilon}\,[J/m^3]$

   $E\,[V/m]$: 전계의 세기, $D\,[C/m^2]$: 전속밀도

4) 정전 흡입력 : 마주본 도체 사이에 축적된 전하의 상호 간 정전력
   (1) 콘덴서가 충전되면 양극판 사이의 양·음전하에 의해 흡입력이 발생한다.
   (2) $F = \dfrac{1}{2}ED = \dfrac{1}{2}\varepsilon E^2 = \dfrac{1}{2}\varepsilon\left(\dfrac{V}{l}\right)^2 [N/m^2]$

※ 그림으로 해석

> 콘덴서에 축적되는 전기에너지를 구하는 공식은 $W = \dfrac{1}{2}CV^2\,[J]$이다.

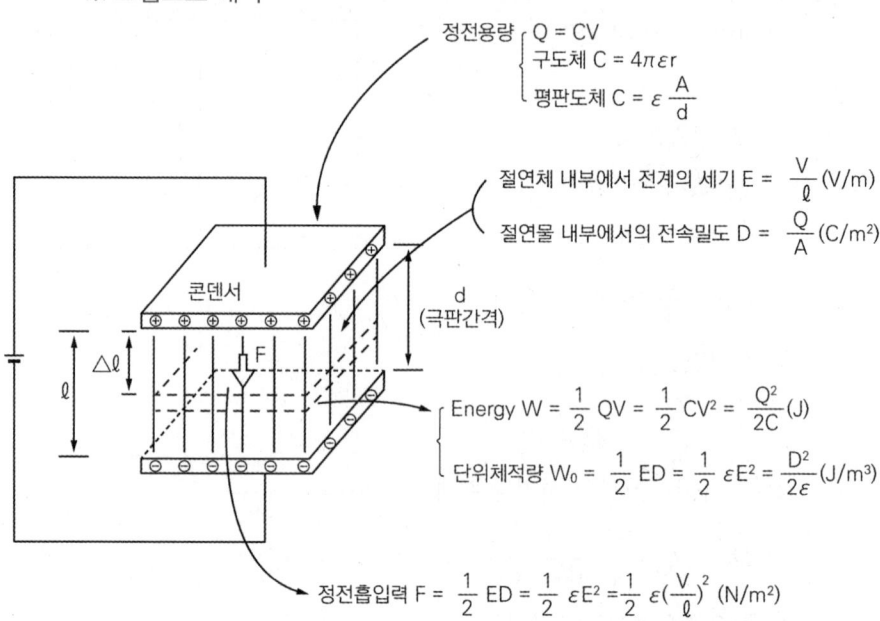

예상문제

01 (상 중 하)

50 [F]의 콘덴서 2개를 직렬로 연결하면 합성 정전용량은 몇 [F]인가?

① 25 ② 50
③ 100 ④ 1000

해설 콘덴서 계산

$$C_{직렬} = \frac{C_1 \times C_2}{C_1 + C_2}$$
$$= \frac{50 \times 50}{50 + 50} = 25[F]$$

[직렬접속] $C_0 = \dfrac{C_1 \times C_2}{C_1 + C_2} [F]$

[병렬접속] $C_0 = C_1 + C_2 [F]$

02 (상 중 하)

어떤 도체에 10 [C]의 전하가 이동하여 20 [J]의 일을 하였다면 전압의 크기는 몇 [V]인가?

① 4 ② 2
③ 1 ④ 0.5

해설 정전에너지 계산

$$W = VQ \rightarrow V = \frac{W}{Q} = \frac{20}{10} = 2[V]$$

W : 일의 양 [J]
V : 전압 [V]
Q : 전하량 [C]

03 (상 중 하)

공기 중에 1 × 10⁻⁷ [C]의 (+) 전하가 있을 때 이 전하로부터 15 [cm]의 거리에 있는 점의 전장의 세기는 몇 [V/m]인가?

① 1×10^4 ② 2×10^4
③ 3×10^4 ④ 4×10^4

해설 전계의 세기

$$E = \frac{Q}{4\pi\epsilon_0 r^2}$$
$$= \frac{1 \times 10^{-7}}{4\pi \times 8.85 \times 10^{-12} \times 0.15^2}$$
$$= 4 \times 10^4 [V/m]$$

$\varepsilon = \varepsilon_0 \cdot \varepsilon_s$
ε_0 : 진공의 유전율($8.855 \times 10^{-12} [F/m]$)
ε_s : 비유전율(진공 = 1, 공기 ≒ 1)
E : 전계의 세기 [V/m]
Q : 전하량 [C]
r : 거리 [m]

정답 01 ① 02 ② 03 ④

04 상 중 하

콘덴서와 정전유도 설명으로 틀린 것은?

① 정전용량이란 콘덴서가 전하를 축적하는 능력을 말한다.
② 콘덴서에서 전압을 가하는 순간 콘덴서는 단락상태가 된다.
③ 정전유도에 의하여 작용하는 힘은 반발력이다.
④ 같은 부호의 전하끼리는 반발력이 생긴다.

해설 정전유도의 특징

- 다른 부호의 전하끼리는 흡인력
- 같은 부호의 전하끼리는 반발력

05 상 중 하

진공 중에 놓인 5 [μC]의 점전하에서 2 [m] 되는 점의 전계는 몇 [V/m]인가?

① 11.25×10^3
② 16.25×10^3
③ 22.25×10^3
④ 28.25×10^3

해설 전계의 세기

$$E = \frac{1}{4\pi\varepsilon_0} \times \frac{Q}{r^2}$$

$$= \frac{1}{4\pi\epsilon_0} \times \frac{5 \times 10^{-6}}{2^2}$$

$$= 11.25 \times 10^3 \, [V/m]$$

$\varepsilon = \varepsilon_0 \cdot \varepsilon_s$

ε_0 : 진공의 유전율($8.855 \times 10^{-12} [F/m]$)
ε_s : 비유전율(진공 = 1, 공기 ≒ 1)
E : 전계의 세기 [V/m]
Q : 전하량 [C]
r : 거리 [m]

06 상 중 하

공기 중에 2 [m]의 거리에 10 [μC], 20 [μC]의 두 점전하가 존재할 때 이 두 전하 사이에 작용하는 정전력은 약 몇 [N]인가?

① 0.45
② 0.9
③ 1.8
④ 3.6

해설 정전력(F) 계산

$$F = \frac{1}{4\pi\varepsilon_0} \times \frac{Q_1 Q_2}{r^2}$$

$$= \frac{1}{4\pi\epsilon_0} \times \frac{(10 \times 10^{-6}) \times (20 \times 10^{-6})}{2^2}$$

$$= 0.45 \, [N]$$

$\varepsilon = \varepsilon_0 \cdot \varepsilon_s$

ε_0 : 진공의 유전율($8.855 \times 10^{-12} [F/m]$)
ε_s : 비유전율(진공 = 1, 공기 ≒ 1)
E : 전계의 세기 [V/m]
Q : 전하량 [C]
r : 거리 [m]

07 상 중 하

그림과 같은 회로의 A, B 양단에 전압을 인가하여 서서히 상승시킬 때 제일 먼저 파괴되는 콘덴서는? (단, 유전체의 재질 및 두께는 동일한 것으로 한다)

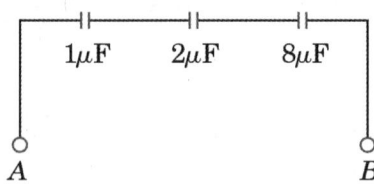

① $1\mu F$
② $2\mu F$
③ $3\mu F$
④ 모두

해설 콘덴서의 특징

- 정전용량이 작을수록 전압이 높다.
- 정전용량이 작은 콘덴서가 먼저 파괴된다.

정답 04 ③ 05 ① 06 ① 07 ①

08 (상/중/하)

두 콘덴서 C_1, C_2를 병렬로 접속하고 전압을 인가하였더니 전체 전하량이 Q [C]이었다. C_2에 충전된 전하량은?

① $\dfrac{C_1}{C_1+C_2}Q$ ② $\dfrac{C_1+C_2}{C_1}Q$

③ $\dfrac{C_1+C_2}{C_2}Q$ ④ $\dfrac{C_2}{C_1+C_2}Q$

해설 전하량 분배(병렬접속)

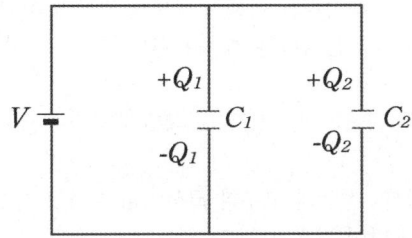

1) 전압(V) 일정, 전기량(Q)는 분배
  $Q_1 = C_1 V$, $Q_2 = C_2 V$ [C]
  $Q = Q_1 + Q_2 = (C_1 + C_2)V$ [C]
2) 합성정전용량
  $C_0 = \dfrac{Q}{V} = C_1 + C_2$ [F]
3) 전체전압
  $V = \dfrac{Q}{C_0} = \dfrac{Q}{C_1+C_2}$ [V]
4) 각 콘덴서에서의 전기량 분배
  $Q_1 = C_1 V = \dfrac{C_1}{C_1+C_2}Q$ [C]
  $Q_2 = C_2 V = \dfrac{C_2}{C_1+C_2}Q$ [C]

09 (상/중/하)

공기 중에 10 [μC]과 20 [μC]인 두 개의 점전하를 1 [m] 간격으로 놓았을 때 발생되는 정전기력은 몇 [N]인가?

① 1.2 ② 1.8
③ 2.4 ④ 3.0

해설 정전기력(F) 계산

$F = 9 \times 10^9 \times \dfrac{Q_1 Q_2}{r^2}$

$= 9 \times 10^9 \times \dfrac{(10 \times 10^{-6}) \times (20 \times 10^{-6})}{1^2}$

$= 1.8$ [N]

Q : 전하량 [C]
r : 거리 [m]

10 (상/중/하)

10 [μF]의 콘덴서에 45 [J]의 에너지를 축적하기 위한 충전전압은 몇 [V]인가?

① 3000 ② 5000
③ 15000 ④ 45000

해설 콘덴서 충전전압 계산

$W = \dfrac{1}{2}CV^2$

$45 = \dfrac{1}{2} \times 10 \times 10^{-6} \times V^2$

$\therefore V = 3000$ [V]

W : 에너지 [J]
C : 정전용량 [F]
V : 전압 [V]

정답 08 ④ 09 ② 10 ①

11 (상)(중)(하)

정전용량이 500 [μF]인 콘덴서 220 [V]의 전압을 인가한 경우 정전에너지는 약 몇 [J]인가?

① 12 ② 24
③ 36 ④ 48

해설 정전에너지 계산

$$W = \frac{1}{2}CV^2$$
$$= \frac{1}{2} \times 500 \times 10^{-6} \times 220^2$$
$$= 12\,[J]$$

W : 에너지 [J]
C : 정전용량 [F]
V : 전압 [V]

12 (상)(중)(하)

한쪽 극판의 면적이 0.01 [m²], 극판의 간격이 1.5 [mm]인 공기 콘덴서의 정전용량은?

① 약 59 [pF] ② 약 118 [pF]
③ 약 334 [pF] ④ 약 1334 [pF]

해설 정전용량 계산

1) 구도체의 정전용량 $C = 4\pi \varepsilon r\,[F]$
   $r\,[m]$: 구도체의 반지름
2) 평판도체의 정전용량 $C = \varepsilon \dfrac{A}{d}\,[F]$
   $d\,[m]$: 극판의 간격
   $A\,[m^2]$: 면적

$$C = \frac{\varepsilon_0 \varepsilon_s A}{d} = \frac{(8.85 \times 10^{-12}) \times 1 \times 0.01}{1.5 \times 10^{-3}}$$
$$= 59 \times 10^{-12}\,[F] = 59\,[pF]$$
(단위 $[pF] = [F] \times 10^{12}$)

$\varepsilon = \varepsilon_0 \cdot \varepsilon_s$
ε_0 : 진공의 유전율($8.855 \times 10^{-12}\,[F/m]$)
ε_s : 비유전율(진공 = 1, 공기 ≒ 1)

13 (상)(중)(하)

극성을 가지고 있어 교류회로에 사용할 수 없는 것은?

① 마이카 콘덴서
② 전해 콘덴서
③ 세라믹 콘덴서
④ 마일러 콘덴서

해설 콘덴서

1) 개념 : 전하를 축적하는 작용 외에 교류전류만을 흐르게 하는 작용이 있으므로 이것을 이용해 직류와 교류가 섞여 있는 전류에서 교류를 분리하는 데 사용한다.
2) 콘덴서의 종류
   (1) 전해 콘덴서 : 극성이 있으므로 교류회로에서는 사용이 불가능하다.
   (2) 세라믹 콘덴서 : 성능과 고주파 특성이 우수하고 가성비가 좋아 가장 많이 사용한다.
   (3) 마이카 콘덴서
      ① 표준 콘덴서로 사용한다.
      ② 온도 변화에 따른 용량 변화가 적고 절연 저항이 높은 특성이 있다.
   (4) 마일러 콘덴서 : 필름을 유전체로 사용하고 저주파 특성이 우수하다.

14 (상)(중)(하)

반지름이 1 [m]인 구도체에 전하 Q(C)을 줄 때 구도체 1개의 정전용량은 몇 [μF]인가?

① 9×10^{-3}
② 9×10^{-4}
③ $\dfrac{1}{9} \times 10^{-3}$
④ $\dfrac{1}{9} \times 10^{-4}$

정답 11 ① 12 ① 13 ② 14 ③

해설 정전용량 계산

1) 구도체의 정전용량 : $C = 4\pi\varepsilon r\,[F]$

　　　　　　　　　　　　　$r[m]$: 구도체의 반지름

2) 평판도체의 정전용량 : $C = \varepsilon\dfrac{A}{d}\,[F]$

　　　　　　　　　　　　　$d[m]$: 극판의 간격
　　　　　　　　　　　　　$A[m^2]$: 면적

$C = 4\pi\varepsilon_0 r$
$= 4\pi \times 8.85 \times 10^{-12} \times 1$
$= \dfrac{1}{9} \times 10^{-9}[F] = \dfrac{1}{9} \times 10^{-3}[\mu F]$

（단위 $[\mu F] = [F] \times 10^6$）

$\varepsilon = \varepsilon_0 \cdot \varepsilon_s$
ε_0 : 진공의 유전율($8.855 \times 10^{-12}[F/m]$)
ε_s : 비유전율(진공 = 1, 공기 ≒ 1)

해설 콘덴서 직렬접속의 단자전압

- A - B 간의 전압 (V_{AB})

$V_{AB} = \dfrac{C_2}{C_1 + C_2}V = \dfrac{900}{300+900} \times 400$
$= 300\,[V]$

$V = Q/C$이며 정전용량과 전압이 반비례임을 이용하여 콘덴서단위$[\mu F]$와 전압단위$[V]$가 주어졌을 때 비율로 계산한다.

- B - C 간의 전압 (V_{BC})

$V_{BC} = \dfrac{C_1}{C_1 + C_2}V = \dfrac{300}{300+900} \times 400$
$= 100\,[V]$

- 직렬접속

$V_1 = \dfrac{Q}{C_1} = \dfrac{C_2}{C_1 + C_2}\,V\,[V]$

$V_2 = \dfrac{Q}{C_2} = \dfrac{C_1}{C_1 + C_2}\,V\,[V]$

- 병렬접속

$Q_1 = C_1 V = \dfrac{C_1}{C_1 + C_2}\,Q\,[C]$

$Q_2 = C_2 V = \dfrac{C_2}{C_1 + C_2}\,Q\,[C]$

15

회로에서 A - B, B - C 간에 걸리는 전압은 몇 [V]인가?

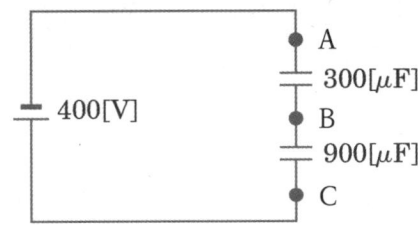

① A - B : 300, B - C : 100
② A - B : 100, B - C : 300
③ A - B : 150, B - C : 250
④ A - B : 250, B - C : 150

16

용량 0.02 [μF] 콘덴서 2개와 용량 0.01 [μF] 콘덴서 1개를 병렬로 접속하여 24 [V]의 전압을 가하였다. 합성용량은 몇 [μF]이며, 0.01 [μF] 콘덴서에 축적되는 전하량은 몇 [C]인가?

① 0.05, 0.12 × 10⁻⁶
② 0.05, 0.24 × 10⁻⁶
③ 0.03, 0.12 × 10⁻⁶
④ 0.03, 0.24 × 10⁻⁶

정답 15 ① 16 ②

해설 정전용량과 전하량 계산

- $C_{병렬} = C_1 + C_2 + C_3$
  $= 0.02 + 0.02 + 0.01 = 0.05\,[\mu F]$
- $Q_{0.01\mu F} = CV$
  $= 0.01 \times 10^{-6} \times 24$
  $= 0.24 \times 10^{-6}\,[C]$

$C_{병렬}$: 병렬접속 시 합성정전용량
$Q_{0.01\mu F}$: $0.01\,[\mu F]$에 축적되는 전하량

17 상중하

3 [μF]의 콘덴서를 4 [kV]로 충전하면 저장되는 에너지는 몇 [J]인가?

① 4
② 8
③ 16
④ 24

해설 정전에너지 계산

$W = \dfrac{1}{2}CV^2$
$= \dfrac{1}{2} \times 3 \times 10^{-6} \times 4000^2$
$= 24\,[J]$

W : 에너지 [J]
C : 정전용량 [F]
V : 전압 [V]

CHAPTER 04 정자계와 전자유도

3회독 월 일
2회독 월 일
1회독 월 일

학습목표

1 자기유도와 쿨롱의 법칙에 대해 이해한다.
2 정전계와 정자계를 비교할 수 있다.
3 전류의 자기작용, 히스테리시스 곡선에 대해 숙지한다.
4 전자력과 전자유도에 대해 학습한다.
5 인덕턴스와 전자에너지에 대해 이해한다.

학습MAP

- **자석의 자기작용**
  - 자석 사이에 작용하는 힘 — 쿨롱의 법칙, 투자율
  - 자기장(자력이 미치는 공간) — 자기장의 세기, 자기력선
  - 자속과 자속밀도
  - 자기 모멘트와 토크
  - 자화의 세기
  - 정전계와 정자계의 비교
- **전류의 자기작용**
  - 전류에 의한 자기현상 — 암페어의 오른나사 법칙, 비오 - 사바르 법칙, 암페어의 주회적분 법칙
  - 전류에 의한 자장의 세기
- **자기회로와 히스테리시스 곡선**
  - 자기회로와 자기저항 — 전기회로와 자기회로와의 비교
  - 히스테리시스 곡선 — 전자석과 영구자석
  - 와전류 손실(맴돌이 전류)
- **자기회로**
  - 전기회로와 자기회로 비교
  - 자기회로 내의 옴의 법칙 — 자기저항, 기자력, 자속
  - 전기회로와 자기회로 비교
- **전자력**
  - 전자력(전동기 원리) — 플레밍의 왼손 법칙, 전자력의 크기
  - 평행 도선 사이에 작용하는 힘
- **전자유도**
  - 자속 변화에 의한 유도기전력 — 패러데이 법칙, 렌쯔의 법칙
  - 도체 운동에 의한 유도기 전력
- **인덕턴스와 전자에너지**
  - 자기유도
  - 인덕턴스 — 자기인덕턴스, 상호인덕턴스, 결합계수
  - 코일의 접 — 가동접속(가극성), 차동접속(감극성)
  - 코일에 축적되는 에너지

01 자석의 자기작용 ★★

1 용어 정리

1) 자기력 : 쇠를 끌어당기는 힘을 자기력이라 한다.
2) 자극 : 자기를 가지고 있는 물체, 즉 자석을 의미한다.
3) 자장 : 자기력선이 미치는 범위를 자기장이라 한다.
4) 자화 : 자석을 띠지 않는 물체가 자성을 띠는 현상으로서 자기장 안의 물체가 자화되는 양상에 따라서 강자성체, 상자성체, 반자성체로 구분된다.
5) 자기유도
   (1) 자기장 안에 물체를 두면 자성이 나타나는 현상으로서 쇠를 자석에 붙이면 가까운 쪽은 다른 종류의 자극이 생기고, 먼 쪽은 같은 종류의 극이 생기는 현상이다.
   (2) 강자성체, 상자성체, 반자성체

구분	비투자율	내용
강자성체	$\mu_s \gg 1$	① 외부 자기장 속에서 자기장의 방향으로 강하게 자화되는 물질 ② 외부 자기장을 제거해도 자성을 오래 유지함 예) 철(Fe), 니켈(Ni), 코발트(Co)
상자성체	$\mu_s \geq 1$	① 외부 자기장 속에서 자기장의 방향으로 약하게 자화되는 물질 ② 외부 자기장을 제거하면 자성이 바로 사라짐 예) 알루미늄(Al), 주석(Sn), 백금(Pt), 산소(O), 텅스텐(W)
반자성체	$\mu_s < 1$	① 외부 자기장 속에서 자기장과 반대 방향으로 자화되는 물질 ② 외부 자기장을 제거하면 자성이 바로 사라짐 예) 물(H_2O), 금(Au), 은(Ag), 납(Pb), 구리(Cu), 아연(Zn), 비스무트(Bi)

[보충] 자장 = 자기장 = 자계

- 구리는 반자성체이다. [O]
- 철은 상자성체이다. [X] 강자성체

🔗 P.72 문 06
🔗 P.77 문 24

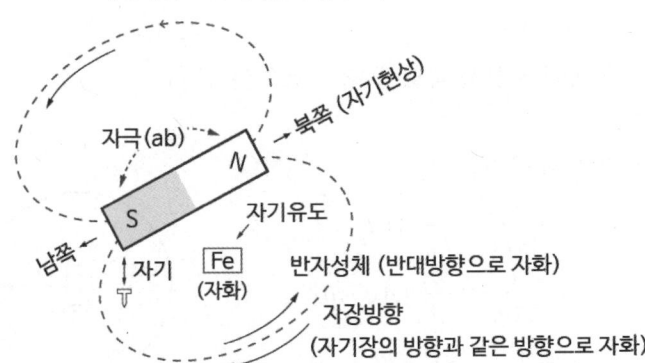

❷ 자석 사이에 작용하는 힘

1) 쿨롱의 법칙 ★★★

두 자극 m_1, m_2 사이에 작용하는 힘의 크기는 두 자극 세기의 곱에 비례하고, 두 자극 사이의 거리 제곱에 반비례한다.

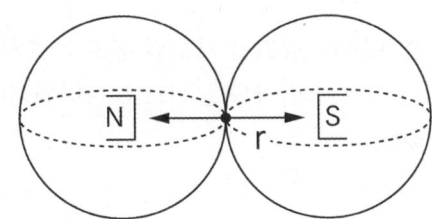

$$F = \frac{1}{4\pi r^2} \times \frac{m_1 m_2}{\mu} \ [N]$$
$$= \frac{1}{4\pi\mu} \times \frac{m_1 m_2}{r^2} \ [N]$$
$$= 6.33 \times 10^4 \times \frac{m_1 m_2}{r^2} \ [N]$$

2) 투자율

(1) 자속이 통하기 쉬운 정도로서 어떤 물질을 자기장 속에 놓았을 경우 상호 자기장을 만들 수 있는 능력을 의미한다.

(2) 공식

① $\mu = \mu_0 \mu_s$

② 진공의 투자율 : $\mu_0 = 4\pi \times 10^{-7} [H/m]$

③ 비 투자율 : 진공 $\mu_s = 1$, 공기 $\mu_s \fallingdotseq 1$

○ 두 자극 m_1, m_2 사이에 작용하는 힘의 크기는 두 자극 세기의 곱에 비례한다. O

3 자기장(자력이 미치는 공간)

1) 자기장의 세기 ★★★

   (1) 자계 내에 자극을 놓았을 때 작용하는 힘

   (2) 수식

   ① 자기장의 세기

   $$H = \frac{1}{4\pi r^2} \times \frac{m}{\mu_0} \ [AT/m]$$
   $$= \frac{1}{4\pi \mu_0} \times \frac{m}{r^2} \ [AT/m]$$
   $$= 6.33 \times 10^4 \times \frac{m}{r^2} \ [AT/m]$$

   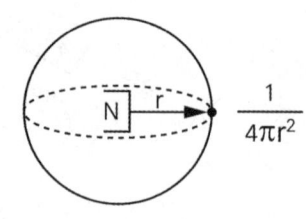

   ② 쿨롱의 법칙과의 관계

   $$F = mH \Rightarrow H = \frac{F}{m} \ [N/Wb]$$

2) 자기력선

   (1) 개념

   ① 자력이 미치는 공간을 가상의 선으로 표시한 것

   ② 자기장의 세기와 방향을 선으로 나타낸 것

   (2) 특징 ★★★

   ① 자기력선은 N극에서 나와 S극에서 끝난다.

   ② 자기력선 자체는 수축하려 하고 같은 방향의 자력선은 서로 반발한다.

   ③ 한 점을 지나는 자기력선의 접선 방향이 그 점에서의 자장의 방향이다.

   ④ 자기장 내 임의의 한 점에서의 자력선의 밀도는 자장의 세기와 같다.

   ⑤ 자기력선은 서로 교차하지 않는다.

   ⑥ 자기력선은 그 자신만으로 폐곡선이 된다.

3) 가우스 정리

   (1) 임의의 폐곡면 내 자석이 있을 때 이 폐곡면을 통해서 나오는 자기력선의 총수를 가우스 정리에 의해 정의한다.

   (2) 자기력선의 총수

   $$N = \frac{m}{\mu} = \frac{m}{\mu_0 \mu_s} \ [개]$$

• 자기력선은 N극에서 나와 S극에서 끝난다. **O**
• 자기력선은 서로 교차한다. **X** 교차하지 않는다.
• 자기력선은 그 자신만으로 폐곡선이 되지 않는다. **X** 폐곡선이 된다.

4 자속과 자속밀도

1) 자속
   (1) 자극에서 나오는 자기력선의 수로서 자기력선의 다발을 의미한다.
   (2) 기호 : $\phi\,[Wb]$

2) 자속밀도
   (1) 단위 면적을 수직으로 지나는 자기력선의 총수
   (2) 수식
   ① 자속밀도
   $$B = \frac{\phi}{A} = \frac{\phi}{4\pi r^2}\,[Wb/m^2] = G = T$$
   ② 자속밀도와 자장의 세기와의 관계
   $$B = \mu H = \mu_0 \mu_s H\,[Wb/m^2]$$

> 자속밀도는 단위 길이를 수직으로 지나는 자기력선의 총수이다.
> **X** 단위 면적을

5 자기 모멘트와 토크

1) 자기 모멘트
   (1) 자석이 회전할 때 회전을 결정하는 상수
   (2) 수식
   $$M = m \cdot l$$
   $m\,[Wb]$: 자극의 세기, $l\,[m]$: 길이

2) 토크(회전력)
   $$T = MH\sin\theta\,[N \cdot m] = mlH\sin\theta\,[N \cdot m]$$

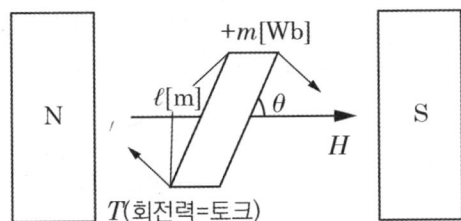

$T = m\ell H\sin\theta$
$\quad = MH\sin\theta$
$\quad = M \times H$

$M = m\ell$
(자기쌍극자모멘트)

6 자화의 세기

자성체를 자계 내에 놓았을 때 물질이 자화되는 경우를 표시하는 것으로서 단위 체적당 자기 모멘트로 표시한다.

1) 자석이 아닌 물체를 자계 내에 놓으면 자석화되는 것이 자화이며, 물질마다 자화되는 정도가 다르다.
2) 비투자율이 큰 물질일수록 자화의 세기가 크다.
3) 자계의 세기가 클수록 자화의 세기가 크다.

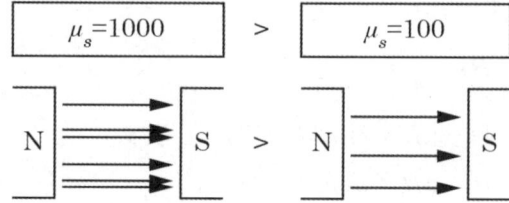

> [보충] **비투자율**
> 해당 매질이 진공에 비해 얼마나 자기장을 잘 통과시키는지의 값
>
> [보충] **투자율**
> 해당 매질이 자기장 내에 있을 때 얼마나 자화하는지 나타내는 값
>
> 비투자율이 작은 물질일수록 자화의 세기가 크다. [X] 큰 물질일수록

7 정전계와 정자계의 비교 ★★★

> [TIP] 정전계와 정자계의 특징을 잘 비교할 것

정전계	정자계
전하 Q [C]	자하 m [Wb]
+, − 분리 가능	N, S극 분리 불가
쿨롱의 법칙	쿨롱의 법칙
유전율	투자율
전기장(전장, 전계)	자기장(자장, 자계)
전기장의 세기	자기장의 세기
전기장과 쿨롱과의 관계 $F=EQ$	자기장과 쿨롱과의 관계 $F=mH$
전기력선	자기력선
가우스 정리 $N=\dfrac{Q}{\varepsilon}$	가우스 정리 $N=\dfrac{m}{\mu}$
전속 Q [C]	자속 ∅ [Wb]
전속밀도 D [C/m²]=$\dfrac{Q}{A}=\dfrac{Q}{4\pi r^2}$	자속밀도 B [Wb/m²]=$\dfrac{\phi}{A}=\dfrac{\phi}{4\pi r^2}$
전속밀도와 전계와의 관계 $D=\varepsilon E$	자속밀도와 자계와의 관계 $B=\mu H$

02 전류의 자기작용 ★★★

1 전류에 의한 자기현상

1) 암페어의 오른나사법칙

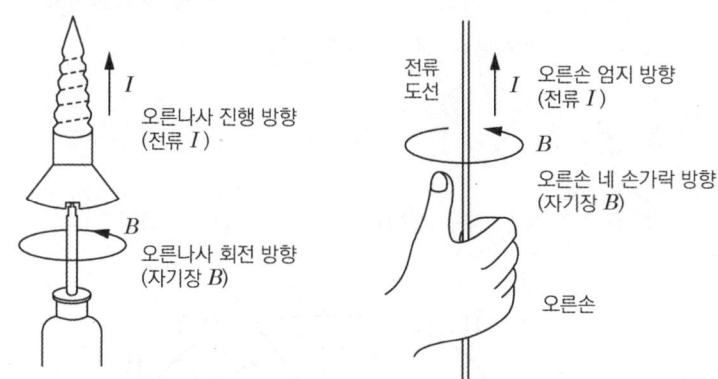

(1) 전류가 흐르는 도체의 주위에는 전류의 방향에 따라 자기력선의 방향을 알 수 있다.
(2) 엄지손가락 : 전류 방향
(3) 나머지 손가락 : 자기력선의 방향

2) 비오 - 사바르법칙(전류와 자계의 세기와의 관계)
   (1) 정의(전류가 흐를 경우 자장의 세기를 표현)
   ① 전선에 전류가 흘렀을 때 미소부분에서 $r[m]$ 떨어진 P점의 미소 자계의 세기 $dH[AT/m]$를 정의하는 법칙
   ② 원전류나 직선전류에 의한 자계의 세기를 구하는 공식이다.

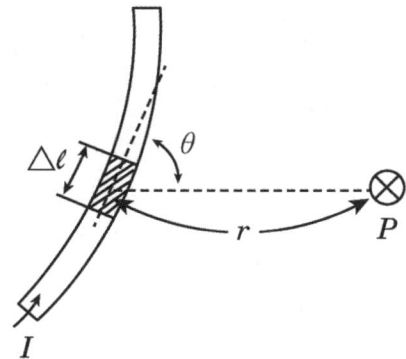

   (2) 수식
   $$\Delta H = \frac{I \Delta l}{4\pi r^2} \sin\theta \ [AT/m]$$

○ P.75 문 16

○ 미소자기장의 크기는 전류의 크기에 반비례한다. [X] 비례한다.

3) 암페어의 주회적분법칙(전류와 자계와의 관계)
   (1) 개념(후크메타가 전류를 측정하는 원리)
      ① 직선전류에 의해 발생되는 자계의 선적분은 전 전류와 같다.
      ② 원 둘레 임의의 점에서의 세기를 H라 하면 이 원둘레에 있어서 선적분은 이 원둘레 내를 가로 지르는 전 전류와 같다.
      ③ 자계의 세기를 알면 전류를 구할 수 있다.
   (2) 수식 ★★★
      ① $\oint H dl = \sum I$
      ② 권수가 N인 경우 $\oint H dl = NI \Rightarrow Hl = NI$

> 암페어의 주회적분법칙은 전류와 자계와의 관계를 나타내는 법칙이며, 그 수식은 $\oint H dl = NI$이다. O

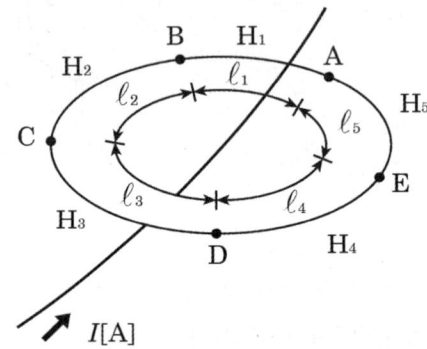

🔗 P.71 문 01

2 전류에 의한 자장의 세기 : 외부 자계 = 0 ★★★

1) 원형코일 중심에서의 자장의 세기

$$H_0 = \frac{I}{4\pi r^2} \sum_{l=1}^{n} \Delta l_1$$
$$= \frac{I}{4\pi r^2} \cdot 2\pi r$$
$$= \frac{NI}{2r} [AT/m]$$

※ 원형 coil

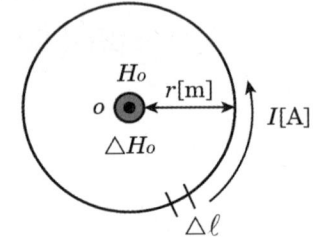

2) 무한장 직선전류에 의한 자장의 세기

$\sum Hl = H \cdot 2\pi r = I$

($2\pi r$ = 코일 원주 길이)

$H = \dfrac{I}{2\pi r} [AT/m]$

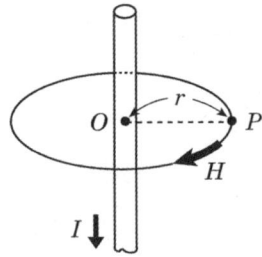

3) 무한장 솔레노이드 내부의 자장의 세기

$Hl = NI$

$H = \dfrac{NI}{l}$

$\therefore H = n_0 I \,[AT/m]$

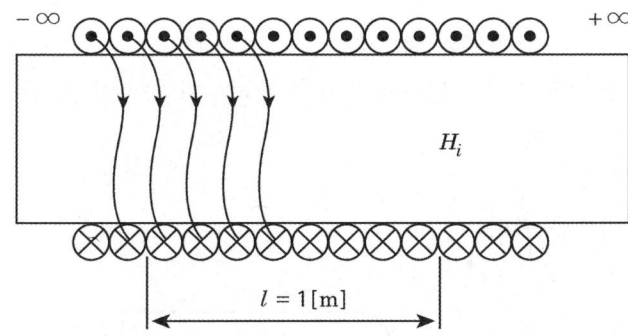

4) 환상 솔레노이드 내부의 자장의 세기

$\sum Hl = H \cdot 2\pi r = NI$

$\therefore H = \dfrac{NI}{l} = \dfrac{NI}{2\pi r}[AT/m]$

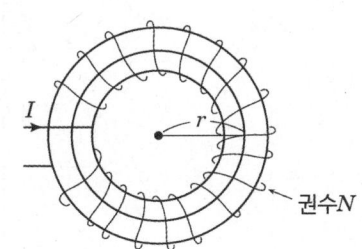

권수 N

5) 삼각형, 사각형(장방형), 정육각형 자계의 세기

(1) 정삼각형

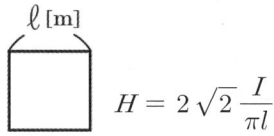 $H = \dfrac{9}{2}\dfrac{I}{\pi l}$

(2) 정사각형(정방향) ★

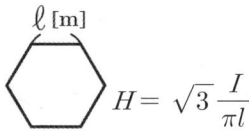 $H = 2\sqrt{2}\,\dfrac{I}{\pi l}$

(3) 정육각형

$\ell\,[m]$ $H = \sqrt{3}\,\dfrac{I}{\pi l}$

$\left. \begin{array}{l} F = \dfrac{1}{4\pi\varepsilon} \times \dfrac{Q_1 Q_2}{r^2} \\ E = \dfrac{1}{4\pi\varepsilon} \times \dfrac{Q}{r^2} \\ V = \dfrac{1}{4\pi\varepsilon} \times \dfrac{Q}{r} \\ D = \dfrac{Q}{A} \times \dfrac{Q}{4\pi r^2} \end{array} \right\} \begin{array}{l} F = EQ \\ V = E \cdot r \end{array}$

$D = \varepsilon E$

$\left. \begin{array}{l} F = \dfrac{1}{4\pi\mu} \times \dfrac{m_1 m_2}{r^2} \\ H = \dfrac{1}{4\pi\mu} \times \dfrac{m}{r^2} \\ B = \dfrac{\phi}{A} \times \dfrac{\phi}{4\pi r^2}(wb/m^2) \end{array} \right\} \begin{array}{l} F = mH \\ B = \mu H \end{array}$

$H = \dfrac{NI}{2r} \,/\, H = \dfrac{I}{2\pi r} \,/\, H = nI \,/\, H = \dfrac{NI}{\ell} = \dfrac{NI}{2\pi r}$

> P.74 문 12
> 무한장 솔레노이드 내부의 자장의 세기 H = N/I이다.   ✗ H = nI

03 자기회로와 히스테리시스 곡선

1 자기회로와 자기저항 ★★

1) 자기회로
   (1) 정의
      ① 자속이 통과하는 폐회로
      ② 철심에 코일을 감아서 전류를 흘려주면 자속이 통과하는 회로가 구성된다.
   (2) 기자력
      ① 자속을 만드는 힘
      ② $F = NI\,[AT] = R_m \phi$

기자력 $F = \dfrac{N}{I}$ 이다. ✗ F = NI

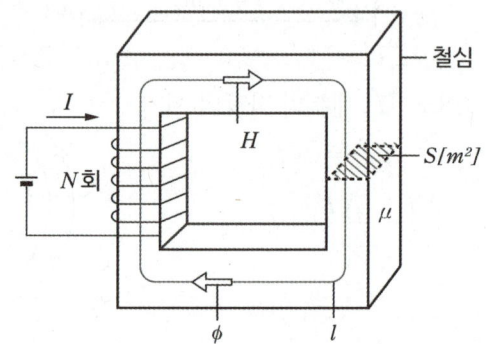

2) 자기저항
   (1) 기자력과 자속의 비로서 철심의 투자율에 따라 결정된다.
   (2) 수식
   $$R_m = \dfrac{F}{\phi} = \dfrac{NI}{\phi}\,[AT/Wb], \quad R_m = \dfrac{l}{\mu A} = \dfrac{l}{\mu_0 \mu_s}\,[AT/Wb]$$

3) 공극이 있는 철심

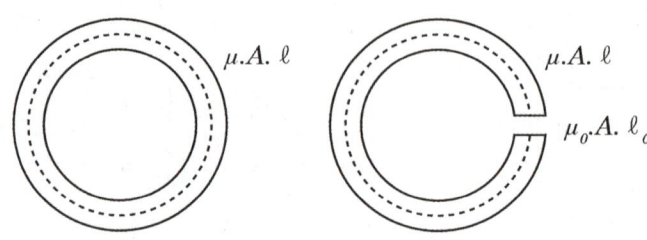

   (1) 공극이 없는 경우 $R_m = \dfrac{l}{\mu A}$

보충 ▶ 공극
작은 구멍, 작은 틈을 의미한다. 즉, 공극이 있는 철심은 철심에 작은 틈이 있는 것으로 해석하면 된다.

(2) 공극이 있는 경우 $R = R_m + R_0$

① $R_m = \dfrac{l-l_0}{\mu A} = \dfrac{l}{\mu A}$ ($\because l - l_0 ≒ l$ 과 같기 때문)

② $R_0 = \dfrac{l_0}{\mu_0 A}$

(3) 공극이 없는 철심과 있는 철심과의 관계

$R = R_m + R_0$

$\dfrac{R}{R_m} = \dfrac{R_m + R_0}{R_m} = 1 + \dfrac{R_0}{R_m} = 1 + \dfrac{\frac{l_g}{\mu_0 A}}{\frac{l}{\mu A}} = 1 + \dfrac{l_g}{l} \cdot \dfrac{\mu}{\mu_0} = 1 + \dfrac{l_g}{l}\mu_s$

※ 보통 공극의 길이 l_0는 l_g로 출제된다.

R_m : 공극이 없는 철심, R : 공극이 있는 철심

2 히스테리시스 곡선

1) 개념

철심을 자화하는 경우에 자계의 세기를 증가해 갈 때의 자속밀도의 변화를 나타내는 곡선과는 일치하지 않고, 그림과 같이 다른 경로를 통하기 때문에 고리 모양의 곡선이 된다. 이러한 현상을 히스테리시스라 하고 이 고리 모양의 곡선을 히스테리시스 루프라 한다.

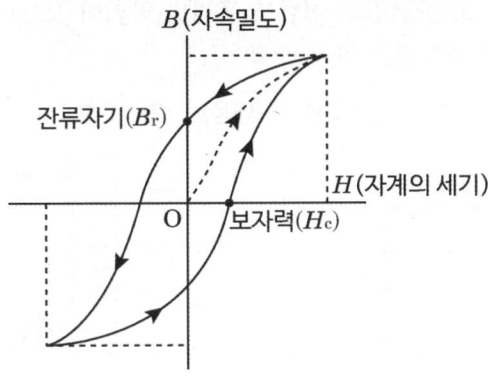

2) 히스테리시스 손실

히스테리시스 곡선을 일주할 때마다 곡선면적에 해당되는 단위체적당 에너지가 자성체의 온도를 상승시키는 열로 소비된다.

3 와전류 손실(맴돌이전류)

시간에 따라 변화하는 자기장 내에 놓인 도체 내부에서 전자기유도에 의해 발생하는 소용돌이 모양의 전류로서, 와전류를 감소시키기 위해 성층철심을 사용한다.

P.73 문 09

P.75 문 18

전자석과 영구자석

전자석 (Electro- magnet)	영구자석 (Permanent Magnet)
• 보자력은 작고 잔류자기는 클 것 • 히스테리시스 곡선 면적이 작다.	• 보자력과 잔류자기가 클 것 • 히스테리시스 곡선 면적이 크다.

보충 ▶ 와전류가 흐르면 철심에 열이 발생한다.

04 자기회로 ★★

1 자기회로

1) 자속이 통과하는 폐회로
2) 철심에 코일을 감고 전류를 흘리면 암페어 오른나사법칙에 의해 나사의 회전 방향으로 자속 발생

전기회로 ←(대응)→ 자기회로

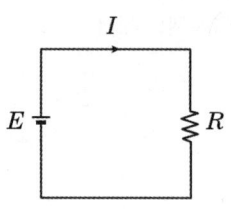

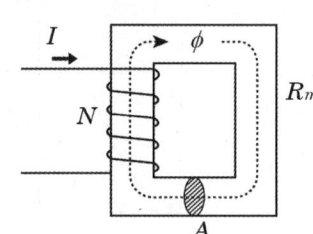

E(기전력)$= I$(전류)$\cdot R$(저항) Fm(기자력)$= NI = \phi$(자속)$\cdot Rm$(자기저항)

자기저항이 클수록 자속은 작아진다.

2 자기회로 내의 옴의 법칙 ★★★

자기저항 (R$_m$)	철심의 투자율에 따라 결정
	$$R_m = \frac{l}{\mu A} = \frac{l}{\mu_o \mu_s A} [AT/Wb]$$
기자력 (F)	자속을 만드는 힘
	$$F = NI = R_m \emptyset = Hl \, [AT]$$
자속 (∅)	$$\emptyset = \frac{F}{R_m} = \frac{NI}{\frac{l}{\mu A}} = \frac{\mu ANI}{l} = \frac{\mu_o \mu_s ANI}{l}$$ R_m : 자기저항 [AT/Wb], l : 자로의 길이 [m] μ : 투자율 [H/m], $A(=S)$: 단면적 [m²] F : 기자력 [AT], Φ : 자속 [Wb]

○ 단면적이 작을수록 자속은 커진다.
　X 단면적이 클수록 자속이 커진다.

3 전기회로와 자기회로 비교 ★★★

	전기회로		자기회로	
전류		$I = \frac{V}{R} [A]$	자속	$\emptyset = \frac{F}{R_m} [Wb]$
전압(기전력)		$V = IR \, [V]$	기자력	$F = NI \, [AT]$
전기저항 (에너지소비)		$R = \rho \frac{l}{A} [\Omega]$	자기저항 (에너지를 소비하지 않음)	$R_m = \frac{l}{\mu A} [AT/Wb]$
도전율		$\sigma \, [\mho/m]$	투자율	$\mu \, [H/m]$
전기장의 세기		$E = \frac{V}{d} [V/m]$	자기장의 세기	$H = \frac{F}{l} [AT/m]$
전속밀도		$D = \frac{Q}{A} [C/m^2]$	자속밀도	$B = \frac{\emptyset}{A} [Wb/m^2]$

05 전자력 ★★★

1 전자력(전동기 원리)

1) 플레밍의 왼손법칙
   (1) 자계 중에 도체를 놓고 전류를 흘리면, 전류 및 자계와 직각 방향으로 도체를 움직이는 힘이 발생한다.
   (2) 전자력의 방향
      ① 엄지 : 힘의 방향 (F)
      ② 검지 : 자장의 방향 (B)
      ③ 중지 : 전류의 방향 (I)

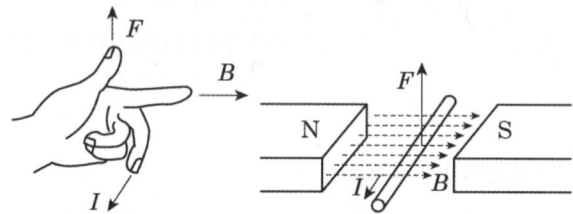

[플레밍의 왼손법칙]

2) 전자력의 크기
$$F = BlI\sin\theta \ [N]$$

2 평행 도선 사이에 작용하는 힘

1) 평행한 두 전선 사이에 작용하는 힘 ★★★
   (1) 두 전류방향이 같을 때 : 흡인력
   (2) 두 전류방향이 다를 때 : 반발력

2) 수식
$$F = I_2 B\sin\theta l = I_2 \mu_0 H_1 l = I_2 \mu_0 \frac{I_1}{2\pi r} l$$
$$= I_2 4\pi \cdot 10^{-7} \frac{I_1}{2\pi r} l$$
$$= \frac{2I_1 I_2 l}{r} \times 10^{-7} \ [N]$$
$$= \frac{2I_1 I_2}{r} \times 10^{-7} \ [N/m] \ ★★★$$

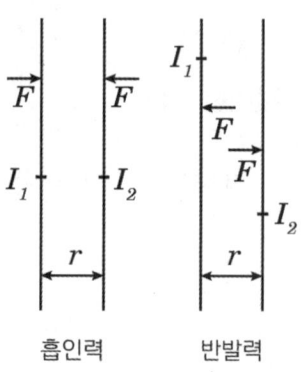

흡인력   반발력

I_1, I_2 : 전류 [A]
F : 평형도체의 힘[N/m](1 [m]당 작용하는 힘)
μ_0 : 진공의 투자율(= $4\pi \times 10^{-7}$) [H/m]
r : 두 평형도선의 거리 [m], l : 단위길이 [m]

평행한 두 전선에서 두 전류방향이 같을 때는 흡인력이 작용한다. **O**

🔗 P.71 문 02

평행 도선 사이에 작용하는 힘은 거리의 제곱에 반비례한다.
X 거리에 반비례

06 전자유도

1 전자유도(발전기 원리)
1) 코일 주위의 자속 변화에 따라 코일을 통과하는 자속이 변화하여 코일에 기전력이 흐르는 현상을 전자유도라 한다.
2) 유도기전력 : 전자유도에 의해 발생한 전압
3) 유도전류 : 유도기전력에 의해 흐르는 전류

2 자속 변화에 의한 유도기전력 ★★
1) 유도기전력의 크기(패러데이법칙)
   (1) 전자유도에 의해 발생하는 유도기전력의 크기는 코일에 쇄교하는 자속의 변화율과 코일의 권수에 비례한다.
   (2) 수식
   $$e = -N\frac{d\phi}{dt} \text{ [V]}$$
   e : 유도기전력 [V]
   N : 코일권수
   $d\phi$: 자속의 변화량 [Wb]
   dt : 시간의 변화량 [sec]

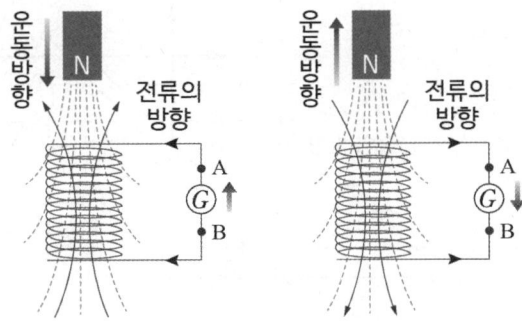

2) 유도기전력의 방향(렌츠의 법칙)
   전자유도에 의해서 발생하는 유도기전력의 방향은 자속의 증가, 감소를 방해하는 방향으로 발생한다.

3 도체 운동에 의한 유도기전력
1) 유도기전력의 크기
   $e = Blv\sin\theta$
   e : 유도기전력 [V], B : 자속밀도 [Wb/m^2]
   l : 도체의 길이 [m], v : 도체의 이동속도 [m/s]
   θ : 자계와 도체의 각도 [°]

○ 유도기전력의 크기에 대한 법칙은 패러데이법칙이다. [O]
○ 전자유도에 의해서 발생하는 유도기전력의 방향은 자속의 증가, 감소를 돕는 방향으로 발생한다.
　　[X] 방해하는 방향으로 발생

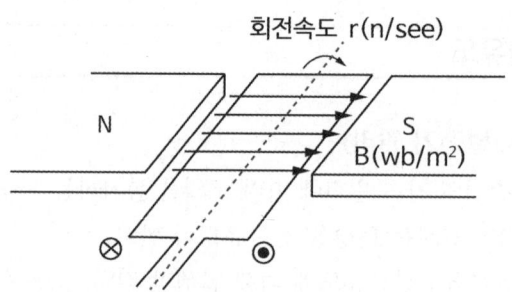

🔗 P.75 문 15

2) 유도기전력의 방향(플레밍의 오른손법칙)
도체의 운동에 의한 유도기전력의 방향으로 자기장 내에 움직이는 도체에 유도된 기전력의 방향을 나타낸 법칙

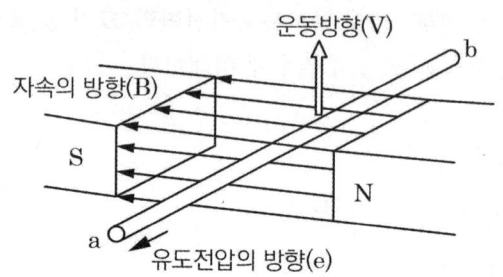

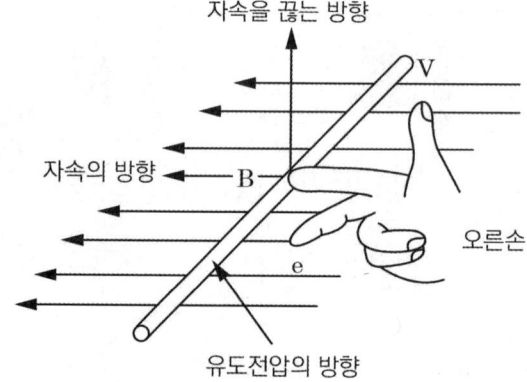

(1) 엄지 : 도체의 운동방향 (v)
(2) 검지 : 자장, 자속밀도 방향 (B)
(3) 중지 : 유도기전력의 방향 (e)

07 인덕턴스와 전자에너지

1 자기유도(Self Induction)

1) 정의

코일 자신에 흐르는 전류 변화에 의해서 코일 자체에 생기는 역기전압을 의미하며, 코일에 흐르는 전류가 변화하면 그에 따라 자속이 변화하므로 전자유도에 의해 코일 내에 유기 기전력이 발생한다.

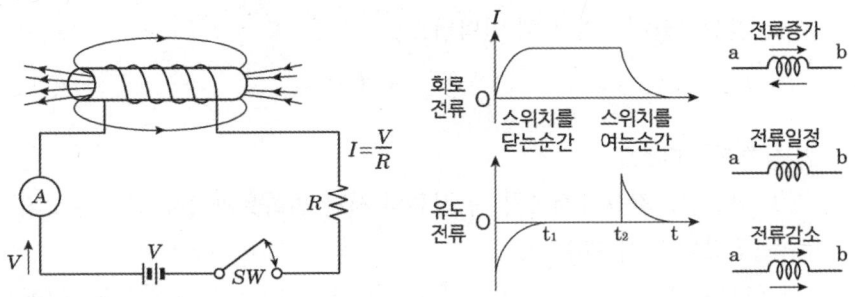

2) 자기유도과정

(1) 코일에 전류가 흐르면 이 전류가 만드는 자기력선속(자속)은 코일 자체의 내부를 지나게 된다.

(2) 전류가 변화하면 코일을 지나는 자기력선속(자속)도 변화하므로 전자유도에 의해 코일자신에 이 자기력선속(자속)의 변화를 방해하는 방향으로 유도기전력이 발생한다.

(3) 이 기전력은 렌츠의 법칙에 의해 전류의 변화를 방해하는 방향으로 기전력이 발생하는데 이를 역기전력이라 하며, 이러한 현상을 자기유도라 한다.

2 인덕턴스(Inductance) ★★★

1) 자기 인덕턴스(L)

(1) 자기유도현상 개념

① 스위치를 달아 코일에 전류를 흘리면 코일에서 자속의 변화가 발생하여 코일에 전압이 유도되는데 L값은 자기유도능력 정도를 나타내는 양이다.

② 코일에 전류를 흘려줄 때 전류를 흘려준 바로 그 코일에서 자체적으로 자속이 얼마나 생기는지를 나타내는 값이다.

선생님 TIP

코일에 흐르는 저항이 변화하면 그에 따라 자속이 변화하므로 전자유도에 의해 코일 내에 유기 기전력이 발생한다.

◎ 전류가 변화하면 그에 따라 자속이 변화

보충 ▶ 수식비교

(1) 자기유도 수식
$$e = -L\frac{di}{dt}[V]$$

(2) 전자유도 수식
$$e = -N\frac{d\phi}{dt}[V]$$

(3) 자기유도와 전자유도 수식을 정리하면 : $LI = N\phi$

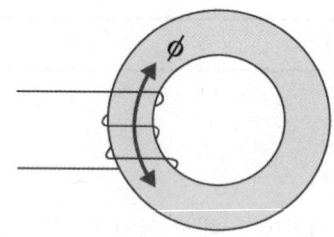

(2) 수식

$$LI = N\phi \Rightarrow L = \frac{N\phi}{I}$$

(3) 환상코일에서의 자체 인덕턴스

$$L = \frac{N\phi}{I} = \frac{N}{I} \times \frac{\mu ANI}{l} = \frac{\mu AN^2}{l}[H]$$

🔗 P.73 문 08

환상코일에서의 자체 인덕턴스는 N^2에 반비례한다. ❌ 비례한다.

2) 상호인덕턴스(M)
   (1) 상호유도작용에서 1차 측 전류의 시간 변화율과 2차 측에 유도되는 전압의 비례 계수
   (2) 나의 코일이 아닌 다른 코일의 자속이 나의 코일에 영향을 주어 전류를 흘려주지 않은 나의 코일에 전류가 흐르게 하는 능력
   (3) 상호인덕턴스(M)과정
      ① 코일 1에 전류를 흘려준다.
      ② 코일 1에 자속이 발생하여 흐른다.
      ③ 코일 1에서 나온 자속이 코일 2에 영향을 주어 코일 2에 전류가 유도된다.
      ④ 이때의 인덕턴스를 상호인덕턴스라 한다.

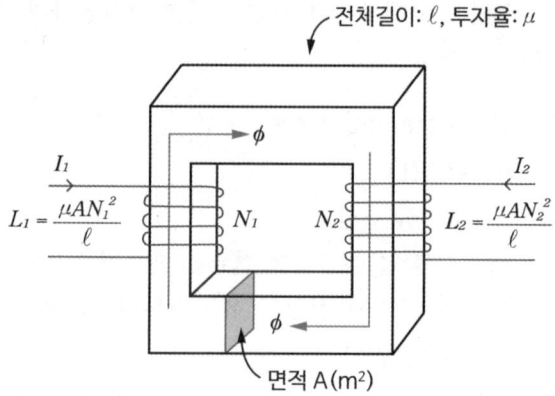

(4) 상호인덕턴스 수식

$$e_2 = -N_2 \frac{d\phi}{dt} = -M \frac{di_1}{dt}$$

$\Rightarrow MI_1 = N_2\phi$

$\Rightarrow M = \dfrac{N_2\phi}{I_1} = \dfrac{\mu A N_1 N_2}{l} [H]$

3) 결합계수(k)

(1) 개념

① 누설자속이 발생하기 때문에 N_1에서 만든 자속이 N_2에 100 [%] 작용하여 전류를 만드는 데 모두 사용되지 않는다.

② N_1코일의 자속이 반대쪽 코일(N_2)의 전류를 만드는 데 실질적으로 사용되는 정도

(2) 수식

① L_1과 L_2를 서로 곱한다.

② $L_1 \times L_2 = \dfrac{\mu A N_1^2}{l} \times \dfrac{\mu A N_2^2}{l} = \left(\dfrac{\mu A N_1 N_2}{l}\right)^2 = M^2$

③ $M^2 = L_1 \times L_2 \Rightarrow M = \sqrt{L_1 L_2}$

④ 결합계수 : $0 \le k \le 1$

⑤ $M = k\sqrt{L_1 L_2}$, $k = \dfrac{M}{\sqrt{L_1 L_2}}$ (M : 상호인덕턴스, k : 결합계수)

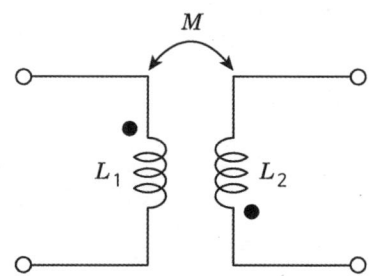

한 코일과 다른 코일이 다른 방향으로 접속한 경우를 가동접속이라 한다. [X] 차동접속

③ 코일의 접속 ★★

1) 가동접속(가극성) : 한 코일과 다른 코일이 같은 방향으로 접속한 경우
2) 차동접속(감극성) : 한 코일과 다른 코일이 다른 방향으로 접속한 경우

구분	가동결합(직렬)	차동결합(직렬)
결합회로	(그림)	(그림)
수식	$L_0 = L_1 + L_2 + 2M$	$L_0 = L_1 + L_2 - 2M$

🔗 P.72 문 07

④ 코일에 축적되는 에너지 ★★★

$$W = \frac{1}{2}LI^2 \text{ [J]}$$

예상문제

01 상중하

그림과 같이 반지름 r [m]인 원의 원주상 임의의 2점 a, b 사이에 전류 I [A]가 흐른다. 원의 중심에서의 자계의 세기는 몇 [A/m]인가?

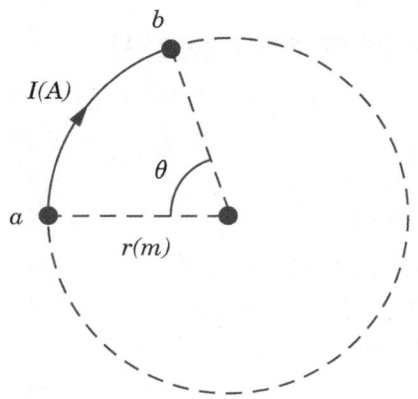

① $\dfrac{I\theta}{4\pi r}$ ② $\dfrac{I\theta}{4\pi r^2}$

③ $\dfrac{I\theta}{2\pi r}$ ④ $\dfrac{I\theta}{2\pi r^2}$

해설 자계의 세기(H)

$H = \dfrac{NI}{2r}$ (360°의 자계세기)

$H_\theta = \dfrac{NI}{2r} \times \dfrac{\theta}{2\pi}$ (θ°에서의 자계세기)

$= \dfrac{I\theta}{4\pi r}$ [A/m]

TIP N은 제시되어 있지 않으므로 무시
H : 자기장의 세기 [AT/m]
r : 반지름 [m]
I : 전류 [A]

02 상중하

평행한 두 도선 사이의 거리가 r이고, 각 도선에 흐르는 전류에 의해 두 도선 간의 작용력이 F_1일 때 두 도선 사이의 거리를 2r로 하면 두 도선 간의 작용력 F_2는?

① $F_2 = \dfrac{1}{4}F_1$ ② $F_2 = \dfrac{1}{2}F_1$

③ $F_2 = 2F_1$ ④ $F_2 = 4F_1$

해설 왕복도선 사이의 힘

$F_1 = \dfrac{2I_1I_2}{r} \times 10^{-7}$

여기서, 두 도선 사이의 거리만 2r로

$F_2 = \dfrac{2I_1I_2}{2r} \times 10^{-7}$

$\therefore F_2 = \dfrac{1}{2}F_1$

F : 두 도선 간의 작용력 [N/m]
I : 전류 [A]
r : 두 도선 간의 거리

03 상중하

자기 인덕턴스 L_1, L_2가 각각 4 [mH], 9 [mH]인 두 코일이 이상적인 결합이 되었다면 상호 인덕턴스는 몇 [mH]인가? (단, 결합계수는 1이다)

① 6 ② 12
③ 24 ④ 36

정답 01 ① 02 ② 03 ①

해설 **상호인덕턴스(M)**

$M = k\sqrt{L_1 L_2}$
$= 1 \times \sqrt{4 \times 9} = 6 \,[mH]$

M : 상호인덕턴스
k : 결합계수

해설 **원형코일 중심의 자계세기(H)**

$H = \dfrac{NI}{2r} = \dfrac{50 \times 2}{2 \times 0.2} = 250\,[AT/m]$

H : 자기장의 세기 [AT/m]
r : 반지름 [m]
I : 전류 [A]
N : 코일 권수

04 상중하

평행한 왕복 전선에 10 [A]의 전류가 흐를 때 전선 사이에 작용하는 전자력 [N/m]은? (단, 전선의 간격은 40 [cm]이다)

① 5×10^{-5} [N/m], 서로 반발하는 힘
② 5×10^{-5} [N/m], 서로 흡인하는 힘
③ 7×10^{-5} [N/m], 서로 반발하는 힘
④ 7×10^{-5} [N/m], 서로 흡인하는 힘

해설 **왕복도선 사이의 힘**

$F = \dfrac{2 I_1 I_2}{r} \times 10^{-7}$
$= \dfrac{2 \times 10 \times 10}{0.4} \times 10^{-7} = 5 \times 10^{-5}\,[N/m]$

F : 전자력 [N/m]
거리 r : 40 [cm]를 0.4 [m]로 환산하여 대입
TIP 왕복도선은 반발력을 갖는다.

05 상중하

반지름 20 [cm], 권수 50회인 원형코일에 2 [A]의 전류를 흘려주었을 때 코일 중심에서 자계(자기장)의 세기 [AT/m]는?

① 70
② 100
③ 125
④ 250

06 상중하

다음 중 강자성체에 속하지 않는 것은?

① 니켈
② 알루미늄
③ 코발트
④ 철

해설 **자성체의 종류**

- 강자성체 : 니켈, 코발트, 철, 망간
- 상자성체 : 백금, 알루미늄, 산소, 공기, 텅스텐
- 반자성체 : 비스무트, 아연, 구리, 납, 은

07 상중하

다음과 같은 결합회로의 합성인덕턴스로 옳은 것은?

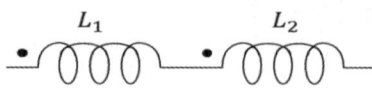

① $L_1 + L_2 + 2M$
② $L_1 + L_2 - 2M$
③ $L_1 + L_2 - M$
④ $L_1 + L_2 + M$

해설 **합성 인덕턴스 계산**

가동결합 : $L_1 + L_2 + 2M$
차동결합 : $L_1 + L_2 - 2M$

M : 상호인덕턴스
L : 자기인덕턴스

정답 04 ① 05 ④ 06 ② 07 ①

08 (하)

권선수가 100회인 코일을 200회로 늘리면 코일에 유기되는 유도기전력은 어떻게 변화하는가?

① 1/2로 감소
② 1/4로 감소
③ 2배로 증가
④ 4배로 증가

해설 유도기전력 상호관계

- $e = L \dfrac{di}{dt}$ (자기유도현상)

  $e \propto L$

- $LI = N\varnothing$

  $L = \dfrac{N\varnothing}{I} = \dfrac{\mu A N^2}{\ell}$

  $L \propto N^2$

L이 N^2에 비례하고, e가 N^2에 비례하기 때문에

$e \propto N^2$

$\therefore \left(\dfrac{200}{100}\right)^2 = 4$배

$\varnothing$: 자속 [Wb]
N : 코일권수
L : 자기인덕턴스 [H]
I : 전류 [A]

09 (중)

비투자율 μ_s = 500, 평균 자호의 길이 1 [m]의 환상 철심 자기회로에 2 [mm]의 공극을 내면 전체의 자기저항은 공극이 없을 때의 약 몇 배가 되는가?

① 5
② 2.5
③ 2
④ 0.5

해설 자기저항 계산

1) 공극이 없을 때 자기저항 : R_1

$R_1 = \dfrac{l}{\mu S} = \dfrac{l}{\mu_0 \mu_s}$

$= \dfrac{1}{\mu_0 \times 500 \times S} = \dfrac{1591.55}{S}$ [Ω]

2) 공극이 있을 때 자기저항 : R_2

$R_2 = \dfrac{l - l_g}{\mu_0 \mu_s S} + \dfrac{l_g}{\mu_0 S}$

$= \dfrac{1 - 0.002}{\mu_0 \times 500 \times S} + \dfrac{0.002}{\mu_0 S}$

$= \dfrac{1588.37}{S} + \dfrac{1591.55}{S}$

$= \dfrac{3179.92}{S}$ [Ω]

3) $R_2 = R_1 \times 2$

μ_0 : 진공에서의 투자율 ($4\pi \times 10^{-7}$)
l_g : 공극의 길이 [m]
2 [mm] = 0.002 [m]

10 (중)

두 개의 코일 L_1과 L_2를 동일방향으로 직렬접속하였을 때 합성인덕턴스가 140 [mH]이고, 반대방향으로 접속하였더니 합성인덕턴스가 20 [mH]이었다. 이때 L_1 = 40 [mH]이면 결합계수 K는?

① 0.38
② 0.5
③ 0.75
④ 1.3

해설 결합계수

1) 가동접속

$L_{가동} = L_1 + L_2 + 2M$

$140 = 40 + L_2 + 2M$ ⋯ (a)

2) 차동접속

$L_{차동} = L_1 + L_2 - 2M$

$20 = 40 + L_2 - 2M$ ⋯ (b)

3) a, b 식을 더함
   $160 = 80 + 2L_2$, $L_2 = 40$
4) a, b 식을 뺌
   $120 = 4M$, $M = 30$
5) 상호인덕턴스 $M = k\sqrt{L_1 L_2}$
   $30 = k\sqrt{40 \times 40}$, $k = 0.75$

M : 상호인덕턴스
L : 자기인덕턴스
k : 결합계수

11 (상 중 하)

원형 단면적이 S [m²], 평균자로의 길이가 l [m], 1 [m]당 권선수의 N회인 공심 환상솔레노이드에 I [A]의 전류를 흘릴 때 철심 내의 자속은?

① $\dfrac{NI}{l}$
② $\dfrac{\mu_0 SNI}{l}$
③ $\mu_0 SNI$
④ $\dfrac{\mu_0 SN^2 I}{l}$

해설 공심 환상솔레노이드 자속

- 공심 환상솔레노이드 철심 내 자속
  $\varnothing = \dfrac{F}{R_m} = \dfrac{NI}{\dfrac{\ell}{\mu_0 S}} = \dfrac{\mu_0 SNI}{\ell}$

- 1 [m]당 자속 : $l = 1$ [m] 대입
  $\therefore \varnothing_{1m} = \dfrac{\mu_0 SNI}{1} = \mu_0 SNI$

μ_0 : 진공의 투자율 [H/m]
l : 자로의 길이 [m]
S : 단면적 [m²]
R_m : 자기저항 [AT/Wb]
F : 기자력 [AT]

12 (상 중 하)

무한장 솔레노이드 자계의 세기에 대한 설명으로 틀린 것은?

① 전류의 세기에 비례한다.
② 코일의 권수에 비례한다.
③ 솔레노이드 내부에서의 자계의 세기는 위치에 관계없이 일정한 평등자계이다.
④ 자계의 방향과 암페어 경로 간에 서로 수직인 경우 자계의 세기가 최고이다.

해설 솔레노이드 자계세기

- 코일의 권수와 전류 세기에 비례
- 자기회로 길이에 반비례
- 위치에 관계없이 일정

13 (상 중 하)

전자유도현상에서 코일에 생기는 유도기전력의 방향을 정의한 법칙은?

① 플레밍의 오른손법칙
② 플레밍의 왼손법칙
③ 렌츠의 법칙
④ 패러데이의 법칙

해설 전자유도현상

렌츠의 법칙	유도기전력의 방향
패러데이법칙	유도기전력의 크기
비오사바르법칙	자장의 크기

정답 11 ③ 12 ④ 13 ③

14 (상⦿하)

1 [cm]의 간격을 둔 평행 왕복전선에 25 [A]의 전류가 흐른다면 전선 사이에 작용하는 전자력은 몇 [N/m]이며, 이것은 어떤 힘인가?

① 2.5×10^{-2}, 반발력
② 1.25×10^{-2}, 반발력
③ 2.5×10^{-2}, 흡인력
④ 1.25×10^{-2}, 흡인력

해설 왕복도선 사이의 힘

$$F = \frac{2I_1I_2}{r} \times 10^{-7}$$
$$= \frac{2 \times 25 \times 25}{0.01} \times 10^{-7}$$
$$= 1.25 \times 10^{-2} \text{ [N/m]}$$

F : 두 도선 간의 작용력 [N/m]
I : 전류 [A]
r : 두 도선 간의 거리

TIP 평행한 왕복도선은 반발력을 가짐

15 (상⦿하)

발전기에서 유도기전력의 방향을 나타내는 법칙은?

① 페러데이의 전자유도법칙
② 플레밍의 오른손법칙
③ 암페어의 오른나사법칙
④ 플레밍의 왼손법칙

해설 플레밍의 오른손법칙
- 발전기의 원리
- 도체 운동 시 유도기전력 방향 결정

16 (상⦿하)

전류에 의한 자계의 세기를 구하는 방법은?

① 쿨롱의 법칙
② 패러데이의 법칙
③ 비오사바르의 법칙
④ 렌츠의 법칙

해설 비오사바르법칙
자계의 세기를 구하는 법칙

TIP 암페어의 오른나사법칙 : 자계의 방향

17 (상⦿하)

자기장 내에 있는 도체에 전류를 흘리면 힘이 작용한다. 이 힘을 무엇이라고 하는가?

① 지속력   ② 기전력
③ 전기력   ④ 전자력

해설 전자력
- 자계에 있는 도체에 전류를 흘리면 작용하는 힘
- 전동기, 가동코일형 계기로 이용
- 플레밍의 왼손법칙

TIP 플레밍의 오른손법칙 : 발전기의 원리

18 (상 중⦿)

히스테리시스 곡선의 종축(확정 후)과 횡축은?

① 종축 : 자속밀도, 횡축 : 투자율
② 종축 : 자계세기, 횡축 : 투자율
③ 종축 : 자계세기, 횡축 : 자속밀도
④ 종축 : 자속밀도, 횡축 : 자계세기

정답 14 ② 15 ② 16 ③ 17 ④ 18 ④

해설 히스테리시스 곡선

- 종축 : 자속밀도
- 횡축 : 자계세기

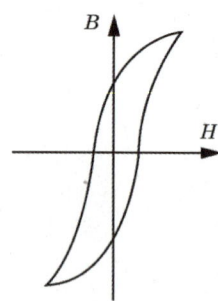

19 (상)(중)(하)

한 코일의 전류가 매초 150 [A]의 비율로 변화할 때 다른 코일에 10 [V] 기전력이 발생하였다면 두 코일 상호 인덕턴스(H)는?

① 1/3
② 1/5
③ 1/10
④ 1/15

해설 인덕턴스 계산

- 기전력

$$e = M\frac{di}{dt}$$

$$10 = M \times \frac{150}{1} \qquad \therefore M = \frac{1}{15}$$

- 매초 150 [A] 변화라 하였으므로

$$\frac{di}{dt} = \frac{150}{1}$$

M : 상호인덕턴스 [H]
e : 기전력 [V]

20 (상)(중)(하)

서로 결합하고 있는 두 코일의 자기인덕턴스가 5 [mH], 8 [mH]이다. 가극성일 때의 합성인덕턴스가 L이고, 감극성일 때의 합성인덕턴스 L'은 L의 30 [%]이었다. 두 코일 간의 결합계수는 약 얼마인가?

① 0.35
② 0.55
③ 0.75
④ 0.95

해설 결합계수

1) 가동접속(가극성)
$$L = L_1 + L_2 + 2M$$
$$= 5 + 8 + 2M \cdots (a)$$
2) 차동접속(감극성)
$$L' = L_1 + L_2 - 2M$$
$$= 5 + 8 - 2M \cdots (b)$$
3) $L' = 0.3L$
4) (a), (b) 식을 더함
$$L + L' = 26, \quad 1.3L = 26$$
$$L = 20, L' = 6$$
5) (a), (b) 식을 뺌
$$14 = 4M, \quad M = 3.5$$
6) 상호인덕턴스 $M = k\sqrt{L_1 L_2}$
$$3.5 = k\sqrt{5 \times 8}, \quad k = 0.55$$

M : 상호인덕턴스
L : 자기인덕턴스
k : 결합계수

21 (상)(중)(하)

250 [mH]의 코일에 전류가 매초 3 [A] 변화했을 때 이 코일에 유도되는 기전력은 몇 [V]인가?

① 0.75
② 0.50
③ 0.25
④ 0.15

해설 유도기전력 계산

$e = L\dfrac{di}{dt}$ (자기유도현상)

$= 250 \times 10^{-3} \times \dfrac{3}{1}$

$= 0.75$

(매초 3 [A] 변화라 했으므로 $\dfrac{di}{dt} = \dfrac{3}{1}$)

해설 자기력선의 성질

- 자기력선은 교차하지 않는다.
- N극에서 시작하여 S극에서 끝난다.
- 자기력선 밀도는 자계의 세기다.
- 자계 방향은 자기력선 접선방향이다.
- 같은 방향의 자기력선은 반발력이 작용한다.
- 자신만으로 폐곡선을 만든다.

22 (신유형)

공기 중에 50 [A]의 전류가 흐르고 있는 무한 직선 도체로부터 2 [m] 떨어진 곳에서의 자기장세기는 약 몇 [AT/m]인가?

① 31.84
② 15.92
③ 7.96
④ 3.98

해설 자계의 세기(H)

$H = \dfrac{I}{2\pi r} = \dfrac{50}{2\pi \times 2} = 3.98$ [AT/m]

H : 자계의 세기 [AT/m]
I : 전류 [A]
r : 직선거리 [m]

23

자기력선의 성질에 대한 설명으로 틀린 것은?

① 자기력선은 상호 간에 교차한다.
② 자석의 N극에서 시작하여 S극에서 끝난다.
③ 자기력선의 밀도는 자계의 세기와 같다.
④ 자계의 방향은 자기력선 위의 한 점에서의 접선 방향이다.

24

다음 중 강자성체인 것은?

① 금
② 니켈
③ 알루미늄
④ 구리

해설 자성체의 종류

- 강자성체 : 니켈, 코발트, 철, 망간
- 상자성체 : 백금, 알루미늄, 산소, 공기, 텅스텐
- 반자성체 : 비스무트, 아연, 구리, 납, 은

25

전선에 전류가 흐를 때 생기는 자기장의 방향은 전류의 방향을 오른나사의 진행방향과 같게 할 때의 오른나사의 회전방향과 같다. 이런 관계를 무엇이라고 하나?

① 키르히호프의 법칙
② 암페어의 오른나사법칙
③ 주울의 법칙
④ 패러데이의 법칙

해설 암페어의 오른나사법칙

자기장에서 전류의 방향을 나타낸다.

보충 비오사바르법칙 : 자계의 세기

정답 22 ④ 23 ① 24 ② 25 ②

26 (상 중 하)

두 코일이 결합계수 0.3으로 인접해 있다. 코일 1의 자기인덕턴스가 10 [μH]이고, 코일 2의 자기인덕턴스가 5 [μH]일 때 이 코일의 상호인덕턴스는 약 몇 [μH]인가?

① 0.04
② 2.12
③ 3.12
④ 5

해설 상호인덕턴스(M)

$$M = k\sqrt{L_1 L_2}$$
$$= 0.3\sqrt{10 \times 5} = 2.12\,[\mu H]$$

M : 상호인덕턴스
L : 자기인덕턴스
k : 결합계수

27 (상 중 하)

60 [mH]의 코일에 전류가 10초간 5 [A] 변화되었다면 유도되는 기전력은 몇 [mV]인가?

① 30
② 50
③ 300
④ 500

해설 유도기전력 계산

$$e = L\frac{di}{dt} \text{ (자기유도현상)}$$
$$= 60 \times 10^{-3} \times \frac{5}{10}$$
$$= 30 \times 10^{-3}\,[V] = 30\,[mV]$$

(10초간 5 [A] 변화라 했으므로 $\frac{di}{dt} = \frac{5}{10}$)

L : 인덕턴스 [H]

28 (상 중 하)

평행왕복 도체에 전류가 흐를 때 발생하는 힘의 크기와 방향은? (단, 두 조체 사이의 거리는 r [m]이다)

① 1/r에 비례, 반발력
② r에 비례, 흡인력
③ 1/r²에 비례, 반발력
④ r²에 비례, 흡인력

해설 평행도체에서의 힘의 크기

$$F = \frac{2I_1 I_2}{r} \times 10^{-7}$$

r : 두 도체 사이의 거리 [m]
F : 전자력 [N/m]

TIP 평행한 왕복도선은 반발력을 갖는다.

29 (상 중 하)

[cm]당 권수가 100인 무한장 솔레노이드에 2 [mA]의 전류가 흐른다면 솔레노이드 내부의 자계의 세기[AT/m]는?

① 0
② 10
③ 20
④ 50

해설 무한장 솔레노이드 자계 계산

$$H = NI = (100 \times 100) \times (2 \times 10^{-3})$$
$$= 20\,[AT/m]$$

- 내부 $H = NI$
- 외부 $H = 0$
- [cm]당 권수가 100이므로 [m]당 : 100 × 100
- 2 [mA] = 2 × 10⁻³ [A]

H : 자계의 세기 [AT/m]
N : 코일의 권수
I : 전류 [A]

정답 26 ② 27 ① 28 ① 29 ③

CHAPTER

05 교류 기본회로

3회독 월 일
2회독 월 일
1회독 월 일

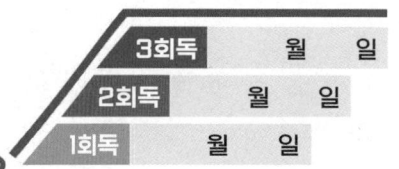

학습목표

1 교류의 발생에 대해 학습한다.
2 각 파형의 파고율과 파형률을 계산할 수 있다.
3 R, L, C회로의 직렬연결과 병렬연결에 대해 학습한다.
4 공진회로에 대해 이해한다.

학습MAP

- **교류의 발생**
  - 교류
    - 발생원리
    - 유기기전력
  - 주파수와 주기
  - 각속도
  - 위상
- **교류의 크기 표시**
  - 순시값, 최댓값, 실횻값, 평균값, 파고율과 파형률
- **교류의 벡터 표시법**
  - 직각좌표법(복소수)
  - 극좌표법
  - 삼각 함수법
  - 지수 함수법
- **교류의 R, L, C**
  - 저항(R)만의 회로(공진회로)
  - 인덕턴스(L)만의 회로
  - 콘덴서(C)만의 회로
- **R-L-C 직렬 및 병렬회로**
  - R-L 직렬회로
  - R-C 직렬회로
  - R-L-C 직렬회로
  - R-L-C 병렬회로
- **공진회로와 선택도**
  - 공진회로
  - 선택도 = 첨예도 = 공진도
  - 직렬, 병렬공진 비교
    - 조건
    - 공진의 의미
    - 전류
    - 공진주파수
    - 선택도

01 교류의 발생 ★★

1 교류

1) 교류의 발생 원리
   (1) 자계와 직각으로 놓인 도체가 운동하는 경우 루프가 자계를 쇄교하면서 유도기전력이 발생한다.
   (2) 교류는 시간에 따라 크기와 방향이 주기적으로 변하는 정현파 모양이다.

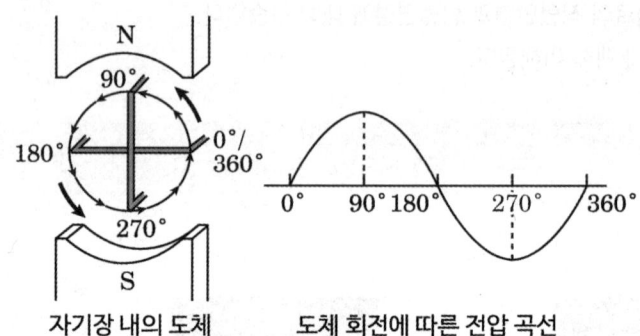

자기장 내의 도체   도체 회전에 따른 전압 곡선

2) 유기기전력

$$e = Blv\sin\theta \, [\text{V}]$$

$\theta = \omega t$ 이므로
$e = Blv\sin\theta = Blv\sin\omega t \, [\text{V}]$
Blv를 E_m으로 두면 $e = E_m \sin\omega t \, [\text{V}]$

2 주파수와 주기

1) 주기 : 1사이클의 변화에 필요한 시간(T, 단위 [sec])
2) 주파수 : 1초 동안에 반복되는 사이클 수(f, 단위 [Hz])

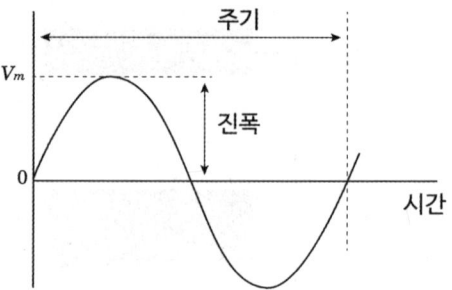

보충 ▶ 주기와 주파수 관계 ★★

$T = \dfrac{1}{f}$ [s], T : 주기 [s]
$f = \dfrac{1}{T}$ [Hz] f : 주파수 [Hz]

주기와 주파수는 반비례관계이다.

🔗 P.92 문 04

3 각속도 ★★★

1) 원의 각도는 도[°]와 라디안[rad]을 사용하며 교류에서는 라디안을 많이 사용한다.
2) 각속도(각주파수) : 원을 그리면서 일정한 속도로 운동하는 것이다.

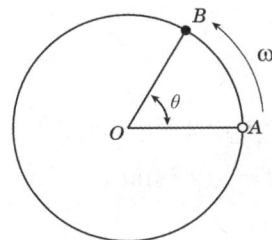

$$\omega = \frac{\theta}{t} = \frac{2\pi}{T} = 2\pi f \ [rad/s]$$
$$\theta = \omega t \ [rad]$$

T : 주기 [s]
f : 주파수 [Hz]
ω : 각주파수 [rad/s]

○─ 각속도 $\omega = \theta t$ 이다. ☒ $\omega = \frac{\theta}{t}$

4 위상

1) 위상차 : 주파수가 같은 교류 파형 간의 시간적인 차이다.

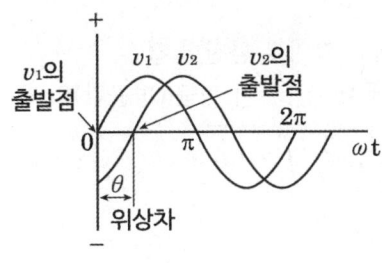
(a) 위상차가 있는 두 파형

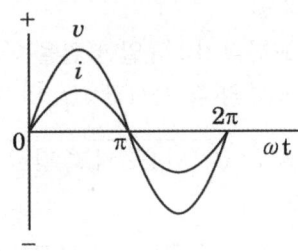
(b) 동상인 두 파형

2) v_1과 v_2 사이의 시간적인 차이를 위상차라고 한다(v_1이 앞선다).
3) v와 i의 파형 크기가 다르지만 시간적인 위상이 같아 동상이라 한다.
4) 교류파형의 수식

$$v_1 = V_m \sin \omega t \ [V],$$
$$v_2 = V_m \sin(\omega t - \theta) \ [V]$$

$v(t)$: 전압의 순시값
V_m : 전압의 최댓값
ω : 각주파수 [rad/s]
θ : 위상
t : 주기 [s]

🖋 **선생님 TIP**

위상차는 반드시 주파수가 같은 교류 파형 간에 계산 가능합니다.

02 교류의 크기 표시 ★★

1 순시값

교류전압의 값이 시간에 따라 매 순간 변하는 것을 의미한다.

$$v = V_m \sin\omega t = \sqrt{2}\, V \sin\omega t$$
$$i = I_m \sin\omega t = \sqrt{2}\, I \sin\omega t$$

$v(t)$: 전압의 순시값
V_m : 전압의 최댓값
$i(t)$: 전류의 순시값
I_m : 전류의 최댓값
ω : 각 주파수 [rad/s]
θ : 위상
t : 주기 [s]

2 최댓값

1) 교류의 순시값 중에서 가장 큰 값 : V_m, I_m
2) 실횻값에 $\sqrt{2}$ 배한 값

3 실횻값

1) 교류크기 : 동일한 일을 하는 직류 크기로 환산한 값
2) 교류의 각 순시값 $i(t)$의 제곱에 대한 1주기 평균(평균값)의 제곱근

$$V = \sqrt{t^2 \text{의 1주기간 평균값}} = \sqrt{\frac{1}{T}\int_0^T v^2 dt}$$

$$= \sqrt{\frac{1}{2\pi}\int_0^{2\pi} v^2 d(wt)} = \frac{V_m}{\sqrt{2}}$$

$$= 0.707\, V_m \,[A]$$

V : 전압의 실횻값 [A] v : 전압의 순시값 [A]

4 평균값

교류의 1주기를 평균하면 0이므로 평균값은 반주기의 평균을 취한다.

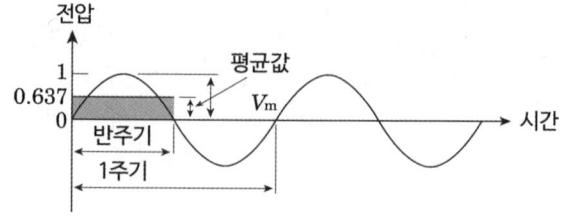

실횻값과 최댓값의 관계는
$V = \dfrac{V_m}{\sqrt{2}}$ 이다.   O

보충 실횻값과 최댓값과의 관계

$V = \dfrac{V_m}{\sqrt{2}} = 0.707\, V_m$

$I = \dfrac{I_m}{\sqrt{2}} = 0.707\, I_m$

V : 전압의 실횻값 [V]
I : 전류의 실횻값 [A]
V_m : 전압의 최댓값 [V]
I_m : 전류의 최댓값 [A]

$$V_a = V_{av} = \frac{2}{\pi} V_m = 0.637 V_m \, [V]$$
$$I_a = I_{av} = \frac{2}{\pi} I_m = 0.637 I_m \, [A]$$

V_{av} : 전압의 평균값 [V]
V_m : 전압의 최댓값 [V]
I_{av} : 전류의 평균값 [A]
I_m : 전류의 최댓값 [A]

5 파고율과 파형률

$$파고율 = \frac{최댓값}{실횻값} \qquad 파형률 = \frac{실횻값}{평균값}$$

※ 각 파형의 파고율과 파형률 ★★

파형	최댓값	실횻값	평균값	파고율	파형률
정현파	V_m	$\frac{1}{\sqrt{2}} V_m$	$\frac{2}{\pi} V_m$	$\sqrt{2}$	$\frac{\pi}{2\sqrt{2}}$ = (1.11)
반파정현파	V_m	$\frac{1}{2} V_m$	$\frac{1}{\pi} V_m$	2	$\frac{\pi}{2}$ = (1.57)
구형파	V_m	V_m	V_m	1	1
반파구형파	V_m	$\frac{1}{\sqrt{2}} V_m$	$\frac{1}{2} V_m$	$\sqrt{2}$	$\frac{2}{\sqrt{2}}$ = (1.414)
삼각파	V_m	$\frac{1}{\sqrt{3}} V_m$	$\frac{1}{2} V_m$	$\sqrt{3}$	$\frac{2}{\sqrt{3}}$ = (1.15)

○ 정현파의 파고율은 1이다.
　　　　　　　　　[X] $\sqrt{2}$ 이다.
○ 구형파의 파고율은 1이다. [O]
🔗 P.94 문 10

03 교류의 벡터 표시법

1 직각좌표법(복소수)

1) $Z = a + jb$ = 실수 + 허수
2) 크기 : $|Z| = \sqrt{a^2 + b^2}$
3) 위상 : $\theta = \tan^{-1} \cdot \frac{b(허수분)}{a(실수분)}$

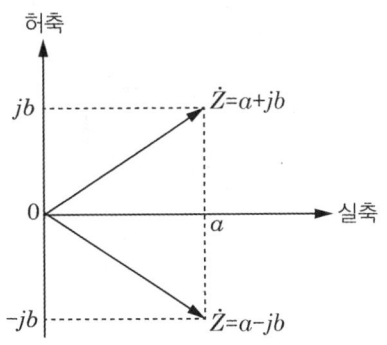

2 극좌표법

1) Z = 크기 ∠ 위상 = $|Z| \angle \theta$
2) $Z = Z \angle \theta_1 \quad Y = Y \angle \theta_2$ 일 경우

   $|Z|$ (실횻값) = $\sqrt{a^2 + b^2}$, 위상 $\theta = \tan^{-1}\left(\frac{b}{a}\right)$

3) 곱셈 : $Z \cdot Y = ZY \angle \theta_1 + \theta_2$ (위상합)

4) 나눗셈 : $\dfrac{Z}{Y} = \dfrac{Z}{Y} \angle \theta_1 - \theta_2$ (위상차)

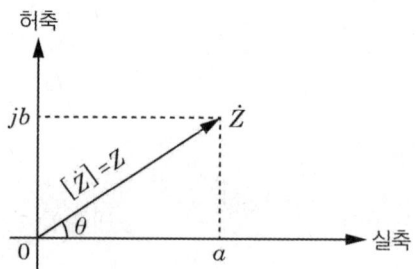

3 삼각 함수법

$Z = a + jb = |Z|(\cos\theta + j\sin\theta) = Z\cos\theta(실수) + jZ\sin\theta(허수)$

4 지수 함수법

지수 함수법 $Z = |Z|e^{j\theta}$

04 교류의 R, L, C

1 저항(R)만의 회로(공진회로)

1) 입력전압 : $v = V_m \sin wt [V] = V_m \angle 0°$

2) 임피던스 : $Z = R$

3) 전류 : $i = \dfrac{V}{Z} = \dfrac{V_m \angle 0°}{R} = \dfrac{V_m}{R} \sin\omega t [A]$

4) 전압과 전류의 위상차가 없으므로 동상이다($I = V$).

> 전압과 전류의 위상차가 없으면 동상이다.

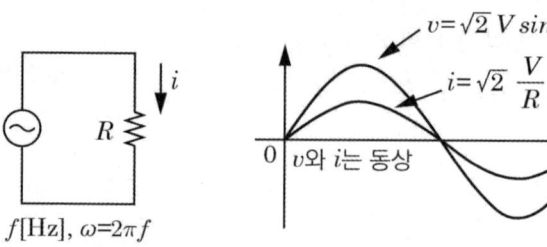

(a) 저항 R만의 회로 (b) 전압과 전류의 파형

[저항만의 회로]

2 인덕턴스(L)만의 회로

1) 입력전압 : $v = V_m \sin wt [V] = V_m \angle 0°$

2) 임피던스 : $Z = X_L = j\omega L = \omega L \angle \dfrac{\pi}{2} = 2\pi f L [\Omega]$

3) 전류 : $i = \dfrac{V}{Z} = \dfrac{V_m \angle 0°}{\omega L \angle \dfrac{\pi}{2}} = \dfrac{V_m}{\omega L} \sin\left(\omega t - \dfrac{\pi}{2}\right)[A]$

4) 전류의 위상이 전압보다 90° 뒤진다($V > I$ = 지상전류, 유도성 회로).

○ 인덕턴스만의 회로에서
$X_L = \dfrac{1}{2\pi fL}$이며, 전류는 전압보다 위상이 90° 뒤진다.
☒ $X_L = 2\pi fL$

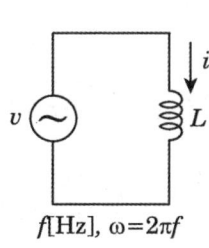
(a) 인덕턴스 L만의 회로

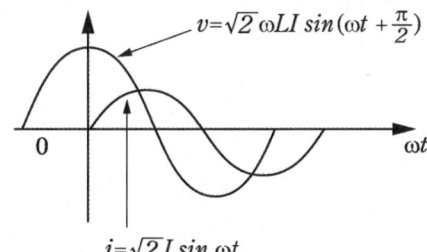
(b) 전압과 전류의 파형

❸ 콘덴서(C)만의 회로

1) 입력전압 : $v = V_m \sin \omega t\,[V] = V_m \angle 0°$

2) 임피던스 : $Z = X_C = \dfrac{1}{j\omega C} = -j\dfrac{1}{\omega C} = \dfrac{1}{\omega C} \angle -\dfrac{\pi}{2} = \dfrac{1}{2\pi fC}[\Omega]$

3) 전류 : $i = \dfrac{V}{Z} = \dfrac{V_m \angle 0°}{\dfrac{1}{\omega C} \angle -\dfrac{\pi}{2}} = \omega C V_m \sin\left(\omega t + \dfrac{\pi}{2}\right)[A]$

4) 전류의 위상이 전압보다 90° 앞선다($V < I$ = 진상전류, 용량성 회로).

○ P.94 문 09

○ 콘덴서만의 회로에서 전류는 전압보다 위상이 90° 앞선다. ☐

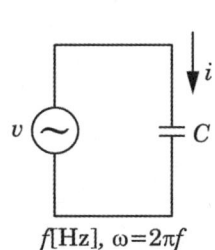
(a) 콘덴서 C만의 회로

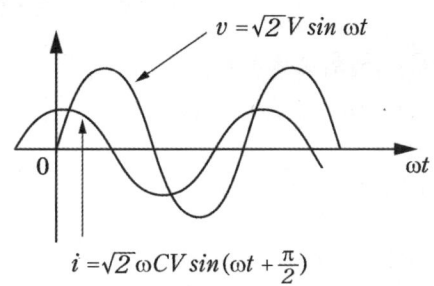
(b) 전압과 전류의 파형

❹ 기본회로 요약정리 ★★★

구분	임피던스	위상차	역률	위상
R	R	0	1	전압과 전류는 동상이다.
L	$X_L = \omega L = 2\pi fL$	90°	0	전류는 전압보다 위상이 90° 뒤진다.
C	$X_c = \dfrac{1}{\omega C} = \dfrac{1}{2\pi fC}$	90°	0	전류는 전압보다 위상이 90° 앞선다.

05 R-L-C 직렬 및 병렬회로

1 R-L 직렬회로 ★★★

1) 입력전압 : $v = V_m \sin wt [V] = V_m \angle 0°$

2) 임피던스

$$Z = R + X_L = R + j\omega L = |Z| \angle \theta [\Omega], \ |Z| = \sqrt{R^2 + X_L^2} [\Omega]$$

3) 위상차 : $\theta = \tan^{-1} \dfrac{\omega L}{R}$

4) 전류

$$i = \dfrac{V}{Z} = \dfrac{V_m \angle 0°}{|Z| \angle \theta} = \dfrac{V_m}{|Z|} \angle -\theta = \dfrac{V_m}{\sqrt{R^2 + X_L^2}} \sin(\omega t - \theta)[A]$$

5) 전류가 전압보다 $\theta°$ 뒤진다($V > I$ = 지상전류, 유도성 회로).

6) $\cos\theta = \dfrac{R}{|Z|}, \ \sin\theta = \dfrac{X_L}{|Z|}$

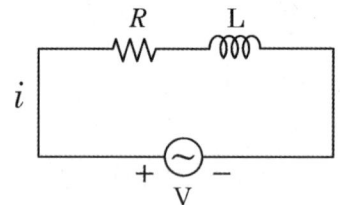
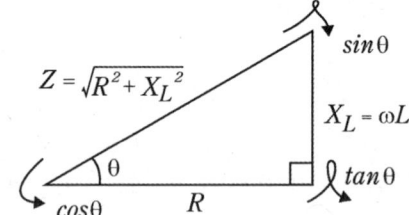

2 R-C 직렬회로 ★★★

1) 입력전압 : $v = V_m \sin wt [V] = V_m \angle 0°$

2) 임피던스 : $Z = R + X_C = R + \dfrac{1}{j\omega C} = R - j\dfrac{1}{\omega C} = |Z| \angle (-\theta)[\Omega]$,

$|Z| = \sqrt{R^2 + X_C^2} [\Omega]$

3) 위상차 : $\theta = \tan^{-1} \dfrac{\dfrac{1}{\omega C}}{R} = \tan^{-1} \dfrac{1}{\omega CR}$

4) 전류

$$i = \dfrac{V}{Z} = \dfrac{V_m \angle 0°}{|Z| \angle -\theta} = \dfrac{V_m}{|Z|} \angle \theta = \dfrac{V_m}{\sqrt{R^2 + X_C^2}} \sin(\omega t + \theta)[A]$$

5) 전류가 전압보다 $\theta°$ 앞선다($V < I$ = 진상전류, 용량성 회로).

6) $\cos\theta = \dfrac{R}{|Z|}$, $\sin\theta = \dfrac{X_C}{|Z|}$

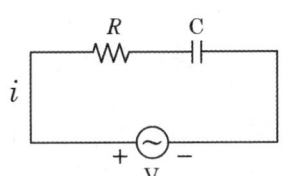 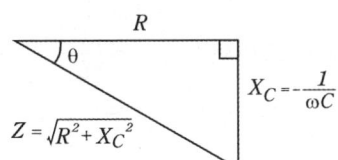

❸ R-L-C 직렬회로 ★★★

1) 입력전압 : $v = V_m \sin wt [V] = V_m \angle 0°$

2) 임피던스 : $Z = R + X_L + X_C = R + j\omega L + \dfrac{1}{j\omega C}$

$= R + j(\omega L - \dfrac{1}{\omega C}) = |Z| \angle \theta [\Omega]$,

$|Z| = \sqrt{R^2 + (X_L - X_C)^2} [\Omega]$

3) 위상차 : $\theta = \tan^{-1} \dfrac{\omega L - \dfrac{1}{\omega C}}{R}$

4) 전류

$i = \dfrac{V}{Z} = \dfrac{V_m \angle 0°}{|Z| \angle \pm\theta} = \dfrac{V_m}{|Z|} \angle \mp\theta$

$= \dfrac{V_m}{\sqrt{R^2 + (X_L - X_C)^2}} \sin(\omega t \mp \theta)[A]$

○—◎ P.96 문 17

○— 전압과 전류의 위상차 ★★★
(1) $X_L > X_C$: 유도성
(2) $X_L < X_C$: 용량성
(3) $X_L = X_C$: 공진회로

5) R-L-C 직렬회로 정리

회로	순시전류	위상차	전류의 크기	역률
R-L	$i = I_m \sin(\omega t - \theta)$	$\theta = \tan^{-1} \dfrac{X_L}{R}$	$I = \dfrac{V}{\sqrt{R^2 + X_L^2}}$	$\dfrac{R}{\sqrt{R^2 + X_L^2}}$
R-C	$i = I_m \sin(\omega t + \theta)$	$\theta = \tan^{-1} \dfrac{X_C}{R}$	$I = \dfrac{V}{\sqrt{R^2 + X_C^2}}$	$\dfrac{R}{\sqrt{R^2 + X_C^2}}$
R-L-C	$i = I_m \sin(\omega t \pm \theta)$	$\theta = \tan^{-1} \dfrac{X_L - X_C}{R}$	$I = \dfrac{V}{\sqrt{R^2 + (X_L - X_C)^2}}$	$\dfrac{R}{\sqrt{R^2 + (X_L - X_C)^2}}$

❹ R-L-C 병렬회로

1) R-L 병렬회로

　(1) 어드미턴스 : $Y = \dfrac{1}{R} + \dfrac{1}{j\omega L} = \dfrac{1}{R} - j\dfrac{1}{\omega L} = |Y| \angle -\theta$,

　　$|Y| = \sqrt{\left(\dfrac{1}{R}\right)^2 + \left(\dfrac{1}{X_L}\right)^2}$

　(2) 위상차 : $\theta = \tan^{-1} \dfrac{\frac{1}{\omega L}}{\frac{1}{R}} = \tan^{-1} \dfrac{R}{\omega L}$

　(3) 전류 : $i = YV = |Y|V_m \angle -\theta = |Y|V_m \sin(\omega t - \theta)$

　　$I_R = \dfrac{V}{R} = GV [A], \quad I_L = \dfrac{V}{X_L} = BV [A]$

　　$I = I_R - jI_L, \quad |I| = \sqrt{I_R^2 + I_L^2}$

　(4) $\cos\theta = \dfrac{I_R}{|I|} = \dfrac{G}{|Y|} = \dfrac{X_L}{\sqrt{R^2 + X_L^2}}$,

　　$\sin\theta = \dfrac{I_L}{|I|} = \dfrac{B}{|Y|} = \dfrac{R}{\sqrt{R^2 + X_L^2}}$

2) R-C 병렬회로

　(1) 어드미턴스 : $Y = \dfrac{1}{R} + \dfrac{1}{X_C} = \dfrac{1}{R} + j\omega C = |Y| \angle \theta$,

　　$|Y| = \sqrt{\left(\dfrac{1}{R}\right)^2 + \left(\dfrac{1}{X_C}\right)^2}$

　(2) 위상차 : $\theta = \tan^{-1} \dfrac{\frac{1}{X_C}}{\frac{1}{R}} = \tan^{-1} \dfrac{\omega C}{\frac{1}{R}} = \tan^{-1} \omega CR$

　(3) 전류 : $i = YV = |Y|V_m \angle \theta = |Y|V_m \sin(\omega t + \theta)$

　　$I_R = \dfrac{V}{R} = GV [A], \quad I_C = \dfrac{V}{X_C} = BV [A]$

　　$I = I_R + jI_C, \quad |I| = \sqrt{I_R^2 + I_C^2}$

　(4) $\cos\theta = \dfrac{I_R}{|I|} = \dfrac{G}{|Y|} = \dfrac{X_C}{\sqrt{R^2 + X_C^2}}$,

　　$\sin\theta = \dfrac{I_L}{|I|} = \dfrac{B}{|Y|} = \dfrac{R}{\sqrt{R^2 + X_C^2}}$

보충 ▶ 컨덕턴스
$G = \dfrac{1}{R}$

보충 ▶ 서셉턴스
$B = \dfrac{1}{허수부} = \dfrac{1}{X_L} = \dfrac{1}{X_C}$

3) R-L-C 병렬회로

(1) 어드미턴스

$$Y = \frac{1}{R} + \frac{1}{X_L} + \frac{1}{X_C} = \frac{1}{R} + j(\omega C - \frac{1}{\omega L}) = |Y| \angle \pm \theta$$

$$|Y| = \sqrt{\left(\frac{1}{R}\right)^2 + \left(\frac{1}{X_C} - \frac{1}{X_L}\right)^2}$$

(2) 위상차 : $\theta = \tan^{-1} \dfrac{\dfrac{1}{X_C} - \dfrac{1}{X_L}}{\dfrac{1}{R}} = \tan^{-1} R\left(\dfrac{1}{X_C} - \dfrac{1}{X_L}\right)$

(3) 전류 : $i = YV = |Y|V_m \angle \mp \theta = |Y|V_m \sin(\omega t \mp \theta)$

$$I_R = \frac{V}{R} = GV[A], \quad I_L = \frac{V}{X_L} = BV[A], \quad I_C = \frac{V}{X_C} = BV[A]$$

$$I = I_R - jI_L + jI_C = I_R + j(I_C - I_L), \quad |I| = \sqrt{I_R^2 + (I_C - I_L)^2}$$

(4) $\cos\theta = \dfrac{I_R}{|I|} = \dfrac{G}{|Y|}, \quad \sin\theta = \dfrac{I_L}{|I|} = \dfrac{B}{|Y|}$

4) R-L-C 병렬회로 정리

회로	순시전류	위상차	전류의 크기	역률
R-L	$i = I_m \sin(\omega t - \theta)$	$\theta = \tan^{-1}\dfrac{R}{X_L}$	$\sqrt{\left(\dfrac{1}{R}\right)^2 + \left(\dfrac{1}{X_L}\right)^2} \times V$	$\dfrac{X_L}{\sqrt{R^2 + X_L^2}}$
R-C	$i = I_m \sin(\omega t + \theta)$	$\theta = \tan^{-1}\dfrac{R}{X_C}$	$\sqrt{\left(\dfrac{1}{R}\right)^2 + \left(\dfrac{1}{X_C}\right)^2} \times V$	$\dfrac{X_C}{\sqrt{R^2 + X_C^2}}$
R-L-C	$i = I_m \sin(\omega t \mp \theta)$	$\theta = \tan^{-1} R\left(\dfrac{1}{X_C} - \dfrac{1}{X_L}\right)$	$\sqrt{\left(\dfrac{1}{R}\right)^2 + \left(\dfrac{1}{X_C} - \dfrac{1}{X_L}\right)^2} \times V$	$\dfrac{G}{Y}$

☑ 병렬(R-L-C) 비교
$X_L < X_C$: 유도성
$X_L > X_C$: 용량성
$X_L = X_C$: 공진

06 공진회로와 선택도

1 공진개념 ★★★

1) 공진회로 : 허수부 = 0이 되는 회로로서 저항만의 회로가 된다.
2) 공진조건 : $X_L = X_C$ ★★★

2 공진회로 ★★★

1) R-L-C 직렬공진

(1) 임피던스 : $Z = R + j\left(\omega L - \dfrac{1}{\omega C}\right)$

보충 ▶ 공진
특정 주파수 영역에서 회로의 임피던스가 최대 혹은 최소가 되는 현상

(2) 공진주파수 : $\omega L = \dfrac{1}{\omega C} \Rightarrow \omega^2 LC = 1 \Rightarrow \omega = \dfrac{1}{\sqrt{LC}}$

$\Rightarrow 2\pi f = \dfrac{1}{\sqrt{LC}} \Rightarrow f = \dfrac{1}{2\pi\sqrt{LC}}$

※ n 고조파에서의 공진주파수 : $f = \dfrac{1}{2\pi n\sqrt{LC}}$

(3) 공진 시 : 임피던스 = 최소, 전류 = 최대

2) R-L-C 병렬공진

(1) 어드미턴스 : $Y = \dfrac{1}{R} + j(\omega C - \dfrac{1}{\omega L})$

(2) 공진주파수 : $\omega C = \dfrac{1}{\omega L} \Rightarrow \omega^2 LC = 1 \Rightarrow \omega = \dfrac{1}{\sqrt{LC}}$

$\Rightarrow 2\pi f = \dfrac{1}{\sqrt{LC}} \Rightarrow f = \dfrac{1}{2\pi\sqrt{LC}}$

(3) 공진 시 : 임피던스 = 최대, 어드미턴스 = 최소, 전류 = 최소

3 선택도 = 첨예도 = 공진도(Q)

1) R-L-C 직렬공진 : 전압확대비 = 선택도 = 첨예도 = 공진도

(1) 전원전압에 대한 리액턴스전압(V_L)과 콘덴서전압(V_C)의 비율

(2) 리액턴스전압 : $Q = \dfrac{V_L}{V_R} = \dfrac{\omega L}{R}$

(3) 콘덴서전압 : $Q = \dfrac{V_C}{V_R} = \dfrac{1}{\omega CR}$

(4) Q^2 = 리액턴스전압 × 콘덴서전압

$Q^2 = \dfrac{\omega L}{R} \times \dfrac{1}{\omega CR} = \dfrac{L}{CR^2} \Rightarrow Q = \sqrt{\dfrac{L}{CR^2}} = \dfrac{1}{R}\sqrt{\dfrac{L}{C}}$

2) R-L-C 병렬공진 : 전류확대비 = 선택도 = 첨예도 = 공진도

(1) 전원전류에 대한 리액턴스전류(I_L)와 콘덴서전류(I_C)의 비율

(2) 리액턴스전압 : $Q = \dfrac{I_L}{I_R} = \dfrac{R}{wL}$

(3) 콘덴서전압 : $Q = \dfrac{I_C}{I_R} = wCR$

(4) Q^2 = 리액턴스전류 × 콘덴서전류

$Q^2 = \dfrac{R}{\omega L} \times \omega CR = \dfrac{CR^2}{L} \Rightarrow Q = \sqrt{\dfrac{CR^2}{L}} = R\sqrt{\dfrac{C}{L}}$

④ 직렬공진, 병렬공진 비교 ★★★

구분	직렬공진	병렬공진
조건	$X_L = X_C$, $\omega L = \dfrac{1}{\omega C}$	$\dfrac{1}{X_L} = \dfrac{1}{X_C}$, $\omega C = \dfrac{1}{\omega L}$
공진의 의미	• 허수부가 0이다. • 전압과 전류가 동상이다. • 역률이 1이다. • 임피던스가 최소이다. • 흐르는 전류가 최대이다.	• 허수부가 0이다. • 전압과 전류가 동상이다. • 역률이 1이다. • 어드미턴스가 최소이다(= 임피던스 최대). • 흐르는 전류가 최소이다.
전류	$I = \dfrac{V}{Z}$	$I = YV$
공진 주파수	$f_0 = \dfrac{1}{2\pi\sqrt{LC}}$ ★★★	$f_0 = \dfrac{1}{2\pi\sqrt{LC}}$ ★★★
선택도	전압 확대비 $Q = \dfrac{X}{R} = \dfrac{\omega L}{R} = \dfrac{1}{\omega CR} = \dfrac{1}{R}\sqrt{\dfrac{L}{C}}$	전류 확대비 $Q = \dfrac{R}{X} = \dfrac{R}{\omega L} = \omega CR = R\sqrt{\dfrac{C}{L}}$

— 직렬공진은 역률이 1이다. O

예상문제

01 (상**중**하)

인덕턴스가 0.5 [H]인 코일의 리액턴스가 753.6 [Ω]일 때 주파수는 약 몇 [Hz]인가?

① 120 ② 240
③ 360 ④ 480

해설 유도리액턴스

$X_L = \omega L = 2\pi f L = 753.6 [\Omega]$
$2 \times 3.14 \times f \times 0.5 = 753.6$
$\therefore f = 240 [Hz]$

X_L : 유도리액턴스 [Ω]
f : 주파수 [Hz]
L : 인덕턴스 [H]

02 (상**중**하)

R = 10 [Ω], C = 33 [μF], L = 20 [mH]인 R-L-C 직렬회로의 공진주파수는 약 몇 [Hz]인가?

① 169 ② 176
③ 196 ④ 206

해설 공진주파수

$f_0 = \dfrac{1}{2\pi\sqrt{LC}} [Hz]$

$= \dfrac{1}{2\pi\sqrt{20 \times 10^{-3} \times 33 \times 10^{-6}}} = 196 [Hz]$

L : 20 [mH] = 20 × 10⁻³ [H]
C : 33 [μF] = 33 × 10⁻⁶ [F]
f_0 : 공진주파수 [Hz]

03 (상**중**하)

역률 0.8인 전동기에 200 [V]의 교류전압을 가하였더니 10 [A]의 전류가 흘렀다. 피상전력은 몇 [VA]인가?

① 1000 ② 1200
③ 1600 ④ 2000

해설 피상전력 계산(P_a)

$P_a = VI = 200 \times 10 = 2000 [VA]$

V : 교류전압 200 [V]
I : 전류 10 [A]

04 (상**중**하)

그림과 같은 정현파에서 $v = V_m \sin(\omega t + \theta)$의 주기 T로 옳은 것은?

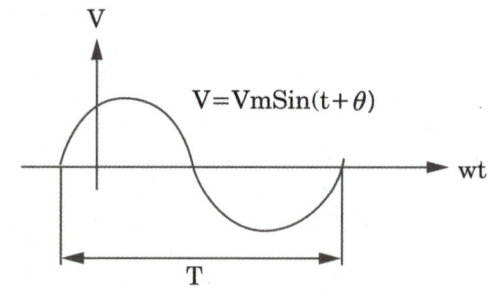

① $\dfrac{4\pi}{\omega}$ ② $\dfrac{2\pi}{\omega}$
③ $\dfrac{\omega^2}{2\pi}$ ④ $4\pi f^2$

정답 01 ② 02 ③ 03 ④ 04 ②

해설 주기와 주파수 관계

$\omega = 2\pi f, \ f = \dfrac{\omega}{2\pi}$

$f \propto \dfrac{1}{T}, \ T = \dfrac{2\pi}{\omega}$

T : 주기 [s]
f : 주파수 [Hz]
ω : 각주파수 [rad/s]

05 (상 중 하)

인덕턴스가 1 [H]인 코일과 정전용량이 0.2 [μF]인 콘덴서를 직렬 접속할 때 이 회로의 공진주파수는 몇 [Hz]인가?

① 89
② 178
③ 267
④ 356

해설 공진주파수

$f_0 = \dfrac{1}{2\pi\sqrt{LC}}$ [Hz]

$= \dfrac{1}{2 \times \pi \times \sqrt{1 \times (0.2 \times 10^{-6})}}$

$= 356 [Hz]$

L : 1 [H]
C : 0.2 [μF] = 0.2 × 10⁻⁶ [F]
f_0 : 공진주파수 [Hz]

06 (상 중 하)

저항이 4 [Ω], 인덕턴스가 8 [mH]인 코일을 직렬로 연결하고 100 [V], 60 [Hz]인 전압을 공급할 때 유효전력은 약 몇 [kW]인가?

① 0.8
② 1.2
③ 1.6
④ 2.0

해설 유효전력 계산

$X_L = \omega L = 2\pi f L$

$= 2\pi \times 60 \times (8 \times 10^{-3}) = 3 [\Omega]$

$P = \dfrac{V^2}{R^2 + X_L^2} \times R$

$= \dfrac{100^2}{4^2 + 3^2} \times 4 = 1600 [W] = 1.6 [kW]$

X_L : 유도리액턴스 [Ω]
L : 인덕턴스 [H]
f : 주파수 [Hz]
R : 저항 [Ω]
V : 전압 [V]

※ $P = I^2 R$이며, $I = \dfrac{V}{Z} = \dfrac{V}{\sqrt{R^2 + X_L^2}} = \dfrac{100}{\sqrt{4^2 + 3^2}}$

∴ $I^2 R = \dfrac{100^2}{4^2 + 3^2} \times R$

정답 05 ④ 06 ③

07 (상ㆍ중ㆍ하)

저항 6 [Ω]과 유도리액턴스 8 [Ω]이 직렬로 접속된 회로에 100 [V]의 교류전압을 가할 때 흐르는 전류의 크기는 몇 [A]인가?

① 10
② 20
③ 50
④ 80

해설 R-L회로에서 전류 계산

$$I = \frac{V}{Z} = \frac{V}{\sqrt{R^2+X^2}}$$
$$= \frac{100}{\sqrt{6^2+8^2}} = 10[A]$$

R : 저항 [Ω]
X_L : 유도리액턴스 [Ω]
V : 전압 [V]
I : 전류 [A]

08 (상ㆍ중ㆍ하)

정현파전압의 평균값이 150 [V]이면 최댓값은 약 몇 [V]인가?

① 235.6
② 212.1
③ 106.1
④ 95.5

해설 정현파의 특성값

평균값 $V_{av} = \dfrac{2V_m}{\pi}$

최댓값 $V_m = \dfrac{V_{av} \times \pi}{2}$

여기서 V_{av} = 150 [V]이므로

$V_m = \dfrac{150 \times \pi}{2} = 235.6\,[V]$

09 (상ㆍ중ㆍ하)

10 [μF]인 콘덴서를 60 [Hz] 전원에 사용할 때 용량 리액턴스는 약 몇 [Ω]인가?

① 250.5
② 265.3
③ 350.5
④ 465.3

해설 용량 리액턴스 계산

$$X_C = \frac{1}{\omega C} = \frac{1}{2\pi f C}$$
$$= \frac{1}{2\pi \times 60 \times 10 \times 10^{-6}}$$
$$= 265.3\,[\Omega]$$

X_C : 용량 리액턴스 [Ω]
f : 주파수 [Hz]

10 (상ㆍ중ㆍ하)

정현파전압의 평균값과 최댓값과의 관계식 중 옳은 것은?

① $V_{av} = 0.707 V_m$
② $V_{av} = 0.840 V_m$
③ $V_{av} = 0.637 V_m$
④ $V_{av} = 0.956 V_m$

해설 교류의 특성값

실횻값 $V = \dfrac{V_m}{\sqrt{2}} = 0.707 V_m$

평균값 $V_{av} = \dfrac{2}{\pi} V_m = 0.637 V_m$

최댓값 $V_m = \sqrt{2}\,V$

정답 07 ① 08 ① 09 ② 10 ③

11 (중)

R-L-C회로의 전압과 전류파형의 위상차에 대한 설명으로 틀린 것은?

① R-L 병렬회로 : 전압과 전류는 동상이다.
② R-L 직렬회로 : 전압이 전류보다 θ만큼 앞선다.
③ R-C 병렬회로 : 전류가 전압보다 θ만큼 앞선다.
④ R-C 직렬회로 : 전류가 전압보다 θ만큼 앞선다.

해설 R-L 병렬회로의 특징

• 전압이 전류보다 θ만큼 앞선다.
• 유도성 회로

12 (중)

정현파교류의 최댓값이 100 [V]인 경우 평균값은 몇 [V]인가?

① 45.04 ② 50.64
③ 63.66 ④ 68.34

해설 평균값 계산

$$V_{av} = \frac{2}{\pi} V_m = \frac{2}{\pi} \times 100 = 63.66 \,[\text{V}]$$

V_{av} : 평균값 [V]
V_m : 최댓값 [V]

13 (중)

정현파 교류회로에서 최댓값은 V_m, 평균값은 V_{av}일 때 실 횻값(V)은?

① $\dfrac{\pi}{\sqrt{2}} V_m$ ② $\dfrac{\pi}{2\sqrt{2}} V_{av}$
③ $\dfrac{\pi}{2\sqrt{2}} V_m$ ④ $\dfrac{1}{\pi} V_m$

해설 교류의 특성값

평균값 : $V_{av} = \dfrac{2}{\pi} V_m$

최댓값 : $V_m = \dfrac{\pi}{2} V_{av}$

실횻값 : $V = \dfrac{V_m}{\sqrt{2}} = \dfrac{\frac{\pi}{2} V_{av}}{\sqrt{2}} = \dfrac{\pi V_{av}}{2\sqrt{2}}$

14 (중)

그림과 같은 회로에서 단자 a, b 사이에 주파수 f [Hz]의 정현파전압을 가했을 때 전류계 A_1, A_2의 값이 같았다. 이 경우 f, L, C 사이의 관계로 옳은 것은?

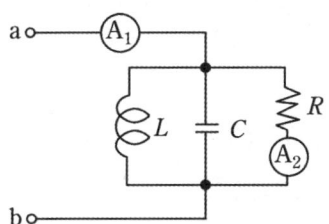

① $f = \dfrac{1}{2\pi^2 LC}$ ② $f = \dfrac{1}{4\pi\sqrt{LC}}$
③ $f = \dfrac{1}{\sqrt{2\pi^2 LC}}$ ④ $f = \dfrac{1}{2\pi\sqrt{LC}}$

해설 공진주파수

공진주파수 : $f_0 = \dfrac{1}{2\pi\sqrt{LC}}$ [Hz]

※ 직렬과 병렬의 공진주파수 식은 같음

15 (상 중 하)

교류전압계의 지침이 지시하는 전압은 다음 중 어느 것인가?

① 실횻값 ② 평균값
③ 최댓값 ④ 순시값

해설 교류에서의 특성값

순시값	교류의 시간에 있어서 값
최댓값	순시값 중에서 가장 큰 값
실횻값	교류전압계 지시하는 전압
평균값	교류 순시값의 평균값

16 (상 중 하)

R-L-C 직렬공진회로에서 제n고조파의 공진주파수(f_n)는?

① $\dfrac{1}{2\pi n\sqrt{LC}}$ ② $\dfrac{1}{\pi n\sqrt{nLC}}$

③ $\dfrac{1}{2\pi\sqrt{nLC}}$ ④ $\dfrac{n}{2\pi\sqrt{LC}}$

해설 공진주파수

- 공진주파수

$f_0 = \dfrac{1}{2\pi\sqrt{LC}}$ [Hz]

- 제n고조파 공진주파수

$f_{n0} = \dfrac{1}{2\pi n\sqrt{LC}}$ [Hz]

17 (상 중 하)

저항이 R, 유도리액턴스가 X_L, 용량리액턴스가 X_C인 R-L-C 직렬회로에서의 Z값으로 옳은 것은?

① $Z = R + j(X_L - X_C)$, $Z = \sqrt{R^2 + (X_L - X_C)^2}$
② $Z = R + j(X_L + X_C)$, $Z = \sqrt{R + (X_L + X_C)^2}$
③ $Z = R + j(X_C - X_L)$, $Z = \sqrt{R^2 + (X_C - X_L)^2}$
④ $Z = R + j(X_C + X_L)$, $Z = \sqrt{R^2 + (X_C + X_L)^2}$

해설 R-L-C 직렬회로

임피던스 : $Z = R + j(X_L - X_C)$ [Ω]

크기 : $Z = \sqrt{R^2 + (X_L - X_C)^2}$ [Ω]

Z : 임피던스 [Ω]
R : 저항 [Ω]
X_L : 유도성 리액턴스 [Ω]
X_C : 용량성 리액턴스 [Ω]

18 (상 중 하)

$R = 9$ [Ω], $X_L = 10$ [Ω], $X_C = 5$ [Ω]인 직렬부하회로에 220 [V]의 정현파전압을 인가시켰을 때의 유효전력은 약 몇 [kW]인가?

① 1.98   ② 2.41
③ 2.77   ④ 4.1

해설 R-L-C 직렬회로

$I = \dfrac{V}{Z} = \dfrac{V}{\sqrt{R^2 + (X_L - X_C)^2}}$

$= \dfrac{220}{\sqrt{9^2 + 5^2}} = 21.37$ [A]

$P = I^2 R$
$\quad = 21.37^2 \times 9 = 4110 = 4.1 \, [\text{kW}]$

4110 [W] = 4.11 [kW]
Z : 임피던스 [Ω]
R : 저항 [Ω]
X_L : 유도성 리액턴스 [Ω]
X_C : 용량성 리액턴스 [Ω]
V : 전압 [V]
I : 전류 [A]
P : 유효전력 [kW]

19 (상⦁중⦁하)

$I = 50\sin\omega t$인 교류전류의 평균값은 약 몇 [A]인가?

① 25 ② 31.8
③ 35.9 ④ 50

[해설] 교류전류 평균값

$I_{av} = \dfrac{2}{\pi} I_m = \dfrac{2}{\pi} \times 50 = 31.8 \, [\text{A}]$

20 (상⦁중⦁하)

$v = 151\sin 377t$ [V]인 정현파전압의 주파수는 몇 [Hz]인가?

① 50 ② 55
③ 60 ④ 65

[해설] 주파수 계산

$\omega = 2\pi f = 377$

$f = \dfrac{\omega}{2\pi} = \dfrac{377}{2\pi} = 60 \, [\text{Hz}]$

T : 주기 [s]
f : 주파수 [Hz]
ω : 각주파수 [rad/s]

21 (상⦁중⦁하)

반파 정류 정현파의 최댓값이 1일 때 실횻값과 평균값은?

① $\dfrac{1}{\sqrt{2}}, \dfrac{\pi}{2}$ ② $\dfrac{1}{2}, \dfrac{\pi}{2}$

③ $\dfrac{1}{\sqrt{2}}, \dfrac{\pi}{2\sqrt{2}}$ ④ $\dfrac{1}{2}, \dfrac{1}{\pi}$

[해설] 반파 정류의 특성값

반파 정류 정현파

• 실횻값 = $\dfrac{1}{2}$

• 평균값 = $\dfrac{1}{\pi}$

22 (상⦁중⦁하)

비정현파의 실횻값은?

① 기본파의 실횻값에서 각 고조파의 실횻값을 뺀 것
② 기본파의 실횻값과 각 고조파의 실횻값을 모두 더한 것
③ 기본파의 실횻값과 각 고조파의 실횻값을 모두 더하고 제곱근을 취한 것
④ 기본파의 실횻값과 각 고조파의 실횻값을 각각 제곱하고 모두 더한 후 제곱근을 취한 것

[해설] 비정현파

• 정현파가 아닌 교류
• 실횻값은 기본파와 고조파의 실횻값을 각각 제곱하고 더한 후 제곱근
• 직류분 + 고조파 + 기본파

[암기] 쥐고기

23 (상ⓒ하)

회로에서 전류 I는 약 몇 [A]인가?

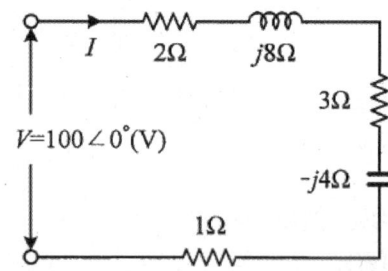

① 7.69 + j11.5
② 7.69 - j11.5
③ 11.5 + j7.69
④ 11.5 - j7.69

해설 전류 계산

$R = 2 + 3 + 1 = 6 \, [\Omega]$
$jX = (8 - 4) = j4 \, [\Omega]$
$Z = R + jX = 6 + j4$
$I = \dfrac{V}{Z} = \dfrac{100 \angle 0}{6 + j4}$
$\quad = 11.5 - 7.69j$

R : 저항 [Ω]
X : 리액턴스 [Ω]
I : 전류 [A]
V : 전압 [V]
Z : 임피던스 [Ω]

24 (상ⓒ하)

$i_1 d(t) = I_m \sin\omega t$ 와 $i_2 d(t) = I_m \cos\omega t$ 가 있다. 두 전류의 위상차는 얼마인가?

① 0°   ② 30°
③ 60°   ④ 90°

해설 삼각함수 계산

$\cos\omega t = \sin(\omega t + 90°)$
$\sin\omega t = \cos(\omega t - 90°)$

25 (상ⓒ하)

저항 R과 유도 리액턴스 X_L이 직렬로 접속된 회로의 역률은?

① $\dfrac{R}{\sqrt{R^2 + X_L^2}}$ ② $\dfrac{\sqrt{R^2 + X_L^2}}{R}$

③ $\dfrac{X_L}{\sqrt{R^2 + X_L^2}}$ ④ $\dfrac{\sqrt{R^2 + X_L^2}}{X_L}$

해설 역률 계산

$Z = R + jX_L = \sqrt{R^2 + X_L^2}$
$\cos\theta = \dfrac{R}{Z} = \dfrac{R}{\sqrt{R^2 + X_L^2}}$

Z : 임피던스 [Ω]
R : 저항 [Ω]
X : 리액턴스 [Ω]
$\cos\theta$: 역률 = $\dfrac{R}{Z}$
$\sin\theta$: 무효율 = $\dfrac{X}{Z}$

정답 23 ④ 24 ④ 25 ①

26 (상)중(하)

R-L-C 직렬회로에서 C 및 L의 값은 고정시켜 놓고 저항 R의 값을 변화시킬 때 옳은 것은?

① 공진주파수가 작아짐
② 공진주파수는 변하지 않음
③ 공진주파수가 약간 커짐
④ 공진주파수가 매우 커짐

해설 공진주파수

- 공진주파수 : $f_0 = \dfrac{1}{2\pi\sqrt{LC}}$ [Hz]
- 저항 R과는 관련이 없다.

f_0 : 주파수 [Hz]
C : 커패시턴스 [F]
L : 인덕턴스 [H]

27 (상)중(하)

5 [Ω]의 저항회로에 220 [V], 60 [Hz]의 교류 정현파전압을 인가할 때 이 회로의 흐르는 전류의 순시값은 몇 [A]인가?

① $440\sqrt{2}\sin 377t$
② $220\sqrt{2}\sin 377t$
③ $44\sqrt{2}\sin 377t$
④ $110\sqrt{2}\sin 377t$

해설 순시값 i(t)

$i(t) = I_m \sin\omega t = \sqrt{2}\,I\sin\omega t$
$= \sqrt{2}\,\dfrac{V}{R}\sin 2\pi ft$
$= \sqrt{2} \times \dfrac{220}{5}\sin(2\pi \times 60t)$
$= 44\sqrt{2}\sin 377t$ [A]

$\therefore I = \dfrac{V}{R},\ w = 2\pi f$

28 (상)중(하)

정현파 교류가 공급되는 R-L-C 직렬회로에서 용량성 회로가 되는 경우는?

① R = 50 [Ω], X_L = 10 [Ω], X_C = 40 [Ω]
② R = 40 [Ω], X_L = 30 [Ω], X_C = 20 [Ω]
③ R = 30 [Ω], X_L = 30 [Ω], X_C = 20 [Ω]
④ R = 20 [Ω], X_L = 40 [Ω], X_C = 10 [Ω]

해설 R-L-C 직렬회로

- $X_L > X_C$: 유도성 회로
- $X_L < X_C$: 용량성 회로

29 (상)중(하)

R-L-C 병렬회로가 병렬공진되었을 때 합성전류는?

① 전류는 무한대가 됨
② 전류는 흐르지 않음
③ 최대가 됨
④ 최소가 됨

해설 병렬공진(Parallel Resonance)

- L, C를 병렬로 접속 후 일어나는 공진현상
- 합성전류는 최소가 됨

정답 26 ② 27 ③ 28 ① 29 ④

30 (상중하)

$i = I_m \sin(\omega t - \frac{\pi}{4})$, $v = V_m \sin(\omega t - \frac{\pi}{6})$와의 위상차는?

① $\frac{1}{3}\pi$ ② $\frac{1}{6}\pi$
③ $\frac{1}{12}\pi$ ④ $\frac{7}{12}\pi$

해설 위상차

※ 위상차는 각도차이다.

$(\theta_1 - \theta_2) = (\frac{\pi}{4} - \frac{\pi}{6}) = \frac{1}{12}\pi$

31 (상중하)

역률에 대한 설명으로 옳은 것은?

① 저항과 인덕턴스의 비
② 저항과 커패시턴스의 비
③ 임피던스와 저항의 비
④ 임피던스와 리액턴스의 비

해설 역률 계산

- $\cos\theta = \frac{P}{P_a} = \frac{R}{Z}$
- $\sin\theta = \frac{P_r}{P_a} = \frac{X}{Z}$

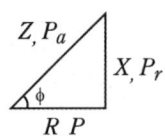

P_r : 무효전력 [VAR]
P_a : 피상전력 [VA]
P : 유효전력 [kW]
R : 저항 [Ω]
Z : 임피던스 [Ω]
X : 리액턴스 [Ω]

32 (상중하)

RC 직렬회로에서 R = 100 [Ω], C = 4 [μF]일 때 $e = 220\sqrt{2}\sin 377t$인 전압이 인가되면 합성 임피던스는 약 몇 [Ω]인가?

① 0.3 ② 1.8
③ 66 ④ 670

해설 임피던스 계산

$Z = \sqrt{R^2 + X_c^2} = \sqrt{R^2 + (\frac{1}{\omega C})^2}$

$= \sqrt{100^2 + (\frac{1}{377 \times 4 \times 10^{-6}})^2}$

$= 670 [\Omega]$

4 [μF] = 4 × 10⁻⁶ [F]
Z : 임피던스 [Ω]
R : 저항 [Ω]
X_C : 용량성 리액턴스 [Ω] = $(\frac{1}{WC})$

33 (상중하)

R-L-C 병렬회로가 병렬공진되었을 때 합성전류는?

① 전류는 무한대가 됨
② 전류는 흐르지 않음
③ 최대가 됨
④ 최소가 됨

해설 병렬공진(Parallel Resonance)

- L, C를 병렬로 접속 후 일어나는 공진현상
- 합성전류는 최소가 됨

정답 30 ③ 31 ③ 32 ④ 33 ④

34 (상|중|하)

정현파의 파고율은 얼마인가?

① 1
② $\sqrt{2}$
③ $\sqrt{3}$
④ 2

해설 파고율

파고율 = $\dfrac{\text{최댓값}}{\text{실횻값}} = \dfrac{V_m}{\dfrac{1}{\sqrt{2}}V_m} = \sqrt{2}$

TIP 파형률 = $\dfrac{\text{실횻값}}{\text{평균값}}$

파형	실횻값	평균값
정현파	$\dfrac{1}{\sqrt{2}}V_m$	$\dfrac{2}{\pi}V_m$
반파정현파	$\dfrac{1}{2}V_m$	$\dfrac{1}{\pi}V_m$
구형파	V_m	V_m
반파구형파	$\dfrac{1}{\sqrt{2}}V_m$	$\dfrac{1}{2}V_m$
삼각파	$\dfrac{1}{\sqrt{3}}V_m$	$\dfrac{1}{2}V_m$

35 (상|중|하)

어떤 파형의 교류전압이 있다. 그 평균값이 100 [V]이고, 파형률은 1.1이라고 하면 최댓값은 약 몇 [V]인가?

① 110
② 141
③ 157
④ 173

해설 파형률

파형률 = $\dfrac{\text{실횻값}}{\text{평균값}}$

$1.1 = \dfrac{V}{100}$, $V = 110$

$V_m = \sqrt{2}\,V = \sqrt{2} \times 110 = 157\,[\text{V}]$

파형	실횻값	평균값
정현파	$\dfrac{1}{\sqrt{2}}V_m$	$\dfrac{2}{\pi}V_m$
반파정현파	$\dfrac{1}{2}V_m$	$\dfrac{1}{\pi}V_m$
구형파	V_m	V_m
반파구형파	$\dfrac{1}{\sqrt{2}}V_m$	$\dfrac{1}{2}V_m$
삼각파	$\dfrac{1}{\sqrt{3}}V_m$	$\dfrac{1}{2}V_m$

정답 34 ② 35 ③

36

그림과 같은 브리지회로 평형조건은?

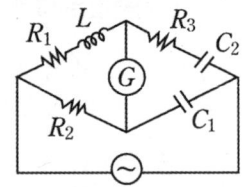

① $R_1C_1 = R_2C_2, R_2R_3 = C_1L$
② $R_1C_1 = R_2C_2, R_2R_3C_1 = L$
③ $R_1C_2 = R_2C_1, R_2R_3 = C_1L$
④ $R_1C_2 = R_2C_1, L = R_2R_3C_1$

해설 휘스톤 브리지

1) 대각선의 곱은 같다.

$$(R_1 + j\omega L)\frac{1}{j\omega C_1} = R_2(R_3 + \frac{1}{j\omega C_2})$$

2) 양변에 $j\omega$를 곱한다.

$$(R_1 + j\omega L)\frac{1}{C_1} = j\omega R_2(R_3 + \frac{1}{j\omega C_2})$$

$$\frac{R_1}{C_1} + \frac{j\omega L}{C_1} = j\omega R_2R_3 + \frac{R_2}{C_2}$$

3) 실수부와 허수부를 나눠서 생각

$$\frac{R_1}{C_1} = \frac{R_2}{C_2}, \quad \frac{j\omega L}{C_1} = j\omega R_2R_3$$

$$R_1C_2 = R_2C_1, \quad L = R_2R_3C_1$$

R : 저항 [Ω]
C : 커패시턴스 [F]
L : 인덕턴스 [H]

정답 36 ④

CHAPTER

06 교류전력 및 다상교류

3회독	월	일
2회독	월	일
1회독	월	일

PART 1

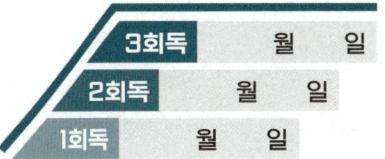

학습목표

1 유효전력, 무효전력, 피상전력에 대해 이해한다.
2 전력용 콘덴서에 대해 학습한다.
3 3상 교류의 Y결선과 △결선에 대해 학습한다.
4 교류전력의 측정에 대해 학습한다.

학습MAP

- **교류전력**
  - 유효전력, 무효전력, 피상전력
  - 역률과 무효율
  - 복소전력
  - 최대전력
  - 전력용 콘덴서
- **3상 교류**
  - 대칭 3상 교류
    - 발생원리
    - 3상 교류
    - 3상 교류의 벡터
  - 3상 교류의 결선
    - Y결선과 △결선
    - 부하 Y ↔ △변환
    - V결선
- **3상 교류전력**
  - 유효전력, 무효전력, 피상전력
- **교류 전력의 측정**
  - 단상 전력의 측정
    - 직접측정
    - 간접측정
  - 3상 전력 측정

01 교류전력

1 유효전력, 무효전력, 피상전력 ★★★

1) 유효전력(P) : 단위[W, kW]
   (1) 부하에서 유효하게 사용되는 전력
   (2) 저항에 의해 소비되는 전력

$$P = P_a\cos\theta = VI\cos\theta = I^2R = I^2Z\cos\theta = \frac{V^2}{R^2+X^2}R \text{ [W]}$$

2) 무효전력(P_r) : 단위[Var, kVar]
   (1) 실제부하에 사용되지 않는 전력
   (2) 리액턴스에 의해 소비되는 전력

$$P_r = P_a\sin\theta = VI\sin\theta = I^2X = I^2Z\sin\theta = \frac{V^2}{R^2+X^2}X \text{ [Var]}$$

3) 피상전력(P_a) : 단위[VA, kVA]
   (1) 전원에 공급되는 전력
   (2) 임피던스에 의해 소비되는 전력

$$P_a = VI = I^2Z = \frac{V^2}{Z} = \frac{P}{\cos\theta},\ P_a = P \pm jP_r = \sqrt{P^2 + P_r^2} \text{ [VA]}$$

4) 단상교류전력 삼각도 ★★★

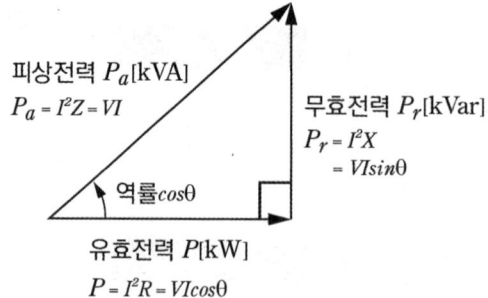

2 역률과 무효율 ★★★

1) 역률($\cos\theta$)

   (1) 교류회로에서 유효전력과 피상전력과의 비, 전압과 전류의 여현대칭(우함수)

   (2) 수식 : $\cos\theta = \dfrac{P}{P_a}$, $\cos\theta = \dfrac{P}{VI} \times 100(\%)$, $\cos\theta = \sqrt{1-\sin^2\theta}$

2) 무효율($\sin\theta$)

   (1) 교류회로에서 무효전력과 피상전력과의 비, 전압과 전류의 정현대칭(기함수)

   (2) 수식 : $\sin\theta = \dfrac{P_r}{P_a}$, $\sin\theta = \dfrac{P_r}{VI} \times 100(\%)$, $\sin\theta = \sqrt{1-\cos^2\theta}$

   (3) $\sin^2\theta + \cos^2\theta = 1$에서 $\sin\theta = \sqrt{1-\cos^2\theta}$ 가 된다.

TIP 역률 혹은 무효율 둘 중 하나가 0.6이면 나머지 하나는 0.8이다.

3 복소전력 ★

1) 정의

   (1) 2단자 회로망에서 공급되는 유효전력을 실수부로, 무효전력을 허수부로 하는 복소수를 그 회로에 대한 복소전력이라 한다.

   (2) 회로의 전압과 전류를 복소수 형태로 나타낸 것에서의 피상전력이다.

2) 수식

   $V = V_1 + jV_2\,[\text{V}]$, $I = I_1 + jI_2\,[\text{A}]$ 라면,

   $P_a = V\bar{I} = (V_1 + jV_2)(I_1 - jI_2)$
   $= (V_1I_1 + V_2I_2) + j(V_2I_1 - V_1I_2)$
   $= P + jP_r\,[\text{VA}]$

🔗 P.112 문 02

선생님 TIP
전압과 전류 사이에도 위상차가 발생하기 때문에 공액 복소수 없이 곱하게 되면, 단순히 위상의 합으로만 나와서 정확한 답을 구할 수 없기 때문에 공액 복소수를 취해서 구합니다.

4 최대전력 ★★

1) 최대전력 전달조건

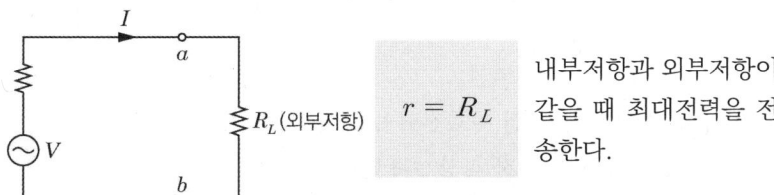

$r = R_L$

내부저항과 외부저항이 같을 때 최대전력을 전송한다.

2) 최대전력계산

$$P_{\max} = I^2 R = \left(\frac{V}{r+R}\right)^2 R = \left(\frac{V}{2R}\right)^2 R = \frac{V^2}{4R^2}R = \frac{V^2}{4R}$$

> 내부저항과 외부저항이 같을 때 최대전력을 전송한다. [O]

$P_{\max}$: 최대전력[W]
V : 전압 [V]
R : 부하(외부)저항 [Ω]
r : 내부저항(선로저항) [Ω]

5 전력용 콘덴서

1) 전력용 콘덴서

(1) 변압기 및 부하의 역률을 개선하기 위하여 설치하며 진상용 콘덴서라고도 한다.

(2) 효과 : 역률 개선, 손실 감소, 전압강하 감소

(3) 설치위치 : 부하 말단에 병렬로 설치하여 역률을 개선한다.

> 전력용 콘덴서는 전압강하를 상승시키기 위해 사용한다.
> [X] 전압강하를 감소하기 위해 사용

2) 수식

$$Q_C = P(\tan\theta_1 - \tan\theta_2)$$
$$= P\left(\frac{\sin\theta_1}{\cos\theta_1} - \frac{\sin\theta_2}{\cos\theta_2}\right)$$
$$= P\left(\frac{\sqrt{1-\cos^2\theta_1}}{\cos\theta_1} - \frac{\sqrt{1-\cos^2\theta_2}}{\cos\theta_2}\right)$$

유효전력 P[kW]
개선 후 P_{a_2}
개선 전 P_{a_1}[kVA]
Q_2, Q_1, Q_C

$$Q_C = P\left(\frac{\sqrt{1-\cos^2\theta_1}}{\cos\theta_1} - \frac{\sqrt{1-\cos^2\theta_2}}{\cos\theta_2}\right) [\text{kVA}]$$

Q_C : 콘덴서용량 [kVA] P : 유효전력 [kW]
$\cos\theta_1$: 개선 전 역률 $\sin\theta_1$: 개선 전 무효율
$\cos\theta_2$: 개선 후 역률 $\sin\theta_2$: 개선 후 무효율
Q_1 : 역률 개선 전 무효전력 [kVar]
P_{a1} : 역률 개선 전 피상전력 [kVA]
Q_2 : 역률 개선 후 무효전력 [kVar]
P_{a2} : 역률 개선 후 피상전력 [kVA]

02 3상 교류 ★★★

1 대칭 3상 교류

1) 대칭 3상 교류의 발생원리

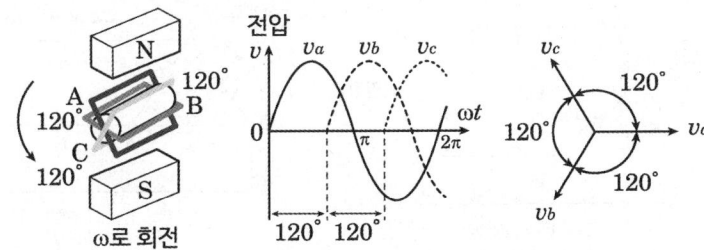

  (1) N → S 자기장 내 3개의 도체가 공간적으로 120° 각도로 회전자가 배치되어 있다.
  (2) 회전자가 반시계 방향으로 회전하면 각각의 도체에서 세 가지 전압이 발생된다.
  (3) 이들 전압은 크기는 같지만 위상은 120° 만큼 차이가 발생한다.

2) 3상 교류

  (1) 각 기전력의 크기가 같고 $\frac{2\pi}{3}(rad)$ 만큼 위상차가 있는 교류
  (2) 대칭 3상 교류의 조건
    ① 기전력의 크기가 같을 것
    ② 주파수가 같을 것
    ③ 파형이 같을 것
    ④ 위상차가 $\frac{2\pi}{3}(rad)$ 일 것

$$V_a = \sqrt{2}\, V\sin\omega t\,[V]$$
$$V_b = \sqrt{2}\, V\sin(\omega t - 120°)\,[V]$$
$$V_c = \sqrt{2}\, V\sin(\omega t - 240°)\,[V]$$

암기 ▶ 파주위크

☑ 3상 교류의 벡터의 전압 벡터 합
$\dot{V}_a + \dot{V}_b + \dot{V}_c = 0$

🔗 P.115 문 12

- Y결선은 상전류와 선전류가 같다. **O**
- 델타결선은 상전류가 선전류의 $\sqrt{3}$ 배이다. **X** 상전류가 선전류의 $\frac{1}{\sqrt{3}}$ 배이다.

2 3상 교류의 결선

1) Y결선과 △결선 ★★★

구분	Y결선(성형결선 = 스타결선)	△결선(델타결선 = 환상결선)
결선도	상전압 (V_p), 선간전압 (V_ℓ) $V_p = V_a = V_b = V_c$ $V_\ell = V_{ab} = V_{bc} = V_{ca}$	상전류 (I_p), 선전류 (I_ℓ) $I_p = I_{ab} = I_{bc} = I_{ca}$ $I_\ell = I_a = I_b = I_c$
상전압	$V_p = \dfrac{V_l}{\sqrt{3}}$	$V_p = V_l$
선간전압	$V_l = \sqrt{3}\, V_p \angle \dfrac{\pi}{6}$	$V_l = V_p$
상전류	$I_p = I_l$	$I_p = \dfrac{I_l}{\sqrt{3}}$
선전류	$I_l = I_p$	$I_l = \sqrt{3}\, I_p \angle (-\dfrac{\pi}{6})$
특징	• 상전압보다 선간전압이 $\sqrt{3}$ 배 크고 위상차는 $\dfrac{\pi}{6}$ 앞선다. • 평형 3상 회로의 중성선에는 전류가 흐르지 않는다.	• 선전류가 상전류보다 $\sqrt{3}$ 배 크고 위상차는 $\dfrac{\pi}{6}$ 뒤진다. • 제3고조파는 내부에서 순환한다.

2) 부하 Y ↔ △ 변환 ★★★

구분	△ → Y 변환	Y → △ 변환
결선도	Z, Z, Z ⇒ $\dfrac{Z}{3}$, $\dfrac{Z}{3}$, $\dfrac{Z}{3}$	Z, Z, Z ⇒ 3Z, 3Z, 3Z
임피던스	$Z_Y = \dfrac{1}{3} Z_\Delta$	$Z_\Delta = 3 Z_Y$

△ → Y 변환	Y → △ 변환
$R_a = \dfrac{R_1 R_2}{R_1 + R_2 + R_3}\,[\Omega]$	$R_1 = \dfrac{R_a R_b + R_b R_c + R_c R_a}{R_b}\,[\Omega]$
$R_b = \dfrac{R_2 R_3}{R_1 + R_2 + R_3}\,[\Omega]$	$R_2 = \dfrac{R_a R_b + R_b R_c + R_c R_a}{R_c}\,[\Omega]$
$R_c = \dfrac{R_3 R_1}{R_1 + R_2 + R_3}\,[\Omega]$	$R_3 = \dfrac{R_a R_b + R_b R_c + R_c R_a}{R_a}\,[\Omega]$
평형부하인 경우 : $Z_Y = \dfrac{1}{3} Z_\triangle\,[\Omega]$	평형부하인 경우 : $Z_\triangle = 3 Z_Y\,[\Omega]$
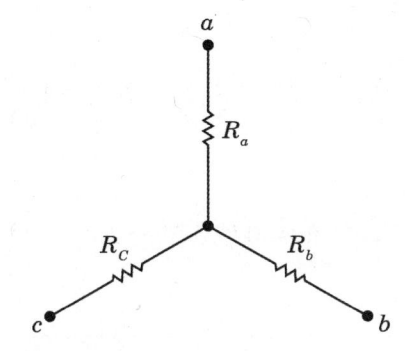	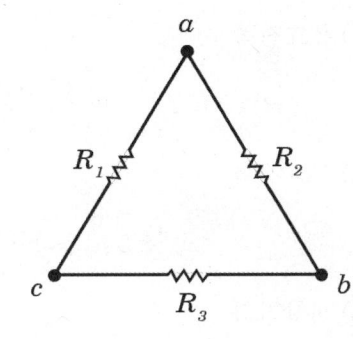

3) V결선

(1) V결선의 개념

3상 △결선에서 1상이 고장 시 고장 난 변압기 제거 후 나머지 2상의 전원으로 3상 전력을 공급하는 방법

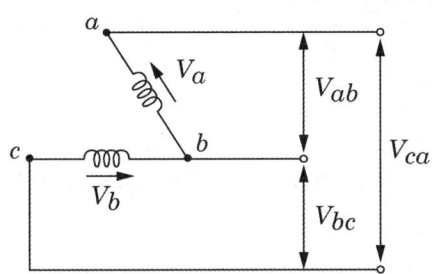

(2) 출력

$$P_V = \sqrt{3}\, P_1 = \sqrt{3}\, V_P I_P \cos\theta\,[\text{W}]$$

P_1 : 단상의 출력 [W]
P_V : V 결선 시의 출력 [W]

(3) 출력비

출력비 $= \dfrac{P_V(V\text{결선 시 출력})}{P_\triangle(\triangle\text{결선 시 출력})} = \dfrac{\sqrt{3}\,VI}{3\,VI} \times 100 = 57.7\,[\%]$

P.113 문 04

암기 ▶ 출오칠칠

> **암기** 이팔유유
> V결선 시 변압기 1대의 이용률은 57.7 [%]이다. **✗** 86.6 [%]

(4) 변압기 1대의 이용률

$$이용률 = \frac{P_V(V\text{ 결선 시 출력})}{P_2(\text{변압기 2대의 출력})} = \frac{\sqrt{3}\,VI}{2VI} \times 100 = 86.6\,[\%]$$

03 3상 교류전력 ★★★

1 유효전력, 무효전력, 피상전력 ★★★

1) 유효전력

$$P = 3V_P I_P \cos\theta = 3\frac{V_l}{\sqrt{3}}I_l\cos\theta = \sqrt{3}\,V_l I_l\cos\theta = 3I_p^2 R\,[\text{W}]$$

🔗 P.114 문 08

2) 무효전력

$$P_r = 3V_p I_p \sin\theta = \sqrt{3}\,V_l I_l \sin\theta = 3I_p^2 X\,[\text{Var}]$$

✅ 상에 대해 나타낼 때는 3, 선에 대해 나타낼 때는 $\sqrt{3}$을 곱한다.

🔗 P.113 문 05

3) 피상전력

$$P_a = 3V_p I_p = \sqrt{3}\,V_l I_l = \sqrt{P^2 + p_r^2} = 3I_p^2 Z\,[\text{VA}]$$

04 교류전력의 측정 ★★★

1 단상전력의 측정

1) 직접측정

　(1) 직류 또는 교류의 전기회로를 측정하는 계기로서 보통 사용되는 것이 전류력계형이다.

　(2) 전류코일(CC)과 전압코일(PC)이 연결되어 있는데 전압코일에는 고저항 R이 직렬로 연결되어 있다.

$$P = VI\cos\theta\,[W]$$
$$\cos\theta = \frac{P}{VI} = \frac{R}{Z} = \frac{R}{\sqrt{R^2 + X^2}}$$

P : 전력계의 지시 [W]　　VI : 피상전력 [VA]

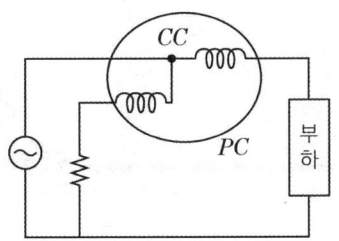

2) 간접측정 ★★★

3전압계법	3전류계법
전압계 3개와 저항 1개를 연결하여 측정	전류계 3개와 저항 1개를 연결하여 측정
$P = \dfrac{1}{2r}(V_3^2 - V_2^2 - V_1^2)\,[\text{W}]$	$P = \dfrac{r}{2}(I_3^2 - I_2^2 - I_1^2)\,[\text{W}]$

○ P.114 문 09

○ 3전류계법에 의해 전력을 측정하는 공식은 $P = \dfrac{r}{2}(I_3^2 - I_2^2 - I_1^2)\,[\text{W}]$ 이다. O

2 3상 전력 측정

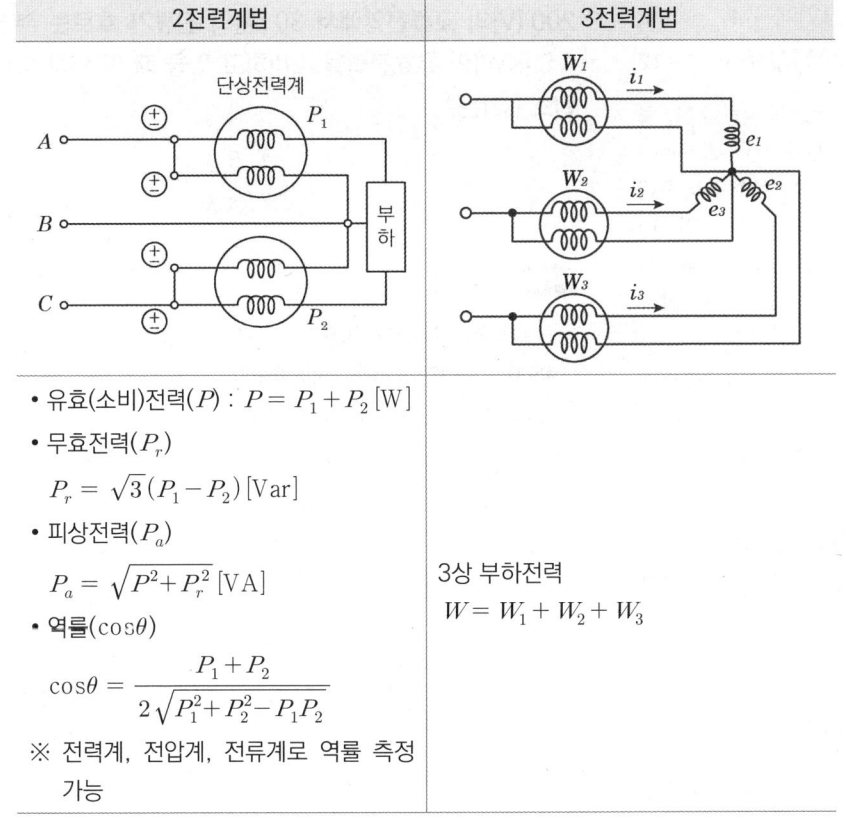

2전력계법	3전력계법
• 유효(소비)전력(P) : $P = P_1 + P_2\,[\text{W}]$ • 무효전력(P_r) $P_r = \sqrt{3}\,(P_1 - P_2)\,[\text{Var}]$ • 피상전력(P_a) $P_a = \sqrt{P^2 + P_r^2}\,[\text{VA}]$ • 역률($\cos\theta$) $\cos\theta = \dfrac{P_1 + P_2}{2\sqrt{P_1^2 + P_2^2 - P_1 P_2}}$ ※ 전력계, 전압계, 전류계로 역률 측정 가능	3상 부하전력 $W = W_1 + W_2 + W_3$

○ P.114 문 10

예상문제

01 (중)

어떤 회로에 v(t) = 150 sinωt [V]의 전압을 가하니 i(t) = 12 sin(ωt − 30°) [A]의 전류가 흘렀다. 이 회로의 소비전력은 약 몇 [W]인가?

① 390 ② 450
③ 780 ④ 900

해설 소비전력 계산

$$P = VI\cos\theta = \frac{V_m}{\sqrt{2}} \times \frac{I_m}{\sqrt{2}} \cos\theta$$
$$= \frac{150}{\sqrt{2}} \times \frac{12}{\sqrt{2}} \cos 30° = 780 [W]$$

v(t) = 150sinωt [V]에서 $V_m = 150$,
i(t) = 12sin(ωt − 30°) [A]에서 $I_m = 12$

TIP θ : 전압과 전류의 위상차
순시값 v(t) = Vmsinωt
P : 유효전력 [W]
V : 전압 [V]
I : 전류 [A]
cosθ : 역률

02 (중)

5 [Ω]의 저항과 2 [Ω]의 유도성 리액턴스를 직렬로 접속한 회로에 5 [A]의 전류를 흘렸을 때 이 회로의 복소전력 [VA]은?

① 25 + j10 ② 10 + j25
③ 125 + j50 ④ 50 + j125

해설 복소수를 통한 전력계산

$$P_a = I^2 \times Z$$
$$= 5^2 \times (5+j2) = 125 + j50 [VA]$$

Pa : 피상전력 (복소전력) [VA]
유효전력 P = VIcosθ = I^2R [W]
무효전력 P_r = VIsinθ = I^2X [Var]
피상전력 Pa = VI = I^2Z [VA]
Z = R + jX = 5 + j2 [Ω]

03 (중)

200 [V]의 교류전압에서 30 [A]의 전류가 흐르는 부하가 4.8 [KW]의 유효전력을 소비하고 있을 때 이 부하의 리액턴스 [Ω]는?

① 6.6 ② 5.3
③ 4.0 ④ 3.3

해설 리액턴스 계산

- $P = VI\cos\theta = I^2R$ [kW]
  $4800 = 6000 \times \cos\theta$, $\cos\theta = 0.8$
  $\sqrt{\cos^2\theta + \sin^2\theta} = 1$, $\sin\theta = 0.6$
- $P_r = VI\sin\theta = I^2X$
  $200 \times 30 \times 0.6 = 30^2 \times X$, $X = 4 [Ω]$

TIP 유효전력 P = VIcosθ = I^2R [W]
무효전력 P_r = VIsinθ = I^2X [Var]
피상전력 Pa = VI = I^2Z [VA]
V : 전압 [V]
I : 전류 [A]
cosθ : 역률

정답 01 ③ 02 ③ 03 ③

04 (상 중 하)

단상변압기 3대를 △결선하여 부하에 전력을 공급하고 있는 중 변압기 1대가 고장 나서 V결선으로 바꾼 경우에 고장 전과 비교하여 몇 [%] 출력을 낼 수 있는가?

① 50
② 57.7
③ 70.7
④ 86.6

해설 V결선 출력비

V결선 출력비 $= \dfrac{\sqrt{3}}{3} = 57.7$ [%]

암기 V결선 출력비 : 출오질질

05 (상 중 하)

평형 3상 부하의 선간전압이 200 [V], 전류가 10 [A], 역률이 70.7 [%]일 때 무효전력은 약 몇 [Var]인가?

① 2880
② 2450
③ 2000
④ 1410

해설 무효전력 계산

- 피상전력 $P_a = \sqrt{P^2 + P_r^2}$ [VA]
- $\sqrt{3}\,VI = \sqrt{(\sqrt{3}\,VI\cos\theta)^2 + P_r^2}$
- $\sqrt{3} \times 200 \times 10$
  $= \sqrt{(\sqrt{3} \times 200 \times 10 \times 0.707)^2 + P_r^2}$
∴ $P_r = 2450 [Var]$

P : 유효전력 [W]
P_r : 무효전력 [Var]
P_a : 피상전력 [VA]
V : 전압 [V]
I : 전류 [A]

06 (상 중 하)

3상 유도전동기를 Y결선으로 기동할 때 전류의 크기(I_Y)와 △결선으로 기동할 때 전류의 크기($I_\triangle$)의 관계로 옳은 것은?

① $|I_Y| = \dfrac{1}{3}|I_\triangle|$
② $|I_Y| = \sqrt{3}|I_\triangle|$
③ $|I_Y| = \dfrac{1}{\sqrt{3}}|I_\triangle|$
④ $|I_Y| = \dfrac{\sqrt{3}}{2}|I_\triangle|$

해설 Y-△ 기동

$I_Y = \dfrac{1}{3} I\triangle$

I_r : Y결선 시 전류 [A]
$I\triangle$: △결선 시 전류 [A]

※ 3상 유도전동기의 기동 시 직입기들을 Y-△방식으로 하면 기동전류, 소비전력 기동토크가 전부 $\dfrac{1}{3}$로 감소

07 (상 중 하)

복소수로 표시된 전압 10−j [V]를 어떤 회로에 가하는 경우 5+j [A]의 전류가 흘렀다면 이 회로의 저항은 약 몇 [Ω]인가?

① 1.88
② 3.6
③ 4.5
④ 5.46

해설 복소수를 통한 저항 계산

$V = IZ$
$Z = \dfrac{V}{I} = \dfrac{(10-j)}{(5+j)}$ [Ω]
$Z = R + jX = 1.88 - j0.57$ [Ω]

∴ $R = 1.88$ [Ω]

TIP $\dfrac{(10-j)}{(5+j)}$ 은 계산기를 사용하면 $1.88 - j0.57$가 나온다.

정답 04 ② 05 ② 06 ① 07 ①

08 (중)

평형 3상 회로에서 측정된 선간전압과 전류의 실횻값이 각각 28.87 [V], 10 [A]이고, 역률이 0.8일 때 3상 무효전력의 크기는 몇 [Var]인가?

① 400
② 300
③ 231
④ 173

해설 3상 무효전력 계산 [P_r]

$P_r = \sqrt{3}\,VI\sin\theta$
$= \sqrt{3} \times 28.87 \times 10 \times 0.6$
$= 300\,[Var]$

$\cos\theta = 0.8$ 이므로
$\sin\theta = 0.6$
($\because \sqrt{\cos^2\theta + \sin^2\theta} = 1$)
V : 전압 [V]
I : 전류 [A]
$\sin\theta$: 무효율

09 (중)

단상전력을 간접적으로 측정하기 위해 3전압계법을 사용하는 경우 단상 교류전력 P [W]는?

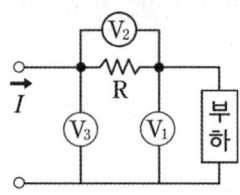

① $P = \dfrac{1}{2R}(V_3 - V_2 - V_1)^2$
② $P = \dfrac{1}{R}(V_3^2 - V_2^2 - V_1^2)$
③ $P = \dfrac{1}{2R}(V_3^2 - V_2^2 - V_1^2)$
④ $P = V_3 I \cos\theta$

해설 3전압계법

$P = \dfrac{1}{2R}(V_3^2 - V_2^2 - V_1^2)\,[W]$

TIP 3전류계법 : $P = \dfrac{R}{2}(I_3^2 - I_2^2 - I_1^2)$

P : 전력 [W]
R : 저항 [Ω]

10 (중) 신유형!

선간전압 E [V]의 3상 평형전원에 대칭 3상 저항부하 R [Ω]이 그림과 같이 접속되었을 때 a, b 두 상 간에 접속된 전력계의 지시값이 W라면 상의 c전류는?

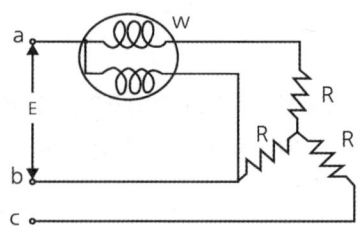

① $\dfrac{2W}{\sqrt{3}\,E}$
② $\dfrac{3W}{\sqrt{3}\,E}$
③ $\dfrac{W}{\sqrt{3}\,E}$
④ $\dfrac{\sqrt{3}\,W}{\sqrt{E}}$

해설 1전력계법

- 3상전력
  $P = \sqrt{3}\,VI\cos\theta$
  저항만의 성분이므로 $\cos\theta = 1$
- 전력계를 c상에 하나 더 설치하면 a상과 같은 전력이 나오므로 2 전력계법과 같다 ($P = P_1 + P_2$).
- $P = \sqrt{3}\,VI$에서 $P_1 + P_2 = \sqrt{3}\,VI$가 되므로
  $I = \dfrac{P_1 + P_2}{\sqrt{3}\,V} = \dfrac{W_1 + W_2}{\sqrt{3}\,E} = \dfrac{2W}{\sqrt{3}\,E}$

TIP W가 1개만 있으므로 2 [W]
$\cos\theta$ 없으면 무시

11 (중)

그림과 같이 전압계 V_1, V_2, V_3와 5 [Ω]의 저항 R을 접속하였다. 전압계의 지시가 V_1 = 20 [V], V_2 = 40 [V], V_3 = 50 [V]면 부하전력은 몇 [W]인가?

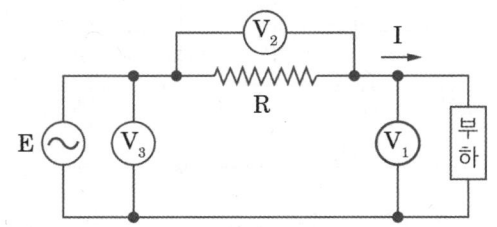

① 50
② 100
③ 150
④ 200

해설 3전압계법

$$P = \frac{1}{2R} \times (V_3^2 - V_2^2 - V_1^2)$$
$$= \frac{1}{2 \times 5} \times (50^2 - 40^2 - 20^2) = 50\,[\text{W}]$$

P : 유효전력 [W]
R : 저항 [Ω]

12 (중)

대칭 3상 Y부하에서 각 상의 임피던스는 20 [Ω]이고, 부하전류가 8 [A]일 때 부하의 선간전압은 약 몇 [V]인가?

① 160
② 226
③ 277
④ 480

해설 선간전압 계산

- 상전압 V_p
$$I_p = \frac{V_p}{Z}, \quad V_p = I_p \times Z$$
$$V_p = 8 \times 20 = 160\,[V]$$
- 선간전압 $V_\ell = \sqrt{3}\,V_p$
$$= \sqrt{3} \times 160 = 277.12\,[V]$$

• Y결선과 △결선

	Y결선(성형결선 = 스타결선)
결선도	(그림)
	$V_p = V_a = V_b = V_c$ $V_\ell = V_{ab} = V_{bc} = V_{ca}$
상전압	$V_p = \dfrac{V_\ell}{\sqrt{3}}$
선간전압	$V_\ell = \sqrt{3}\,V_p \angle \dfrac{\pi}{6}$
상전류	$I_p = I_\ell$
선전류	$I_\ell = I_p$
특징	• 상전압보다 선간전압이 $\sqrt{3}$ 배 크고, 위상차는 $\dfrac{\pi}{6}$ 앞선다. • 평형 3상 회로의 중성선에는 전류가 흐르지 않는다.
	△결선 (델타결선 = 환상결선)
결선도	(그림) $I_p = I_{ab} = I_{bc} = I_{ca}$ $I_\ell = I_a = I_b = I_c$
상전압	$V_p = V_\ell$
선간전압	$V_\ell = V_p$
상전류	$I_p = \dfrac{I_\ell}{\sqrt{3}}$
선전류	$I_\ell = \sqrt{3}\,I_p \angle \left(-\dfrac{\pi}{6}\right)$
특징	• 선전류가 상전류보다 $\sqrt{3}$ 배 크고, 위상차는 $\dfrac{\pi}{6}$ 뒤진다. • 제3고조파는 내부에서 순환한다.

13 (상/중/하)

한 상의 임피던스가 $Z = 16 + j12\,[\Omega]$인 Y결선 부하에 대칭 3상 선간전압 380 [V]를 가할 때 유효전력은 약 몇 [kW]인가?

① 5.8 ② 7.2
③ 17.3 ④ 21.6

해설 3상 유효전력 계산

1) $P = \sqrt{3}\,V_l I_l \cos\theta\,[\text{W}]$
2) Y결선: $V_l = \sqrt{3}\,V_p$, $I_l = I_p$
3) $Z = R + jX = 16 + j12$

- $I_l = \dfrac{V_p}{Z} = \dfrac{\frac{V_l}{\sqrt{3}}}{\sqrt{R^2 + X_L^2}}$

  $= \dfrac{\frac{380}{\sqrt{3}}}{\sqrt{16^2 + 12^2}} = 10.97\,[\text{A}]$

- $\cos\theta = \dfrac{R}{Z} = \dfrac{16}{\sqrt{16^2 + 12^2}} = 0.8$

4) $P = \sqrt{3}\,V_l I_l \cos\theta$
   $= \sqrt{3} \times 380 \times 10.97 \times 0.8$
   $= 5776\,[\text{W}] = 5.8\,[\text{kW}]$

5) Y결선과 △결선(12번 문제 해설 표 참고)

14 (상/중/하)

그림과 같은 회로에서 전압계 3개로 단상전력을 측정하고자 할 때의 유효전력은?

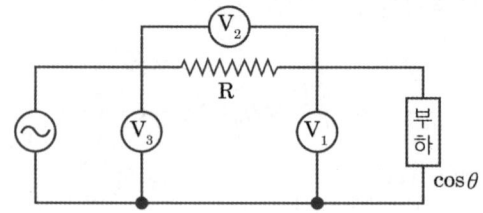

① $P = \dfrac{R}{2}(V_3^2 - V_1^2 - V_2^2)$

② $P = \dfrac{1}{2R}(V_3^2 - V_2^2 - V_1^2)$

③ $P = \dfrac{R}{2}(V_3^2 + V_1^2 + V_2^2)$

④ $P = \dfrac{1}{2R}(V_3^2 + V_1^2 + V_2^2)$

해설 3전압계법

$P = \dfrac{1}{2R}(V_3^2 - V_2^2 - V_1^2)$

TIP 3전류계법: $P = \dfrac{R}{2}(I_3^2 - I_2^2 - I_1^2)$

P : 유효전력 [W]
R : 저항 [Ω]

정답 13 ① 14 ②

15 상중하

Y-Δ 기동방식으로 운전하는 3상 농형유도전동기의 Y결선의 기동전류(I_Y)와 Δ결선의 기동전류($I_Δ$)의 관계로 옳은 것은?

① $I_Y = \dfrac{1}{3}I_Δ$ ② $I_Y = \sqrt{3}\,I_Δ$

③ $I_Y = \dfrac{1}{\sqrt{3}}I_Δ$ ④ $I_Y = \dfrac{\sqrt{3}}{2}I_Δ$

해설 Y-Δ 기동

$I_Y = \dfrac{1}{3}I_Δ$

I_Y : Y결선 시 전류 [A]
$I_Δ$: Δ결선 시 전류 [A]

※ 3상 유도전동기의 기동 시 직입기동을 Y-Δ방식으로 하면 기동전류, 소비전력 기동토크가 전부 $\dfrac{1}{3}$로 감소

16 상중하

단상변압기 3대를 Δ결선하여 부하에 전력을 공급하고 있는데, 변압기 1대의 고장으로 V결선을 할 경우 고장 전의 몇 [%] 출력을 낼 수 있는가?

① 51.6   ② 53.6
③ 55.7   ④ 57.7

해설 V결선 이용률과 출력비

- 이용률 : 86.6 [%]
- 출력비 : 57.7 [%]

암기 이용률 : 이팔유유
출력비 : 출오질질

17 상중하

100 [Ω]인 저항 3개를 같은 전원에 Δ결선으로 접속할 때에 비해 Y결선으로 접속할 때 선전류의 크기의 비는?

① 3   ② $\dfrac{1}{3}$
③ $\sqrt{3}$ ④ $\dfrac{1}{\sqrt{3}}$

해설 Y-Δ 기동

15번 문제 해설 참조

18 상중하

선간전압이 일정한 경우 Δ결선된 부하를 Y결선으로 바꾸면 소비전력은 어떻게 되는가?

① 1/3   ② 1/9
③ 3   ④ 9

해설 Y-Δ 기동

15번 문제 해설 참조

정답 15 ① 16 ④ 17 ② 18 ①

19 상(중)하

3상 교류 전원과 부하가 모두 △결선된 3상 평형 회로에서 전원전압이 200 [V], 부하 임피던스가 6 + j8 [Ω]인 경우 선전류의 크기 [A]는?

① 10
② $\dfrac{20}{\sqrt{3}}$
③ 20
④ $20\sqrt{3}$

해설 △결선 시 선전류

$I_P = \dfrac{V_P}{Z} = \dfrac{200}{\sqrt{6^2+8^2}} = 20$ ($Z = 6+j8$)

$I_L = \sqrt{3}\,I_P = 20\sqrt{3}$

I_P : 상전류
I_L : 선전류

Y결선(성형결선 = 스타결선)

결선도	(a, b, c 상전압 V_p, 선간전압 V_ℓ, $V_a, V_b, V_c, V_{ab}, V_{bc}, V_{ca}$) $V_p = V_a = V_b = V_c$ $V_\ell = V_{ab} = V_{bc} = V_{ca}$
상전압	$V_p = \dfrac{V_\ell}{\sqrt{3}}$
선간전압	$V_\ell = \sqrt{3}\,V_p \angle \dfrac{\pi}{6}$
상전류	$I_p = I_\ell$
선전류	$I_\ell = I_p$
특징	• 상전압보다 선간전압이 $\sqrt{3}$배 크고, 위상차는 $\dfrac{\pi}{6}$ 앞선다. • 평형 3상 회로의 중성선에는 전류가 흐르지 않는다.

△결선(델타결선 = 환상결선)

결선도	상전류 (I_p), 선전류 (I_ℓ) $I_{ca}, I_{ab}, I_{bc}, I_a, I_b, I_c$ $I_p = I_{ab} = I_{bc} = I_{ca}$ $I_\ell = I_a = I_b = I_c$
상전압	$V_p = V_\ell$
선간전압	$V_\ell = V_p$
상전류	$I_p = \dfrac{I_\ell}{\sqrt{3}}$
선전류	$I_\ell = \sqrt{3}\,I_p \angle (-\dfrac{\pi}{6})$
특징	• 선전류가 상전류보다 $\sqrt{3}$배 크고, 위상차는 $\dfrac{\pi}{6}$ 뒤진다. • 제3고조파는 내부에서 순환한다.

20 상(중)하

3상 회로를 2전력계방법으로 측정하였더니 각각 3 [kW], 1 [kW]를 지시하였다. 이 회로의 3상 유효전력은 몇 [kW]인가?

① 1
② 2
③ 3
④ 4

해설 2전력계법

유효전력 $P = P_1 + P_2$
$= 3 + 1 = 4$ [kW]

TIP 무효전력 : $P_r = \sqrt{3}\,(P_1 - P_2)$
피상전력 : $P_a = 2\sqrt{P_1^2 + P_2^2 - P_1 P_2}$

정답 19 ④ 20 ④

21

역률 0.8인 전동기에 200 [V]의 교류전압을 가하였더니 10 [A]의 전류가 흘렀다. 피상전력은 몇 [VA]인가?

① 1000
② 1200
③ 1600
④ 2000

해설 피상전력 계산(P_a)

$P_a = VI = 200 \times 10 = 2000 [VA]$

V : 200 [V]
I : 10 [A]
무효전력 P_r = VIsinθ = I^2X [Var]
피상전력 P_a = VI = I^2Z [VA]
유효전력 P = VIcosθ = I^2R [W]

22

어떤 회로에 $v(t) = 150\sin\omega t$의 전압을 가하니 $i(t) = 6\sin(\omega t - 30)$의 전류가 흘렀다. 이 회로의 소비전력(유효전력)은 약 몇 [W]인가?

① 390
② 450
③ 780
④ 900

해설 유효전력 계산

$P = VI\cos\theta = \dfrac{V_m}{\sqrt{2}} \times \dfrac{I_m}{\sqrt{2}} \cos\theta$

$= \dfrac{150}{\sqrt{2}} \times \dfrac{6}{\sqrt{2}} \cos 30° = 390 [W]$

$v(t) = 150\sin\omega t$이므로 Vm : 150 [V]
$i(t) = 6\sin(\omega t - 30)$이므로 Im : 6 [A]
무효전력 : P_r = VIsinθ = I^2X [Var]
피상전력 : P_a = VI = I^2Z [VA]
유효전력 : P = VIcosθ = I^2R [W]
위상차θ : 30°

23

역률 80 [%], 유효전력 80 [kW]일 때 무효전력 [kVar]은?

① 10
② 16
③ 60
④ 64

해설 무효전력 계산

$P_a = \sqrt{P^2 + P_r^2}$ 이므로

$P_r = \sqrt{P_a^2 - P^2}$

$= \sqrt{\left(\dfrac{P}{\cos\theta}\right)^2 - P^2}$

$= \sqrt{\left(\dfrac{80}{0.8}\right)^2 - 80^2} = 60 [kVar]$

- $Pa^2 = P^2 + Pr^2$
- P = Pacosθ이므로
  Pa = $\dfrac{P}{\cos\theta}$
- $\cos\theta$: 역률 0.8
- 피타고라스의 정리에 의해
  Pa = $\sqrt{P^2 + P_r^2}$
  Pa = 피상전력 [VA]
  P_r = 무효전력 [Var]
  P = 유효전력 [W]

정답 21 ④ 22 ① 23 ③

24 (상중하)

그림과 같은 R-L 직렬회로에서 소비되는 전력은 몇 [W]인가?

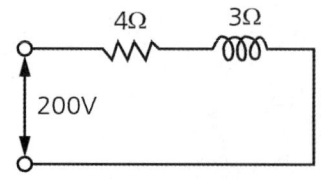

① 6400
② 8800
③ 10000
④ 12000

해설 소비전력[W]

$$I = \frac{V}{Z} = \frac{V}{\sqrt{R^2 + X^2}}$$

$$= \frac{200}{\sqrt{4^2 + 3^2}} = 40[A] \quad (Z = 4 + j3[\Omega])$$

$$P = I^2 R$$
$$= 40^2 \times 4 = 6400[W]$$

P : 유효전력 [W]
V : 전압 [V]
I : 전류 [A]
Z : 임피던스 [Ω]
R : 저항 [Ω]

25 (상중하)

회로의 유효전력이 3000 [W], 무효전력이 4000 [Var]이면 피상전력 [VA]은?

① 3000
② 4000
③ 5000
④ 6000

해설 피상전력(P_a)

$$P_a = \sqrt{P^2 + P_r^2}$$
$$= \sqrt{3000^2 + 4000^2} = 5000[VA]$$

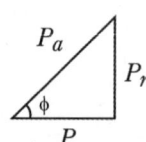

피타고라스의 정리에 의해
Pa = $\sqrt{P^2 + P_r^2}$
Pa = 피상전력 [VA]
P_r = 무효전력 [Var]
P = 유효전력 [W]

26 (상중하)

어느 전동기가 회전하고 있을 때 전압 및 전류의 실횻값이 각각 50 [V], 3 [A]이고, 역률이 0.6이라면 무효전력은 몇 [Var]인가?

① 18
② 90
③ 120
④ 210

해설 무효전력 계산(P_r)

- $\sqrt{\cos^2\theta + \sin^2\theta} = 1$
  $\sqrt{0.6^2 + \sin^2\theta} = 1$, $\sin\theta = 0.8$
- $P_r = VI\sin\theta$
  $= 50 \times 3 \times 0.8 = 120[Var]$

무효전력 $P_r = VI\sin\theta = I^2 X$ [Var]
피상전력 $P_a = VI = I^2 Z$ [VA]
유효전력 $P = VI\cos\theta = I^2 R$ [W]

27 상⦿하

100 [V], 800 [W], 역률 80 [%]인 회로의 리액턴스 [Ω]는?

① 4　　　　　　② 6
③ 8　　　　　　④ 10

해설 리액턴스 계산

- $P = VI\cos\theta$
  $800 = 100 \times I \times 0.8$
  $\therefore I = 10$

- $P_a = VI = \sqrt{P^2 + P_r^2}$
  $= 100 \times 10 = \sqrt{800^2 + P_r^2}$

- $P_r = I^2 X = 100 \times X = 600$
  $\therefore X = 6 \,[\Omega]$

무효전력 $P_r = VI\sin\theta = I^2 X$ [Var]
피상전력 $P_a = VI = I^2 Z$ [VA]
유효전력 $P = VI\cos\theta = I^2 R$ [W]
P : 유효전력 [W]
V : 전압 [V]
I : 전류 [A]
$\cos\theta$: 역률

정답　27 ②

CHAPTER
07 전기계측 및 회로망

3회독	월	일
2회독	월	일
1회독	월	일

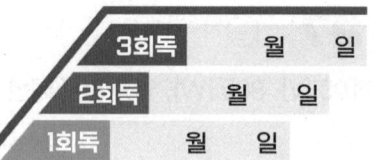

학습목표

1 전기계측과 측정의 종류에 대해 학습한다.
2 측정기의 종류에 대해 학습한다.
3 회로망의 정리에 대해 학습한다.

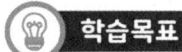

학습MAP

- **전기계측**
  - 전기계측
  - 측정의 종류
    - 직접측정 : 편위법, 영위법
    - 간접측정
    - 비교측정
    - 절대측정
  - 지시계기
    - 구비조건
    - 구성요소
    - 지시계기의 종류
  - 측정기 종류
    - 후크메타 : 전류측정
    - 검류계 : 미소전류 측정
- **회로망**
  - 정전압원 · 정전류원
  - 회로망의 정리
    - 중첩의 원리
    - 테브낭의 정리
    - 노튼의 정리
    - 밀만의 정리
- **단자망**
  - 2단자망
  - 4단자망

01 전기계측

1 전기계측

1) 전기계측 : 전기적 물리량, 즉 전압전류, 전력, 전기저항, 주파수 등을 측정하는 일
2) 측정 : 어떤 양이나 변수의 크기를 같은 종류의 기준량과 비교하여 수량적으로 나타내는 것

2 측정의 종류 ★★

1) 측정 : 어떤 양이나 변수의 크기를 같은 종류의 기준량과 비교하여 수량적으로 나타내는 것
2) 측정의 종류
   (1) 직접측정(비교측정) : 기준량과 직접비교

구분	편위법	영위법
특징	감도는 떨어지지만 취급이 쉬우며, 신속하게 측정할 수 있으므로 공업용에 많이 사용한다.	어느 특정량을 그것과 같은 종류의 측정량과 똑같이 되도록 기준량을 조절한 후 기준량의 크기로부터 측정량을 구하는 방법이다.
기기	전압계, 전류계	전위차계, 휘스톤 브리지

   (2) 간접측정 : 측정하고자 하는 양과 일정한 관계가 있는 다른 종류의 양을 각각 직접 측정하여 그 결과로부터 계산에 의해 측정량의 값을 결정하는 방법
   (3) 비교측정 : 측정량과 표준량을 비교하는 방법
   (4) 절대측정 : 측정량과 표준양이 종류, 성질이 다른 경우 기본량(길이, 질량, 시간)을 측정하여 구하고자 하는 측정량을 구하는 방법

3) 오차 ★★★
   (1) 오차 백분율 : M(측정값) - T(참값)

   오차 백분율 $= \dfrac{M-T}{T} \times 100[\%]$

   (2) 보정 백분율 : T(참값) - M(측정값)

   보정 백분율 $= \dfrac{T-M}{M} \times 100[\%]$

보충 ▶ 참값 = 지시값

P.130 문 01

오차 백분율을 구하는 공식은 $\dfrac{M-T}{T} \times 100[\%]$ 이다. O

3 지시계기

1) 지시계기 구비조건
   (1) 정확도가 높고 외부 영향을 받지 않아야 한다.
   (2) 튼튼하고 취급이 편리해야 한다.
   (3) 눈금이 균등하고 대수 눈금이어야 한다.
   (4) 측정값의 변화에 신속한 응답이 되어야 한다.
   (5) 절연내력이 커야 한다.

> 지시계기는 절연내력이 작아야 한다.
> ⓧ 커야 한다.
>
> 암기 ▶ 구제동시(동시에 구제해줘!)
>
> 🔗 P.131 문 05

2) 지시계기 구성요소

구동장치	측정량에 따라 구동토크를 발생시켜 가동부를 동작시킨다.
제어장치	지침의 진동각도에 따른 제어토크가 생겨 구동토크와 평형된 위치에서 지침을 정지시킨다.
제동장치	지침이 진동되지 않도록 신속하게 정지시킨다.
표시장치	눈금(Scale), 지침(Pointer)

3) 지시계기의 종류(동작원리에 따른 종류)

계기 종류	눈금판 기호	지시값	사용 회로	동작원리
가동 코일형		평균값	직류	영구자석 자기장 내에 코일을 두고 이 코일에 전류를 통과시켜 발생되는 힘을 이용한다.
가동 철편형		실횻값	교류	전류에 의한 자기장이 연철편에 작용하는 힘을 이용한다(종류 : 흡인형, 반발형, 반발흡인형).
유도형		실횻값	교류	회전 자기장 또는 이동 자기장과 이것에 의한 유도전류와의 상호작용을 이용한다.
정류형		실횻값	교류	가동 코일형 계기 앞에 정류회로를 삽입하여 교류를 측정하므로 가동코일형과 같다. 파형의 영향을 받기 쉽다.
열전형		실횻값 평균값	교류 직류	다른 종류의 금속제 사이에 발생되는 기전력을 이용한다.
정전형		실횻값 평균값	교류 직류	충전된 대전체 사이에 작용하는 흡인력 또는 반발력(즉, 정전력)을 이용한다(전류측정 불가능).
전류력 계형		실횻값 평균값	교류 직류	전류 상호 간에 작용하는 힘을 이용한다.

(1) 가동코일형 계기의 특징
① 감도와 정확도가 높다.
② 소비전력이 작다.
③ 직류 전용이다.
④ 균등눈금 사용으로 측정범위 변경이 쉽다.
(2) 전류력계형 계기의 특징
① 직류·교류 같은 눈금을 사용한다. 자기장에 약하다.
② 사용되는 계기로는 전압계, 전류계, 전력계, 주파수계, 역률계이다.

4 측정기 종류 ★

1) 전류 측정
   후크메타 : 전선의 전류 측정
2) 검류계 : 미소전류 측정
   (1) 저항 측정 ★★★

메거(Megger)	배선의 절연저항 측정 ★★★
캘빈 더블 브리지	굵은 나전선의 저항 측정
휘스톤 브리지	• 수천 옴의 가는 전선 저항 측정 • 검류계 내부저항 측정
코올라우쉬 브리지	축전지의 내부저항, 전해액 저항 측정
어스(Earth) 테스터	접지저항 측정

(2) 인덕턴스 측정
① 맥스웰 브리지법
② 헤비사이드 브리지법
③ 헤이 브리지

○—ⓟ P.130 문 03

암기▶ 콜라를 생각하면 액체가 떠오른다! 콜라 전해 액

○— 배선의 절연저항 측정기는 메거이다.

02 회로망 ★★★

1 정전압원·정전류원

정전압원	정전류원
(회로도: 내부저항 r, 전원 E, 전압 V)	(회로도: 전류원 I, $r=\infty(\uparrow)$ =개방상태, 전압 V)
• 부하의 크기와 관계없이 전원의 전압을 일정한 전압으로 공급해주는 전원장치 • 내부저항은 $0(r=0)$: 단락 • 실제 전압원($r \neq 0$) • 전압원(이상) : $r=0$(단락) : 직렬 • 이상적인 전압원 : 내부저항이 작을수록 좋음	• 부하의 크기와 관계없이 전원에서 발생한 전류를 부하에 전부 공급되는 전원장치 • 내부저항은 $\infty(r=\infty)$: 개방 • 실제 전류원($r \neq \infty$) • 전류원(이상) : $r=\infty$(개방) : 병렬 • 이상적인 전류원 : 내부저항이 클수록 좋음

2 회로망의 정리

1) 중첩의 원리 ★★★

(1) 전압원·전류원이 다수로 존재할 경우에 전류의 총합은 전류원·전압원을 단독으로 했을 때의 총합과 같다.

(2) 각각을 단독으로 했을 경우
   ① 전압원 제거(단락) : 전류원을 전원으로(I_1)
   ② 전류원 제거(개방) : 전압원을 전원으로(I_2)

(3) 전류 구하는 방법

전압원 단락 (전압원 제거)	$I_a = \dfrac{R_1}{R_1+R_2}I$ [A] (R_2에 흐르는 전류)	(회로도: R_1, I_1, R_2, I_a, I)
전류원 개방 (전류원 제거)	$I_b = \dfrac{V}{R_1+R_2}$ [A] (R_1, R_2에 흐르는 전류는 같다)	(회로도: R_1, R_2, V, I_b)
R_2에 흐르는 전류(I)	$I = I_a + I_b$ [A]	

중첩의 원리를 사용할 때 전압원은 개방한다. [X] 단락시킨다.

2) 테브낭의 정리(등가 전압원 원리) ★★★

   (1) 임의의 단자 a, b를 기준으로 외측에 대해서는 하나의 전원전압 V_{ab} 와 하나의 저항 R_{ab}가 직렬로 연결된 등가회로로 표시할 수 있다.

   (2) $V_{ab} = \dfrac{R_2}{R_1 + R_2} \times V\,[V]$

   (3) $R_{ab} = \dfrac{R_1 R_2}{R_1 + R_2} + R_3\,[\Omega]$ → 전압원을 단락시키고 구한다.

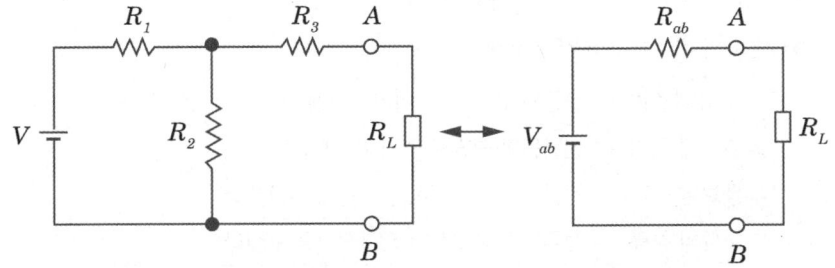

3) 노튼의 정리(등가 전류원 정리)

   (1) 복잡한 회로망은 하나의 전류원과 하나의 등가저항(병렬접속)으로 대치 가능하다.

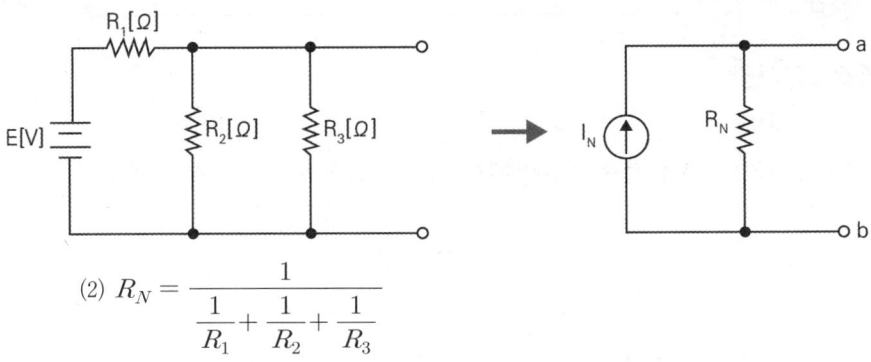

   (2) $R_N = \dfrac{1}{\dfrac{1}{R_1} + \dfrac{1}{R_2} + \dfrac{1}{R_3}}$

   (3) 전류원 : $I_N = \dfrac{E}{R_1}$

4) 밀만의 정리(중성점의 전위) ★★

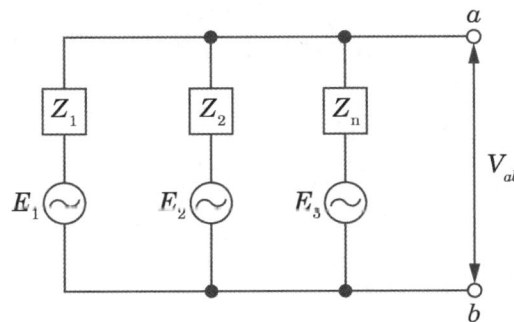

(1) 저항과 전원이 병렬로 연결된 회로의 단자전압을 구하는 정리이다.
(2) 임피던스를 가진 전압원이 거의 병렬로 연결되어 있을 때 단자 a, b에 나타나는 전압 V_{ab}는 다음과 같이 구한다.

$$V_{ab} = IZ = \frac{I}{Y} = \frac{\frac{E_1}{Z_1}+\frac{E_2}{Z_2}+\cdots+\frac{E_n}{Z_n}}{\frac{1}{Z_1}+\frac{1}{Z_2}+\cdots+\frac{1}{Z_N}} = \frac{I_1+I_2+\cdots+I_n}{Y_1+Y_2+\cdots Y_n}$$

> **선생님 TIP**
> 밀만의 정리는 저항과 전원이 병렬로 연결된 회로의 단자전압을 구하는 정리입니다.

5) 회로망의 정리 요약 ★★★

중첩의 원리	전압원, 전류원이 여러 개 있을 때
밀만의 정리	전압원이 병렬로 여러 개 있을 때
테브낭 정리	전압원과 직렬저항(등가전압을 구한다)
노튼의 정리	전류원과 병렬저항(등가전압을 구한다)

03 단자망

▣ 2단자망

1) 정의

임의의 수동 선형 회로망에서 외부로 나온 단자가 2개인 회로망

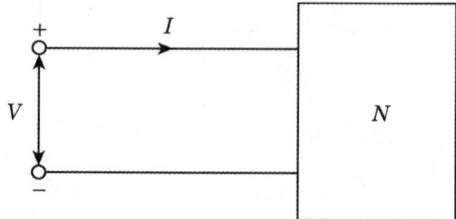

🔗 P.133 문 12

2) 2단자망 회로의 영점과 극점

$$Z(s) = \frac{(S+Z_1)+(S+Z_2)+\ldots+(S+Z_n)}{(S+P_1)+(S+P_2)+\ldots+(S+P_n)}$$

$$Z(s) = \frac{\text{영점(단락상태)}}{\text{극점(개방상태)}}$$

3) 영점과 극점

구분	내용
영점(Zero)	• 분자가 0이 되면 회로는 단락상태, 즉 임피던스가 0인 상태가 된다. • 회로망 함수 $Z(s)$가 0이 되는 S의 값(분자 = 0) • 회로상태 : 단락상태
극점(Pole)	• 분모가 0이 되면 회로는 개방상태, 즉 임피던스가 무한대가 된다. • 회로망 함수 $Z(s)$가 ∞가 되는 S의 값(분모 = 0) • 회로상태 : 개방상태

> 2단자망 회로에서 영점은 분모가 0일 때이다. [X] 분자가 0일 때이다.

2 4단자망 ★★

1) 2개의 입력단자와 2개의 출력단자로 이루어진 회로망

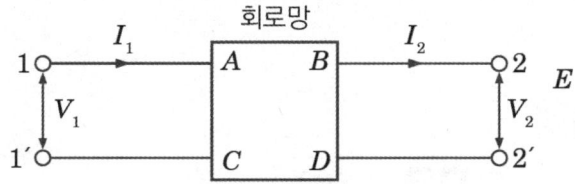

2) 전압 V_1, V_2 전류 I_1, I_2의 관계는 $\begin{bmatrix} V_1 \\ I_1 \end{bmatrix} = \begin{bmatrix} A & B \\ C & D \end{bmatrix} \begin{bmatrix} V_2 \\ I_2 \end{bmatrix}$에서

$$V_1 = AV_2 + BI_2 \text{ [V]}$$
$$I_1 = CV_2 + DI_2 \text{ [A]}$$

V_1 : 입력전압 [V]
V_2 : 출력전압 [V]
I_1 : 입력전류 [A]
I_2 : 출력전류 [A]

3) 영상임피던스(Z_{01}, Z_{02})

4단자망의 입력단에서 본 임피던스가 Z_{01}이고 출력단에서 본 임피던스가 Z_{02}일 때, Z_{01}, Z_{02}를 영상임피던스라고 한다.

$$Z_{01} = \sqrt{\frac{AB}{CD}} \text{ [}\Omega\text{]} : \text{1차 측(입력 측)에서 본 영상 임피던스}$$
$$Z_{02} = \sqrt{\frac{BD}{AC}} \text{ [}\Omega\text{]} : \text{2차 측(출력 측)에서 본 영상 임피던스}$$

> P.132 문 08

> [보충] 대칭 4단자망의 경우
> $A = D$이므로
> $Z_{01} = Z_{02} = \sqrt{\frac{B}{C}}$ [Ω]

예상문제

01 상 중 하

어떤 측정계기의 지시값을 M, 참값을 T라 할 때 보정률(%)은?

① $\dfrac{T-M}{M} \times 100$ ② $\dfrac{M}{M-T} \times 100$

③ $\dfrac{T-M}{T} \times 100$ ④ $\dfrac{T}{M-T} \times 100$

해설 보정률과 오차율

보정률	$\dfrac{T-M}{M} \times 100[\%]$
오차율	$\dfrac{M-T}{T} \times 100[\%]$

M : 지시값
T : 참값

암기 보티마마, 오엠티티

02 상 중 하

테브난의 정리를 이용하여 그림 (a)의 회로를 그림 (b)와 같은 등가회로로 만들고자 할 때 V_{th} [V]와 R_{th} [Ω]은?

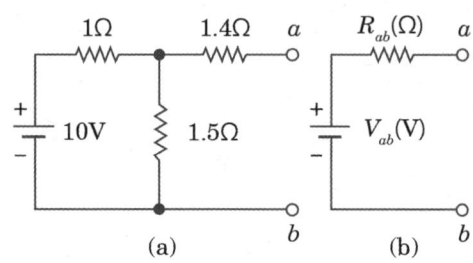

① 5 [V], 2 [Ω]   ② 5 [V], 3 [Ω]
③ 6 [V], 2 [Ω]   ④ 6 [V], 3 [Ω]

해설 테브난의 정리

- $R_0 = R_1 + \dfrac{R_2 R_3}{R_2 + R_3}$

  $R_{th} = 1.4 + \dfrac{1 \times 1.5}{1 + 1.5} = 2\,[\Omega]$

- $V_{R1} = \dfrac{R_1}{R_1 + R_2} V_0$

  $V_{1.5\Omega} = \dfrac{1.5}{1 + 1.5} \times 10 = 6\,[V]$

03 상 중 하

메거(Megger)는 어떤 저항을 측정하기 위한 장치인가?

① 절연저항
② 접지저항
③ 전지의 내부저항
④ 궤조저항

해설 측정기기

메거(Megger)	배선의 절연저항 측정
캘빈 더블 브리지	굵은 나전선의 저항 측정
휘스톤 브리지	• 수천 옴의 가는 전선 저항 측정 • 검류계 내부저항 측정
코올라우쉬 브리지	축전지의 내부저항, 전해액 저항 측정
어스(Earth) 테스터	접지저항 측정

정답 01 ① 02 ③ 03 ①

04 상 중 ⓗ

교류회로에 연결되어 있는 부하의 역률을 측정하는 경우 필요한 계측기의 구성은?

① 전압계, 전력계, 회전계
② 상순계, 전력계, 전류계
③ 전압계, 전류계, 전력계
④ 전류계, 전압계, 주파수계

해설 역률 측정 시 필요 계측기

전압계, 전류계, 전력계

TIP $P = VI\cos\theta \Rightarrow \cos\theta = \dfrac{P}{VI}$

∴ 전압계(V), 전류계(I), 전력계(P) 필요

05 상 중 ⓗ

가동철편형 계기의 구조 형태가 아닌 것은?

① 흡인형
② 회전자장형
③ 반발형
④ 반발흡인형

해설 지시계기의 종류

계기 종류	동작원리
가동 코일형	영구자석 자기장 내에 코일을 두고 이 코일에 전류를 통과시켜 발생되는 힘을 이용한다.
가동 철편형	전류에 의한 자기장이 연철편에 작용하는 힘을 이용한다. 종류 : 흡인형, 반발형, 반발흡인형
유도형	회전 자기장 또는 이동 자기장과 이것에 의한 유도전류와의 상호작용을 이용한다.
정류형	• 가동 코일형 계기 앞에 정류회로를 삽입하여 교류를 측정하므로 가동코일형과 같다. • 파형의 영향을 받기 쉽다.
열전형	다른 종류의 금속제 사이에 발생되는 기전력을 이용한다.
정전형	충전된 대전체 사이에 작용하는 흡인력 또는 반발력(즉, 정전력)을 이용한다. 전류측정 불가능
전류력 계형	전류 상호 간에 작용하는 힘을 이용한다.

06 상 중 ⓗ

전지의 내부저항이나 전해액의 도전율 측정에 사용되는 것은?

① 접지저항계
② 캘빈 더블 브리지법
③ 콜라우시 브리지법
④ 메거

해설 측정기기

메거(Megger)	배선의 절연저항 측정
캘빈 더블 브리지	굵은 나전선의 저항 측정
휘스톤 브리지	• 수천 옴의 가는 전선 저항 측정 • 검류계 내부저항 측정
코올라우쉬 브리지	축전지의 내부저항, 전해액의 도전율 측정
어스(Earth) 테스터	접지저항 측정

정답 04 ③ 05 ② 06 ③

07 (상 중 하)

어떤 측정계기의 참값을 T, 지시값을 M이라 할 때 보정률과 오차율이 옳은 것은?

① 보정률 = $\dfrac{T-M}{T}$, 오차율 = $\dfrac{M-T}{M}$

② 보정률 = $\dfrac{M-T}{M}$, 오차율 = $\dfrac{T-M}{T}$

③ 보정률 = $\dfrac{T-M}{M}$, 오차율 = $\dfrac{M-T}{T}$

④ 보정률 = $\dfrac{M-T}{T}$, 오차율 = $\dfrac{T-M}{M}$

해설 보정률과 오차율

보정률	$\dfrac{T-M}{M} \times 100[\%]$
오차율	$\dfrac{M-T}{T} \times 100[\%]$

M : 지시값
T : 참값

암기 보티마마, 오엠티티

08 (상 중 하)

4단자 $A = \dfrac{5}{3}$, $C = \dfrac{1}{450}$, $B = 800$, $D = \dfrac{5}{3}$일 때 영상 임피던스 Z_{01}과 Z_{02}는 각각 몇 $[\Omega]$인가?

① $Z_{01} = 300$, $Z_{02} = 300$
② $Z_{01} = 600$, $Z_{02} = 600$
③ $Z_{01} = 800$, $Z_{02} = 800$
④ $Z_{01} = 1,000$, $Z_{02} = 1,000$

해설 영상 임피던스(입력, 출력)

$$Z_{01} = \sqrt{\dfrac{AB}{CD}} = \sqrt{\dfrac{\dfrac{5}{3} \times 800}{\dfrac{1}{450} \times \dfrac{5}{3}}} = 600\,[\Omega]$$

$$Z_{02} = \sqrt{\dfrac{DB}{CA}} = \sqrt{\dfrac{\dfrac{5}{3} \times 800}{\dfrac{1}{450} \times \dfrac{5}{3}}} = 600\,[\Omega]$$

Z_{01} : 입력단자에서 바라본 임피던스
Z_{02} : 출력단자에서 바라본 임피던스

09 (상 중 하)

지시계기에 대한 동작원리가 틀린 것은?

① 열전형 계기 : 대전된 도체 사이에 작용하는 정전력을 이용
② 가동철편형 계기 : 전류에 의한 자기장이 연철편에 작용하는 힘을 이용
③ 전류력계형 계기 : 전류 상호 간에 작용하는 힘을 이용
④ 유도형 계기 : 회전자기장 또는 이동자기장과 이것에 의한 유도전류와의 상호작용을 이용

해설 지시계기의 종류

계기 종류	동작원리
가동 코일형	영구자석 자기장 내에 코일을 두고 이 코일에 전류를 통과시켜 발생되는 힘을 이용한다.
가동 철편형	전류에 의한 자기장이 연철편에 작용하는 힘을 이용한다. 종류 : 흡인형, 반발형, 반발흡인형
유도형	회전 자기장 또는 이동 자기장과 이것에 의한 유도전류와의 상호작용을 이용한다.
정류형	• 가동 코일형 계기 앞에 정류회로를 삽입하여 교류를 측정하므로 가동코일형과 같다. • 파형의 영향을 받기 쉽다.
열전형	다른 종류의 금속제 사이에 발생되는 기전력을 이용한다.

정답 07 ③ 08 ② 09 ①

계기 종류	동작원리
정전형	충전된 대전체 사이에 작용하는 흡인력 또는 반발력 (즉, 정전력)을 이용한다. 전류측정 불가능
전류력 계형	전류 상호 간에 작용하는 힘을 이용한다.

10 상(중)하

계측방법이 잘못된 것은?

① 후크온 메타에 의한 전류 측정
② 회로시험기에 의한 저항 측정
③ 메거에 의한 접지저항 측정
④ 전류계, 전압계, 전력계에 의한 역률 측정

해설 측정법의 종류

- 후크온메타 : 전류 측정
- 회로시험기 : 저항 측정
- 메거 : 절연저항 측정
- 전류계, 전압계, 전력계 : 역률 측정

11 상(중)하

테브난의 정리를 이용하여 그림 (a)의 회로를 그림 (b)와 같은 등가회로로 만들고자 할 때 E [V]와 R [Ω]은?

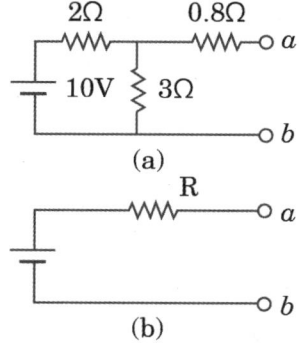

① 5, 2　　② 5, 3
③ 6, 2　　④ 6, 3

해설 테브난의 정리

- $R_0 = R_1 + \dfrac{R_2 R_3}{R_2 + R_3}$

  $R_0 = 0.8 + \dfrac{2 \times 3}{2 + 3} = 2[\Omega]$

- $V_{R1} = \dfrac{R_1}{R_1 + R_2} V_0$

  $V_{3\Omega} = \dfrac{3}{2+3} \times 10 = 6[V]$

12 상(중)하

구동점 임피던스에 있어서 영점은?

① 회로를 개방한 것과 같음
② 회로를 단락한 것과 같음
③ 전류가 흐르지 않는 경우
④ 전압이 가장 큰 상태

해설 구동점 임피던스

$Z(s) = \dfrac{\text{영점(단락상태)}}{\text{극점(개방상태)}}$

구분	내용
영점 (Zero)	• 분자가 0이 되면 회로는 단락상태, 즉 임피던스가 0인 상태가 된다. • 회로망 함수 $Z(s)$가 0이 되는 S의 값(분자 = 0) • 회로상태 : 단락상태
극점 (Pole)	• 분모가 0이 되면 회로는 개방상태, 즉 임피던스가 무한대가 된다. • 회로망 함수 $Z(s)$가 ∞가 되는 S의 값(분모 = 0) • 회로상태 : 개방상태

정답　10 ③　11 ③　12 ②

13

그림의 회로에서 저항 20 [Ω]에 흐르는 전류는 몇 [A]인가?

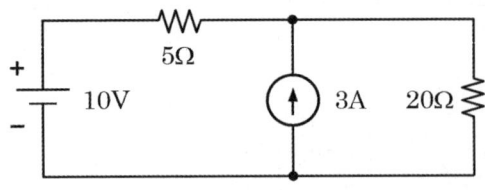

① 0.5
② 1.0
③ 1.5
④ 2.0

해설 중첩의 정리

- 전압원 단락

$$I_1 = \frac{R_2}{R_1 + R_2} \times I = \frac{5}{20+5} \times 3 = 0.6[A]$$

- 전류원 개방

$$I_2 = \frac{V}{R} = \frac{10}{25} = 0.4[A]$$

- $I_{20\Omega} = I_1 + I_2 = 0.6 + 0.4 = 1[A]$

$I_{20\Omega}$: 20 [Ω]에 흐르는 전류

전압원 단락 (전압원 제거)	$I_a = \dfrac{R_1}{R_1 + R_2} I$ [A] (R_2에 흐르는 전류)
전류원 개방 (전류원 제거)	$I_b = \dfrac{V}{R_1 + R_2}$ [A] (R_1, R_2에 흐르는 전류는 같다)
R_2에 흐르는 전류(I)	$I = I_a + I_b$ [A]

정답 13 ②

CHAPTER

08 비정현파 교류와 과도현상 및 라플라스 변환

3회독 월 일
2회독 월 일
1회독 월 일

학습목표

1 비정현파 교류의 정의와 실횻값에 대해 학습한다.
2 각 파형별 파고율과 파형률에 대해 학습한다.
3 과도현상에 대해 학습한다.
4 라플라스 변환에 대해 이해한다.

학습MAP

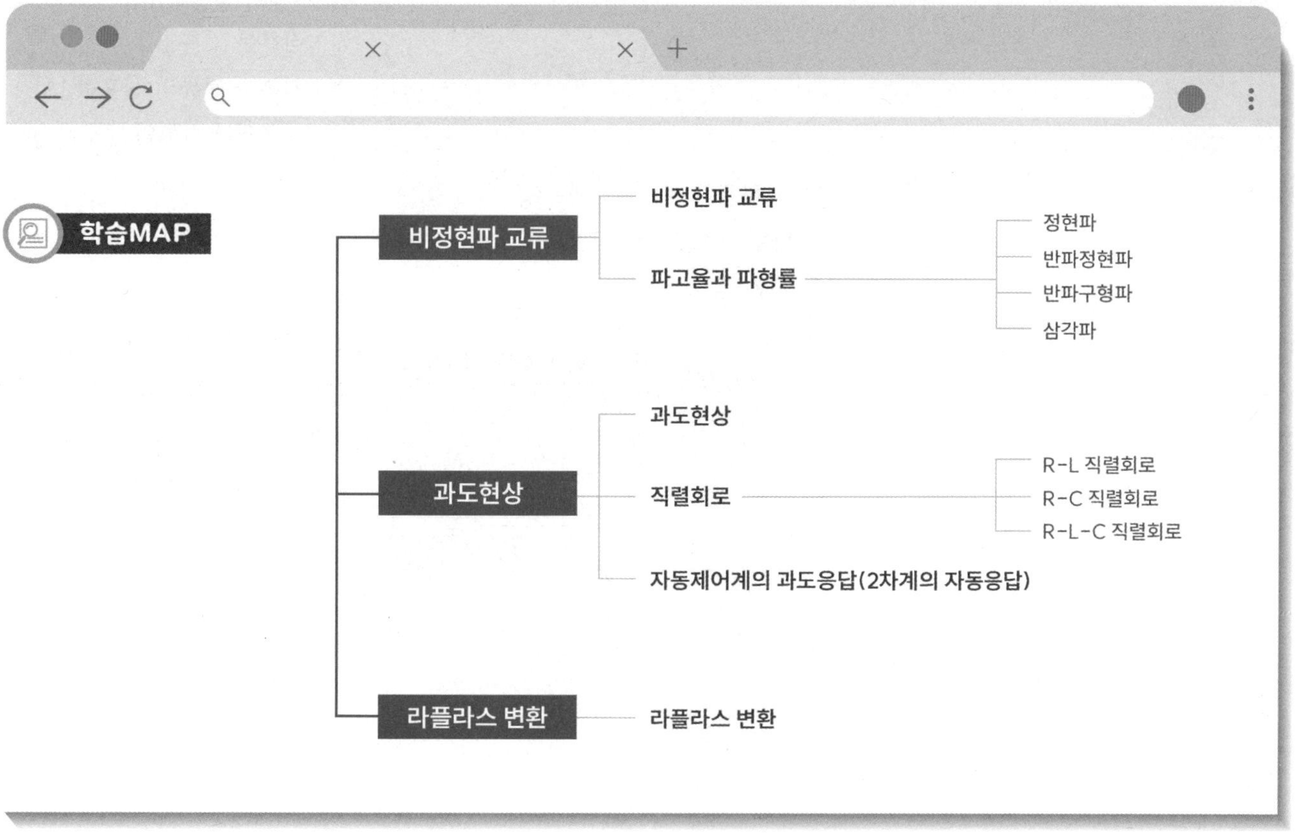
비정현파 교류
비정현파 교류
파고율과 파형률
정현파
반파정현파
반파구형파
삼각파
과도현상
과도현상
직렬회로
R-L 직렬회로
R-C 직렬회로
R-L-C 직렬회로
자동제어계의 과도응답(2차계의 자동응답)
라플라스 변환
라플라스 변환

01 비정현파 교류 ★★

1 비정현파 교류

🔗 P.142 문 04

1) 정의
   (1) 정현파 교류 이외의 모든 교류를 의미하며 정현파로부터 일그러진 파형도 비정현파라 한다.
   (2) 주파수가 다른 다수의 정현파가 합성된 것으로 푸리에 급수로 표현한다.

   > 비정현파 = 직류분 + 고조파 + 기본파

[보충] ▶ 비정현파 교류 예시

🔗 P.141 문 02

2) 실횻값
   각 고조파의 실횻값의 제곱의 합의 제곱근

   $$V = \sqrt{V_0^2 + V_1^2 + V_2^2 + \cdots + V_n^2} \ [V]$$
   $$I = \sqrt{I_0^2 + I_1^2 + I_2^2 + \cdots + I_n^2} \ [A]$$

   V : 전압의 실횻값 [V]
   V_0 : 직류분 전압 [V]
   V_1 : 기본파 전압의 실횻값 [V]
   V_n : n고조파 전압 실횻값 [V]
   I : 전류의 실횻값 [A]
   I_0 : 직류분 전류 [A]
   I_1 : 기본파 전류의 실횻값 [A]
   I_n : n고조파 전류의 실횻값 [A]

3) 왜형률
   파형의 일그러짐 정도로서 비정현파에서 기본파에 대한 고조파 성분의 함유 정도

   $$THD = \frac{\text{전 고조파의 실효값}}{\text{기본파의 실효값}}$$
   $$= \frac{\sqrt{I_2^2 + I_3^2 + \cdots + I_n^2}}{I_1} \times 100$$
   $$= \frac{\sqrt{V_2^2 + V_3^2 + \cdots + V_n^2}}{V_1} \times 100$$

   I_1 : 기본파 전류의 실횻값 [A]
   I_2 : 제2고조파 전류의 실횻값 [A]
   I_3 : 제3고조파 전류의 실횻값 [A]
   I_n : 제n고조파 전류의 실횻값 [A]

2 파고율과 파형률

1) 파고율과 파형률 비교

파고율	파형률
파형에서 파두의 날카로운 정도	기울기의 정도

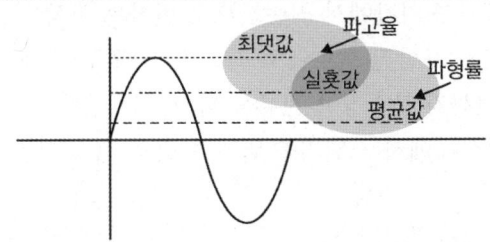

파고율 = $\dfrac{최댓값}{실횻값}$	파형률 = $\dfrac{실횻값}{평균값}$

※ 파고율은 최댓값을 실횻값으로 나누어서 구한다. [O]

2) 각 파형별 정리

파형	최댓값	실횻값	평균값	파형률	파고율
정현파 (전파정류파)	V_m	$\dfrac{1}{\sqrt{2}}V_m$	$\dfrac{2}{\pi}V_m$	$\dfrac{\pi}{2\sqrt{2}}$ (1.11)	$\sqrt{2}$ (1.41)
반파정현파 (정현반파)	V_m	$\dfrac{1}{2}V_m$	$\dfrac{1}{\pi}V_m$	$\dfrac{\pi}{2}$ (1.57)	2
반파구형파 (구형반파)	V_m	$\dfrac{1}{\sqrt{2}}V_m$	$\dfrac{1}{2}V_m$	$\dfrac{2}{\sqrt{2}}$ (1.41)	$\sqrt{2}$ (1.41)
삼각파 (톱니파)	V_m	$\dfrac{1}{\sqrt{3}}V_m$	$\dfrac{1}{2}V_m$	$\dfrac{2}{\sqrt{3}}$ (1.15)	$\sqrt{3}$ (1.73)

02 과도현상

1 과도현상 ★

1) 정의
   (1) 전류가 초기값에서 최종값으로 변하는 현상
   (2) L, C가 포함된 회로에서 전원 투입 후 t = 0에서 정상상태에 도달하기 전까지 불안정한 전류를 파악하는 현상
   (3) 정상상태에서 스위치를 열거나 닫을 때 생기는 현상

2) 시정수(τ)
   (1) 정의
      ① 정상 상태의 63.2 [%]에 도달하는 시간
      ② 과도현상이 지속되는 시간이다.
   (2) 시정수가 클수록 과도현상은 오래 지속되며 천천히 사라진다.

> 시정수란 정상 상태의 70 [%]에 도달하는 데 걸리는 시간이다.
> ❌ 63.2 [%]에 도달하는 시간

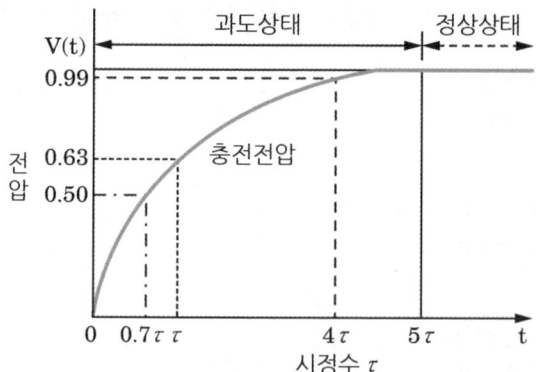

2 직렬회로 ★★★

1) R-L 직렬회로 ★★★

R-L 직렬	스위치를 닫았을 때	스위치를 개방시켰을 때
전류 $i(t)$	$i(t) = \dfrac{E}{R}(1-e^{-\frac{R}{L}t})$ [A]	$i(t) = \dfrac{E}{R}e^{-\frac{R}{L}t}$ [A]
시정수	$\tau = \dfrac{L}{R}$ [sec]	$\tau = \dfrac{L}{R}$ [sec]
리액턴스 상태	• $t=0$일 때 L = 개방상태 • $t=\infty$일 때 L = 단락상태	-

> R-L 직렬회로에서의 시정수는 $\tau = RL$ [sec] 이다.
> ❌ $\tau = \dfrac{L}{R}$ [sec]
>
> 🔗 P.141 문 01

2) R-C 직렬회로

R-C 직렬	스위치를 닫았을 때	스위치를 개방시켰을 때
전류 $i(t)$	$i(t) = \dfrac{E}{R} e^{-\frac{1}{RC}t}$ [A]	$i(t) = -\dfrac{E}{R} e^{-\frac{1}{RC}t}$ [A]
시정수	$\tau = RC$ [sec]	$\tau = RC$ [sec]
리액턴스 상태	• $t = 0$일 때 C = 단락상태 • $t = \infty$일 때 C = 개방상태	–

3) R-L-C 직렬회로

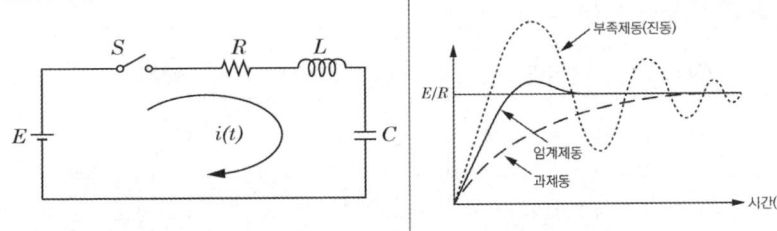

평형방정식	$E = Ri + L\dfrac{di}{dt} + \dfrac{1}{C}\int i\,dt$
초기조건	$i = 0$일 때 I = 0

상태	조건
과제동(비진동)	$R > 2\sqrt{\dfrac{L}{C}}$
임계제동(비진동)	$R = 2\sqrt{\dfrac{L}{C}}$
부족제동(진동)	$R < 2\sqrt{\dfrac{L}{C}}$

○ R-L-C 직렬회로에서 $R > 2\sqrt{\dfrac{L}{C}}$ 인 상태는 부족제동이다.
　　　　　　　　X 과제동이다.

❸ 자동제어계의 과도응답(2차계의 자동응답) ★★

특성근의 종류	제동비	시간 응답 특성	안정도
서로 다른 실근	과제동($\delta > 1$)	지수적 감쇠	안정
중복근	임계제동($\delta = 1$)	지수적 감쇠	안정
공액 복소수	부족제동($\delta < 1$)	감쇠 진동	안정

03 라플라스 변환

1 라플라스 변환 개요

1) 라플라스 변환은 미분방정식을 대수방정식 꼴로 변환시켜 쉽게 방정식을 풀 수 있는 변환법이다. $[f(t)] = \int_0^\infty f(t) \cdot e^{-st} dt$

2) 기본식 : $F(s) = \mathcal{L}[f(t)] = \int_0^\infty f(t) e^{-st} dt$

2 라플라스 변환 수식

$f(t)$	함수명	F(s)	$f(t)$	함수명	F(s)
$\delta(t)$	단위임펄스함수	1	e^{at}	지수함수	$\dfrac{1}{s-a}$
$u(t)$	단위계단함수	$\dfrac{1}{s}$	e^{-at}	지수함수	$\dfrac{1}{s+a}$
t	단위램프함수	$\dfrac{1}{s^2}$	$te^{\mp at}$	지수램프함수	$\dfrac{1}{(s\pm a)^2}$
t^2	2차 램프함수	$\dfrac{1}{s^3}$	$\sin\omega t$	정현파함수	$\dfrac{\omega}{s^2+\omega^2}$
t^n	n차 램프함수	$\dfrac{1}{s^{n+1}}$	$\cos\omega t$	여현파함수	$\dfrac{s}{s^2+\omega^2}$

정현파 함수를 라플라스 변환하면 $\dfrac{s}{s^2+\omega^2}$ 이다. [X] $\dfrac{\omega}{s^2+\omega^2}$ 이다.

예상문제

01 상중하

저항 R_1 [Ω], 저항 R_2 [Ω], 인덕턴스 L [H]의 직렬회로가 있다. 이 회로의 시정수(s)는?

① $-\dfrac{R_1+R_2}{L}$

② $\dfrac{R_1+R_2}{L}$

③ $-\dfrac{L}{R_1+R_2}$

④ $\dfrac{L}{R_1+R_2}$

해설 시정수

$\tau = \dfrac{L}{R_T} = \dfrac{L}{R_1+R_2}[\sec]$

R_T : 저항의 합 [Ω]
L : 인덕턴스 [H]

02 상중하

$R=4[\Omega]$, $\dfrac{1}{\omega C}=9[\Omega]$인 R-C 직렬회로에 전압 $e(t)$를 인가할 때 제3고조파 전류의 실횻값 크기는 몇 [A]인가?
(단, $e(t)=50+10\sqrt{2}\sin\omega t+120\sqrt{2}\sin3\omega t\,[V]$)

① 4.4
② 12.2
③ 24
④ 34

해설 제3고조파 전류의 실횻값 크기

n고조파일 때 $X_{nc}=\dfrac{1}{n\omega C}$

$X_{3C}=\dfrac{1}{3\omega C}=3[\Omega]$

$Z_3=\sqrt{R^2+X_{3C}^2}$

$I_3=\dfrac{V_3}{Z_3}=\dfrac{120}{\sqrt{4^2+3^2}}=24[A]$

I_3 : 3고조파 전류의 실횻값 [A]
Z_3 : 3고조파 임피던스 [Ω]
V_3 : 3고조파 전압의 실횻값 [V]
X_{3C} : 3고조파 용량리액턴스 [Ω]

03 상중하

저항 R과 커패시턴스 C의 직렬회로에서 시정수[s]는?

① RC
② $\dfrac{C}{R}$
③ $\dfrac{1}{RC}$
④ $\dfrac{R}{C}$

해설 시정수

- $R-L$ 회로 : $\dfrac{L}{R}$
- $R-C$ 회로 : RC

정답 01 ④ 02 ③ 03 ①

04 상 중 하

비정현파에 대한 설명으로 옳은 것은?

① 비정현파 = 직류분 + 기본파 + 고조파
② 비정현파 = 교류분 + 기본파 + 고조파
③ 비정현파 = 직류분 + 고조파 - 기본파
④ 비정현파 = 교류분 + 고조파 - 기본파

해설 비정현파

- 정현파가 아닌 교류이다.
- 비정현파 = 직류분 + 고조파 + 기본파

정답 04 ①

CHAPTER

09 제어회로

3회독 월 일
2회독 월 일
1회독 월 일

학습목표

1 자동제어와 제어기기에 대해 학습한다.
2 피드백제어와 블록선도에 대해 학습한다.
3 불대수정의에 대해 학습한다.
4 시퀀스제어의 특성과 각 회로들에 대해 학습한다.
5 제어기기의 응용에 대해 학습한다.

학습MAP

- **자동제어**
  - 자동제어계의 분류
    - 목푯값에 의한 분류
    - 제어량에 의한 분류
    - 제어동작에 의한 분류
  - 제어기기 변환요소
  - 제어기기의 응용
- **피드백제어**
  - 제어계의 종류
  - 피드백제어
- **전달함수**
  - 블록선도 등가변환
  - 블록선도의 전달함수
- **불대수**
  - 불대수의 기본정리
  - 드 모르간의 정리
- **시퀀스제어**
  - 유접점회로
  - 무접점회로
  - 논리회로
    - AND회로
    - OR회로
    - NOT회로(반전)
    - NAND회로(NOT + AND)
    - NOR회로(NOT + OR)
    - XOR회로
  - 자기유지회로
  - 인터록회로
- **제어기기의 응용**
  - 제어기기
    - 조작용 기기
    - 증폭용 기기
    - 검출용 기기
    - 조절용 기기
  - 조절용 기기
    - 조절용 기기 기본동작
    - 조절기의 종류

01 자동제어 ★★★

1 자동제어의 개요

1) 제어의 정의
   (1) 어떤 목적의 상태나 결과를 얻기 위해 대상에 필요한 조작을 가하는 것을 말한다.
   (2) 자동제어 : 시퀀스제어, 피드백제어

2) 제어의 종류
   (1) 수동제어 : 사람의 판단으로 직접 조작하는 제어
   (2) 자동제어 : 미리 설정된 목표치에 대하여 편차 발생 시 자동적으로 출력을 제어

3) 제어의 필요 요소

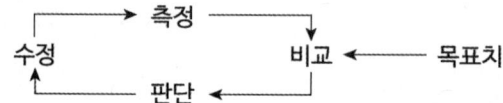

> **보충 ▶ 자동제어의 장점**
> (1) 연속적인 작업이 가능하다.
> (2) 위험한 사고의 방지 및 위험장소에서의 작업이 가능하다.
> (3) 생산성의 향상, 고속, 정밀 작업이 가능하다.
> (4) 제품의 품질이 균일하다.

2 자동제어계의 분류

1) 목푯값에 의한 분류 ★★★

구분		내용
정치제어		목푯값이 일정한 자동제어에 적용
추치 제어	추종제어	미지의 임의 시간적 변화를 하는 목푯값에 제어량을 추종시키는 제어
	프로그램제어	미리 정해진 시간변화에 따라 정해진 순서대로 제어
	비율제어	목푯값이 서로 다른 어떤 양과 일정한 비율관계를 가지는 제어
	시퀀스제어	미리 정해진 순서에 따라 각 단계가 순차적으로 진행

추치제어는 목푯값이 일정한 제어이다.
[X] 정치제어는 목푯값이 일정한 제어이다.

2) 제어량에 의한 분류 ★★★

구분	내용	제어량
서보기구	기계적 변위를 제어량으로 하는 변화량제어	물체의 방위, 위치, 각도 등
프로세스 제어	플랜트나 생산공정 중의 상태량 제어	온도, 압력, 유량, 농도 등
자동조정 제어	제어량이 전기적, 기계적 양을 제어	주파수, 전압, 전류, 회전속도, 힘 등

🔗 P.161 문 13

프로세스제어는 온도, 압력, 유량, 농도 등을 제어한다. [O]

3) 제어동작에 의한 분류 ★★★

구분		내용
불연속 제어	ON-OFF제어	단속적 제어동작
	샘플링(Sampling)	전압, 전류, 위상을 제어
연속 제어	비례제어(P제어)	잔류 편차(Off Set) 발생
	적분제어(I제어)	• 잔류 편차(Off Set) 개선 • 시간지연(속응성) 발생
	미분제어(D제어)	• 시간지연 개선, 잔류 편차(Off Set) 존재, 오차 방지 • 진동방지, 오버슈트가 커진다.
	비례적분제어(PI제어)	• 잔류 편차는 제거되지만 시간지연이 길다. • 간헐현상 존재, 지상보상 요소에 대응한다.
	비례미분제어(PD제어)	• 시간지연(응답속응성)을 개선, 잔류 편차는 있다.
	비례미분적분제어 (PID제어)	시간지연도 향상시키고 잔류 편차도 제거한 제어계로 가장 안정적인 제어계

> P.167 문 27
>
> 적분제어는 시간지연이 개선된다.
> [X] 잔류편차가 개선된다.

(1) 2위치동작(ON-OFF)

설정온도에 대하여 측정온도의 높고 낮음에 의해 ON-OFF를 행하는 제어를 ON-OFF동작이라 한다.

(2) 비례동작(P동작) : $y = K_p Z$ (K_p : 비례연산자)

(3) 적분동작(I동작) : $y = K_i \int Z dt$ (K_i : 적분연산자)

(4) 미분동작(D동작) : $y = K_d \dfrac{dz}{dt}$ (K_d : 미분제어)

(5) 비례적분동작(PI동작) : $y = K_p \left(Z + \dfrac{1}{T_i} \int Z dt \right)$

(6) 비례미분동작(PD동작) : $y = K_p \left(Z + T_d \dfrac{dz}{dt} \right)$

(7) 비례적분미분동작(PID동작) : $y = K_P \left(Z + \dfrac{1}{T_i} \int Z dt + T_d \dfrac{dz}{dt} \right)$

> P.165 문 22

노즐플래퍼는 압력을 변위로 변환한다. ⓧ 변위를 압력으로 변환

🔗 P.158 문 04

③ 제어기기 변환요소

변환량	변환요소
압력 → 변위	벨로우즈, 다이어프램, 스프링
변위 → 압력	노즐플래퍼, 유압 분사관, 스프링
변위 → 임피던스	가변저항기, 용량형 변환기
변위 → 전압	포텐셔미터, 차동변압기, 전위차계
전압 → 변위	전자석, 전자코일
빛 → 임피던스	광전관, 광전도 셀, 광전 트랜지스터
빛 → 전압	광전지, 광전 다이오드
방사선 → 임피던스	GM 관, 전리함
온도 → 임피던스	측온 저항(열선, 서미스터, 백금, 니켈)
온도 → 전압	열전대

④ 제어기기의 응용

1) 조작용 기기 : 제어 대상에 직접 구동시키는 장치

구분	내용
기계식	다이어프램밸브, 클러치, 밸브 포지셔너 등
유압식	피스톤, 분사관, 안내밸브, 조작실린더 등
전기식	솔레노이드밸브, 전동밸브, 서보 전동기 등

다이어프램은 전기식 조작용 기기이다. ⓧ 기계식

2) 증폭용 기기

구분	내용
전기식	정지기 : SCR, 트랜지스터, 자기증폭기 등
	회전기 : 앰플리다인, 로토트롤, 다이나모 등
공기식	노즐플래퍼, 파일롯트밸브, 벨로우즈 등
유압식	분사관, 안내밸브 등

🔗 P.170 문 34

※ 앰플리다인 ★★
- 입력 신호와 출력 신호가 모두 직류이다.
- 최대출력 5 [kW]까지 증폭한다.
- 작은 전력의 변화를 큰 전력의 변화로 증폭하는 발전기이다.
- 계자전류를 변화시켜 출력을 변화시킨다.

02 피드백제어 ★★★

1 제어계의 종류

1) 개회로제어계
   (1) 제어동작이 출력과 상관없이 제어의 각 단계가 순차적으로 진행된다.
   (2) 구조가 간단하고, 설비비가 저렴하나 오차가 많이 생긴다.

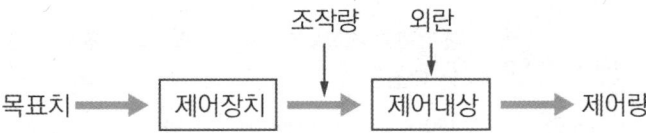

2) 폐회로제어계
   (1) 정확하고 신뢰성 있는 제어를 한다.
   (2) 출력이 목푯값과 일치하는지 여부를 항상 비교한다.
   (3) 외부 조건 변화에 대응하여 수정동작을 하는 제어계이다.

○ 폐회로제어계는 신뢰성이 떨어진다.
　　　X 신뢰성이 좋다.

2 피드백제어

1) 피드백제어의 특성 ★
   (1) 정확성이 증가한다.
   (2) 제어계의 특성 변화에 대한 입력 대 출력비의 감도가 감소한다.
   (3) 비선형성과 왜형에 대한 효과가 감소한다.
   (4) 감도 대역폭이 증가한다.
   (5) 발진을 일으키고 불안정한 상태로 되어가는 경향성이 있다.

2) 피드백제어계의 구성 ★★★

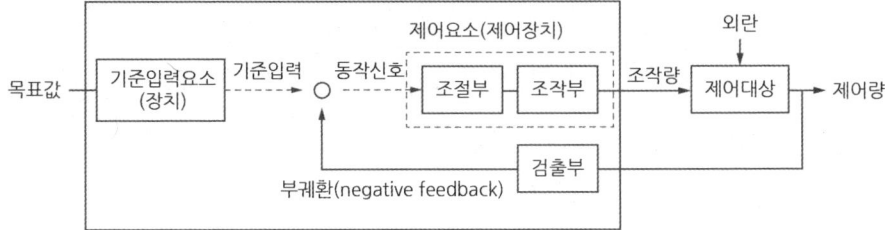

3) 피드백제어계의 요소

용어	설명
목푯값	제어량이 어떤 값을 갖도록 목표를 설정하여 외부에서 주어지는 신호
기준입력요소(장치)	목푯값을 제어할 수 있는 기준입력신호로 변환하는 장치
기준입력(신호)	제어계를 동작시키는 기준(목푯값에 비례)
동작신호	기준입력신호와 주궤환신호의 편차신호(제어동작을 일으키는 신호)
제어요소 ★★★	조절부와 조작부로 구성, 동작신호를 조작량으로 변환시키는 요소
조작량	제어요소가 제어대상에 주는 양
제어량	제어대상이 속하는 양
검출부	제어대상으로부터 제어량을 검출하고 기준입력신호와 비교하는 부분

> P.159 문 08

제어요소는 동작신호를 조작량으로 변환시키는 요소이다. O

03 전달함수 ★★★

1 전달함수 ★★★

입력의 라플라스 변환에 대한 출력의 라플라스 변환의 비

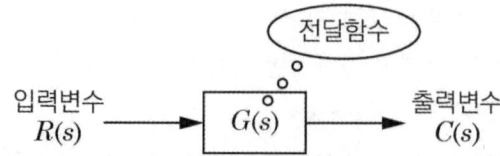

전체전달함수 $G_{(S)} = \dfrac{C_{(S)}(출력)}{R_{(S)}(입력)} = \dfrac{경로}{1-폐로}$

$C_{(S)}$: 출력신호의 라플라스 변환

$R_{(S)}$: 입력신호의 라플라스 변환

경로 : 입력에서 출력으로 가는 도중에 있는 각 소자의 곱

폐로 : 입력으로 되돌아오는 도중에 있는 각 소자의 곱

전달함수
시스템의 입력과 출력의 관계

❷ 블록선도 등가변환 ★★★

자동제어계 각 요소의 신호가 어떤 모양으로 전달되고 있는가를 나타내는 선도

1) 직렬접속

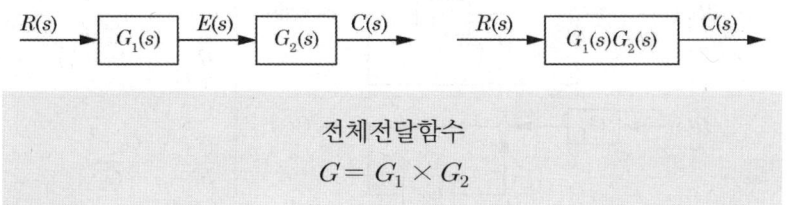

전체전달함수
$G = G_1 \times G_2$

2) 병렬접속

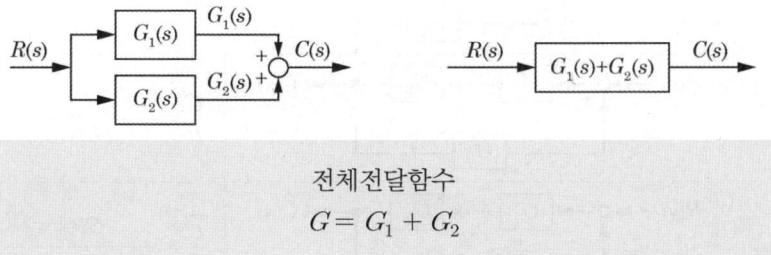

전체전달함수
$G = G_1 + G_2$

3) 피드백접속

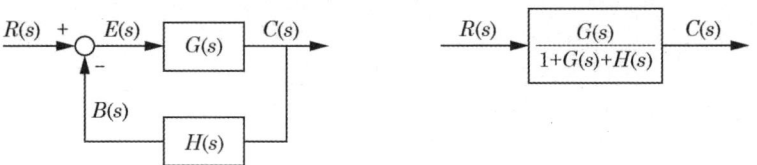

전체전달함수
$$G = \frac{C(출력)}{R(입력)} = \frac{전향경로의\ 이득}{1 - 폐루프경로의\ 이득}$$

3 블록선도의 전달함수 ★★★

블록선도	전달함수
$R(s) \to \circ \to \boxed{G_1} \to \boxed{G_2} \to C(s)$	$\dfrac{C}{R} = \dfrac{G_1 G_2}{1-0} = G_1 G_2$
$R(s) \to \circ^{-} \to \boxed{G_1} \to C(s)$ (피드백)	$\dfrac{C}{R} = \dfrac{G_1}{1-(-G_1)} = \dfrac{G_1}{1+G_1}$
$R(s) \to \boxed{G_1} \to \circ^{+} \to C(s)$, $\boxed{G_2}$ 피드백	$\dfrac{C}{R} = \dfrac{G_1}{1-G_2}$
$R(s) \to \circ^{-} \to \boxed{G_1} \to C(s)$, $\boxed{G_2}$ 피드백	$\dfrac{C}{R} = \dfrac{G_1}{1+G_1 G_2}$
$R(s) \to \circ^{+} \to \boxed{G_1} \to \boxed{G_2} \to C(s)$, $\boxed{G_3}$ 피드백	$\dfrac{C}{R} = \dfrac{G_1 G_2}{1-G_1 G_2 G_3}$
$R(s) \to \circ^{-} \to \boxed{G_1} \to \boxed{G_2} \to C(s)$, $\boxed{G_3} \to \boxed{G_4}$ 피드백	$\dfrac{C}{R} = \dfrac{G_1 G_2}{1+G_1 G_2 G_3 G_4}$

P.157 문 02

04 불대수 ★★★

1 불대수의 기본정리 ★★★

여러 가지 조건의 논리적 관계를 논리기호로 나타내고 이것을 수식적으로 표현하는 방법

정리	정리의 공식
항등법칙	$0+A=A,\ 1+A=1,\ 0\times A=0,\ 1\times A=A$
동일법칙	$A+A=A,\ A\times A=A$
보원법칙	$A+\overline{A}=1,\ A\times \overline{A}=0$
복원법칙	$\overline{\overline{A}}=A$
교환법칙	$A+B=B+A,\ A\times B=B\times A$
결합법칙	$A+(B+C)=(A+B)+C,\ A(BC)=(AB)C$
분배법칙	$A(B+C)=AB+AC,\ A+BC=(A+B)(A+C)$
흡수법칙	$A+AB=A,\ A(A+B)=A$ $A+\overline{A}B=(A+\overline{A})(A+B)=A+B$

○ P.157 문 01

☑ 불대수는 신호가 통할 때 1, 신호가 통하지 않을 때 0, 즉 0과 1 두 개의 숫자로만 표현

2 드모르간의 정리 ★★★

1) 논리합과 논리곱이 완전한 독립이 아니고 부정을 포함하면 상호교환이 가능하다.
2) NAND회로와 NOR회로의 응용 및 논리회로를 간소화시키는 데 이용된다.

$$\overline{A+B}=\overline{A}\times\overline{B},\quad \overline{A\times B}=\overline{A}+\overline{B}$$

05 시퀀스제어

1 시퀀스제어의 특성

1) 미리 정해진 순서에 따라 제어의 각 단계를 순차적으로 진행해나가는 제어이다.
2) 시퀀스제어 기본회로는 논리회로, 자기유지회로, 인터록회로 등이 있다.
3) 시간지연요소 및 기계적 계전기접점이 사용된다.

○ 시퀀스제어는 미리 정해진 순서에 따라 제어의 각 단계를 순차적으로 진행해 나가는 제어이다.

2 유접점회로 ★★★

1) 유접점회로 기호

유접점 기호	설명	비고
a접점	개로 상태에서 폐로 상태로 되는 접점(열려 있는 접점)	
b접점	폐로 상태에서 개로 상태로 되는 접점(닫혀 있는 접점)	
c접점	전환접점 / a, b 공통 가동접점	

> a접점은 개로 상태에서 폐로 상태로 되는 열려 있는 접점이다. **O**

2) 접점의 심벌

명칭	심벌 a 접점	심벌 b 접점	비고
일반접점 또는 수동접점			조작을 가하면 상태가 그대로 유지
수동조작 자동복귀접점 (푸쉬버튼스위치)			손을 떼면 원래상태로 복귀
기계적 접점 (리밋스위치)			접점의 개폐가 전기적 이외의 원인에 의해서 이루어짐
계전기접점			릴레이접점, 차단기보조접점, 전자접촉기 보조접점 등에 사용
순시동작 한시복귀 (타이머)			복귀시간이 늦게 되는 타이머
한시동작 순시복귀 (타이머)			동작시간이 늦게 되는 타이머
수동복귀접점 (열동계전기)			인위적으로 복귀시키는 접점으로 전자석에 의한 복귀를 포함
전자접촉기접점			전자력으로 작동

> 한시동작 순시복귀타이머는 복귀시간이 늦게 되는 타이머이다.
> **X** 동작시간이 늦게 되는 타이머

3 무접점회로

1) 영구적으로 사용이 가능하다.
2) 유도성 부하에 전원을 공급할 때 아크가 발생하지 않는다.
3) 동작속도가 유접점에 비해 빠르다.

4 논리회로 ★★★

1) 0과 1을 가지고 연산을 수행하도록 꾸며진 전자회로이다.
2) 논리회로는 각종 게이트와 플립플롭 등으로 구성된다.

> 입력신호 중 한 개라도 1이면 출력이 나오는 회로가 OR회로이다. **O**
>
> 🔗 P.158 문 05

명칭, 논리기호	유접점	무접점	논리회로	진리표
AND회로 ($A \times B$, $A \cdot B$) A─⊐D─X B─			입력신호가 모두 1일 때 1 출력	입력 | 출력 A | B | $X = A \times B$ 0 | 0 | 0 0 | 1 | 0 1 | 0 | 0 1 | 1 | 1
OR회로 ($A + B$) A─⊐D─X B─			입력신호 중 한 개라도 1이면 1 출력	입력 | 출력 A | B | $X = A + B$ 0 | 0 | 0 0 | 1 | 1 1 | 0 | 1 1 | 1 | 1
NOT회로 (반전) A─▷∘─X			입력신호 반대로 출력	입력 | 출력 A | $X = \overline{A}$ 0 | 1 1 | 0
NAND회로 (NOT + AND) A─⊐D∘─X B─			입력신호가 동시에 1일 때만 출력 신호 0 (AND의 부정)	입력 | 출력 A | B | $X = \overline{A \cdot B}$ 0 | 0 | 1 0 | 1 | 1 1 | 0 | 1 1 | 1 | 0
NOR회로 (NOT + OR) A─⊐D∘─X B─			입력신호가 동시에 0일 때만 출력 신호 1 (OR의 부정)	입력 | 출력 A | B | $X = \overline{A + B}$ 0 | 0 | 1 0 | 1 | 0 1 | 0 | 0 1 | 1 | 0
XOR회로 A─⊐D─X B─		(논리기호)	입력신호가 모두 같으면 0, 한 개라도 다르면 1 출력	입력 | 출력 A | B | $X = A \oplus B$ 0 | 0 | 0 0 | 1 | 1 1 | 0 | 1 1 | 1 | 0

5 자기유지회로 ★★

스스로 동작을 기억하는 회로

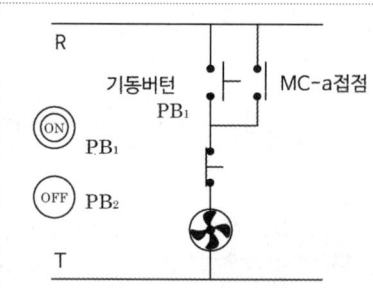

PB1을 ON하면
MC 코일이 여자되고
MC-a 접점이 폐로되어
PB1이 OFF되어도
MC-a 접점이 자기 유지되어
계속 여자된다.

6 인터록회로

상호 관련 있는 기기의 동작을 서로 구속하여 회로기기 보호와 조작자 안전이 목적인 회로

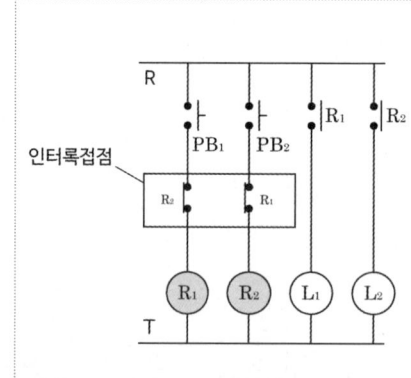

(1) PB₁이 ON되면
릴레이 R₁이 여자되고
R₁의 a 접점이 폐로되고
또한 램프 L₁이 점등된다.
(2) 이때 PB₂를 ON시켜도 릴레이 R₂와 램프 L₂는 R₁의 b접점이 단전되기 때문에 작동할 수 없다.

※ 하나의 릴레이가 동작하면 다른 릴레이는 동작 금지

> 인터록회로는 스스로 동작을 기억하는 회로이다.
> [X] 상호 관련 있는 기기의 동작을 서로 구속하여 회로기기 보호와 조작자 안전이 목적인 회로

06 제어기기의 응용

1 제어기기 ★★

1) 조작용 기기

제어대상을 직접 구동시키는 장치

구분	내용
기계식	다이어프램밸브, 클러치, 밸브 포지셔너 등
유압식	피스톤, 분사관, 안내밸브, 조작실린더 등
전기식	솔레노이드밸브, 전동밸브, 서보 전동기 등

> 서보 전동기는 기계식 조작용 기기이다. [X] 전기식
> 🔗 P.163 문 17

2) 증폭용 기기

구분	내용
전기식	정지기 : SCR, 트랜지스터, 자기증폭기 등
	회전기 : 앰플리다인, 로토트롤, 다이나모 등
공기식	노즐플래퍼, 파이롯트밸브, 벨로우즈 등
유압식	분사관, 안내밸브 등

> 노즐플래퍼는 전기식 기기이다. [X]
> 공기식

3) 검출용 기기

제어대상으로부터 제어량의 현재의 값을 검출, 변환하여 비교부로 보내는 장치

구분	내용
서보기구 제어용	자동위치제어계, 추적용 레이더 자동평형 기록계 등
자동조정 제어용	발전기 조속기, 정전압 장치 등
프로세스 제어용	압력계, 유량계, 온도계 습도계 비중계 등

4) 조절용 기기

제어동작 신호를 연산하여 제어량이 목푯값에 신속 정확하게 일치하도록 조작부에 신호를 보내는 기기

2 조절용 기기 ★★★

1) 조절용 기기 기본동작 ★★★

(1) 2위치동작(ON-OFF)
   설정온도에 대하여 측정온도의 높고 낮음에 의해 ON-OFF를 행하는 제어

(2) 비례동작(P동작)
   입력인 편차에 대하여 조작량의 출력변화가 일정한 비례관계가 있는 동작

(3) 적분동작(I동작)
   제어량의 편차가 생겼을 때에 편차의 적분차를 가감하여 조작단의 이동속도가 비례하는 동작으로 오프셋이 남지 않음

(4) 미분동작(D동작)
   제어편차의 변화속도에 비례하는 출력 D동작은 단속으로 사용하지 않고, 비례동작과 함께 사용

(5) 비례적분동작(PI동작)

단위입력이 설정될 때 비례동작에 의한 출력변화가 적분동작만으로 발생된 출력변화와 같게 될 때까지의 적분시간이 작게 되면 적분동작이 강하게 되고, 주로 프로세스에 사용되며 잔류편차가 남지 않음

(6) 비례미분동작(PD동작)

미분시간이 크면 클수록 미분동작이 강하며, 실제 기기에서 다소 변형을 가한 미분동작으로 비례동작과 합친 동작

(7) 비례적분미분동작(PID동작)

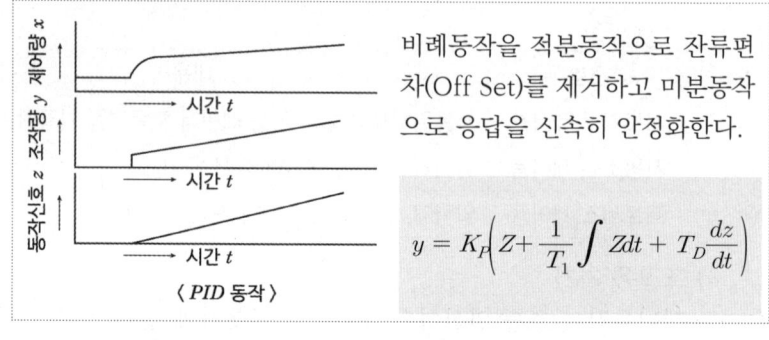
⟨PID 동작⟩

비례동작을 적분동작으로 잔류편차(Off Set)를 제거하고 미분동작으로 응답을 신속히 안정화한다.

$$y = K_P\left(Z + \frac{1}{T_1}\int Z dt + T_D \frac{dz}{dt}\right)$$

보충 ▶ 조절기의 종류

구분	특징
전기식 조절기	• 신호전달이 용이하고 지연은 거의 무시된다. • 전원을 쉽게 얻고, 소형이다. • PID동작을 쉽게 얻을 수 있다. • 감속 장치가 필요하다.
공기식 조절기	• 전기식에 비해 신뢰도가 높다. • PID동작을 간단히 구현하고, 공기에는 인화성이 없고 안정적이다. • 공기식 서보 모터의 위치가 마찰 등에 의해 변하기 쉽다.
유압식 조절기	• 조작방법이 쉬우며 전달지연이 작다. • 응답이 매우 빠르다. • PID동작을 얻기 어렵다.

예상문제

01 (중)

논리식 $(X+Y)(X+\overline{Y})$을 간단히 하면?

① 1
② XY
③ X
④ Y

해설 논리식

$(A+B)(A+C) = A+BC$
$(X+Y)(X+\overline{Y}) = X+Y\overline{Y} = X$
$(\because Y\overline{Y}=0)$

정리	공식
항등법칙	$0+A=A$, $1+A=1$, $0\times A=0$, $1\times A=A$
동일법칙	$A+A=A$, $A\times A=A$
보원법칙	$A+\overline{A}=1$, $A\times\overline{A}=0$
복원법칙	$\overline{\overline{A}}=A$
교환법칙	$A+B=B+A$, $A\times B=B\times A$
결합법칙	$A+(B+C)=(A+B)+C$, $A(BC)=(AB)C$
분배법칙	$A(B+C)=AB+AC$, $A+BC=(A+B)(A+C)$
흡수법칙	$A+AB=A$, $A(A+B)=A$ $A+\overline{A}B=(A+\overline{A})(A+B)=A+B$

02 (중)

블록선도의 전달함수 C(s)/R(s)는?

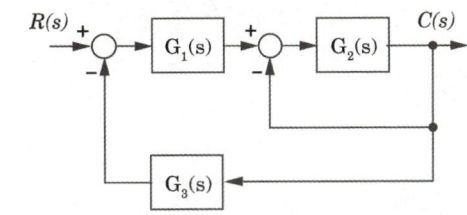

① $\dfrac{G_1(s)G_2(s)}{1+G_1(s)G_2(s)G_3(s)}$

② $\dfrac{G_1(s)G_2(s)}{1+G_1(s)+G_1(s)G_2(s)G_3(s)}$

③ $\dfrac{G_1(s)G_2(s)}{1+G_2(s)+G_1(s)G_2(s)G_3(s)}$

④ $\dfrac{G_1(s)G_2(s)}{1+G_3(s)+G_1(s)G_2(s)G_3(s)}$

해설 전달함수

$G(s) = \dfrac{C(s)}{R(s)} = \dfrac{\text{전향경로이득}}{1-(loop)}$

$= \dfrac{G_1(s)G_2(s)}{1+G_2(s)+G_1(s)G_2(s)G_3(s)}$

정답 01 ③ 02 ③

03 상(중)하

그림과 같은 다이오드회로에서 출력전압 V_o는? (단, 다이오드의 전압강하는 무시한다)

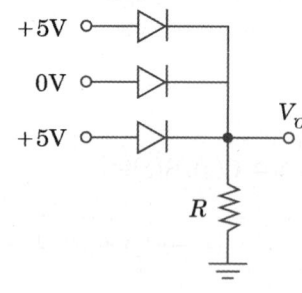

① 10 [V] ② 5 [V]
③ 1 [V] ④ 0 [V]

해설 OR게이트(무접점회로)

- 하나의 신호 ON되면 출력이 나타난다.
- 5 [V], 0 [V], 5 [V]의 입력이 OR로 주어졌으므로 출력에는 입력 5 [V]가 나타난다.

04 상(중)하

변위를 압력으로 변환하는 장치로 옳은 것은?

① 다이어프램 ② 가변 저항기
③ 벨로우즈   ④ 노즐 플래퍼

해설 변환 소자

구분	변환
광전지	빛 → 전압
열전대식 감지기	온도 → 전압
측온저항체	온도 → 임피던스
차동변압기	변위 → 전압
노즐플래퍼	변위 → 압력
다이어프램	압력 → 변위

05 상(중)하 신유형!

그림의 논리회로와 등가인 논리게이트는?

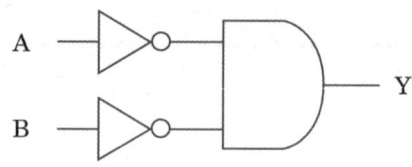

① NOR   ② NAND
③ NOT   ④ OR

해설 드모르간의 정리

1) 논리합과 논리곱이 완전한 독립이 아니고, 부정을 포함하면 상호교환이 가능하다.
2) NAND회로와 NOR회로의 응용 및 논리회로를 간소화시키는 데 이용된다.

$$\overline{A} \text{ AND } \overline{B} = \overline{A} \cdot \overline{B} = \overline{A+B}$$

TIP $\overline{A+B} = \overline{A} \cdot \overline{B}$
$\overline{A \cdot B} = \overline{A} + \overline{B}$

06 상(중)하

그림과 같은 블록선도에서 출력 C(s)는?

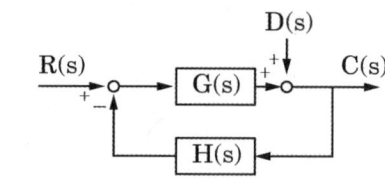

① $\dfrac{G(s)}{1+G(s)H(s)}R(s) + \dfrac{G(s)}{1+G(s)H(s)}D(s)$

② $\dfrac{1}{1+G(s)H(s)}R(s) + \dfrac{1}{1+G(s)H(s)}D(s)$

③ $\dfrac{G(s)}{1+G(s)H(s)}R(s) + \dfrac{1}{1+G(s)H(s)}D(s)$

④ $\dfrac{1}{1+G(s)H(s)}R(s) + \dfrac{G(s)}{1+G(s)H(s)}D(s)$

해설 전달함수

$$G(s) = \frac{전향경로이득}{1-(loop)} = \frac{출력}{입력}$$

$$G(s) = \frac{C(s)}{R(s)}$$

$$C(s)_1 = \frac{G(s)}{1+G(s)H(s)}R(s)$$

$$C(S)_2 = \frac{1}{1+G(s)H(s)}D(s)$$

$$C(s) = C(s)_1 + C(s)_2$$

정리	공식
분배법칙	$A(B+C) = AB+AC,\ A+BC=(A+B)(A+C)$
흡수법칙	$A+AB=A,\ A(A+B)=A$ $A+\overline{A}B=(A+\overline{A})(A+B)=A+B$

07 상(중)하

그림과 같은 유접점회로의 논리식은?

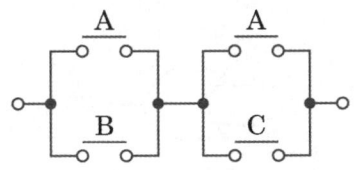

① $A+B\cdot C$
② $A\cdot B+C$
③ $B+A\cdot C$
④ $A\cdot B+B\cdot C$

해설 논리식

$(A+B)\times(A+C)$
$= AA + AC + BA + BC$
$= A(1+C+B) + BC$
$= A+BC$
$(\because (1+C+B)=1)$

정리	공식
항등법칙	$0+A=A,\ 1+A=1,\ 0\times A=0,\ 1\times A=A$
동일법칙	$A+A=A,\ A\times A=A$
보원법칙	$A+\overline{A}=1,\ A\times\overline{A}=0$
복원법칙	$\overline{\overline{A}}=A$
교환법칙	$A+B=B+A,\ A\times B=B\times A$
결합법칙	$A+(B+C)=(A+B)+C,\ A(BC)=(AB)C$

08 상(중)하

제어 대상에서 제어량을 측정하고 검출하여 주궤환 신호를 만드는 것은?

① 조작부
② 출력부
③ 검출부
④ 제어부

해설 피드백제어의 요소

용어	설명
목푯값	제어량이 어떤 값을 갖도록 목표를 설정하여 외부에서 주어지는 신호
기준입력요소 (장치)	목푯값을 제어할 수 있는 기준입력신호로 변환하는 장치
기준입력 (신호)	제어계를 동작시키는 기준(목푯값에 비례)
동작신호	기준입력신호와 주궤환신호의 편차신호(제어동작을 일으키는 신호)
제어요소	조절부와 조작부로 구성, 동작신호를 조작량으로 변환시키는 요소
조작량	제어요소가 제어대상에 주는 양
제어량	제어대상이 속하는 양
검출부	제어대상으로부터 제어량을 검출하고, 기준입력신호와 비교하는 부분

정답 07 ① 08 ③

09 ㈜㉦㈏

다음 회로에서 출력전압은 몇 [V]인가? (단, A=5 [V], B=0 [V]인 경우이다)

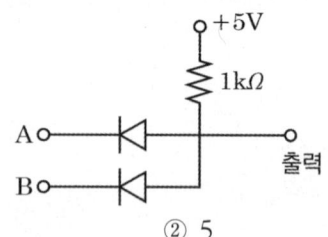

① 0
② 5
③ 10
④ 15

해설 AND(무접점회로)

- A, B 두 개의 입력 중 두 값이 모두 입력 5 [V]가 주어질 때 출력 5 [V]가 나타남
- A에는 5 [V], B에는 0 [V]가 주어졌으므로 출력은 0 [V]

10 ㈜㉦㈏

개루프제어와 비교하여 폐루프제어에서 반드시 필요한 장치는?

① 안정도를 좋게 하는 장치
② 제어대상을 조작하는 장치
③ 동작신호를 조절하는 장치
④ 기준압력신호와 주궤환신호를 비교하는 장치

해설 폐루프제어의 특징

- 기준입력신호와 주궤환신호 비교
- 궤환제어 시스템

11 ㈜㉦㈏

그림과 같은 무접점회로의 논리식은?

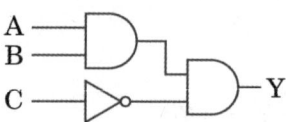

① $A \cdot B + \overline{C}$
② $A + B + \overline{C}$
③ $(A+B) \cdot \overline{C}$
④ $A \cdot B \cdot \overline{C}$

해설 무접점회로

(A AND B) AND $\overline{C}$ 이므로 $A \cdot B \cdot \overline{C}$

명칭, 논리기호
AND회로($A \times B$, $A \cdot B$)

OR회로($A+B$)
NOT회로(반전)
NAND회로(NOT + AND)
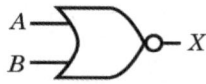
NOR회로(NOT + OR)
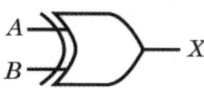
XOR회로

12 (상 중 하)

그림의 시퀀스회로와 등가인 논리게이트는?

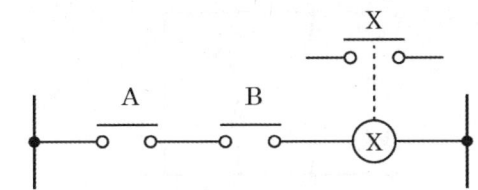

① OR게이트 ② AND게이트
③ NOT게이트 ④ NOR게이트

해설 AND회로(유접점회로, 직렬회로)

- 모든 신호가 ON 되었을 때 출력신호 1

TIP OR회로(병렬회로)
하나의 신호가 ON 되면 출력신호 1

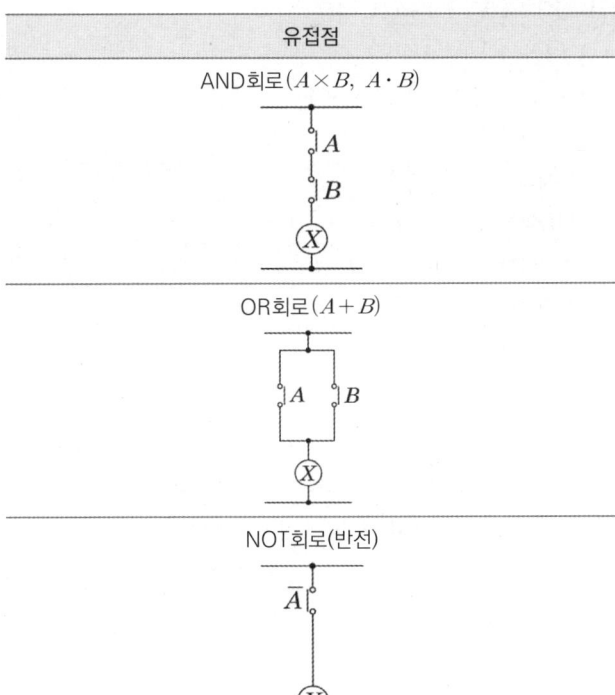

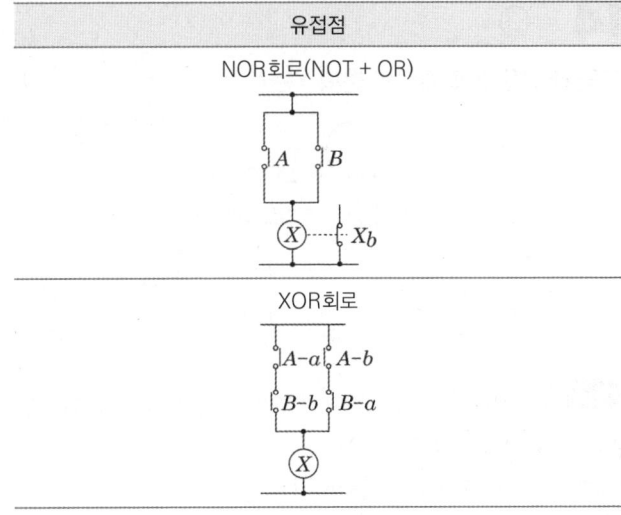

13 (상 중 하)

프로세스제어의 제어량이 아닌 것은?

① 액위 ② 유량
③ 온도 ④ 자세

해설 제어량에 의한 분류

구분	내용	제어량
서보기구	기계적 변위를 제어량으로 하는 변화량제어	물체의 방위, 위치, 각도 등
프로세스 제어	플랜트나 생산공정 중의 상태량 제어	온도, 압력, 유량, 농도 등
자동조정 제어	제어량이 전기적, 기계적 양을 제어	주파수, 전압, 전류, 회전속도 힘 등

정답 12 ② 13 ④

14 (상·중·하)

그림과 같은 논리회로의 출력 Y는?

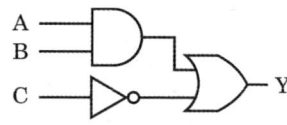

① $AB + \overline{C}$
② $A + B + \overline{C}$
③ $(A+B)\overline{C}$
④ $AB\overline{C}$

해설 논리회로 출력

A와 B → [AND]회로
C → (A AND B)와 [NOT OR]회로
즉, $Y = AB + \overline{C}$ 이다.

명칭, 논리기호
AND회로($A \times B$, $A \cdot B$)

OR회로($A+B$)

NOT회로(반전)
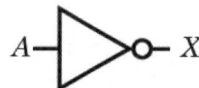
NAND회로(NOT + AND)

NOR회로(NOT + OR)
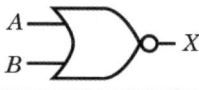
XOR회로
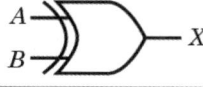

15 (상·중·하)

그림의 시퀀스(계전기접점)회로를 논리식으로 표현하면?

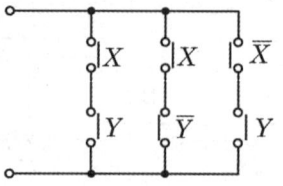

① $X + Y$
② $(XY) + (X\overline{Y})(\overline{X}Y)$
③ $(X+Y)(X+\overline{Y})(\overline{X}+Y)$
④ $(X+Y) + (X+\overline{Y})(\overline{X}+Y)$

해설 논리식 표현

$(X \cdot Y) + (X \cdot \overline{Y}) + (\overline{X} \cdot Y)$
$= X(Y + \overline{Y}) + (\overline{X} \cdot Y)$
$= X + \overline{X}Y = (X + \overline{X})(X + Y)$
$= (X + Y)$

정리	공식
항등법칙	$0 + A = A$, $1 + A = 1$, $0 \times A = 0$, $1 \times A = A$
동일법칙	$A + A = A$, $A \times A = A$
보원법칙	$A + \overline{A} = 1$, $A \times \overline{A} = 0$
복원법칙	$\overline{\overline{A}} = A$
교환법칙	$A + B = B + A$, $\times B = B \times A$
결합법칙	$A + (B + C) = (A + B) + C$, $A(BC) = (AB)C$
분배법칙	$A(B + C) = AB + AC$, $A + BC = (A+B)(A+C)$
흡수법칙	$A + AB = A$, $A(A+B) = A$ $A + \overline{A}B = (A + \overline{A})(A + B) = A + B$

정답 14 ① 15 ①

16 상중하

그림의 블록선도와 같이 표현되는 제어 시스템의 전달함수 $G(s)$는?

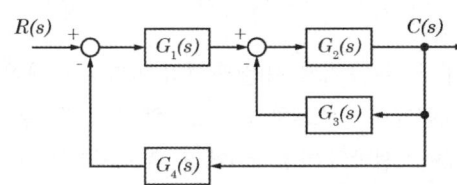

① $\dfrac{G_1(s)G_2(s)}{1+G_2(s)G_3(s)+G_1(s)G_2(s)G_4(s)}$

② $\dfrac{G_3(s)G_4(s)}{1+G_2(s)G_3(s)+G_1(s)G_2(s)G_4(s)}$

③ $\dfrac{G_1(s)G_2(s)}{1+G_1(s)G_2(s)+G_1(s)G_2(s)G_3}$

④ $\dfrac{G_3(s)G_4(s)}{1+G_1(s)G_2(s)+G_1(s)G_2(s)G_3(s)}$

해설 전달함수

$G(s) = \dfrac{C(s)}{R(s)} = \dfrac{전향경로이득}{1-(loop)}$

$= \dfrac{G_1(s)G_2(s)}{1+G_2(s)G_3(s)+G_1(s)G_2(s)G_4(s)}$

17 상중하

조작기기는 직접제어 대상에 작용하는 장치이고 빠른 응답이 요구된다. 다음 중 전기식 조작기기가 아닌 것은?

① 서보 전동기
② 전동밸브
③ 다이어프램밸브
④ 전자밸브

해설 조작용 기기

구분	내용
기계식	다이어프램밸브, 클러치, 밸브 포지셔너
유압식	피스톤, 분사관, 안내밸브, 조작실린더
전기식	솔레노이드밸브, 전동밸브, 서보 전동기

18 상중하

다음의 논리식 중 틀린 것은?

① $(\overline{A}+B) \cdot (A+B) = B$

② $(A+B) \cdot \overline{B} = A\overline{B}$

③ $\overline{AB+AC}+\overline{A} = \overline{A}+\overline{B}C$

④ $\overline{(\overline{A}+B)+CD} = A\overline{B}(C+D)$

해설 드모르간의 정리

1) 논리합과 논리곱이 완전한 독립이 아니고 부정을 포함하면 상호교환이 가능하다.
2) NAND회로와 NOR회로의 응용 및 논리회로를 간소화시키는 데 이용된다.

$\overline{(\overline{A}+B)+CD} = \overline{(\overline{A}+B)} \cdot \overline{CD}$
$= A \cdot \overline{B} \cdot \overline{C+D}$
$= A \cdot \overline{B}(\overline{C}+\overline{D})$

19 (상 중 하)

두 개의 입력신호 중 한 개의 입력만이 1일 때 출력신호가 1이 되는 논리게이트는?

① EXCLUSIVE NOR
② NAND
③ EXCLUSIVE OR
④ AND

해설 Exclusive OR 논리게이트

두 개의 입력신호 중 한 개의 입력만 1일 때 출력이 1된다.

논리회로
[AND회로($A \times B$, $A \cdot B$)] 입력신호가 모두 1일 때 1 출력
[OR회로($A + B$)] 입력신호 중 한 개라도 1이면 1 출력
[NOT회로(반전)] 입력신호 반대로 출력
[NAND회로(NOT + AND)] 입력신호가 동시에 1일 때만 출력 신호 0 (AND의 부정)
[NOR회로(NOT + OR)] 입력신호가 동시에 0일 때만 출력 신호 1 (OR의 부정)
[XOR회로] 입력신호가 모두 같으면 0, 한 개라도 다르면 1 출력

20 (상 중 하)

자동제어계를 제어목적에 의해 분류한 경우 틀린 것은?

① 정치제어 : 제어량을 주어진 일정목표로 유지시키기 위한 제어
② 추종제어 : 목표치가 시간에 따라 변화하는 제어
③ 프로그램제어 : 목표치가 프로그램대로 변하는 제어
④ 서보제어 : 선박의 방향제어계인 서보제어는 정치제어와 같은 성질

해설 목푯값에 의한 분류

구분		내용
정치제어		목푯값이 일정한 자동제어에 적용
추치제어	추종제어	미지의 임의 시간적 변화를 하는 목푯값에 제어량을 추종시키는 제어
	프로그램제어	미리 정해진 시간변화에 따라 정해진 순서대로 제어
	비율제어	목푯값이 서로 다른 어떤양과 일정한 비율관계를 가지는 제어
	시퀀스제어	미리 정해진 순서에 따라 각 단계가 순차적으로 진행

정답 19 ③ 20 ④

21 (중)

논리기호를 표시한 것으로 옳은 식은?

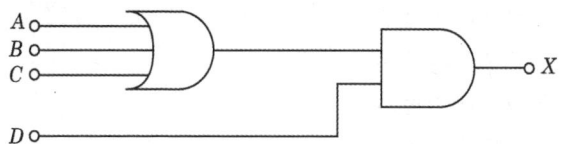

① $X = (A \cdot B \cdot C) \cdot D$
② $X = (A + B + C) \cdot D$
③ $X = (A \cdot B \cdot C) + D$
④ $X = A + B + C + D$

해설 논리게이트

X = (A OR B OR C) AND D

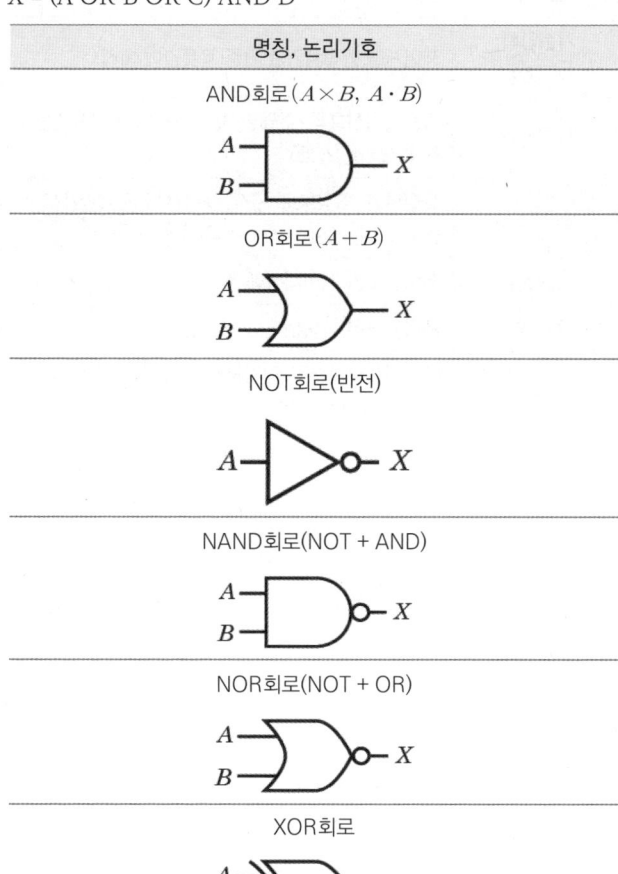

22 (중)

비례 + 적분 + 미분동작(PID동작)식을 바르게 나타낸 것은?

① $x_0 = K_p(x_i + \dfrac{1}{T_I}\int x_i dt + T_D \dfrac{dx_i}{dt})$

② $x_0 = K_p(x_i - \dfrac{1}{T_I}\int x_i dt - T_D \dfrac{dx_i}{dt})$

③ $x_0 = K_p(x_i + \dfrac{1}{T_I}\int x_i dt + T_D \dfrac{dt}{dx_i})$

④ $x_0 = K_p(x_i - \dfrac{1}{T_I}\int x_i dt - T_D \dfrac{dt}{dx_i})$

해설 동작

1) 2위치동작(ON-OFF)
   설정온도에 대하여 측정온도의 높고 낮음에 의해 ON-OFF를 행하는 제어를 ON-OFF동작이라 한다.
2) 비례동작(P동작)
   $y = K_p Z (K_p : 비례연산자)$
3) 적분동작(I동작)
   $y = K_i \int Z dt (K_i : 적분연산자)$
4) 미분동작(D동작)
   $y = K_d \dfrac{dz}{dt}$ (K_d : 미분제어)
5) 비례적분동작(PI동작)
   $y = K_p \left(Z + \dfrac{1}{T_i} \int Z dt \right)$
6) 비례미분동작(PD동작)
   $y = K_p \left(Z + T_d \dfrac{dz}{dt} \right)$
7) 비례적분미분동작(PID동작)
   $y = K_P \left(Z + \dfrac{1}{T_i} \int Z dt + T_d \dfrac{dz}{dt} \right)$

23 논리식 $X+\overline{X}Y$를 간단히 하면?

① X
② $X\overline{Y}$
③ $\overline{X}Y$
④ $X+Y$

해설 논리식

$X+\overline{X}Y = (X+\overline{X})(X+Y)$
$= XX+XY+\overline{X}X+\overline{X}Y$
$= X+XY+\overline{X}Y$
$= X+Y(X+\overline{X})$
$= X+Y$

정리	공식
항등법칙	$0+A=A,\ 1+A=1,\ 0\times A=0,\ 1\times A=A$
동일법칙	$A+A=A,\ A\times A=A$
보원법칙	$A+\overline{A}=1,\ A\times\overline{A}=0$
복원법칙	$\overline{\overline{A}}=A$
교환법칙	$A+B=B+A,\ A\times B=B\times A$
결합법칙	$A+(B+C)=(A+B)+C,\ A(BC)=(AB)C$
분배법칙	$A(B+C)=AB+AC,\ A+BC=(A+B)(A+C)$
흡수법칙	$A+AB=A,\ A(A+B)=A$ $A+\overline{A}B=(A+\overline{A})(A+B)=A+B$

24 제어요소의 구성으로 옳은 것은?

① 조절부와 조작부
② 비교부와 검출부
③ 설정부와 검출부
④ 설정부와 비교부

해설 피드백제어계의 요소

용어	설명
목푯값	제어량이 어떤 값을 갖도록 목표를 설정하여 외부에서 주어지는 신호
기준입력 요소(장치)	목푯값을 제어할 수 있는 기준입력신호로 변환하는 장치
기준입력 (신호)	제어계를 동작시키는 기준(목푯값에 비례)
동작신호	기준입력신호와 주궤환신호의 편차신호(제어동작을 일으키는 신호)
제어요소	조절부와 조작부로 구성, 동작신호를 조작량으로 변환시키는 요소
조작량	제어요소가 제어대상에 주는 양
제어량	제어대상이 속하는 양
검출부	제어대상으로부터 제어량을 검출하고, 기준입력신호와 비교하는 부분

정답 23 ④ 24 ①

25 (중)

PB-on 스위치와 병렬로 접속된 보조접점 X-a의 역할은?

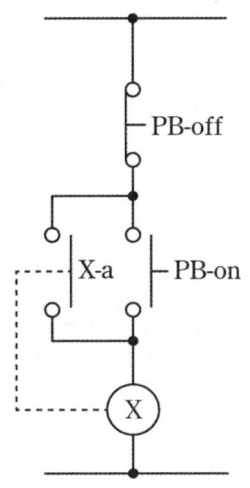

① 인터록회로   ② 자기유지회로
③ 전원차단회로   ④ 램프점등회로

해설 자기유지회로

- 스스로 동작을 기억하는 회로
- ON-OFF회로에 많이 사용

26 (중)

다음 그림과 같은 계통의 전달함수는?

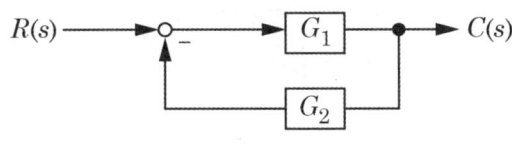

① $\dfrac{G_1}{1+G_2}$ ② $\dfrac{G_2}{1+G_1}$

③ $\dfrac{G_2}{1+G_1G_2}$ ④ $\dfrac{G_1}{1+G_1G_2}$

해설 전달함수

$$G_{(s)} = \dfrac{C_{(s)}}{R_{(s)}} = \dfrac{전향경로이득}{1-loop}$$

$$= \dfrac{G_1(s)}{1+G_1(s)G_2(s)}$$

27 (중)

제어동작에 따른 제어계의 분류에 대한 설명 중 틀린 것은?

① 미분동작 : D동작 또는 Rate동작이라고 부르며 동작신호의 기울기에 비례한 조작신호를 만든다.
② 적분동작 : I동작 또는 리셋동작이라고 부르며 적분값의 크기에 비례하여 조절신호를 만든다.
③ 2위치제어 : ON-OFF동작이라고도 하며 제어량이 목푯값보다 작은지 큰지에 따라 조작량으로 On 또는 Off의 두 가지 값의 조절 신호를 발생한다.
④ 비례동작 : P동작이라고도 부르며 제어동작신호에 반비례하는 조절신호를 만드는 제어동작

해설 제어동작에 의한 분류

구분		내용
불연속 제어	ON-OFF 제어	단속적 제어동작
	샘플링 (Sampling)	전압, 전류, 위상을 제어
연속제어	비례제어 (P 제어)	잔류 편차(Off Set) 발생
	적분제어 (I 제어)	• 잔류 편차(Off Set) 개선 • 시간지연(속응성) 발생
	미분제어 (D 제어)	• 시간지연 개선, 잔류 편차(Off Set)존재, 오차 방지 • 진동방지, 오버슈트가 커진다.

정답 25 ② 26 ④ 27 ④

구분		내용
연속제어	비례적분제어 (PI제어)	• 잔류 편차는 제거되지만 시간지연이 길다. • 간헐현상 존재, 지상보상 요소에 대응한다.
	비례미분제어 (PD제어)	시간지연(응답속응성)을 개선, 잔류 편차는 있다.
	비례미분 적분제어 (PID제어)	시간지도 향상시키고 잔류 편차도 제거한 제어계로 가장 안정적인 제어계

28 (상중**하**)

불대수의 기본정리에 관한 설명으로 틀린 것은?

① A + A = A
② A + 1 = 1
③ A · 0 = 1
④ A + 0 = A

해설 불대수의 기본정리

정리	공식
항등법칙	$0+A=A,\ 1+A=1,\ 0\times A=0,\ 1\times A=A$
동일법칙	$A+A=A,\ A\times A=A$
보원법칙	$A+\overline{A}=1,\ A\times\overline{A}=0$
복원법칙	$\overline{\overline{A}}=A$
교환법칙	$A+B=B+A,\ A\times B=B\times A$
결합법칙	$A+(B+C)=(A+B)+C,\ A(BC)=(AB)C$
분배법칙	$A(B+C)=AB+AC,\ A+BC=(A+B)(A+C)$
흡수법칙	$A+AB=A,\ A(A+B)=A$ $A+\overline{A}B=(A+\overline{A})(A+B)=A+B$

29 (상**중**하)

논리식 $X\cdot(X+Y)$를 간략화하면?

① X
② Y
③ X+Y
④ X·Y

해설 논리식

$X(X+Y)$
$=XX+XY=X+XY$
$=X(1+Y)=X\cdot 1=X$

정리	공식
항등법칙	$0+A=A,\ 1+A=1,\ 0\times A=0,\ 1\times A=A$
동일법칙	$A+A=A,\ A\times A=A$
보원법칙	$A+\overline{A}=1,\ A\times\overline{A}=0$
복원법칙	$\overline{\overline{A}}=A$
교환법칙	$A+B=B+A,\ A\times B=B\times A$
결합법칙	$A+(B+C)=(A+B)+C,\ A(BC)=(AB)C$
분배법칙	$A(B+C)=AB+AC,\ A+BC=(A+B)(A+C)$
흡수법칙	$A+AB=A,\ A(A+B)=A$ $A+\overline{A}B=(A+\overline{A})(A+B)=A+B$

30 (상**중**하)

그림과 같은 게이트의 명칭은?

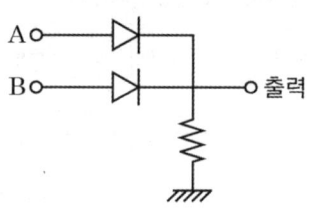

① AND
② OR
③ NOR
④ NAND

정답 28 ③ 29 ① 30 ②

해설 OR게이트(무접점회로)

하나라도 신호가 ON되면 출력이 나타난다.

무접점
AND회로($A \times B$, $A \cdot B$)
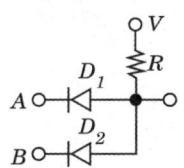
OR회로($A+B$)
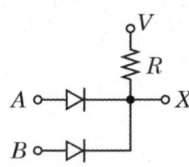
NOT회로(반전)
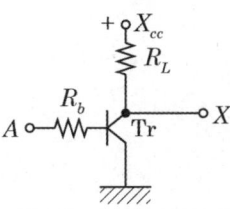
NAND회로(NOT + AND)
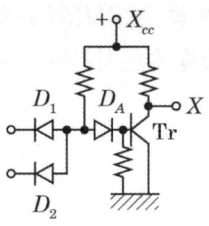
NOR회로(NOT + OR)
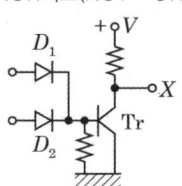
XOR회로
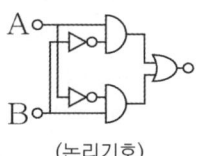
(논리기호)

31 (상 ㈜ 하)

피드백제어계에 대한 설명 중 틀린 것은?

① 감대역 폭이 증가한다.
② 정확성이 있다.
③ 비선형에 대한 효과가 증대된다.
④ 발진을 일으키는 경향이 있다.

해설 피드백제어계 특징

- 정확성 증가
- 감대폭 증가
- 비선형성과 왜형 효과 감소
- 입력과 출력 비교
- 발진을 일으키고 불안정한 상태

32 (상 ㈜ 하)

논리식 $X = AB\overline{C} + \overline{A}BC + \overline{A}B\overline{C}$ 를 가장 간소화 하면?

① $B(\overline{A} + \overline{C})$ ② $B(\overline{A} + A\overline{C})$
③ $B(\overline{A}C + \overline{C})$ ④ $B(A + C)$

해설 논리식

$X = AB\overline{C} + \overline{A}BC + \overline{A}B\overline{C}$
$= B(A\overline{C} + \overline{A}C + \overline{A}\,\overline{C})$
$= B(A\overline{C} + \overline{A}(C + \overline{C}))$
$= B(A\overline{C} + \overline{A})$
$= B(\overline{A} + A)(\overline{A} + \overline{C})$
$= B(\overline{A} + \overline{C})$

정답 31 ③ 32 ①

33 (상중하)

시퀀스제어에 관한 설명 중 틀린 것은?

① 기계적 계전기접점이 사용된다.
② 논리회로가 조합 사용된다.
③ 시간 지연요소가 사용된다.
④ 전체 시스템에 연결된 접점들이 일시에 동작할 수 있다.

해설 시퀀스제어
- 순차적으로 진행되는 방식
- 시간지연요소 사용
- 논리회로 조합 사용
- 기계적 접점이 사용

34 (상중하)

입력신호와 출력신호가 모두 직류(DC)로서 출력이 최대 5 [kW]까지로 견고성이 좋고, 토크가 에너지원이 되는 전기식 증폭기기는?

① 계전기 ② SCR
③ 자기증폭기 ④ 앰플리다인

해설 앰플리다인
- 입력 신호와 출력 신호가 모두 직류이다.
- 최대출력 5 [kW]까지 증폭한다.
- 작은 전력의 변화를 큰 전력의 변화로 증폭하는 발전기이다.
- 계자전류를 변화시켜 출력을 변화시킨다.

35 (상중하)

$X = A\overline{B}C + \overline{A}BC + \overline{A}B\overline{C} + \overline{A}\overline{B}C + A\overline{B}\overline{C}$를 가장 간소화한 것은?

① $\overline{A}BC + \overline{B}$ ② $B + \overline{A}C$
③ $\overline{B} + \overline{A}C$ ④ $\overline{A}\overline{B}C + B$

해설 논리식

$X = A\overline{B}C + \overline{A}BC + \overline{A}B\overline{C} + \overline{A}\overline{B}C + A\overline{B}\overline{C}$
$= A\overline{B}(C + \overline{C}) + \overline{A}B(C + \overline{C}) + \overline{A}BC$
$= A\overline{B} + \overline{A}B + \overline{A}BC$
$= \overline{B}(A + \overline{A}) + \overline{A}BC$
$= \overline{B} + \overline{A}BC$
$= (\overline{B} + \overline{A}) \cdot (\overline{B} + B) \cdot (\overline{B} + C)$
$= \overline{B} + \overline{A}C$

36 (상중하)

제어 목표에 의한 분류 중 미지의 임의 시간적 변화를 하는 목푯값에 제어량을 추종시키는 것을 목적으로 하는 제어법은?

① 정치제어 ② 비율제어
③ 추종제어 ④ 프로그램제어

해설 목푯값에 의한 분류

구분		내용
정치제어		목푯값이 일정한 자동제어에 적용
추치제어	추종제어	미지의 임의 시간적 변화를 하는 목푯값에 제어량을 추종시키는 제어
	프로그램제어	미리 정해진 시간변화에 따라 정해진 순서대로 제어
	비율제어	목푯값이 서로 다른 어떤 양과 일정한 비율관계를 가지는 제어
	시퀀스제어	미리 정해진 순서에 따라 각 단계가 순차적으로 진행

37 (상(중)하)

그림과 같은 계전기 접점회로의 논리식은?

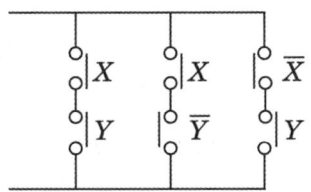

① $(X+Y)(X+\overline{Y})(\overline{X}+Y)$
② $(X+Y)+(X+\overline{Y})+(\overline{X}+Y)$
③ $(XY)+(X\overline{Y})+(\overline{X}Y)$
④ $(XY)(X\overline{Y})(\overline{X}Y)$

해설 논리식

$(X \times Y)+(X \times \overline{Y})+(\overline{X} \times Y)$
(직렬 : 곱, 병렬 : 덧셈)

38 (상(중)하)

폐루프제어의 특징에 대한 설명으로 옳은 것은?

① 외부의 변화에 대한 영향을 증가시킬 수 있다.
② 제어기 부품의 성능 차이에 따라 영향을 많이 받는다.
③ 대역폭이 증가한다.
④ 정확도와 전체 이득이 증가한다.

해설 피드백제어계 특징

- 정확성 증가
- 감대폭 증가
- 비선형성과 왜형 효과 감소
- 입력과 출력 비교
- 발진을 일으키고 불안정한 상태

39 (상(중)하)

피드백제어계에서 제어요소에 대한 설명 중 옳은 것은?

① 조작부와 검출부로 구성되어 있다.
② 조절부와 변환부로 구성되어 있다.
③ 동작신호를 조작량으로 변환시키는 요소이다.
④ 목푯값에 비례하는 신호를 발생하는 요소이다.

해설 피드백제어계의 요소

용어	설명
목푯값	제어량이 어떤 값을 갖도록 목표를 설정하여 외부에서 주어지는 신호
기준입력 요소(장치)	목푯값을 제어할 수 있는 기준입력신호로 변환하는 장치
기준입력 (신호)	제어계를 동작시키는 기준(목푯값에 비례)
동작신호	기준입력신호와 주궤환신호의 편차신호(제어동작을 일으키는 신호)
제어요소	조절부와 조작부로 구성, 동작신호를 조작량으로 변환시키는 요소
조작량	제어요소가 제어대상에 주는 양
제어량	제어대상이 속하는 양
검출부	제어대상으로부터 제어량을 검출하고, 기준입력신호와 비교하는 부분

40 상중하

자동제어 중 플랜트나 생산 공정 중의 상태량을 제어량으로 하는 제어방법은?

① 정치제어
② 추종제어
③ 비율제어
④ 프로세스제어

해설 제어량에 의한 분류

구분	내용	제어량
서보기구	기계적 변위를 제어량으로 하는 변화량 제어	물체의 방위, 위치, 각도 등
프로세스 제어	플랜트나 생산공정 중의 상태량 제어	온도, 압력, 유량, 농도 등
자동조정 제어	제어량이 전기적, 기계적 양을 제어	주파수, 전압, 전류, 회전속도 힘 등

정답 40 ④

CHAPTER 10 전자회로 및 정류회로

학습목표

1 N형 반도체와 P형 반도체를 비교할 수 있다.
2 반도체 소자의 종류에 대해 학습한다.
3 정류회로에 대해 학습한다.
4 각 파형별 맥동주파수에 대해 학습한다.

학습MAP

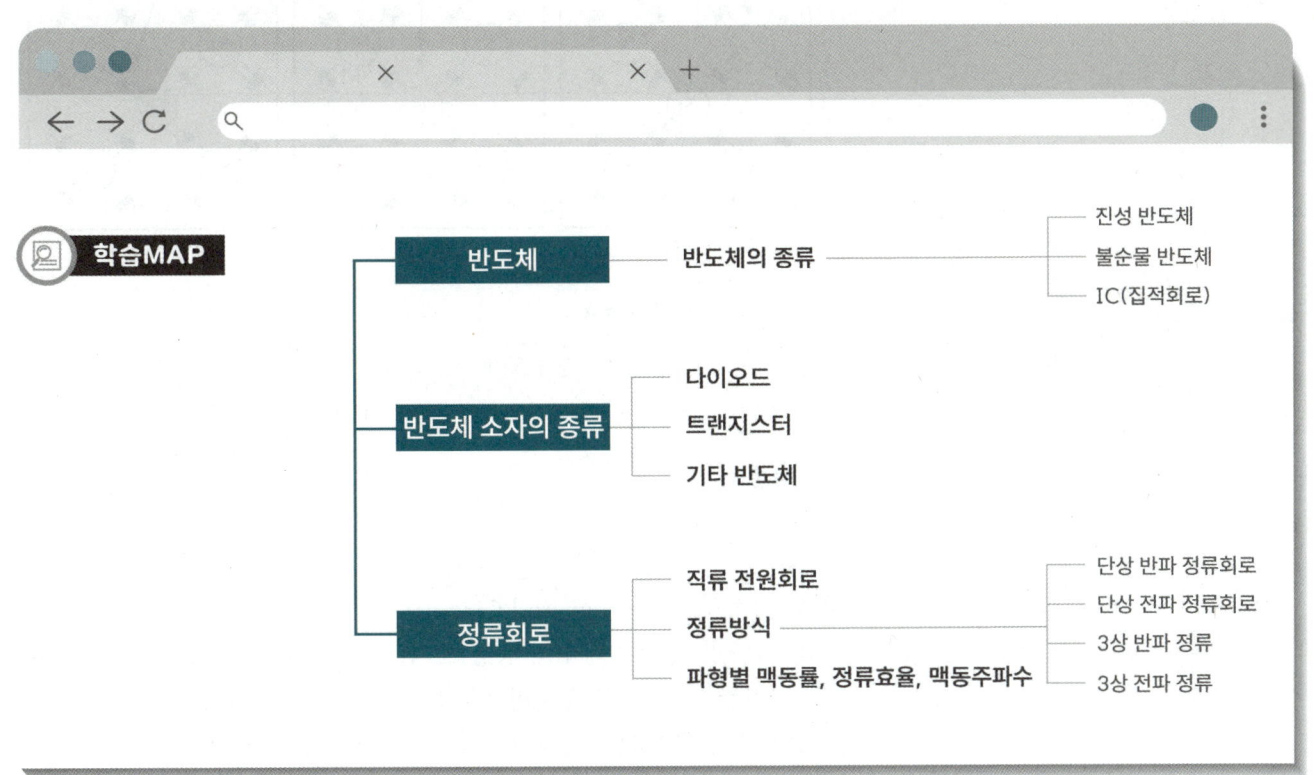

01 반도체 ★★★

1 반도체

1) 전기전도도에 따른 물질의 분류 가운데 하나로 도체와 부도체의 중간 영역에 속한다. 순수한 상태에서는 부도체와 비슷하지만 불순물의 첨가나 기타 조작에 의해 전기전도도가 늘어나기도 한다.

2) 반도체 특징
   (1) 광전효과 : 반도체에 빛을 쬐면 전기저항이 감소한다.
   (2) 금속의 접촉면이나 상이한 반도체 사이에서 정류 작용이 있다.
   (3) 상온에서 저항률이 $10^{-4} \sim 10^7 [\Omega m]$ 정도이다.
   (4) 온도가 상승하면 저항률은 감소하는 부(-)의 온도 계수를 가진다.
   (5) 불순물을 첨가함에 따라 전기저항은 급격히 감소한다.

> 반도체에 불순물을 첨가함에 따라 전기저항은 급격히 증가한다.
> [X] 감소한다.

2 반도체의 종류

1) 진성 반도체
   (1) 최외각 전자수가 4개인 원자를 의미한다.
   (2) 실리콘(Si), 게르마늄(Ge) 등과 같이 불순물이 전혀 없는 반도체

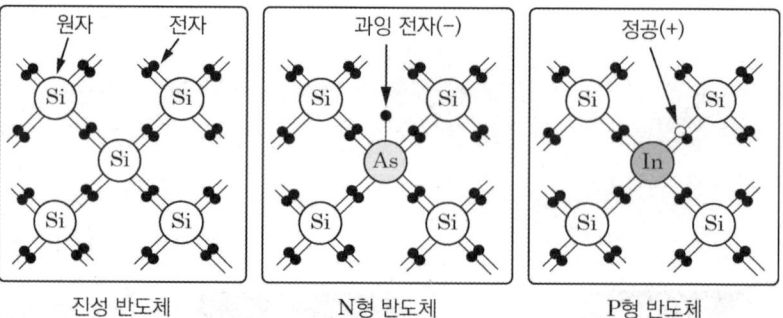

진성 반도체 / N형 반도체 / P형 반도체

2) 불순물 반도체 ★★★

구분	N형 반도체	P형 반도체
개념	진성반도체에 5가 원소를 추가	진성반도체에 3가 원소를 추가
불순물	도너 물질 추가 인(P), 비소(As), 안티몬(Sb)	억셉터 물질 추가 인듐(In), 알루미늄(Al), 갈륨(Ga)
반송자	자유전자(과잉전자)	정공

> 진성반도체에 5가 원소를 추가한 반도체는 P형 반도체이다.
> [X] N형 반도체

3) IC(집적회로 = Integrated Circuit)
   (1) 하나의 기판에 다수의 능동 소자(트랜지스터, 진공관)와 수동 소자(저항, 콘덴서)를 초소형으로 분리될 수 없는 구조로 만든 소자
   (2) 특징 : 대량생산, 신뢰도 향상, 빠른 동작속도, 소형 및 경량화

02 반도체 소자의 종류 ★

1 다이오드

1) 다이오드의 정의

P형 반도체와 N형 반도체를 접합해서 만들어지는 전자부품으로 주로 한쪽 방향으로만 전류를 흐르게 하는 성질을 가지고 있다.

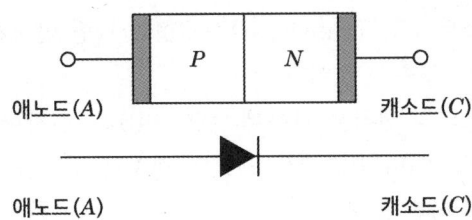

> 다이오드는 주로 양쪽 방향으로 전류를 흐르게 하는 성질을 가지고 있다. **X** 한쪽 방향으로만

2) 다이오드의 종류

명칭	기호	특성
정류용 다이오드	▶│	일반적으로 다이오드라 불리는 것으로 정류작용 (전류를 한쪽의 (+)나 (-)로만 흐름)
제너다이오드 (정전압다이오드) ★★★	▽	주로 정전압 전원회로에 사용(전원·전압을 일정하게 유지, 안정화)
터널다이오드 (PN접합)	▶│	증폭작용·발진작용·개폐작용을 하며, 고속 스위칭회로·논리회로에 사용
포토다이오드	▶│	빛을 쬐면 광량에 비례하는 전류가 흐름(빛 검출용, 광센서에 사용)
가변용량다이오드 (버랙터)	▽┤	역전압을 크게 해서 정전용량을 조절 (무선마이크, 발진주파수 조절)
발광다이오드 (LED)	▽	• 전기적 신호를 빛의 신호로 변환하는 소자 • PN 접합 시 순방향으로 전류가 흘러 발광한다. • 응답속도가 빠르고, 발열이 적다. • 수명이 길고, 진동에 강하다. • 재질 : 비소갈륨(GaAs), 인화갈륨(GaP)

> 제너다이오드는 주로 정전압 전원회로에 사용한다. **O**
>
> P.182 문 02

암기 ▶ 정전압 & 제너 ㅈㅈㅈ

3) 다이오드의 안정화

직렬연결	과전압으로부터 보호	
병렬연결	과전류로부터 보호	

> 다이오드를 병렬로 연결하면 과전압으로부터 보호할 수 있다.
> [X] 직렬로 연결
> 🔗 P.184 문 09

2 트랜지스터

1) 트랜지스터의 특성
   (1) 트랜지스터(TR, Transistor)는 P형과 N형 반도체를 3개 층(pnp, npn)으로 접합한 것이다.
   (2) 트랜지스터의 전극은 가운데 베이스(B)와 전자나 정공을 방출하는 이미터(E), 이미터(E)에서 방출된 전자나 정공을 모으는 컬렉터(C)의 3개의 다리로 구성된다.
   (3) 베이스전류에 따라 컬렉터전류가 흐르거나 흐르지 않기도 하는 스위칭 작용한다.
   (4) 약간의 베이스전류로 큰 컬렉터 전류를 얻을 수 있는 증폭특성을 가진다.
   (5) 고온에 약함

> 트랜지스터는 고온에 강하다.
> [X] 약하다.

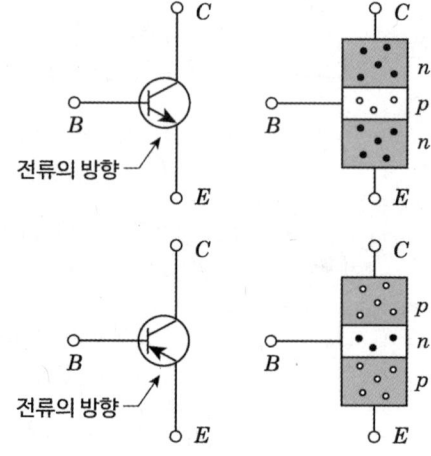

2) 각 단자전류
   (1) 이미터(E)의 전류 : $I_e = I_b + I_c$

$$I_e = I_b + I_c$$

I_e : 이미터의 전류
I_b : 베이스의 전류
I_c : 컬렉터의 전류

> 🔗 P.184 문 08

(2) 전류 증폭률(α, β)

$$\beta = \frac{I_c}{I_b}$$

$$\alpha = \frac{I_c}{I_e} = \frac{I_c}{I_b + I_c}$$

β : 베이스전류와 컬렉터전류 사이의 비율(이미터 접지 전류증폭정수)

α : 이미터로 주입되어 캐리어가 도달하는 비율(베이스 접지 전류증폭정수)

(3) α와 β의 관계

$$\alpha = \frac{\beta}{1+\beta}, \quad \beta = \frac{\alpha}{1-\alpha}$$

3) 트랜지스터의 종류

명칭	기호	특성
npn형	(B, C, E 기호)	• 양쪽을 n형 반도체로 하고, 중앙부를 p형 반도체로 한 것 • 스위칭, 증폭 특성
pnp형	(B, C, E 기호)	• 양쪽을 p형 반도체로 하고, 중앙부를 n형 반도체로 한 것 • 스위칭, 증폭 특성
접합형 FET	(D(드레인), G(게이트), S(소스) 기호)	• 소스와 드레인의 2개의 전극을 가지는 n형 반도체에 게이트를 가지는 p형 반도체로 구성 • 기존 TR과 달리 전압을 제어
MOS FET	(D(드레인), G(게이트), S(소스) 기호)	• 금속, 산화막, 반도체의 3층 구조를 가진 게이트를 구성 • 2차 항복 없음 • 열적으로 안정, 집적도 높고, 소전력 작동

P.188 문 23

❸ 기타 반도체

🔗 P.182 문 01

명칭	기호	특성

SCR	A ─▶├─ K
	 │
	 G
		• 사이리스터의 한 종류
		• 애노드(A), 캐소드(K), 게이트(G)로 구성된다.
		• 단방향 3단자
		  - 역방향 내전압 500 ~ 1000 [V]로 가장 크다.
		  - 허용온도 140 ~ 200 [℃]로 온도의 영향이 적다.
		  - 효율이 가장 좋다(99 [%]).
		  - 전류밀도가 크다(2 ~ 10배).
		  - 대용량정류에 적합하다.
		• 도전상태에 있는 SCR을 차단하는 방법 : 양극전압을 음으로, 음극전압을 양으로 전압의 극성을 바꾸어 준다.
		• 래칭전류 : SCR이 OFF상태에서 ON 상태로의 전환이 이뤄지고, 트리거신호가 제거된 직후에 SCR을 ON 상태로 유지하는 데 필요한 최소한의 양극전류를 래칭전류라 한다.
		• 유지전류
		  - SCR의 ON 상태를 유지하기 위한 최소한의 양극전류를 말한다. ON 상태에 있는 SCR의 Gate 회로를 개방하고 양극전류를 줄여 가면 어느 전류부터 OFF 상태로 옮아가서 전류가 흐르지 않게 된다. 이때의 전류를 유지전류라 한다.
		  - 유지전류는 래칭전류보다 항상 작은 값을 갖는다.

트라이악 (TRIAC)	(symbol with G)	• npnpn의 5층구조 • 직·교류에서 모두 사용할 수 있는 3단자 스위칭 소자 • 교류전력 기기 제어용 • 쌍방향 3단자
다이악 (DIAC)	(symbol)	• 소용량 저항부하의 AC전력 제어용 • 쌍방향 2단자
서미스터	─[〳〵]─	• 온도에 의해 저항값이 변하는 반도체 소자 • 부(−) 저항온도계수의 특성 : 온도 증가 시 저항 감소 • 열을 감지하는 감열저항체 소자 • 온도보상용, 온도계측용(온도계), 온도보정용

다이악은 쌍방향 3단자이다.
☒ 쌍방향 2단자이다.

서미스터는 온도보상용, 온도보정용 반도체이다.
☑

명칭	기호	특성
바리스터		• 인가되는 전압에 따라 저항값이 변하는 비선형 반도체 소자 • 전압에 따라 저항값이 변화하는 저항 소자 • 회로를 병렬로 연결하여 사용 • 서지전압으로부터 기기보호 • 계전기접점의 불꽃소거
사이리스터		• p형 반도체와 n형 반도체의 4층 이상 접합한 것 • 전극 단자 수가 2, 3, 4인 것이 있다(위상제어, 타이머회로, 트리거회로).
집적회로		• 하나의 실리콘 칩 내부에 트랜지스터, 다이오드 저항, 콘덴서 등 여러 가지 전자부품을 고밀도로 집적하여 패키지로 만든 것 • 시스템이 소형화, 가볍고 얇다. • 신뢰성이 높고 부품의 교체가 쉽다.

03 정류회로

1 직류 전원회로 ★

1) 교류전원을 직류전원으로 바꾸는 것을 정류라 하고, 그 회로를 정류회로라 한다.
2) 정류회로에는 다이오드가 중요한 역할을 한다.

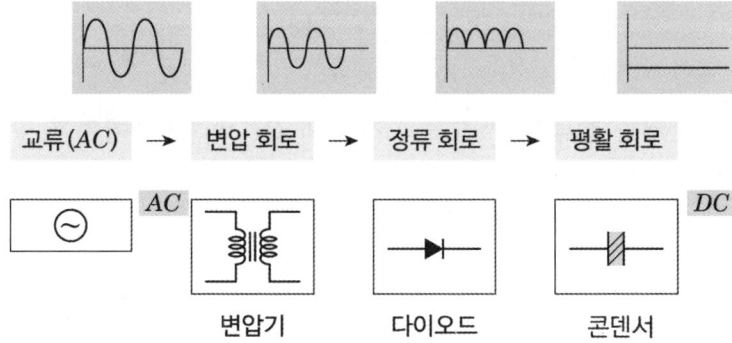

3) 평활회로
   (1) 다이오드를 통해 정류된 전압은 건전지와 같이 완전한 직류가 되지 못한다.
   (2) 콘덴서를 설치하여 콘덴서의 방전전류에 의해서 완만한 직류에 근접할 수 있도록 해준다.

○ P.184 문 11

○ 직류전원을 교류전원으로 바꾸는 것을 정류라고 한다.
　　X 교류전원을 직류전원으로 바꾸는 것

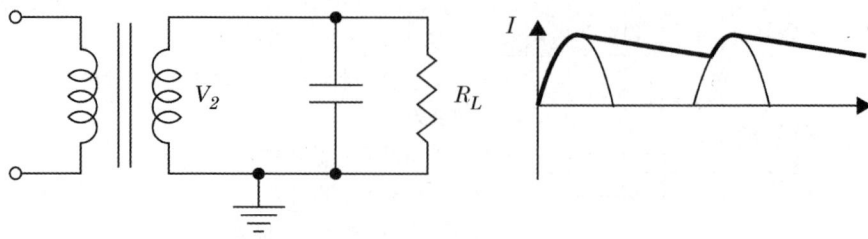

2 정류방식 ★★

정류방식에는 반파 정류회로, 전파 정류회로, 브리지 정류회로 등이 있다.

1) 단상 반파 정류회로 : 교류회로의 정(+) 또는 부(-)의 한쪽만 정류하므로 반파 정류회로라고 한다.

　(1) 다이오드 1개 사용

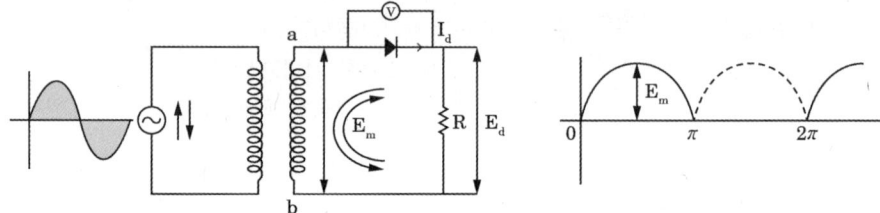

　(2) 직류전압

$$E_d = \frac{1}{2\pi} \int_0^\pi E_m \sin\theta \, d\theta = \frac{\sqrt{2}}{\pi} V = 0.45\,[V]$$

E_m : 최댓값
V : 실횻값

> 단상 반파 정류회로의 직류전압
> $E_d = 0.45\,[V]$이다.

　(3) 직류전류

$$I_d = \frac{E_d}{R} = \frac{\frac{\sqrt{2}}{\pi}[V]}{R} = 0.45\frac{V}{R}\,[A]$$

2) 단상 전파 정류회로 : 교류의 정(+)과 음(-)의 전 주기를 정류하므로 전파 정류회로라고 한다.

　(1) 다이오드 2개 또는 4개 사용(브리지회로)

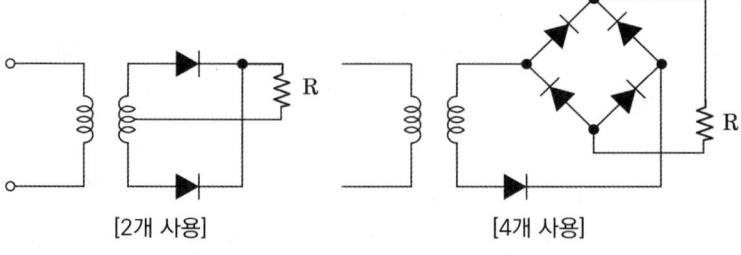

[2개 사용]　　　　　[4개 사용]

(2) 직류전압 : $E_d = \dfrac{2\sqrt{2}}{\pi}[V] = 0.9[V]$,

직류전류 : $I_d = \dfrac{E_d}{R} = \dfrac{\dfrac{2\sqrt{2}}{\pi}}{R}[A]$

3) 3상 반파 정류

직류전압 : $E_d = 1.17E$, 직류전류 : $I_d = 1.17\dfrac{E}{R}$

4) 3상 전파 정류

직류전압 : $E_d = 1.35E$, 직류전류 : $I_d = 1.35\dfrac{E}{R}$

3 각 파형별 맥동률·정류효율·맥동주파수 ★

1) 맥동률(리플백분율)

직류에 얼마만큼의 교류가 있는지의 비율(교류 잔재성분의 비율)

$\gamma = \dfrac{V_{AC}}{V_{DC}} \times 100[\%]$

γ : 맥동률 [%]
V_{AC} : 출력전압의 실횻값(교류성분) [V]
V_{DC} : 출력전압의 평균값(직류성분) [V]

2) 정류효율

입력된 교류전력이 출력의 직류전력으로 바꿀 수 있는 비율

$\eta = \dfrac{\text{출력 직류전력}}{\text{입력 교류전력}} = \dfrac{P_{dc}}{P_{ac}} \times 100[\%]$

3) 전압변동률

부하 변동에 따른 직류출력의 변동 비율

$\varepsilon = \dfrac{V_0 - V_L}{V_L} \times 100[\%]$

V_0 : 무부하 시의 출력전압(무부하전압) [V]
V_L : 부하 시의 출력전압(정격전압) [V]

4) 각 파형별 맥동률·정류효율·맥동주파수

구분	단상 반파	단상 전파	3상 반파	3상 전파 (6상 반파)
정류효율[%]	40.6	81.2	96.7	99.80
맥동률[%]	121	48	17	4
맥동주파수[Hz] ★★★	f	$2f$	$3f$	$6f$
직류전압 (평균값, E_d)	0.45 [V] (V : 교류실횻값)	0.9 [V]	1.17 [V]	1.35 [V]

― 단상 전파 정류회로는 다이오드 1개를 사용한다.
X 2개 또는 4개 사용

선생님 TIP
정류효율 값이 클수록 입력손실이 적어집니다.

― 단상 반파 정류 시 맥동주파수는 2f이다. **X** f이다.
― P.182 문 03

예상문제

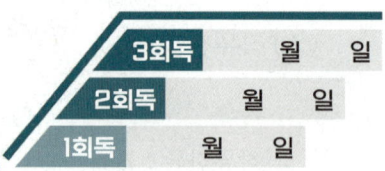

01 상 중 하

다음 소자 중에서 온도 보상용으로 쓰이는 것은?

① 서미스터
② 바리스터
③ 제너다이오드
④ 터널다이오드

해설 서미스터
- 온도변화에 따라 저항값 변함
- 온도보상용, 온도계측용
- 부(-) 저항온도계수의 특성 : 온도 증가 시 저항 감소
- 열을 감지하는 감열저항체 소자

02 상 중 하

전원전압을 일정하게 유지하기 위하여 사용하는 다이오드는?

① 쇼트키다이오드
② 터널다이오드
③ 제너다이오드
④ 버랙터다이오드

해설 다이오드의 종류

명칭	특성
정류용 다이오드	일반적으로 다이오드라 불리는 것으로 정류작용(전류를 한쪽의 (+)나 (-)로만 흐름)
제너다이오드 (정전압다이오드)	주로 정전압 전원회로에 사용(전원·전압을 일정하게 유지, 안정화)
터널다이오드 (PN접합)	증폭작용·발진작용·개폐작용을 하며, 고속 스위칭회로·논리회로에 사용
포토다이오드	빛을 쬐면 광량에 비례하는 전류가 흐름(빛 검출용, 광센서에 사용)

암기 정전압 & 제너 ㅈㅈㅈ

03 상 중 하

50 [Hz]의 3상전압을 전파 정류하였을 때 리플(맥동) 주파수 [Hz]는?

① 50
② 100
③ 150
④ 300

해설 파형별 맥동률, 정류효율, 주파수

구분	맥동률	맥동 주파수
단상 반파	121	f
단상 전파	48	2f
3상 반파	17	3f
3상 전파	4	6f

주파수 : $6f = 6 \times 50 = 300 [Hz]$

정답 01 ① 02 ③ 03 ④

04 다음 중 쌍방향성 전력용 반도체 소자인 것은?

① SCR
② IGBT
③ TRIAC
④ DIODE

해설 쌍방향반도체 소자의 종류
- DIAC(다이악 : 쌍방향 2단자)
- TRIAC(트라이악 : 쌍방향 3단자)

05 SCR의 양극전류가 10 [A]일 때 게이트전류를 반으로 줄이면 양극전류는 몇 [A]인가?

① 20
② 10
③ 5
④ 0.1

해설 사이리스터의 특징
- 양극이 도통되면 게이트전류의 크기와 관계없이 일정하게 유지
- 10 [A]의 전류가 그대로 흐른다.

06 화재 시 온도상승으로 인해 저항값이 감소하는 반도체 소자는?

① 서미스터(NTC)
② 서미스터(PTC)
③ 서미스터(CTR)
④ 바리스터

해설 서미스터의 특성

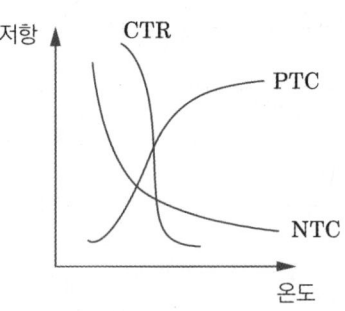

NTC : 저항값은 온도와 반비례(부)
PTC : 저항값은 온도와 비례(정)

07 SCR를 턴온시킨 후 게이트전류를 0으로 하여도 온(ON) 상태를 유지하기 위한 최소의 애노드전류를 무엇이라 하는가?

① 래칭전류
② 스텐드온전류
③ 최대전류
④ 순시전류

해설 래칭전류
- ON 상태를 유지하기 위한 최소전류
- 순방향전류

정답 04 ③ 05 ② 06 ① 07 ①

08 상 중 하) 〔신유형〕

이미터전류를 1 [mA] 증가시켰더니 컬렉터전류는 0.98 [mA] 증가되었다. 이 트랜지스터의 증폭률 β는?

① 4.9
② 9.8
③ 49.0
④ 98.0

해설 증폭률

이미터전류: $I_e = I_b + I_c$
$1 = I_b + 0.98$
베이스전류: $I_b = 1 - 0.98 = 0.02$ [A]
증폭률: $\beta = \dfrac{I_c}{I_b} = \dfrac{0.98}{0.02} = 49$

I_c : 컬렉터전류
I_b : 베이스전류

09 상 중 하)

다이오드를 사용한 정류회로에서 과전압방지를 위한 대책으로 가장 알맞은 것은?

① 다이오드를 직렬로 추가한다.
② 다이오드를 병렬로 추가한다.
③ 다이오드의 양단에 적당한 값의 저항을 추가한다.
④ 다이오드의 양단에 적당한 값의 콘덴서를 추가한다.

해설 다이오드 접속

| 직렬 | 과전압으로부터 보호 |
| 병렬 | 과전류로부터 보호 |

10 상 중 하)

바리스터(Varistor)의 용도는?

① 정전류 제어용
② 정전압 제어용
③ 과도한 전류로부터 회로보호
④ 과도한 전압으로부터 회로보호

해설 바리스터(Varistor)

- 인가되는 전압에 따라 저항값이 변하는 비선형 반도체 소자
- 전압에 따라 저항값이 변화하는 저항 소자
- 회로를 병렬로 연결하여 사용
- 서지전압으로부터 기기보호
- 계전기접점의 불꽃소거

11 상 중 하)

자동화재탐지설비 수신기에서 교류 220 [V]를 직류 24 [V]로 정류 시 필요한 구성요소가 아닌 것은?

① 변압기
② 트랜지스터
③ 정류 다이오드
④ 평활콘덴서

해설 정류

- 교류전원을 직류전원으로 바꾸는 것
- 다이오드가 중요한 역할

교류(AC) → 변압 회로 → 정류 회로 → 평활 회로

변압기 — 다이오드 — 콘덴서

정답 08 ③ 09 ① 10 ④ 11 ②

12 ⓢ⊗ⓗ

P형 반도체에 첨가되는 불순물에 관한 설명으로 옳은 것은?

① 5개의 가전자를 갖는다.
② 억셉터 불순물이라 한다.
③ 과잉전자를 만든다.
④ 게르마늄에는 첨가할 수 있으나 실리콘에는 첨가가 되지 않는다.

해설 불순물 반도체

N형 반도체	P형 반도체
진성반도체에 5가 원소를 추가	진성반도체에 3가 원소를 추가
도너 물질 추가 인(P), 비소(As), 안티몬(Sb)	억셉터 물질 추가 인듐(In), 알루미늄(Al), 갈륨(Ga)
자유전자(과잉전자)	정공

13 ⓢ⊗ⓗ

터널다이오드를 사용하는 목적이 아닌 것은?

① 스위칭작용   ② 증폭작용
③ 발진작용   ④ 정전압 정류작용

해설 다이오드

명칭	특성
정류용 다이오드	일반적으로 다이오드라 불리는 것으로 정류작용 (전류를 한쪽의 (+)나 (−)로만 흐름)
제너다이오드 (정전압다이오드)	주로 정전압 전원회로에 사용(전원·전압을 일정하게 유지, 안정화)
터널다이오드 (PN접합)	증폭작용·발진작용·개폐작용을 하며, 고속 스위칭회로·논리회로에 사용
포토다이오드	빛을 쬐면 광량에 비례하는 전류가 흐름(빛 검출용, 광센서에 사용)

암기 정전압 & 제너 ㅈㅈㅈ

14 ⓢ⊗ⓗ

제어기기 및 전자회로에서 반도체 소자별 용도에 대한 설명 중 틀린 것은?

① 서미스터 : 온도 보상용으로 사용
② 사이리스터 : 전기신호를 빛으로 변환
③ 제너다이오드 : 정전압 소자(전원전압을 일정하게 유지)
④ 바리스터 : 계전기 접점에서 발생하는 불꽃소거에 사용

해설 기타 반도체

명칭	특성
SCR	• 사이리스터의 한 종류 • 애노드(A), 캐소드(K), 게이트(G)로 구성된다. • 단방향 3단자 • 래칭전류 : SCR이 OFF 상태에서 ON 상태로의 전환이 이뤄지고, 트리거신호가 제거된 직후에 SCR을 ON 상태로 유지하는 데 필요한 최소한의 양극전류를 래칭전류라 한다.
트라이악 (TRIAC)	• npnpn의 5층 구조 • 직·교류에서 모두 사용할 수 있는 3단자 스위칭 소자 • 교류전력 기기 제어용 • 쌍방향 3단자
다이악 (DIAC)	• 소용량 저항부하의 AC전력 제어용 • 쌍방향 2단자
서미스터	• 온도에 의해 저항값이 변하는 반도체 소자 • 부(−) 저항온도계수의 특성 : 온도 증가 시 저항 감소 • 열을 감지하는 감열저항체 소자 • 온도보상용, 온도계측용 (온도계), 온도보정용
바리스터	• 인가되는 전압에 따라 저항값이 변하는 비선형 반도체 소자 • 전압에 따라 저항값이 변화하는 저항 소자 • 회로를 병렬로 연결하여 사용 • 서지전압으로부터 기기보호 • 계전기접점의 불꽃소거
사이리스터	• p형 반도체와 n형 반도체의 4층 이상 접합한 것 • 전극 단자 수가 2, 3, 4인 것이 있다(위상제어, 타이머회로, 트리거회로).
집적회로	• 하나의 실리콘 칩 내부에 트랜지스터, 다이오드 저항, 콘덴서 등 여러 가지 전자부품을 고밀도로 집적하여 패키지로 만든 것 • 시스템이 소형화, 가볍고 얇다. • 신뢰성이 높고, 부품의 교체가 쉽다.

정답 12 ② 13 ④ 14 ②

15 (상 중 하)

다이오드를 여러 개 병렬로 접속하는 경우에 대한 설명으로 옳은 것은?

① 과전류로부터 보호할 수 있다.
② 과전압으로부터 보호할 수 있다.
③ 부하 측의 맥동률을 감소시킬 수 있다.
④ 정류기의 역방향전류를 감소시킬 수 있다.

해설 다이오드 접속

직렬	과전압으로부터 보호	
병렬	과전류로부터 보호	

16 (상 중 하)

이상적인 트랜지스터의 α 값은? (단, α는 베이스접지 증폭기의 전류증폭률이다)

① 0
② 1
③ 100
④ ∞

해설 전류 증폭률

- 입력전압에 대한 출력전압의 비율
- 이상적인 전류 증폭률은 1이다.

17 (상 중 하)

단상 반파 정류회로에서 출력되는 전력은?

① 입력전압의 제곱에 비례한다.
② 입력전압에 비례한다.
③ 부하저항에 비례한다.
④ 부하임피던스에 비례한다.

해설 단상반파 정류회로

단상 반파 평균전압 $V_a = 0.45V$

출력전력 $P = \dfrac{V_a^2}{R} = \dfrac{(0.45V)^2}{R}$

구분	단상 반파	단상 전파	3상 반파	3상 전파 (6상 반파)
정류효율 [%]	40.6	81.2	96.7	99.80
맥동률 [%]	121	48	17	4
맥동주파수 [Hz]	f	$2f$	$3f$	$6f$
직류전압 (평균값, E_d)	0.45 [V]	0.9 [V]	1.17 [V]	1.35 [V]

18 (상 중 하)

도너(Donor)와 억셉터(Acceptor)의 설명 중 틀린 것은?

① 반도체 결정에서 Ge이나 Si에 넣는 5가의 불순물을 도너라고 한다.
② 반도체 결정에서 Ge이나 Si에 넣는 3가의 불순물에는 In, Ga, B 등이 있다.
③ 진성반도체는 불순물이 전혀 섞이지 않는 반도체이다.
④ N형 반도체의 불순물이 억셉터이고, P형 반도체의 불순물이 도너이다.

정답 15 ① 16 ② 17 ① 18 ④

해설 반도체의 특징

N형 반도체	P형 반도체
진성반도체에 5가 원소를 추가	진성반도체에 3가 원소를 추가
도너 물질 추가 인(P), 비소(As), 안티몬(Sb)	억셉터 물질 추가 인듐(In), 알루미늄(Al), 갈륨(Ga)
자유전자(과잉전자)	정공

19 상 중 하

그림과 같은 트랜지스터를 사용한 정전압회로에서 Q_1의 역할로서 옳은 것은?

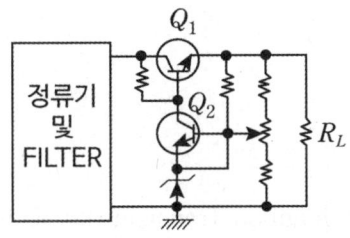

① 증폭용　② 비교부용
③ 제어용　④ 기준부용

해설 정전압회로

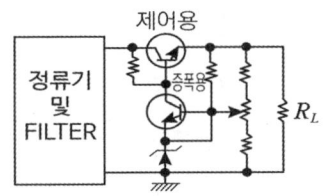

20 상 중 하

주로 정전압 회로용으로 사용되는 소자는?

① 터널다이오드
② 포토다이오드
③ 제너다이오드
④ 매트릭스다이오드

해설 다이오드

명칭	특성
정류용 다이오드	일반적으로 다이오드라 불리는 것으로 정류작용 (전류를 한쪽의 (+)나 (−)로만 흐름)
제너다이오드 (정전압다이오드)	주로 정전압 전원회로에 사용(전원·전압을 일정하게 유지, 안정화)
터널다이오드 (PN접합)	증폭작용·발진작용·개폐작용을 하며, 고속 스위칭회로·논리회로에 사용
포토다이오드	빛을 쬐면 광량에 비례하는 전류가 흐름(빛 검출용, 광센서에 사용)

암기 ▶ 정전압 & 제너 ㅈㅈㅈ

21 (상중하)

반도체를 사용한 화재감지기 중 서미스터(Thermistor)는 무엇을 측정, 제어하기 위한 반도체 소자인가?

① 온도
② 연기 농도
③ 가스 농도
④ 스펙트럼 강도

해설 기타 반도체

명칭	특성
SCR	• 사이리스터의 한 종류 • 애노드(A), 캐소드(K), 게이트(G)로 구성된다. • 단방향 3단자 • 래칭전류 : SCR이 OFF 상태에서 ON 상태로의 전환이 이뤄지고, 트리거신호가 제거된 직후에 SCR을 ON 상태로 유지하는 데 필요한 최소한의 양극전류를 래칭전류라 한다.
트라이악 (TRIAC)	• npnpn의 5층 구조 • 직·교류에서 모두 사용할 수 있는 3단자 스위칭 소자 • 교류전력 기기 제어용 • 쌍방향 3단자
다이악 (DIAC)	• 소용량 저항부하의 AC전력 제어용 • 쌍방향 2단자
서미스터	• 온도에 의해 저항값이 변하는 반도체 소자 • 부(-) 저항온도계수의 특성 : 온도 증가 시 저항 감소 • 열을 감지하는 감열저항체 소자 • 온도보상용, 온도계측용(온도계), 온도보정용
바리스터	• 인가되는 전압에 따라 저항값이 변하는 비선형 반도체 소자 • 전압에 따라 저항값이 변화하는 저항 소자 • 회로를 병렬로 연결하여 사용 • 서지전압으로부터 기기보호 • 계전기접점의 불꽃소거
사이리스터	• p형 반도체와 n형 반도체의 4층 이상 접합한 것 • 전극 단자 수가 2, 3, 4인 것이 있다.(위상제어, 타이머회로, 트리거회로)
집적회로	• 하나의 실리콘 칩 내부에 트랜지스터, 다이오드 저항, 콘덴서 등 여러 가지 전자부품을 고밀도로 집적하여 패키지로 만든 것 • 시스템이 소형화, 가볍고 얇다. • 신뢰성이 높고, 부품의 교체가 쉽다.

22 (상중하)

60 [Hz]의 3상전압을 전파정류하면 맥동주파수는?

① 120 [Hz]
② 240 [Hz]
③ 360 [Hz]
④ 720 [Hz]

해설 파형별 맥동률, 정류효율, 주파수

구분	맥동률	맥동 주파수
단상 반파	121	f
단상 전파	48	2f
3상 반파	17	3f
3상 전파	4	6f

주파수 : $6f = 6 \times 60 = 360 [Hz]$

23 (상중하)

BJT(Bipolar Junction Transisitor)의 베이스에 대한 컬렉터전류이득 β가 80일 때 이미터에 대한 컬렉터전류이득 α는 약 얼마인가?

① 0.99
② 0.92
③ 0.90
④ 1

해설 전류이득 계산

$$\beta = \frac{I_c}{I_b} = \frac{80}{1} = 80$$

$$\alpha = \frac{I_c}{I_e} = \frac{I_c}{I_b + I_c} = \frac{80}{1+80} = 0.99$$

β : 베이스전류와 컬렉터전류 사이의 비율(이미터 접지전류 증폭정수)

α : 이미터로 주입되어 캐리어가 도달하는 비율(베이스 접지 전류증폭정수)

정답 21 ① 22 ③ 23 ①

CHAPTER 11 전기기계 및 전기법규

3회독 월 일
2회독 월 일
1회독 월 일

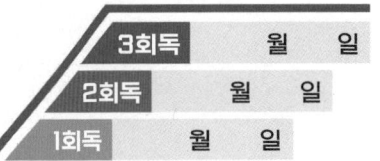

학습목표

1 동기발전기와 직류전동기를 구분한다.
2 변압기의 원리와 권수비에 대해 학습한다.
3 유도전동기의 동기속도와 슬립에 대해 이해한다.
4 각 유도전동기의 기동법과 제동법에 대해 학습한다.
5 전기법규에 대해 숙지한다.

학습MAP

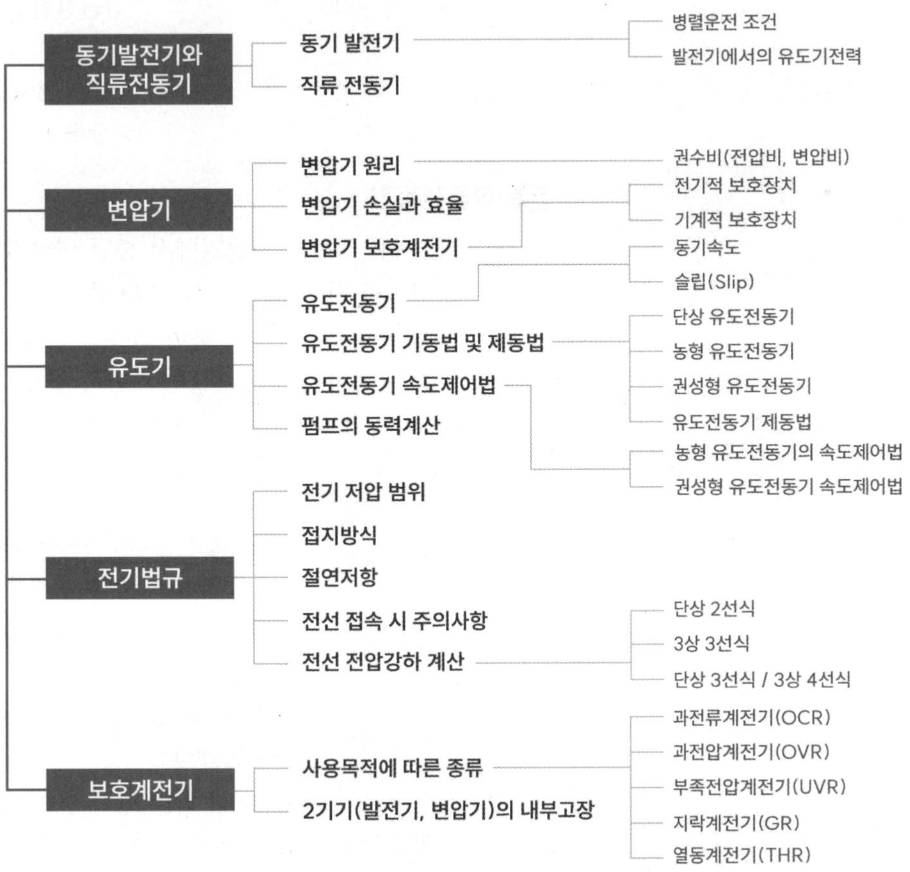

동기발전기와 직류전동기
동기 발전기
직류 전동기
병렬운전 조건
발전기에서의 유도기전력
변압기
변압기 원리
변압기 손실과 효율
변압기 보호계전기
권수비(전압비, 변압비)
전기적 보호장치
기계적 보호장치
유도기
유도전동기
유도전동기 기동법 및 제동법
유도전동기 속도제어법
펌프의 동력계산
동기속도
슬립(Slip)
단상 유도전동기
농형 유도전동기
권선형 유도전동기
유도전동기 제동법
농형 유도전동기의 속도제어법
권선형 유도전동기 속도제어법
전기법규
전기 저압 범위
접지방식
절연저항
전선 접속 시 주의사항
전선 전압강하 계산
단상 2선식
3상 3선식
단상 3선식 / 3상 4선식
보호계전기
사용목적에 따른 종류
2기기(발전기, 변압기)의 내부고장
과전류계전기(OCR)
과전압계전기(OVR)
부족전압계전기(UVR)
지락계전기(GR)
열동계전기(THR)

01 동기발전기와 직류전동기

1 동기발전기 ★★★

1) 동기발전기 병렬운전 조건
   (1) 기전력의 크기가 같을 것
   (2) 기전력의 위상이 같을 것
   (3) 기전력의 주파수가 같을 것
   (4) 기전력의 파형이 같을 것

> 암기 ▶ 파주위크

2) 발전기에서 유도기전력

$$E = \frac{PZ}{60a}\phi N\,[V]$$

> 발전기에서 유도기전력은 극수에 비례한다.

$$E = \frac{PZ}{60a}\phi N\,[V]$$

E : 유도기전력
P : 극수
N : 회전수
a : 전기자 병렬회로수
　(권선법 = 파권인 경우 병렬회로수 2, 중권일 경우 a = P)
Z : 총 도체수
ϕ : 자속

2 직류전동기

1) 3상 직권 정류자 전동기에서 중간 변압기를 사용하는 이유
   (1) 경부하 시 속도의 이상 상승 방지
   (2) 실효 권수비를 조정하여 전동기 특성 조정
   (3) 전원 변압기의 크기에 관계없이 정류자전압 조정

2) 직류전동기 제동

제동 분류	특징
직류 제동	전동기를 전원에서 차단한 후 1차 권선(고정자 권선)에 직류전류를 흘려 제동 토크를 얻는 방법이다.
역상 제동	전동기의 단자접속을 변경하여 회전방향과 반대방향으로 토크를 주어 제동하는 방법이다.
회생 제동	회전체에 축적된 운동에너지를 전원 측으로 반환하면서 제동을 하는 방법이다.
발전 제동	전동기의 회전자를 전원으로부터 분리하여 발전기를 작용시키고 회전자의 운동에너지를 제동, 저항에서 열로 소비시키는 방법이다.

02 변압기

1 변압기 원리 ★★★

전원 쪽에서 유입한 교류전력의 전압을 전자유도작용에 의해 필요한 크기의 전압으로 바꾸어 부하에 전력을 공급하는 전기기기를 변압기라고 한다.

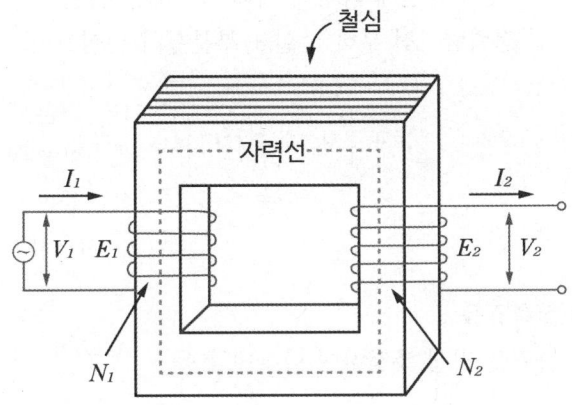

1) 권수비(전압비, 변압비) ★★★

회전수와·전압과는 비례하고 전류와는 반비례한다.

$$a = \frac{N_1}{N_2} = \frac{V_1}{V_2} = \frac{E_1}{E_2} = \frac{I_2}{I_1} = \sqrt{\frac{Z_1}{Z_2}} = \sqrt{\frac{R_1}{R_2}} = \sqrt{\frac{X_1}{X_2}}$$

P.199 문 01

- 변압기의 권수비는 회전수와는 비례하고 전류와는 반비례한다. O
- 변압기의 권수비는 전압과 비례한다. O

2 변압기 손실과 효율

1) 변압기 손실

(1) 무부하손실 : 철손(히스테리시스 손실, 와전류손실), 유전체손

(2) 부하손실(가변손실) - 동손(저항손, 구리손), 표류 부하손

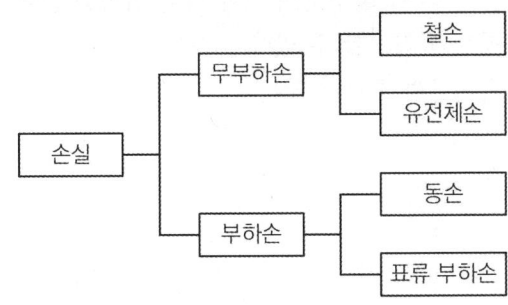

① 철손 : 자속의 시간적 변화로 인해 발생되는 손실로서 히스테리시스 손과 와류손이 있다(히스테리시스 손 : 규소강판 사용, 와류 손 : 성층철심 사용).
② 동손(저항손) : 권선의 저항에 의해 생기는 손실
③ 표류 부하손 : 변압기 권선에서 누설자속에 의해 철심 외함이나 볼트 등에서 발생되는 손실
④ 유전체손 : 유전체 특성에 의해 발생되는 손실

(3) 전 손실 전력량 : 전 부하 손실 + 부분부하 손실

> 히스테리시스 손실은 부하손실이다.
> [X] 무부하손실

$$W = [P_i + P_e]t + \left[P_i + \left(\frac{1}{n}\right)^2 P_e\right]t$$

W : 전손실 전력량 [Wh]
P_i : 철손 [W]
P_e : 동손 [W]
t : 시간 [h]

2) 변압기 실측효율

입력과 출력을 직접 측정하여 나타낸 효율

> 변압기 효율은 $\eta = \frac{입력}{출력} \times 100 [\%]$ 으로 구한다.
> [X] $\eta = \frac{출력}{입력} \times 100 [\%]$

$$\eta = \frac{출력}{입력} \times 100 [\%]$$

3) △-△ 결선
  (1) 변압기 외부 선로에 제3고조파가 발생하지 않아서 통신장해가 없다.
  (2) 1상분에 고장이 생기면 나머지 2대를 V결선으로 사용할 수 있다.
  (3) 중성점을 접지할 수 없으므로 지락사고 전류검출이 곤란하다.
  (4) 각 상의 권선 임피던스가 다르면 3상 부하가 평형이 되어도 변압기의 부하전류는 불평형이 된다.

4) Y-Y 결선
  (1) 제3고조파가 발생하여 그에 따른 영향을 많이 받는다.
  (2) 중성점을 접지할 수 있다.
  (3) 순환전류가 흐르지 않는다.

3 변압기 보호계전기

1) 변압기 전기적 보호장치 : 비율차동계전기, 과전류계전기
2) 변압기 기계적 보호장치 : 브흐홀쯔계전기, 온도계전기

03 유도기 ★★★

1 유도기 정의

1) 1차 권선에서 2차 권선에 전자유도작용에 의한 에너지를 전하여 회전하는 교류전기 기기로 보통 동기속도와 다른 속도로 회전
2) 유도전동기, 유도 발전기 등의 총칭

2 유도전동기 ★★★

1) 동기속도 ★★★
   (1) 회전자계의 회전수를 동기속도라 하며, 주파수와 극수에 의해 정해진다.
   (2) 수식

$$N_s = \frac{120f}{P}(rpm)$$

f : 주파수 [Hz]
P : 극수

○ 유도전동기의 동기속도는 주파수에 반비례한다. [X] 비례

2) 슬립(Slip) ★★★
   (1) 3상 유도전동기는 항상 동기속도(자석의 속도)와 회전자의 속도(아라고 원판의 속도) 사이에 차이가 생기게 되며, 이 차이($N_s - N$)와 동기속도와의 비를 말한다.
   (2) 수식

$$s = \frac{\text{동기 속도} - \text{회전 속도}}{\text{동기 속도}} = \frac{N_s - N}{N_s}$$

N : 회전 속도 $[rpm]$, $N = (1-s)N_s \, [rpm]$

TIP
- 슬립이 커지면 회전자의 속도는 감소
- 슬립이 작아지면 회전자의 속도는 증가

❸ 유도전동기 기동법 및 제동법

1) 단상 유도전동기

   (1) 단상 유도전동기 기동법

종류	내용
반발 기동형	• 고정자는 주권선에만 있고 회전자는 브러시가 단락되어 있어 고정자와 회전자 사이에 일어나는 자극의 반발력에 의해 기동 • 기동토크가 굉장히 크고 단상전동기 등에서 대형인 전동기
반발 유도형	• 농형 권선과 반발형 전동기 권선을 가져서 운전 중 그대로 사용 • 반발 기동형과 비교하면 기동 토크는 반발 유도형이 작지만 최대 토크와 부하에 의한 속도의 변화는 반발 기동형보다 큼
콘덴서 기동형	• 보조권선에 콘덴서가 직렬 연결되고 기동이 완료되면 원심력스위치에 의해 보조권선 개방 • 콘덴서에 의해 보조권선전류와 주권선전류의 위상차가 90°로 되어 주권선의 전류의 위상보다 앞서기 때문에 양 권선의 합성자계는 회전자계를 만듦 • 기동토크도 비교적 크기 때문에 소형 단상전동기로서는 이용 범위가 넓음
분상 기동형	주권선과 보조권선이 있는데 보조권선은 가는 선이 많이 감겨 있기 때문에 저항이 크며, 이로 인해 두 권선에 흐르는 전류의 위상이 떨어져 회전자계 발생
셰이딩 코일형	• 고정자의 돌극부에는 굵고 단락된 동선이 감겨 있으며, 회전자는 농형 • 이 단락된 동선을 셰이딩코일이며 보조권선의 역할을 함 • 철심자속의 증가를 방해하여 셰이딩 코일이 없는 쪽으로 자속을 흐르게 함

   (2) 단상 유도전동기 기동토크 순서

   반발기동형 > 반발유도형 > 콘덴서기동형 > 분상기동형 > 셰이딩코일형

📎 P.199 문 04

[암기] 반반콘분셰

단상 유도전동기의 기동토크가 제일 큰 것은 반발기동형이다. [O]

2) 농형 유도전동기(3상)

기동방식		용량	내용
전전압 기동	직입 기동법	5 [kW] 이하	전동기에 별도의 기동 장치를 사용하지 않고 직접 정격전압을 인가하는 방식(5 [kW] 이하 소용량)
감전압 기동	Y-△ 기동법	5 ~ 15 [kW]	기동 시 고정자 권선을 Y로 접속하여 기동하고 △로 변경하여 운전하는 방식
	리액터 기동법	15 [kW] 이상	전동기의 1차 측에 직렬로 리액터를 설치하여 그 리액턴스의 값을 조정하여 전동기에 인가되는 전압을 제어하는 방식
	기동보상 기법		3상 단권변압기를 이용하여 기동전류를 감소시키는 방식
	콘도르파법		기동 보상기법과 리액터 기동방식을 혼합한 방식

암기 ▶ 전Y리기콘

 P.199 문 02

3) 권선형 유도전동기(3상)

기동방식	내용
2차 저항 기동법	2차회로에 가변저항기를 접속하고 비례추이 원리에 의하여 큰 기동토크를 얻고 기동전류도 억제함
게르게스법	게르게스현상을 이용하여 기동하는 방법

4) 유도전동기 제동법

구분	내용
회생제동	회전체의 축적에너지를 전원 측으로 되돌려 제동
발전제동	전기자를 전원과 분리한 후 이를 외부저항에 접속하여 전동기의 제동에너지를 열에너지로 소비시켜 제동
역상제동	슬립의 범위를 1 ~ 2 사이로 하여 3선 중 2선의 접속을 바꾸어 제동
단상제동	1차 측, 2단자를 다른 한 개의 단자 사이에 단상교류를 걸어 제동

암기 ▶ 단역발생

4 유도전동기 속도제어법

1) 농형 유도전동기의 속도제어법 ★★★

$$N_s = \frac{120f}{P} [rpm]$$

N_s : 동기속도 [rpm]
f : 주파수 [Hz]
P : 극수

(1) 극수 변환법 : 고정자 권선의 접속 상태를 변경하여 극수를 변환
(2) 주파수 변환법 : 극수 p와 f의 비례 관계를 이용
(3) 전원전압제어법

2) 권선형 유도전동기의 속도제어법

(1) 저항제어법 : 비례추이 원리 이용
(2) 종속법 : 직렬종속 접속법, 병렬종속 접속법, 차동종속 접속법
(3) 2차 여자법 : 회전자 유기기전력과 동일 전압을 여자기에 공급

5 펌프의 동력계산 ★★

$$P = \frac{9.8 \, Q_1 \, H}{\eta} \times K$$

$$P = \frac{\gamma \, Q_1 \, H}{102 \, \eta} \times K$$

$$P = \frac{0.163 \, Q_2 \, H}{\eta} \times K$$

P : 펌프동력 [kW]
K : 전달계수
H : 전양정 [m]
η : 효율 [%]
Q_1 : 유량 [m³/sec]
Q_2 : 유량 [m³/min]

> 보충 ▶ γ : 비중량 [kgf/m³]
> (물 : 1000)

04 전기법규

1 전기 저압 범위

교류 5 [kV]는 특별 고압이다.
[X] 고압

전압 구분	KEC
저압	교류 : 1000 [V] 이하 직류 : 1500 [V] 이하
고압	교류 : 1000 [V] 초과 7 [kV] 이하 직류 : 1500 [V] 초과 7 [kV] 이하
특별 고압	교류 및 직류 : 7 [kV] 초과

2 접지방식

1) 국제표준의 접지설계방식 도입
   (1) 계통접지 : 전력계통의 이상현상에 대비하여 대지와 계통을 접지
   (2) 보호접지 : 감전보호를 목적으로 기기의 한 점 이상을 접지
   (3) 피뢰시스템접지 : 뇌격전류를 안전하게 대지로 방류하기 위한 접지
2) 접지 시스템의 시설 종류
   (1) 단독접지 : (특)고압 계통의 접지극과 저압 접지계통의 접지극을 독립적으로 시설하는 접지방식
   (2) 공통/통합접지
   ① 공통접지 : (특)고압 접지계통과 저압 접지계통을 등전위 형성을 위해 공통으로 접지하는 방식
   ② 통합접지 : 계통접지·통신접지·피뢰접지의 접지극을 통합하여 접지하는 방식

3 절연저항

1) 절연저항

전로의 사용전압 [V]	DC 시험전압 [V]	절연저항 [$M\Omega$]
SELV 및 PELV	250	0.5
FELV, 500 [V] 이하	500	1.0
500 [V] 초과	1000	1.0

2) SELV와 PELV 및 FELV 설명

항목	전원	회로	대지와의 관계
SELV	① 안전 절연 변압기	구조적 분리 있음	① 비접지회로로 한다. ② 노출 도전부는 접지하지 않는다.
PELV	② ①과 동등한 전원 ③ 축전지 ④ 독립전원	구조적 분리 있음	① 접지회로를 허용한다. ② 회로의 접지는 1차 측 보호 도체에 접속을 허용한다. ③ 노출 도전부는 접지해야 한다.
FELV	① 단순 분리형 변압기 ② SELV, PELV용 전원 ③ 단권 변압기	구조적 분리 없음	① 접지회로를 허용한다. ② 노출 도전부는 1차 측 회로의 보호도체에 접속하여야 한다.

4 전선 접속 시 주의사항

1) 전선의 강도를 20 [%] 이상 감소시키지 않을 것
2) 접속부는 노출시키지 말 것
3) 접속부분은 동등 이상의 절연내력이 있을 것
4) 다른 종류의 도체와 접속 시 전기적 부식이 발생하지 않을 것

5 전선 전압강하 계산 ★★

단상 2선식 ★★★	$e = \dfrac{35.6\,LI}{1{,}000\,A}$	e : 각 선간의 전압강하 [V]
3상 3선식	$e = \dfrac{30.8\,LI}{1{,}000\,A}$	A : 전선의 단면적 [mm²]
단상 3선식 3상 4선식	$e = \dfrac{17.8\,LI}{1{,}000\,A}$	L : 전선의 1본의 길이 [m] I : 부하기기의 정격전류 [A]

- 전선 접속 시 접속부는 노출시킨다. ✗ 노출시키지 않는다.
- 단상 2선식의 전압강하 계산공식은 $e = \dfrac{17.8\,LI}{1{,}000\,A}$ 이다. ✗ $e = \dfrac{35.6\,LI}{1{,}000\,A}$

🔗 P.202 문 11

🔗 P.202 문 12

05 보호계전기 ★

1 사용 목적에 따른 종류

종류	특징
과전류계전기(OCR)	과전류 발생 시 동작하는 계전기
과전압계전기(OVR)	과전압 발생 시 동작하는 계전기
부족전압계전기(UVR)	부족전압 발생 시 동작하는 계전기
지락계전기(GR)	지락사고 시 지락전류에 의해 동작하는 계전기(접지계전기), 영상변류기(ZCT)가 필요함
열동계전기(THR)	전동기 등의 과부하 보호용으로 사용하는 계전기

TIP 영상변류기(ZCT)
전기화재 원인인 누설전류 검출

- 열동계전기는 전동기의 과부하 보호용으로 사용하는 계전기이다. O

2 기기(발전기, 변압기)의 내부고장

계전기명	특징
열동계전기	전동기의 과부하 보호용
비율차동계전기	발전기, 변압기의 내부고장 보호용
부흐홀츠계전기	변압기 권선의 층간단락보호
접지계전기	지락전류 검출, 영상변류기(ZCT)를 사용하는 계전기
역상과전류계전기	발전기의 부하 불평형 방지 계전기
거리계전기	전압과 전류의 비가 일정치 이하인 경우 동작하는 계전기

- 변압기 내부고장 보호용은 부흐홀츠계전기이다. ✗ 비율차동계전기

예상문제

01 상(중)하

변압비(권수비) 22000/110의 PT를 사용하여 교류전압을 측정한 결과 전압계가 90 [V]를 지시하였다. PT의 1차 측 교류회로의 전압 [V]은?

① 9900
② 18000
③ 19800
④ 22000

해설 권수비(= 전압비 = 변압비)

$$a = \frac{V_1}{V_2} = \frac{22000}{110} = \frac{X}{90} \therefore X = 90 \times \frac{22000}{110} = 18000$$

$$a = \frac{N_1}{N_2} = \frac{V_1}{V_2} = \frac{E_1}{E_2} = \frac{I_2}{I_1} = \sqrt{\frac{Z_1}{Z_2}}$$

$$= \sqrt{\frac{R_1}{R_2}} = \sqrt{\frac{X_1}{X_2}}$$

N : 권수
V : 전압 [V]
a : 권수비
I : 전류 [A]
Z : 임피던스 [Ω]
R : 저항 [Ω]
X : 리액턴스 [Ω]

02 상(중)하

3상 농형 유도전동기의 기동방법으로 틀린 것은?

① 전전압 기동법
② Y-△ 기동법
③ 2차 저항법
④ 기동보상기법

해설 농형 유도전동기의 기동법 종류

• 전전압기동법
• Y-△ 기동법
• 리액터기동법
• 기동보상기법
• 콘도르파법

암기 ▶ 전Y리기콘

03 상(중)하

다음 단상 유도전동기 중 기동토크가 가장 큰 것은?

① 셰이딩 코일형
② 콘덴서 기동형
③ 분상 기동형
④ 반발 기동형

해설 단상 유도전동기 기동토크 크기 순서

반발 기동형 → 반발 유도형 → 콘덴서 기동형 → 분상 기동형 → 셰이딩 코일형

암기 ▶ 반반 콘분셰

04 상(중)하

단상 유도전동기의 기동방식으로 틀린 것은?

① 분상기동
② 반발기동
③ Y-△기동
④ 콘덴서기동

정답 01 ② 02 ③ 03 ④ 04 ③

해설 단상 유도전동기의 기동방식

종류	내용
반발 기동형	• 고정자는 주권선에만 있고, 회전자는 브러시가 단락되어 있어 고정자와 회전자 사이에 일어나는 자극의 반발력에 의해 기동 • 기동토크가 굉장히 크고, 단상전동기 등에서 대형인 전동기
반발 유도형	• 농형 권선과 반발형 전동기 권선을 가져서 운전 중 그대로 사용 • 반발 기동형과 비교하면 기동 토크는 반발 유도형이 작지만 최대 토크와 부하에 의한 속도의 변화는 반발 기동형보다 큼
콘덴서 기동형	• 보조권선에 콘덴서가 직렬 연결되고, 기동이 완료되면 원심력스위치에 의해 보조권선 개방 • 콘덴서에 의해 보조권선전류와 주권선전류의 위상차가 90°로 되어 주권선의 전류의 위상보다 앞서기 때문에 양 권선의 합성자계는 회전자계를 만듦 • 기동토크도 비교적 크기 때문에 소형 단상전동기로서는 이용 범위가 넓음
분상 기동형	주권선과 보조선권이 있는데 보조권선은 가는 선이 많이 감겨져 있기 때문에 저항이 크며, 이로 인해 두 권선에 흐르는 전류의 위상이 떨어져 회전자계 발생
셰이딩 코일형	• 고정자의 돌극부에는 굵고 단락된 동선이 감겨 있으며 회전자는 농형 • 이 단락된 동선은 셰이딩코일이며 보조권선의 역할을 함 • 철심자속의 증가를 방해하여 셰이딩코일이 없는 쪽으로 자속을 흐르게 함

05 상**중**하

변압기 결선에서 제3고조파의 영향을 가장 많이 받는 것은?

① Y-△ 결선
② △-Y 결선
③ Y-Y 결선
④ △-△ 결선

해설 Y-Y결선의 특징

• 중성점 접지 가능
• 3고조파의 영향을 많이 받음
• 순환전류가 흐르지 않음

> **보충** △-△결선의 특징
> • 변압기 외부 선로에 제3고조파가 발생하지 않아서 통신장해가 없다.
> • 1상분에 고장이 생기면 나머지 2대로 V결선으로 사용할 수 있다.
> • 중성점을 접지할 수 없으므로 지락사고 전류검출이 곤란하다.
> • 각 상의 권선 임피던스가 다르면 3상 부하가 평형이 되어도 변압기의 부하전류는 불평형이 된다.

06 상**중**하

변압기의 1차 측 전압이 3000 [V], 1차 측 권선수가 995회인 변압기의 2차 측 전압이 약 380 [V]인 경우 2차 측 권선수는 몇 회인가?

① 126
② 285
③ 570
④ 1140

해설 권수비

$$a = \frac{V_1}{V_2} = \frac{N_1}{N_2} = \frac{3000}{380} = \frac{995}{N_2} \quad \therefore N_2 = 126$$

$$a = \frac{N_1}{N_2} = \frac{V_1}{V_2} = \frac{E_1}{E_2} = \frac{I_2}{I_1} = \sqrt{\frac{Z_1}{Z_2}}$$

$$= \sqrt{\frac{R_1}{R_2}} = \sqrt{\frac{X_1}{X_2}}$$

N : 권수
V : 전압 [V]
a : 권수비
I : 전류 [A]
Z : 임피던스 [Ω]
R : 저항 [Ω]
X : 리액턴스 [Ω]

정답 05 ③ 06 ①

07 (상,중,하)

변압기 기름의 요구 특성이 아닌 것은?

① 인화점이 높을 것
② 점도가 클 것
③ 절연내력이 클 것
④ 응고점이 낮을 것

해설 변압기의 구비조건
- 점도가 낮고, 비열이 클 것
- 냉각효과가 클 것
- 절연내력이 클 것
- 인화점이 높고, 응고점이 낮을 것
- 절연물과 화학작용이 없을 것
- 고온에서 침전물이 생기지 않을 것

08 (상,중,하)

3상 불평형전압에서 불평형이란 무엇인가?

① 정상전압/역상전압
② 영상전압/정상전압
③ 역상전압/영상전압
④ 역상전압/정상전압

해설 3상 불평형전압

$$3상\ 불평형전압 = \frac{역상전압}{정상전압}$$

보충 $3상\ 불평형전류 = \dfrac{최대전류 - 최소전류}{평균전류} \times 100$

09 (상,중,하)

변압기의 정격 1차 전압이란?

① 전부하를 걸었을 때의 1차 전압
② 정격 2차 전압에 권수비를 곱한 것
③ 무부하시의 1차 전압
④ 정격 2차 전압을 권수비로 나눈 것

해설

정격 2차 전압에 권수비를 곱한 것

$a = \dfrac{V_1}{V_2} \quad \therefore V_1 = aV_2$

V_1 : 정격 1차 전압 [V]
V_2 : 정격 2차 전압 [V]
a : 권수비

10 (상,중,하)

옥내 배선의 굵기를 결정하는 요소가 아닌 것은?

① 기계적 강도
② 허용전류
③ 전압 강하
④ 역률

해설 전선의 굵기 결정요소
- 허용전류
- 전압강하
- 기계적 강도

암기 허전기

정답 07 ② 08 ④ 09 ② 10 ④

11 상 중 하

3상 3선식 전원으로부터 80 [m] 떨어진 장소에 50 [A] 전류가 필요해서 14 [mm²] 전선으로 배선하였을 경우 전압강하는 몇 [V]인가? (단, 리액턴스 및 역률은 무시한다)

① 10.17 ② 9.6
③ 8.8   ④ 5.08

해설 전압강하(e)

3상 3선식에서의 전압강하

$$e = \frac{30.8LI}{1000A}$$

$$= \frac{30.8 \times 80 \times 50}{1000 \times 14} = 8.8 [V]$$

e : 각 선간의 전압강하 [V]
A : 전선의 단면적 [mm²]
L : 전선의 1본의 길이 [m]
I : 부하기기의 정격전류 [A]

12 상 중 하

열동계전기(Thermal Relay)의 설치 목적은?

① 전동기의 과부하 보호
② 감전사고 예방
③ 자기유지
④ 인터록유지

해설 사용에 따른 목적

종류	특징
과전류계전기 (OCR)	과전류 발생 시 동작하는 계전기
과전압계전기 (OVR)	과전압 발생 시 동작하는 계전기
부족전압계전기 (UVR)	부족전압 발생 시 동작하는 계전기
지락계전기 (GR)	지락사고 시 지락전류에 의해 동작하는 계전기(접지계전기), 영상변류기(ZCT)가 필요함 ※ 영상변류기(ZCT) : 전기화재 원인인 누설전류 검출
열동계전기 (THR)	전동기 등의 과부하 보호용으로 사용하는 계전기

13 상 중 하

전선을 접속할 때 주의하여야 할 사항이 아닌 것은?

① 접속부는 노출시켜 확인이 가능하도록 할 것
② 접속부분의 절연성능은 타 부분과 동등 이상이 되도록 할 것
③ 접속점의 전기저항이 증가하지 않도록 할 것
④ 전선의 인장강도를 20 [%] 이상 감소시키지 말 것

해설 전선 접속 시 유의사항

- 전선강도를 20 [%] 이상 감소 안할 것
- 접속부 노출시키지 말 것
- 접속부분은 동등 이상 절연내력
- 전기적 부식 발생하지 않을 것

14 상 중 하

전기화재의 원인이 되는 누전전류를 검출하기 위해 사용되는 것은?

① 접지계전기   ② 영상변류기
③ 계기용 변압기 ④ 과전류계전기

정답 11 ③ 12 ① 13 ① 14 ②

해설 **사용에 따른 목적**

종류	특징
과전류계전기 (OCR)	과전류 발생 시 동작하는 계전기
과전압계전기 (OVR)	과전압 발생 시 동작하는 계전기
부족전압계전기 (UVR)	부족전압 발생 시 동작하는 계전기
지락계전기 (GR)	지락사고 시 지락전류에 의해 동작하는 계전기(접지계전기), 영상변류기(ZCT)가 필요함 ※ 영상변류기(ZCT) : 전기화재 원인인 누설전류 검출
열동계전기 (THR)	전동기 등의 과부하 보호용으로 사용하는 계전기

15 상 중 하

발전기 권선의 중간 단락보호에 가장 적합한 계전기는?

① 과부하계전기
② 접지계전기
③ 차동계전기
④ 온도계전기

해설 기기(발전기, 변압기)의 내부고장 검출

계전기 명	특징
열동계전기	전동기의 과부하 보호용
비율차동계전기	발전기, 변압기의 내부고장 보호용
부흐홀츠계전기	변압기 권선의 층간단락보호
접지계전기	지락전류 검출, 영상변류기(ZCT)를 사용하는 계전기
역상과전류계전기	발전기의 부하 불평형 방지 계전기
거리계전기	전압과 전류의 비가 일정치 이하인 경우 동작하는 계전기

16 상 중 하

단상변압기의 권수비가 a = 8이고, 1차 교류전압의 실효치는 110 [V]이다. 변압기 2차 전압을 단상 반파 정류회로를 이용하여 정류했을 때 발생하는 직류전압의 평균치는 약 몇 [V]인가?

① 6.19
② 6.29
③ 6.39
④ 6.88

해설 단상 반파 정류회로의 직류전압

$$a = \frac{V_1}{V_2}, \quad a = \frac{110}{V_2}$$

$$\therefore V_2 = \frac{110}{8}[V]$$

$$V_{av} = 0.45 \times V_2$$
$$= 0.45 \times \frac{110}{8} = 6.19[V]$$

V_1 : 1차 교류전압 [V]
V_2 : 2차 교류전압 [V]
V_{av} : 단상 반파 직류전압의 평균치 [V]

구분	단상 반파	단상 전파	3상 반파	3상 전파 (6상 반파)
정류효율 [%]	40.6	81.2	96.7	99.80
맥동률 [%]	121	15	17	4
맥동주파수 [Hz]	f	$2f$	$3f$	$6f$
직류전압 (평균값, E_d)	0.45 [V]	0.9 [V]	1.17 [V]	1.35 [V]

정답 15 ③ 16 ①

PART 02 소방전기시설의 구조 및 원리

7개년 회차별 출제빈도 분석

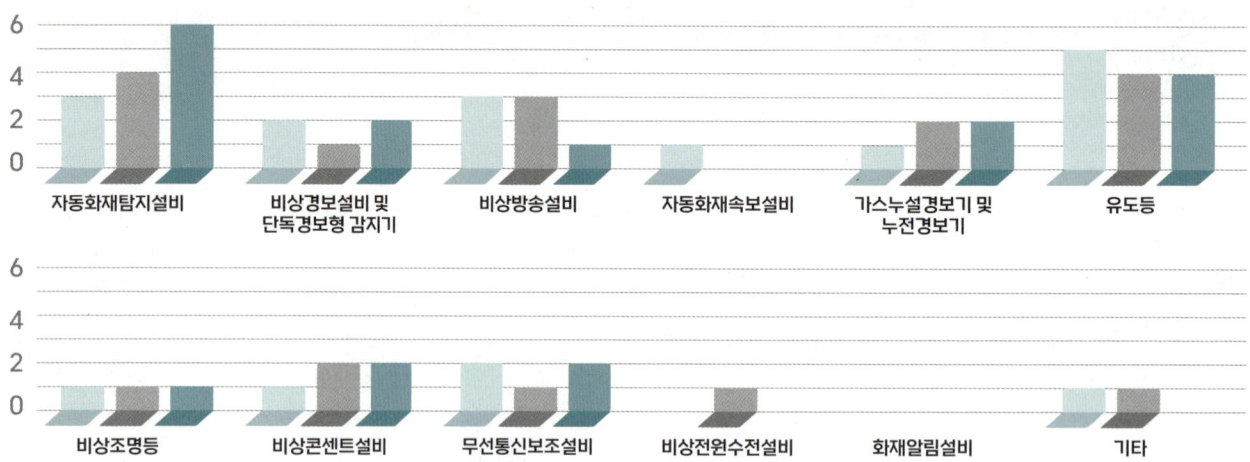

2025 출제경향　■ 1회차　■ 2회차　■ 3회차

연도 및 회차 CHAPTER	2025년			2024년			2023년			2022년			2021년			2020년			2019년		
	1	2	3	1	2	3	1	2	4	1	2	4	1	2	4	1,2	3	4	1	2	4
자동화재탐지설비	3	4	6	3	3	5	5	6	4	6	5	6	5	4	4	4	5	4	7	5	3
비상경보설비 및 단독경보형 감지기	2	1	2	1	1	2	1	0	1	2	1	1	1	2	2	5	3	3	3	2	1
비상방송설비	3	3	1	4	5	1	2	2	2	2	2	3	2	2	2	1	2	2	2	2	2
자동화재속보설비	1	0	0	2	1	1	1	1	1	1	2	2	1	1	1	1	1	1	1	1	2
가스누설경보기 및 누전경보기	1	2	2	2	2	4	4	3	3	2	2	0	2	2	2	1	2	2	2	1	2
유도등	5	4	4	2	2	3	2	2	1	2	2	3	2	2	2	1	2	2	1	2	4
비상조명등	1	1	1	2	2	1	1	2	3	1	1	1	1	1	1	1	1	1	1	1	1
비상콘센트설비	1	2	2	0	1	1	1	4	2	2	2	2	2	2	2	2	2	2	2	3	2
무선통신보조설비	2	1	2	2	2	1	0	1	1	2	2	2	2	3	2	3	1	2	1	2	2
비상전원수전설비	0	1	0	2	0	0	0	1	1	0	2	0	2	1	2	1	1	1	0	1	1
화재알림설비	0	0	0	0	0	0	0	0	0	0	0	0	0	0	0	0	0	0	0	0	0
기타	1	1	0	0	1	1	0	0	0	0	0	0	0	0	0	0	0	0	0	0	0
합계	20	20	20	20	20	20	20	20	20	20	20	20	20	20	20	20	20	20	20	20	20

격차를 뛰어넘어 압도적인 격차를 만들다

CHAPTER 01	자동화재탐지설비
CHAPTER 02	비상경보설비 및 단독경보형 감지기
CHAPTER 03	비상방송설비
CHAPTER 04	자동화재속보설비
CHAPTER 05	가스누설경보기 및 누전경보기
CHAPTER 06	피난구조설비
CHAPTER 07	비상조명등
CHAPTER 08	비상콘센트설비
CHAPTER 09	무선통신보조설비
CHAPTER 10	비상전원수전설비
CHAPTER 11	화재알림설비
CHAPTER 12	창고시설의 화재안전성능기준
CHAPTER 13	공동주택의 화재안전성능기준
CHAPTER 14	도로터널의 화재안전기술기준
CHAPTER 15	지하구의 화재안전기술기준

○ 출제경향 및 학습방법

통상 구조원리라고 부르는 4과목은 전기시설의 설치기준에 관한 내용들을 학습하는 과목이다. 가장 중요한 것은 실기시험에서도 출제되는 부분이므로 필기시험을 준비할 때 실기시험을 대비한다는 마음으로 완성도 있는 학습이 필요하다. 서로 연관되는 내용들도 많기 때문에 유기적이고 체계적인 학습이 필요하지만 현실적으로는 철저한 암기과목이라고 생각하고 접근하는 것이 나은 과목이다. 시험이 어려운 경우 당황하기 쉬운 과목이기도 한데, 여느 과목과 마찬가지로 과년도 기출문제를 풀어보되, 문제유형을 충분히 익히는 것이 필요하다.

CHAPTER

01 자동화재탐지설비

3회독 월 일
2회독 월 일
1회독 월 일

학습목표

1 자동화재탐지설비의 설치대상과 경계구역 산정기준에 대해 학습한다.
2 수신기, 중계기에 대해 학습한다.
3 감지기의 종류와 특징을 학습한다.
4 발신기, 음향장치, 시각경보장치에 대해 학습한다.
5 배선 종류와 특징에 대해 학습한다.

학습MAP

- **자동화재탐지설비 경계구역**
  - 경계구역 정의
  - 경계구역 설정
    - 수평적 경계구역
    - 수직적 경계구역
  - 경계구역 산정 시 주의사항
- **수신기**
  - 수신기 종류
    - P형 수신기, R형 수신기
    - GP·GR수신기, 복합식 수신기
    - 다신호식 수신기, 아날로그식 수신기
    - 간이형 수신기, 무선식 수신기
  - 수신기 설치기준
    - 설치장소(비화재보 우려장소)
  - 수신기 기능 시험
    - 화재표시작동시험, 예비전원시험
    - 동시작동시험, 공통선시험
    - 회로도통시험, 저전압시험
    - 회로저항시험, 절연저항시험
- **중계기**
  - 중계기 정의 및 종류
    - 집합형(전원장치 내장형)
    - 분산형(전원장치 비내장형)
  - 중계기 설치기준
  - 중계기 형식승인 및 제품검사의 기술기준
- **감지기**
  - 열감지기
    - 차동식, 정온식, 보상식
  - 연기감지기
    - 이온화식 연기감지기
    - 광전식 스포트형 연기감지기
    - 광전식 분리형 연기감지기
    - 공기 흡입형 연기감지기
  - 불꽃감지기
  - 축적형 감지기
  - 연기감지기 설치장소 및 설치기준
- **발신기**
  - 발신기의 정의
  - 발신기의 설치기준
- **음향장치와 시각경보장치**
- **배선**

01 자동화재탐지설비(NFTC 203) ★★★

1 자동화재탐지설비

화재 발생 초기단계에서 발생하는 열, 연기, 불꽃 등을 자동적으로 감지하여 건물 내의 관계자에게 화재 발생장소를 표시하는 동시에 경보를 발하는 설비이다.

2 자동화재탐지설비 설치대상

설치대상	기준
• 교육연구시설(교육시설 내에 있는 기숙사 및 합숙소를 포함한다), 수련시설(기숙사·합숙소 포함, 숙박시설 제외) • 동·식물 관련 시설 • 자원순환 관련 시설 • 교정 및 군사시설 • 묘지 관련 시설	연면적 2000 [m²] 이상인 경우에는 모든 층
목욕장, 문화 및 집회시설, 종교시설, 판매시설, 운수시설, 운동시설, 업무시설, 창고시설, 공장, 지하상가, 위험물 저장 및 처리시설, 항공기 및 자동차 관련 시설, 교정 및 군사시설 중 국방·군사시설, 방송통신시설, 발전시설, 관광 휴게시설	연면적 1000 [m²] 이상인 경우에는 모든 층
• 근린생활시설(목욕장 제외) • 의료시설(정신의료기관, 요양병원 제외) • 위락시설, 장례시설 및 복합건축물	연면적 600 [m²] 이상인 경우에는 모든 층
정신의료기관, 의료재활시설	• 바닥면적 합계 300 [m²] 이상 • 바닥면적 합계 300 [m²] 미만, 창살 설치
터널	길이 1000 [m] 이상
공장 및 창고시설	500배 이상 특수가연물
요양병원, 지하구, 전통시장, 조산원, 산후조리원	–
전기저장시설, 노유자생활시설	–
공동주택 중 아파트등·기숙사, 숙박시설, 6층 이상인 건축물	–
노유자시설	연면적 400 [m²] 이상인 경우에는 모든 층
숙박시설이 있는 수련시설	수용인원 100명 이상인 경우에는 모든 층

자동화재탐지설비는 화재 발생 중기단계에서 발생하는 열, 연기, 불꽃 등을 자동적으로 감지하여 건물 내의 관계자에게 화재 발생장소를 표시하는 동시에 경보를 발하는 설비이다. [X] 초기

목욕장은 연면적 1000 [m²] 이상인 경우 자동화재탐지설비를 설치한다. [O]

3 자동화재탐지설비 구성요소 ★★★

1) 감지기 : 연소생성물을 자동적으로 감지하여 수신기에 발신
2) 발신기 : 화재 발생 신호를 수신기에 수동으로 발신
3) 중계기 : 감지기·발신기 또는 전기적 접점 등의 작동에 따른 신호를 받아 이를 수신기, 제어반에 전송
4) 수신기 : 화재신호를 직접 수신하거나 중계기를 통하여 수신하여 화재의 발생을 표시 및 경보
5) 음향장치 : 화재 발생을 음향으로 통보
6) 표시등 : 발신기 위치를 표시, 항시 점등
7) 시각경보장치 : 화재 발생을 청각장애인에게 점멸형태의 시각경보로 통보

> 감지기는 화재 발생 신호를 수신기에 수동으로 발신한다. [X] 자동으로

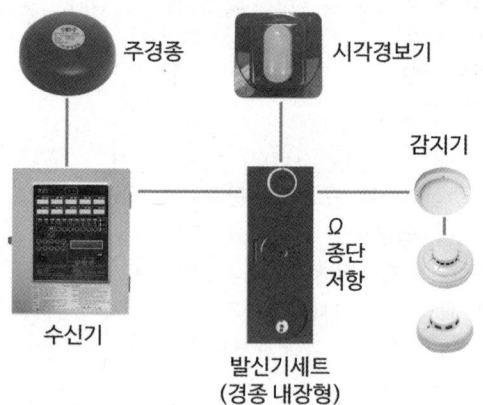

02 자동화재탐지설비 경계구역 ★★★

1 경계구역 정의
대상물의 화재신호를 발신하고 그 신호를 수신 및 유효하게 제어할 수 있는 구역

> TIP ▶ 경계구역 수 = P형 수신기 회로선(지구선, 신호선) = 종단저항의 수

2 경계구역 설정 ★★★

1) 수평적 경계구역
   (1) 하나의 경계구역이 2 이상의 건축물 및 2 이상의 층에 미치지 않을 것
   2개의 층을 하나의 경계구역으로 산정하는 경우 : 바닥의 합이 500 [m²] 이하

🔗 P.246 문 02

⑵ 하나의 경계구역 면적 : 600 [m²] 이하
 ① 한 변 길이 : 50 [m] 이하
 ② 주출입구에서 내부 전체 보이는 것 : 한 변 길이가 50 [m]의 범위 내 1000 [m²] 이하
  • 도로터널 : 100 [m] 이하로 할 것(도로터널의 화재안전기술기준 NFTC 603)
  • 지하구 : 700 [m] 이하로 할 것(지하구의 화재안전성능기준 NFPC 605 제13조(기존 지하구에 대한 특례) 법 제13조에 따라 기존 지하구에 설치하는 소방시설 등에 대해 강화된 기준을 적용하는 경우에는 다음의 설치·관리 관련 특례를 적용한다.

2) 수직적 경계구역
 ⑴ 계단·경사로(에스컬레이터 포함)는 별도의 경계구역 산정 → 45 [m] 이하
 ⑵ 엘리베이터 승강로(권상기실 포함)·린넨슈트·파이프피트 및 덕트 기타 이와 유사한 부분은 별도의 경계구역 산정 → 높이기준 없음
 ⑶ 지하층의 계단 및 경사로(지하층 층수 1일 경우 제외)는 별도로 경계구역 산정

3) 외기 면하는 경계구역
 차고·주차장·창고 등 : 5 [m] 미만의 범위 안 부분은 면적 산입 제외

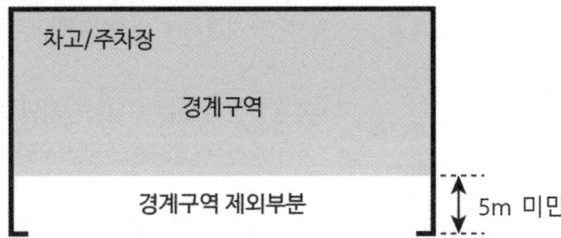

❸ 경계구역 산정 시 주의사항
1) 감지기설치 면제 장소까지 포함해서 산출(목욕실, 세면장 등 면적 산출 시 포함)
2) 경계구역 면적 산정 시 벽 중심선을 기준으로 산정

🔗 P.255 문 25

보충 ▶ 특고압 케이블이 포설된 송·배전 전용의 지하구(공동구를 제외한다)에는 온도 확인 기능 없이 최대 700 [m]의 경계구역을 설정하여 발화지점(1 [m] 단위)을 확인할 수 있는 감지기를 설치할 수 있다.

보충 ▶ 이때 계단은 직통계단 외의 것에 있어서는 떨어져 있는 상하 계단의 상호 간의 수평거리가 5 [m] 이하로서 서로 간에 구획되지 아니한 것에 한한다

03 수신기 ★★

1 수신기 정의
감지기나 발신기에서 발하는 화재신호를 직접 수신하거나 중계기를 통하여 수신하여 화재의 발생을 표시 및 경보해주는 장치

> **TIP** 중계기를 통하여 수신하는 것은 R형 수신기

> **보충** 화재알림형 수신기
> 화재알림형 감지기나 발신기에서 발하는 화재정보신호 또는 화재신호 등을 직접 수신하거나 화재알림형 중계기를 통해 수신하여 화재의 발생을 표시 및 경보하고, 화재정보신호 및 화재신호 등을 자동으로 저장하며, 자체 내장된 속보기능에 의해 화재 발생 등을 자동적으로 통신망을 통하여 음성 등으로 소방관서에 통보하고 문자로 관계인에게 통보하는 장치

2 수신기 종류
1) 수신기의 종류 및 기능

수신기 종류	작동원리 및 기능	
P형 수신기	감지기 및 발신기의 화재신호를 직접 또는 중계기를 통하여 공통신호로서 수신하여 소방대상물의 관계자에게 경보해주는 것	
R형 수신기	감지기, 발신기의 화재신호를 직접 또는 중계기를 통하여 고유 신호로 수신하여 소방대상물의 관계자에게 경보해주는 것	
GP·GR형 수신기	P형·R형 수신기의 기능과 가스누설경보기의 수신부 기능을 겸한 것	
복합식 수신기	일반수신기의 주기능인 화재표시 및 경보 기능 이외에 소방설비나 방재설비 등을 자동 또는 수동으로 제어할 수 있는 기능을 겸한 수신기	① P형 복합식 수신기 ② R형 복합식 수신기 ③ GP형 복합식 수신기 ④ GR형 복합식 수신기
다신호식 수신기	감지기로부터 최초의 화재신호를 수신하는 경우	• 주음향장치 또는 부음향장치의 명동 • 지구표시장치에 의한 경계구역을 각각 자동으로 표시
	두 번째 화재신호 이상을 수신하는 경우	• 주음향장치 또는 부음향장치의 명동 • 지구표시장치에 의한 경계구역을 각각 자동으로 표시 • 화재등 및 지구음향장치가 자동적으로 작동
아날로그식 수신기	• 아날로그 감지기로부터 신호를 수신한 경우 예비표시신호 및 화재 표시등과 지구경종이 동시에 작동 • 입력신호량(열 또는 연기)을 단계별로 표시하는 기능이 있을 것 • 아날로그 감지기의 작동레벨 조정장치가 있을 것	
간이형 수신기 (유선식 또는 무선식)	수신기 및 가스누설경보기의 기능을 각각 또는 함께 가지고 있는 수신기로써 수신기 및 가스누설경보기의 구조 및 기능을 단순화시켜 구성되거나 여기에 화재, 가스누설을 자동 탐지하여 경보해주는 기능 또는 도난경보, 원격제어기능 등이 복합적으로 구성된 제품	① 화재수신용 ② 가스누설수신용 ③ 화재수신용 및 가스누설수신용

수신기 종류	작동원리 및 기능		
무선식 수신기	전파에 의해 신호를 송·수신하는 방식의 수신기		
	기능	감지기 등의 건전지 성능저하 신호 발신 개시부터 수신완료까지 시간	200초 이내
		수동 또는 자동(주기 168시간 이내) 통신점검 개시로부터 확인신호 수신까지 소요시간	200초 이내
		통신점검시험 중에도 다른 회선의 화재신호 시 화재표시가 될 것	
		수신성능시험(10개의 화재신호를 동시에 발신할 때)	최초 화재표시 : 5초 이내 모든 화재표시 : 100초 이내

※ 속보기능 : 화재 발생 및 해당 소방대상물의 위치 등을 통신망을 통해 음성 등으로 소방관서에 통보하고 문자로 관계인에 통보하는 것

※ 보정식 : 접속된 화재알림형 감지기의 화재정보신호를 수신하여 일정 농도 이상의 연기가 일정시간 이상 연속하는 것을 전기적으로 검출하여 작동 감도를 자동적으로 보정하는 방식의 수신기

2) P형 수신기와 R형 수신기 비교 ★

구분	P형 수신기	R형 수신기
시스템 구성	수신기, 감지기, 발신기	수신기, 중계기, 감지기, 발신기, 기타 장치
신호전송방식	개별 전송방식(접점신호)	다중 전송방식
화재 표시	표시등(Lamp)	액정표시장치(LCD)
배선	실선배선	통신배선
도통시험	수신기에서 수동으로 시험	자동으로 검출되어 표시
전압강하	전압강하 발생으로 굵은 전선 사용	통신선을 사용하므로 전압강하의 영향 없음
설치장소	소규모 건축물	대규모, 대단지 건축물
유지관리	• 선로수가 많고 수신기 자가진단기능이 없으므로 어려움 • 증설, 변경 어려움	• 선로수가 적고 자가진단기능에 의해 고장 발생을 자동 경보하므로 용이 • 증설, 이설 등이 용이

3 수신기 설치기준

1) 수신기기준
   (1) 해당 특정소방대상물의 경계구역을 각각 표시할 수 있는 회선수 이상의 수신기를 설치할 것
   (2) 해당 특정소방대상물에 가스누설탐지설비가 설치된 경우에는 가스누설탐지설비로부터 가스누설신호를 수신하여 가스누설경보를 할 수 있는 수신기를 설치할 것(가스누설탐지설비 수신부 별도 설치 시 제외)

2) 수신기 설치기준 ★★★
   (1) 수위실 등 상시 사람이 근무하는 장소에 설치할 것(접근과 관리가 용이한 장소도 가능)
   (2) 수신기가 설치된 장소에는 경계구역 일람도를 비치할 것(주수신기만 해당)
   (3) 수신기의 음향기구는 그 음량 및 음색이 다른 기기의 소음 등과 명확히 구별될 것
   (4) 수신기는 감지기·중계기 또는 발신기가 작동하는 경계구역을 표시할 수 있는 것으로 할 것
   (5) 화재·가스 전기 등에 대한 종합방재반을 설치한 경우에는 해당 조작반에 수신기의 작동과 연동하여 감지기·중계기 또는 발신기가 작동하는 경계구역을 표시할 수 있는 것으로 할 것
   (6) 하나의 경계구역은 하나의 표시등 또는 하나의 문자로 표시되도록 할 것
   (7) 수신기의 조작 스위치는 바닥으로부터의 높이가 0.8 [m] 이상 1.5 [m] 이하인 장소에 설치할 것
   (8) 하나의 특정소방대상물에 2개 이상의 수신기를 설치하는 경우에는 수신기를 상호 간 연동하여 화재 발생 상황을 각 수신기마다 확인할 수 있도록 할 것
   (9) 화재로 인하여 하나의 층의 지구음향장치 배선이 단락되어도 다른 층의 화재통보에 지장이 없도록 각 층 배선상에 유효한 조치를 할 것

> 수신기의 조작 스위치는 바닥으로부터의 높이가 0.5 [m] 이상 1.2 [m] 이하인 장소에 설치할 것
> ✗ 0.8 [m] 이상 1.5 [m] 이하

4 축적형 수신기

1) 설치장소(비화재보 우려장소) ★★★

장소	원인
지하층·무창층 등으로서 환기가 잘 되지 않는 장소	일시적으로 발생한 열·연기 또는 먼지 등으로 인하여 감지기가 화재 신호를 발신할 우려가 있는 때
실내면적이 40 [m²] 미만인 장소	
감지기의 부착 면과 실내바닥과의 거리가 2.3 [m] 이하인 장소	

→ P.248 문 05

2) 축적형 수신기와 같이 사용할 수 없는 감지기

 (1) 불꽃감지기
 (2) 정온식 감지선형 감지기
 (3) 분포형 감지기
 (4) 복합형 감지기
 (5) 광전식 분리형 감지기
 (6) 아날로그방식의 감지기
 (7) 다신호방식의 감지기
 (8) 축적방식의 감지기

암기 ▶ 불정분복 광아다축

5 수신기 기능시험

1) 화재표시작동시험
 (1) 시험목적 : 지구표시등, 화재표시등 점등, 음향장치 명동 확인
 (2) 시험방법
  ① 수신기 기능 스위치 중 "동작시험스위치 + 자동복구스위치"를 누름
  ② 회로선택스위치 차례로 회전시켜 회로마다 화재표시 작동시험 확인
 (3) 가부판정 : 화재표시등 및 지구표시등 점등 여부, 음향장치 작동 여부, 회로 연결 상태 정상 확인

2) 예비전원시험
 (1) 시험목적 : 정전 시 상용전원에서 예비전원 자동전환 여부 확인 및 정상상태 복구 시 상용전원으로 자동전환 여부 확인
 (2) 시험방법
  ① 수신기 스위치 중 "예비전원 스위치"를 누름(예비전원전압 표시 및 예비전원등 점등 확인)
  ② 전압계 지시 및 전원표시 전환 여부 확인
 (3) 가부판정 : 전압이 DC 24 [V] 지시, 릴레이 정상 작동 시 정상

| 2회로 이상 동작 시 수신기 기능 정상 여부를 확인한다. **O** |

3) 동시작동시험(회로수가 2회선 이상)
  (1) 시험목적 : 2회로 이상 동작 시 수신기 기능 정상 여부 확인
  (2) 시험방법
    ① 수신기 스위치 중 "동작시험"스위치를 누름
    ② 회로 선택스위치 이용 5회로 동시작동시킴
  (3) 가부판정 : 회선 동시 작동 시 수신기 기능이 정상적이어야 함

4) 공통선시험
  (1) 시험목적 : 공통선이 담당하고 있는 경계구역 회선수 확인
  (2) 시험방법
    ① 수신기 내부 단자에서 공통선을 분리
    ② 회로 선택스위치를 회전시켜 단선 표시되는 회선수를 파악
  (3) 가부판정 : 단선이 표시되는 회선수가 7회선 이하이면 정상

| 단선이 표시되는 회선수가 10회선 이하이면 정상이다. **X** 7회선 |

5) 회로도통시험 ★★★
  (1) 시험목적 : 감지기회로의 단선, 단락 및 접속 상태의 이상 유무를 파악
  (2) 시험방법
    ① 수신기 스위치 중 "도통시험 스위치"를 누름
    ② 회로 선택스위치를 회전시킴
    ③ 각 회선의 계기 지시상태, 종단저항 접속 여부 확인
  (3) 가부판정
    ① 전압계 지시 약 4 [V] (녹색) 지시 : 정상
    ② 전압계 지시 24 [V] (적색) 지시 : 단락
    ③ 전압계 지시 0 [V] : 단선

| **보충** ▶ 종단저항 설치목적
감지기회로 단선, 단락 및 접속 상태 이상 유무 파악 |

6) 저전압시험
  (1) 시험목적 : 저전압 상태(정격전압 80 [%] 이하) 수신기 기능 유지 확인
  (2) 시험방법
    ① 전압시험기나 가변저항기 이용하여 전압을 80 [%] 이하로 맞춤
    ② 화재표시작동시험에 준하는 시험 실시
  (3) 가부판정 : 화재신호 정상 수신 여부 확인

7) 회로저항시험
  (1) 시험목적 : 감지기회로 1회선 선로 저항이 수신기 기능에 이상을 주지 않는 것 확인

(2) 시험방법
① 저항계를 사용하여 감지기회로 공통선과 표시선 사이의 전로를 측정
② 회로 말단을 단락시켜 도통 상태에서 선로 저항 측정
(3) 가부판정 : 하나의 감지기회로의 전로저항의 합성치가 50 [Ω] 이하

8) 절연저항시험(DC 500 [V]의 절연저항계 측정)
 (1) 측정기기 : DC 500 [V] 절연저항계
 (2) 절연저항
  ① 절연된 충전부와 외함 간 : 5 [MΩ] 이상(교류입력 측과 외함 : 20 [MΩ] 이상)
  ② 절연된 선로 간 : 20 [MΩ] 이상일 것
  ③ P형, P형 복합식, GP형 복합식의 수신기로서 접속되는 회선수 10 이하인 것, 또는 R형, R형 복합식, GR형 및 GR형 복합식의 수신기로서 접속되는 중계기가 10 이상인 것은 교류 입력 측과 외함 간을 제외하고 1회선당 50 [MΩ] 이상일 것

○ 하나의 감지기회로의 전로저항의 합성치가 100 [Ω] 이하이면 정상이다. ✗ 50

6 수신기 형식승인 및 제품검사 기술기준

1) 보수 및 부속품의 교체가 용이할 것(방수, 방폭형 제외)
2) 부식에 의한 기계적 영향 초래부분 : 칠, 도금 등 내식·방청가공할 것
3) 외함 재질은 불연성 또는 난연성으로 할 것
4) 정격전압 60 [V]를 넘는 기구의 금속제 외함에 접지단자를 설치할 것
5) 예비전원회로에 단락사고 등으로부터 보호하기 위한 퓨즈를 설치할 것
6) 수신완료시간은 5초 이내일 것(단, 축적형의 경우 60초 이내)

7 수신기 부품의 구조 및 성능기준

1) 반복시험 : 작동을 10000회(단, 전원스위치는 5000회) 반복 시 구조 및 기능에 이상이 없어야 함
2) 표시등 : 전구는 사용전압의 130 [%] 교류전압 20시간 연속 가하는 경우 단선, 흑화, 현저한 광속의 변화, 전류저하의 발생이 없어야 하고 2개 이상 병렬접속할 것(단, 방전등, 발광다이오드 제외)
3) 전압 지시전기계기의 최대눈금 : 사용회로 정격전압의 140 ~ 200 [%] 이하일 것
4) 예비전원
 (1) 종류 : 원통밀폐형 니켈 - 카드뮴 축전지, 무보수 밀폐형 연(납) 축전지
 (2) 용량 : 감시상태 60분간 계속한 후 10분 이상 작동

○ 수신기 예비전원은 70분 이상 용량을 가지고 있어야 한다.
✗ 감시상태 60분, 작동상태 10분

(3) 자동충전장치, 전기적 기구에 의한 자동과충전방지장치 및 전기적 기구에 의한 자동과 방전방지장치를 설치할 것
(4) 예비전원을 병렬로 접속하는 경우 역충전방지 조치할 것
(5) 축전지를 직렬, 병렬접속 시 균일 용량(전압, 전류) 사용으로 할 것
(6) 반도체 : 최대 사용전압, 전류에 충분한 내력을 가질 것
(7) 전원전압의 변동 : 정격전압 ± 20 [%] 범위(80 ~ 120 [%])일 것

8 화재알림형 수신기

화재알림형 수신기는 소방관서에는 음성 등으로, 관계인에게는 문자로 전달할 수 있는 속보기능을 갖추어야 하며, 다음에 적합하여야 한다.

1) 음성 등으로 속보하는 경우는 다음과 같아야 한다.
   (1) 20초 이내에 소방관서에 자동적으로 신호를 발하여 통보하되, 3회 이상 속보할 수 있어야 하고, 다이얼링 후 소방관서와 전화접속이 이루어지지 않는 경우에는 최초 다이얼링을 포함하여 10회 이상 반복적으로 접속을 위한 다이얼링이 이루어져야 한다. 이 경우 매회 다이얼링 완료 후 호출은 30초 이상 지속되어야 한다.
   (2) (1)에 의한 속보는 당해 소방대상물의 위치, 관계인연락처, 화재 발생 및 화재알림형 수신기에 의한 신고임을 포함한 내용을 음성으로 통보하여야 하며, 음성속보방식 외에 데이터 또는 코드전송방식 등을 이용한 속보기능을 부가로 설치할 수 있다. 이 경우 데이터 및 코드전송방식은 「자동화재속보설비의 속보기의 성능인증 및 제품검사의 기술기준」 별표 1에 따라 소방관서 등에 구축된 접수 시스템에 적합하여야 한다.

2) 문자로 속보하는 경우는 다음과 같아야 한다.
   관계인에게 문자로 20초 이내에 화재예비경보발생, 화재축적경보발생, 화재 발생 중 해당하는 내용을 통보할 것. 이 경우 속보내용은 소방대상물의 위치, 화재알림형 수신기에 의한 신고임을 포함하여야 한다.

9 화재알림형 수신기의 자동보정기능(보정식에 한한다)

1) 화재알림형 수신기는 보정값을 확인할 수 있는 장치가 있어야 한다.
2) 24시간마다 화재알림형 감지기로부터 수신된 화재정보신호값을 자동 보정하는 기능이 있어야 한다.
3) 보정값은 화재경보를 위한 작동농도 감광률 또는 전리전류변화율의 50 [%] 이내로 보정값을 조정하여야 한다.
4) 보정값이 화재경보를 위한 작동농도 감광률 또는 전리전류변화율의 (45 ~ 50) [%]인 범위에서 고장표시를 하여야 한다.

04 중계기 ★★

1 중계기 정의 및 종류

1) 중계기 정의

감지기·발신기 또는 전기적접점 등의 작동에 따른 신호를 받아 이를 수신기에 전송하는 장치를 말한다.

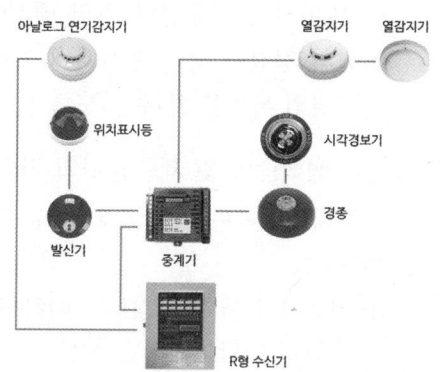

2) 중계기 용량에 의한 분류

구분	집합형(전원장치 내장형)	분산형(전원장치 비내장형)
전원	AC 110 / 220 [V]	24 [V]
전력공급	외부전원 또는 비상전원 내장	수신기 전원
용량	대용량(30 ~ 40회로)	소용량(5회로 미만)
유지관리 / 크기	편리 / 대형	불편(중계기 고장 시 교체) / 소형
전원공급 사고	내장된 예비전원이 정상적인 동작을 수행	중계기 정전 시 해당 계통 전체 시스템 마비
통신계통 사고 시 Back Up 기능	통신선로 단선, 단락, 수신반 Down 된 경우 중계기 독립제어 기능으로 자동 절환되어 방재임무수행	• 통신선로 사고 시 전체 시스템 마비 • 대책 　단선대비 : Loop Back 포설 　단락대비 : Isolator 기능 추가
설치방식	• 전기pit 등에 설치 • 1 ~ 3개 층당 1개 설치	• 발신기함 또는 개별 격납함에 설치
설치장소	• 전압강하 우려장소 • 수신기와 거리가 먼 초고층 건축물	• 전기피트가 좁은 건축물 • 전압강하 문제가 없는 곳
공사 및 유지보수	• 설치수량이 적으므로 경제적 • 각 Local 기기에서 중계기까지는 P형과 같으므로 배관, 배선의 비용이 높음 • 유지 및 수리 용이 : 해당 회로 카드 교체	• 설치수량이 많아 상대적으로 비경제적 • 각 층, 각 Local에 중계기가 있으므로 구간이 짧아 배관, 배선이 비용이 적음 • 중계기 이상 발생 시 중계기 교체해야 함

○ 분산형 중계기는 대용량에 적합하다.
　　X 소용량

2 중계기 설치기준

1) 수신기에서 직접 감지기회로의 도통시험을 행하지 아니하는 것에 있어서는 수신기와 감지기 사이에 설치할 것
2) 조작 및 점검에 편리하고 화재 및 침수 등의 재해로 인한 피해를 받을 우려가 없는 장소에 설치할 것
3) 수신기에 따라 감시되지 아니하는 배선을 통하여 전력을 공급받는 것에 있어서는 전원입력 측의 배선에 과전류 차단기를 설치하고, 해당 전원의 정전이 즉시 수신기에 표시되는 것으로 하며, 상용전원 및 예비전원의 시험을 할 수 있도록 할 것

🔗 P.247 문 03

🔗 P.248 문 07

3 중계기 형식승인 및 제품검사의 기술기준

1) 반복시험 : 작동을 2000회 반복 시 구조 및 기능에 이상이 없어야 함
2) 변압기
   (1) 정격 1차 전압 : 300 [V] 이하일 것
   (2) 변압기 외함 : 접지단자 설치할 것
   (3) 용량 : 최대사용전류에 연속하여 견딜 수 있는 크기 이상일 것
3) 절연저항시험 ★★
   (1) 절연된 충전부와 외함 간 : 20 [MΩ] 이상일 것
   (2) 절연된 선로 간 : 20 [MΩ] 이상일 것

중계기는 1000회 반복 시 구조 및 기능에 이상이 없어야 한다.
X 2000회

05 감지기 ★★★

1 감지기 정의
화재 시 열, 연기, 불꽃, 연소생성물을 자동적으로 감지하여 수신기에 발신하는 장치

2 감지기 종류 ★★★

1) 열 감지기
   (1) 차동식 스포트형 : 온도 일정 상승률 이상 + 일국소
       공기팽창식·열기전력식·열반도체식
   (2) 차동식 분포형 : 온도 일정 상승률 이상 + 넓은 범위
       공기관식·열전대식·열반도체식
   (3) 정온식 스포트형 : 일정한 온도 이상 + 외관 전선 ×
   (4) 정온식 감지선형 : 일정한 온도 이상 + 외관 전선 ○
   (5) 보상식 스포트형 : 차동식 + 정온식(OR 단신호)

👨‍🏫 선생님 TIP
정온식 감지기는 주방에 적합합니다.

2) 연기감지기
    (1) 이온화식 스포트형 : 이온전류 변화하여 작동
    (2) 광전식 : 광전 소자에 접하는 광량의 변화로 작동
    (3) 공기흡입식(1종, 2종, 3종)
3) 불꽃감지기
    불꽃자외선식, 불꽃적외선식, 불꽃자외선·적외선 겸용식, 불꽃영상분석식(옥내형, 옥내·옥외형, 도로형)
4) 복합형 감지기
    열복합형, 연복합형, 불꽃복합형, 열·연기복합형, 연기·불꽃복합형, 열·불꽃복합형, 열·연기·불꽃복합형

감지기 종류	작동원리	감지범위	특이구조
차동식 스포트형	주위 온도가 일정 상승률 이상	일국소 열	-
차동식 분포형	주위 온도가 일정 상승률 이상	넓은 범위 열 누적	-
정온식 감지선형	주위 온도가 일정한 온도 이상	일국소 열	외관이 전선
정온식 스포트형	주위 온도가 일정한 온도 이상	일국소 열	외관이 전선 아닌 것
보상식 스포트형	차동식과 정온식의 OR 동작	일국소 열	차동식 + 정온식 겸한 것
이온화식 스포트형	일정한 농도의 연기 포함 시	일국소 연기	연기에 의하여 이온전류가 변화하여 작동
광전식 스포트형	일정한 농도의 연기 포함 시	일국소 연기	-
광전식 분리형	발광부와 수광부 사이 공간에 일정 연기농도 시 작동	넓은 구획장소의 연기	발광부와 수광부로 구성된 구조
공기흡입식	감지위치의 공기를 흡입하여 공기 중 연기농도 측정	넓은 구획장소의 연기	감지기 내부에 장착된 공기흡입장치로 감지
아날로그식	온도 또는 연기 양의 변화에 따른 전류·전압값 출력을 발하는 방식		
다신호식	1개의 감지기 내에 서로 다른 종별 또는 감도 등의 기능을 갖춘 것으로서 일정시간 간격을 두고 각각 다른 2개 이상의 화재신호를 발하는 감지기		
열·연기복합형	차동식 + 이온화식, 차동식 + 광전식, 정온식 + 이온화식, 정온식 + 광전식	AND, OR 신호에 발신	-
열복합형	차동식 + 정온식의 성능이 있는 것	AND, OR 신호에 발신	-
연복합형	이온화식 + 광전식의 성능이 있는 것	AND, OR 신호에 발신	-
단독경보형	감지기에 음향장치가 내장되어 일체		

○ 정온식 감지선형 감지기는 넓은 범위에 적합하다. ☒ 일국소

06 열감지기 ★★★

1 열감지기 종류

2 차동식 스포트형

1) 개념
   일국소의 열효과를 검출하여 감지부와 검출부가 통합되어 있는 구조
2) 종류
   (1) 공기의 팽창을 이용한 것
   (2) 열기전력을 이용한 것
   (3) 반도체를 이용한 것

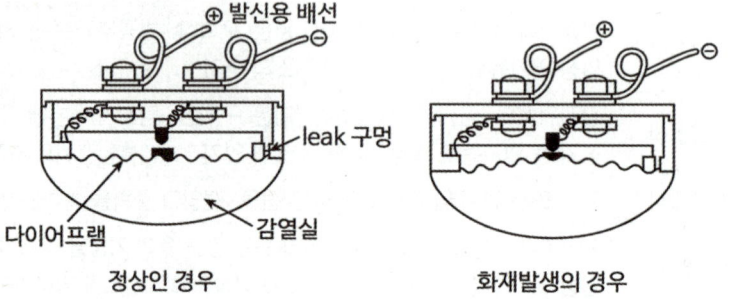

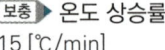 온도 상승률
15 [℃/min]

선생님 TIP
감열실은 공기가 들어있는 실입니다.

3) 공기팽창식
(1) 구성요소 : 감열실(챔버), 다이어프램, 접점, 리크구멍(리크공), 작동 표시 장치
(2) 리크구멍 : 비화재보 방지 ★★★
(3) 동작

4) 열기전력
(1) 반도체형 열전대의 열기전력을 이용한 것
(2) 구성요소 : 감염실(챔버), 반도체열전대, 고감도 릴레이, 온접점, 냉접점

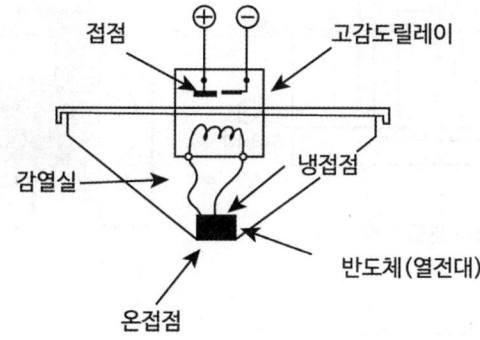

(3) 동작

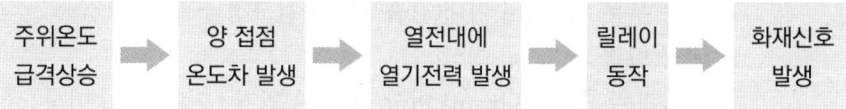

5) 반도체를 이용한 감지기
(1) 구성요소 : 서미스터(Thermistor)
(2) 서미스터 : 온도가 상승할 경우 저항이 변화하는 소자
(3) 동작원리 : 화재 발생 시 감지기 내외부에 설치된 서미스터에 전달되는 시간차를 검출하여 수신기에 신호를 보낸다.

> 온도가 상승할 경우 저항이 변하는 소자가 서미스터이다.

3 차동식 분포형

1) 공기관식

   (1) 동작

   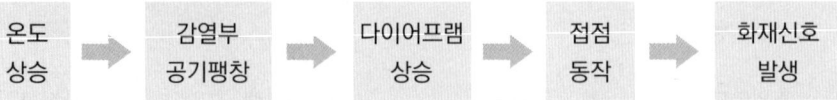

   (2) 구성요소

   ① 감열부 : 공기관

   ② 검출부 : 다이어프램, 리크구멍, 접점, 시험장치

   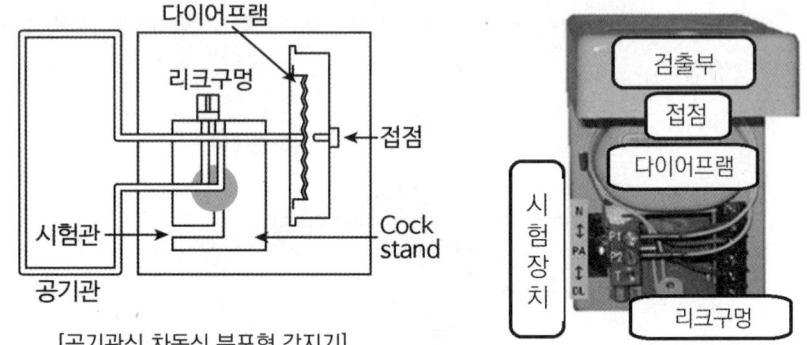

   [공기관식 차동식 분포형 감지기]

   (3) 고정방법

   ① 직선 부분 : 35 [cm] 이내

   ② 굴곡 부분 : 5 [cm] 이내

   ③ 접속 부분 : 5 [cm] 이내(검출부와 마감고정금구)

   ④ 굴곡 반경 : 5 [cm] 이상

   ⑤ 공기관 두께 : 0.3 [mm] 이상, 공기관 외경 : 1.9 [mm] 이상

   (4) 접속방법

   ① 검출부와 공기관의 접속 : 공기관의 접속단자에 삽입 후 납땜

   ② 공기관 상호 접속 : 슬리브에 삽입 후 납땜

   (5) 설치기준 ★★★

   ① 공기관의 노출부분 : 20 [m] 이상

   ② 하나의 검출부에 접속하는 공기관의 길이 : 100 [m] 이하

   ③ 공기관과 감지구역의 각 변과의 수평거리 : 1.5 [m] 이하

   ④ 공기관 상호거리 : 6 [m] 이하(주요구조부가 내화구조인 경우 : 9 [m])

   ⑤ 공기관은 도중에 분기 금지

⑥ 검출부는 5° 이상 경사되지 않을 것
⑦ 검출부는 바닥으로부터 0.8 [m] 이상 ~ 1.5 [m] 이하의 위치에 설치할 것

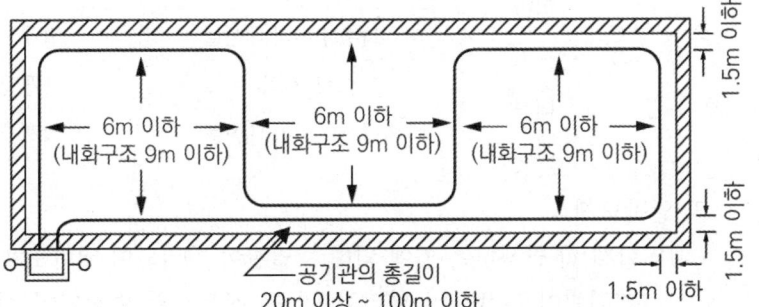

- 공기관 상호거리는 주요구조부가 내화구조가 아닌 경우 9 [m] 이하이다. ✗ 6
- 공기관의 노출부분은 20 [m] 이상이다. O

2) 열전대식

(1) 구성요소

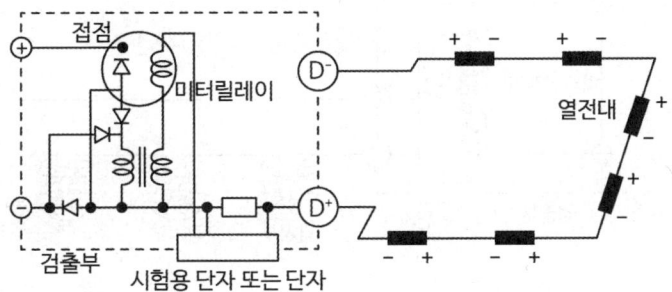

[구성요소]
- 감열부 : 열전대
- 검출부 : 미터 릴레이, 접속배선

① 열전대(Thermo-Electric Couple) : 두 종류의 금속을 접합하여 폐회로를 만들고, 접합점에서 온도를 달리하면 폐회로에 기전력이 발생하는 현상으로 대표적인 금속은 콘스탄탄이다.
② 제백효과(Seebeck Effect)를 이용한다.

(2) 동작원리

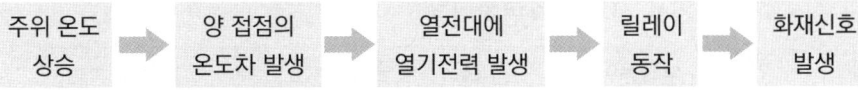

(3) 고정방법 : 슬리브에 삽입한 후 압착한다.
(4) 설치기준 ★★★
① 열전대부는 감지구역 바닥면적 18 [m²](내화구조 : 22 [m²])마다 1개 이상으로 할 것, 다만 바닥 면적이 72 [m²](내화구조 : 88 [m²]) 이하인 특정 소방대상물에 대해서는 4개 이상으로 할 것

🔗 P.256 문 28

② 하나의 검출부에 접속하는 열전대부는 20개 이하일 것

주요구조부	면적	열전대부 개수
일반	18 [m²]	1개 이상
일반	72 [m²] 이하 대상물	4개 이상
내화	22 [m²]	1개 이상
내화	88 [m²] 이하 대상물	4개 이상

하나의 검출부에 접속하는 열전대부는 10개 이하일 것 ☒ 20개

3) 열반도체식

(1) 화재 시 발생하는 열에 의해 수열판이 가열되어 열반도체 소자에 열기전력이 발생하여 미터릴레이를 작동시켜 수신기에 신호를 발신한다.

TIP ▶ 수열판 : 열을 받는 부분

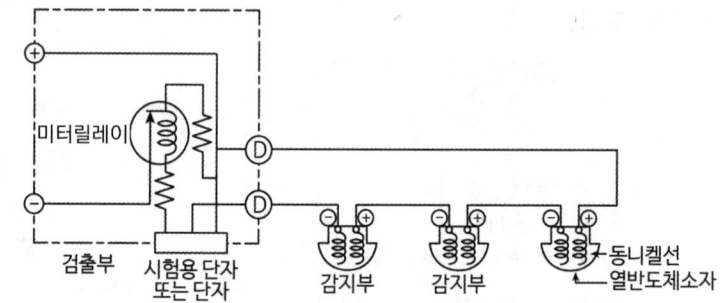

[구성요소]
- 감열부 : 열반도체 소자, 수열판
- 검출부 : 미터릴레이

(2) 작동원리

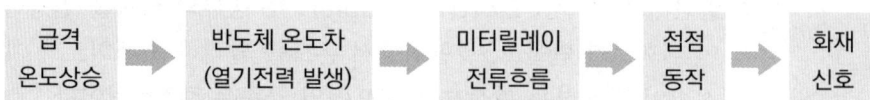

급격 온도상승 → 반도체 온도차 (열기전력 발생) → 미터릴레이 전류흐름 → 접점 동작 → 화재 신호

(3) 설치기준 ★★★

① 검출부에 접속하는 감지부는 2개 이상 15개 이하
② 감지부 설치 바닥면적기준

부착높이 및 특정소방대상물의 구분		감지기의 종류 [m²]		비고
		1종	2종	
8 [m] 미만	내화구조	65	36	부착높이가 8 [m] 미만이고, 바닥면적이 왼쪽 표에 따른 면적 이하인 경우에는 1개
8 [m] 미만	기타구조	40	23	
8 [m] 이상 15 [m] 미만	내화구조	50	36	
8 [m] 이상 15 [m] 미만	기타구조	30	23	

4) 공기관식 감지기의 시험방법(기능시험)
   (1) 화재작동시험, 화재작동계속시험 → 정상이면 3정수시험을 실시하지 않음
   (2) 3정수시험 : 유통시험, 접점수고시험, 리크저항시험 → 원인 규명 목적
   (3) 화재작동시험 : 감지기의 작동 및 작동시간의 정상 여부 확인
      ① 감지기의 작동공기압에 상당하는 공기량을 송입하여 접점이 작동하기(붙을 때)까지 걸리는 시간 측정할 것
      ② 검출부에 명시된 시간 내 접점이 작동하면 정상

○ 화재작동시험, 화재작동계속시험이 정상이면 3정수시험을 실시한다.
　　　　ⓧ 실시하지 않는다.

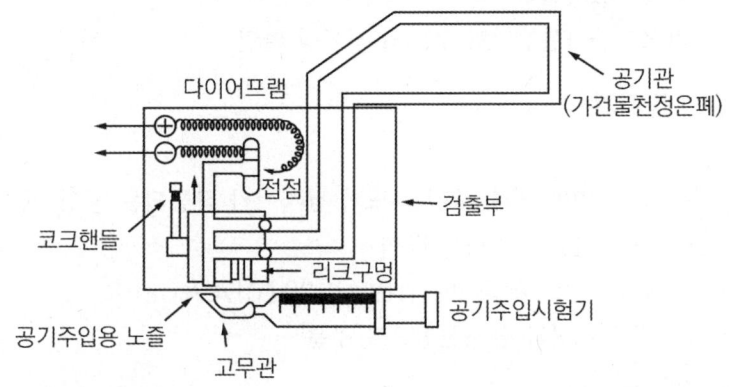

   (4) 화재작동 계속시험 : 작동시간 정상 여부를 확인함으로써 비화재보 및 실보 발생 여부 확인
      ① 화재작동시험에서 접점이 작동하여 정지할(떨어질) 때까지 걸리는 시간을 측정할 것
      ② 검출부에 명시된 범위 이내일 때 정상
   (5) 유통시험 : 공기관의 누설 여부 확인
      ① 공기관 내 공기를 유입시켜 공기관의 누설, 찌그러짐, 막힘, 공기관의 길이를 확인하기 위한 시험
      ② 검출부의 시험공 또는 공기관의 한쪽 끝을 마노미터로 접속하고, 공기주입시험기를 접속하고, 공기를 마노미터 수위 100 [mm]까지 상승 후 50 [mm]가 될 때까지 시간을 측정할 것
      ③ 공기관 길이에 따라 정해진 시간 이내 정상
      ④ 유통시험 필요 기구 3가지 : 마노미터, 공기주입시험기, 초시계

○ 실보
　화재를 감지하지 못하는 것

○ 유통시험에서 공기를 마노미터 수위 150 [mm]까지 상승 후 50 [mm]가 될 때까지 시간을 측정한다.
　　　　ⓧ 100 [mm]까지 상승

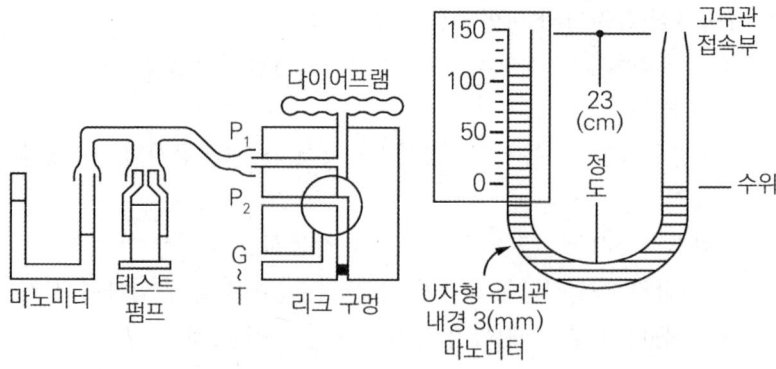

(6) 접점수고시험 : 다이어프램의 접점 간격 확인
(7) 리크저항시험 : 리크 구멍의 적합성 확인

4 정온식 감지기

1) 개념
   (1) 화재 시 열에 의해 주위 온도가 감지기가 작동되는 공칭작동온도가 될 경우 이를 감지하는 방식
   (2) 공칭작동온도 ≥ 최고주위온도 + 20 [℃] ★★
2) 종류 : 스포트형과 감지선형으로 구분

5 정온식 스포트형

1) 이용방식별 분류
   (1) 바이메탈 활곡·반전을 이용한 것
   (2) 금속의 팽창계수를 이용한 것
   (3) 가용절연물 용융을 이용한 것
   (4) 액체·기체의 팽창을 이용한 것
   (5) 감열반도체(서미스터) 소자를 이용한 것

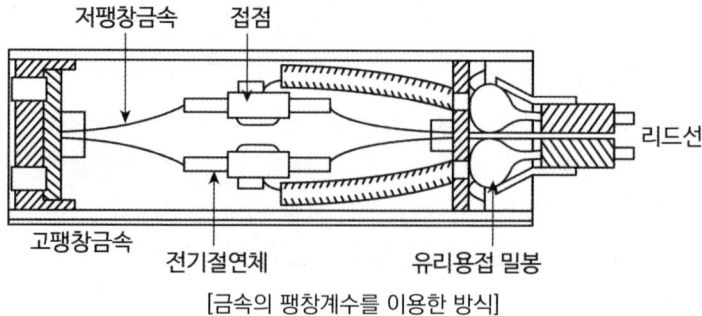

[금속의 팽창계수를 이용한 방식]

보충 ▶ 수고 : 간격

🔗 P.250 문 12

6 정온식 감지선형(비재용형)

1) 동작원리

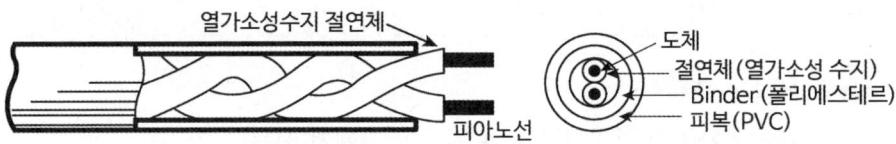

[동작원리(단락에 의한 On-off 접점)]

전용 수신기(감지선용 감지기 전용)을 사용하는 경우 수신기로부터 단락지점까지의 전기저항값에 따라 수신반에 거리가 표시된다.

2) 설치기준
  (1) 보조선이나 고정금구를 사용하여 감지선이 늘어지지 않도록 설치할 것
  (2) 단자부와 마감 고정금구와의 설치간격은 10 [cm] 이내로 설치할 것
  (3) 감지선형 감지기의 굴곡반경은 5 [cm] 이상으로 할 것
  (4) 감지기와 감지구역의 각 부분과의 수평거리

구분	1종	2종
내화구조	4.5 [m] 이하	3 [m] 이하
기타구조	3 [m] 이하	1 [m] 이하

  (5) 케이블트레이에 감지기를 설치하는 경우에는 케이블트레이 받침대에 마감금구를 사용하여 설치할 것
  (6) 창고의 천장 등에 지지물이 적당하지 않은 장소에는 보조선을 설치하고 그 보조선에 설치할 것
  (7) 분전반 내부에 설치하는 경우 접착제를 이용하여 돌기를 바닥에 고정시키고 그곳에 감지기를 설치할 것

3) 특성
  (1) 일시적인 온도 상승 및 훈소화재에 적응성
  (2) 부식, 먼지, 습기에 강함
  (3) 고장 오류가 적고 설치가 용이
  (4) 시간지연 발생 및 단락에 주의 필요

─○ 비재용형
  재사용이 불가능한 것

─○ 감지선형 감지기의 굴곡반경은 10 [cm] 이상으로 한다.
  ✗ 5 [cm] 이상

4) 감지선형 감지기 온도 표시 ★★★

공칭작동온도	80도 미만	80도 이상 ~ 120도 미만	120도 이상
색상	백색	청색	적색

7 보상식 스포트형

1) 구조 : 차동식 감지기 성능 + 정온식 감지기 성능
2) 구성요소 : 감열실, 다이어프램, 리크구멍, 고팽창 금속, 저팽창 금속
3) 정온점 ≥ 최고주위온도 + 20 [℃]

> 보상식 스포트형 감지기의 정온점은 최고주위온도보다 10 [℃] 높다.
> ✗ 20

8 열감지기 설치기준

1) 천장 또는 반자의 옥내에 면하는 부분에 설치
2) 실내로의 공기유입구로부터 1.5 [m] 이상 이격(차동식 분포형 제외)
3) 차동식 스포트형, 보상식 스포트형, 정온식 스포트형 감지기의 면적기준 ★★★

부착 높이 및 소방대상물의 구분		차동식		보상식		정온식		
		1종	2종	1종	2종	특종	1종	2종
4 [m] 미만	주요구조부가 내화구조	90	70	90	70	70	60	20
	기타구조	50	40	50	40	40	30	15
4 [m] 이상 8 [m] 미만	주요구조부가 내화구조	45	35	45	35	35	30	
	기타구조	30	25	30	25	25	15	

4) 스포트형 감지기 : 45° 이상 경사되지 아니하도록 부착

> 암기 ▶ 구질구질칠랭이

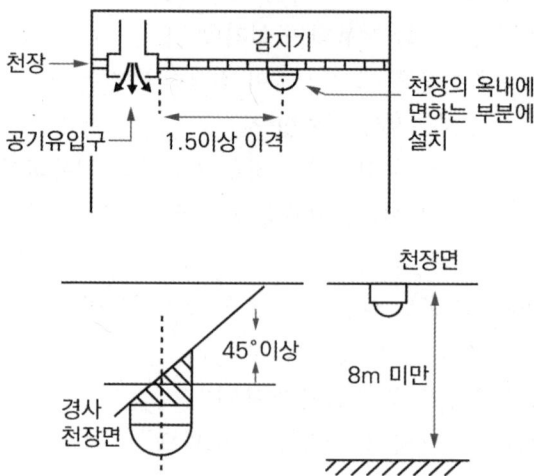

5) 보상식 스포트형 감지기 정온점 : 주위 평상시 최고온도보다 20 [℃] 이상 높을 것
6) 정온식 스포트형 감지기 공칭작동온도 : 주위 최고온도보다 20 [℃] 이상 높을 것
7) 스포트형 감지기의 표시등
   (1) 작동표시장치의 표시등 : 적색
   (2) 전원표시등(해당되는 경우에 한함) : 녹색 또는 백색
   (3) 고장표시등(보정식에 한함) : 황색

9 열감지기 동작특성

1) 작동 빠르기 : 보상식 > 차동식 > 정온식
2) 훈소화재 적응성 : 정온식, 보상식

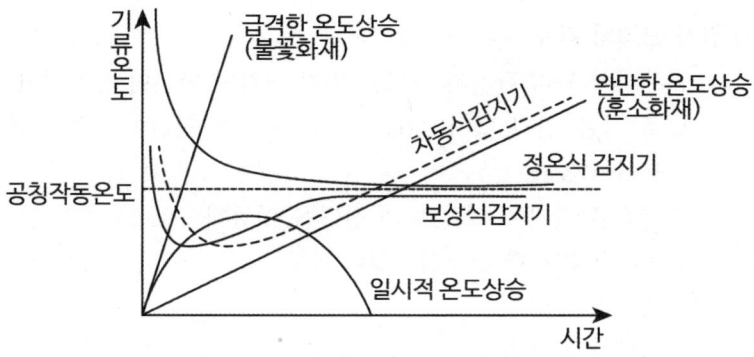

3) 일시적인 온도 상승에 적응성 : 정온식

감지기	적응성	동작원리	특성
차동식	불꽃 연소	15 [℃/min] 이상 시 동작	훈소비적응성, 비화재보 발생
정온식	불꽃 연소, 훈소	정온점 이상 온도 상승	시간지연 발생
보상식	불꽃 연소, 훈소	차동식 + 정온식	일시적 온도 상승 비화재보

선생님 TIP
보상식이 차동식 + 정온식이므로 가장 빠릅니다.

보충 ▶ 훈소화재
화염 없이 연기가 나며 서서히 타는 상태

07 연기감지기 및 불꽃감지기

1 연기감지기 및 불꽃감지기

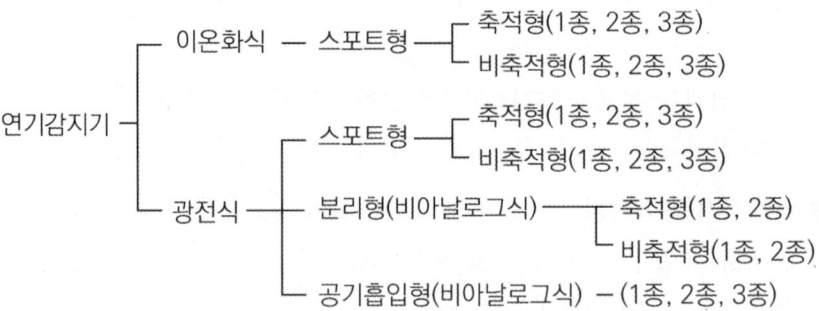

1) 입자 크기와 감도
   (1) 이온화식 연기 감지기 감도는 연기 입자에 이온이 흡착되어 작동하므로 작은 연기 입자(0.01 ~ 0.3 [μm])에 민감하므로 표면화재에 적응성이 높다.
   (2) 광전식은 입자에 의한 빛의 산란을 이용하므로 큰 연기 입자에 민감하므로 훈소화재에 적응성이 높다.
2) 연기 색상과 감도
   (1) 이온화식 연기 감지기는 연기 색상과는 무관하다.
   (2) 광전식 연기 감지기는 검은색 연기는 빛을 흡수하고, 흰색 연기는 빛을 반사하므로 흰색 계열의 연기에 감도가 민감하다.

2 이온화식 연기감지기

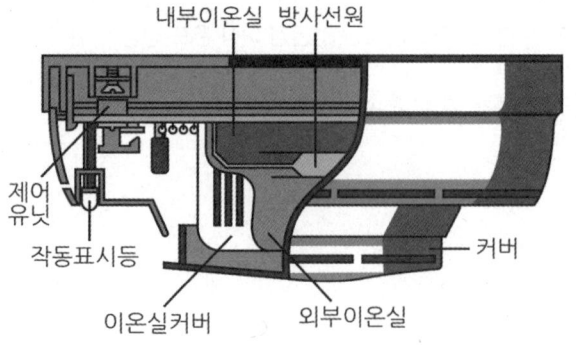

선생님 TIP

훈소화재는 불꽃 연소보다 큰 연기 입자가 납니다.

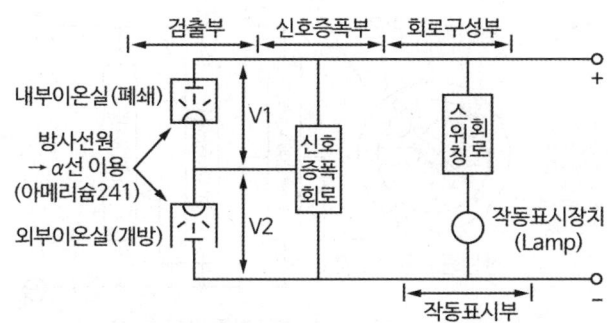

1) 작동메커니즘

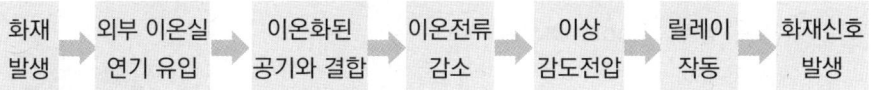

2) 특성
    (1) 작은 연기입자(0.01 ~ 0.3 [μm])에 유리 → 불꽃연소 적응성
    (2) 방사선 물질 사용
        ① 방사선원의 인체 유해성
        ② 경년변화에 따라 방사선량 감소되어 이온전류 감소에 의해 비화재보 발생
    (3) 온도, 습도, 바람의 영향에 민감 → 주변 환경에 의해 비화재보 발생 우려
    (4) 신뢰도 낮음

3) 사용 장소
    (1) B급 화재 등 불꽃 연소
    (2) 주변 환경이 온도, 기류 발생 염려가 적은 장소
    (3) 알코올 저장장소

3 광전식 스포트형 연기감지기

1) 구성

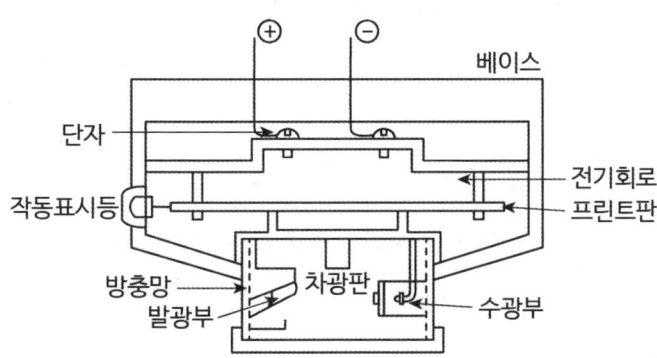

○ 이온화식 연기감지기는 작은 연기 입자에 유리하다. O

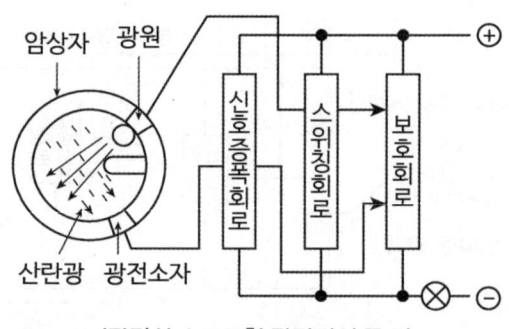

〈광전식 스포트형 감지기의 구조〉

(1) 발광부 : 적외선 LED
(2) 수광부 : Photo Diode
(3) 차광판
(4) 증폭회로 : 수광부에서 발생한 미소한 전압을 전기신호로 증폭
(5) 스위칭회로 : 증폭신호에 따라 폐회로 구성

2) 작동원리
(1) Mie의 분산법칙 응용(반사)
(2) 연기에 의해 빛의 산란으로 수광부 광량 증가

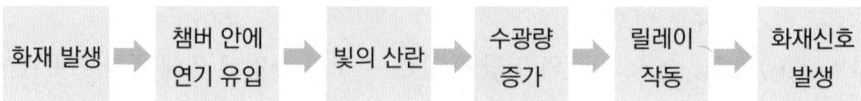

3) 특성
(1) 큰 연기에 유리(광원의 파장에 따라 0.3~1 [μm])하므로 훈소화재 적응성
(2) 연기 색상에 따라 영향 → 흰색 연기에 유리
(3) 비화재보 및 실보 발생 우려

4) 사용 장소 : A급 화재 등 훈소화재, 화재 시 엷은 색 연기 발생 장소, 지하상가

4 광전식 분리형 연기감지기 ★★★

1) 개념
(1) 광전식 분리형 감지기는 연소생성물인 연기를 감지하는 연기감지기
(2) 광원인 송광부와 수광부가 분리된 구조로써 연기에 의한 수광량 감소에 의해 작동
(3) 비화재보 방지 및 신뢰도가 좋고 층고가 높으며 넓은 대공간에 사용 가능

2) 구조
    (1) 송광부, 수광부
    (2) 신호변환회로(A/D 변환기)
    (3) 제어회로

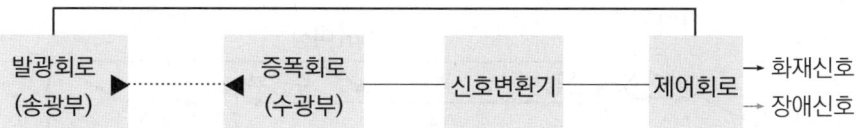

3) 작동원리
    (1) Mie의 분산법칙 응용 → 흡수, 반사
    (2) 연기 입자에 의해 광선이 감쇄되어 수광량이 감소되는 현상

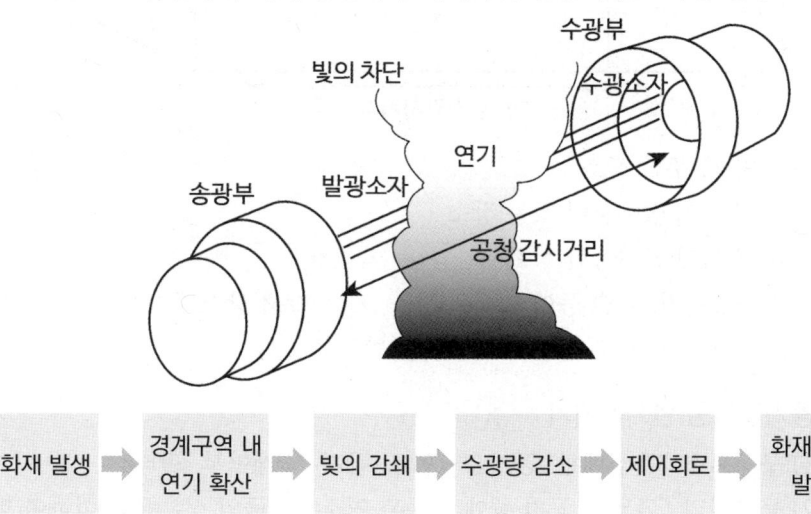

○ 광전식 분리형 감지기는 수광량이 증가하는 현상을 이용한다.
　　X 감소하는 현상

4) 사용 장소
    (1) 천장이 높고 대공간의 건축물 : 15 [m] 이상 시 단층화 대비를 위해 중간에 하나 더 설치
    (2) 체육관, 강당, 공장, 창고, 전기실 등
    (3) 화학공장, 격납고, 제련소 등

5) 설치기준 ★★★
    (1) 광축은 나란한 벽으로부터 0.6 [m] 이상 이격(오동작 방지 개념)
    (2) 수광면은 햇빛을 직접 받지 않도록 설치
    (3) 송광부와 수광부는 설치된 뒷벽으로부터 1 [m] 이내 위치에 설치(미감시구역 증가 방지 개념)
    (4) 광축의 높이는 천장 등 높이의 80 [%] 이상일 것

○ 🔗 P.253 문 18

(5) 광축의 길이는 공칭감시거리 범위 이내일 것(검정기술기준 공칭감시거리 : 5 ~ 100 [m], 5 [m] 간격)

(6) 그 밖은 형식승인 내용에 따르며 형식승인 사항이 아닌 것은 제조사의 시방에 따라 설치할 것

- 광전식 분리형 감지기의 광축은 나란한 벽으로부터 0.5 [m]이상 이격시켜야 한다. ✗ 0.6 [m] 이상
- 광전식 분리형 감지기의 광축 높이는 천장 등 높이의 60 [%] 이상이어야 한다. ✗ 80 [%]

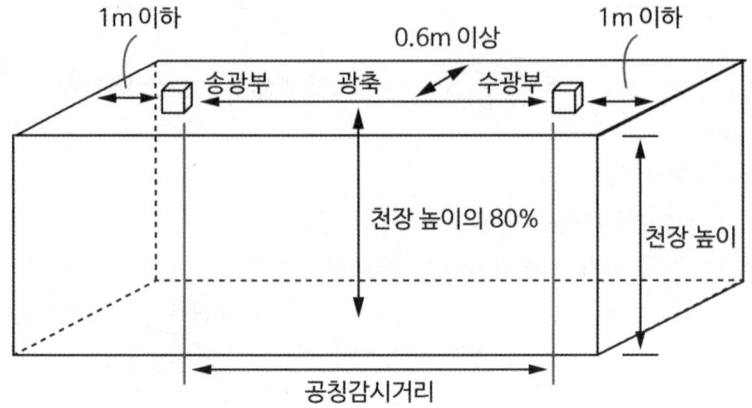

6) 설치 시 주의 장소
(1) 광축에 장애물이 있는 장소
(2) 점검이 불가능한 장소
(3) 물, 습기, 이슬 등이 맺히는 장소, 가스 발생 장소
(4) 감지기 수광부 정면이 태양빛을 받는 장소

5 공기흡입형 연기감지기

1) 구성요소 : 흡입배관, 공기흡입펌프, 감지부, 제어부, 필터
2) 동작원리 : 흡입된 공기 중에 함유된 연소생성물의 성분을 분석하여 화재를 감지
3) 설치장소 : 전산실 또는 반도체공장
4) 설치(배치)방식 : 주흡입방식, 보조흡입방식, 국소방식

6 연기감지기 설치장소 및 설치기준 ★★★

1) 연기감지기 설치장소
(1) 계단·경사로 및 에스컬레이터 경사로
(2) 복도(30 [m] 미만의 것 제외)
(3) 엘리베이터 승강로(권상기실이 있는 경우에는 권상기실)·린넨슈트·파이프피트 및 덕트 기타 이와 유사한 장소
(4) 천장 또는 반자의 높이가 15 [m] 이상 20 [m] 미만의 장소

• 연기감지기는 30 [m] 미만의 복도에 설치한다. ✗ 이상

(5) 다음 각 목의 어느 하나에 해당하는 특정소방대상물의 취침·숙박·입원 등 이와 유사한 용도로 사용되는 거실
  ① 공동주택·오피스텔·숙박시설·노유자시설·수련시설
  ② 교육연구시설 중 합숙소
  ③ 의료시설, 근린생활시설 중 입원실이 있는 의원·조산원
  ④ 교정 및 군사시설
  ⑤ 근린생활시설 중 고시원

2) 연기감지기 설치기준
  (1) 감지기의 부착높이에 따른 바닥면적 ★★★

부착높이	감지기의 종류(단위 [m^2])	
	1종 및 2종	3종
4 [m] 미만	150	50
4 [m] 이상 20 [m] 미만	75	-

  (2) 복도·통로 : 보행거리 30 [m](3종 20 [m])마다, 계단·경사로 : 수직거리 15 [m](3종 10 [m])마다 1개 이상 설치
  (3) 천장 또는 반자가 낮은 실내 또는 좁은 실내에 있어서는 출입구의 가까운 부분에 설치할 것
  (4) 천장 또는 반자부근에 배기구가 있는 경우에는 그 부근에 설치할 것
  (5) 감지기는 벽 또는 보로부터 0.6 [m] 이상 떨어진 곳에 설치할 것

3) 연기 감지기 감시 챔버
  (1) 연기의 크기에 따라 감지기 오작동 및 미작동 방지
  (2) 1.3 ± 0.05 [mm] 크기의 물체가 침입할 수 없는 구조일 것

7 불꽃감지기

1) UV감지기
  (1) 자외선 영역에서의 복사 파장을 검출한다.
  (2) 연소 시 OH$^-$, H$^+$를 포착한다.
2) IR감지기
  (1) 적외선 영역에서의 변화량이 일정량 이상
  (2) 연소 생성물 : CO_2, H_2O
3) UV/IR감지기
  (1) 오보를 줄이기 위해 UV와 IR이 동시에 작동할 때 동작하는 감지기
  (2) 연기의 영향을 받음(UV의 단점)

P.255 문 24

P.260 문 40

연기감지기는 벽 또는 보로부터 0.5 [m] 이상 떨어진 곳에 설치한다. ✗ 0.6

4) IR/IR감지기
   (1) IR3 : 4.2 ~ 5.2 [μm] 범위 내에서 3파장을 검출하거나 CO, CO_2, SO_2를 검출
   (2) 성능이 가장 우수하지만 검지 소자 제작이 어렵고 고가임
5) 설치기준
   (1) 공칭감시거리 및 공칭시야각은 형식승인을 따를 것
   (2) 감시구역을 모두 포용할 수 있을 것
   (3) 모서리 또는 벽 등에 설치할 것
   (4) 천장 등에 설치 시 바닥을 향할 것
   (5) 수분이 많은 지역은 방수형을 설치할 것
   (6) 기타 : 형식승인에 따르며 형식승인이 아닌 것은 제조사의 시방에 따라 설치함
6) 불꽃감지기 도로형의 최대 시야각 : 180° 이상

B 축적형 감지기 ★★★

1) 개념 : 일정농도 이상의 연기가 일정시간 지속될 경우 작동하는 감지기로서, 일시적으로 발생하는 연기에 의한 비화재보를 방지를 위한 감지
2) 설치장소 및 설치 제외 장소

설치장소	설치 제외 장소
• 지하층, 무창층으로 환기가 잘 되지 않는 장소 • 실내면적이 40 [m^2] 미만인 장소 • 감지기의 부착면과 실내바닥과의 사이가 2.3 [m] 이하인 곳	• 교차회로방식을 사용하는 경우 • 급속한 연소 확대의 우려가 예상되는 곳 • 축적형 수신기에 연결하여 사용하는 경우

08 설치장소별 감지기 적응성

1 감지기 부착높이 ★★★

🔗 P.249 문 08

부착 높이	감지기의 종류
4 [m] 미만	차동식(스포트형, 분포형), 보상식 스포트형, 정온식(스포트형, 감지선형), 이온화식 또는 광전식(스포트형, 분리형, 공기흡입형), 열복합형, 연기복합형, 열연기복합형, 불꽃감지기
4 [m] 이상 ~ 8 [m] 미만	차동식(스포트형, 분포형), 보상식 스포트형, 정온식(스포트형, 감지선형) 특종 또는 1종, 이온화식 1종 또는 2종, 광전식(스포트형, 분리형, 공기흡입형) 1종 또는 2종 열복합형, 연기복합형, 열연기복합형, 불꽃감지기
8 [m] 이상 ~ 15 [m] 미만	차동식 분포형(차동식 분포형 외의 열감지기는 8 [m] 미만), 이온화식 1종 또는 2종, 광전식(스포트형, 분리형, 공기흡입형) 1종 또는 2종, 연기복합형, 불꽃감지기
15 [m] 이상 ~ 20 [m] 미만	이온화식 1종, 광전식(스포트형, 분리형, 공기흡입형) 1종, 연기복합형, 불꽃감지기
20 [m] 이상	불꽃감지기, 광전식(분리형, 공기흡입형) 중 아날로그방식

암기 ▶ 차분한 이광연 12

암기 ▶ 이광연 1

※ 부착 높이 20 [m] 이상에 설치하는 광전식 중 아날로그 감지기는 공칭감지농도 하한값이 감광률 5 [%/m] 미만인 것으로 한다.

2 장소에 따른 설치 감지기

장소	감지기
• 지하층·무창층 등으로서 환기가 잘 되지 아니하거나, 실내면적이 40 [m²] 미만인 장소 • 감지기의 부착면과 실내바닥과의 사이가 2.3 [m] 이하인 곳	축적방식의 감지기, 복합형 감지기, 불꽃감지기, 아날로그방식의 감지기, 광전식 분리형 감지기, 다신호방식의 감지기, 정온식 감지선형 감지기, 분포형 감지기

• 계단 및 경사로, 복도(30 [m] 미만 제외)
• 엘리베이터 승강로(권상기실)·린넨슈트·파이프덕트 등
• 천장 또는 반자의 높이가 15 [m] 이상 20 [m] 미만의 장소
• 다음 특정소방대상물의 취침·숙박·입원 등 용도의 거실
  가. 공동주택·오피스텔·숙박시설·노유자시설·수련시설
  나. 교육연구시설 중 합숙소
	연기감지기
	(교차회로방식에 따른 감지기가 설치된 장소 또는 ,지하층, 무창층으로 환기가 잘 되지 않는 장소, 실내면적이 40 [m²] 미만인 장소, 감지기의 부착면과 실내바닥과의 사이가 2.3 [m] 이하인 곳에 따른 감지기가 설치된 장소는 제외)

장소	감지기
다. 의료시설, 근린생활시설 중 입원실이 있는 의원·조산원 라. 교정 및 군사시설 마. 근린생활시설 중 고시원	
주방·보일러실 등으로서 다량의 화기 취급 장소	정온식 감지기
지하구	먼지·습기 등의 영향을 받지 아니하고 발화지점(1 [m] 단위)과 온도를 확인할 수 있는 것
화학공장, 격납고, 제련소 등	광전식 분리형 감지기, 불꽃감지기
전산실, 반도체 공장 등	광전식 공기흡입형 감지기

🔔 선생님 TIP
설치장소별 감지기 적응성은 다 암기할 수 없기 때문에 시험에 출제된 부분만 과년도를 통해 학습합시다.

3 설치장소별 감지기 적응성(연기감지기를 설치할 수 없는 경우 적용)

설치장소		적응열감지기								
환경상태	적응장소	차동식 스포트형		차동식 분포형		보상식 스포트형		정온식		열아날로그식	불꽃감지기
		1종	2종	1종	2종	1종	2종	특종	1종		
먼지 또는 미분 등이 다량으로 체류하는 장소	쓰레기장, 하역장, 도장실, 섬유·목재·석재 등 가공공장	○	○	○	○	○	○	○	×	○	○
수증기가 다량으로 머무는 장소	증기세정실, 탕비실, 소독실 등	×	×	×	○	×	○	○	○	○	○
부식성 가스가 발생할 우려가 있는 장소	도금공장, 축전지실, 오수처리장 등	×	×	○	○	○	○	○	×	○	○
주방, 기타 평상시에 연기가 체류하는 장소	주방, 조리실, 용접작업장 등	×	×	×	×	×	×	○	○	○	○

설치장소		적응열감지기								열아날로그식	불꽃감지기
		차동식 스포트형		차동식 분포형		보상식 스포트형		정온식			
환경상태	적응장소	1종	2종	1종	2종	1종	2종	특종	1종		
현저하게 고온으로 되는 장소	건조실, 살균실, 보일러실, 주조실, 영사실, 스튜디오	×	×	×	×	×	×	○	○	○	×
배기가스가 다량으로 체류하는 장소	주차장, 차고, 화물취급소 차로, 자가발전실, 트럭터미널, 엔진시험실	○	○	○	○	○	○	×	×	○	○
연기가 다량으로 유입할 우려가 있는 장소	음식물 배급실, 주방전실, 주방 내 식품저장실, 음식물운반용 엘리베이터, 주방주변의 복도 및 통로, 식당 등	○	○	○	○	○	○	○	○	○	×
물방울이 발생하는 장소	스레트 또는 철판으로 설치한 지붕 창고·공장, 패키지형 냉각기 전용 수납실, 밀폐된 지하창고, 냉동실 주변 등	×	×	○	○	○	○	○	○	○	○
불을 사용하는 설비로서 불꽃이 노출되는 장소	유리공장, 용선로가 있는 장소, 용접실, 주방, 작업장, 주방, 주조실 등	×	×	×	×	×	×	○	○	○	×

4 감지기 설치 제외 장소 ★★

1) 천장 또는 반자의 높이가 20 [m] 이상인 장소(단, 부착 높이에 따라 적응성이 있는 장소 제외)
2) 헛간 등 외부와 기류가 통하는 장소로서 감지기에 따라 화재 발생을 유효하게 감지할 수 없는 장소
3) 부식성 가스가 체류하고 있는 장소
4) 고온도 및 저온도로서 감지기의 기능이 정지되기 쉽거나 감지기의 유지·관리가 어려운 장소
5) 목욕실·욕조나 샤워시설이 있는 화장실·기타 이와 유사한 장소
6) 파이프덕트 등 이와 유사장소로서 2개 층마다 방화구획된 것이나 수평 단면적이 5 [m^2] 이하인 것
7) 먼지·가루 또는 수증기가 다량 체류 장소 또는 주방 등 평상시 연기 발생 장소(연기감지기에 한함)
8) 프레스공장·주조공장 등 화재 발생 위험이 적은 장소로서 감지기의 유지관리가 어려운 장소

> 목욕실에는 감지기를 설치하지 않는다. O

5 화재알림형 감지기

1) 작동되는 경우 내장된 음향장치의 명동에 의하여 화재경보음을 발할 수 있는 기능이 있어야 한다.
2) 화재경보음은 감지기로부터 1 [m] 떨어진 위치에서 85 [dB] 이상으로 경보할 수 있어야 한다.

> 화재알림형 감지기의 화재경보음은 감지기로부터 1 [m] 떨어진 위치에서 90 [dB] 이상으로 할 것 X 85

09 발신기 ★★★

1 발신기의 정의 ★★★

화재신호를 수신기에 수동으로 발신하는 장치

종류	발신기 구조
구성요소	(명판, 응답표시등, 누름버튼, 보호판) 명판, 응답표시등, 누름버튼, 보호판, 외함

2 발신기의 설치기준 ★★★

1) 조작스위치 : 바닥으로부터 0.8 [m] 이상 ~ 1.5 [m] 이하 설치
2) 특정소방대상물의 층마다 설치
   (1) 수평거리 : 25 [m] 이하 설치(각 부분부터 하나의 발신기까지의 거리)
   (2) 보행거리 : 40 [m] 이상 경우 추가설치(복도·별도구획된 실)
3) 위치 표시등 : 함 상부 설치
4) 불빛 : 부착면부터 15° 이상의 범위 안, 부착지점부터 10 [m] 이내 어느 곳에서도 쉽게 식별할 수 있는 적색등
5) 발신기 외함 두께
   (1) 발신기 외함은 불연성 또는 난연성으로 함
   (2) 강판으로 사용하는 경우 ★★★

강판으로 사용하는 경우	합성수지 사용 시
외함 1.2 [mm] 이상	강판의 2.5배 이상
매립 시 매립되는 외함 부분 1.6 [mm] 이상	

○ 발신기는 수평거리 40 [m] 이하 설치한다. ✗ 25

○ 발신기의 불빛은 부착면으로부터 15° 이상의 범위 안, 부착지점부터 10 [m] 이내 어느 곳에서도 쉽게 식별할 수 있는 적색등일 것 ○

10 음향장치와 시각경보장치 ★★

1 음향장치의 설치기준

1) 주음향장치
   수신기의 내부 또는 그 직근에 설치할 것
2) 지구 음향장치
   (1) 특정소방대상물 층마다 설치
   (2) 수평거리 : 25 [m] 이하 설치(각 부분부터 음향장치까지)
   (3) 해당층 각 부분 유효하게 경보를 발할 수 있도록 설치
   (4) 기둥·벽 없는 대형공간은 가장 가까운 벽·기둥 등에 설치
   (5) 설치 제외 : 비상방송설비의 화재안전기술기준에 적합한 방송설비를 자동화재탐지설비의 감지기와 연동하여 작동하는 경우 지구음향장치 설치 면제
3) 경보방식 ★★★
   (1) 일제경보방식 : 화재 시 전 층에 경보하는 방식(소규모)
   (2) 우선경보방식 : 층수가 11층(공동주택의 경우에는 16층) 이상의 특정소방대상물은 다음과 같은 경보를 발할 수 있어야 한다. ★★★

○ 지구 음향장치는 수평거리 25 [m] 이하로 설치한다. ○

① 2층 이상의 층에서 발화한 때에는 발화층 및 그 직상 4개 층에 경보
② 1층에서 발화한 때에는 발화층·그 직상 4개 층 및 지하층에 경보
③ 지하층에서 발화한 때에는 발화층·그 직상층 및 기타 지하층 경보

> 공동주택이 아닌 특정소방대상물의 층수가 11층 이상인 경우 우선경보 방식을 적용한다. **O**

2 음향장치 구조 및 성능 ★★

1) 음향전압 : 정격전압의 80 [%] 전압
2) 음량 : 부착된 음향장치의 중심부터 1 [m] 떨어진 위치에서 90 [dB] 이상
3) 작동 : 감지기 및 발신기의 작동과 연동

> 음향장치는 정격전압의 70 [%]에서도 출력이 일어나야 한다.
> **X** 80 [%]

3 시각경보장치 ★★★

1) 시각경보기 정의
   화재 시 광원에 의해 점멸(조명) 형태로 경보를 발하여 특정소방대상물 관계인 등 청각장애인에게 화재 발생을 통보하는 경보설비

2) 시각경보장치 설치기준
   (1) 장소 : 복도·통로·청각장애인용 객실 및 공용으로 사용하는 거실에 설치하며, 각 부분으로부터 유효하게 경보를 발할 수 있는 위치에 설치할 것
   (2) 위치 : 공연장·집회장·관람장 또는 이와 유사한 장소에 설치하는 경우에는 시선이 집중되는 무대부 부분 등에 설치할 것
   (3) 높이 : 바닥으로부터 2 [m] 이상 ~ 2.5 [m] 이하 장소 설치(다만 천장의 높이 2 [m] 이하 경우에는 천장으로부터 0.15 [m] 이내 장소 설치)
   (4) 전원(광원) : 전용의 축전지설비 또는 전기저장장치에 의해 점등

> 🔗 P.254 문 22

> 🔗 P.263 문 46

> 시각경보장치는 바닥으로부터 2 [m] 이상 ~ 2.5 [m] 이하 장소에 설치한다. **O**

11 배선 ★★

1 전원

1) 상용전원(전용배선) : 축전지, 전기저장장치, 교류전압 옥내간선
2) 비상전원(예비전원) : 축전지, 전기저장장치
3) 비상전원 용량 : 감시상태 60분간 지속 후 유효하게 10분 이상 경보

2 배선

1) 배선
   (1) 전원회로 : 내화배선
   (2) 그 밖 배선(감지기 관련 제외) : 내화 또는 내열배선
   (3) 감지기 상호 간 또는 감지기회로

2) 배선 종류

자동화재탐지설비 배선		배선 종류	비고
전원회로 배선		내화 배선	
감지기회로 배선 (감지기 상호 간 또는 감지기로부터 수신기에 이르는 감지기회로 배선)	아날로그식 다신호식 감지기 R형 수신기용	쉴드선(차폐선)	전자파 방해를 받지 않는 방식은 제외
	감지기 상호 간	내화배선 또는 내열배선	
	기타	내화배선 또는 내열배선	
그 밖의 회로배선		내화배선 또는 내열배선	

3) 배선 신호전달방식 : 송배선식(보내고 받기)으로 할 것
4) 배선 절연저항
   감지기회로 및 부속회로의 전로와 대지 사이 및 배선 상호 간의 절연저항은 1경계구역마다 직류 250 [V]의 절연저항측정기를 사용하여 측정한 절연저항이 0.1 [MΩ] 이상
5) 배선 구획
   다른 전선과 별도의 관·덕트·몰드 또는 풀박스 등에 설치(다만 60 [V] 미만의 약 전류회로에 사용하는 전선으로서 각각의 전압이 같을 때에는 그러하지 아니하다)
6) 배선 경계구역
   피(P)형 수신기 및 지피(G.P.)형 수신기의 감지기회로의 배선에 있어서 하나의 공통선에 접속할 수 있는 경계구역 : 7개 이하
7) 전로저항 및 종단감지기 배선전압
   (1) 전로저항 : 50 [Ω] 이하
   (2) 종단 감지기에 접속되는 배선의 전압 : 감지기 정격전압 80 [%] 이상 (전압강하 20 [%])

P.245 문 04

다신호식 감지기는 쉴드선을 사용한다. O

P.256 문 32

> 🔗 P.244 문 01
>
> 종단저항은 바닥으로부터 0.8 [m] 이상 1.5 [m] 이내에 설치한다.
>
> [X] 이상기준 없음

3 도통시험 위한 종단저항 설치기준

1) 점검 및 관리가 쉬운 장소 설치 ★★★
2) 전용함 설치 시 높이 : 바닥으로부터 1.5 [m] 이내
3) 감지기회로의 끝부분에 설치하며, 종단감지기에 설치할 경우에는 구별이 쉽도록 해당 감지기의 기판 및 감지기 외부 등에 별도의 표시를 할 것

4 내화배선

사용전선의 종류	공사방법 ★★★
내화전선	케이블공사의 방법에 따라 설치
• 450/750 [V] 저독성 난연 가교 폴리올레핀 절연 전선 • 0.6/1 [KV] 가교 폴리에틸렌 절연 저독성 난연 폴리올레핀 시스 전력 케이블 • 6/10 [kV] 가교 폴리에틸렌 절연 저독성 난연 폴리올레핀 시스 전력용 케이블 • 가교 폴리에틸렌 절연 비닐시스 트레이용 난연 전력 케이블 • 0.6/1 [kV] EP 고무절연 클로로프렌 시스 케이블 • 300/500 [V] 내열성 실리콘 고무 절연 전선(180 [℃]) • 내열성 에틸렌-비닐아세테이트 고무 절연케이블 • 버스덕트(Bus Duct)	금속관·2종 금속제 가요전선관 또는 합성 수지관에 수납하여 내화구조로 된 벽 또는 바닥 등에 벽 또는 바닥의 표면으로부터 25 [mm] 이상의 깊이로 매설하여야 한다. 다만 다음 각 목의 기준에 적합하게 설치하는 경우에는 제외한다. • 배선을 내화성능을 갖는 배선전용실 또는 배선용 샤프트·피트·덕트 등에 설치하는 경우 • 배선전용실 또는 배선용 샤프트·피트·덕트 등에 다른 설비의 배선이 있는 경우에는 이로부터 15 [cm] 이상 떨어지게 하거나 소화설비의 배선과 이웃하는 다른 설비의 배선 사이에 배선지름 (배선의 지름이 다른 경우에는 가장 큰 것을 기준으로 한다)의 1.5배 이상의 높이의 불연성 격벽을 설치하는 경우

[비고] 내화전선의 내화성능은 KS C IEC 60331-1과 (온도 830 [℃]/가열시간 120분) 표준 이상을 충족하고, 난연성능 확보를 위해 KS IEC 60332-3-24 성능 이상을 충족할 것

12 자동화재탐지설비 용어정리(NFTC 203) ★★★

1) "경계구역"이란 특정소방대상물 중 화재신호를 발신하고 그 신호를 수신 및 유효하게 제어할 수 있는 구역을 말한다.
2) "수신기"란 감지기나 발신기에서 발하는 화재신호를 직접 수신하거나 중계기를 통하여 수신하여 화재의 발생을 표시 및 경보해주는 장치를 말한다.
3) "중계기"란 감지기·발신기 또는 전기적인 접점 등의 작동에 따른 신호를 받아 이를 수신기에 전송하는 장치를 말한다.
4) "감지기"란 화재 시 발생하는 열, 연기, 불꽃 또는 연소생성물을 자동적으로 감지하여 수신기에 화재신호 등을 발신하는 장치를 말한다.
5) "발신기"란 수동누름버턴 등의 작동으로 화재신호를 수신기에 발신하는 장치를 말한다.
6) "시각경보장치"란 자동화재탐지설비에서 발하는 화재신호를 시각경보기에 전달하여 청각장애인에게 점멸형태의 시각경보를 하는 것을 말한다.
7) "거실"이란 거주·집무·작업·집회·오락 그 밖에 이와 유사한 목적을 위하여 사용하는 실을 말한다.
8) "신호처리방식"은 화재신호 및 상태신호 등(이하 "화재신호 등"이라 한다)을 송수신하는 방식으로서 다음의 방식을 말한다.
   (1) "유선식"은 화재신호 등을 배선으로 송·수신하는 방식
   (2) "무선식"은 화재신호 등을 전파에 의해 송·수신하는 방식
   (3) "유·무선식"은 유선식과 무선식을 겸용으로 사용하는 방식

P.248 문 13

예상문제

01 상중하

자동화재탐지설비 및 시각경보장치의 화재안전기술기준(NFTC 203)에 따라 감지기회로의 도통시험을 위한 종단저항의 설치기준으로 틀린 것은?

① 동일층 발신기함 외부에 설치할 것
② 점검 및 관리가 쉬운 장소에 설치할 것
③ 전용함을 설치하는 경우 그 설치높이는 바닥으로부터 1.5 [m] 이내로 할 것
④ 종단감지기에 설치할 경우에는 구별이 쉽도록 해당 감지기의 기판 등에 별도의 표시를 할 것

해설 도통시험 위한 종단저항
1) 점검 및 관리 쉬운 장소 설치
2) 설치높이 : 1.5 [m] 이하(전용함 설치)
3) 감지기회로 끝부분 설치
4) 종단감지기 설치 시 : 기판·감지기 외부등 별도표시
※ 종단저항 설치목적 : 감지기회로 단선, 단락 및 접속 상태 이상 유무 파악

02 상중하

자동화재탐지설비 및 시각경보장치의 화재안전기술기준(NFTC 203)에 따라 외기에 면하여 상시 개방된 부분이 있는 차고·주차장·창고 등에 있어서는 외기에 면하는 각 부분으로부터 몇 [m] 미만의 범위 안에 있는 부분은 경계구역의 면적에 산입하지 아니하는가?

① 1
② 3
③ 5
④ 10

해설 경계구역

1) 수평적 경계구역
  (1) 하나의 경계구역이 2개 건축물 및 각 층에 미치지 않을 것
     (다만 2개의 층을 하나의 경계구역으로 산정하는 경우 : 바닥 합 500 [m²] 이하)
  (2) 하나의 경계구역 면적 : 600 [m²] 이하
    ① 한 변 길이 : 50 [m] 이하
    ② 주출입구에서 내부 전체 보이는 것 : 한 변 길이가 50 [m]의 범위 내 1000 [m²] 이하
    ③ 터널 : 하나의 경계구역의 길이 100 [m] 이하
2) 수직적 경계구역
  (1) 계단·경사로(에스컬레이터 포함)는 별도의 경계구역 산정 → 45 [m] 이하
  (2) 엘리베이터 승강로(권상기실 포함)·린넨슈트·파이프피트 및 덕트 기타 이와 유사한 부분은 별도의 경계구역 산정 → 높이기준 없음
  (3) 지하층의 계단 및 경사로(지하층 층수 1일 경우 제외)는 별도로 경계구역 산정
3) 상시 개방된 부분이 있는 차고·주차장·창고 : 외기에 면하는 부분으로부터 5 [m] 미만은 면적 산입 제외

정답 01 ① 02 ③

03

자동화재탐지설비 및 시각경보장치의 화재안전기술기준(NFTC 203)에 따른 중계기에 대한 시설기준으로 틀린 것은?

① 조작 및 점검에 편리하고 화재 및 침수 등의 재해로 인한 피해를 받을 우려가 없는 장소에 설치할 것
② 수신기에서 직접 감지기회로의 도통시험을 행하지 아니하는 것에 있어서는 수신기와 발신기 사이에 설치할 것
③ 수신기에 따라 감시되지 아니하는 배선을 통하여 전력을 공급받는 것에 있어서는 전원입력 측에 배선에 과전류 차단기를 설치할 것
④ 수신기에 따라 감시되지 아니하는 배선을 통하여 전력을 공급받는 것에 있어서는 해당 전원의 정전이 즉시 수신기에 표시되는 것으로 할 것

해설 중계기 설치기준

1) 조작 및 점검 편리한 곳
2) 화재·침수 등 재해 피해 받을 우려 없는 장소
3) 수신기와 감지기 사이 : 수신기에서 직접 감지기회로의 도통시험을 행하지 않는 것
4) 배선을 통하여 전력 공급받는 것 : 해당 전원 정전이 즉시 수신기에 표시

04

자동화재탐지설비 및 시각경보장치의 화재안전기술기준(NFTC 203)에 따른 배선의 시설기준으로 틀린 것은?

① 감지기 사이의 회로의 배선은 송배선식으로 할 것
② 자동화재탐지설비의 감지기회로의 전로저항은 50 [Ω] 이하가 되도록 할 것
③ 수신기의 각 회로별 종단에 설치되는 감지기에 접속되는 배선의 전압은 감지기 정격전압의 80 [%] 이상이어야 할 것
④ 피(P)형 수신기 및 지피(G.P.)형 수신기의 감지기회로의 배선에 있어서 하나의 공통선에 접속할 수 있는 경계구역은 10개 이하로 할 것

해설 자동화재탐지설비 배선

자동화재탐지설비 배선	배선 종류	비고
전원회로 배선	내화 배선	-
감지기 회로배선 (감지기 상호 간 또는 감지기로부터 수신기에 이르는 감지기 회로 배선)	아날로그식 다신호식 감지기 R형 수신기용	쉴드선 (차폐선)	전자파 방해를 받지 않는 방식은 제외
	감지기 상호 간	내화배선 또는 내열배선	-
	기타	내화배선 또는 내열배선	-
그 밖의 회로배선	내화배선 또는 내열배선	-

1) 감지기 사이 : 송배선식
2) 절연저항 0.1 [MΩ] 이상 : 250 [V] 절연저항측정기로 측정 시
3) 위치는 별도 관·덕트 몰드·풀박스 : 60 [V] 미만 약 전류회로에 사용 시 제외
4) P형, G.P형 수신기 하나의 공통선 접속 : 경계구역 7개 이하
5) 전로저항 : 50 [Ω]
6) 종단 감지기 배선전압 : 정격전압 80 [%]

05 상중하

자동화재탐지설비 및 시각경보장치의 화재안전기술기준(NFTC 203)에 따라 지하층·무장층 등으로서 환기가 잘 되지 아니하거나 실내 면적이 40 [m²] 미만인 장소에 설치하여야 하는 적응성이 있는 감지기가 아닌 것은?

① 불꽃감지기
② 광전식 분리형 감지기
③ 정온식 스포트형 감지기
④ 아날로그방식의 감지기

해설 비화재보방지 감지기

1) 불꽃감지기
2) 정온식 감지선형 감지기
3) 분포형 감지기
4) 복합형 감지기
5) 광전식 분리형 감지기
6) 아날로그방식 감지기
7) 다신호방식 감지기
8) 축적방식 감지기

암기 ▶ 불정분복 광아다축
TIP ▶ 비화재보 : 화재감지 오작동
※ 스포트형은 해당 없음

06 상중하

감지기의 형식승인 및 제품검사의 기술기준에 따른 연기감지기의 종류로 옳은 것은?

① 연복합형
② 공기흡입형
③ 차동식 스포트형
④ 보상식 스포트형

해설 연기감지기 종류

• 이온화식 스포트형
• 광전식 스포트형
• 광전식 분리형
• 공기흡입형

07 상중하

자동화재탐지설비 및 시각경보장치의 화재안전기술기준(NFTC 203)에 따른 자동화재탐지설비의 중계기의 시설기준으로 틀린 것은?

① 조작 및 점검에 편리하고 화재 및 침수 등의 재해로 인한 피해를 받을 우려가 없는 장소에 설치할 것
② 수신기에서 직접 감지기회로의 도통시험을 행하지 아니하는 것에 있어서는 수신기와 감지기 사이에 설치할 것
③ 감지기에 따라 감시되지 아니하는 배선을 통하여 전력을 공급받는 것에 있어서는 전원입력 측의 배선에 누전경보기를 설치할 것
④ 수신기에 따라 감시되지 아니하는 배선을 통하여 전력을 공급받는 것에 있어서는 해당 전원의 정전이 즉시 수신기에 표시되는 것으로 할 것

해설 중계기 설치기준

1) 조작 및 점검에 편리한 곳
2) 화재·침수 등 재해 피해 받을 우려 없는 장소
3) 수신기와 감지기 사이 : 수신기에서 직접 감지기회로의 도통시험을 행하지 않음
4) 집합형 중계기(배선 통해 전력 공급)
   • 전원입력 측 배선 : 과전류 차단기 설치
   • 정전 : 즉시 수신기 표시
   • 상용 전원 및 예비전원 : 시험 가능

정답 05 ③ 06 ② 07 ③

08 (상중하)

자동화재탐지설비 및 시각경보장치의 화재안전기술기준(NFTC 203)에 따라 부착높이 8 [m] 이상 15 [m] 미만에 설치 가능한 감지기가 아닌 것은?

① 불꽃감지기
② 보상식 분포형 감지기
③ 차동식 분포형 감지기
④ 광전식 분리형 1종 감지기

해설 감지기 적응성

부착높이	감지기 종류
8 [m] 이상 ~ 15 [m] 미만	• 차동식 분포형 • 이온화식 1종·2종 • 광전식 1종·2종 • 연기복합형 • 불꽃감지기
15 [m] 이상 ~ 20 [m] 미만	이온화식 1종, 광전식(스포트형, 분리형, 공기흡입형) 1종, 연기복합형, 불꽃감지기
20 [m] 이상	불꽃감지기, 광전식(분리형, 공기흡입형) 중 아날로그방식

암기 차분한 이광연 12세
이광연 1

09 (상중하)

불꽃감지기의 설치기준으로 틀린 것은?

① 수분이 많이 발생할 우려가 있는 장소에는 방수형으로 설치할 것
② 감지기를 천장에 설치하는 경우에는 감지기는 천장을 향하여 설치할 것
③ 감지기는 화재감지를 유효하게 감지할 수 있는 모서리 또는 벽 등에 설치할 것
④ 감지기는 공칭감시거리와 공칭시야각을 기준으로 감시구역이 모두 포용될 수 있도록 설치할 것

해설 불꽃감지기

1) 공칭감시거리 및 공칭시야각은 형식승인을 따를 것
2) 감시구역을 모두 포용할 수 있을 것
3) 모서리 또는 벽 등에 설치할 것
4) 천장 등에 설치 시 바닥을 향할 것
5) 수분이 많은 지역은 방수형을 설치할 것
6) 기타 : 형식승인에 따르며 형식승인이 아닌 것은 제조사의 시방에 따라 설치함
7) 불꽃감지기 도로형의 최대 시야각 : 180° 이상

10 (상중하)

정온식 감지선형 감지기에 관한 설명으로 옳은 것은?

① 일국소의 주위온도 변화에 따라서 차동 및 정온식의 성능을 갖는 것을 말한다.
② 일국소의 주위온도가 일정한 온도 이상이 되었을 때 작동하는 것으로서 외관이 전선으로 되어 있는 것을 말한다.
③ 그 주위온도가 일정한 온도상승률 이상이 되었을 때 작동하는 것을 말한다.
④ 그 주위온도가 일정한 온도상승률 이상이 되었을 때 작동하는 것으로서 광범위한 열효과의 누적에 의하여 동작하는 것을 말한다.

해설 정온식 감지선형 감지기

1) 설치기준
   (1) 보조선이나 고정금구를 사용하여 감지선이 늘어지지 않도록 설치할 것
   (2) 단자부와 마감 고정금구와의 설치간격은 10 [cm] 이내로 설치할 것
   (3) 감지선형 감지기의 굴곡반경은 5 [cm] 이상으로 할 것
   (4) 감지기와 감지구역의 각 부분과의 수평거리
      ① 내화구조 : 1종 4.5 [m] 이하, 2종 3 [m] 이하
      ② 기타구조 : 1종 3 [m] 이하, 2종 1 [m] 이하

정답 08 ② 09 ② 10 ②

(5) 케이블트레이에 감지기를 설치하는 경우에는 케이블트레이 받침대에 마감금구를 사용하여 설치할 것
(6) 창고의 천장 등에 지지물이 적당하지 않은 장소에는 보조선을 설치하고 그 보조선에 설치할 것
(7) 분전반 내부에 설치하는 경우 접착제를 이용하여 돌기를 바닥에 고정시키고 그곳에 감지기를 설치할 것

2) 감지선형 감지기 온도 표시

80도 미만	80도 이상 120도 미만	120도 이상
백색	청색	적색

※ 정온식 감지선형 감지기 : 일국소의 주위온도가 일정한 온도 이상이 되었을 때 작동하는 것으로서 외관이 전선인 감지기

11 상**중**하

자동화재탐지설비의 수신기의 각 회로별 종단에 설치되는 감지기에 접속되는 배선의 전압은 감지기 정격전압의 최소 몇 [%] 이상이어야 하는가?

① 50
② 60
③ 70
④ 80

해설 종단감지기전압
- 정격전압 : 80 [%] 이상
- 직류 24 [V]의 80 [%] = 24 × 0.8 = 19.2 [V]
- 평상시 전압강하 20 [%] 일어나도 설비가 작동할 수 있는 전압기준

TIP ▶ 전로저항 : 50 [Ω] 이하

12 상**중**하

정온식감지기의 설치 시 공칭작동온도가 최고주위온도보다 최소 몇 [℃] 이상 높은 것으로 설치하여야 하나?

① 10
② 20
③ 30
④ 40

해설 정온식감지기 공칭작동온도
최고주위온도보다 20 [℃] 이상

13 상**중**하

자동화재탐지설비의 화재안전기술기준에서 사용하는 용어가 아닌 것은?

① 중계기
② 경계구역
③ 시각경보장치
④ 단독경보형 감지기

해설 자동화재탐지설비 용어
- 경계구역 : 특정소방대상물 중 화재신호를 발신하고 그 신호를 수신 및 유효하게 제어할 수 있는 구역
- 수신기 : 감지기나 발신기에서 발하는 화재신호를 직접 수신하거나 중계기를 통하여 수신하여 화재의 발생을 표시 및 경보해주는 장치
- 중계기 : 감지기·발신기 또는 전기적인 접점 등의 작동에 따른 신호를 받아 이를 수신기에 전송하는 장치
- 감지기 : 화재 시 발생하는 열, 연기, 불꽃 또는 연소생성물을 자동적으로 감지하여 수신기에 화재신호 등을 발신하는 장치
- 발신기 : 수동누름버튼 등의 작동으로 화재 신호를 수신기에 발신하는 장치
- 시각경보장치 : 자동화재탐지설비에서 발하는 화재신호를 시각경보기에 전달하여 청각장애인에게 점멸형태의 시각경보를 하는 것

정답 11 ④ 12 ② 13 ④

- 거실 : 거주·집무·작업·집회·오락 그 밖에 이와 유사한 목적을 위하여 사용하는 실
- 신호처리방식 : 화재신호 및 상태신호 등(이하 "화재신호 등"이라 한다)을 송수신하는 방식으로서 다음의 방식
- 유선식 : 화재신호 등을 배선으로 송·수신하는 방식
- 무선식 : 화재신호 등을 전파에 의해 송·수신하는 방식
- 유·무선식 : 유선식과 무선식을 겸용으로 사용하는 방식

14 상중하

부착높이가 11 [m]인 장소에 적응성 있는 감지기는?

① 차동식 분포형
② 정온식 스포트형
③ 차동식 스포트형
④ 정온식 감지선형

해설 감지기 설치

부착높이	감지기 종류
8 [m] 이상 ~ 15 [m] 미만	• 차동식 분포형 • 이온화식 1종·2종 • 광전식 1종·2종 • 연기복합형 • 불꽃감지기
15 [m] 이상 ~ 20 [m] 미만	이온화식 1종, 광전식(스포트형, 분리형, 공기흡입형) 1종, 연기복합형, 불꽃감지기
20 [m] 이상	불꽃감지기, 광전식(분리형, 공기흡입형) 중 아날로그방식

암기 차분한 이광연 12세
이광연 1

15 상중하

차동식 분포형 감지기의 동작방식이 아닌 것은?

① 공기관식
② 열전대식
③ 열반도체식
④ 불꽃 자외선식

해설 차동식 분포형 종류

열반도체식·열전대식·공기관식

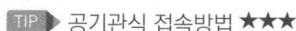 공기관식 접속방법 ★★★

1) 공기관의 노출부분 : 20 [m] 이상
2) 하나의 검출부에 접속하는 공기관의 길이 : 100 [m] 이하
3) 공기관과 감지구역의 각 변과의 수평거리 : 1.5 [m] 이하
4) 공기관 상호거리 : 6 [m] 이하(주요구조부가 내화구조인 경우 : 9 [m])
5) 공기관은 도중에 분기 금지
6) 검출부는 5° 이상 경사되지 않을 것
7) 검출부는 바닥으로부터 0.8 [m] 이상 ~ 1.5 [m] 이하의 위치에 설치할 것

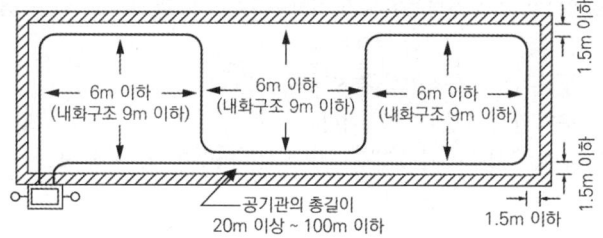

16 상중하

자동화재탐지설비 및 시각경보장치의 화재안전기술기준(NFTC 203)에 따른 감지기의 설치기준으로 틀린 것은?

① 스포트형 감지기는 45° 이상 경사되지 아니하도록 부착할 것
② 감지기(차동식 분포형의 것을 제외한다)는 실내로의 공기유입구로부터 1.5 [m] 이상 떨어진 위치에 설치할 것
③ 보상식 스포트형 감지기는 정온점이 감지기 주위의 평상시 최고온도보다 10 [℃] 이상 높은 것으로 설치할 것
④ 정온식 감지기는 주방·보일러실 등으로서 다량의 화기를 취급하는 장소에 설치하되 공칭작동온도가 최고주의온도보다 20 [℃] 이상 높은 것으로 설치할 것

해설 감지기 설치기준

1) 보상식 스포트형 : 정온점이 주위 최고온도보다 20 [℃] 이상 높을 것
2) 정온식 : 공칭작동온도가 최고주위온도보다 20 [℃] 이상 높을 것
3) 부착각도 : 45° 이상 경사되지 않을 것
4) 공기관식 검출부 : 5° 미만
5) 위치 : 실내공기유입구로부터 1.5 [m] 이격, 천장 또는 반자의 옥내 면하는 곳

17 상중하

자동화재탐지설비 배선의 설치기준 중 옳은 것은?

① 감지기 사이의 회로의 배선은 교차회로방식으로 설치하여야 한다.
② 피(P)형 수신기 및 지피(G.P)형 수신기의 감지기회로의 배선에 있어서 하나의 공통선에 접속할 수 있는 경계구역은 10개 이하로 설치하여야 한다.
③ 자동화재탐지설비의 감지기회로의 전로저항은 80 [Ω] 이하가 되도록 하여야 하며, 수신기의 각 회로별 종단에 설치되는 감지기에 접속되는 배선의 전압은 감지기 정격전압의 50 [%] 이상이어야 한다.
④ 자동화재탐지설비의 배선은 다른 전선과 별도의 관·덕트·몰드 또는 풀박스 등에 설치할 것, 다만 60 [V] 미만의 약전류회로에 사용하는 전선으로서 각각의 전압이 같을 때에는 그러하지 아니하다.

해설 자동화재탐지설비 배선

1) 전원회로 : 내화
2) 그 밖 : 내화 또는 내열
3) 감지기 상호 간 : 600 [V] 비닐절연전선
4) 감지기 사이 : 송배선식
5) 절연저항 0.1 [MΩ] 이상 : 250 [V] 절연저항측정기 측정 시
6) 위치는 별도 관·덕트 몰드·풀박스 : 60 [V] 미만 약 전류회로에 사용 시 제외
7) P형, G.P형 수신기 하나의 공통선 접속 : 경계구역 7개 이하
8) 전로저항 : 50 [Ω]

정답 16 ③ 17 ④

18 상(중)하

광전식 분리형 감지기의 설치기준 중 틀린 것은?

① 감지기의 수광면은 햇빛을 직접 받지 않도록 설치할 것
② 광축은 나란한 벽으로부터 0.6 [m] 이상 이격하여 설치할 것
③ 감지기의 송광부와 수광부는 설치된 뒷벽으로부터 0.5 [m] 이내 위치에 설치할 것
④ 광축의 높이는 천장 등 높이의 80 [%] 이상일 것

해설 광전식 분리형 설치기준

1) 수광면 : 직접 햇빛 안 받도록 설치
2) 광축 이격 : 나란한 벽 0.6 [m] 이상
3) 송·수광부 : 뒷 벽 1 [m] 이내
4) 광축 높이 : 천장 등 높이에 80 [%] 이상
5) 광축 길이 : 공칭감시거리 범위 이내

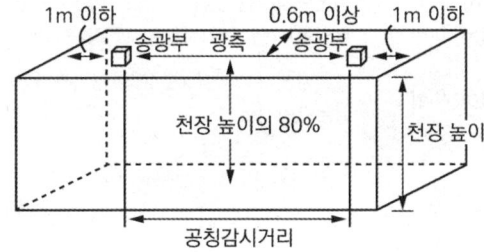

19 상(중)하

일시적으로 발생한 열·연기 또는 먼지 등으로 인하여 화재신호를 발신할 우려가 있는 장소의 설치장소별 감지기 적응성기준 중 항공기 격납고, 높은 천장의 창고 등 감지기 부착 높이 8 [m] 이상의 장소에 적응성을 갖는 감지기가 아닌 것은?

① 광전식 스포트형 감지기
② 차동식 분포형 감지기
③ 광전식 분리형 감지기
④ 불꽃감지기

해설 감지기 적응성

설치장소	적응감지기
체육관, 항공기 격납고, 높은 천장의 창고·공장, 관람석 상부 등 감지기 부착 높이가 8 [m] 이상의 장소	• 차동식 분포형 • 광전식 분리형 • 광전식 아날로그식 분리형 • 불꽃감지기

20 상(중)하

수신기의 구조 및 일반 기능에 대한 설명 중 틀린 것은? (단, 간이형 수신기는 제외한다)

① 수신기(1회선용은 제외한다)는 2회선이 동시에 작동하여도 화재표시가 되어야 하며, 감지기의 감지 또는 발신기의 발신개시로부터 P형, P형 복합식, GP형, GP형 복합식, R형, R형 복합식, GR형 또는 GR형 복합식 수신기의 수신완료까지의 소요시간은 5초(축적형의 경우에는 60초) 이내이어야 한다.
② 수신기의 외부배선 연결용 단자에 있어서 공통신호선용 단자는 10개 회로마다 1개 이상 설치하여야 한다.
③ 화재신호를 수신하는 경우 P형, P형 복합식, GP형, GP형 복합식, R형, R형 복합식, GR형 또는 GR형 복합식 수신기에 있어서는 2 이상의 지구표시장치에 의하여 각각 화재를 표시할 수 있어야 한다.
④ 정격전압이 60 [V]를 넘는 기구의 금속제 외함에는 접지단자를 설치하여야 한다.

해설 수신기 기능

1) 2회선 동시 작동 → 화재표시 가능한 것
2) 감지기·발신기 작동 시 수신완료시간
   • P·R (가스·복합형) : 5초 이내
   • 축적형 : 60초 이내
3) 공통신호선 단자 : 7개 회로당 1개 이상
4) 화재 → 2 이상 지구장치 화재표시 수신기
   • P·R(가스·복합형)
5) 전압 60 [V] 초과 금속제 외함 : 접지단자 설치

정답 18 ③ 19 ① 20 ②

21 (상 중 하)

불꽃감지기 중 도로형의 최대시야각기준으로 옳은 것은?

① 30° 이상
② 45° 이상
③ 90° 이상
④ 180° 이상

해설 도로형 최대시야각

- 감지기가 감지할 수 있는 최대 각도
- 불꽃감지기(도로형) : 180° 이상

22 (상 중 하)

청각장애인용 시각경보장치는 천장의 높이가 2 [m] 이하인 경우에는 천장으로부터 몇 [m] 이내의 장소에 설치하여야 하는가?

① 0.1
② 0.15
③ 1.0
④ 1.5

해설 시각경보장치 설치기준

1) 장소 : 복도·통로·청각장애인용 객실 및 공용으로 사용하는 거실에 설치하며, 각 부분으로부터 유효하게 경보를 발할 수 있는 위치에 설치할 것
2) 위치 : 공연장·집회장·관람장 또는 이와 유사한 장소에 설치하는 경우에는 시선이 집중되는 무대부 부분 등에 설치할 것
3) 높이 : 바닥으로부터 2 [m] 이상 2.5 [m] 이하 장소 설치(다만 천장의 높이 2 [m] 이하 경우에는 천장으로부터 0.15 [m] 이내 장소 설치)
4) 전원(광원) : 전용의 축전지설비 또는 전기저장장치에 의해 점등

23 (상 중 하)

자동화재탐지설비의 연기복합형 감지기를 설치할 수 없는 부착높이는?

① 4 [m] 이상 8 [m] 미만
② 8 [m] 이상 15 [m] 미만
③ 15 [m] 이상 20 [m] 미만
④ 20 [m] 이상

해설 감지기 설치높이

부착높이	감지기 종류
8 [m] 이상 ~ 15 [m] 미만	• 차동식 분포형 • 이온화식 1종·2종 • 광전식 1종·2종 • 연기복합형 • 불꽃감지기
15 [m] 이상 ~ 20 [m] 미만	이온화식 1종, 광전식(스포트형, 분리형, 공기흡입형) 1종, 연기복합형, 불꽃감지기
20 [m] 이상	불꽃감지기, 광전식(분리형, 공기흡입형) 중 아날로그방식

암기 ▶ 차분한 이광연 12세
이광연 1

정답 21 ④ 22 ② 23 ④

24 (상⦿하)

연기감지기의 설치기준 중 틀린 것은?

① 부착높이 4 [m] 이상 20 [m] 미만에는 3종 감지기를 설치할 수 없다.
② 복도 및 통로에 있어서 보행거리 30 [m]마다 설치한다.
③ 계단 및 경사로에 있어서 3종은 수직거리 10 [m]마다 설치한다.
④ 감지기는 벽이나 보로부터 1.5 [m] 떨어진 곳에 설치하여야 한다.

해설 연기감지기 설치기준

1) 천장·반자 낮은 실내설치 : 출입구 가까운 부근
2) 천장·반자 부근 배기구 : 그 부근 설치
3) 벽·보 : 0.6 [m] 이상 이격
4) 부착높이별(바닥면적당 1개 이상)

부착 높이	감지기 종류(단위 : m²)	
	1종·2종	3종
4 [m] 미만	150	50
4 [m] 이상 20 [m] 미만	75	–

5) 복도·통로 길이별(바닥면적당 1개 이상)

설치장소	감지기 종류	
	1종·2종	3종
복도·통로	30 [m]	20 [m]
계단·경사로	15 [m]	10 [m]

25 (상⦿하)

자동화재탐지설비의 경계구역에 대한 설정기준 중 틀린 것은?

① 지하구의 경우 하나의 경계구역의 길이는 800 [m] 이하로 할 것
② 하나의 경계구역이 2개 이상의 층에 미치지 아니하도록 할 것
③ 하나의 경계구역의 면적은 600 [m²] 이하로 하고 한 변의 길이는 50 [m] 이하로 할 것
④ 하나의 경계구역이 2개 이상의 건축물에 미치지 아니하도록 할 것

해설 경계구역

1) 수평적 경계구역
   (1) 하나의 경계구역이 2개 건축물 및 각 층에 미치지 않을 것, 다만 2개의 층을 하나의 경계구역으로 산정하는 경우 : 바닥 합 500 [m²] 이하
   (2) 하나의 경계구역 면적 : 600 [m²] 이하
      ① 한 변 길이 : 50 [m] 이하
      ② 주출입구에서 내부 전체 보이는 것 : 한 변 길이가 50 [m]의 범위 내 1000 [m²] 이하
      ③ 터널 : 하나의 경계구역의 길이 100 [m] 이하
2) 수직적 경계구역
   (1) 계단·경사로(에스컬레이터 포함)는 별도의 경계구역 산정 → 45 [m] 이하
   (2) 엘리베이터 승강로(권상기실 포함)·린넨슈트·파이프피트 및 덕트 기타 이와 유사한 부분은 별도의 경계구역 산정 → 높이기준 없음
   (3) 지하층의 계단 및 경사로(지하층 층수 1일 경우 제외)는 별도로 경계구역 산정
3) 상시 개방된 부분 있는 차고·주차장·창고 : 외기에 면하는 부분으로부터 5 [m] 미만은 면적 산입 제외

정답 24 ④ 25 ①

26 신유형 상중하

주요구조부를 내화구조로 한 특정소방대상물의 바닥면적이 370 [m²]인 부분에 설치해야 하는 감지기의 최소 수량은? (단, 감지기 부착높이는 바닥으로부터 4.5 [m]이고, 보상식 스포트형 1종을 설치한다)

① 6개
② 7개
③ 8개
④ 9개

해설 감지기 설치개수

부착높이 및 특정소방대상물 구분		감지기의 종류				
		차동식 / 보상식 스포트		정온식 스포트		
		1종	2종	특종	1종	2종
4 [m] 미만	내화구조	90	70	70	60	20
	기타구조	50	40	40	30	15
4 [m] 이상 8 [m] 미만	내화구조	45	35	35	30	-
	기타구조	30	25	25	15	-

• 설치개수 = 370/45 = 8.22 → 절상해서 9개

27 상중하

감지기의 부착면과 실내 바닥과의 거리가 2.3 [m] 이하인 곳으로서 일시적으로 발생한 열·연기 또는 먼지 등으로 인하여 화재신호를 발신할 우려가 있는 장소에 적응성이 있는 감지기가 아닌 것은?

① 불꽃감지기
② 축적방식의 감지기
③ 정온식 감지선형 감지기
④ 광전식 스포트형 감지기

해설 비화재보방지 감지기

1) 불꽃감지기
2) 정온식 감지선형 감지기
3) 분포형 감지기
4) 복합형 감지기
5) 광전식 분리형 감지기
6) 아날로그방식 감지기
7) 다신호방식 감지기
8) 축적방식 감지기

암기 ▶ 불정분복 광아다축
※ 스포트형은 해당 없음

28 상중하

주요구조부가 내화구조인 특정소방대상물에 자동화재탐지설비의 감지기를 열전대식 차동식 분포형으로 설치하려고 한다. 바닥면적이 256 [m²]일 경우 열전대부와 검출부는 각각 최소 몇 개 이상으로 설치하여야 하는가?

① 열전대부 11개, 검출부 1개
② 열전대부 12개, 검출부 1개
③ 열전대부 11개, 검출부 2개
④ 열전대부 12개, 검출부 2개

해설 열전대식 차동식 분포형 최소 설치개수

• 바닥면적 22 [m²]마다 1개 이상

주요구조부	면적	열전대부 개수
일반	18 [m²]	1개 이상
	72 [m²] 이하 대상물	4개 이상
내화	22 [m²]	1개 이상
	88 [m²] 이하 대상물	4개 이상

• 설치개수 = 256/22 = 11.63 → 절상해서 12개(검출부 1개)

정답 26 ④ 27 ④ 28 ②

29 상(중)하

자동화재탐지설비 발신기의 작동기능기준 중 다음 ( ) 안에 알맞은 것은? (단, 이 경우 누름판이 있는 구조로서 손끝으로 눌러 작동하는 방식의 작동스위치는 누름판을 포함한다)

> 발신기의 조작부는 작동스위치의 동작방향으로 가하는 힘이 (㉠) [kg]을 초과하고 (㉡) [kg] 이하인 범위에서 확실하게 동작되어야 하며, (㉠) [kg] 힘을 가하는 경우 동작되지 아니하여야 한다.

① ㉠ 2, ㉡ 8
② ㉠ 3, ㉡ 7
③ ㉠ 2, ㉡ 7
④ ㉠ 3, ㉡ 8

해설 발신기 조작부 작동스위치

- 동작 : 2 [kg] 초과 8 [kg] 이하
- 미동작 : 2 [kg] 이하

30 상(중)하

공기관식 차동식 분포형 감지기의 구조 및 기능기준 중 다음 ( ) 안에 알맞은 것은?

> - 공기관은 하나의 길이(이음매가 없는 것)가 (㉠) [m] 이상의 것으로 안지름 및 관의 두께가 일정하고 홈, 갈라짐 및 변형이 없어야 하며 부식되지 아니하여야 한다.
> - 공기관의 두께는 (㉡) [mm] 이상, 바깥 지름은 (㉢) [mm] 이상이어야 한다.

① ㉠ 10, ㉡ 0.5 ㉢ 1.5
② ㉠ 20, ㉡ 0.3 ㉢ 1.9
③ ㉠ 10, ㉡ 0.3 ㉢ 1.9
④ ㉠ 20, ㉡ 0.5 ㉢ 1.5

해설 공기관식 차동식 분포형 감지기 접속방법

1) 공기관의 노출부분 : 20 [m] 이상
2) 하나의 검출부에 접속하는 공기관의 길이 : 100 [m] 이하
3) 공기관과 감지구역의 각 변과의 수평거리 : 1.5 [m] 이하
4) 공기관 상호거리 : 6 [m] 이하(주요구조부가 내화구조인 경우 : 9 [m])
5) 공기관은 도중에 분기 금지
6) 검출부는 5° 이상 경사되지 않을 것
7) 검출부는 바닥으로부터 0.8 [m] 이상 ~ 1.5 [m] 이하의 위치에 설치할 것

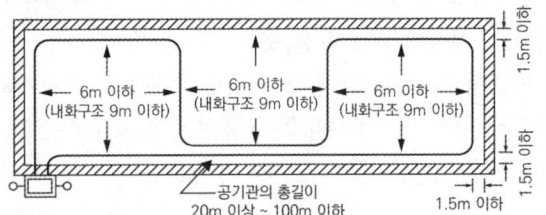

※ 공기관의 두께 : 0.3 [mm] 이상
   공기관의 외경 : 1.9 [mm] 이상

31 상(중)하

광전식 분리형 감지기의 설치기준 중 광축은 나란한 벽으로부터 몇 [m] 이상 이격하여 설치하여야 하는가?

① 0.6
② 0.8
③ 1
④ 1.5

해설 광전식 분리형 설치기준

1) 수광면 : 직접 햇빛 안 받도록 설치
2) 광축 이격 : 나란한 벽 0.6 [m] 이상
3) 송·수광부 위치 : 뒷벽 1 [m] 이내
4) 광축 높이 : 천장 등 높이 80 [%] 이상
5) 광축 길이 : 공칭감시거리 범위 이내

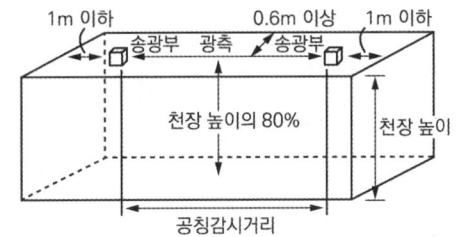

32 상(중)하

자동화재탐지설비 배선의 설치기준 중 틀린 것은?

① 감지기 사이의 회로의 배선은 송배선식으로 할 것
② 감지기회로의 도통시험을 위한 종단저항은 전용함을 설치하는 경우 그 설치높이는 바닥으로부터 1.5 [m] 이내로 할 것
③ 감지기회로 및 부속회로의 전로와 대지 사이 및 배선 상호 간의 절연저항은 1경계구역마다 직류 250 [V]의 절연저항측정기를 사용하여 측정한 절연저항이 0.1 [MΩ] 이상이 되도록 할 것
④ 피(P)형 수신기 및 지피(G.P.)형 수신기의 감지기회로의 배선에 있어서 하나의 공통선에 접속할 수 있는 경계구역은 9개 이하로 할 것

해설 자동화재탐지설비 배선

1) 감지기 사이 : 송배선식
2) 절연저항 0.1 [MΩ] 이상 : 250 [V] 절연저항측정기로 측정 시
3) 위치는 별도 관·덕트 몰드·풀박스 : 60 [V] 미만 약 전류 회로에 사용 시 제외
4) P형, G.P형 수신기 하나의 공통선 접속 : 경계구역 7개 이하
5) 전로저항 : 50 [Ω]
6) 종단 감지기 배선전압 : 정격전압 80 [%]

자동화재탐지설비 배선		배선 종류	비고
전원회로 배선		내화 배선	-
감지기 회로배선 (감지기 상호 간 또는 감지기로 부터 수신기에 이르는 감지기 회로 배선)	아날로그식 다신호식 감지기 R형 수신기용	쉴드선 (차폐선)	전자파 방해를 받지 않는 방식은 제외
	감지기 상호 간	내화배선 또는 내열배선	-
	기타	내화배선 또는 내열배선	-
그 밖의 회로배선		내화배선 또는 내열배선	-

33 상(중)하

지하층·무창층 등으로서 환기가 잘되지 아니하거나 실내면적이 40 [m²] 미만인 장소에 설치하여야 하는 적응성이 있는 감지기가 아닌 것은?

① 정온식 스포트형 감지기
② 불꽃감지기
③ 광전식 분리형 감지기
④ 아날로그방식의 감지기

해설 비화재보방지 감지기

1) 불꽃감지기
2) 정온식 감지선형 감지기
3) 분포형 감지기
4) 복합형 감지기
5) 광전식 분리형 감지기
6) 아날로그방식 감지기
7) 다신호방식 감지기
8) 축적방식 감지기

암기 불정분복 광아다축
※ 스포트형은 해당 없음

정답 32 ④ 33 ①

34 (중)

자동화재탐지설비 수신기의 구조기준 중 정격전압이 몇 [V]를 넘는 기구의 금속제 외함에는 접지단자를 설치하여야 하는가?

① 30 ② 60
③ 100 ④ 300

해설 수신기

1) 보수 및 부속품의 교체가 용이할 것(방수, 방폭형 제외)
2) 부식에 의한 기계적 영향 초래 부분 : 칠, 도금 등 내식·방청가공할 것
3) 외함 재질은 불연성 또는 난연성으로 할 것
4) 정격전압 60 [V]를 넘는 기구의 금속제 외함에 접지단자를 설치할 것
5) 예비전원회로에 단락사고 등으로부터 보호하기 위한 퓨즈를 설치할 것
6) 수신완료시간은 5초 이내일 것(단, 축적형의 경우 60초 이내)

35 (중)

경계구역에 관한 내용 중 ( ) 안에 맞는 것은?

> 외기에 면하여 상시 개방된 부분이 있는 차고, 주차장, 창고 등에 있어서는 외기에 면하는 각 부분으로부터 최대 ( ) [m] 미만의 범위 안에 있는 부분은 자동화재탐지설비 경계구역의 면적에 산입하지 아니한다.

① 3 ② 5
③ 7 ④ 10

해설 경계구역 면적 산정제외 부분

상시 개방된 부분이 있는 차고·주차장·창고 : 외기에 면하는 부분으로부터 5 [m] 미만

36 (중)

자동화재탐지설비의 GP형 수신기에 감지기회로의 배선을 접속하려고 할 때 경계구역 15개인 경우 필요한 공통선의 최소 개수는?

① 1 ② 2
③ 3 ④ 4

해설 GP형 수신기 배선

- 공통선 접속 경계구역 7개 이하
- 공통선 개수 = 15/7 = 2.14 → 절상해서 3개

37 (중)

부착높이가 6 [m]이고 주요구조부를 내화구조로 한 특정소방대상물 또는 그 부분에 정온식 스포트형 감지기 특종을 설치하고자 하는 경우 바닥면적 몇 [m²]마다 1개 이상 설치하여야 하는가?

① 15 ② 25
③ 35 ④ 45

해설 정온식 스포트형

부착높이 및 특정소방대상물의 구분		감지기의 종류				
		차동식/보상식 스포트		정온식 스포트		
		1종	2종	특종	1종	2종
4 [m] 미만	내화구조	90	70	70	60	20
	기타구조	50	40	40	30	15
4 [m] 이상 8 [m] 미만	내화구조	45	35	35	30	-
	기타구조	30	25	25	15	-

정답 34 ② 35 ② 36 ③ 37 ③

38 (중)

자동화재탐지설비 감지기의 구조 및 기능에 대한 설명으로 틀린 것은?

① 차동식 분포형 감지기는 그 기판면을 부착한 정 위치로부터 45°를 경사시킨 경우 그 기능에 이상이 생기지 않아야 한다.
② 연기를 감지하는 감지기는 감시챔버로 1.3 ± 0.05 [mm] 크기의 물체가 침입할 수 없는 구조이어야 한다.
③ 방사성 물질을 사용하는 감지기는 그 방사성 물질을 밀봉선원으로 하여 외부에서 직접 접촉할 수 없도록 하여야 한다.
④ 차동식 분포형 감지기로서 공기관식 공기관의 두께는 0.3 [mm] 이상, 바깥지름은 1.9 [mm] 이상이어야 한다.

해설 감지기 구조 및 기능

1) 부착 경사도 : 45°(차동식 분포형 : 5°)
2) 연기감지기 구조
   감시챔버(1.3 ± 0.05) [mm] 물체 침입 불가
3) 방사성 감지기 : 방사 물질 밀봉 후 외부 직접 접촉 금지
4) 공기관식 차동식 분포형 공기관
   • 두께 : 0.3 [mm] 이상
   • 바깥지름 : 1.9 [mm] 이상
   • 길이 : 20 [m] 이상

보충 방사성 물질 : 아메리슘, 라듐, 폴로늄

39 (중)

감지기의 설치기준 중 부착높이 20 [m] 이상 설치되는 광전식 중 아날로그방식의 감지기는 공칭감지농도 하한값이 감광률 몇 [%/m] 미만인 것으로 하는가?

① 3   ② 5
③ 7   ④ 10

해설 아날로그감지기 공칭감지농도 하한값

• 부착높이 20 [m] 이상 : 감광율 5 [%/m] 미만
• 5 [%/m] 미만 : 1 [m] 간격 중 연기에 의한 빛의 감광 정도 5 [%] 미만

40 (중)

연기감지기 설치 시 천장 또는 반자 부근에 배기구가 있는 경우에 감지기의 설치위치로 옳은 것은?

① 배기구가 있는 그 부근
② 배기구로부터 가장 먼 곳
③ 배기구로부터 0.6 [m] 이상 떨어진 곳
④ 배기구로부터 1.5 [m] 이상 떨어진 곳

해설 연기감지기 설치

1) 연기감지기 설치장소
   (1) 계단·경사로 및 에스컬레이터 경사로
   (2) 복도(30 [m] 미만의 것을 제외한다)
   (3) 엘리베이터 승강로(권상기실이 있는 경우에는 권상기실)·린넨슈트·파이프피트 및 덕트 기타 이와 유사한 장소
   (4) 천장 또는 반자의 높이가 15 [m] 이상 20 [m] 미만의 장소
   (5) 다음 각 목의 어느 하나에 해당하는 특정소방대상물의 취침·숙박
      ① 입원 등 이와 유사한 용도로 사용되는 거실
      ② 공동주택·오피스텔·숙박시설·노유자시설·수련시설
      ③ 교육연구시설 중 합숙소
      ④ 의료시설, 근린생활시설 중 입원실이 있는 의원·조산원
      ⑤ 교정 및 군사시설
      ⑥ 근린생활시설 중 고시원

정답 38 ① 39 ② 40 ①

2) 연기감지기 설치기준
   (1) 감지기의 부착높이에 따른 바닥면적

부착높이	감지기의 종류(단위 [m²])	
	1종 및 2종	3종
4 [m] 미만	150	50
4 [m] 이상 20 [m] 미만	75	-

   (2) 복도·통로 : 보행거리 30 [m](3종 20 [m])마다, 계단·경사로 : 수직거리 15 [m](3종 10 [m])마다 1개 이상 설치
   (3) 천장 또는 반자가 낮은 실내 또는 좁은 실내에 있어서는 출입구의 가까운 부분에 설치할 것
   (4) 천장 또는 반자부근에 배기구가 있는 경우에는 그 부근에 설치할 것
   (5) 감지기는 벽 또는 보로부터 0.6 [m] 이상 떨어진 곳에 설치할 것

41

자동화재탐지설비의 음향장치 설치기준 중 옳은 것은?

① 지구음향장치는 당해 소방대상물의 각 부분으로부터 하나의 음향장치까지의 수평거리가 30 [m] 이하가 되도록 한다.
② 정격전압의 80 [%] 전압에서 음향을 발할 수 있어야 한다.
③ 용량은 부착된 음향장치의 중심으로부터 1 [m] 떨어진 위치에서 80 [dB] 이상이 되도록 하여야 한다.
④ 8층으로서 연면적이 3000 [m²]를 초과하는 소방대상물에 있어서는 2층 이상의 층에서 발화 시 발화층 및 직하층에 경보를 발하여야 한다.

해설 자동화재탐지설비 음향장치

[음향장치의 설치기준]
1) 주음향장치
   수신기의 내부 또는 그 직근에 설치할 것
2) 지구 음향장치
   (1) 특정소방대상물 층마다 설치
   (2) 수평거리 : 25 [m] 이하 설치(각 부분부터 음향장치까지)
   (3) 해당층 각 부분 유효하게 경보를 발할 수 있도록 설치
   (4) 기둥·벽 없는 대형공간은 가장 가까운 벽·기둥 등에 설치
   (5) 설치 제외 : 비상방송설비의 화재안전기술기준에 적합한 방송설비를 자동화재탐지설비의 감지기와 연동하여 작동하는 경우 지구음향장치 설치 면제
3) 경보방식
   (1) 일제경보방식 : 화재 시 전 층에 경보하는 방식(소규모)
   (2) 우선경보방식 : 층수가 11층(공동주택의 경우에는 16층) 이상의 특정소방대상물은 다음과 같은 경보를 발할 수 있어야 한다.
      ① 2층 이상의 층에서 발화한 때에는 발화층 및 그 직상 4개 층에 경보
      ② 1층에서 발화한 때에는 발화층·그 직상 4개 층 및 지하층에 경보
      ③ 지하층에서 발화한 때에는 발화층·그 직상층 및 기타 지하층 경보

[음향장치 구조 및 성능]
1) 음향전압 : 정격전압의 80 [%] 전압
2) 음량 : 부착된 음향장치의 중심부터 1 [m] 떨어진 위치에서 90 [dB] 이상
3) 작동 : 감지기 및 발신기의 작동과 연동

정답 41 ②

42

감지기의 설치 제외 장소로 옳은 것은?

① 천장 또는 반자의 높이가 20 [m] 이상인 장소
② 파이프 덕트 등 이와 비슷한 장소로 2개 층마다 방화구획된 것이나 수평단면적 10 [m²] 이하인 장소
③ 계단·경사로 및 에스컬레이터 경사로
④ 엘리베이터 승강로·린넨슈트·파이프 피트 및 덕트

해설 감지기 설치 제외 장소

1) 헛간 등 외부와 기류 통하는 장소
2) 부식성 가스 체류 장소
3) 감지기의 유지관리 어려운 고온도·저온도장소
4) 목욕실·욕조·샤워시설 있는 화장실
5) 파이프덕트 등 그 밖에 이와 비슷한 장소
   → 2개 층마다 방화구획된 것
   → 수평단면적이 5 [m²] 이하인 것
6) 먼지·가루·수증기 다량 체류 장소
7) 프레스공장·주조공장 등 화재 발생의 위험이 적은 장소
8) 천장·반자 높이 20 [m] 이상 장소

43

공기관식 차동식 분포형 감지기의 설치기준에 대한 설명으로 옳은 것은?

① 공기관의 노출부분은 감지구역마다 15 [m] 이상이 되도록 할 것
② 공기관과 감지구역의 각 변과의 수평거리는 1.0 [m] 이하가 되도록 할 것
③ 하나의 검출부분에 접속하는 공기관의 길이는 100 [m] 이하로 할 것
④ 검출부는 15° 이상 경사되지 아니하도록 부착할 것

해설 공기관식 차동식 분포형 설치기준

1) 공기관의 노출부분 : 20 [m] 이상
2) 하나의 검출부에 접속하는 공기관의 길이 : 100 [m] 이하
3) 공기관과 감지구역의 각 변과의 수평거리 : 1.5 [m] 이하
4) 공기관 상호거리 : 6 [m] 이하(주요구조부가 내화구조인 경우 : 9 [m])
5) 공기관은 도중에 분기 금지
6) 검출부는 5° 이상 경사되지 않을 것
7) 검출부는 바닥으로부터 0.8 [m] 이상 ~ 1.5 [m] 이하의 위치에 설치할 것

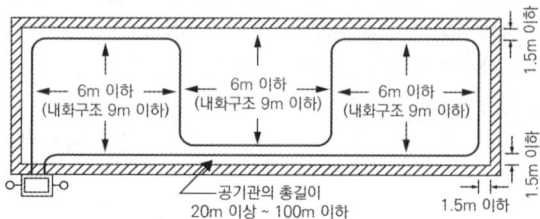

44

주요구조부를 내화구조로 한 특정소방대상물 또는 그 부분에 정온식 스포트형 1종 감지기를 설치하려는 경우에 최소 설치 개수는? (단, 부착높이는 2.7 [m]이고, 바닥면적은 600 [m²]이다)

① 7　　② 9
③ 10　　④ 12

해설 정온식 스포트형 설치개수

부착높이 및 특정소방대상물의 구분		감지기의 종류				
		차동식/보상식 스포트		정온식 스포트		
		1종	2종	특종	1종	2종
4 [m] 미만	내화구조	90	70	70	60	20
	기타구조	50	40	40	30	15
4 [m] 이상 8 [m] 미만	내화구조	45	35	35	30	-
	기타구조	30	25	25	15	-

• 설치개수 = 600/60 = 10개

정답 42 ① 43 ③ 44 ③

45 ㉠㊥㉢

열전대식 차동식 분포형 감지기의 설치기준 중 다음 ( ) 안에 알맞은 것은? (주요구조부가 내화구조로 된 특정소방대상물이 아닌 경우이다)

> 열전대부는 감지구역의 바닥면적 (㉠) [m²]마다 1개 이상으로 할 것, 다만 바닥면적이 (㉡) [m²] 이하인 특정소방대상물에 있어서는 (㉢)개 이상으로 하여야 한다.

① ㉠ 18, ㉡ 72, ㉢ 4
② ㉠ 22, ㉡ 88, ㉢ 4
③ ㉠ 18, ㉡ 72, ㉢ 20
④ ㉠ 22, ㉡ 88, ㉢ 20

해설 열전대식 차동식 분포형 설치기준

주요구조부	면적	열전대부 개수
일반	18 [m²]	1개 이상
	72 [m²] 이하 대상물	4개 이상
내화	22 [m²]	1개 이상
	88 [m²] 이하 대상물	4개 이상

46 ㉠㊥㉢

청각장애인용 시각경보장치에 대한 설치기준으로 틀린 것은?

① 설치높이는 바닥으로부터 2 [m] 이상 2.5 [m] 이하의 장소에 설치할 것
② 천장의 높이가 2 [m] 이하인 경우에는 천장으로부터 0.15 [m] 이내의 장소에 설치하여야 한다.
③ 공연장·집회장·관람장 또는 이와 유사한 장소에 설치하는 경우에는 시선이 분산되는 객석부 부분 등에 설치할 것
④ 시각경보장치의 광원은 전용의 축전지설비 또는 전기저장장치(외부 전기에너지를 저장해두었다가 필요한 때 전기를 공급하는 장치)에 의하여 점등되도록 할 것

해설 시각경보장치 설치기준

- 장소 : 복도·통로·청각장애인용 객실 및 공용으로 사용하는 거실에 설치하며, 각 부분으로부터 유효하게 경보를 발할 수 있는 위치에 설치할 것
- 위치 : 공연장·집회장·관람장 또는 이와 유사한 장소에 설치하는 경우에는 시선이 집중되는 무대부 부분 등에 설치할 것
- 높이 : 바닥으로부터 2 [m] 이상 2.5 [m] 이하 장소 설치(다만 천장의 높이 2 [m] 이하 경우에는 천장으로부터 0.15 [m] 이내 장소 설치)
- 전원(광원) : 전용의 축전지설비 또는 전기저장장치에 의해 점등

정답 45 ① 46 ③

47 ㊥

감지기 또는 발신기로부터 발하여지는 신호를 직접 또는 중계기를 통하여 고유신호로서 수신하여 화재의 발생을 당해 소방대상물의 관계자에게 경보해주는 수신기는?

① R형 수신기 ② P형 수신기
③ G형 수신기 ④ M형 수신기

해설 수신기 역할

1) P형 : 감지기 ↔ 발신기 신호 직접 수신
2) R형 : 감지기 ↔ 발신기 신호를 중계기 통해 수신
3) G형 : 가스신호 수신

48 ㊥

공기관식 차동식 분포형 감지기의 공기관의 노출부분은 감지구역마다 최소 몇 [m] 이상 되도록 설치하여야 하는가?

① 10 ② 20
③ 30 ④ 40

해설 공기관식 차동식 분포형 설치기준

1) 공기관의 노출부분 : 20 [m] 이상
2) 하나의 검출부에 접속하는 공기관의 길이 : 100 [m] 이하
3) 공기관과 감지구역의 각 변과의 수평거리 : 1.5 [m] 이하
4) 공기관 상호거리 : 6 [m] 이하(주요구조부가 내화구조인 경우 : 9 [m])
5) 공기관은 도중에 분기 금지
6) 검출부는 5° 이상 경사되지 않을 것
7) 검출부는 바닥으로부터 0.8 [m] 이상 ~ 1.5 [m] 이하의 위치에 설치할 것

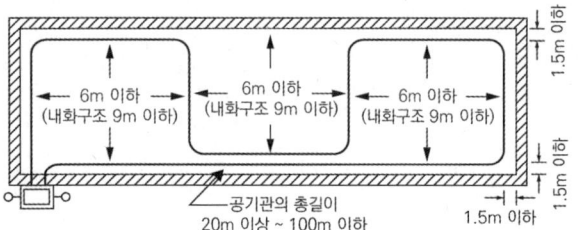

49 ㊦

자동화재탐지설비에서 감지기 사이의 회로의 배선을 송배선식으로 하고, 감지기회로 말단에 종단저항을 설치하는 이유는?

① 도통시험을 하기 위해서
② 동작시험을 하기 위해서
③ 저전압시험을 하기 위해서
④ 공통선시험을 하기 위해서

해설 감지기 종단저항

1) 점검 및 관리 쉬운 장소 설치
2) 설치높이 : 1.5 [m] 이하(전용함 설치)
3) 감지기회로 끝부분 설치
4) 종단감지기에 설치 시 : 기판·감지기 외부등 별도표시
5) 도통시험을 하기 위해 설치

TIP ▶ 종단저항 설치목적 : 감지기회로 단선, 단락 및 접속 상태 이상 유무 파악 ★★★

CHAPTER
02 비상경보설비 및 단독경보형 감지기

3회독 월 일
2회독 월 일
1회독 월 일

학습목표

1 비상경보설비의 설치대상과 설치기준에 대해 학습한다.
2 단독경보형 감지기의 설치대상과 구성요소에 대해 학습한다.
3 단독경보형 감지기의 설치기준에 대해 학습한다.

학습MAP

- 비상경보설비
  - 설치대상 및 설치 제외
  - 구성요소
    - 비상벨설비
    - 자동식 사이렌설비
  - 신호처리방식
    - 유선식
    - 무선식
    - 유·무선식
  - 설치기준
- 단독경보형 감지기
  - 설치대상
  - 구성요소
    - 자동복위형 스위치
    - 작동표시등
    - 전원표시등
    - 내장형 건전지
  - 설치기준
  - 형식승인 및 제품검사의 기술기준
- 비상경보설비 및 단독경보형 감지기 용어정리(NFTC 201)

01 비상경보설비 ★★

1 비상경보설비

1) 비상벨설비 : 화재 발생 상황을 경종으로 경보하는 설비
2) 자동식 사이렌설비 : 화재 발생 상황을 사이렌으로 경보하는 설비

> 비상벨설비는 화재 발생 상황을 사이렌으로 경보하는 설비이다.
> [X] 경종으로 경보

[비상벨]

[자동식 사이렌]

2 비상경보설비 설치대상 및 설치 제외

1) 설치대상

지하구, 모래·석재 등 불연재료 창고 및 위험물 저장·처리시설 중 가스시설 제외

설치대상	기준
일반 (지하구, 축사, 동·식물 관련 시설 제외)	연면적 400 [m²] 이상인 것은 모든 층
지하층·무창층	바닥면적 150 [m²](공연장 100 [m²]) 이상인 것은 모든 층
터널	500 [m] 이상
50명 이상 근로자가 작업하는 옥내 작업장	-

> 🍎 선생님 TIP
> 지하층 무창층은 바닥면적기준입니다.
> 🔗 P.273 문 03

2) 설치 제외

  (1) 자동화재탐지설비를 화재안전기술기준에 적합하게 설치한 경우 그 설비의 유효범위에서 설치 면제
  (2) 단독 경보형 감지기를 2개 이상의 단독 경보형 감지기와 연동하여 설치하는 경우에는 그 설비의 유효범위에서 설치 면제

3 비상경보설비 구성요소

1) 비상벨설비

  (1) 구성 : 기동장치, 음향장치(경종), 표시등, 비상전원, 배선
  (2) 기동장치 : 발신기 세트의 누름스위치 사용
  (3) 경종, 표시등, 누름스위치를 일체형으로 한 발신기 세트(일명 속보 세트)를 사용

2) 자동식 사이렌설비
   (1) 구성 : 기동장치, 음향장치(사이렌), 표시등, 비상전원, 배선
   (2) 기동장치 : 발신기 세트의 누름스위치 사용
   (3) 발신기 세트에서 경종 대신 사이렌을 사용하는 것으로 작동원리는 비상벨설비와 동일

4 신호처리방식

1) 유선식 : 화재신호 등을 배선으로 송·수신하는 방식의 것
2) 무선식 : 화재신호 등을 전파에 의해 송·수신하는 방식의 것
3) 유·무선식 : 유선식과 무선식을 겸용으로 사용하는 방식의 것

5 설치기준 ★★★

1) 비상벨설비 또는 자동식 사이렌설비는 부식성 가스 또는 습기 등으로 인하여 부식의 우려가 없는 장소에 설치하여야 한다.
2) 지구음향장치는 특정소방대상물의 층마다 설치, 해당 특정소방대상물의 각 부분으로부터 하나의 음향장치까지의 수평거리가 25 [m] 이하가 되도록 하고, 해당층의 각 부분에 유효하게 경보를 발할 수 있도록 설치하여야 한다. 다만 비상방송설비를 비상벨설비 또는 자동식 사이렌설비와 연동하여 작동하도록 설치한 경우에는 지구음향장치를 설치하지 아니할 수 있다.
3) 음향장치는 정격전압의 80 [%] 전압에서 음향을 발할 수 있도록 하여야 한다.
4) 음향장치의 음량은 부착된 음향장치의 중심으로부터 1 [m] 떨어진 위치에서 90 [dB] 이상이 되는 것으로 하여야 한다.
5) 발신기는 다음 각 호의 기준에 따라 설치하여야 한다.
   (1) 조작이 쉬운 장소에 설치하고, 조작스위치는 바닥으로부터 0.8 [m] 이상 ~ 1.5 [m] 이하의 높이에 설치할 것
   (2) 특정소방대상물의 층마다 설치하되, 해당 특정소방대상물의 각 부분으로부터 하나의 발신기까지의 수평거리가 25 [m] 이하가 되도록 할 것, 다만 복도 또는 별도로 구획된 실로서 보행거리가 40 [m] 이상일 경우에는 추가로 설치하여야 한다.
   (3) 발신기의 위치표시등은 함의 상부에 설치하되, 그 불빛은 부착 면으로부터 15° 이상의 범위 안에서 부착지점으로부터 10 [m] 이내의 어느 곳에서도 쉽게 식별할 수 있는 적색등으로 할 것

P.273 문 05
P.272 문 02

지구음향장치는 수평거리 20 [m] 이하로 설치한다. [X] 25

음향장치의 음량은 부착된 음향장치의 중심으로부터 1 [m] 떨어진 위치에서 80 [dB] 이상이 되는 것으로 하여야 한다. [X] 90 [dB]

TIP ▶ 자동화재탐지설비 발신기 설치기준과 동일

6) 비상벨설비 또는 자동식 사이렌설비의 상용전원은 다음 각 호의 기준에 따라 설치하여야 한다.
   (1) 전원은 전기가 정상적으로 공급되는 축전지, 전기저장장치(외부 전기에너지를 저장해두었다가 필요한 때 전기를 공급하는 장치) 또는 교류전압의 옥내 간선으로 하고, 전원까지의 배선은 전용으로 할 것
   (2) 개폐기에는 "비상벨설비 또는 자동식 사이렌설비용"이라고 표시한 표지할 것
7) 비상벨설비 또는 자동식 사이렌설비에는 그 설비에 대한 감시상태를 60분간 지속한 후 유효하게 10분 이상 경보할 수 있는 축전지설비 또는 전기저장장치를 설치하여야 한다.
8) 비상벨설비 또는 자동식 사이렌설비의 배선
   (1) 전원회로 : 내화배선
       그 밖의 배선 : 내화배선 또는 내열배선에 따를 것
   (2) 부속회로의 전로와 대지 사이 및 배선 상호 간의 절연저항은 1경계구역마다 직류 250 [V]의 절연저항측정기를 사용하여 측정한 절연저항이 0.1 [MΩ] 이상
   (3) 배선은 다른 전선과 별도의 관·덕트·몰드 또는 풀박스 등에 설치할 것, 다만 60 [V] 미만의 약전류회로에 사용하는 전선으로서 각각의 전압이 같을 때에는 그러하지 아니하다.

> 비상벨설비 또는 자동식 사이렌설비에는 그 설비에 대한 감시상태를 60분간 지속한 후 유효하게 30분 이상 경보할 수 있는 축전지설비 또는 전기저장장치를 설치하여야 한다. ❌ 10분 이상 경보

02 단독경보형 감지기 ★★★

1 단독경보형 감지기

화재에 의해서 발생되는 열, 연기 또는 불꽃을 감지하여 작동하는 것으로서, 수신기에 작동신호를 발신하지 아니하고 감지기가 단독적으로 내장된 음향장치에 의하여 경보(85 [dB])하는 감지기(주택화재를 감지하기 위해 개발)

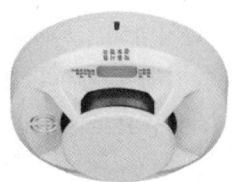 

2 설치대상 ★★★

설치대상	기준
교육연구시설 및 수련시설 내에 있는 합숙소·기숙사	바닥면적 2000 [m²] 미만
유치원	연면적 400 [m²] 미만
수련시설(숙박시설이 있는 것)	수용인원 100명 미만
공동주택 중 연립주택 및 다세대주택	-

○ 유치원으로서 연면적이 연면적 400 [m²] 미만인 경우 단독경보형 감지기를 설치한다. Ⓞ

3 단독경보형 감지기 구성요소

1) 자동복귀형 스위치 : 자동적으로 정위치 복귀되는 스위치로 수동으로 작동시험할 수 있는 스위치
2) 작동표시등 : 화재 발생 시 화재표시
3) 전원표시등 : 전원의 이상 유무를 감시
4) 내장형 건전지

작동점검스위치
① 동작상태표시 (정상 - 적색)
② 동작기능점검 누르면 삐- 경고음과 화재경고발생 멘트가 나옴
③ 동작기능정지 동작 시 또는 화재경보상태에서 누르면 동작이 정지 (녹색)

화재경보음 스피커
화재발생 시 화재경보음과 음성멘트 발생

4 설치기준 ★★★

1) 각 실(이웃하는 실내 바닥 면적이 각각 30 [m²] 미만이고, 벽체의 상부의 전부 또는 일부가 개방되어 이웃하는 실내와 공기가 상호 유통되는 경우 이를 1개의 실로 본다)마다 설치하되, 바닥 면적이 150 [m²]를 초과하는 경우에는 150 [m²]마다 1개 이상 설치할 것
2) 최상층의 계단실의 천장(외기 상통하는 계단실 경우 제외)에 설치할 것
3) 건전지를 주전원으로 사용하는 단독경보형 감지기는 정상적인 작동상태를 유지할 수 있도록 건전지를 교환할 것
4) 상용전원을 주전원으로 사용하는 단독경보형 감지기의 2차 전지는 제품검사시험에 합격한 것을 사용할 것

○ 바닥 면적이 100 [m²]를 초과하는 경우에는 100 [m²]마다 1개 이상의 단독경보형 감지기를 설치한다. ✕ 150, 150

⊘ P.272 문 01

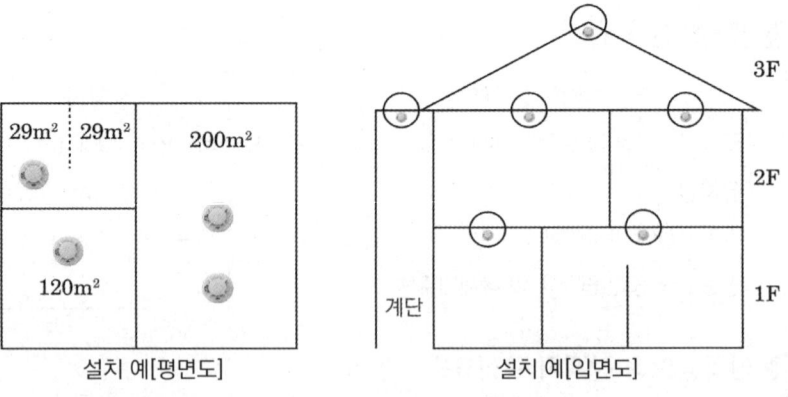

설치 예[평면도]   설치 예[입면도]

5 단독경보형 감지기 형식승인 및 제품검사의 기술기준

1) 자동 복귀형 스위치에 의하여 수동으로 작동시험을 할 수 있는 기능이 있어야 한다.
2) 주기적으로 섬광하는 전원표시등에 의하여 전원의 정상 여부를 감시할 수 있는 기능이 있어야 하며, 전원의 정상상태를 표시하는 전원표시등의 섬광주기는 1초 이내의 점등과 30초 에서 60초 이내의 소등으로 이루어져야 한다.
3) 감지기에 내장하는 음향장치는 정 위치에 부착된 음향장치 중심으로부터 1 [m] 떨어진 지점에서 85 [dB] 이상으로 10분 이상 계속하여 경보할 것
4) 건전지의 성능이 저하되어 건전지의 교체가 필요한 경우에는 음성안내를 포함한 음향 및 표시등에 의하여 72시간 이상 경보할 수 있어야 한다. 이 경우 음향경보는 1 [m] 떨어진 거리에서 70 [dB](음성안내 60 [dB]) 이상이어야 한다.
5) 단독경보형 감지기의 무선기능 화재신호는 다음 각 항목에 적합하여야 한다.
   (1) 작동한 단독경보형 감지기는 화재경보가 정지하기 전까지 60초 미만 간격으로 화재신호를 발신하여야 한다.
   (2) 화재신호를 수신한 단독경보형 감지기는 10초 이내에 경보를 발하여야 한다.

P.275 문 09

감지기에 내장하는 음향장치는 정 위치에 부착된 음향장치 중심으로부터 1 [m] 떨어진 지점에서 90 [dB] 이상으로 20분 이상 계속하여 경보할 것   ✗ 85 [dB], 10분

03 비상경보설비 및 단독경보형 감지기 용어정리(NFTC 201) ★★★

1) "비상벨설비"란 화재 발생 상황을 경종으로 경보하는 설비를 말한다.
2) "자동식 사이렌설비"란 화재 발생 상황을 사이렌으로 경보하는 설비를 말한다.
3) "단독경보형 감지기"란 화재 발생 상황을 단독으로 감지하여 자체에 내장된 음향장치로 경보하는 감지기를 말한다.
4) "발신기"란 화재 발생 신호를 수신기에 수동으로 발신하는 장치를 말한다.
5) "수신기"란 발신기에서 발하는 화재신호를 직접 수신하여 화재의 발생을 표시 및 경보해주는 장치를 말한다.
6) "신호처리방식"은 화재신호 및 상태신호 등(이하 "화재신호 등"이라 한다)을 송수신하는 방식으로서 다음의 방식을 말한다.
   (1) "유선식"은 화재신호 등을 배선으로 송·수신하는 방식
   (2) "무선식"은 화재신호 등을 전파에 의해 송·수신하는 방식
   (3) "유·무선식"은 유선식과 무선식을 겸용으로 사용하는 방식

 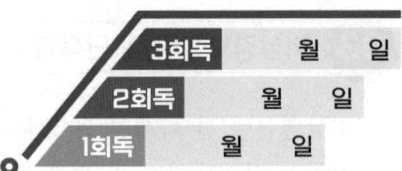

01 (상·중·하)

비상경보설비 및 단독경보형 감지기의 화재안전기술기준(NFTC 201)에 따라 바닥면적이 450 [m²]일 경우 단독경보형 감지기의 최소 설치개수는?

① 1개 ② 2개
③ 3개 ④ 4개

해설 단독경보형 감지기

1) 각 실(이웃하는 실내 바닥 면적이 각각 30 [m²] 미만이고 벽체의 상부의 전부 또는 일부가 개방되어 이웃하는 실내와 공기가 상호 유통되는 경우 이를 1개의 실로 본다)마다 설치하되, 바닥 면적이 150 [m²]를 초과하는 경우에는 150 [m²]마다 1개 이상 설치할 것
   (1) 바닥면적 150 [m²]당 1개 이상 설치
   (2) 설치개수 = 450/150 = 3개
2) 최상층의 계단실의 천장(외기 상통하는 계단실 경우 제외)에 설치할 것
3) 건전지를 주전원으로 사용하는 단독경보형 감지기는 정상적인 작동상태를 유지할 수 있도록 건전지를 교환할 것
4) 상용전원을 주전원으로 사용하는 단독경보형 감지기의 2차 전지는 제품검사시험에 합격한 것을 사용할 것

02 (상·중·하)

비상경보설비 및 단독경보형 감지기의 화재안전기술기준(NFTC 201)에 따라 비상경보설비의 발신기 설치 시 복도 또는 별도로 구획된 실로서 보행거리가 몇 [m] 이상일 경우에는 추가로 설치하여야 하는가?

① 25 ② 30
③ 40 ④ 50

해설 발신기

1) 조작스위치 : 바닥으로부터 0.8 [m] 이상 1.5 [m] 이하 설치
2) 특정소방대상물의 층마다 설치
   (1) 수평거리 : 25 [m] 이하 설치(각 부분부터 하나의 발신기까지의 거리)
   (2) 보행거리 : 40 [m] 이상 경우 추가설치(복도·별도구획된 실)
3) 위치 표시등 : 함 상부 설치
4) 불빛 : 부착면부터 15° 이상의 범위 안, 부착지점부터 10 [m] 이내 어느 곳에서도 쉽게 식별할 수 있는 적색등

정답 01 ③ 02 ③

03 (상,중,하)

비상경보설비를 설치하여야 하는 특정소방대상물의 기준 중 옳은 것은? (단, 지하구, 모래·석재 등 불연재료 창고 및 위험물 저장·처리시설 중 가스시설은 제외한다)

① 지하층 또는 무창층의 바닥면적이 150 [m²] 이상인 것
② 공연장으로서 지하층 또는 무창층의 바닥면적이 200 [m²] 이상인 것
③ 터널로서 길이가 400 [m] 이상인 것
④ 30명 이상의 근로자가 작업하는 옥내작업장

해설 비상경보설비 설치대상

소방대상물	설치대상
연면적 400 [m²] 이상(터널 또는 사람이 거주하지 않거나 벽이 없는 축사 등 동·식물 관련 시설 제외)	
지하층 또는 무창층	바닥면적 150 [m²] 이상
공연장	바닥면적 100 [m²] 이상
터널	500 [m] 이상
50명 이상의 근로자가 작업하는 옥내 작업장	

04 (상,중,하)

비상경보설비 및 단독경보형 감지기의 화재안전기술기준(NFTC 201)에 따라 비상벨설비 또는 자동식 사이렌설비의 전원회로 배선 중 내열배선에 사용하는 전선의 종류가 아닌 것은?

① 버스덕트(Bus Duct)
② 600 [V] 1종 비닐절연전선
③ 0.6/1 [kV] EP 고무절연 클로로프렌 시스 케이블
④ 450/750 [V] 저독성 난연 가교 폴리올레핀 절연전선

해설 내열배선 사용전선

- 450/750 [V] 저독성 난연 가교 폴리올레핀 절연 전선
- 0.6/1 [kV] 가교 폴리에틸렌 절연 저독성 난연 폴리올레핀 시스 전력 케이블
- 6/10 [kV] 가교 폴리에틸렌 절연 저독성 난연 폴리올레핀 시스 전력용 케이블
- 가교 폴리에틸렌 절연 비닐시스 트레이용 난연 전력 케이블
- 0.6/1 [kV] EP 고무절연 클로로프렌 시스 케이블
- 300/500 [V] 내열성 실리콘 고무 절연전선(180 [℃])
- 내열성 에틸렌 - 비닐아세테이트 고무 절연케이블
- 버스덕트(Bus Duct)

05 (상,중,하)

비상경보설비 및 단독경보형 감지기의 화재안전기술기준(NFTC 201)에 따라 비상벨설비의 음향장치의 음량은 부착된 음향장치의 중심으로부터 1 [m] 떨어진 위치에서 몇 [dB] 이상이 되는 것으로 하여야 하는가?

① 60　② 70
③ 80　④ 90

해설 비상벨 음량

음향장치 중심 : 1 [m] 떨어진 위치 90 [dB] 이상

TIP 누전, 가스누설경보기(단독, 영업용) : 70 [dB]
비상방송, 자탐, 가스누설경보기(공업용) : 90 [dB]

정답 03 ① 04 ② 05 ④

06 상중하

비상경보설비 및 단독경보형 감지기의 화재안전기술기준 (NFTC 201)에 따른 발신기의 시설기준으로 틀린 것은?

① 발신기의 위치표시등은 함의 하부에 설치한다.
② 조작스위치는 바닥으로부터 0.8 [m] 이상 1.5 [m] 이하의 높이에 설치할 것
③ 복도 또는 별도로 구획된 실로서 보행거리가 40 [m] 이상일 경우에는 추가로 설치하여야 한다.
④ 특정소방대상물의 층마다 설치하되, 해당 특정소방대상물의 각 부분으로부터 하나의 발신기까지의 수평거리가 25 [m] 이하가 되도록 할 것

해설 발신기 설치기준

1) 조작스위치 : 바닥으로부터 0.8 [m] 이상 1.5 [m] 이하 설치
2) 특정소방대상물의 층마다 설치
   (1) 수평거리 : 25 [m] 이하 설치(각 부분부터 하나의 발신기까지의 거리)
   (2) 보행거리 : 40 [m] 이상 경우 추가설치(복도·별도구획된 실)
3) 위치 표시등 : 함 상부 설치
4) 불빛 : 부착면부터 15° 이상의 범위 안, 부착지점부터 10 [m] 이내 어느 곳에서도 쉽게 식별할 수 있는 적색등

07 상중하

비상경보설비 및 단독경보형 감지기의 화재안전기술기준 (NFTC 201)에 따른 발신기의 시설기준에 대한 내용이다. 다음 (   )에 들어갈 내용으로 옳은 것은?

> 조작이 쉬운 장소에 설치하고, 조작 스위치는 바닥으로부터 (ⓐ) [m] 이상 (ⓑ) [m] 이하의 높이에 설치할 것

① ⓐ 0.6, ⓑ 1.2
② ⓐ 0.8, ⓑ 1.5
③ ⓐ 1.0, ⓑ 1.8
④ ⓐ 1.2, ⓑ 2.0

해설 발신기

1) 조작스위치 : 바닥으로부터 0.8 [m] 이상 1.5 [m] 이하 설치
2) 특정소방대상물의 층마다 설치
   (1) 수평거리 : 25 [m] 이하 설치(각 부분부터 하나의 발신기까지의 거리)
   (2) 보행거리 : 40 [m] 이상 경우 추가설치(복도·별도구획된 실)
3) 위치 표시등 : 함 상부 설치
4) 불빛 : 부착면부터 15° 이상의 범위 안, 부착지점부터 10 [m] 이내 어느 곳에서도 쉽게 식별할 수 있는 적색등

08 상중하

비상경보설비 및 단독경보형 감지기의 화재안전기술기준 (NFTC 201)에 따라 화재신호 및 상태신호 등을 송수신하는 방식으로 옳은 것은?

① 자동식
② 수동식
③ 반자동식
④ 유·무선식

해설 신호처리방식

1) 유선식 : 화재신호 등을 배선으로 송·수신하는 방식의 것
2) 무선식 : 화재신호 등을 전파에 의해 송·수신하는 방식의 것
3) 유·무선식 : 유선식과 무선식을 겸용으로 사용하는 방식의 것

정답 06 ① 07 ② 08 ④

09 상 중 하

감지기의 형식승인 및 제품검사의 기술기준에 따른 단독경보형 감지기(주전원이 교류전원 또는 건전지인 것을 포함한다)의 일반기능에 대한 설명으로 틀린 것은?

① 작동되는 경우 작동표시등에 의하여 화재의 발생을 표시할 수 있는 기능이 있어야 한다.
② 작동되는 경우 내장된 음향장치의 명동에 의하여 화재 경보음을 발할 수 있는 기능이 있어야 한다.
③ 전원의 정상상태를 표시하는 전원표시등의 섬광주기는 3초 이내의 점등과 60초 이내의 소등으로 이루어져야 한다.
④ 자동복귀형 스위치(자동적으로 정위치에 복귀될 수 있는 스위치를 말한다)에 의하여 수동으로 작동시험을 할 수 있는 기능이 있어야 한다.

해설 단독경보형 감지기

1) 자동 복귀형 스위치에 의하여 수동으로 작동시험을 할 수 있는 기능이 있어야 한다.
2) 주기적으로 섬광하는 전원표시등에 의하여 전원의 정상 여부를 감시할 수 있는 기능이 있어야 하며, 전원의 정상상태를 표시하는 전원표시등의 섬광주기는 1초 이내의 점등과 30초에서 60초 이내의 소등으로 이루어져야 한다.
3) 감지기에 내장하는 음향장치는 정 위치에 부착된 음향장치 중심으로부터 1 [m] 떨어진 지점에서 85 [dB] 이상으로 10분 이상 계속하여 경보할 것
4) 건전지의 성능이 저하되어 건전지의 교체가 필요한 경우에는 음성안내를 포함한 음향 및 표시등에 의하여 72시간 이상 경보할 수 있어야 한다. 이 경우 음향경보는 1 [m] 떨어진 거리에서 70 [dB] (음성안내 60 [dB]) 이상이어야 한다.
5) 단독경보형 감지기의 무선기능 화재신호는 다음 각 항목에 적합하여야 한다.
   (1) 작동한 단독경보형 감지기는 화재경보가 정지하기 전까지 60초 미만 간격으로 화재신호를 발신하여야 한다.
   (2) 화재신호를 수신한 단독경보형 감지기는 10초 이내에 경보를 발하여야 한다.

10 상 중 하

비상경보설비의 축전지 외함이 강판인 경우의 두께는 최소 몇 [mm] 이상이어야 하는가?

① 1.0   ② 1.2
③ 2.5   ④ 3.0

해설 축전지 외함두께

- 강판 : 1.2 [mm] 이상
- 합성수지 : 3 [mm] 이상

11 상 중 하

비상경보설비의 축전지설비의 구조에 대한 설명으로 틀린 것은?

① 예비전원을 병렬로 접속하는 경우에는 역충전 방지 등의 조치를 하여야 한다.
② 내부에 주전원의 양극을 동시에 개폐할 수 있는 전원스위치를 설치하여야 한다.
③ 축전지설비는 접지전극에 교류전류를 통하는 회로방식을 사용하여서는 아니 된다.
④ 예비전원은 축전지설비용 예비전원과 외부부하 공급용 예비전원을 별도로 설치하여야 한다.

해설 비상경보설비 축전지

1) 병렬접속 : 역충전방지조치
2) 내부 : 양극 동시개폐 전원스위치 설치
3) 회로 : 직류전류방식 사용 안 될 것
4) 예비전원 : 축전지설비용, 외부부하 공급용 별도 설치

정답 09 ③ 10 ② 11 ③

12 상⦿하

비상경보설비 및 단독경보형 감지기의 화재안전기술기준 (NFTC 201)에 따라 비상벨설비 또는 자동식 사이렌설비의 지구음향장치는 특정소방대상물의 층마다 설치하되, 해당 특정소방대상물의 각 부분으로부터 하나의 음향장치까지의 수평거리가 몇 [m] 이하가 되도록 하여야 하는가?

① 15
② 25
③ 40
④ 50

해설 지구음향장치

- 설치간격 : 각 부분 ~ 수평거리 25 [m] 이하
- 음향장치 한 개의 소리전달 범위 약 25 [m]

13 상⦿하

비상경보설비함 상부에 설치하는 발신기 위치표시등의 불빛은 부착지점으로부터 몇 [m] 이내 떨어진 위치에서 쉽게 식별할 수 있어야 하는가?

① 5
② 10
③ 15
④ 20

해설 발신기

1) 조작스위치 : 바닥으로부터 0.8 [m] 이상 1.5 [m] 이하 설치
2) 특정소방대상물의 층마다 설치
   (1) 수평거리 : 25 [m] 이하 설치(각 부분부터 하나의 발신기까지의 거리)
   (2) 보행거리 : 40 [m] 이상 경우 추가 설치(복도·별도구획된 실)
3) 위치 표시등 : 함 상부 설치
4) 불빛 : 부착면부터 15° 이상의 범위 안, 부착지점부터 10 [m] 이내 어느 곳에서도 쉽게 식별할 수 있는 적색등

14 상⦿하

다음 (㉠), (㉡)에 들어갈 내용으로 옳은 것은?

> 비상경보설비의 비상벨설비는 그 설비에 대한 감시 상태를 (㉠)분간 지속한 후 유효하게 (㉡)분 이상 경보할 수 있는 축전지 설비를 설치하여야 한다.

① ㉠ 30분, ㉡ 30분
② ㉠ 30분, ㉡ 10분
③ ㉠ 60분, ㉡ 60분
④ ㉠ 60분, ㉡ 10분

해설 비상벨설비

1) 전원은 전기가 정상적으로 공급되는 축전지, 전기저장장치 (외부 전기에너지를 저장해두었다가 필요한 때 전기를 공급하는 장치) 또는 교류전압의 옥내 간선으로 하고, 전원까지의 배선은 전용으로 할 것
2) 개폐기에는 "비상벨설비 또는 자동식 사이렌설비용"이라고 표시한 표지할 것
3) 비상벨설비 또는 자동식 사이렌설비에는 그 설비에 대한 감시 상태를 60분간 지속한 후 유효하게 10분 이상 경보할 수 있는 축전지설비 또는 전기저장장치를 설치할 것

정답 12 ② 13 ② 14 ④

CHAPTER 03 비상방송설비

학습목표

1 비상방송설비의 설치대상과 구조를 파악한다.
2 비상방송설비의 결선도를 파악한다.
3 비상방송설비의 설치기준에 대해 학습한다.

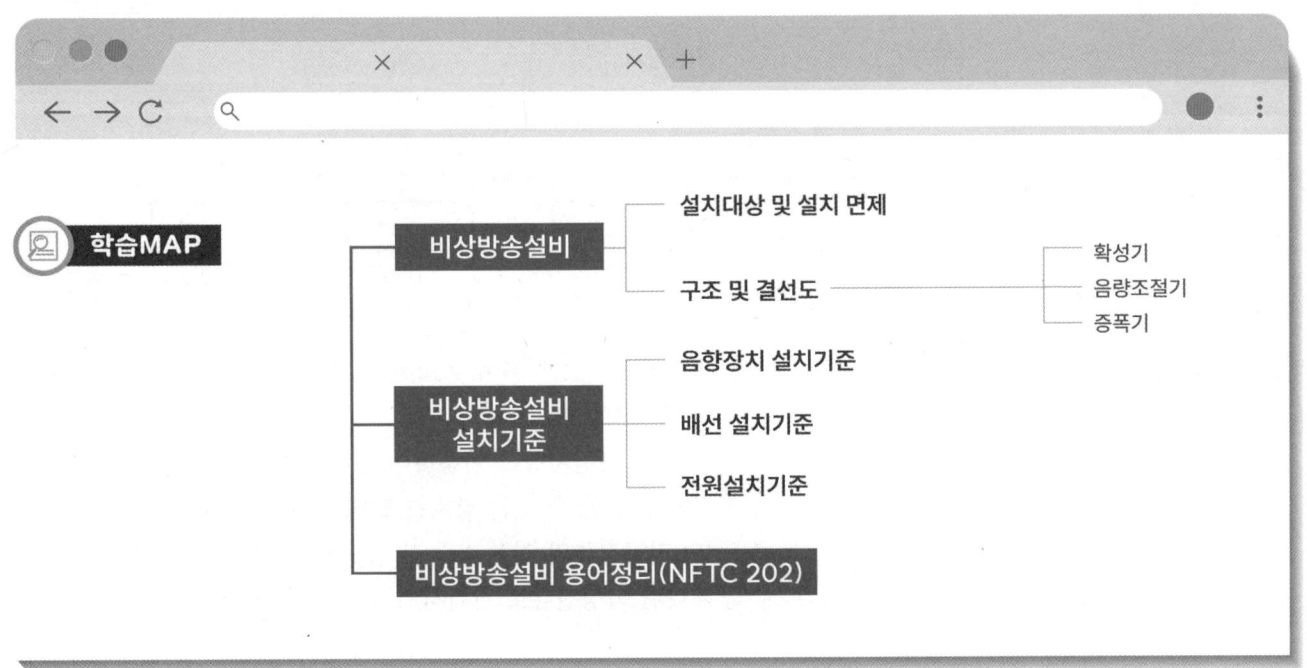

01 비상방송설비 ★★★

1 비상방송설비의 정의
수신기에 화재신호 입력 시 피난 및 소화활동을 위하여 방송을 통해 알리는 설비

2 비상방송설비 설치대상 및 설치 면제

1) 설치대상 ★★★

소방대상물	설치대상
연면적 3500 [m²] 이상	모든 층
층수가 11층 이상인 것	모든 층
지하층 층수가 3층 이상인 것	모든 층

2) 설치 면제
자동화재탐지설비 또는 비상경보설비와 동등 이상의 음향을 발하는 장치를 부설한 방송설비를 화재안전기술기준에 적합하게 설치한 경우

3 비상방송설비 구조 및 결선도

1) 구조

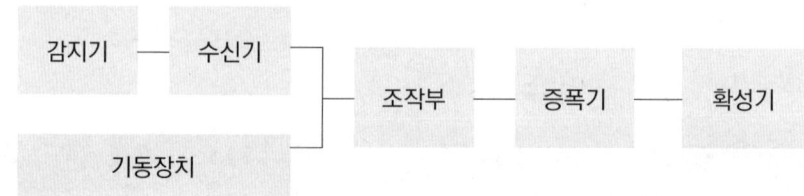

2) 결선도

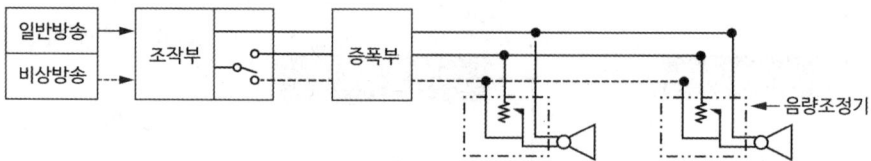

(1) 확성기 : 소리를 크게 하여 멀리까지 전달될 수 있도록 하는 장치로서 일명 스피커를 말한다.
(2) 음량조절기 : 가변저항을 이용하여 전류를 변화시켜 음량을 크게 하거나 작게 조절할 수 있는 장치를 말한다. ★★★
(3) 증폭기 : 전압전류의 진폭을 늘려 감도를 좋게 하고, 미약한 음성전류를 커다란 음성전류로 변화시켜 소리를 크게 하는 장치를 말한다.

02 비상방송설비 설치기준

1 음향장치 설치기준

1) 확성기(엘리베이터 내부에는 별도의 음향장치를 설치할 수 있다)★★★
   (1) 음성입력 : 실외 3 [W] 이상, 실내 1 [W] 이상
   (2) 수평거리 : 층의 각 부분으로부터 하나의 확성기까지의 25 [m] 이하
   (3) 확성기는 각 층마다 설치, 당해 층의 각 부분에 유효하게 경보를 발하도록 설치

2) 음량조정기(ATT) : 음량조정기의 배선은 3선식으로 한다.

3) 조작부
   (1) 조작스위치 높이 : 바닥으로부터 0.8 [m] 이상 1.5 [m] 이하
   (2) 기동장치의 작동과 연동하여 당해 기동장치가 작동한 층 또는 구역을 표시
   (3) 조작부 및 증폭기 설치장소 : 수위실 등 상시 사람이 근무, 점검이 편리, 방화상 유효한 곳
   (4) 2 이상 조작부 설치 시 설치장소 상호 간 동시통화 가능, 어느 조작부에서도 전구역 방송 가능

4) 층수가 11층(공동주택의 경우에는 16층)의 특정소방대상물은 다음과 같은 경보를 발할 수 있어야 한다. ★★★
   (1) 2층 이상의 층에서 발화한 때에는 발화층 및 그 직상 4개 층에 경보
   (2) 1층에서 발화한 때에는 발화층·그 직상 4개 층 및 지하층에 경보
   (3) 지하층에서 발화한 때에는 발화층·그 직상층 및 기타 지하층 경보

5) 기동장치에 따른 화재신고를 수신한 후 필요한 음량으로 화재 발생 상황 및 피난에 유효한 방송이 자동으로 개시될 때까지의 소요시간은 10초 이하로 할 것 ★★★

6) 다른 방송설비와 공용할 경우 화재 시 비상경보 외의 방송을 차단할 수 있는 구조

7) 다른 전기회로에 따라 유도장애가 생기지 아니하도록 할 것

8) 음향장치의 구조 및 성능
   (1) 정격전압의 80 [%] 전압에서 음향을 발할 수 있는 것으로 할 것
   (2) 자동화재탐지설비의 작동과 연동하여 작동할 수 있는 것으로 할 것

2 배선 설치기준

1) 화재로 인해 하나의 층의 확성기 또는 배선이 단락 또는 단선되어도 다른 층의 화재 통보에 지장이 없을 것
2) 전원회로의 배선은 내화배선
3) 그 밖의 배선은 내화배선 또는 내열배선으로 할 것
4) 절연저항
   (1) 전원회로의 전로와 대지 사이 및 배선 상호 간 : 전기사업법 기술기준 적용
   (2) 부속회로의 전로와 대지 사이 및 배선 상호 간 : 1 경계구역마다 직류 250 [V]의 절연저항측정기를 사용하여 측정한 절연저항 0.1 [MΩ] 이상

3 전원 설치기준

1) 상용전원
   (1) 축전지, 교류전압의 옥내 간선, 전기저장장치
   (2) 전원까지의 배선은 전용
   (3) 개폐기에는 "비상방송설비용"이라고 표시한 표지를 할 것
2) 감시상태를 60분간 지속한 후 유효하게 10분 이상

4 전원 및 배선

1) 전원 및 용량 : 자동화재탐지설비 전원설비의 기준과 동일
2) 배선
   (1) 화재로 인하여 하나의 층의 확성기 또는 배선의 단락 또는 단선되어도 다른 층의 화재통보에 지장이 없도록 할 것
   (2) 기타 배선의 내용은 자동화재탐지설비 배선의 기준과 동일

보충 ▶ 층수가 30층 이상은 30분 이상 경보할 수 있는 축전지설비(수신기 내장 포함)를 설치

선생님 TIP
자동화재탐지설비는 '단락'만 고려하지만 비상방송설비는 단락과 '단선'까지 고려합니다. 향후 실기에서 매우 중요한 사항입니다.

03 비상방송설비 용어정리(NFTC 202) ★★★

1) "확성기"란 소리를 크게 하여 멀리까지 전달될 수 있도록 하는 장치로써 일명 스피커를 말한다.
2) "음량조절기"란 가변저항을 이용하여 전류를 변화시켜 음량을 크게 하거나 작게 조절할 수 있는 장치를 말한다.
3) "증폭기"란 전압전류의 진폭을 늘려 감도를 좋게 하고 미약한 음성전류를 커다란 음성전류로 변화시켜 소리를 크게 하는 장치를 말한다.
4) "기동장치"란 화재감지기, 발신기 등의 상태변화를 전송하는 장치를 말한다.
5) "몰드"란 전선을 물리적으로 보호하기 위해 사용되는 통형 구조물을 말한다.
6) "약전류회로"란 전신선, 전화선 등에 사용하는 전선이나 케이블, 인터폰, 확성기의 음성회로, 라디오·텔레비전의 시청회로 등을 포함하는 약전류가 통전되는 회로를 말한다.
7) "전원회로"란 전기·통신, 기타 전기를 이용하는 장치 등에 전력을 공급하기 위하여 필요한 기기로 이루어지는 전기회로를 말한다.
8) "절연저항"이란 전류가 도체에서 절연물을 통하여 다른 충전부나 기기로 누설되는 경우 그 누설 경로의 저항을 말한다.
9) "절연효력"이란 전기가 불필요한 부분으로 흐르지 않도록 절연하는 성능을 나타내는 것을 말한다.
10) "정격전압"이란 전기기계기구, 선로 등의 정상적인 동작을 유지시키기 위해 공급해주어야 하는 기준 전압을 말한다.
11) "조작부"란 기기를 제어할 수 있도록 조작스위치, 지시계, 표시등 등을 집결시킨 부분을 말한다.
12) "풀박스"란 장거리 케이블 포설을 용이하게 하기 위해 전선관 중간에 설치하는 상자형 구조물 등을 말한다.

예상문제

01 상 중 하

비상방송설비의 화재안전기술기준(NFTC 202)에 따라 비상방송설비에서 기동장치에 따른 화재신고를 수신한 후 필요한 음량으로 화재 발생 상황 및 피난에 유효한 방송이 자동으로 개시될 때까지의 소요시간은 몇 초 이하로 하여야 하는가?

① 5
② 10
③ 15
④ 20

해설 비상방송설비 설치기준

1) 확성기
   (1) 음성입력 : 실외 3 [W] 이상, 실내 1 [W] 이상
   (2) 수평거리 : 층 각 부분으로부터 하나의 확성기까지의 25 [m] 이하
   (3) 확성기는 각 층마다 설치, 당해 층의 각 부분에 유효하게 경보를 발하도록 설치
2) 음량조정기(ATT) : 음량조정기의 배선은 3선식으로 한다.
3) 조작부
   (1) 조작스위치 높이 : 바닥으로부터 0.8 [m] 이상 1.5 [m] 이하
   (2) 기동장치의 작동과 연동하여 당해 기동장치가 작동한 층 또는 구역을 표시
   (3) 조작부 및 증폭기 설치장소 : 수위실 등 상시 사람이 근무, 점검이 편리, 방화상 유효한 곳
   (4) 2 이상 조작부 설치 시 설치장소 상호 간 동시통화 가능, 어느 조작부에서도 전구역 방송 가능
4) 층수가 11층(공동주택의 경우에는 16층)의 특정소방대상물은 다음과 같은 경보를 발할 수 있어야 한다.
   (1) 2층 이상의 층에서 발화한 때에는 발화층 및 그 직상 4개 층에 경보
   (2) 1층에서 발화한 때에는 발화층·그 직상 4개 층 및 지하층에 경보
   (3) 지하층에서 발화한 때에는 발화층·그 직상층 및 기타 지하층 경보
5) 기동장치에 따른 화재신고를 수신한 후 필요한 음량으로 화재 발생 상황 및 피난에 유효한 방송이 자동으로 개시될 때까지의 소요시간은 10초 이하로 할 것
6) 다른 방송설비와 공용할 경우 화재 시 비상경보 외의 방송을 차단할 수 있는 구조
7) 다른 전기회로에 따라 유도장애가 생기지 아니하도록 할 것
8) 음향장치의 구조 및 성능
   (1) 정격전압의 80 [%] 전압에서 음향을 발할 수 있는 것을 할 것
   (2) 자동화재탐지설비의 작동과 연동하여 작동할 수 있는 것으로 할 것

정답 01 ②

02 상중하

비상방송설비의 화재안전기술기준(NFTC 202)에 따른 음향장치의 구조 및 성능에 대한 기준이다. 다음 (   )에 들어갈 내용으로 옳은 것은?

- 정격전압의 (㉠) [%] 전압에서 음향을 발할 수 있는 것을 할 것
- (㉡)의 작동과 연동하여 작동할 수 있는 것으로 할 것

① ㉠ 65, ㉡ 자동화재탐지설비
② ㉠ 80, ㉡ 자동화재탐지설비
③ ㉠ 65, ㉡ 단독경보형 감지기
④ ㉠ 80, ㉡ 단독경보형 감지기

해설 비상방송설비

1) 확성기
   (1) 음성입력 : 실외 3 [W] 이상, 실내 1 [W] 이상
   (2) 수평거리 : 층의 각 부분으로부터 하나의 확성기까지의 25 [m] 이하
   (3) 확성기는 각 층마다 설치, 당해 층의 각 부분에 유효하게 경보를 발하도록 설치
2) 음량조정기(ATT) : 음량조정기의 배선은 3선식으로 한다.
3) 조작부
   (1) 조작스위치 높이 : 바닥으로부터 0.8 [m] 이상 1.5 [m] 이하
   (2) 기동장치의 작동과 연동하여 당해 기동장치가 작동한 층 또는 구역을 표시
   (3) 조작부 및 증폭기 설치장소 : 수위실 등 상시 사람이 근무, 점검이 편리, 방화상 유효한 곳
   (4) 2 이상 조작부 설치 시 설치장소 상호 간 동시통화 가능, 어느 조작부에서도 전구역 방송 가능
4) 층수가 11층(공동주택의 경우에는 16층)의 특정소방대상물은 다음과 같은 경보를 발할 수 있어야 한다.
   (1) 2층 이상의 층에서 발화한 때에는 발화층 및 그 직상 4개 층에 경보
   (2) 1층에서 발화한 때에는 발화층·그 직상 4개 층 및 지하층에 경보
   (3) 지하층에서 발화한 때에는 발화층·그 직상층 및 기타 지하층 경보
5) 기동장치에 따른 화재신고를 수신한 후 필요한 음량으로 화재 발생 상황 및 피난에 유효한 방송이 자동으로 개시될 때까지의 소요시간은 10초 이하로 할 것
6) 다른 방송설비와 공용할 경우 화재 시 비상경보 외의 방송을 차단할 수 있는 구조
7) 다른 전기회로에 따라 유도장애가 생기지 아니하도록 할 것
8) 음향장치의 구조 및 성능
   (1) 정격전압의 80 [%] 전압에서 음향을 발할 수 있는 것을 할 것
   (2) 자동화재탐지설비의 작동과 연동하여 작동할 수 있는 것으로 할 것

03 상중하

비상방송설비의 화재안전기술기준(NFTC 202)에 따른 용어의 정의에서 소리를 크게 하여 멀리까지 전달될 수 있도록 하는 장치로서, 일명 "스피커"를 말하는 것은?

① 확성기
② 증폭기
③ 사이렌
④ 음량조절기

해설 비상방송설비 용어

1) 확성기 : 소리를 크게 하여 멀리까지 전달될 수 있도록 하는 장치로서 일명 스피커를 말한다.
2) 음량조절기 : 가변저항을 이용하여 전류를 변화시켜 음량을 크게 하거나 작게 조절할 수 있는 장치를 말한다.
3) 증폭기 : 전압전류의 진폭을 늘려 감도를 좋게 하고 미약한 음성전류를 커다란 음성전류로 변화시켜 소리를 크게 하는 장치를 말한다.

정답 02 ② 03 ①

04 상 중 하

비상방송설비의 화재안전기술기준(NFTC 202)에 따른 정의에서 가변저항을 이용하여 전류를 변화시켜 음량을 크게 하거나 작게 조절할 수 있는 장치를 말하는 것은?

① 증폭기
② 변류기
③ 중계기
④ 음량조절기

해설 비상방송 구성 장치

- 음량조절기 : 전류 변화 시 음량크기 조절장치
- 변류기 : 전류 변화장치
- 중계기 : 수신기 ~ 발신기신호 중계장치
- 증폭기 : 진폭변화 시 소리크기 변화장치

해설 비상방송설비 배선

1) 화재로 인해 하나의 층의 확성기 또는 배선이 단락 또는 단선되어도 다른 층의 화재 통보에 지장이 없을 것
2) 전원회로의 배선은 내화배선
3) 그 밖의 배선은 내화배선 또는 내열배선으로 할 것
4) 절연저항
   (1) 전원회로의 전로와 대지 사이 및 배선 상호 간 : 전기사업법 기술기준 적용
   (2) 부속회로의 전로와 대지 사이 및 배선 상호 간 : 1 경계구역마다 직류 250 [V]의 절연저항측정기를 사용하여 측정한 절연저항 0.1 [MΩ] 이상
5) 배선은 다른 용도의 전선과 별도의 관, 덕트, 몰드 또는 풀박스 등에 설치할 것

05 상 중 하

비상방송설비의 배선에 대한 설치기준으로 틀린 것은?

① 배선은 다른 용도의 전선과 동일한 관, 덕트, 몰드 또는 풀박스 등에 설치할 것
② 전원회로의 배선은 옥내소화전설비의 화재안전기술기준에 따른 내화배선으로 설치할 것
③ 화재로 인하여 하나의 층의 확성기 또는 배선이 단락 또는 단선되어도 다른 층의 화재통보에 지장이 없도록 할 것
④ 부속회로의 전로와 대지 사이 및 배선 상호 간의 절연저항은 1경계구역마다 직류 250 [V]의 절연저항측정기를 사용하여 측정한 절연저항이 0.1 [MΩ] 이상이 되도록 할 것

06 상 중 하

비상방송설비 음향장치에 대한 설치기준으로 옳은 것은?

① 다른 전기회로에 따라 유도장애가 생기지 않도록 한다.
② 음량조정기를 설치하는 경우 음량조정기의 배선은 2선식으로 한다.
③ 다른 방송설비와 공용하는 것에 있어서는 화재 시 비상경보 외의 방송을 차단되는 구조가 아니어야 한다.
④ 기동장치에 따른 화재신고를 수신한 후 필요한 음량으로 화재 발생 상황 및 피난에 유효한 방송이 자동으로 개시될 때까지의 소요시간은 60초 이하로 한다.

해설 비상방송설비

1) 확성기
   (1) 음성입력 : 실외 3 [W] 이상, 실내 1 [W] 이상
   (2) 수평거리 : 층의 각 부분으로부터 하나의 확성기까지의 25 [m] 이하
   (3) 확성기는 각 층마다 설치, 당해 층의 각 부분에 유효하게 경보를 발하도록 설치
2) 음량조정기(ATT) : 음량조정기의 배선은 3선식으로 한다.

정답 04 ④ 05 ① 06 ①

3) 조작부
   (1) 조작스위치 높이 : 바닥으로부터 0.8 [m] 이상 1.5 [m] 이하
   (2) 기동장치의 작동과 연동하여 당해 기동장치가 작동한 층 또는 구역을 표시
   (3) 조작부 및 증폭기 설치장소 : 수위실 등 상시 사람이 근무, 점검이 편리, 방화상 유효한 곳
   (4) 2 이상 조작부 설치 시 설치장소 상호 간 동시통화 가능, 어느 조작부에서도 전 구역 방송 가능
4) 층수가 11층(공동주택의 경우에는 16층)의 특정소방대상물은 다음과 같은 경보를 발할 수 있어야 한다.
   (1) 2층 이상의 층에서 발화한 때에는 발화층 및 그 직상 4개 층에 경보
   (2) 1층에서 발화한 때에는 발화층·그 직상 4개 층 및 지하층에 경보
   (3) 지하층에서 발화한 때에는 발화층·그 직상층 및 기타 지하층 경보
5) 기동장치에 따른 화재신고를 수신한 후 필요한 음량으로 화재 발생 상황 및 피난에 유효한 방송이 자동으로 개시될 때까지의 소요시간은 10초 이하로 할 것
6) 다른 방송설비와 공용할 경우 화재 시 비상경보 외의 방송을 차단할 수 있는 구조
7) 다른 전기회로에 따라 유도장애가 생기지 아니하도록 할 것
8) 음향장치의 구조 및 성능
   (1) 정격전압의 80 [%] 전압에서 음향을 발할 수 있는 것을 할 것
   (2) 자동화재탐지설비의 작동과 연동하여 작동할 수 있는 것으로 할 것

07 상중하

비상방송설비의 화재안전기술기준(NFTC 202)에 따라 비상방송설비 음향장치의 정격전압이 220 [V]인 경우 최소 몇 [V] 이상에서 음향을 발할 수 있어야 하는가?

① 165
② 176
③ 187
④ 198

해설 비상방송설비 음향장치

- 경보전압 : 정격전압의 80 [%]
- 사용전압 : 220 [V] × 0.8 = 176 [V]

08 상중하

다음 비상경보설비 및 비상방송설비에 사용되는 용어 설명 중 틀린 것은?

① 비상벨설비라 함은 화재 발생 상황을 경종으로 경보하는 설비를 말한다.
② 증폭기라 함은 전압전류의 주파수를 늘려 감도를 좋게 하고, 소리를 크게 하는 장치를 말한다.
③ 확성기라 함은 소리를 크게 하여 멀리까지 전달될 수 있도록 하는 장치로서, 일명 스피커를 말한다.
④ 음량조절기라 함은 가변저항을 이용하여 전류를 변화시켜 음량을 크게 하거나 작게 조절할 수 있는 장치를 말한다.

해설 비상방송설비 용어

- 비상벨설비 : 화재상황 경종 경보설비
- 증폭기 : 전압전류 진폭을 늘려 감도를 좋게 하고 소리를 크게 변화시키는 장치
- 확성기 : 소리를 크게 하여 멀리 전달하는 장치
- 음량조절기 : 가변저항 이용 시 음량을 크고 작게 조절하는 장치 → 3선식

정답 07 ② 08 ②

CHAPTER 04 자동화재속보설비

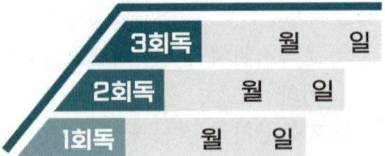

학습목표

1 자동화재속보설비의 설치대상과 설치기준에 대해 학습한다.
2 속보기의 구조에 대해 학습한다.
3 속보기의 기능에 대해 학습한다.

학습MAP

- 정의 및 설치대상
- 자동화재속보설비 설치기준 — 설치기준
- 속보기의 성능인증 및 제품검사 기술기준
  - 속보기의 종류 및 특성
  - 속보기의 구조 — 외함의 두께
  - 속보기의 시험 — 속보기 반복시험, 속보기 절연저항시험
  - 속보기의 기능
  - 속보기 부품의 구조 및 기능
- 자동화재속보설비 용어정리(NFTC 204)

01 정의 및 설치대상 ★★

1 자동화재속보설비의 개념 및 정의

1) 개념

자동 또는 수동으로 화재의 발생을 통신망을 통해 음성 등으로 소방관서에 통보하는 설비

2) 정의

(1) 속보기

수동작동 또는 자동화재탐지설비 수신기와 연동으로 관계인에게 화재 발생을 경보함과 동시에 소방관서에 자동적으로 통신망을 통해 화재 발생 및 위치 등을 음성으로 통보해주는 것

① 화재속보설비 : 자동 또는 수동으로 화재의 발생을 소방관서에 알리는 설비

② 자동화재속보설비의 속보기(이하 "속보기"라 한다) : 수동작동 및 자동화재탐지설비 수신기의 화재신호와 연동으로 작동하여 화재 발생을 경보하고 소방관서에 자동적으로 통신망을 통한 해당 화재 발생, 해당 소방대상물의 위치 등을 음성으로 통보해주는 것(이하 "속보"라 한다)

③ 국가유산용 자동화재속보설비의 속보기 : 속보기에 감지기를 직접 접속(자동화재탐지설비 1개의 경계구역에 한한다)하는 방식인 것

(2) 통신망

유선이나 무선 또는 유무선 겸용방식을 구성하여 음성 또는 데이터 등을 전송할 수 있는 집합체

― 유선이나 무선 또는 유무선 겸용방식을 구성하여 음성 또는 데이터 등을 전송할 수 있는 집합체를 통신망이라 한다.

2 자동화재속보설비의 설치대상

화재 수신반이 설치된 장소에 24시간 화재를 감시할 수 있는 사람이 근무하고 있는 경우 자동화재속보설비를 설치하지 않을 수 있다.

설치대상	기준
• 노유자시설 • 숙박 가능한 수련시설 • 의료재활시설, 정신병원	바닥면적 500 [m²] 이상
• 종합병원, 병원, 치과병원, 한방병원, 요양병원 • 근린생활시설 중 의원, 치과의원, 한의원으로서 입원실이 있는 것 • 전통시장 • 노유자생활시설 • 보물·국보 지정 목조건축물 • 조산원, 산후조리원	-

02 자동화재속보설비 설치기준

1 설치기준

1) 자동화재탐지설비와 연동으로 작동하여 자동적으로 화재 발생 상황을 소방관서에 전달되는 것으로 할 것(이 경우 부가적으로 특정소방대상물의 관계인에게 화재 발생 상황을 전달되도록 할 수 있다)
2) 조작스위치는 바닥으로부터 0.8 [m] 이상 1.5 [m] 이하의 높이에 설치할 것
3) 속보기는 소방관서에 통신망으로 통보하도록 하며, 데이터 또는 코드 전송방식을 부가적으로 설치할 수 있다. 단, 데이터 및 코드전송방식의 기준은 소방청장이 정하여 고시한 자동화재속보설비의 속보기의 성능인증 및 제품검사의 기술기준에 따른다.
4) 문화유산에 설치하는 자동화재속보설비는 제1호의 기준에도 불구하고 속보기에 감지기를 직접 연결하는 방식(자동화재탐지설비 1개의 경계구역에 한함)으로 할 수 있다.

자동화재속보설비의 조작스위치는 바닥으로부터 0.8 [m] 이상 1.2 [m] 이하의 높이에 설치할 것
☒ 1.5 [m] 이하

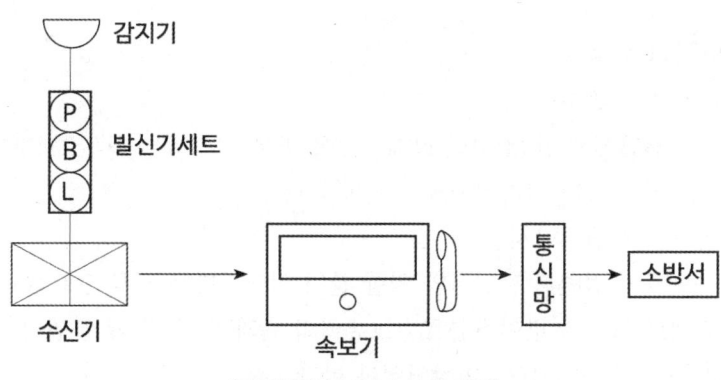

[자동화재속보설비 신호 입력]

03 속보기의 성능인증 및 제품검사 기술기준

1 속보기의 구조

1) 부식방지조치 : 칠, 도금 등 내식 또는 방청가공할 것
2) 전기적 기능 영향 있는 단자, 나사, 와셔, 동합금 또는 이와 동등 이상의 내식성 재질 사용할 것
3) 정격전압이 60 [V]를 넘는 기구의 금속제 외함 : 접지단자를 설치할 것
4) 예비전원회로 : 단락사고 등으로부터 보호를 위하여 퓨즈를 설치할 것
5) 속보기 내부 : 예비전원(알칼리계 또는 리튬계 2차 축전지, 무보수밀폐형 축전지)을 설치하여야 하며, 예비전원의 인출선 또는 접속단자는 오접속을 방지하기 위하여 적당한 색상에 의하여 극성을 구분할 수 있도록 하여야 한다.
6) 속보기 전면 : 주전원, 예비전원 상태 감시장치 각각 설치할 것
7) 작동 시 그 작동시간과 작동회수를 표시할 수 있는 장치를 하여야 한다.
8) 수동 통화용 송수화기를 설치하여야 한다.
9) 표시등에 전구를 사용하는 경우에는 2개를 병렬로 설치하여야 한다. 다만 발광다이오드의 경우에는 그러하지 않는다.
10) 회로방식의 제한
    (1) 접지전극에 직류전류를 통하는 회로방식
    (2) 수신기에 접속되는 외부 배선과 다른 설비의 외부 배선공용회로방식
11) 외함의 두께 ★★★
    (1) 강판 외함 : 1.2 [mm] 이상
    (2) 합성수지 외함 : 3 [mm] 이상

◦ 정격전압이 50 [V]를 넘는 기구의 금속제 외함에는 접지단자를 설치할 것 ✗ 60

◦ 🔗 P.293 문 03
◦ 속보기 외함의 두께는 합성수지의 경우 1.2 [mm] 이상이다. ✗ 3

2 속보기의 시험

1) 속보기 반복시험
   정격전압에서 1000회의 화재작동을 반복 실시하는 경우 그 구조 또는 기능에 이상이 생기지 아니하여야 한다.
2) 속보기 절연저항시험
   속보기의 절연된 충전부와 외함 간의 절연저항은 직류 500 [V] 절연저항계로 측정한 값이 5 [MΩ](교류입력 측과 외함 간 및 절연된 선로 간에는 각각 20 [MΩ]) 이상이어야 한다.

3 속보기의 기능 ★★★

1) 작동신호를 수신하거나 수동으로 동작시키는 경우 20초 이내에 소방관서에 자동적으로 신호를 발하여 통보하되, 3회 이상 속보할 수 있어야 한다.
2) 주전원이 정지한 경우에는 자동적으로 예비전원으로 전환되고, 주전원이 정상상태로 복귀한 경우에는 자동적으로 예비전원에서 주전원으로 전환되어야 한다.
3) 예비전원은 자동적으로 충전되어야 하며 자동과충전방지장치가 있어야 한다.
4) 화재신호를 수신하거나 속보기를 수동으로 동작시키는 경우 자동적으로 적색 화재표시등이 점등되고 음향장치로 화재를 경보하여야 하며, 화재표시 및 경보는 수동으로 복구 및 정지시키지 않는 한 지속되어야 한다.
5) 연동 또는 수동으로 소방관서에 화재 발생 음성정보를 속보 중인 경우에도 송수화장치를 이용한 통화가 우선적으로 가능하여야 한다.
6) 예비전원을 병렬로 접속하는 경우에는 역충전 방지 등의 조치를 하여야 한다.
7) 예비전원은 감시상태를 60분간 지속한 후 10분 이상 동작(화재속보 후 화재표시 및 경보를 10분간 유지하는 것을 말한다)이 지속될 수 있는 용량이어야 한다.
8) 속보기는 연동 또는 수동 작동에 의한 다이얼링 후 소방관서와 전화접속이 이루어지지 않는 경우에는 최초 다이얼링을 포함하여 10회 이상 반복적으로 접속을 위한 다이얼링이 이루어져야 한다. 이 경우 매회 다이얼링 완료 후 호출은 30초 이상 지속되어야 한다.
9) 속보기의 송수화장치가 정상위치가 아닌 경우에도 연동 또는 수동으로 속보가 가능하여야 한다.

🔗 P.292 문 01
작동신호를 수신하거나 수동으로 동작시키는 경우 10초 이내에 소방관서에 자동적으로 신호를 발하여 통보하되, 5회 이상 속보할 수 있어야 한다. ☒ 20초 이내 3회 이상

속보기는 연동 또는 수동 작동에 의한 다이얼링 후 소방관서와 전화접속이 이루어지지 않는 경우에는 최초 다이얼링을 포함하여 10회 이상 반복적으로 접속을 위한 다이얼링이 이루어져야 한다. 이 경우 매회 다이얼링 완료 후 호출은 20초 이상 지속되어야 한다. ☒ 30초

10) 음성으로 통보되는 속보내용을 통하여 해당 특정소방대상물의 위치, 화재 발생 및 속보기에 의한 신고임을 확인할 수 있어야 한다.
11) 속보기는 음성속보방식 외에 데이터 또는 코드전송방식 등을 이용한 속보기능을 설치할 수 있다.

4 속보기 부품의 구조 및 기능

1) 전원 변압기 : 용량은 최대사용전류에 연속하여 견딜 수 있을 것
2) 퓨즈 : 점검 및 교체가 쉽고, 쉽게 흔들리지 아니하도록 부착할 것
3) 예비전원시험 : 상온 충방전시험, 주위 온도 충방전시험, 안전장치시험
4) 안전장치시험 : 예비전원은 1/5(C) 이상 1(C) 이하의 전류로 역충전하는 경우 5시간 이내에 안전장치가 작동하여야 한다.

> P.295 문 07
> 퓨즈는 교체가 어려워야 할 것
> ☒ 쉬워야 할 것

04 자동화재속보설비 용어정리(NFTC 204) ★★★

1) "속보기"란 화재신호를 통신망을 통하여 음성 등의 방법으로 소방관서에 통보하는 장치를 말한다.
2) "통신망"이란 유선이나 무선 또는 유무선 겸용 방식을 구성하여 음성 또는 데이터 등을 전송할 수 있는 집합체를 말한다.
3) "데이터전송방식"이란 전기·통신매체를 통해서 전송되는 신호에 의하여 어떤 지점에서 다른 수신 지점에 데이터를 보내는 방식을 말한다.
4) "코드전송방식"이란 신호를 표본화하고 양자화하여 코드화한 후에 펄스 혹은 주파수의 조합으로 전송하는 방식을 말한다.

예상문제

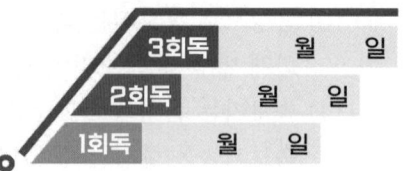

01 상 중 하

자동화재속보설비의 속보기의 성능인증 및 제품검사의 기술기준에 따른 자동화재속보설비의 속보기에 대한 설명이다. 다음 (   )의 ㉠, ㉡에 들어갈 내용으로 옳은 것은?

> 작동신호를 수신하거나 수동으로 동작시키는 경우 (㉠)초 이내에 소방관서에 자동적으로 신호를 발하여 통보하되, (㉡)회 이상 속보할 수 있어야 한다.

① ㉠ 20, ㉡ 3
② ㉠ 20, ㉡ 4
③ ㉠ 30, ㉡ 3
④ ㉠ 30, ㉡ 4

해설 자동화재속보설비 동작

1) 작동신호를 수신하거나 수동으로 동작시키는 경우 20초 이내에 소방관서에 자동적으로 신호를 발하여 통보하되, 3회 이상 속보할 수 있어야 한다.
2) 주전원이 정지한 경우에는 자동적으로 예비전원으로 전환되고, 주전원이 정상상태로 복귀한 경우에는 자동적으로 예비전원에서 주전원으로 전환되어야 한다.
3) 예비전원은 자동적으로 충전되어야 하며 자동과충전방지장치가 있어야 한다.
4) 화재신호를 수신하거나 속보기를 수동으로 동작시키는 경우 자동적으로 적색 화재표시등이 점등되고 음향장치로 화재를 경보하여야 하며, 화재표시 및 경보는 수동으로 복구 및 정지시키지 않는 한 지속되어야 한다.
5) 연동 또는 수동으로 소방관서에 화재 발생 음성정보를 속보 중인 경우에도 송수화장치를 이용한 통화가 우선적으로 가능하여야 한다.
6) 예비전원을 병렬로 접속하는 경우에는 역충전 방지 등의 조치를 하여야 한다.
7) 예비전원은 감시상태를 60분간 지속한 후 10분 이상 동작(화재속보 후 화재표시 및 경보를 10분간 유지하는 것을 말한다)이 지속될 수 있는 용량이어야 한다.
8) 속보기는 연동 또는 수동 작동에 의한 다이얼링 후 소방관서와 전화접속이 이루어지지 않는 경우에는 최초 다이얼링을 포함하여 10회 이상 반복적으로 접속을 위한 다이얼링이 이루어져야 한다. 이 경우 매회 다이얼링 완료 후 호출은 30초 이상 지속되어야 한다.
9) 속보기의 송수화장치가 정상위치가 아닌 경우에도 연동 또는 수동으로 속보가 가능하여야 한다.
10) 음성으로 통보되는 속보내용을 통하여 해당 특정소방대상물의 위치, 화재 발생 및 속보기에 의한 신고임을 확인할 수 있어야 한다.
11) 속보기는 음성속보방식 외에 데이터 또는 코드전송방식 등을 이용한 속보기능을 설치할 수 있다.

정답 01 ①

02 (중)

자동화재속보설비의 설치기준으로 틀린 것은?

① 조작스위치는 바닥으로부터 1 [m] 이상 1.5 [m] 이하의 높이에 설치할 것
② 속보기는 소방관서에 통신망으로 통보하도록 하며, 데이터 또는 코드전송방식을 부가적으로 설치할 수 있다.
③ 자동화재탐지설비와 연동으로 작동하여 자동적으로 화재 발생 상황을 소방관서에 전달되는 것으로 할 것
④ 속보기는 소방청장이 정하여 고시한 「자동화재속보설비의 속보기의 성능인증 및 제품검사의 기술기준」에 적합한 것으로 설치하여야 한다.

해설 자동화재속보설비

1) 자동화재탐지설비와 연동으로 작동하여 자동적으로 화재 발생 상황을 소방관서에 전달되는 것으로 할 것(이 경우 부가적으로 특정소방대상물의 관계인에게 화재 발생 상황을 전달되도록 할 수 있다)
2) 조작스위치는 바닥으로부터 0.8 [m] 이상 1.5 [m] 이하의 높이에 설치할 것
3) 속보기는 소방관서에 통신망으로 통보하도록 하며, 데이터 또는 코드전송방식을 부가적으로 설치할 수 있다. 단, 데이터 및 코드전송방식의 기준은 소방청장이 정하여 고시한 자동화재속보설비의 속보기의 성능인증 및 제품검사의 기술기준 에 따른다.
4) 국가유산에 설치하는 자동화재속보설비는 제1호의 기준에도 불구하고 속보기에 감지기를 직접 연결하는 방식(자동화재탐지설비 1개의 경계구역에 한함)으로 할 수 있다.

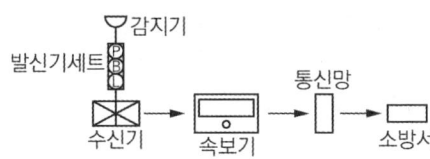

[자동화재속보설비 신호 입력]

03 (하)

자동화재속보설비의 속보기의 성능인증 및 제품검사의 기술기준에 따라 자동화재속보설비의 속보기의 외함에 합성수지를 사용할 경우 외함의 최소 두께[mm]는?

① 1.2　　　　② 3
③ 6.4　　　　④ 7

해설 자동화재속보기 외함 두께

• 강판 : 1.2 [mm] 이상
• 합성수지 : 3 [mm] 이상

04 (중)

자동화재속보설비 속보기의 기능에 대한 기준 중 틀린 것은?

① 작동신호를 수신하거나 수동으로 동작시키는 경우 30초 이내에 소방관서에 자동적으로 신호를 발하여 통보하되, 3회 이상 속보할 수 있어야 한다.
② 예비전원을 병렬로 접속하는 경우에는 역충전 방지 등의 조치를 하여야 한다.
③ 연동 또는 수동으로 소방관서에 화재 발생 음성정보를 속보 중인 경우에도 송수화장치를 이용한 통화가 우선적으로 가능하여야 한다.
④ 속보기의 송수화장치가 정상위치가 아닌 경우에도 연동 또는 수동으로 속보가 가능하여야 한다.

정답 02 ① 03 ② 04 ①

> **해설** 속보기 기능

1) 작동신호를 수신하거나 수동으로 동작시키는 경우 20초 이내에 소방관서에 자동적으로 신호를 발하여 통보하되, 3회 이상 속보할 수 있어야 한다.
2) 주전원이 정지한 경우에는 자동적으로 예비전원으로 전환되고, 주전원이 정상상태로 복귀한 경우에는 자동적으로 예비전원에서 주전원으로 전환되어야 한다.
3) 예비전원은 자동적으로 충전되어야 하며 자동과충전방지장치가 있어야 한다.
4) 화재신호를 수신하거나 속보기를 수동으로 동작시키는 경우 자동적으로 적색 화재표시등이 점등되고 음향장치로 화재를 경보하여야 하며, 화재표시 및 경보는 수동으로 복구 및 정지시키지 않는 한 지속되어야 한다.
5) 연동 또는 수동으로 소방관서에 화재 발생 음성정보를 속보 중인 경우에도 송수화장치를 이용한 통화가 우선적으로 가능하여야 한다.
6) 예비전원을 병렬로 접속하는 경우에는 역충전 방지 등의 조치를 하여야 한다.
7) 예비전원은 감시상태를 60분간 지속한 후 10분 이상 동작(화재속보 후 화재표시 및 경보를 10분간 유지하는 것을 말한다)이 지속될 수 있는 용량이어야 한다.
8) 속보기는 연동 또는 수동 작동에 의한 다이얼링 후 소방관서와 전화접속이 이루어지지 않는 경우에는 최초 다이얼링을 포함하여 10회 이상 반복적으로 접속을 위한 다이얼링이 이루어져야 한다. 이 경우 매회 다이얼링 완료 후 호출은 30초 이상 지속되어야 한다.
9) 속보기의 송수화장치가 정상위치가 아닌 경우에도 연동 또는 수동으로 속보가 가능하여야 한다.
10) 음성으로 통보되는 속보내용을 통하여 해당 특정소방대상물의 위치, 화재 발생 및 속보기에 의한 신고임을 확인할 수 있어야 한다.
11) 속보기는 음성속보방식 외에 데이터 또는 코드전송방식 등을 이용한 속보기능을 설치할 수 있다.

05

노유자시설로서 바닥면적이 몇 [m²] 이상인 층이 있는 경우에 자동화재속보설비를 설치하는가?

① 200 ② 300
③ 500 ④ 600

> **해설** 자동화재속보설비 설치

설치대상	기준
• 노유자시설 • 숙박 가능한 수련시설 • 의료재활시설, 정신병원	바닥면적 500 [m²] 이상
• 종합병원, 병원, 치과병원, 한방병원, 요양병원 • 근린생활시설 중 의원, 치과의원, 한의원으로서 입원실이 있는 것 • 전통시장 • 노유자생활시설 • 보물·국보 지정 목조건축물 • 조산원, 산후조리원	-

06

자동화재속보설비의 속보기의 성능인증 및 제품검사의 기술기준에 따라 교류입력 측과 외함 간의 절연저항은 직류 500 [V]의 절연저항계로 측정한 값이 몇 [MΩ] 이상이어야 하는가?

① 5 ② 10
③ 20 ④ 50

> **해설** 속보기시험

1) 속보기 반복시험
   정격전압에서 1000회의 화재작동을 반복 실시하는 경우 그 구조 또는 기능에 이상이 생기지 아니하여야 한다.
2) 속보기 절연저항시험 ★
   속보기의 절연된 충전부와 외함 간의 절연저항은 직류 500 [V] 절연저항계로 측정한 값이 5 [MΩ](교류입력 측과 외함 간 및 절연된 선로 간에는 각각 20 [MΩ]) 이상이어야 함

정답 05 ③ 06 ③

07 자동화재속보설비 속보기의 예비전원에 대한 안전장치시험을 할 경우 1/5 [C] 이상 1 [C] 이하의 전류로 역충전하는 경우 안전장치가 작동해야 하는 시간의 기준은?

① 1시간 이내
② 2시간 이내
③ 3시간 이내
④ 5시간 이내

해설 속보기 부품의 구조 및 기능

1) 전원 변압기 : 용량은 최대사용전류에 연속하여 견딜 수 있을 것
2) 퓨즈 : 점검 및 교체가 쉽고 쉽게 흔들리지 아니하도록 부착할 것
3) 예비전원시험 : 상온 충방전시험, 주위 온도 충방전 시험, 안전장치시험
4) 안전장치시험 : 예비전원은 1/5 [C] 이상 1 [C] 이하의 전류로 역충전하는 경우 5시간 이내에 안전장치가 작동하여야 한다.

정답 07 ④

CHAPTER 05 가스누설경보기 및 누전경보기

학습목표

1 가스누설경보기의 정의와 종류, 설치기준에 대해 학습한다.
2 가스누설경보기의 형식승인 및 제품검사 기술기준에 대해 학습한다.
3 누전경보기의 정의와 구성에 대해 학습한다.
4 누전경보기의 변류기와 수신부에 대해 학습한다.
5 누전경보기의 형식승인 및 제품검사의 기술기준에 대해 학습한다.

학습MAP

- 가스누설경보기 정의 및 구성
  - 설치대상
  - 정의 및 종류
    - 가연성 가스경보기
    - 일산화탄소경보기
    - 탐지부
    - 수신부
    - 분리형
    - 단독형
    - 가스연소기

- 가스누설경보기 설치기준
  - 가연성 가스경보기
  - 일산화탄소경보기
  - 설치장소
  - 전원

- 가스누설경보기 형식승인·제품검사 기술기준
  - 가스누설경보기의 기능
    - 분리형 수신부
    - 표시등 및 음향장치
  - 가스누설경보기시험

- 누전경보기
  - 누전경보기의 구성
    - 수신부, 변류기
    - 경계전로, 과전류차단기
    - 분전반, 인입선, 정격전류

- 누전경보기 수신부 설치장소 및 설치방법
  - 경계전로의 누전경보기 설치기준
  - 변류기
  - 누전경보기의 수신부
  - 누전경보기의 전원
  - 공칭작동전류치 및 감도조정장치
    - 공칭작동전류치
    - 감도조정장치(감도절환부)
    - 전압강하방지시험
    - 전압 지시전기계기의 최대눈금
    - 누전 경보기의 기능시험 및 검출방법

- 누전경보기 형식승인 및 제품검사의 기술기준
  - 누전 경보기 전류치와 기능시험
  - 절연저항시험
  - 변류기 및 수신부
  - 누전표시 및 차단기구
  - 음향장치, 변압기

01 가스누설경보기 정의 및 구성 ★★

1 가스누설경보기의 개념

가스누설경보기란 LNG, LPG, CO 등 가스의 누설, 체류를 탐지하여 소방대상물의 관계자에게 경보를 발함으로써 가스폭발이나 화재를 방지하고 누설된 가스로 인한 중독 사고를 미연에 방지해주는 장치이다.

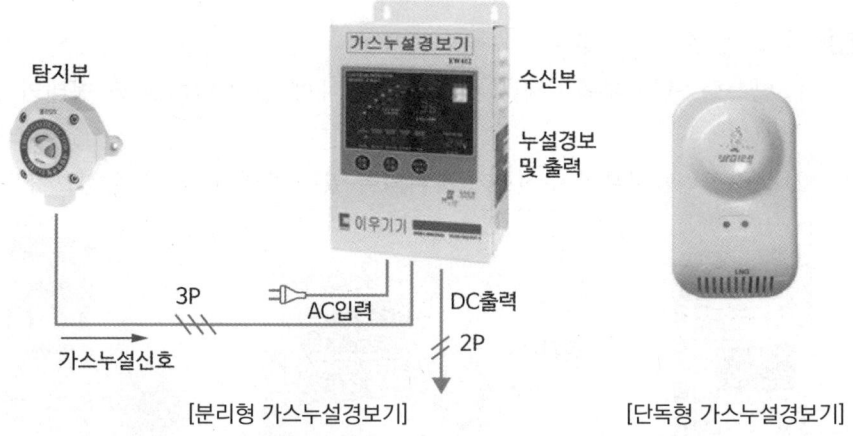

[분리형 가스누설경보기]　　[단독형 가스누설경보기]

2 가스누설경보기 설치대상

1) 판매시설, 운수시설, 노유자시설, 숙박시설, 창고시설 중 물류터미널
2) 문화 및 집회시설, 종교시설, 의료시설, 수련시설, 운동시설, 장례시설

> **선생님 TIP**
> 우리가 알고 있는 대부분의 시설이 가스누설경보기 설치대상에 해당합니다.

3 가스누설경보기의 정의

1) 가연성 가스경보기
　가스연소기에서 가연성 가스가 새는 것을 탐지하여 관계자나 이용자에게 경보해주는 것(다만 탐지 소자 외의 방법에 의하여 탐지하는 것, 점검용으로 만들어진 휴대용 탐지기 또는 연동기기에 의하여 경보를 발하는 것 제외)

2) 일산화탄소경보기
　일산화탄소가 새는 것을 탐지하여 관계자나 이용자에게 경보해주는 것(다만 탐지 소자 외의 방법에 의하여 탐지하는 것, 점검용으로 만들어진 휴대용 탐지기 또는 연동기기에 의하여 경보를 발하는 것 제외)

3) 탐지부
　가스누설을 탐지하여 중계기 또는 수신부에 신호를 발신하는 부분

4) 수신부
　탐지부의 가스누설신호를 직접 또는 중계기를 통하여 수신하고 음향으로서 경보해주는 것

> **선생님 TIP**
> 일산화탄소는 가연성이자 독성인 가스입니다.

5) 분리형
    탐지부와 수신부가 분리되어 있는 형태의 경보기
6) 단독형
    탐지부와 수신부가 일체로 되어 있는 형태의 경보기
7) 가스연소기
    가스레인지 또는 가스보일러 등 가연성 가스를 이용하여 불꽃을 발생하는 장치

4 가스누설경보기의 종류

1) 단독형 : 탐지부와 수신부가 1개 상자 내에 넣어 일체로 된 형태의 경보기
2) 분리형 : 탐지부와 수신부가 분리되어 있는 형태의 가스누설경보기

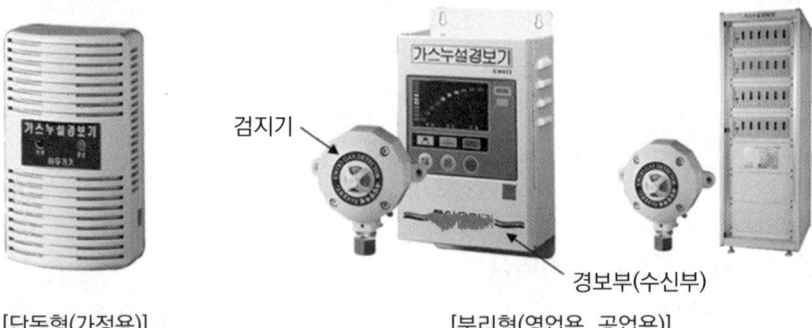

[단독형(가정용)]　　　　[분리형(영업용, 공업용)]

02 가스누설경보기 설치기준 ★★

1 가연성 가스경보기

1) 사용하는 가연성 가스(LPG, LNG 등)의 종류에 적합한 경보기를 가스연소기 주변에 설치할 것
2) 분리형 경보기의 수신부 설치기준
   (1) 가스연소기 주위의 경보기의 상태 확인 및 유지 관리에 용이한 위치에 설치할 것
   (2) 가스누설 음향의 음량과 음색이 다른 기기의 소음 등과 명확히 구별될 것
   (3) 가스누설 음향은 수신부로부터 1 [m] 떨어진 위치에서 음압이 70 [dB] 이상일 것

(4) 수신부의 조작 스위치는 바닥으로부터의 높이가 0.8 [m] 이상 1.5 [m] 이하인 장소에 설치할 것
(5) 수신부가 설치된 장소에는 관계자의 비상연락 번호를 기재한 표를 비치할 것

3) 분리형 경보기의 탐지부 설치기준
  (1) 가스연소기의 중심에서 직선거리 8 [m](공기보다 무거운 가스는 4 [m]) 이내에 1개 이상 설치
  (2) 공기보다 가벼운 가스 : 천장부터 탐지부 하단까지 0.3 [m] 이하로 설치
  (3) 공기보다 무거운 가스 : 바닥면부터 탐지부 상단까지 0.3 [m] 이하로 설치

4) 단독형 경보기 설치기준
  (1) 가스연소기 주위의 경보기의 상태 확인 및 유지 관리에 용이한 위치에 설치할 것
  (2) 가스누설 음향의 음량과 음색이 다른 기기의 소음 등과 명확히 구별될 것
  (3) 가스누설 음향장치는 수신부로부터 1 [m] 떨어진 위치에서 음압이 70 [dB] 이상일 것
  (4) 단독형 경보기는 가스연소기의 중심으로부터 직선거리 8 [m](공기보다 무거운 가스를 사용하는 경우에는 4 [m]) 이내에 1개 이상 설치하여야 한다.
  (5) 공기보다 가벼운 가스 : 천장부터 경보기 하단까지 0.3 [m] 이하로 설치
  (6) 공기보다 무거운 가스 : 바닥면부터 경보기 상단까지 0.3 [m] 이하로 설치
  (7) 경보기가 설치된 장소에는 관계자 등의 비상연락 번호를 기재한 표를 비치할 것

○ 공기보다 무거운 가스는 천장부터 탐지부 하단까지 0.3 [m] 이하로 설치
  [X] 바닥면부터 탐지부 상단까지

○ 공기보다 무거운 가스를 사용하는 경우에는 가스연소기의 중심으로부터 직선거리 4 [m] 이내에 설치한다. [O]

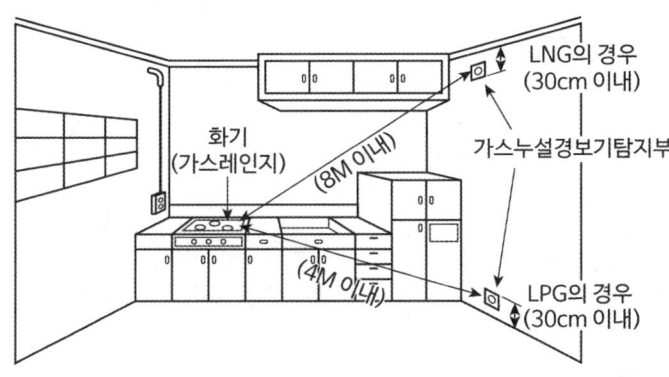

2 일산화탄소경보기

1) 일산화탄소경보기를 설치하는 경우(타 법령에 따라 일산화탄소경보기를 설치하는 경우 포함)에는 가스연소기 주변(타 법령에 따라 설치하는 경우에는 해당 법령에서 지정한 장소)에 설치
2) 분리형 경보기의 수신부 설치기준
   (1) 가스누설 음향의 음량과 음색이 다른 기기의 소음 등과 명확히 구별될 것
   (2) 가스누설 음향은 수신부로부터 1 [m] 떨어진 위치에서 음압이 70 [dB] 이상일 것
   (3) 수신부의 조작 스위치는 바닥으로부터의 높이가 0.8 [m] 이상 1.5 [m] 이하인 장소에 설치할 것
   (4) 수신부가 설치된 장소에는 관계자 등의 비상연락 번호를 기재한 표를 비치할 것
3) 분리형 경보기의 탐지부는 천장부터 탐지부 하단까지 거리가 0.3 [m] 이하가 되도록 설치
4) 단독형 경보기 설치기준
   (1) 가스누설 음향의 음량과 음색이 다른 기기의 소음 등과 명확히 구별될 것
   (2) 가스누설 음향장치는 수신부로부터 1 [m] 떨어진 위치에서 음압이 70 [dB] 이상일 것
   (3) 단독형 경보기는 천장부터 경보기 하단까지의 거리가 0.3 [m] 이하가 되도록 설치
   (4) 경보기가 설치된 장소에는 관계자 등의 비상연락 번호를 기재한 표를 비치할 것
5) 제2항 내지 제4항에도 불구하고 중앙소방기술심의위원회의 심의를 거쳐 일산화탄소경보기의 성능을 확보할 수 있는 별도의 설치방법을 인정받은 경우에는 해당 설치방법을 반영한 제조사의 시방에 따라 설치할 수 있다.

3 설치장소

분리형 경보기의 탐지부 및 단독형 경보기는 다음 각 호의 장소 이외의 장소에 설치한다.
1) 출입구 부근 등으로서 외부의 기류가 통하는 곳
2) 환기구 등 공기가 들어오는 곳으로부터 1.5 [m] 이내인 곳
3) 연소기의 폐가스에 접촉하기 쉬운 곳

4) 가구·보·설비 등에 가려져 누설가스의 유통이 원활하지 못한 곳
5) 수증기, 기름 섞인 연기 등이 직접 접촉될 우려가 있는 곳

4 전원

경보기는 건전지 또는 교류전압의 옥내간선을 사용하여 상시 전원이 공급되도록 하여야 한다.

03 가스누설경보기 형식승인 · 제품검사 기술기준

1 가스누설경보기 형식승인 · 제품검사 기술기준

1) 경보기의 분류
   (1) 구조에 따라서 단독형 가스누설경보기와 분리형 가스누설경보기로 구분한다.
   (2) 용도에 따라서 단독형은 가정용, 분리형은 영업용, 공업용으로 구분한다.

2) 일반구조
   (1) 전원의 공급 상태를 쉽게 확인할 수 있는 표시등이 있어야 한다.
   (2) 단독형 가스누설경보기 및 분리형 가스누설경보기의 탐지부 등 가스가 머무를 수 있는 장소에 설치되는 부분은 보통의 상태에서 불꽃을 발생하지 아니하는 구조이어야 하며, 분리형 가스누설경보기 중 공업용의 탐지부는 방폭구조에 적합하다.

3) 가스의 누설을 탐지하여 경보하는 외의 다른 기능과 겸용되지 아니하는 구조일 것
4) 전원개폐스위치나 경보농도조정부가 노출되지 아니하여야 한다.
5) 전원의 전압을 일정하게 하기 위하여 정전압회로 또는 정전류회로를 설치할 것
6) 내구성이 있어야 하며 현저한 잡음이나 방해전파를 받지 아니하여야 한다.
7) 기기 내의 배선은 충분한 전류용량을 갖는 것
8) 극성이 있는 경우 오접속 방지 조치

2 가스누설경보기의 기능

1) 분리형 가스누설경보기 수신부
   (1) 2회선에서 가스누설신호를 동시에 수신하는 경우 가스 누설표시를 할 수 있어야 한다.

○ 가스누설경보기는 구조에 따라 가정용과 공업용으로 구분한다.
[X] 용도에 따라

○ 가스누설경보기는 내구성이 있어야 한다. [O]

(2) 도통시험장치의 조작 중에 다른 회선으로부터 누설신호를 수신하는 경우 가스누설표시를 할 수 있어야 한다. 다만 접속할 수 있는 회선수가 하나인 것 또는 탐지부의 전원의 정지를 경음부 측에서 알 수 있는 장치를 가진 것에 있어서는 그러하지 아니하다.
(3) 다음 경우에 발하여지는 신호를 수신하는 때에는 음향장치 및 고장 표시등이 자동으로 작동하여야 한다.
① 탐지부, 수신부 또는 다른 중계기로부터 전력을 공급받는 방식의 중계기에서 외부부하에 전력을 공급하는 회로의 퓨즈, 브레이커, 그 밖의 보호장치가 작동하는 경우
② 탐지부, 수신부 또는 다른 중계기에서 전력을 공급받지 아니하는 방식의 중계기의 전원이 정지한 경우 또는 그 중계기에서 외부부하에 전력을 공급하는 회로의 퓨즈, 브레이커 등의 보호장치가 작동하는 경우

> 수신개시부터 가스누설표시까지 소요시간은 30초 이내이어야 한다.
> ✗ 60초 이내
> 🔗 P.311 문 01

(4) 수신개시부터 가스누설표시까지 소요시간은 60초 이내이어야 한다.

2) 표시등 및 음향장치 ★★
(1) 가스의 누설을 표시하는 표시등(누설등) 및 가스의 누설경계구역의 위치를 표시하는 표시등(지구등)은 등이 켜질 때 황색으로 표시할 것

> 가스누설경보기의 음향장치는 중심부터 1 [m] 떨어진 지점에서 주음향장치는 70 [dB] 이상일 것
> ✗ 90 [dB]

(2) 음향장치는 중심부터 1 [m] 떨어진 지점에서 주음향장치는 90 [dB] 이상(단, 단독형 및 분리형 중 영업용은 70 [dB], 고장 표시는 60 [dB] 이상)

3 가스누설경보기시험

1) 반복시험
분리형 경보기의 수신부는 가스누설표시의 작동을 정격전압에서 10000회 반복 실시

2) 절연저항시험
경보기의 절연된 충전부와 외함 간 500 [V] 직류절연저항기로 측정하여 5 [MΩ](교류입력 측과 외함 간, 절연된 선로 간의 절연저항 각각 20 [MΩ]) 이상

04 누전경보기 ★★

1 누전경보기의 정의

내화구조가 아닌 건축물로서 벽, 바닥 또는 천장의 전부나 일부를 불연재료 또는 준불연재료가 아닌 재료에 철망을 넣어 만든 건물의 전기설비로부터 누설전류를 탐지하여 경보를 발하는 기기로서, 변류기와 수신부로 구성된 것을 말한다.

○ 누전경보기는 변류기와 수신부로 구성되어 있다. [O]

2 누전경보기의 구성

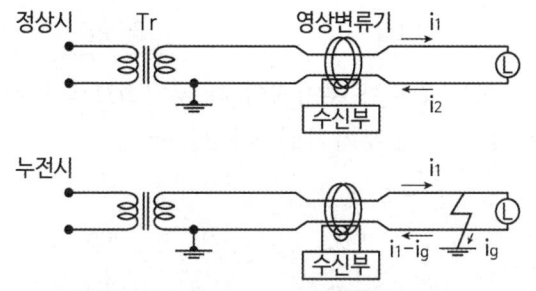
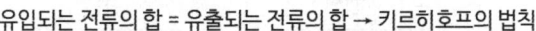
유입되는 전류의 합 = 유출되는 전류의 합 → 키르히호프의 법칙

[누전경보기 수신부]

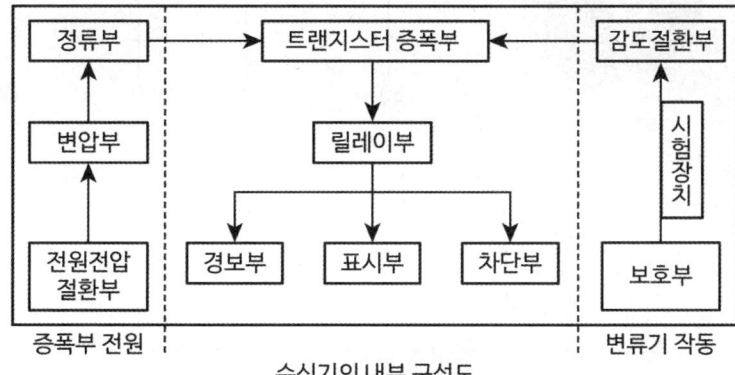
수신기의 내부 구성도

1) 수신부 : 변류기로부터 검출된 신호를 수신하여 누전의 발생을 해당 특정소방대상물의 관계인에게 경보해주는 것(차단기구를 갖는 것을 포함)

2) 변류기 : 경계전로의 누설전류를 자동적으로 검출하여 이를 누전경보기의 수신부에 송신하는 것 ★★★

3) 경계전로 : 누전경보기가 누설전류를 검출하는 대상 전선로

4) 과전류차단기 : 「전기설비기술기준의 판단기준」 제38조와 제39조에 따른 것

5) 분전반 : 배전반으로부터 전력을 공급받아 부하에 전력을 공급해주는 것

○ P.312 문 04

○ 경계전로의 누설전류를 자동적으로 검출하여 이를 누전경보기의 수신부에 송신하는 것이 수신부이다. [X] 변류기

6) 인입선 : 「전기설비기술기준」 제3조 제1항 제9호에 따른 것으로서 배전선로에서 갈라져서 직접 수용장소의 인입구에 이르는 부분의 전선
7) 정격전류 : 전기기기의 정격출력 상태에서 흐르는 전류

05 누전경보기 수신부 설치장소 및 설치방법 ★★★

1 경계전로의 누전경보기 설치기준 ★★

정격전류	60 [A] 초과	60 [A] 이하
경보기의 종류	1급	1급, 2급

정격전류가 60 [A]를 초과하는 전로가 분기되어 각 분기회로의 정격전류가 60 [A] 이하로 되는 경우 당해 분기회로마다 2급 누전경보기 설치 가능

 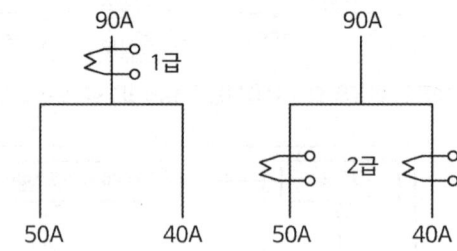

2 변류기

1) 위치
  (1) 옥외 인입선의 제1지점의 부하 측 또는 제2종 접지선 측의 점검이 쉬운 위치에 설치
  (2) 부득이한 경우에는 인입구에 근접한 옥내에 설치
2) 옥외의 전로에 설치하는 경우에는 옥외형의 것을 설치

3 누전경보기의 수신부

1) 옥내의 점검이 편리한 장소에 설치
2) 가연성의 증기나 먼지 등이 체류할 우려가 있는 장소의 전기회로 : 차단기구를 가진 수신부를 설치
3) 수신부 설치 제외 장소 ★★
  (1) 가연성 증기, 먼지, 가스 등이나 부식성 가스 등이 다량 체류하는 장소
  (2) 화약류를 제조하거나 저장, 취급하는 장소

⑶ 습도가 높은 곳
⑷ 온도 변화가 급격한 장소
⑸ 대전류회로, 고주파 발생회로 등에 의한 영향을 받을 우려가 있는 장소

4 누전경보기의 전원

1) 전원은 분전반으로부터 전용회로
2) 각 극에 개폐기 및 15 [A] 이하의 과전류차단기(배선용 차단기 20 [A] 이하)를 설치
3) 전원을 분기할 때에는 다른 차단기에 의하여 전원이 차단되지 아니하도록 할 것
4) 전원의 개폐기에는 누전경보기용 표지를 할 것

○ P.312 문 05

TIP ▶ KEC에는 '16 [A] 이하의 과전류차단기'로 개정되었지만, 화재안전기술기준(소방법)은 아직 '15 [A] 이하'로 규정하고 있다.

5 공칭작동전류치 및 감도조정장치 ★★★

1) 공칭작동 전류치 : 200 [mA] 이하
2) 감도조정장치의 조정범위 최대치 : 1000 [mA]

공칭작동전류치는 200 [mA] 이하이다. O

06 누전경보기 형식승인 및 제품검사의 기술기준 ★★

1 구조 및 기능

1) 작동이 확실하고 취급·점검이 쉬워야 하며, 현저한 잡음이나 장해 전파를 발하지 아니하여야 한다(먼지, 습기, 곤충 등에 의하여 기능에 영향 받으면 안 됨).
2) 보수 및 부속품의 교체가 쉬워야 한다(방수형 및 방폭형 제외).
3) 부식에 의하여 기계적 기능에 영향을 초래할 우려가 있는 부분은 칠, 도금 등으로 유효하게 내식가공을 하거나 방청가공을 하여야 하며 전기적 기능에 영향이 있는 단자, 나사 및 와셔 등은 동합금이나 이와 동등 이상의 내식성능이 있는 재질을 사용하여야 한다.
4) 외함은 불연성 또는 난연성 재질로 만들어져야 하며 다음과 같아야 한다.
   ⑴ 누전경보기의 외함은 1.0 [mm] 이상
   ⑵ 직접 벽면에 접하여 벽속에 매립되는 외함의 부분은 1.6 [mm] 이상
5) 기기 내의 배선은 충분한 전류용량을 갖는 것으로 하여야 하며 배선의 접속이 정확하고 확실하여야 한다.
6) 극성이 있는 경우에는 오접속을 방지하기 위하여 필요한 조치를 하여야 한다.

7) 부품의 부착은 기능에 이상을 일으키지 아니하고 쉽게 풀리지 아니하도록 하여야 한다.
8) 전선 이외의 전류가 흐르는 부분과 가동축 부분의 접촉력이 충분하지 아니한 곳에는 접촉부의 접촉 불량을 방지하기 위한 적당한 조치를 하여야 한다.
9) 외부에서 쉽게 사람이 접촉할 우려가 있는 충전부는 충분히 보호되어야 한다.
10) 정격전압이 60 [V]를 넘는 기구의 금속제 외함에는 접지단자를 설치하여야 한다.
11) 방폭형 누전경보기는 방폭 구조에 적합하여야 한다.
12) 누전경보기의 단자 외의 부분은 견고한 상자에 넣어야 한다.
13) 누전경보기의 단자는 전선(접지선을 포함한다)을 쉽게 확실하게 접속할 수 있는 것이어야 한다.
14) 누전경보기의 단자에는 적당한 보호 장치를 하여야 한다.

2 누전경보기 전류치와 기능시험 ★★★

1) 공칭작동전류치 : 공칭작동전류치 200 [mA] 이하일 것
2) 감도조정장치(감도절환부) : 최대 1 [A](조정범위 0.2, 0.5, 1 [A] 구분)
3) 전압강하방지시험 : 경계전로의 전압강하는 0.5 [V] 이하
4) 전압 지시전기계기의 최대눈금 : 정격전압의 140 [%] 이상 200 [%] 이하
5) 반복시험 : 수신부는 정격전압에서 1만 회 누전작동시험 시 기능 이상 없을 것
6) 누전경보기의 기능시험 및 검출방법

시험 종류	시험방법
동작 시험	스위치를 시험위치에 두고 회로시험 스위치로 각 구역을 선택하여 누전 시와 같은 작동이 이루어지는지 확인
도통 시험	스위치를 시험위치에 두고 회로시험 스위치로 각 구역을 선택하여 변류기와의 접속 이상 유무를 점검
누설전류 측정 시험	스위치를 누르고 회로시험 스위치 해당구역을 선택하면 누전되고 있는 전류량이 표시부에 숫자로 나타남

7) 누전경보기시험
(1) 전로개폐시험 : 변류기는 출력단자에 부하저항을 접속하고, 경계전로에 당해 변류기의 정격전류의 150 [%]인 전류를 흘린 상태에서 경계전로의 개폐를 5회 반복하는 경우 그 출력전압치는 공칭작동전류치의 42 [%]에 대응하는 출력전압치 이하이어야 한다.

(2) 단락전류강도시험 : 변류기는 출력단자에 부하저항을 접속한 다음 경계전로의 전원 측에 과전류차단기를 설치하여, 경계전로에 당해 변류기의 정격전압에서 단락역률이 0.3에서 0.4까지인 2500 [A]의 전류를 2분 간격으로 약 0.02초간 2회 흘리는 경우 그 구조 및 기능에 이상이 생기지 아니하여야 한다.

(3) 과누전시험 : 변류기는 1개의 전선을 변류기에 부착시킨 회로를 설치하고 출력단자에 부하저항을 접속한 상태로 당해 1개의 전선에 변류기의 정격전압의 20 [%]에 해당하는 수치의 전류를 5분간 흘리는 경우 그 구조 또는 기능에 이상이 생기지 아니하여야 한다.

(4) 노화시험 : 변류기는 (65 ± 2) [℃]인 공기 중에 30일간 놓아두는 경우 그 구조 및 기능에 이상이 생기지 아니하여야 한다.

(5) 방수시험 : 옥외형 변류기는 (23 ± 2) [℃], 상대습도 (50 ± 5) [%]의 상태에 24시간 방치한 후 (23 ± 2) [℃]의 맑은 물에 48시간 침지시키는 경우 내부에 물이 고이지 않아야 하며, 기능 및 절연저항시험에 이상이 생기지 아니하여야 한다.

(6) 절연내력시험 : 60 [Hz]의 정현파에 가까운 실효전압 1500 [V](경계전로전압이 250 [V]를 초과하는 경우에는 경계전로전압에 2를 곱한 값에 1 [kV]를 더한 값)의 교류전압을 가하는 시험에서 1분간 견디는 것이어야 한다.

3 절연저항시험

1) 측정장치 : DC 500 [V]의 절연저항계
2) 절연저항시험 : 5 [MΩ] 이상
3) 측정위치

절연저항계	구분	측정 개소	절연 저항
직류 500 [V]	수신부	① 절연된 충전부와 외함 간 ② 차단기구의 개폐부 • 열린상태 : 같은 극의 전원단자와 부하 측 단자 사이 • 닫힌상태 : 충전부와 손잡이 사이	5 [MΩ] 이상
	변류기	• 절연된 1차 권선과 2차 권선 간 • 절연된 1차 권선과 외부 금속부 간 • 절연된 2차 권선과 외부 금속부 간	5 [MΩ] 이상

P.313 문 09

선생님 TIP

누전경보기는 어디를 측정하든지 절연 저항값이 5 [MΩ] 이상입니다.

4 변류기 및 수신부

1) 변류기
   (1) 구조에 따라 옥외형과 옥내형
   (2) 송신부와의 상호 호환성 유무에 따라 호환성과 비호환성
2) 수신부
   (1) 정격전류가 60 [A] 이하의 경계전로에 한하여 사용하는 것은 2급, 그 외는 1급 사용
   (2) 변류기와의 상호 호환성 유무에 따라 호환성과 비호환성
3) 수신부의 구조
   (1) 전원 표시하는 장치를 설치하여야 한다(단, 2급 제외).
   (2) 수신부는 다음 회로에 단락이 생기는 경우 유효 보호 조치 강구
      ① 전원 입력 측의 회로(단, 2급 수신부 제외)
      ② 수신부에서 외부 음향장치와 표시등에 직접전력을 공급하도록 구성된 외부회로
   (3) 감도조정부는 외함 바깥쪽에 노출금지(감도조정장치 제외)
   (4) 주전원 양극을 동시 개폐 전원스위치 설치(단, 보수 시 자동 차단 시 제외)
   (5) 전원입력·외부부하에 직접전원 송출구성회로에 퓨즈·브레이커 등 설치
4) 수신부 기능검사
   (1) 방수시험
   (2) 충격시험
   (3) 절연저항시험
   (4) 진동시험
   (5) 충격파 내 전압시험
   (6) 절연내력시험
   (7) 과입력전압시험
   (8) 반복시험
   (9) 전원전압변동시험
   (10) 개폐기 조작시험
   (11) 온도특성시험

> **선생님 TIP**
> 수신부는 정격전류가 60 [A] 이하의 경계전로에 한하여 사용하는 것은 2급, 그 외는 1급을 사용합니다.
>
> P.311 문 03

5 누전표시 및 차단기구

1) 누전표시

   수신부는 변류기로부터 송신된 신호를 수신하는 경우 적색표시 및 음향신호에 의하여 누전을 자동적으로 표시할 수 있어야 하며, 이 경우 차단기구가 있는 것은 차단 후에도 누전되고 있음을 적색표시로 계속 표시되는 것이어야 한다.

2) 차단기구

   (1) 개폐부는 원활하고 확실하게 작동하고 정지점이 확실할 것

   (2) 개폐부는 수동으로 개폐가 가능하고 자동적으로 복귀하지 아니할 것

6 음향장치

1) 사용전압 80 [%]에서 음향을 발생할 것
2) 음향장치의 중심으로부터 1 [m] 위치 70 [dB] 이상, 고장표시는 60 [dB] 이상

7 변압기

1) 변압기는 전자기기용 소형전원변압기 또는 이와 동등 이상의 성능이 있는 것
2) 정격 1차 전압은 300 [V] 이하 ★★
3) 변압기의 외함에는 접지단자를 설치
4) 용량은 최대사용전류에 연속하여 견딜 수 있는 크기 이상

> ○ 누전경보기는 음향장치의 중심으로부터 1 [m] 위치 80 [dB] 이상, 고장표시는 70 [dB] 이상일 것
> **X** 1 [m] 위치 70 [dB] 이상, 고장표시는 60 [dB] 이상
>
> ○ P.313 문 10
>
> ○ 변압기 정격 1차 전압은 200 [V] 이하일 것 **X** 300

07 가스누설경보기 용어정리(NFTC 206) ★★★

1) "가연성 가스경보기"란 보일러 등 가스연소기에서 액화석유가스(LPG), 액화천연가스(LNG) 등의 가연성 가스가 새는 것을 탐지하여 관계자나 이용자에게 경보해주는 것을 말한다. 다만 탐지 소자 외의 방법에 의하여 가스가 새는 것을 탐지하는 것, 점검용으로 만들어진 휴대용 탐지기 또는 연동기기에 의하여 경보를 발하는 것은 제외한다.

2) "일산화탄소경보기"란 일산화탄소가 새는 것을 탐지하여 관계자나 이용자에게 경보해주는 것을 말한다. 다만 탐지 소자 외의 방법에 의하여 가스가 새는 것을 탐지하는 것, 점검용으로 만들어진 휴대용 탐지기 또는 연동기기에 의하여 경보를 발하는 것은 제외한다.

3) "탐지부"란 가스누설경보기(이하 "경보기"라 한다) 중 가스누설을 탐지하여 중계기 또는 수신부에 가스누설 신호를 발신하는 부분을 말한다.
4) "수신부"란 경보기 중 탐지부에서 발하여진 가스누설 신호를 직접 또는 중계기를 통하여 수신하고 이를 관계자에게 음향으로서 경보해주는 것을 말한다.
5) "분리형"이란 탐지부와 수신부가 분리되어 있는 형태의 경보기를 말한다.
6) "단독형"이란 탐지부와 수신부가 일체로 되어 있는 형태의 경보기를 말한다.
7) "가스연소기"란 가스레인지 또는 가스보일러 등 가연성 가스를 이용하여 불꽃을 발생하는 장치를 말한다.

08 누전경보기 용어정리(NFTC 205) ★★★

1) "누전경보기"란 내화구조가 아닌 건축물로서 벽, 바닥 또는 천장의 전부나 일부를 불연재료 또는 준불연재료가 아닌 재료에 철망을 넣어 만든 건물의 전기설비로부터 누설전류를 탐지하여 경보를 발하는 기기로서, 변류기와 수신부로 구성된 것을 말한다.
2) "수신부"란 변류기로부터 검출된 신호를 수신하여 누전의 발생을 해당 특정소방대상물의 관계인에게 경보해주는 것(차단기구를 갖는 것을 포함한다)을 말한다.
3) "변류기"란 경계전로의 누설전류를 자동적으로 검출하여 이를 누전경보기의 수신부에 송신하는 것을 말한다.
4) "경계전로"란 누전경보기가 누설전류를 검출하는 대상 전선로를 말한다.
5) "과전류차단기"란 「전기설비기술기준의 판단기준」 제38조와 제39조에 따른 것을 말한다.
6) "분전반"이란 배전반으로부터 전력을 공급받아 부하에 전력을 공급해주는 것을 말한다.
7) "인입선"이란 「전기설비기술기준」 제3조 제1항 제9호에 따른 것으로서, 배전선로에서 갈라져서 직접 수용장소의 인입구에 이르는 부분의 전선을 말한다.
8) "정격전류"란 전기기기의 정격출력 상태에서 흐르는 전류를 말한다.

예상문제

01 상(중)하

가스누설경보기와 가스의 누설을 표시하는 표시등은 점등 시 어떤 색으로 표시되어야 하는가?

① 황색   ② 적색
③ 녹색   ④ 청색

해설 가스누설경보기

1) 분리형 수신부
   ① 2회선에서 가스누설신호를 동시에 수신하는 경우 가스누설표시
   ② 수신개시부터 가스누설표시까지 소요시간은 60초 이내일 것
2) 표시등 및 음향장치
   ① 가스의 누설을 표시하는 표시등(누설등) 및 가스의 누설 경계구역의 위치를 표시하는 표시등(지구등)은 등이 켜질 때 황색으로 표시할 것 ★★
   ② 음향장치는 중심부터 1 [m] 떨어진 지점에서 주음향장치는 90 [dB] 이상(단, 단독형 및 분리형 중 영업용은 70 [dB], 고장 표시는 60 [dB]) 이상

02 상(중)하

누전경보기의 형식승인 및 제품검사의 기술기준에 따라 누전경보기의 수신부는 그 정격전압에서 몇 회의 누전작동시험을 실시하는가?

① 1000회   ② 5000회
③ 10000회   ④ 20000회

해설 누전경보기

1) 공칭작동전류치 : 공칭작동전류치 200 [mA] 이하일 것
2) 감도조정장치(감도절환부) : 최대 1 [A] (조정범위 0.2, 0.5, 1 [A] 구분)
3) 전압강하방지시험 : 경계전로의 전압강하는 0.5 [V] 이하
4) 전압 지시전기계기의 최대눈금 : 정격전압의 140 [%] 이상 200 [%] 이하
5) 반복시험 : 수신부는 정격전압에서 1만 회 누전작동시험 시 기능 이상 없을 것

03 상(중)하 신유형!

누전경보기의 형식승인 및 제품검사의 기술기준에 따른 누전경보기 수신부의 기능검사 항목이 아닌 것은?

① 충격시험   ② 진공가압시험
③ 과입력전압시험   ④ 전원전압변동시험

해설 누전경보기 수신부 기능검사

1) 방수시험
2) 충격시험
3) 절연저항시험
4) 진동시험
5) 충격파 내전압시험
6) 절연내력시험
7) 과입력전압시험
8) 반복시험
9) 전원전압변동시험
10) 개폐기 조작시험
11) 온도특성시험

정답 01 ① 02 ③ 03 ②

04 (상 중 하)

경계전로의 누설전류를 자동적으로 검출하여 이를 누전경보기의 수신부에 송신하는 것을 무엇이라고 하는가?

① 수신부 ② 확성기
③ 변류기 ④ 증폭기

해설 누전경보기 구성
- 변류기 : 누설전류 자동 검출 후 수신부 송신
- 수신부 : 누전발생 시 발생경보장치
- 확성기 : 소리변화 시 음량범위 확대장치
- 증폭기 : 진폭변화 시 소리크기 변화장치

05 (상 중 하)

누전경보기의 전원은 분전반으로부터 전용회로로 하고 각 극에 개폐기와 몇 [A] 이하의 과전류차단기를 설치하여야 하는가?

① 15 ② 20
③ 25 ④ 30

해설 누전경보 전원
1) 전원은 분전반으로부터 전용회로
2) 각 극에 개폐기 및 15 [A] 이하의 과전류차단기(배선용 차단기 20 [A] 이하)를 설치
3) 전원을 분기할 때에는 다른 차단기에 의하여 전원이 차단되지 아니하도록 할 것
4) 전원의 개폐기에는 누전경보기용 표지를 할 것

TIP KEC에는 '16 [A] 이하의 과전류차단기'라고 개정이 되었지만, 화재안전기술기준(소방법)은 아직 '15 [A] 이하'라고 규정하고 있다.

06 (상 중 하)

누전경보기의 5 ~ 10회로까지 사용할 수 있는 집합형 수신기 내부결선도에서 구성요소가 아닌 것은?

① 제어부 ② 증폭부
③ 조작부 ④ 자동입력 절환부

해설 누전경보기 내부결선도(집합형)
- 증폭부
- 제어부
- 도통시험 및 동작시험부
- 자동입력 절환부
- 전원부
- 회로접합부
- 동작회로표시부

TIP 조작부 : 전원부 구성요소

07 (상 중 하)

누전경보기의 형식승인 및 제품검사의 기술기준에 따라 누전경보기의 경보기구에 내장하는 음향장치는 사용전압의 몇 [%]인 전압에서 소리를 내어야 하는가?

① 40 ② 60
③ 80 ④ 100

해설 누전경보기구 음향장치
- 경보전압 : 사용전압 80 [%] 전압
- 평시 누설전류로 인한 전압강하 20 [%] 일어나도 설비가 작동할 수 있는 전압기준
- 음향장치의 중심으로부터 1 [m] 위치 70 [dB] 이상, 고장표시는 60 [dB] 이상

정답 04 ③ 05 ① 06 ③ 07 ③

08 상(중)하

누전경보기 수신부의 구조기준 중 옳은 것은?

① 감도조정장치와 감도조정부는 외함의 바깥쪽에 노출되지 아니하여야 한다.
② 2급 수신부는 전원을 표시하는 장치를 설치하여야 한다.
③ 전원입력 측의 양선(1회선용은 1선 이상) 및 외부부하에 직접 전원을 송출하도록 구성된 회로에는 퓨즈 또는 브레이커 등을 설치하여야 한다.
④ 2급 수신부에는 전원 입력 측의 회로에 단락이 생기는 경우에는 유효하게 보호되는 조치를 강구하여야 한다.

해설 누전경보기 수신부

1) 수신부
   (1) 정격전류가 60 [A] 이하의 경계전로에 한하여 사용하는 것은 2급, 그 외는 1급 사용
   (2) 변류기와의 상호 호환성 유무에 따라 호환성과 비호환성
2) 수신부의 구조
   (1) 전원 표시하는 장치 설치하여야 한다(단, 2급 제외).
   (2) 수신부는 다음 회로에 단락이 생기는 경우 유효 보호 조치 강구
      ① 전원 입력 측의 회로(단, 2급 수신부 제외)
      ② 수신부에서 외부 음향장치와 표시등에 직접전력을 공급하도록 구성된 외부회로
   (3) 감도조정부는 외함 바깥쪽에 노출금지(감도조정장치 제외)
   (4) 주전원 양극을 동시 개폐 전원스위치 설치(단, 보수 시 자동 차단 시 제외)
   (5) 전원입력·외부부하에 직접전원 송출구성회로에 퓨즈·브레이커 등 설치

09 상(중)하

누전경보기 변류기의 절연저항시험 부위가 아닌 것은?

① 절연된 1차 권선과 단자판 사이
② 절연된 1차 권선과 외부금속부 사이
③ 절연된 1차 권선과 2차 권선 사이
④ 절연된 2차 권선과 외부금속부 사이

해설 절연저항시험

1) 측정장치 : DC 500 [V]의 절연저항계
2) 절연저항시험 : 5 [MΩ] 이상
3) 측정위치

구분	측정 개소
수신부	(1) 절연된 충전부와 외함 간 (2) 차단기구의 개폐부 • 열린상태 : 같은 극의 전원단자와 부하 측 단자 사이 • 닫힌상태 : 충전부와 손잡이 사이
변류기	• 절연된 1차 권선과 2차 권선 간 • 절연된 1차 권선과 외부 금속부 간 • 절연된 2차 권선과 외부 금속부 간

10 상(중)하

누전경보기 부품의 구조 및 기능기준 중 누전경보기에 변압기를 사용하는 경우 변압기의 정격 1차 전압은 몇 [V] 이하로 하는가?

① 100
② 200
③ 300
④ 400

해설 누전경보기 변압기

1) 변압기는 전자기기용 소형전원변압기 또는 이와 동등 이상 성능 있는 것
2) 정격 1차 전압은 300 [V] 이하
3) 변압기의 외함에는 접지단자를 설치
4) 용량은 최대사용전류에 연속하여 견딜 수 있는 크기 이상

11 (상/중/하)

누전경보기의 수신부 설치 제외 장소로서 틀린 것은?

① 습도가 높은 장소
② 온도의 변화가 급격한 장소
③ 고주파발생회로 등에 따른 영향을 받을 우려가 있는 장소
④ 부식성의 증기·가스 등이 체류하지 않는 장소

해설 누전경보기 수신부 설치 제외 장소

1) 가연성 증기·먼지·가스, 부식성 증기 가스 등 다량 체류 장소
2) 화약류 제조·저장·취급하는 장소
3) 습도 높은 장소
4) 온도 변화 급격한 장소
5) 대전류회로·고주파 발생회로 등에 따른 영향을 받을 우려가 있는 장소

TIP 부식성 : 물질구성이 분해 되는 성질
가연성 : 물질이 불에 타기 쉬운 성질

암기 가화습온대

12 (상/중/하)

절연저항시험에 관한 기준에서 ( )에 알맞은 것은?

> 누전경보기 수신부의 절연된 충전부와 외함 간 및 차단기구의 개폐부 절연저항은 직류 500 [V]의 절연저항계로 측정하여 최소 ( ) [MΩ] 이상이어야 한다.

① 0.1   ② 3
③ 5   ④ 10

해설 누전경보기 절연저항

1) 측정장치 : DC 500 [V]의 절연저항계
2) 절연저항시험 : 5 [MΩ] 이상
3) 측정위치

구분	측정 개소
수신부	(1) 절연된 충전부와 외함 간 (2) 차단기구의 개폐부 • 열린상태 : 같은 극의 전원단자와 부하 측 단자 사이 • 닫힌상태 : 충전부와 손잡이 사이
변류기	• 절연된 1차 권선과 2차 권선 간 • 절연된 1차 권선과 외부 금속부 간 • 절연된 2차 권선과 외부 금속부 간

13 (상/중/하)

누전경보기에서 감도조정장치의 조정범위는 최대 몇 [mA]인가?

① 1   ② 20
③ 1000   ④ 1500

해설 누전경보기

1) 공칭작동전류치 : 공칭작동전류치 200 [mA] 이하일 것
2) 감도조정장치(감도절환부) : 최대 1 [A](조정범위 0.2, 0.5, 1 [A] 구분)
3) 전압강하방지시험 : 경계전로의 전압강하는 0.5 [V] 이하
4) 전압 지시전기계기의 최대눈금 : 정격전압의 140 [%] 이상 200 [%] 이하
5) 반복시험 : 수신부는 정격전압에서 1만 회 누전작동시험 시 기능 이상 없을 것

정답 11 ④ 12 ③ 13 ③

14 상(중)하

누전경보기의 정격전압이 몇 [V]를 넘는 기구의 금속제 외함에는 접지단자를 설치해야 하는가?

① 30 [V] ② 60 [V]
③ 70 [V] ④ 100 [V]

해설 누전경보기 구조 및 기능

1) 작동이 확실하고 취급·점검이 쉬어야 하며 현저한 잡음이나 장해 전파를 발하지 아니하여야 한다(먼지, 습기, 곤충 등에 의하여 기능에 영향 받으면 안 됨).
2) 보수 및 부속품의 교체가 쉬어야 한다(방수형 및 방폭형 제외).
3) 부식에 의하여 기계적 기능에 영향을 초래할 우려가 있는 부분은 칠, 도금 등으로 유효하게 내식가공을 하거나 방청가공을 하여야 하며, 전기적 기능에 영향이 있는 단자, 나사 및 와셔 등은 동합금이나 이와 동등 이상의 내식성능이 있는 재질을 사용하여야 한다.
4) 외함은 불연성 또는 난연성 재질로 만들어져야 하며 다음과 같아야 한다.
   (1) 누전경보기의 외함은 1.0 [mm] 이상
   (2) 직접 벽면에 접하여 벽속에 매립되는 외함의 부분은 1.6 [mm] 이상
5) 기기 내의 배선은 충분한 전류용량을 갖는 것으로 하여야 하며 배선의 접속이 정확하고 확실하여야 한다.
6) 극성이 있는 경우에는 오접속을 방지하기 위하여 필요한 조치를 하여야 한다.
7) 부품의 부착은 기능에 이상을 일으키지 아니하고 쉽게 풀리지 아니하도록 하여야 한다.
8) 전선 이외의 전류가 흐르는 부분과 가동축 부분의 접촉력이 충분하지 아니한 곳에는 접촉부의 접촉 불량을 방지하기 위한 적당한 조치를 하여야 한다.
9) 외부에서 쉽게 사람이 접촉할 우려가 있는 충전부는 충분히 보호되어야 한다.
10) 정격전압이 60 [V]를 넘는 기구의 금속제 외함에는 접지단자를 설치하여야 한다.
11) 방폭형 누전경보기는 방폭 구조에 적합하여야 한다.
12) 누전경보기의 단자 외의 부분은 견고한 상자에 넣어야 한다.
13) 누전경보기의 단자는 전선(접지선을 포함한다)을 쉽게 확실하게 접속할 수 있는 것이어야 한다.
14) 누전경보기의 단자에는 적당한 보호 장치를 하여야 한다.

15 상(중)하

누전경보기 음향장치의 설치위치로 옳은 것은?

① 옥내의 점검이 편리한 장소
② 옥외인입선의 제1지점의 부하 측의 점검이 쉬운 장소
③ 수위실 등 상시 사람이 근무하는 장소
④ 옥외인입선의 제2종 접지선 측의 점검이 쉬운 장소

해설 누전경보기 음향장치

설치위치 : 수위실 등 상시 사람 근무 장소
1) 사용전압 80 [%]에서 음향을 발생할 것
2) 음향장치의 중심으로부터 1 [m] 위치 70 [dB] 이상, 고장 표시는 60 [dB] 이상

16 (상 ⓒ 하)

누전경보기전압 지시전기계기의 최대눈금의 범위로 옳은 것은?

① 사용하는 회로의 정격전압의 75 [%] 이상 ~ 100 [%] 이하
② 사용하는 회로의 정격전압의 80 [%] 이상 ~ 120 [%] 이하
③ 사용하는 회로의 정격전압의 90 [%] 이상 ~ 110 [%] 이하
④ 사용하는 회로의 정격전압의 140 [%] 이상 ~ 200 [%] 이하

해설 누전경보기
1) 공칭작동전류치 : 공칭작동전류치 200 [mA] 이하일 것
2) 감도조정장치(감도절환부) : 최대 1 [A](조정범위 0.2, 0.5, 1 [A] 구분)
3) 전압강하방지시험 : 경계전로의 전압강하는 0.5 [V] 이하
4) 전압 지시전기계기의 최대눈금 : 정격전압의 140 [%] 이상 200 [%] 이하
5) 반복시험 : 수신부는 정격전압에서 1만 회 누전작동시험 시 기능 이상 없을 것

17 (상 ⓒ 하)

경계전류의 정격전류는 최대 몇 [A]를 초과할 때 1급 누전경보기를 설치해야 하는가?

① 30 ② 60
③ 90 ④ 120

해설 누전경보기 종류

정격전류	60 [A] 초과	60 [A] 이하
경보기의 종류	1급	1급, 2급

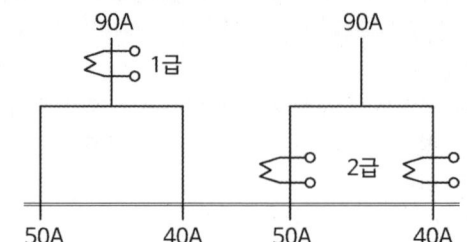

정답 16 ④ 17 ②

CHAPTER 06 피난구조설비

3회독 월 일
2회독 월 일
1회독 월 일

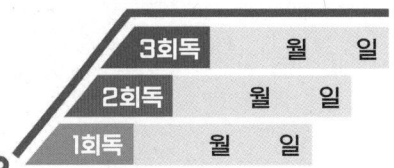

학습목표

1 유도등의 종류에 대해 파악한다.
2 유도등과 유도표지의 설치장소별 종류에 대해 학습한다.
3 피난구유도등, 통로유도등, 객석유도등의 설치기준에 대해 학습한다.
4 유도등의 형식승인 및 제품검사의 기술기준에 대해 학습한다.
5 유도표지와 피난유도선의 종류, 설치기준에 대해 학습한다.

학습MAP

- 유도등 설치기준
  - 피난구유도등(녹색바탕에 백색문자), 통로유도등(백색바탕에 녹색문자)
  - 객석유도등, 유도등의 전원 및 배선
  - 3선식 배선 적용
  - 3선식 유도등이 점등되어야 하는 경우
  - 피난구유도등 · 통로유도등 · 객석유도등 설치제외
- 유도등 형식승인 및 제품검사의 기술기준
  - 인출선 전선 굵기 및 사용전압
  - 예비전원
  - 절연저항시험
  - 외함의 재질
- 유도표지 및 피난유도선
  - 유도표지
    - 피난구유도표지
    - 통로유도표지
  - 피난유도선
    - 광원점등식
    - 축광식
  - 입체형
- 유도표지 설치기준
  - 유도표지
  - 유도표지 설치 제외
  - 축광표지의 성능기준 및 제품검사의 기술기준
- 피난유도선 설치기준
  - 축광방식 피난유도선
  - 광원점등방식의 피난유도선 설치기준
  - 유도등·유도표지·피난유도선·설치높이
- 피난유도선 식별도시험 및 휘도시험
  - 피난유도선
  - 광원 점등식 피난유도선

01 피난구조설비

1 피난구조설비의 정의
화재가 발생할 경우 피난하기 위하여 사용하는 기구 또는 설비

2 피난구조설비의 종류
1) 피난기구(NFTC 301)
   (1) 피난사다리
   (2) 구조대
   (3) 완강기
   (4) 그 밖에 화재안전기술기준으로 정하는 것
2) 인명구조기구(NFTC 302)
   (1) 방열복, 방화복(안전모, 보호장갑 및 안전화 포함)
   (2) 공기호흡기
   (3) 인공소생기
3) 유도등(NFTC 303)
   (1) 피난유도선
   (2) 피난구유도등
   (3) 통로유도등
   (4) 객석유도등
   (5) 유도표지
4) 비상조명등 및 휴대용 비상조명등(NFTC 304)

> 보충 ▶ 피난기구와 인명구조기구는 기계분야에서 학습한다.

02 유도등 ★★★

1 유도등
화재 시에 피난을 유도하기 위한 등으로서 정상상태에서는 상용전원에 따라 켜지고, 상용전원이 정전되는 경우에는 비상전원으로 자동 전환되어 켜지는 등을 말한다.

2 유도등 설치대상

설비	설치 대상
피난구유도등 통로유도등 유도표지	모든 특정소방대상물 [터널 및 축사(가축을 직접 가두어 사육하는 부분) 제외]
객석유도등	• 유흥주점영업시설(손님이 춤을 출 수 있는 무대가 설치된 카바레, 나이트클럽 또는 그 밖에 이와 비슷한 영업시설만 해당) • 문화 및 집회시설, 종교시설, 운동시설

3 유도등 종류 ★★★

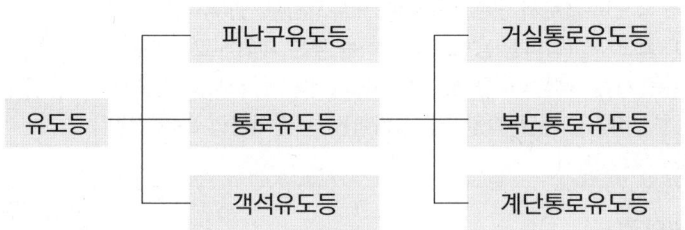

1) 피난구유도등(녹색 바탕에 백색문자)

   피난구 또는 피난경로로 사용되는 출입구를 표시하여 피난을 유도하는 등

2) 통로유도등(백색 바탕에 녹색문자)

   (1) 복도통로유도등

   피난통로가 되는 복도에 설치하는 통로유도등으로서 피난구 방향을 명시하는 것

   (2) 거실통로유도등

   거주, 집무, 작업, 집회, 오락 등의 목적을 위하여 계속적으로 사용하는 거실, 주차장 등 개방된 통로에 설치하는 유도등으로 피난의 방향을 명시하는 것

   (3) 계단통로유도등

   피난통로가 되는 계단이나 경사로에 설치하는 통로유도등으로 바닥면 및 디딤 바닥면을 비추는 것

   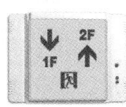

3) 객석유도등

   객석의 통로, 바닥 또는 벽에 설치하는 유도등

> 피난구유도등은 백색바탕에 녹색문자이다. [X] 녹색 바탕에 백색문자

> 통로유도등은 백색 바탕에 녹색 문자이다. [O]

4 유도등과 유도표지의 설치장소별 종류

설치장소	유도등 및 유도표지
1. 공연장·집회장(종교집회장 포함)·관람장·운동시설	• 대형피난구유도등 • 통로유도등 • 객석유도등
2. 유흥주점영업시설(유흥주점영업중 손님이 춤을 출 수 있는 무대가 설치된 카바레, 나이트클럽 등 영업시설만 해당)	
3. 위락시설·판매시설·운수시설·관광숙박업·의료시설·장례식장·방송통신시설·전시장·지하상가·지하철역사	• 대형피난구유도등 • 통로유도등
4. 숙박시설 (관광숙박업 외의 것)·오피스텔	• 중형피난구유도등 • 통로유도등
5. 1~3 외 건축물로서 지하층·무창층 또는 층수가 11층 이상 특정소방대상물	
6. 1~5 외 건축물로서 근린생활시설·노유자시설·업무시설·발전시설·종교시설(집회장 용도로 사용하는 부분 제외)·교육연구시설·수련시설·공장·교정 및 군사시설 (국방·군사시설 제외)·자동차정비공장·운전학원 및 정비학원·다중이용업소·복합건축물	• 소형피난구유도등 • 통로유도등
7. 그 밖의 것	• 피난구유도표지 • 통로유도표지

• 소방서장은 특정소방대상물의 위치·구조 및 설비의 상황을 판단하여 대형피난구유도등을 설치하여야 할 장소에 중형피난구유도등 또는 소형피난구유도등을 설치하게 할 수 있다.
• 복합건축물의 경우 주택의 세대 내에는 유도등을 설치하지 아니할 수 있다.

03 유도등 설치기준 ★★★

1 피난구유도등(녹색바탕에 백색문자)

1) 설치장소 ★★
   (1) 옥내로부터 직접 지상으로 통하는 출입구 및 그 부속실 출입구
   (2) 직통계단·직통계단의 계단실 및 그 부속실의 출입구
   (3) (1)과 (2)에 따른 출입구에 이르는 복도 또는 통로로 통하는 출입구
   (4) 안전구획된 거실로 통하는 출입구
   (5) 피난층으로 향하는 피난구의 위치를 안내할 수 있도록 (1) 또는 (2)의 출입구 인근 천장에 (1) 또는 (2)에 따라 설치된 피난구유도등의 면과 수직이 되도록 피난구유도등을 추가로 설치(다만 (1) 또는 (2)에 따라 설치된 피난구유도등이 입체형인 경우 제외)

※ 추가로 설치하는 피난구유도등은 피난구의 식별이 용이하도록 피난구 방향의 화살표가 함께 표시된 것으로 설치해야 한다.

2) 설치높이 : 바닥으로부터 높이 1.5 [m] 이상 위치에 설치 ★★★

3) 형식승인 및 제품검사기술기준(거실통로유도등 동일)
   (1) 상용전원 점등 시 : 직선거리 30 [m] 위치, 10 ~ 30 [lx](글자, 색채, 화살표 확인)
   (2) 비상전원 점등 시 : 직선거리 20 [m] 위치, 0 ~ 1 [lx]

○ 피난구유도등은 바닥으로부터 높이 1.5 [m] 이상 위치에 설치한다. **O**

2 통로유도등(백색바탕에 녹색문자)

1) 복도통로유도등 ★★★
   (1) 설치기준
      ① 복도에 설치할 것
      ② 옥내로부터 직접 지상으로 통하는 출입구 및 그 부속실의 출입구 또는 직통계단·직통계단의 계단실 및 그 부속실의 출입구의 경우 피난구유도등이 설치된 출입구의 맞은편 복도에는 입체형으로 설치하거나 바닥에 설치할 것
      ③ 구부러진 모퉁이 및 위에 따라 설치된 통로유도등 기점으로 보행거리 20 [m]마다 설치할 것
      ④ 바닥에 설치하는 통로유도등은 하중에 따라 파괴되지 않는 강도의 것으로 할 것
   (2) 설치높이
      바닥으로부터 높이 1 [m] 이하의 위치에 설치할 것(다만 지하층 또는 무창층의 용도가 도매시장·소매시장·여객자동차터미널·지하역사 또는 지하상가인 경우에는 복도·통로 바닥에 설치)
   (3) 형식승인 및 제품 시 식별도기준
      ① 상용전원 점등 시 : 직선거리 20 [m] 위치(표시면 화살표 식별 가능)
      ② 비상전원 점등 시 : 직선거리 15 [m] 위치(표시면 화살표 식별 가능)

○ 복도통로유도등은 구부러진 모퉁이 및 위에 따라 설치된 통로유도등 기점으로 보행거리 30 [m]마다 설치할 것 **X** 20 [m]

○ 복도통로유도등은 바닥으로부터 높이 1.5 [m] 이하의 위치에 설치할 것 **X** 1 [m]

2) 거실통로유도등 ★★★
   (1) 설치기준
      ① 거실의 통로에 설치할 것, 다만 거실의 통로가 벽체 등으로 구획 시 복도통로유도등을 설치하여야 한다.
      ② 구부러진 모퉁이 및 보행거리 20 [m]마다 설치할 것

○ 거실통로유도등은 구부러진 모퉁이 및 보행거리 25 [m]마다 설치할 것 **X** 20 [m]

(2) 설치높이

바닥으로부터 높이 1.5 [m] 이상의 위치에 설치, 다만 거실 통로에 기둥 설치 시 기둥부분의 바닥으로부터 1.5 [m] 이하의 위치에 설치 가능하다.

3) 계단통로유도등 ★★★

(1) 설치기준

각 층의 경사로 참 또는 계단참마다(1개 층에 경사로참 또는 계단참이 2 이상 있는 경우에는 2개의 계단참마다) 설치할 것

(2) 설치높이

바닥으로부터 높이 1 [m] 이하의 위치에 설치할 것

3 객석유도등

1) 설치기준

객석의 통로, 바닥 또는 벽에 설치할 것

2) 객석 내의 통로가 경사로 또는 수평로로 되어 있는 부분에 있어서는 다음의 식에 따라 산출한 수(소수점 이하의 수는 1로 본다)의 유도등을 설치할 것 ★★★

$$\text{설치개수} = \frac{\text{객석의 통로의 직선부분의 길이}(m)}{4} - 1$$

3) 객석 내의 통로가 옥외 또는 이와 유사한 부분에 있는 경우에는 해당 통로 전체에 미칠 수 있는 수의 유도등을 설치할 것

4 유도등의 전원

1) 축전지, 전기저장장치, 교류전압의 옥내간선으로 하고 전원까지의 배선은 전용으로 할 것

2) 비상전원

(1) 축전지(알칼리계 2차 축전지)

(2) 용량 : 유도등은 20분 이상 작동

(3) 60분 이상 작동해야 하는 경우

① 지하층을 제외한 층수가 11층 이상의 층

② 지하층, 무창층의 용도가 도매·소매시장·여객자동차터미널·지하역사 또는 지하상가

5 유도등의 배선

1) 유도등의 인입선과 옥내배선은 직접 연결할 것
2) 유도등의 전기회로에는 점멸기를 설치하지 아니하고 항상 점등상태 유지
3) 3선식 배선은 「옥내소화전설비의 화재안전기술기준(NFTC 102)」에 따른 내화배선 또는 내열배선으로 사용할 것

6 3선식 배선 적용 ★★★

유도등은 전기회로에 점멸기를 설치하지 않고 항상 점등 상태를 유지할 것, 다만 특정소방대상물 또는 그 부분에 사람이 없거나 다음의 어느 하나에 해당하는 장소로서 3선식 배선에 따라 상시 충전되는 구조인 경우에는 그렇지 않음

1) 외부의 빛에 의해 피난구 또는 피난방향을 쉽게 식별할 수 있는 장소
2) 공연장, 암실(暗室) 등으로서 어두워야 할 필요가 있는 장소
3) 특정소방대상물의 관계인 또는 종사원이 주로 사용하는 장소

> 공연장, 암실(暗室) 등으로서 어두워야 할 필요가 있는 장소에는 3선식 배선을 적용한다. **O**

7 3선식 유도등이 점등되어야 하는 경우

1) 자동화재탐지설비의 감지기 또는 발신기가 작동되는 때
2) 비상경보설비의 발신기가 작동되는 때
3) 상용전원이 정전되거나 전원선이 단선되는 때
4) 방재업무를 통제하는 곳 또는 전기실의 배전반에 수동으로 점등하는 때
5) 자동소화설비가 작동되는 때

> P.333 문 07

> 비상경보설비의 발신기 또는 감지기가 작동되는 때 3선식 유도등이 점등되어야 한다.
> **X** 발신기가 작동되는 때

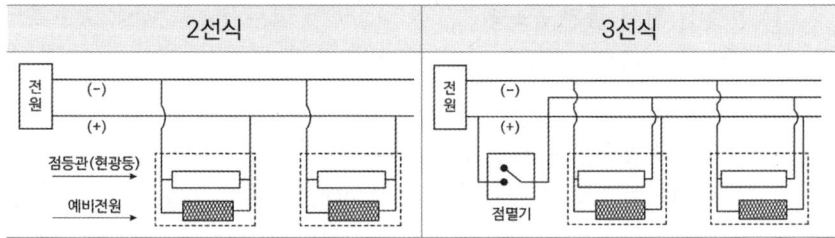

8 피난구유도등 설치 제외 ★★★

1) 바닥면적이 1000 [m²] 미만인 층으로서 옥내로부터 직접 지상으로 통하는 출입구(외부의 식별이 용이한 경우에 한한다)
2) 대각선 길이가 15 [m] 이내인 구획된 실의 출입구
3) 거실 각 부분으로부터 하나의 출입구에 이르는 보행거리가 20 [m] 이하이고, 비상조명등과 유도표지가 설치된 거실의 출입구

> P.336 문 15

4) 출입구가 3 이상 있는 거실로서 그 거실 각 부분으로부터 하나의 출입구에 이르는 보행거리가 30 [m] 이하인 경우에는 주된 출입구 2개소 외의 출입구(유도표지가 부착된 출입구). 다만 공연장·집회장·관람장·전시장·판매시설·운수시설·숙박시설·노유자시설·의료시설·장례식장의 경우에는 그러하지 아니하다.

9 통로유도등 설치 제외 ★★

1) 구부러지지 아니한 복도 또는 통로로서 길이가 30 [m] 미만인 복도 또는 통로
2) 1)에 해당하지 않는 복도 또는 통로로서 보행거리가 20 [m] 미만이고, 그 복도 또는 통로와 연결된 출입구 또는 그 부속실의 출입구에 피난구유도등이 설치된 복도 또는 통로

10 객석유도등 설치 제외 ★★

1) 주간에만 사용하는 장소로서 채광이 충분한 객석
2) 거실 등의 각 부분으로부터 하나의 거실출입구에 이르는 보행거리가 20 [m] 이하인 객석의 통로로서 그 통로에 통로유도등이 설치된 객석

04 유도등 형식승인 및 제품검사의 기술기준 ★★

1 인출선 전선 굵기 및 사용전압

1) 인출선 전선 굵기 ★★★
   인출선인 경우에는 단면적이 0.75 [mm^2] 이상
2) 사용전압
   (1) 사용전압은 300 [V] 이하이어야 한다.
   (2) 충전부가 노출되지 아니한 것은 300 [V]를 초과할 수 있다.

2 예비전원

1) 유도등 주전원으로 사용하여서는 아니 된다.
2) 인출선 사용 시 적당한 색깔에 의해서 쉽게 구분
3) 먼지, 수분 등으로 지장이 생길 시 보호커버 설치
4) 예비전원 : 알칼리계, 리튬계 2차 축전지(축전지), 콘덴서(축전기)

5) 전기적기구에 의한 자동충전장치 및 자동과충전방지장치를 설치할 것, 다만 과충전상태가 되어도 성능 또는 구조에 이상이 생기지 아니하는 예비전원을 설치할 경우에는 자동과충전방지 장치를 설치하지 아니할 수 있음
6) 예비전원을 병렬접속 시 역충전 방지 등의 조치

> 예비전원을 직렬 접속 시 역충전 방지 등의 조치를 한다.
> ✗ 병렬접속 시

3 절연저항시험

1) 절연저항계 전압 : DC 500 [V]
2) 절연저항 : 5 [MΩ] 이상
3) 측정위치
   (1) 유도등의 교류입력 측과 외함 사이
   (2) 교류입력 측과 충전부 사이
   (3) 절연된 충전부와 외함 사이

선생님 TIP
유도등도 어디를 측정하든지 절연저항은 5 [MΩ] 이상입니다.

4 외함의 재질

1) 외함이 금속인 것은 방청된 금속판 또는 내식성(스테인레스강 등) 재질을 사용하여야 한다.
2) 두께 3 [mm] 이상의 강화유리
3) 난연재료 또는 방염성능이 있는 합성수지로서 (90 ± 2) [℃]의 온도에서 7일간 방치하는 경우 열로 인한 변형이 생기지 아니하여야 하며, UL 94규정에 의한 V-2 이상의 난연성능이 있는 것

5 기타

1) 주전원 차단 시 비상전원으로 자동전환될 수 있도록 예비전원을 설치하여야 한다. 다만 객석유도등은 그러하지 아니하다.
2) 주전원 및 비상전원을 단락사고 등으로부터 보호할 수 있는 퓨즈 등 과전류 보호장치를 설치하여야 한다. 다만 예비전원이 설치되지 않은 객석유도등은 그러하지 아니하다.
3) 유도등에는 상용전원의 상태를 확인할 수 있는 표시장치를 설치하여야 한다. 다만 상용전원 인가 시 자동복귀형점멸기 조작 없이 표시면이 점등상태인 것은 그러하지 아니하다.
4) 유도등의 외부 인출선 또는 외부 전선 접속 단자가 있는 경우에는 외부 인출선 또는 단자에 접속되는 전선을 44.5 [N]의 힘으로 1분 동안 당기는 경우 견딜 수 있는 구조이어야 하고, 그 응력이 유도등 내부로 전달되어 연결을 파손시키거나 다른 부품에 영향을 주지 아니하여야 한다.

5) 유도등의 기능에 유해한 영향을 미치는 부속장치를 설치하지 아니하여야 한다.
6) 표시등의 전구는 2개 이상을 병렬로 접속하여야 한다. 다만 방전등 또는 발광다이오드의 경우에는 그러하지 아니하다.
7) 상용전원의 상태를 표시하는 표시장치로 표시등을 설치된 경우에는 녹색계열의 표시등이어야 하며, 고장표시등이 설치된 경우에는 적색계열의 표시등이어야 한다.
8) 비상전원의 상태를 감시할 수 있는 장치가 있어야 한다.

05 유도표지 및 피난유도선 ★★★

1 유도표지

1) 유도표지의 개념
   외부의 전원 공급 없이 축광에 의하여 어두운 곳에서도 도안, 문자 등이 쉽게 식별될 수 있도록 한 것
2) 유도표지의 종류

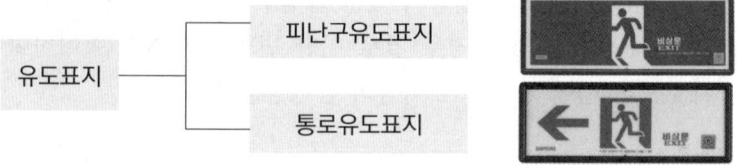

(1) 피난구유도표지
    피난구 또는 피난경로로 사용되는 출입구를 표시하여 피난을 유도하는 표지
(2) 통로유도표지
    피난통로가 되는 복도, 계단 등에 설치하는 것으로서 피난구 방향을 표시하는 유도표지

2 피난유도선

햇빛이나 전등불에 따라 축광(축광방식)하거나 전류에 따라 빛을 발하는 (광원점등방식) 유도체로서 어두운 상태에서 피난을 유도할 수 있도록 띠 형태로 설치되는 피난유도시설을 말한다.

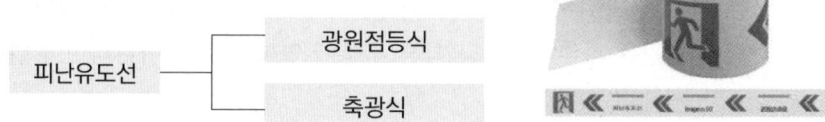

[피난유도선(축광식)]

3 입체형

유도등 표시면을 2면 이상으로 하고 각 면마다 피난유도표시가 있는 것을 말한다.

06 유도표지 설치기준 ★

1 유도표지

1) 설치기준
    (1) 계단에 설치하는 것을 제외하고 각 층마다 복도 및 통로의 각 부분으로부터 하나의 유도표지까지의 보행거리가 15 [m] 이하가 되는 곳과 구부러진 모퉁이의 벽에 설치할 것
    (2) 주위에는 이와 유사한 등화·광고물·게시물 등을 설치하지 아니할 것
    (3) 유도표지는 부착판 등을 사용하여 쉽게 떨어지지 아니하도록 설치할 것
    (4) 축광방식의 유도표지는 외광 또는 조명장치에 의하여 상시 조명이 제공되거나 비상조명등에 의한 조명이 제공되도록 설치할 것
2) 설치높이
    피난구 유도표지는 출입구 상단에 설치하고, 통로유도표지는 바닥으로부터 높이 1 [m] 이하 위치에 설치할 것

2 유도표지 설치 제외

유도등이 피난구유도등 및 통로유도등의 규정에 적합하게 설치된 출입구·복도·계단 및 통로

3 축광표지의 성능인증 및 제품검사의 기술기준

1) 방사성 물질 사용 시 유도표지는 쉽게 파괴되지 아니하는 재질로 처리할 것
2) 유도표지의 표시면은 쉽게 변형·변질 또는 변색되지 아니할 것
3) 식별도시험
    (1) 주위 조도 0 [lx]에서 60분간 발광 후 직선거리 20 [m](위치표지 10 [m]) 떨어진 위치에서 보통시력으로 유도표지가 있다는 것이 식별 가능

○ 유도표지는 하나의 유도표지까지의 보행거리가 25 [m] 이하가 되는 곳과 구부러진 모퉁이의 벽에 설치한다. [X] 15 [m]

○ 통로유도표지는 바닥으로부터 높이 1 [m] 이하 위치에 설치할 것 [O]

⑵ 직선거리 3 [m] 거리에서 표시면의 문자 또는 화살표 등을 쉽게 식별할 수 있는 것으로 할 것

4) 휘도시험
조도 0 [lx]에서 60분간 발광 후 7 [mcd/m²] 이상으로 할 것

07 피난유도선 설치기준 ★★

1 축광방식 피난유도선 ★★

1) 구획된 각 실로부터 주출입구 또는 비상구까지 설치할 것
2) 바닥으로부터 높이 50 [cm] 이하의 위치 또는 바닥 면에 설치할 것
3) 피난유도표시부는 50 [cm] 이내의 간격으로 연속되도록 설치
4) 부착대에 의하여 견고하게 설치할 것
5) 외광 또는 조명장치에 의하여 상시 조명이 제공되거나 비상조명등에 의한 조명이 제공되도록 설치할 것

[축광방식 피난유도선]   [광원점등방식 피난유도선]

2 광원점등방식의 피난유도선 설치기준 ★★★

1) 구획된 각 실로부터 주출입구 또는 비상구까지 설치할 것
2) 피난유도표시부는 바닥으로부터 높이 1 [m] 이하의 위치 또는 바닥 면에 설치할 것
3) 피난유도표시부는 50 [cm] 이내의 간격으로 연속되도록 설치하되 실내장식물 등으로 설치가 곤란할 경우 1 [m] 이내로 설치할 것
4) 수신기로부터의 화재신호 및 수동조작에 의하여 광원이 점등되도록 설치할 것
5) 비상전원이 상시 충전상태를 유지하도록 설치할 것
6) 바닥에 설치되는 피난유도표시부는 매립하는 방식을 사용할 것
7) 피난유도 제어부는 조작 및 관리가 용이하도록 바닥으로부터 0.8 [m] 이상 1.5 [m] 이하의 높이에 설치할 것

3 유도등·유도표지·피난유도선 설치높이 ★★★

설비	설치높이
피난구유도등, 거실통로유도등	바닥으로부터 1.5 [m] 이상
복도통로유도등, 계단통로유도등 통로 유도표지	바닥으로부터 1 [m] 이하
피난구유도표지	출입구 상단
피난유도선(축광방식)	바닥으로부터 0.5 [m] 이하 또는 바닥면
피난유도선(광원점등방식)	바닥으로부터 1 [m] 이하 또는 바닥면

지하층 무창층 용도가 도매/소매시장, 여객자동차터미널, 지하역사, 지하상가의 복도통로유도등은 복도 통로 중앙부분 바닥에 설치

🔗 P.340 문 24

─○ 피난구유도표지는 출입구 상단에 설치한다. [O]

08 피난유도선 식별도시험 및 휘도시험 ★

보충▶ 식별도시험과 휘도시험은 자주 출제되지 않는 내용이다.

1 피난유도선

1) 식별도시험

시험조건	표시면에 200 [lx] 밝기의 광원으로 20분간 조사시킨 상태
	주위조도를 0 [lx]로 하여 유효발광시간 동안 발광시킨 후
기준	직선거리 10 [m] 떨어진 위치	피난유도선이 있는 것 식별
	직선거리 3 [m]의 거리	표시면의 방향표시 명확히 식별

2) 휘도시험

시험조건	0 [lx] 상태에서 유효 발광시간 이상 방치한 후	
	표시면에 200 [lx] 밝기의 광원으로 20분간 조사시킨 상태	
	주위조도를 0 [lx]로 하여 발광시간에 따라 발광시킨 후	
기준	5분간 발광	110 [mcd/m^2] 이상
	10분간 발광	50 [mcd/m^2] 이상
	20분간 발광	24 [mcd/m^2] 이상
	60분간 발광	7 [mcd/m^2] 이상

2 광원점등식 피난유도선

1) 휘도시험

시험조건	상용전원 및 비상전원 점등상태에서 표시부에 대하여 실시
기준	방향표시 부분의 휘도가 20 [Cd/m^2] 이상

2) 절연저항시험 : 교류 입력 측과 외함 및 충전부, 충전부와 외함 사이 DC 500 [V] 절연저항계로 5 [MΩ] 이상

09 유도등 및 유도표지 용어정리(NFTC 303) ★★★

🔗 P.339 문 20

1) "유도등"이란 화재 시에 피난을 유도하기 위한 등으로서 정상상태에서는 상용전원에 따라 켜지고 상용전원이 정전되는 경우에는 비상전원으로 자동전환되어 켜지는 등을 말한다.
2) "피난구유도등"이란 피난구 또는 피난경로로 사용되는 출입구를 표시하여 피난을 유도하는 등을 말한다.
3) "통로유도등"이란 피난통로를 안내하기 위한 유도등으로 복도통로유도등, 거실통로유도등, 계단통로유도등을 말한다.
4) "복도통로유도등"이란 피난통로가 되는 복도에 설치하는 통로유도등으로서 피난구의 방향을 명시하는 것을 말한다.
5) "거실통로유도등"이란 거주, 집무, 작업, 집회, 오락 그 밖에 이와 유사한 목적을 위하여 계속적으로 사용하는 거실, 주차장 등 개방된 통로에 설치하는 유도등으로 피난의 방향을 명시하는 것을 말한다.
6) "계단통로유도등"이란 피난통로가 되는 계단이나 경사로에 설치하는 통로유도등으로 바닥면 및 디딤 바닥면을 비추는 것을 말한다.
7) "객석유도등"이란 객석의 통로, 바닥 또는 벽에 설치하는 유도등을 말한다.
8) "피난구유도표지"란 피난구 또는 피난경로로 사용되는 출입구를 표시하여 피난을 유도하는 표지를 말한다.
9) "통로유도표지"란 피난통로가 되는 복도, 계단 등에 설치하는 것으로서 피난구의 방향을 표시하는 유도표지를 말한다.
10) "피난유도선"이란 햇빛이나 전등불에 따라 축광(이하 "축광방식"이라 한다)하거나 전류에 따라 빛을 발하는(이하 "광원점등방식"이라 한다) 유도체로서 어두운 상태에서 피난을 유도할 수 있도록 띠 형태로 설치되는 피난유도시설을 말한다.

11) "입체형"이란 유도등 표시면을 2면 이상으로 하고 각 면마다 피난유도표시가 있는 것을 말한다.
12) "3선식 배선"이란 평상시에는 유도등을 소등 상태로 유도등의 비상전원을 충전하고, 화재 등 비상시 점등 신호를 받아 유도등을 자동으로 점등되도록 하는 방식의 배선을 말한다.

유도등의 형식승인 및 제품검사의 기술기준 용어의 정의

1) "표시면"이란 유도등에 있어서 피난구나 피난방향을 안내하기 위한 문자 또는 부호등이 표시된 면을 말한다.
2) "조사면"이란 유도등에 있어서 표시면외 조명에 사용되는 면을 말한다.
3) "방폭형"이란 폭발성가스가 용기내부에서 폭발 하였을때 용기가 그 압력에 견디거나 또는 외부의 폭발성가스에 인화될 우려가 없도록 만들어진 형태의 제품을 말한다.
4) "방수형"이란 그 구조가 방수구조로 되어 있는 것을 말한다.
5) "복합표시형피난구유도등"이란 피난구유도등의 표시면과 피난목적이 아닌 안내표시면(이하 "안내표시면"이라 한다)이 구분되어 함께 설치된 유도등을 말한다.
6) "단일표시형"이란 한가지 형상의 표시만으로 피난유도표시를 구현하는 방식을 말한다.
7) "동영상표시형"이란 동영상 형태로 피난유도표시를 구현하는 방식을 말한다.
8) "단일·동영상 연계표시형"이란 단일표시형과 동영상표시형의 두가지 방식을 연계하여 피난유도표시를 구현하는 방식을 말한다.
9) "투광식"이란 광원의 빛이 통과하는 투과면에 피난유도표시 형상을 인쇄하는 방식을 말한다.
10) "패널식"이란 영상표시소자(LED, LCD 및 PDP 등)를 이용하여 피난유도표시 형상을 영상으로 구현하는 방식을 말한다.

예상문제
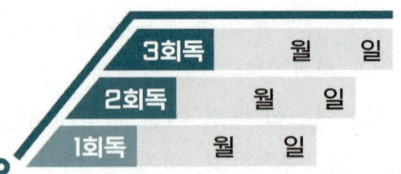

01 상중하

유도등 및 유도표지의 화재안전기술기준(NFTC 303)에 따라 지하층을 제외한 층수가 11층 이상인 특정소방대상물의 유도등의 비상전원을 축전지로 설치한다면 피난층에 이르는 부분의 유도등을 몇 분 이상 유효하게 작동시킬 수 있는 용량으로 하여야 하는가?

① 10 ② 20
③ 50 ④ 60

해설 유도등 전원
1) 축전지, 전기저장장치, 교류전압의 옥내간선으로 하고 전원까지의 배선은 전용으로 할 것
2) 비상전원
  (1) 축전지(알칼리계 2차 축전지)
  (2) 용량 : 유도등은 20분 이상 작동
  (3) 60분 이상 작동해야 하는 경우
    ① 지하층을 제외한 층수가 11층 이상의 층
    ② 지하층, 무창층의 용도가 도매·소매시장·여객자동차 터미널·지하역사 또는 지하상가

02 상중하

유도등 및 유도표지의 화재안전기술기준(NFTC 303)에 따른 피난구유도등의 설치장소로 틀린 것은?

① 직통계단
② 직통계단의 계단실
③ 안전구획된 거실로 통하는 출입구
④ 옥외로부터 직접 지하로 통하는 출입구

해설 피난구유도등 설치
1) 옥내로부터 직접 지상으로 통하는 출입구 및 그 부속실 출입구
2) 직통계단·직통계단의 계단실 및 그 부속실의 출입구
3) 1)과 2)에 따른 출입구에 이르는 복도 도는 통로로 통하는 출입구
4) 안전구획된 거실로 통하는 출입구
5) 피난층으로 향하는 피난구의 위치를 안내할 수 있도록 1) 또는 2)의 출입구 인근 천장에 1) 또는 2)에 따라 설치된 피난구유도등의 면과 수직이 되도록 피난구유도등을 추가로 설치한다. 다만 1) 또는 2)에 따라 설치된 피난구유도등이 입체형인 경우 제외
※ 추가로 설치하는 피난구유도등은 피난구의 식별이 용이하도록 피난구 방향의 화살표가 함께 표시된 것으로 설치해야 한다.

03 상중하

유도등의 우수품질인증 기술기준에 따른 유도등의 일반구조에 대한 내용이다. 다음 (   )에 들어갈 내용으로 옳은 것은?

> 전선의 굵기는 인출선인 경우 단면적이 (ⓐ) [mm²] 이상이어야 한다.

① ⓐ 0.7   ② ⓐ 0.75
③ ⓐ 1.5   ④ ⓐ 2.5

해설 유도등 전선 굵기
- 인출선 : 0.75 [mm²]
- 사용전압
  1) 사용전압은 300 [V] 이하이어야 한다.
  2) 충전부가 노출되지 아니한 것은 300 [V]를 초과할 수 있다.

정답 01 ④ 02 ④ 03 ②

04 상중하

유도등 및 유도표지의 화재안전기술기준(NFTC 303)에 따라 객석유도등을 설치하여야 하는 장소로 틀린 것은?

① 벽 ② 천장
③ 바닥 ④ 통로

해설 객석유도등

- 설치장소 : 객석의 통로·바닥·벽
- 설치개수 : $\dfrac{객석의\ 통로의\ 직선부분의\ 길이(m)}{4} - 1$

05 상중하

계단통로유도등은 각 층의 경사로 참 또는 계단참마다 설치하도록 하고 있는데 1개 층에 경사로 참 또는 계단참이 2 이상 있는 경우에는 몇 개의 계단참마다 계단통로유도등을 설치하여야 하는가?

① 2개 ② 3개
③ 4개 ④ 5개

해설 계단통로유도등 설치

1) 설치개수
   - 각 층 경사로·계단참마다 1개 이상
   - 1개 층 경사로·계단참 2 이상 : 2개 계단참마다 1개
2) 설치위치 : 바닥으로부터 높이 1 [m] 이하의 위치에 설치할 것

TIP 계단참 : 층 사이 계단의 평지

06 상중하

객석 내의 통로의 직선부분의 길이가 85 [m]이다. 객석유도등을 몇 개 설치하여야 하는가?

① 17개 ② 19개
③ 21개 ④ 22개

해설 객석유도등 설치개수

$\dfrac{객석\ 통로\ 직선부분길이}{4} - 1 = \dfrac{85}{4} - 1 = 20.25개$

∴ 21개

07 상중하

3선식 배선에 따라 상시 충전되는 유도등의 전기회로에 점멸기를 설치하는 경우 유도등이 점등되어야 할 경우로 관계없는 것은?

① 제연설비가 작동한 때
② 자동소화설비가 작동한 때
③ 비상경보설비의 발신기가 작동한 때
④ 자동화재탐지설비의 감지기가 작동한 때

해설 유도등 점등(3선식)

1) 자동화재탐지설비의 감지기 또는 발신기가 작동되는 때
2) 비상경보설비의 발신기가 작동되는 때
3) 상용전원이 정전되거나 전원선이 단선되는 때
4) 방재업무를 통제하는 곳 또는 전기실의 배전반에 수동으로 점등하는 때
5) 자동소화설비가 작동되는 때

정답 04 ② 05 ① 06 ③ 07 ①

08 상중하

유도등 및 유도표지의 화재안전기술기준(NFTC 303)에 따라 운동시설에 설치하지 아니할 수 있는 유도등은?

① 통로유도등
② 객석유도등
③ 대형피난구유도등
④ 중형피난구유도등

해설 유도등·유도표지 설치장소

설치장소	유도등 및 유도표지
1. 공연장·집회장 관람장·운동시설	• 대형피난구유도등 • 통로유도등 • 객석유도등
2. 유흥주점영업시설	
3. 위락시설·판매시설 운수시설·관광숙박업·의료시설·장례식장·방송통신시설·전시장·지하상가·지하철역사	• 대형피난구유도등 • 통로유도등
4. 숙박시설·오피스텔	중형피난구유도등 • 통로유도등
5. 1~3 외 건축물로서 지하층·무창층 또는 층수가 11층 이상 특정소방대상물	
6. 1~5 외 건축물로서 근린생활시설·노유자시설·업무시설·발전시설·종교시설(집회장 용도로 사용하는 부분 제외)·교육연구시설·수련시설·공장·교정 및 군사시설(국방·군사시설 제외)·자동차정비공장·운전학원 및 정비학원·다중이용업소·복합건축물	• 소형피난구유도등 • 통로유도등
7. 그 밖의 것	• 피난구유도표지 • 통로유도표지

09 상중하

유도등 및 유도표지의 화재안전기술기준(NFTC 303)에 따른 통로유도등의 설치기준에 대한 설명으로 틀린 것은?

① 복도·거실통로유도등은 구부러진 모퉁이 및 보행거리 20 [m]마다 설치
② 복도·계단통로유도등은 바닥으로부터 높이 1 [m] 이하의 위치에 설치
③ 통로유도등은 녹색바탕에 백색으로 피난방향을 표시한 등으로 할 것
④ 거실통로유도등은 바닥으로부터 높이 1.5 [m] 이상의 위치에 설치

해설 유도등 표지색

• 피난구유도등 : 녹색바탕·백색문자
• 통로유도등 : 백색바탕·녹색문자
• 녹색이유 : 어두울 때 가시광선상태에서 녹색이 가장 잘 보임

10 상중하

유도등 및 유도표지의 화재안전기술기준(NFTC 303)에 따라 광원점등방식 피난유도선의 설치기준으로 틀린 것은?

① 구획된 각 실로부터 주출입구 또는 비상구까지 설치할 것
② 피난유도표시부는 바닥으로부터 높이 1 [m] 이하의 위치 또는 바닥 면에 설치할 것
③ 피난유도 제어부는 조작 및 관리가 용이하도록 바닥으로부터 0.8 [m] 이상 1.5 [m] 이하의 높이에 설치할 것
④ 피난유도표시부는 50 [cm] 이내의 간격으로 연속되도록 설치하되 실내장식물 등으로 설치가 곤란할 경우 2 [m] 이내로 설치할 것

정답 08 ④ 09 ③ 10 ④

> **해설** 광원점등방식 피난유도선

1) 구획된 각 실로부터 주출입구 또는 비상구까지 설치할 것
2) 피난유도표시부는 바닥으로부터 높이 1 [m] 이하의 위치 또는 바닥 면에 설치할 것
3) 피난유도표시부는 50 [cm] 이내의 간격으로 연속되도록 설치하되 실내장식물 등으로 설치가 곤란할 경우 1 [m] 이내로 설치할 것
4) 수신기로부터의 화재신호 및 수동조작에 의하여 광원이 점등되도록 설치할 것
5) 비상전원이 상시 충전상태를 유지하도록 설치할 것
6) 바닥에 설치되는 피난유도표시부는 매립하는 방식을 사용할 것
7) 피난유도 제어부는 조작 및 관리가 용이하도록 바닥으로부터 0.8 [m] 이상 1.5 [m] 이하의 높이에 설치할 것

⑶ 구부러진 모퉁이 및 위에 따라 설치된 통로유도등 기점으로 보행거리 20 [m]마다 설치할 것
⑷ 바닥에 설치하는 통로유도등은 하중에 따라 파괴되지 않는 강도의 것으로 할 것
2) 설치높이
바닥으로부터 높이 1 [m] 이하의 위치에 설치할 것(다만 지하층 또는 무창층의 용도가 도매시장·소매시장·여객자동차터미널·지하역사 또는 지하상가인 경우에는 복도·통로 바닥에 설치)
3) 형식승인 및 제품 시 식별도기준
⑴ 상용전원 점등 시 : 직선거리 20 [m] 위치(표시면 화살표 식별 가능)
⑵ 비상전원 점등 시 : 직선거리 15 [m] 위치(표시면 화살표 식별 가능)

11 상 중 하

복도통로유도등의 식별도기준 중 다음 ( ) 안에 알맞은 것은?

> 복도통로유도등에 있어서 상용전원으로 등을 켜는 경우에는 직선거리 (㉠) [m]의 위치에서, 비상전원으로 등을 켜는 경우에는 직선거리 (㉡) [m]의 위치에서 보통 시력에 의하여 표시면의 화살표가 쉽게 식별되어야 한다.

① ㉠ 15, ㉡ 20
② ㉠ 20, ㉡ 15
③ ㉠ 30, ㉡ 20
④ ㉠ 20, ㉡ 30

> **해설** 복도통로유도등

1) 설치기준
⑴ 복도에 설치할 것
⑵ 옥내로부터 직접 지상으로 통하는 출입구 및 그 부속실의 출입구 또는 직통계단·직통계단의 계단실 및 그 부속실의 출입구의 경우 피난구유도등이 설치된 출입구의 맞은편 복도에는 입체형으로 설치하거나 바닥에 설치할 것

12 상 중 하

객석 내의 통로가 경사로 또는 수평로로 되어 있는 부분에 설치하여야 하는 객석유도등의 설치개수 산출 공식으로 옳은 것은?

① $\dfrac{\text{객석통로의 직선부분의 길이}(m)}{3} - 1$

② $\dfrac{\text{객석통로의 직선부분의 길이}(m)}{4} - 1$

③ $\dfrac{\text{객석통로의 넓이}(m^2)}{3} - 1$

④ $\dfrac{\text{객석통로의 넓이}(m^2)}{4} - 1$

> **해설** 객석유도등 설치개수 산출공식

- 객석의 통로, 바닥 또는 벽에 설치할 것
- 설치개수 : $\dfrac{\text{객석통로의 직선부분의 길이}(m)}{4} - 1$

정답 11 ② 12 ②

13 객석유도등을 설치하지 아니하는 경우의 기준 중 다음 ( ) 안에 알맞은 것은?

거실 등의 각 부분으로부터 하나의 거실 출입구에 이르는 보행거리가 ( ) [m] 이하인 객석의 통로로서 그 통로에 통로유도등이 설치된 객석

① 15
② 20
③ 30
④ 50

해설 객석유도등 설치 제외 장소
1) 주간에만 사용하는 장소로서 채광이 충분한 객석
2) 거실 등의 각 부분으로부터 하나의 거실출입구에 이르는 보행거리가 20 [m] 이하인 객석의 통로로서 그 통로에 통로유도등이 설치된 객석

14 객석유도등을 설치하여야 하는 특정소방대상물의 대상으로 옳은 것은?

① 운수시설
② 운동시설
③ 의료시설
④ 근린생활시설

해설 객석유도등 설치대상

설치장소	유도등 및 유도표지
1. 공연장·집회장 관람장·운동시설	• 대형피난구유도등 • 통로유도등 • 객석유도등
2. 유흥주점영업시설	
3. 위락시설·판매시설 운수시설·관광숙박업·의료시설·장례식장·방송통신시설·전시장·지하상가·지하철역사	• 대형피난구유도등 • 통로유도등

설치장소	유도등 및 유도표지
4. 숙박시설·오피스텔	• 중형피난구유도등 • 통로유도등
5. 1~3 외 건축물로서 지하층·무창층 또는 층수가 11층 이상 특정소방대상물	
6. 1~3 외 건축물로서 근린생활시설·노유자시설·업무시설·발전시설·종교시설(집회장 용도로 사용하는 부분 제외)·교육연구시설·수련시설·공장·교정 및 군사시설 (국방·군사시설 제외)·자동차정비공장·운전학원 및 정비학원·다중이용업소·복합건축물	• 소형피난구유도등 • 통로유도등
7. 그 밖의 것	• 피난구유도표지 • 통로유도표지

15 피난구유도등의 설치 제외 기준 중 틀린 것은?

① 거실 각 부분으로부터 하나의 출입구에 이르는 보행거리가 20 [m] 이하이고, 비상조명등과 유도표지가 설치된 거실의 출입구
② 바닥면적이 500 [m²] 미만인 층으로서 옥내로부터 직접 지상으로 통하는 출입구 (외부의 식별이 용이하지 않은 경우에 한함)
③ 출입구가 3 이상 있는 거실로서 그 거실 각 부분으로부터 하나의 출입구에 이르는 보행거리가 20 [m] 이하인 경우에는 주된 출입구 2개소 외의 출입구(유도표지가 부착된 출입구)
④ 거실 각 부분으로부터 쉽게 도달할 수 있는 출입구

정답 13 ② 14 ② 15 ②

해설 피난구유도등 설치 제외

1) 바닥면적이 1000 [m²] 미만인 층으로서 옥내로부터 직접 지상으로 통하는 출입구(외부의 식별이 용이한 경우에 한한다)
2) 대각선 길이가 15 [m] 이내인 구획된 실의 출입구
3) 거실 각 부분으로부터 하나의 출입구에 이르는 보행거리가 20 [m] 이하이고, 비상조명등과 유도표지가 설치된 거실의 출입구
4) 출입구가 3 이상 있는 거실로서 그 거실 각 부분으로부터 하나의 출입구에 이르는 보행거리가 30 [m] 이하인 경우에는 주된 출입구 2개소 외의 출입구(유도표지가 부착된 출입구). 다만 공연장·집회장·관람장·전시장·판매시설·운수시설·숙박시설·노유자시설·의료시설·장례식장의 경우에는 그러하지 아니하다.

16 상⦿하

객석 통로의 직선부분의 길이가 25 [m]인 영화관의 통로에 객석유도등을 설치하는 경우 최소 설치개수는?

① 5   ② 6
③ 7   ④ 8

해설 객석유도등 최소 설치개수

$$설치개수 = \frac{객석 통로 직선부분길이}{4} - 1$$
$$= \frac{25}{4} - 1 = 5.25 = 6개$$

17 상⦿하

유도등 및 유도표지의 화재안전기술기준(NFTC 303)에 따른 광원점등방식의 피난유도선에 대한 설치기준으로 틀린 것은?

① 부착대에 의하여 견고하게 설치할 것
② 수신기로부터의 화재신호 및 수동조작에 의하여 광원이 점등되도록 설치할 것
③ 피난유도표시부는 바닥으로부터 높이 1 [m] 이하의 위치 또는 바닥 면에 설치할 것
④ 피난유도표시부는 50 [cm] 이내의 간격으로 연속되도록 설치하되 실내장식물 등으로 설치가 곤란할 경우 1 [m] 이내로 설치할 것

해설 광원점등방식 피난유도선 설치기준

1) 구획된 각 실로부터 주출입구 또는 비상구까지 설치할 것
2) 피난유도표시부는 바닥으로부터 높이 1 [m] 이하의 위치 또는 바닥 면에 설치할 것
3) 피난유도표시부는 50 [cm] 이내의 간격으로 연속되도록 설치하되 실내장식물 등으로 설치가 곤란할 경우 1 [m] 이내로 설치할 것
4) 수신기로부터의 화재신호 및 수동조작에 의하여 광원이 점등되도록 설치할 것
5) 비상전원이 상시 충전상태를 유지하도록 설치할 것
6) 바닥에 설치되는 피난유도표시부는 매립하는 방식을 사용할 것
7) 피난유도 제어부는 조작 및 관리가 용이하도록 바닥으로부터 0.8 [m] 이상 1.5 [m] 이하의 높이에 설치할 것

18 (중)

복도통로유도등은 구부러진 모퉁이 및 보행거리 몇 [m]마다 설치해야 하는가?

① 20   ② 25
③ 30   ④ 40

해설 복도통로유도등

1) 설치기준
   (1) 복도에 설치할 것
   (2) 옥내로부터 직접 지상으로 통하는 출입구 및 그 부속실의 출입구 또는 직통계단·직통계단의 계단실 및 그 부속실의 출입구의 경우 피난구유도등이 설치된 출입구의 맞은편 복도에는 입체형으로 설치하거나 바닥에 설치할 것
   (3) 구부러진 모퉁이 및 위에 따라 설치된 통로유도등 기점으로 보행거리 20 [m]마다 설치할 것
   (4) 바닥에 설치하는 통로유도등은 하중에 따라 파괴되지 않는 강도의 것으로 할 것
2) 설치높이
   바닥으로부터 높이 1 [m] 이하의 위치에 설치할 것, 다만 지하층 또는 무창층의 용도가 도매시장·소매시장·여객자동차터미널·지하역사 또는 지하상가인 경우에는 복도·통로 바닥에 설치
3) 형식승인 및 제품 시 식별도기준
   (1) 상용전원 점등 시 : 직선거리 20 [m] 위치(표시면 화살표 식별 가능)
   (2) 비상전원 점등 시 : 직선거리 15 [m] 위치(표시면 화살표 식별 가능)

19 (중)

유도표지의 설치기준으로 틀린 것은?

① 계단에 설치하는 것을 제외하고는 각 층마다 복도 및 통로의 각 부분으로부터 하나의 유도표지까지의 보행거리가 15 [m] 이하가 되는 곳에 설치한다.
② 피난구 유도표지는 출입구 상단에 설치한다.
③ 통로유도표지는 바닥으로부터 높이 80 [cm] 이하의 위치에 설치한다.
④ 주위에는 이와 유사한 등화·광고물·게시물 등을 설치하지 않는다.

해설 유도표지

1) 설치기준
   (1) 계단에 설치하는 것을 제외하고 각 층마다 복도 및 통로의 각 부분으로부터 하나의 유도표지까지의 보행거리가 15 [m] 이하가 되는 곳과 구부러진 모퉁이의 벽에 설치할 것
   (2) 주위에는 이와 유사한 등화·광고물·게시물 등을 설치하지 아니할 것
   (3) 유도표지는 부착판 등을 사용하여 쉽게 떨어지지 아니하도록 설치할 것
   (4) 축광방식의 유도표지는 외광 또는 조명장치에 의하여 상시 조명이 제공되거나 비상조명등에 의한 조명이 제공되도록 설치할 것
2) 설치높이
   출입구 상단에 설치하고, 통로유도표지는 바닥으로부터 높이 1 [m] 이하 위치에 설치할 것

정답 18 ① 19 ③

20 (상**중**하)

화재안전기술기준에서 정하고 있는 유도등 및 유도표지에 대한 용어정의 중 옳지 않은 것은?

① 유도등은 화재 시에 피난을 유도하기 위한 등이다.
② 피난구유도등은 피난구 또는 피난경로로 사용되는 출입구를 표시하여 피난을 유도하는 등이다.
③ 통로유도등은 피난통로를 안내하기 위한 유도등이다.
④ 거실통로유도등은 피난통로가 되는 복도에 설치하는 통로유도등이다.

해설 유도등 및 유도표지 용어

1) "유도등"이란 화재 시에 피난을 유도하기 위한 등으로서 정상상태에서는 상용전원에 따라 켜지고 상용전원이 정전되는 경우에는 비상전원으로 자동전환되어 켜지는 등을 말한다.
2) "피난구유도등"이란 피난구 또는 피난경로로 사용되는 출입구를 표시하여 피난을 유도하는 등을 말한다.
3) "통로유도등"이란 피난통로를 안내하기 위한 유도등으로 복도통로유도등, 거실통로유도등, 계단통로유도등을 말한다.
4) "복도통로유도등"이란 피난통로가 되는 복도에 설치하는 통로유도등으로서 피난구의 방향을 명시하는 것을 말한다.
5) "거실통로유도등"이란 거주, 집무, 작업, 집회, 오락 그 밖에 이와 유사한 목적을 위하여 계속적으로 사용하는 거실, 주차장 등 개방된 통로에 설치하는 유도등으로 피난의 방향을 명시하는 것을 말한다.
6) "계단통로유도등"이란 피난통로가 되는 계단이나 경사로에 설치하는 통로유도등으로 바닥면 및 디딤 바닥면을 비추는 것을 말한다.
7) "객석유도등"이란 객석의 통로, 바닥 또는 벽에 설치하는 유도등을 말한다.
8) "피난구유도표지"란 피난구 또는 피난경로로 사용되는 출입구를 표시하여 피난을 유도하는 표지를 말한다.
9) "통로유도표지"란 피난통로가 되는 복도, 계단등에 설치하는 것으로서 피난구의 방향을 표시하는 유도표지를 말한다.
10) "피난유도선"이란 햇빛이나 전등불에 따라 축광(이하 "축광방식"이라 한다)하거나 전류에 따라 빛을 발하는(이하 "광원점등방식"이라 한다) 유도체로서 어두운 상태에서 피난을 유도할 수 있도록 띠 형태로 설치되는 피난유도시설을 말한다.
11) "입체형"이란 유도등 표시면을 2면 이상으로 하고 각 면마다 피난유도표시가 있는 것을 말한다.
12) "3선식 배선"이란 평상시에는 유도등을 소등 상태로 유도등의 비상전원을 충전하고, 화재 등 비상시 점등 신호를 받아 유도등을 자동으로 점등되도록 하는 방식의 배선을 말한다.

21 (상**중**하)

노유자시설에 설치하여야 할 유도등 및 유도표지로 옳게 짝지어진 것은?

① 소형피난구유도등 - 통로유도등
② 대형피난구유도등 - 객석유도등
③ 중형피난구유도등 - 소형피난구유도등
④ 피난구유도표지 - 통로유도표지

해설 유도등 및 유도표지

설치장소	유도등 및 유도표지
1. 공연장·집회장 관람장·운동시설	• 대형피난구유도등 • 통로유도등 • 객석유도등
2. 유흥주점영업시설	
3. 위락시설·판매시설 운수시설·관광숙박업·의료시설·장례식장·방송통신시설·전시장·지하상가·지하철역사	• 대형피난구유도등 • 통로유도등
4. 숙박시설·오피스텔	• 중형피난구유도등 • 통로유도등
5. 1~3 외 건축물로서 지하층·무창층 또는 층수가 11층 이상 특정소방대상물	

정답 20 ④ 21 ①

설치장소	유도등 및 유도표지
6. 1~3 외 건축물로서 근린생활시설·노유자시설·업무시설·발전시설·종교시설(집회장 용도로 사용하는 부분 제외)·교육연구시설·수련시설·공장·교정 및 군사시설(국방·군사시설 제외)·자동차정비공장·운전학원 및 정비학원·다중이용업소·복합건축물	• 소형피난구유도등 • 통로유도등
7. 그 밖의 것	• 피난구유도표지 • 통로유도표지

22 (하)

3선식 배선으로 상시 충전되는 유도등의 전기회로에 점멸기를 설치하는 경우에 유도등이 점등되어야 할 때가 아닌 것은?

① 자동화재탐지설비의 감지기 또는 발신기가 작동한 때
② 비상경보설비의 발신기가 작동한때
③ 방재업무를 통제하는 곳 또는 전기실의 배전반에서 수동으로 점등하는 때
④ 옥내소화전설비가 작동되는 때

해설 유도등 점등(3선식)

1) 자동화재탐지설비의 감지기 또는 발신기가 작동되는 때
2) 비상경보설비의 발신기가 작동되는 때
3) 상용전원이 정전되거나 전원선이 단선되는 때
4) 방재업무를 통제하는 곳 또는 전기실의 배전반에 수동으로 점등하는 때
5) 자동소화설비가 작동되는 때

23 (중)

지하철역사에 설치해야 할 피난구유도등의 종류는? (단, 소방서장의 특정소방대상물의 위치·구조 및 설비의 상황을 판단한 견해는 배제한다)

① 소형
② 중형
③ 대형
④ 특형

해설 피난구유도등

21번 문제 해설 참조

24 (중)

통로유도등의 설치기준 중 옳은 것은?

① 계단통로유도등은 바닥으로부터 높이 1 [m] 이하의 위치에 설치하여야 한다.
② 복도통로유도등은 바닥으로부터 높이 1.5 [m] 이하의 위치에 설치하여야 한다.
③ 거실통로유도등은 바닥으로부터 높이 1 [m] 이상의 위치에 설치하여야 한다.
④ 거실통로유도등은 거실통로에 기둥이 설치된 경우에는 기둥부분의 바닥으로부터 높이 1 [m] 이하의 위치에 설치할 수 있다.

해설 설치위치

설비	설치높이
피난구유도등, 거실통로유도등	바닥으로부터 1.5 [m] 이상
복도통로유도등, 계단통로유도등 통로 유도표지	바닥으로부터 1 [m] 이하
피난구유도표지	출입구 상단
피난유도선(축광방식)	바닥으로부터 0.5 [m] 이하 또는 바닥면
피난유도선(광원점등방식)	바닥으로부터 1 [m] 이하 또는 바닥면

지하층 무창층 용도가 도매/소매시장, 여객자동차터미널, 지하역사, 지하상가의 복도통로유도등은 복도 통로 중앙부분 바닥에 설치

정답 22 ④ 23 ③ 24 ①

CHAPTER

07 비상조명등

3회독 월 일
2회독 월 일
1회독 월 일

PART 2

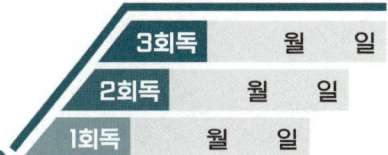

학습목표

1 비상조명등의 정의 및 설치대상에 대해 파악한다.
2 비상조명등의 설치기준에 대해 학습한다.
3 휴대용 비상조명등의 설치기준에 대해 학습한다.
4 비상조명등의 형식승인에 대해 학습한다.

학습MAP

- 비상조명등의 정의 및 설치대상
  - 비상조명등의 정의
  - 비상조명등의 설치대상
- 비상조명등의 설치기준
  - 비상조명등의 설치기준 — 유도등 · 비상조명등 전원 비교
  - 휴대용 비상조명등 설치기준
  - 비상조명등 설치 제외
- 비상조명등의 형식승인
- 비상조명등 용어정리(NFTC 304)

01 비상조명등의 정의 및 설치대상

1 비상조명등의 정의

> 비상조명등은 수동으로 점등하는 조명등이다. ⓧ 자동 점등

비상조명등	휴대용 비상조명등
화재 발생 등에 따른 정전 시에 안전하고 원활한 피난활동을 할 수 있도록 거실 및 피난통로 등에 설치되어 자동 점등되는 조명등을 말한다.	화재 발생 등으로 정전 시 안전하고 원활한 피난을 위하여 피난자가 휴대할 수 있는 조명등을 말한다.

[비상조명등]   [휴대용 비상조명등]

2 비상조명등의 설치대상

1) 비상조명등의 설치대상

소방대상물	설치대상
지하층 포함 층수 5층 이상 건축물	연면적 3000 [m²] 이상
지하층 또는 무창층(지하층 포함 층수 5층 이상 건축물 제외)	바닥면적 450 [m²] 이상
터널	길이 500 [m] 이상

※ 창고시설 중 창고 및 하역장, 위험물 저장 및 처리시설 중 가스시설 제외

🔗 P.347 문 01

2) 휴대용 비상조명등의 설치대상 ★★★

설치대상	기준
숙박시설, 다중이용업소	구획된 실마다 1개 이상 설치
수용인원 100명 이상의 영화상영관, 대규모점포	보행거리 50 [m] 이내마다 3개 이상 설치
지하상가, 지하역사	보행거리 25 [m] 이내마다 3개 이상 설치

> 지하상가는 보행거리 30 [m] 이내마다 3개 이상 설치한다. ⓧ 25 [m]

02 비상조명등의 설치기준

1 비상조명등의 설치기준 ★★

1) 설치기준

(1) 특정소방대상물의 각 거실과 그로부터 지상에 이르는 복도·계단 및 그 밖의 통로에 설치할 것

(2) 조도는 비상조명등이 설치된 장소의 각 부분의 바닥에서 1 [lx] 이상이 되도록 할 것

(3) 예비전원을 내장하는 비상조명등에는 평상시 점등 여부를 확인할 수 있는 점검스위치를 설치하고, 해당 조명등을 유효하게 작동시킬 수 있는 용량의 축전지와 예비전원 충전장치를 내장할 것

(4) 예비전원을 내장하지 않는 비상조명등의 비상전원은 자가발전설비, 축전지설비 또는 전기저장장치를 다음 각 목의 기준에 따라 설치할 것

① 점검 편리하고 화재 및 침수 등의 재해로 인한 피해를 받을 우려가 없는 곳에 설치

② 상용전원으로부터 전력의 공급이 중단된 때에는 자동으로 비상전원으로부터 전력을 공급받을 수 있도록 할 것

③ 비상전원의 설치장소는 다른 장소와 방화구획할 것(이 경우 그 장소에는 비상전원의 공급에 필요한 기구나 설비 외의 것을 두어서는 안 된다)

④ 비상전원을 실내에 설치하는 때에는 그 실내에 비상조명등을 설치할 것

(5) 비상전원은 비상조명등을 20분 이상 유효하게 작동시킬 수 있는 용량으로 할 것, 다만 다음 각 목의 특정소방대상물의 경우에는 그 부분에서 피난층에 이르는 부분의 비상조명등을 60분 이상 유효하게 작동시킬 수 있는 용량으로 해야 한다.

① 지하층을 제외한 층수가 11층 이상의 층

② 지하층 또는 무창층으로서 용도가 도매시장·소매시장·여객자동차터미널·지하역사 또는 지하상가

―○ ⌘ P.347 문 02

―○ 지하층을 제외한 층수가 9층 이상의 층은 비상전원 용량이 30분 이상이어야 한다. ✗ 60분

―○ ⌘ P.348 문 04

2) 유도등·비상조명등 전원 비교

구분	유도등	비상조명등
상용전원	축전지, 전기저장장치, 교류전압 옥내간선	특별한 기준 없음
비상전원	• 축전지 : 20, 60분 • 터널 : 기준 없음	• 축전지, 전기저장장치, 자가발전설비 : 20, 60분 • 터널 : 60분
비상전원이 축전지인 경우	알칼리계 2차, 리튬계 2차, 콘덴서	알칼리계 2차, 리튬계 2차, 무보수밀폐형 연(납) 축전지

> 유도등의 비상전원은 전기저장장치이다. [X] 축전지

2 휴대용 비상조명등 설치기준 ★★★

1) 설치장소 ★★★

설치장소	설치개수
숙박시설 또는 다중이용업소에는 객실 또는 영업장 안의 구획된 실마다 잘 보이는 곳(외부 설치 시 출입문 손잡이로부터 1 [m] 이내 부분)	1개 이상
대규모점포(지하상가·지하역사 제외), 영화상영관	보행거리 50 [m] 이내마다 3개 이상
지하상가 및 지하역사	보행거리 25 [m] 이내마다 3개 이상

2) 설치기준
   (1) 바닥으로부터 0.8 [m] 이상 1.5 [m] 이하의 높이에 설치할 것
   (2) 어둠 속에서 위치를 확인할 수 있도록 할 것
   (3) 사용 시 자동으로 점등되는 구조일 것
   (4) 외함은 난연성능이 있을 것
   (5) 건전지 사용 시 방전방지조치를 하고, 충전식 배터리 사용 시 상시 충전되도록 할 것
   (6) 건전지 및 충전식 배터리 용량은 20분 이상 유효하게 사용할 수 있는 것

> 휴대용 비상조명등은 바닥으로부터 0.5 [m] 이상 1.5 [m] 이하 높이에 설치한다. [X] 0.8 [m] 이상

🔗 P.350 문 07

3 비상조명등 설치 제외

1) 거실의 각 부분으로부터 하나의 출입구에 이르는 보행거리가 15 [m] 이내인 부분
2) 의원·경기장·공동주택·의료시설·학교의 거실
3) 지상 1층 또는 피난층으로서 복도, 통로 또는 창문 등의 개구부를 통하여 피난이 용이한 경우 숙박시설로서 복도에 비상조명등을 설치한 경우

03 비상조명등 형식승인 ★

1 일반구조

1) 상용전원전압의 110 [%] 범위 안에서는 비상조명등 내부의 온도상승이 그 기능에 지장을 주거나 위해를 발생시킬 염려가 없어야 한다.
2) 주전원 및 비상전원을 단락사고 등으로부터 보호할 수 있는 퓨즈 등 과전류 보호장치를 설치하여야 한다.
3) 사용전압은 300 [V] 이하이어야 한다. 다만 충전부가 노출되지 아니한 것은 300 [V]를 초과할 수 있다.
4) 전선의 굵기가 인출선인 경우에는 단면적이 0.75 [mm^2] 이상이어야 한다.
5) 인출선의 길이는 전선인출 부분으로부터 150 [mm] 이상이어야 한다. 다만 인출선으로 하지 아니할 경우에는 풀어지지 아니하는 방법으로 전선을 쉽고 확실하게 부착할 수 있도록 접속단자를 설치하여야 한다.
6) 비상조명등은 비상점등을 위하여 비상전원으로 전환되는 경우 비상점등회로로 정격전류의 1.2배 이상의 전류가 흐르거나 램프가 없는 경우에는 3초 이내에 예비전원으로부터의 비상전원 공급을 차단하여야 한다.

2 절연저항

DC 500 [V] 절연저항계로 5 [MΩ] 이상

3 예비전원 설치기준

1) 비상조명등의 주전원으로 사용하여서는 아니 된다.
2) 인출선은 적당한 색깔에 의하여 쉽게 구분할 수 있어야 한다.
3) 먼지, 수분 등에 의하여 성능에 지장이 생길 우려가 있는 부분은 적당한 보호 덮개를 설치하여야 한다.
4) 비상조명등의 예비전원은 알칼리계 2차 축전지, 리튬계 2차 축전지 또는 무보수밀폐형 연(납) 축전지로 한다.
5) 전기적 기구에 의한 자동충전장치 및 자동과충전방지장치를 설치하여야 한다. 다만 과충전상태가 되어도 성능 또는 구조에 이상이 생기지 아니하는 축전지를 설치한 경우에는 자동과충전방지장치를 설치하지 아니할 수 있다.
6) 예비전원을 병렬로 접속하는 경우는 역충전 방지 등의 조치를 강구하여야 한다.

P.349 문 06

선생님 TIP

누전경보기, 유도등, 비상조명등의 절연저항은 숫자 5만 암기합시다.

인출선은 적당한 색깔에 의하여 쉽게 구분할 수 있을 것

4 기타

1) 비상조명등에는 상용전원의 상태를 확인할 수 있는 표시장치를 설치하여야 한다. 다만 겸용형은 그러하지 아니하다.
2) 비상조명등의 외부 인출선 또는 외부 전선 접속 단자가 있는 경우에는 외부 인출선 또는 단자에 접속되는 전선을 44.5 [N]의 힘으로 1분 동안 당기는 경우 견딜 수 있는 구조이어야 하고, 그 응력이 비상조명등 내부로 전달되어 연결을 파손시키거나, 다른 부품에 영향을 주지 아니하여야 한다.
3) 비상조명등의 기능에 유해한 영향을 미치는 부속장치를 설치하지 아니하여야 한다.
4) 비상조명등의 상용전원의 상태를 표시하는 표시장치로 표시등을 설치한 경우에는 녹색계열의 표시등이어야 하며 고장표시등이 설치된 경우에는 적색계열의 표시등이어야 한다.

> 비상조명등의 상용전원의 상태를 표시하는 표시장치로 표시등을 설치한 경우에는 적색계열의 표시등이어야 하며 고장표시등이 설치된 경우에는 적색계열의 표시등이어야 한다. ✗ 녹색

04 비상조명등 용어정리(NFTC 304) ★★★

1) "비상조명등"이란 화재 발생 등에 따른 정전 시 안전하고 원활한 피난활동을 할 수 있도록 거실 및 피난통로 등에 설치되어 자동 점등되는 조명등을 말한다.
2) "휴대용 비상조명등"이란 화재 발생 등으로 정전 시 안전하고 원활한 피난을 위하여 피난자가 휴대할 수 있는 조명등을 말한다.

예상문제

01 상중하

휴대용 비상조명등의 설치기준으로 옳지 않은 것은?

① 숙박시설 또는 다중이용업소에는 객실 또는 영업장 안의 구획된 실마다 잘 보이는 곳에 1개 이상 설치
② 대규모점포에는 보행거리 30 [m] 이내마다 2개 이상 설치
③ 영화상영관에는 보행거리 50 [m] 이내마다 3개 이상 설치
④ 지하역사에는 보행거리 25 [m] 이내마다 3개 이상 설치

해설 휴대용 비상조명등 설치

설치대상	기준
숙박시설, 다중이용업소	구획된 실마다 1개 이상 설치
수용인원 100명 이상의 영화상영관, 대규모점포	보행거리 50 [m] 이내마다 3개 이상 설치
지하상가, 지하역사	보행거리 25 [m] 이내마다 3개 이상 설치

1) 바닥으로부터 0.8 [m] 이상 1.5 [m] 이하의 높이에 설치할 것
2) 어둠 속에서 위치를 확인할 수 있도록 할 것
3) 사용 시 자동으로 점등되는 구조일 것
4) 외함은 난연성능이 있을 것
5) 건전지 사용 시 방전방지조치를 하고, 충전식 배터리 사용 시 상시 충전되도록 할 것
6) 건전지 및 충전식 배터리 용량은 20분 이상 유효하게 사용할 수 있는 것

02 상중하 *신유형!*

비상조명등의 화재안전기술기준(NFTC 304)에 따른 비상조명등의 시설기준에 적합하지 않은 것은?

① 조도는 비상조명등이 설치된 장소의 각 부분의 바닥에서 0.5 [lx]가 되도록 하였다.
② 특정소방대상물의 각 거실과 그로부터 지상에 이르는 복도·계단 및 그 밖의 통로에 설치하였다.
③ 예비전원을 내장하는 비상조명등에 평상시 점등 여부를 확인할 수 있는 점검스위치를 설치하였다.
④ 예비전원을 내장하는 비상조명등에 해당 조명등을 유효하게 작동시킬 수 있는 용량의 축전지와 예비전원 충전장치를 내장하도록 하였다.

해설 비상조명등 설치기준

1) 특정소방대상물의 각 거실과 그로부터 지상에 이르는 복도·계단 및 그 밖의 통로에 설치할 것
2) 조도는 비상조명등이 설치된 장소의 각 부분의 바닥에서 1 [lx] 이상이 되도록 할 것
3) 예비전원을 내장하는 비상조명등에는 평상시 점등 여부를 확인할 수 있는 점검스위치를 설치하고, 해당 조명등을 유효하게 작동시킬 수 있는 용량의 축전지와 예비전원 충전장치를 내장할 것
4) 예비전원을 내장하지 않는 비상조명등의 비상전원은 자가발전설비, 축전지설비 또는 전기저장장치를 다음 각 목의 기준에 따라 설치할 것
   (1) 점검 편리하고 화재 및 침수 등의 재해로 인한 피해를 받을 우려가 없는 곳에 설치
   (2) 상용전원으로부터 전력의 공급이 중단된 때에는 자동으로 비상전원으로부터 전력을 공급받을 수 있도록 할 것

정답 01 ② 02 ①

(3) 비상전원의 설치장소는 다른 장소와 방화구획할 것(이 경우 그 장소에는 비상전원의 공급에 필요한 기구나 설비 외의 것을 두어서는 안 됨)
(4) 비상전원을 실내에 설치하는 때에는 그 실내에 비상조명등을 설치할 것
5) 비상전원은 비상조명등을 20분 이상 유효하게 작동시킬 수 있는 용량으로 할 것, 다만 다음 각 목의 특정소방대상물의 경우에는 그 부분에서 피난층에 이르는 부분의 비상조명등을 60분 이상 유효하게 작동시킬 수 있는 용량으로 해야 한다.
 (1) 지하층을 제외한 층수가 11층 이상의 층
 (2) 지하층 또는 무창층으로서 용도가 도매시장·소매시장·여객자동차터미널·지하역사 또는 지하상가
6) 비상조명등의 설치 면제 요건에서 "그 유도등의 유효범위 안의 부분"이란 유도등의 조도가 바닥에서 1 [lx] 이상이 되는 부분을 말한다.

1) 바닥으로부터 0.8 [m] 이상 1.5 [m] 이하의 높이에 설치할 것
2) 어둠 속에서 위치를 확인할 수 있도록 할 것
3) 사용 시 자동으로 점등되는 구조일 것
4) 외함은 난연성능이 있을 것
5) 건전지 사용 시 방전방지조치를 하고 충전식 배터리 사용 시 상시 충전되도록 할 것
6) 건전지 및 충전식 배터리 용량은 20분 이상 유효하게 사용할 수 있는 것

03 (상中하)

비상조명등의 화재안전기술기준(NFTC 304)에 따른 휴대용 비상조명등의 설치기준이다. 다음 (   )에 들어갈 내용으로 옳은 것은?

| 지하상가 및 지하역사에는 보행거리 (ⓐ) [m] 이내마다 (ⓑ)개 이상 설치할 것 |

① ⓐ 25, ⓑ 1   ② ⓐ 25, ⓑ 3
③ ⓐ 50, ⓑ 1   ④ ⓐ 50, ⓑ 3

해설 휴대용 비상조명등

설치대상	기준
숙박시설, 다중이용업소	구획된 실마다 1개 이상 설치
수용인원 100명 이상의 영화상영관, 대규모점포	보행거리 50 [m] 이내마다 3개 이상 설치
지하상가, 지하역사	보행거리 25 [m] 이내마다 3개 이상 설치

04 (상中하)

비상전원이 비상조명등을 60분 이상 유효하게 작동시킬 수 있는 용량으로 하지 않아도 되는 특정소방대상물은?

① 지하상가
② 숙박시설
③ 무창층으로서 용도가 소매시장
④ 지하층을 제외한 층수가 11층 이상의 층

해설 비상조명등

1) 특정소방대상물의 각 거실과 그로부터 지상에 이르는 복도·계단 및 그 밖의 통로에 설치할 것
2) 조도는 비상조명등이 설치된 장소의 각 부분의 바닥에서 1 [lx] 이상이 되도록 할 것
3) 예비전원을 내장하는 비상조명등에는 평상시 점등 여부를 확인할 수 있는 점검스위치를 설치하고, 해당 조명등을 유효하게 작동시킬 수 있는 용량의 축전지와 예비전원 충전장치를 내장할 것
4) 예비전원을 내장하지 않는 비상조명등의 비상전원은 자가발전설비, 축전지설비 또는 전기저장장치를 다음 각 목의 기준에 따라 설치할 것
 (1) 점검 편리하고 화재 및 침수 등의 재해로 인한 피해를 받을 우려가 없는 곳에 설치
 (2) 상용전원으로부터 전력의 공급이 중단된 때에는 자동으로 비상전원으로부터 전력을 공급받을 수 있도록 할 것

정답 03 ② 04 ②

(3) 비상전원의 설치장소는 다른 장소와 방화구획할 것(이 경우 그 장소에는 비상전원의 공급에 필요한 기구나 설비 외의 것을 두어서는 안 됨)
(4) 비상전원을 실내에 설치하는 때에는 그 실내에 비상조명등을 설치할 것
5) 비상전원은 비상조명등을 20분 이상 유효하게 작동시킬 수 있는 용량으로 할 것, 다만 다음 각 목의 특정소방대상물의 경우에는 그 부분에서 피난층에 이르는 부분의 비상조명등을 60분 이상 유효하게 작동시킬 수 있는 용량으로 해야 한다.
(1) 지하층을 제외한 층수가 11층 이상의 층
(2) 지하층 또는 무창층으로서 용도가 도매시장·소매시장·여객자동차터미널·지하역사 또는 지하상가
6) 비상조명등의 설치 면제 요건에서 "그 유도등의 유효범위 안의 부분"이란 유도등의 조도가 바닥에서 1 [lx] 이상이 되는 부분을 말한다.

05 상 중 (하)

휴대용 비상조명등의 설치높이는?

① 0.8 ~ 1.0 [m]   ② 0.8 ~ 1.5 [m]
③ 1.0 ~ 1.5 [m]   ④ 1.0 ~ 1.8 [m]

해설 휴대용 비상조명등

1) 바닥으로부터 0.8 [m] 이상 1.5 [m] 이하의 높이에 설치할 것
2) 어둠 속에서 위치를 확인할 수 있도록 할 것
3) 사용 시 자동으로 점등되는 구조일 것
4) 외함은 난연성능이 있을 것
5) 건전지 사용 시 방전방지조치를 하고 충전식 배터리 사용 시 상시 충전되도록 할 것
6) 건전지 및 충전식 배터리 용량은 20분 이상 유효하게 사용할 수 있는 것

06 상 (중) 하

비상조명등의 일반구조기준 중 틀린 것은?

① 상용전원전압의 130 [%] 범위 안에서는 비상조명등 내부의 온도상승이 그 기능에 지장을 주거나 위해를 발생시킬 염려가 없어야 한다.
② 사용전압은 300 [V] 이하이어야 한다. 다만 충전부가 노출되지 아니한 것은 300 [V]를 초과할 수 있다.
③ 전선의 굵기가 인출선인 경우에는 단면적이 0.75 [mm²] 이상이어야 한다.
④ 인출선의 길이는 전선인출부분으로부터 150 [mm] 이상이어야 한다. 다만 인출선으로 하지 아니할 경우에는 풀어지지 아니하는 방법으로 전선을 쉽고 확실하게 부착할 수 있도록 접속단자를 설치하여야 한다.

해설 비상조명등

1) 상용전원전압의 110 [%] 범위 안에서는 비상조명등 내부의 온도상승이 그 기능에 지장을 주거나 위해를 발생시킬 염려가 없어야 한다.
2) 주전원 및 비상전원을 단락사고 등으로부터 보호할 수 있는 퓨즈 등 과전류 보호장치를 설치하여야 한다.
3) 사용전압은 300 [V] 이하이어야 한다. 다만 충전부가 노출되지 아니한 것은 300 [V]를 초과할 수 있다.
4) 전선의 굵기가 인출선인 경우에는 단면적이 0.75 [mm²] 이상이어야 한다.
5) 인출선의 길이는 전선인출 부분으로부터 150 [mm] 이상이어야 한다. 다만 인출선으로 하지 아니할 경우에는 풀어지지 아니하는 방법으로 전선을 쉽고 확실하게 부착할 수 있도록 접속단자를 설치하여야 한다.
6) 비상조명등은 비상점등을 위하여 비상전원으로 전환되는 경우 비상점등회로로 정격전류의 1.2배 이상의 전류가 흐르거나 램프가 없는 경우에는 3초 이내에 예비전원으로부터의 비상전원 공급을 차단하여야 한다.

07 (상중하)

비상조명등의 설치 제외 기준 중 다음 (   ) 안에 알맞은 것은?

> 거실의 각 부분으로부터 하나의 출입구에 이르는 보행거리가 (   ) [m] 이내인 부분

① 2　　　　　　② 5
③ 15　　　　　　④ 25

해설 비상조명등 설치 제외

1) 거실의 각 부분으로부터 하나의 출입구에 이르는 보행거리가 15 [m] 이내인 부분
2) 의원, 경기장, 공동주택, 의료시설, 학교의 거실
3) 지상 1층 또는 피난층으로서 복도, 통로 또는 창문 등의 개구부를 통하여 피난이 용이한 경우

08 (상중하)

휴대용 비상조명등을 설치하여야 하는 특정소방대상물에 해당하는 것은?

① 종합병원　　　② 숙박시설
③ 노유자시설　　④ 집회장

해설 휴대용 비상조명등 설치장소

- 숙박시설
- 대규모점포
- 지하역사·지하상가
- 다중이용업소

암기 ▶ 숙대지지다

09 (상중하)

비상조명등의 비상전원은 지하층 또는 무창층으로서 용도가 도매시장·소매시장·여객자동차터미널·지하역사 또는 지하상가인 경우 그 부분에서 피난층에 이르는 부분의 비상조명등을 몇 분 이상 유효하게 작동시킬 수 있는 용량으로 하여야 하는가?

① 10　　　　　　② 20
③ 30　　　　　　④ 60

해설 비상조명등

1) 특정소방대상물의 각 거실과 그로부터 지상에 이르는 복도·계단 및 그 밖의 통로에 설치할 것
2) 조도는 비상조명등이 설치된 장소의 각 부분의 바닥에서 1 [lx] 이상이 되도록 할 것
3) 예비전원을 내장하는 비상조명등에는 평상시 점등 여부를 확인할 수 있는 점검스위치를 설치하고, 해당 조명등을 유효하게 작동시킬 수 있는 용량의 축전지와 예비전원 충전장치를 내장할 것
4) 예비전원을 내장하지 않는 비상조명등의 비상전원은 자가발전설비, 축전지설비 또는 전기저장장치를 다음 각 목의 기준에 따라 설치할 것
   (1) 점검 편리하고 화재 및 침수 등의 재해로 인한 피해를 받을 우려가 없는 곳에 설치
   (2) 상용전원으로부터 전력의 공급이 중단된 때에는 자동으로 비상전원으로부터 전력을 공급받을 수 있도록 할 것
   (3) 비상전원의 설치장소는 다른 장소와 방화구획할 것(이 경우 그 장소에는 비상전원의 공급에 필요한 기구나 설비 외의 것을 두어서는 안 됨)
   (4) 비상전원을 실내에 설치하는 때에는 그 실내에 비상조명등을 설치할 것
5) 비상전원은 비상조명등을 20분 이상 유효하게 작동시킬 수 있는 용량으로 할 것, 다만 다음 각 목의 특정소방대상물의 경우에는 그 부분에서 피난층에 이르는 부분의 비상조명등을 60분 이상 유효하게 작동시킬 수 있는 용량으로 해야 한다.

정답 07 ③　08 ②　09 ④

⑴ 지하층을 제외한 층수가 11층 이상의 층
⑵ 지하층 또는 무창층으로서 용도가 도매시장·소매시장·여객자동차터미널·지하역사 또는 지하상가
6) 비상조명등의 설치 면제 요건에서 "그 유도등의 유효범위 안의 부분"이란 유도등의 조도가 바닥에서 1 [lx] 이상이 되는 부분을 말한다.

10 상중하

비상조명등의 설치 제외 장소가 아닌 것은?

① 의원의 거실
② 경기장의 거실
③ 의료시설의 거실
④ 종교시설의 거실

해설 비상조명등 설치 제외 장소

1) 거실의 각 부분으로부터 하나의 출입구에 이르는 보행거리가 15 [m] 이내인 부분
2) 의원·경기장·공동주택·의료시설·학교의 거실
3) 지상 1층 또는 피난층으로서 복도, 통로 또는 창문 등의 개구부를 통하여 피난이 용이한 경우

11 상중하

비상조명등 비상점등회로의 보호를 위한 기준 중 다음 ( ) 안에 알맞은 것은?

> 비상조명등은 비상점등을 위하여 비상전원으로 전환되는 경우 비상점등회로로 정격전류의 (㉠)배 이상의 전류가 흐르거나 램프가 없는 경우에는 (㉡)초 이내에 예비전원으로부터 비상전원공급을 차단해야 한다.

① ㉠ 2   ㉡ 1
② ㉠ 1.2   ㉡ 3
③ ㉠ 3   ㉡ 1
④ ㉠ 2.1   ㉡ 5

해설 비상조명등

1) 상용전원전압의 110 [%] 범위 안에서는 비상조명등 내부의 온도상승이 그 기능에 지장을 주거나 위해를 발생시킬 염려가 없어야 한다.
2) 주전원 및 비상전원을 단락사고 등으로부터 보호할 수 있는 퓨즈 등 과전류 보호장치를 설치하여야 한다.
3) 사용전압은 300 [V] 이하이어야 한다. 다만 충전부가 노출되지 아니한 것은 300 [V]를 초과할 수 있다.
4) 전선의 굵기가 인출선인 경우에는 단면적이 0.75 [mm²] 이상이어야 한다.
5) 인출선의 길이는 전선인출 부분으로부터 150 [mm] 이상이어야 한다. 다만 인출선으로 하지 아니할 경우에는 풀어지지 아니하는 방법으로 전선을 쉽고 확실하게 부착할 수 있도록 접속단자를 설치하여야 한다.
6) 비상조명등은 비상점등을 위하여 비상전원으로 전환되는 경우 비상점등회로로 정격전류의 1.2배 이상의 전류가 흐르거나 램프가 없는 경우에는 3초 이내에 예비전원으로부터의 비상전원공급을 차단하여야 한다.

정답 10 ④ 11 ②

12 상중하

지하층을 제외한 층수가 11층 이상의 층에서 피난층에 이르는 부분의 소방시설에 있어 비상전원을 60분 이상 유효하게 작동시킬 수 있는 용량으로 하여야 하는 설비들로 옳게 나열한 것은?

① 비상조명등설비, 유도등설비
② 비상조명등설비, 비상경보설비
③ 비상방송설비, 유도등설비
④ 비상방송설비, 비상경보설비

해설 비상전원용량

60분 이상(지하층을 제외한 층수가 11층 이상이거나 지하층, 무창층으로서 그 용도가 도소매시장·여객자동차터미널·지하상가·지하역사인 경우) : 비상조명등·유도등

CHAPTER

08 비상콘센트설비

3회독	월	일
2회독	월	일
1회독	월	일

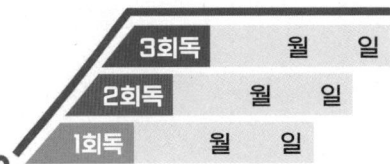

학습목표

1 비상콘센트설비의 설치대상에 대해 파악한다.
2 비상콘센트설비의 설치기준에 대해 학습한다.
3 비상콘센트설비의 절연저항 및 절연내력기준에 대해 학습한다.

학습MAP

- 비상콘센트설비의 정의 및 설치대상
  - 비상콘센트설비의 정의와 전압의 구분
  - 비상콘센트설비의 설치대상
- 비상콘센트설비의 설치기준
  - 상용전원 및 비상전원
    - 비상전원 설치대상
    - 비상전원 종류
    - 설치 면제
  - 자가발전 및 전원회로 설치기준
  - 비상콘센트 설치기준
  - 비상콘센트 보호함
  - 전원부와 외함 사이의 절연저항 및 절연내역기준
  - 표시등의 구조 및 기능
- 비상콘센트설비의 용어정리(NFTC 504)

01 비상콘센트설비의 정의 및 설치대상 ★★★

1 비상콘센트설비의 정의와 전압의 구분
화재 시 소화활동 등에 필요한 전원을 전용회선으로 공급하는 설비

1) 계통도

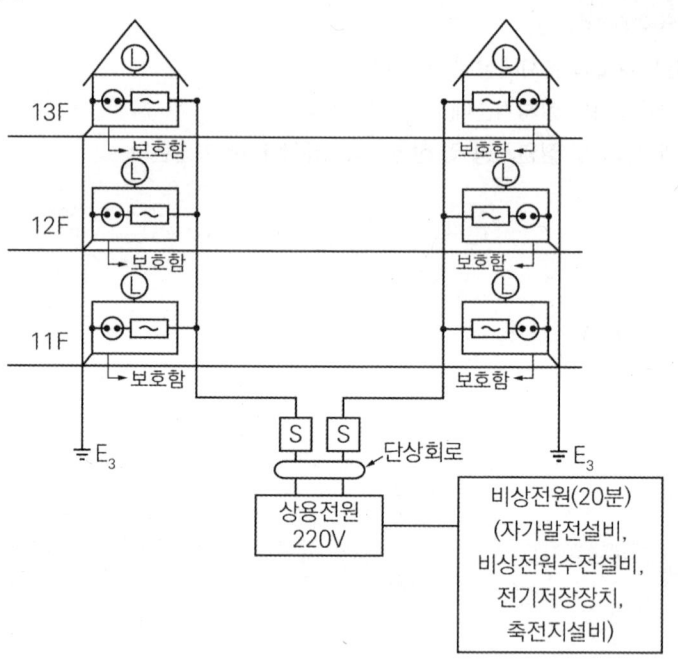

[비상콘센트 계통도]

2) 전압의 구분

구분	직류	교류
저압	1500 [V] 이하	1000 [V] 이하
고압	1500 [V] 초과 7 [kV] 이하	1000 [V] 초과 7 [kV] 이하
특별고압	7 [kV] 초과	7 [kV] 초과

2 비상콘센트설비의 설치대상 ★★★

소방대상물	설치대상
층수가 11층 이상인 특정소방대상물	11층 이상의 층
지하층의 층수가 3층 이상이고, 지하층의 바닥면적의 합계가 1000 [m²] 이상인 것	지하층의 모든 층
터널	길이 500 [m] 이상
위험물 저장 및 처리시설 중 가스시설 또는 지하구는 제외	

🔗 P.362 문 06

직류 1500 [V] 이상 7 [kV] 미만은 고압이다.
[X] 1500 [V] 초과 7 [kV] 이하

🔗 P.364 문 11

02 비상콘센트설비의 설치기준 ★★

1 상용전원 및 비상전원

1) 상용전원회로의 배선
   (1) 저압수전 : 인입개폐기 직후
   (2) 고압수전 또는 특고압수전 : 전력용변압기 2차 측의 주차단기 1차 측 또는 2차 측에서 분기하여 전용배선으로 할 것

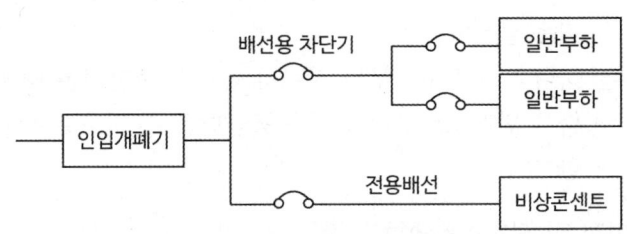

[저압수전] 인입개폐기의 직후 전용배선으로 분기

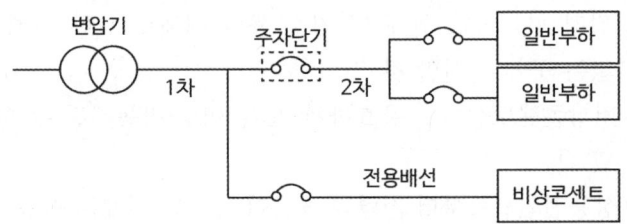

[특고압·고압수전] 변압기 2차 측의 주차단기 1차 측에서 전용배선으로 분기

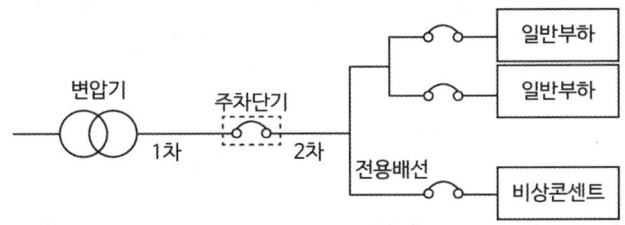

[특고압·고압수전] 전력용 변압기 2차 측의 주차단기 2차 측에서 전용배선으로 분기

2) 비상전원 설치대상 및 종류 ★★★
   (1) 설치대상 ★★
   지하층을 제외한 층수가 7층 이상으로서 연면적이 2000 [m²] 이상이거나 지하층의 바닥면적의 합계가 3000 [m²] 이상인 특정소방대상물

(2) 비상전원 종류
① 자가발전설비, 비상전원수전설비, 전기저장장치, 축전지설비
② 둘 이상의 변전소에서 전력을 동시에 공급받을 수 있거나 하나의 변전소로부터 전력의 공급이 중단되는 때에는 자동으로 다른 변전소로부터 전력을 공급받을 수 있도록 상용전원을 설치한 경우에는 비상전원을 설치하지 않을 수 있다.

(3) 설치 면제
① 2 이상의 변전소에서 전력을 동시에 공급받을 수 있도록 상용전원을 설치한 경우
② 하나의 변전소로부터 전력의 공급이 중단되는 때에는 자동으로 다른 변전소로부터 전력을 공급받을 수 있도록 상용전원을 설치한 경우

2 자가발전 및 전원회로 설치기준

1) 자가발전설비 설치기준
(1) 점검 편리하고 화재 및 침수 등의 재해로 인한 피해 받을 우려가 없는 곳에 설치할 것
(2) 비상콘센트설비를 유효하게 20분 이상 작동시킬 수 있는 용량으로 할 것
(3) 상용전원으로부터 전력의 공급이 중단된 때에는 자동으로 비상전원으로부터 전력을 공급받을 수 있도록 할 것
(4) 비상전원의 설치장소는 다른 장소와 방화구획할 것(이 경우 그 장소에는 비상전원의 공급에 필요한 기구나 설비 외의 것을 두어서는 안 된다)
(5) 비상전원을 실내에 설치하는 때에는 그 실내에 비상조명등을 설치할 것

2) 전원회로 설치기준 ★★★
(1) 전원회로 : 단상교류는 220 [V] , 공급용량은 1.5 [kVA] 이상
(2) 전원회로는 각 층에 2 이상이 되도록 설치. 다만 설치하여야 할 층의 비상콘센트가 1개인 때에는 하나의 회로로 할 수 있다.
(3) 전원회로는 주배전반에서 전용회로로 할 것
(4) 전원으로부터 각 층의 비상콘센트에 분기되는 경우에는 분기배선용 차단기를 보호함 안에 설치할 것
(5) 콘센트마다 배선용 차단기를 설치하여야 하며 충전부가 노출되지 아니하도록 할 것
(6) 개폐기에는 "비상콘센트"라고 표시한 표지를 할 것

(7) 비상콘센트용의 풀박스 등은 방청도장을 한 것으로서 두께 1.6 [mm] 이상의 철판으로 할 것
(8) 하나의 전용회로에 설치하는 비상콘센트는 10개 이하로 할 것. 이 경우 전선 용량은 각 비상콘센트(비상콘센트가 3개 이상인 경우에는 3개)의 공급용량을 합한 용량 이상의 것으로 하여야 한다.

3 비상콘센트의 플러그접속기
1) 접지형 2극 플러그접속기 사용
2) 비상콘센트의 플러그접속기의 칼받이의 접지극에는 접지공사

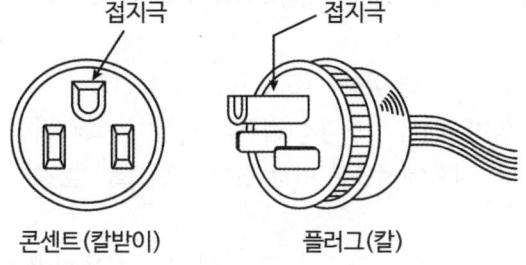

○ 비상콘센트의 플러그접속기는 접지형 3극 플러그접속기를 사용한다.
 ☒ 접지형 2극 플러그접속기

4 비상콘센트 설치기준
1) 설치높이
   바닥으로부터 높이 0.8 [m] 이상 1.5 [m] 이하의 위치에 설치
2) 비상콘센트 배치
   바닥면적이 1000 [m²] 미만인 층은 계단의 출입구(계단의 부속실을 포함하며 계단이 2 이상 있는 경우에는 그중 1개의 계단을 말한다)로부터 5 [m] 이내에, 바닥면적 1000 [m²] 이상인 층은 각 계단의 출입구 또는 계단부속실의 출입구(계단의 부속실을 포함하며 계단이 3 이상 있는 층의 경우에는 그중 2개의 계단을 말한다)로부터 5 [m] 이내에 설치하되, 그 비상콘센트로부터 그 층의 각 부분까지의 거리가 다음의 기준을 초과하는 경우에는 그 기준 이하가 되도록 비상콘센트를 추가하여 설치할 것
3) 비상콘센트 설치 수평거리

○ P.360 문 01

○ 바닥면적이 1000 [m²] 미만인 층은 계단의 출입구로부터 5 [m] 이내에 비상콘센트를 배치한다. ☑

구분	수평거리
• 지하상가 • 지하층 바닥면적 합계가 3000 [m²] 이상	수평거리 25 [m] 이내마다 설치
• 기타	수평거리 50 [m] 이내마다 설치

5 비상콘센트 보호함 ★★

1) 쉽게 개폐 가능한 문 설치
2) 표면에 "비상콘센트"라고 표시한 표지 설치
3) 함상부에 적색의 표시등 설치
   (옥내소화전함 등과 접속하여 설치하는 경우 옥내소화전함의 표시등과 겸용 가능)

🔗 P.362 문 07

비상콘센트 보호함은 함 상부에 녹색의 표시등을 설치한다. ✗ 적색

6 전원부와 외함 사이의 절연저항 및 절연내력기준 ★★★

1) 절연저항 : 500 [V] 절연저항계로 측정할 때 20 [MΩ] 이상일 것
2) 절연내력
   (1) 정격전압 150 [V] 이하 : 1000 [V]의 실효전압
   (2) 정격전압이 150 [V] 초과 : (정격전압 × 2) + 1000 [V] = 실효전압
   (3) 실효전압 시험에서 1분 이상 견디는 것으로 할 것
3) 배선
   전원회로의 배선은 내화배선, 그 밖의 배선은 내화배선 또는 내열배선

정격전압 150 [V] 이하이면 700 [V]의 실효전압을 주어 절연내력시험을 한다.
✗ 1000 [V]의 실효전압

🔗 P.360 문 02

7 표시등의 구조 및 기능

1) 전구는 사용전압의 130 [%]인 교류전압을 20시간 연속하여 가하는 경우 단선, 현저한 광속변화, 흑화, 전류의 저하 등이 발생하지 아니하여야 한다.
2) 소켓은 접속이 확실하여야 하며 쉽게 전구를 교체할 수 있도록 부착하여야 한다.
3) 전구에는 적당한 보호카바를 설치하여야 한다. 다만 발광다이오드의 경우에는 그러하지 아니하다.
4) 적색으로 표시되어야 하며 주위의 밝기가 300 [lx] 이상인 장소에서 측정하여 앞면으로부터 3 [m] 떨어진 곳에서 켜진 등이 확실히 식별되어야 한다.

🔗 P.367 문 18

03 비상콘센트설비의 용어정리(NFTC 504) ★★★

1) "비상전원"이란 상용전원으로부터 전력의 공급이 중단된 때에는 자동으로 공급되는 전원을 말한다.
2) "비상콘센트설비"란 화재 시 소화활동 등에 필요한 전원을 전용회선으로 공급하는 설비를 말한다.
3) "인입개폐기"란 「전기설비기술기준의 판단기준」 제169조에 따른 것을 말한다.
4) "저압"이란 직류는 1.5 [kV] 이하, 교류는 1 [kV] 이하인 것을 말한다.
5) "고압"이란 직류는 1.5 [kV]를, 교류는 1 [kV]를 초과하고 7 [kV] 이하인 것을 말한다.
6) "특고압"이란 7 [kV]를 초과하는 것을 말한다.

예상문제

01

비상콘센트설비의 화재안전기술기준(NFTC 504)에 따른 비상콘센트의 시설기준에 적합하지 않은 것은?

① 바닥으로부터 높이 1.45 [m]에 움직이지 않게 고정시켜 설치된 경우
② 바닥면적이 800 [m²]인 층의 계단의 출입구로부터 4 [m]에 설치된 경우
③ 바닥면적의 합계가 12000 [m²]인 지하상가의 수평거리 30 [m]마다 추가 설치된 경우
④ 바닥면적의 합계가 2500 [m²]인 지하층의 수평거리 40 [m]마다 추가로 설치한 경우

해설 비상콘센트 설치기준

1) 설치높이
   바닥으로부터 높이 0.8 [m] 이상 1.5 [m] 이하의 위치에 설치
2) 비상콘센트 배치
   바닥면적이 1000 [m²] 미만인 층은 계단의 출입구(계단의 부속실을 포함하며 계단이 2 이상 있는 경우에는 그중 1개의 계단을 말한다)로부터 5 [m] 이내에, 바닥면적 1000 [m²] 이상인 층은 각 계단의 출입구 또는 계단부속실의 출입구(계단의 부속실을 포함하며 계단이 3 이상 있는 층의 경우에는 그중 2개의 계단을 말한다)로부터 5 [m] 이내에 설치하되, 그 비상콘센트로부터 그 층의 각 부분까지의 거리가 다음의 기준을 초과하는 경우에는 그 기준 이하가 되도록 비상콘센트를 추가하여 설치할 것
3) 비상콘센트 설치 수평거리

구분	수평거리
• 지하상가 • 지하층 바닥면적 합계가 3000 [m²] 이상	수평거리 25 [m] 이내마다 설치
• 기타	수평거리 50 [m] 이내마다 설치

02

비상콘센트설비의 화재안전기술기준(NFTC 504)에 따라 비상콘센트설비의 전원부와 외함 사이의 절연저항은 전원부와 외함 사이를 500 [V] 절연저항계로 측정할 때 몇 [MΩ] 이상이어야 하는가?

① 20
② 30
③ 40
④ 50

해설 전원부와 외함 사이

1) 절연저항 : 500 [V] 절연저항계로 측정할 때 20 [MΩ] 이상일 것
2) 절연내력
   (1) 정격전압 150 [V] 이하 : 1000 [V]의 실효전압
   (2) 정격전압이 150 [V] 초과 : (정격전압 × 2) + 1000 [V] = 실효전압
   (3) 실효전압 시험에서 1분 이상 견디는 것으로 할 것
3) 배선 : 전원회로의 배선은 내화배선, 그 밖의 배선은 내화배선 또는 내열배선

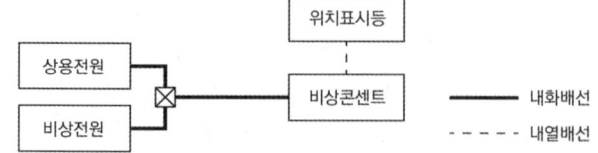

정답 01 ③ 02 ①

03 (중)

비상콘센트설비의 화재안전기술기준(NFTC 504)에 따른 비상콘센트설비의 전원회로(비상콘센트에 전력을 공급하는 회로를 말한다)의 시설기준으로 옳은 것은?

① 하나의 전용회로에 설치하는 비상콘센트는 12개 이하로 할 것
② 전원회로는 단상교류 220 [V]인 것으로서 그 공급용량은 1.0 [kVA] 이상인 것으로 할 것
③ 비상콘센트용의 풀박스 등은 방청도장을 한 것으로서 두께 1.2 [mm] 이상의 철판으로 할 것
④ 전원으로부터 각 층의 비상콘센트에 분기되는 경우에는 분기배선용 차단기를 보호함 안에 설치할 것

해설 비상콘센트설비 전원회로 설치기준

1) 전원회로 : 단상교류는 220 [V], 공급용량은 1.5 [kVA] 이상
2) 전원회로는 각 층에 2 이상이 되도록 설치(다만 설치하여야 할 층의 비상콘센트가 1개인 때에는 하나의 회로로 할 수 있다)
3) 전원회로는 주배전반에서 전용회로로 할 것
4) <u>전원으로부터 각 층의 비상콘센트에 분기되는 경우에는 분기배선용 차단기를 보호함 안에 설치할 것</u>
5) 콘센트마다 배선용 차단기를 설치하여야 하며 충전부가 노출되지 아니하도록 할 것
6) 개폐기에는 "비상콘센트"라고 표시한 표지를 할 것
7) 비상콘센트용의 풀박스 등은 방청도장을 한 것으로서 두께 1.6 [mm] 이상의 철판으로 할 것
8) 하나의 전용회로에 설치하는 비상콘센트는 10개 이하로 할 것. 이 경우 전선 용량은 각 비상콘센트(비상콘센트가 3개 이상인 경우에는 3개)의 공급용량을 합한 용량 이상의 것으로 하여야 한다.

04 (중)

비상콘센트설비의 화재안전기술기준(NFTC 504)에 따라 비상콘센트용의 풀박스 등은 방청도장을 한 것으로서 두께 몇 [mm] 이상의 철판으로 하여야 하는가?

① 1.2
② 1.6
③ 2.0
④ 2.4

해설 비상콘센트설비

1) 전원회로 : 단상교류는 220 [V], 공급용량은 1.5 [kVA] 이상
2) 전원회로는 각 층에 2 이상이 되도록 설치. 다만 설치하여야 할 층의 비상콘센트가 1개인 때에는 하나의 회로로 할 수 있다.
3) 전원회로는 주배전반에서 전용회로로 할 것
4) 전원으로부터 각 층의 비상콘센트에 분기되는 경우에는 분기배선용 차단기를 보호함 안에 설치할 것
5) 콘센트마다 배선용 차단기를 설치하여야 하며 충전부가 노출되지 아니하도록 할 것
6) 개폐기에는 "비상콘센트"라고 표시한 표지를 할 것
7) 비상콘센트용의 풀박스 등은 방청도장을 한 것으로서 두께 1.6 [mm] 이상의 철판으로 할 것
8) 하나의 전용회로에 설치하는 비상콘센트는 10개 이하로 할 것. 이 경우 전선 용량은 각 비상콘센트(비상콘센트가 3개 이상인 경우에는 3개)의 공급용량을 합한 용량 이상의 것으로 하여야 한다.

정답 03 ④ 04 ②

05 상(중)하

자가발전설비, 비상전원수전설비 또는 전기저장장치(외부 전기에너지를 저장해두었다가 필요한 때 전기를 공급하는 장치)를 비상콘센트설비의 비상전원으로 설치하여야 하는 특정소방대상물로 옳은 것은?

① 지하층을 제외한 층수가 4층 이상으로서 연면적 600 [m²] 이상인 특정소방대상물
② 지하층을 제외한 층수가 5층 이상으로서 연면적 1000 [m²] 이상인 특정소방대상물
③ 지하층을 제외한 층수가 6층 이상으로서 연면적 1500 [m²] 이상인 특정소방대상물
④ 지하층을 제외한 층수가 7층 이상으로서 연면적 2000 [m²] 이상인 특정소방대상물

해설 비상콘센트설비 비상전원

1) 설치대상
   지하층을 제외한 층수가 7층 이상으로서 연면적이 2000 [m²] 이상이거나 지하층의 바닥면적의 합계가 3000 [m²] 이상인 특정소방대상물
2) 비상전원 종류
   (1) 자가발전설비, 비상전원수전설비, 전기저장장치, 축전지설비
   (2) 둘 이상의 변전소에서 전력을 동시에 공급받을 수 있거나 하나의 변전소로부터 전력의 공급이 중단되는 때에는 자동으로 다른 변전소로부터 전력을 공급받을 수 있도록 상용전원을 설치한 경우에는 비상전원을 설치하지 않을 수 있다.
3) 설치 면제
   (1) 2 이상의 변전소에서 전력을 동시에 공급받을 수 있도록 상용전원을 설치한 경우
   (2) 하나의 변전소로부터 전력의 공급이 중단되는 때에는 자동으로 다른 변전소로부터 전력을 공급받을 수 있도록 상용전원을 설치한 경우

06 상(중)하

비상콘센트설비의 화재안전기술기준에서 정하고 있는 저압의 정의는?

① 직류는 1500 [V] 이하, 교류는 1000 [V] 이하인 것
② 직류는 750 [V] 이하, 교류는 380 [V] 이하인 것
③ 직류는 750 [V]를, 교류는 600 [V]를 넘고 7000 [V] 이하인 것
④ 직류는 750 [V]를, 교류는 380 [V]를 넘고 7000 [V] 이하인 것

해설 비상콘센트 저압

구분	전압 구분
저압	1500 [V] 이하
	1000 [V] 이하
고압	1500 [V] 초과 7 [kV] 이하
	1000 [V] 초과 7 [kV] 이하
특고압	7 [kV] 초과

07 상(중)하

비상콘센트를 보호하기 위한 비상콘센트 보호함의 설치기준으로 틀린 것은?

① 비상콘센트 보호함에는 쉽게 개폐할 수 있는 문을 설치하여야 한다.
② 비상콘센트 보호함 상부에 적색의 표시등을 설치하여야 한다.
③ 비상콘센트 보호함에는 그 내부에 "비상콘센트"라고 표시한 표식을 하여야 한다.
④ 비상콘센트 보호함을 옥내소화전함 등과 접속하여 설치하는 경우에는 옥내소화전함 등의 표시등과 겸용할 수 있다.

정답 05 ④ 06 ① 07 ③

해설 비상콘센트보호함 설치기준

- 쉽게 개폐할 수 있는 문 설치
- 보호함 표면 : 비상콘센트 표식 부착
- 보호함 상부 : 적색 표시등 설치
- 옥내소화전함 접속 설치 시 : 옥내소화전함 표시등과 겸용

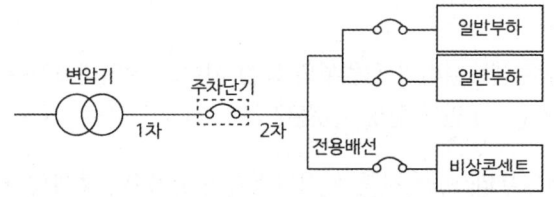

[특고압·고압수전] 전력용 변압기 2차 측의 주차단기 2차 측에서 전용배선으로 분기

1) 저압수전 : 인입개폐기 직후
2) 고압수전 또는 특고압수전 : 전력용변압기 2차 측의 주차단기 1차 측 또는 2차 측에서 분기하여 전용배선으로 할 것

08 상 중 하

비상콘센트설비 상용전원회로의 배선이 고압수전 또는 특고압수전인 경우의 설치기준은?

① 인입개폐기의 직전에서 분기하여 전용배선으로 할 것
② 인입개폐기의 직후에서 분기하여 전용배선으로 할 것
③ 전력용변압기 1차 측의 주차단기 2차 측에서 분기하여 전용배선으로 할 것
④ 전력용변압기 2차 측의 주차단기 1차 측 또는 2차 측에서 분기하여 전용배선으로 할 것

해설 상용전원회로의 배선

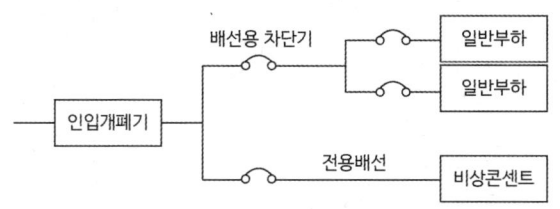

[저압수전] 인입개폐기의 직후 전용배선으로 분기

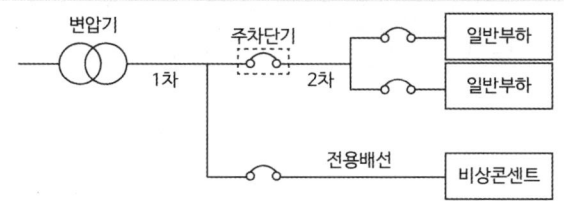

[특고압·고압수전] 변압기 2차 측의 주차단기 1차 측에서 전용배선으로 분기

09 상 중 하

비상콘센트설비의 화재안전기술기준(NFTC 504)에 따라 비상콘센트설비의 전원회로(비상콘센트에 전력을 공급하는 회로를 말한다)에 대한 전압과 공급용량으로 옳은 것은?

① 전압 : 단상교류 110 [V], 공급용량 : 1.5 [kVA] 이상
② 전압 : 단상교류 220 [V], 공급용량 : 1.5 [kVA] 이상
③ 전압 : 단상교류 110 [V], 공급용량 : 3 [kVA] 이상
④ 전압 : 단상교류 220 [V], 공급용량 : 3 [kVA] 이상

해설 비상콘센트전원회로 설치기준

1) 전원회로 : 단상교류는 220 [V], 공급용량은 1.5 [kVA] 이상
2) 전원회로는 각 층에 2 이상이 되도록 설치. 다만 설치하여야 할 층의 비상콘센트가 1개인 때에는 하나의 회로로 할 수 있다.
3) 전원회로는 주배전반에서 전용회로로 할 것
4) 전원으로부터 각 층의 비상콘센트에 분기되는 경우에는 분기배선용 차단기를 보호함 안에 설치할 것
5) 콘센트마다 배선용 차단기를 설치하여야 하며 충전부가 노출되지 아니하도록 할 것
6) 개폐기에는 "비상콘센트"라고 표시한 표지를 할 것
7) 비상콘센트용의 풀박스 등은 방청도장을 한 것으로서 두께 1.6 [mm] 이상의 철판으로 할 것
8) 하나의 전용회로에 설치하는 비상콘센트는 10개 이하로 할 것. 이 경우 전선 용량은 각 비상콘센트(비상콘센트가 3개 이상인 경우에는 3개)의 공급용량을 합한 용량 이상의 것으로 하여야 한다.

10 (상,중,하)

비상콘센트설비의 전원부와 외함 사이의 절연내력기준 중 다음 ( ) 안에 알맞은 것은?

> 전원부와 외함 사이에 정격전압이 150 [V] 초과인 경우에는 그 정격전압에 (㉠)을/를 곱하여 (㉡)을 더한 실효전압을 가하는 시험에서 1분 이상 견디는 것으로 할 것

① ㉠ 2, ㉡ 1500
② ㉠ 3, ㉡ 1500
③ ㉠ 2, ㉡ 1000
④ ㉠ 3, ㉡ 1000

해설 비상콘센트 절연내력시험

1) 절연저항 : 500 [V] 절연저항계로 측정할 때 20 [MΩ] 이상일 것
2) 절연내력
   (1) 정격전압 150 [V] 이하 : 1000 [V]의 실효전압
   (2) 정격전압이 150 [V] 초과 : (정격전압 × 2) + 1000 [V] = 실효전압
   (3) 실효전압 시험에서 1분 이상 견디는 것으로 할 것
3) 배선
   전원회로의 배선은 내화배선, 그 밖의 배선은 내화배선 또는 내열배선

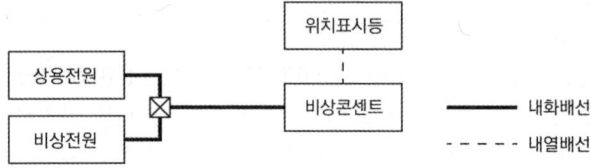

11 (상,중,하)

비상콘센트설비를 설치하여야 하는 특정소방 대상물의 기준으로 옳은 것은? (단, 위험물 저장 및 처리시설 중 가스시설 또는 지하구는 제외한다)

① 지하상가로서 연면적 1000 [m²] 이상인 것
② 층수가 11층 이상인 특정소방대상물의 경우에는 11층 이상의 층
③ 지하층의 층수가 3층 이상이고 지하층의 바닥면적의 합계가 1500 [m²] 이상인 것은 지하층의 모든 층
④ 창고시설 중 물류터미널로서 해당 용도로 사용되는 부분의 바닥면적의 합계가 1000 [m²] 이상인 것

해설 비상콘센트설비 설치대상

소방대상물	설치대상
층수가 11층 이상인 특정소방대상물	11층 이상의 층
지하층의 층수가 3층 이상이고, 지하층의 바닥면적의 합계가 1000 [m²] 이상인 것	지하층의 모든 층
터널	길이 500 [m] 이상
위험물 저장 및 처리시설 중 가스시설 또는 지하구는 제외	

정답 10 ③ 11 ②

12

비상콘센트설비의 전원회로에서 하나의 전용회로에 설치하는 비상콘센트는 최대 몇 개 이하로 하여야 하는가?

① 2
② 3
③ 10
④ 20

해설 비상콘센트 전원회로 설치기준

1) 전원회로 : 단상교류는 220 [V], 공급용량은 1.5 [kVA] 이상
2) 전원회로는 각 층에 2 이상이 되도록 설치. 다만 설치하여야 할 층의 비상콘센트가 1개인 때에는 하나의 회로로 할 수 있다.
3) 전원회로는 주배전반에서 전용회로로 할 것
4) 전원으로부터 각 층의 비상콘센트에 분기되는 경우에는 분기배선용 차단기를 보호함 안에 설치할 것
5) 콘센트마다 배선용 차단기를 설치하여야 하며 충전부가 노출되지 아니하도록 할 것
6) 개폐기에는 "비상콘센트"라고 표시한 표지를 할 것
7) 비상콘센트용의 풀박스 등은 방청도장을 한 것으로서 두께 1.6 [mm] 이상의 철판으로 할 것
8) 하나의 전용회로에 설치하는 비상콘센트는 10개 이하로 할 것. 이 경우 전선 용량은 각 비상콘센트(비상콘센트가 3개 이상인 경우에는 3개)의 공급용량을 합한 용량 이상의 것으로 하여야 한다.

13

비상콘센트설비의 전원회로의 공급용량은 최소 몇 [kVA] 이상인 것으로 설치해야 하는가?

① 1.5
② 2
③ 2.5
④ 3

해설 비상콘센트설비 전원회로 설치기준

1) 전원회로 : 단상교류는 220 [V], 공급용량은 1.5 [kVA] 이상
2) 전원회로는 각 층에 2 이상이 되도록 설치. 다만 설치하여야 할 층의 비상콘센트가 1개인 때에는 하나의 회로로 할 수 있다.
3) 전원회로는 주배전반에서 전용회로로 할 것
4) 전원으로부터 각 층의 비상콘센트에 분기되는 경우에는 분기배선용 차단기를 보호함 안에 설치할 것
5) 콘센트마다 배선용 차단기를 설치하여야 하며 충전부가 노출되지 아니하도록 할 것
6) 개폐기에는 "비상콘센트"라고 표시한 표지를 할 것
7) 비상콘센트용의 풀박스 등은 방청도장을 한 것으로서 두께 1.6 [mm] 이상의 철판으로 할 것
8) 하나의 전용회로에 설치하는 비상콘센트는 10개 이하로 할 것. 이 경우 전선 용량은 각 비상콘센트(비상콘센트가 3개 이상인 경우에는 3개)의 공급용량을 합한 용량 이상의 것으로 하여야 한다.

14

비상콘센트의 플러그접속기는 단상교류 220 [V]일 경우 접지형 몇 극 플러그 접속기를 사용해야 하는가?

① 1극
② 2극
③ 3극
④ 4극

해설 비상콘센트 플러그접속기

1) 접지형 2극 플러그접속기 사용
2) 비상콘센트의 플러그접속기의 칼받이의 접지극에는 접지공사

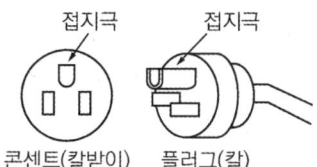

콘센트(칼받이)   플러그(칼)

정답 12 ③ 13 ① 14 ②

15 상(중)하

비상콘센트설비에 자가발전설비를 비상전원으로 설치할 때의 기준으로 틀린 것은?

① 상용전원으로부터 전력의 공급이 중단된 때에는 자동으로 비상전원으로부터 전력을 공급받도록 할 것
② 비상콘센트설비를 유효하게 10분 이상 작동시킬 수 있는 용량으로 할 것
③ 점검이 편리하고 화재 및 침수 등의 재해로 인한 피해를 받을 우려가 없는 곳에 설치할 것
④ 비상전원을 실내에 설치하는 때에는 그 실내에 비상조명등을 설치할 것

해설 비상콘센트 자가발전설비

1) 점검 편리하고 화재 및 침수 등의 재해로 인한 피해 받을 우려가 없는 곳에 설치할 것
2) 비상콘센트설비를 유효하게 20분 이상 작동시킬 수 있는 용량으로 할 것
3) 상용전원으로부터 전력의 공급이 중단된 때에는 자동으로 비상전원으로부터 전력을 공급받을 수 있도록 할 것
4) 비상전원의 설치장소는 다른 장소와 방화구획할 것(이 경우 그 장소에는 비상전원의 공급에 필요한 기구나 설비 외의 것을 두어서는 안 된다)
5) 비상전원을 실내에 설치하는 때에는 그 실내에 비상조명등을 설치할 것

16 상(중)하

비상콘센트설비의 절연내력은 전원부와 외함 사이의 정격전압이 150 [V] 이하인 경우 인가하는 실효전압은?

① 150 [V]   ② 300 [V]
③ 500 [V]   ④ 1000 [V]

해설 비상콘센트 절연내력시험

1) 절연저항 : 500 [V] 절연저항계로 측정할 때 20 [MΩ] 이상일 것
2) 절연내력
    ⑴ 정격전압 150 [V] 이하 : 1000 [V]의 실효전압
    ⑵ 정격전압이 150 [V] 초과 : (정격전압 × 2) + 1000 [V] = 실효전압
    ⑶ 실효전압 시험에서 1분 이상 견디는 것으로 할 것
3) 배선
    전원회로의 배선은 내화배선, 그 밖의 배선은 내화배선 또는 내열배선

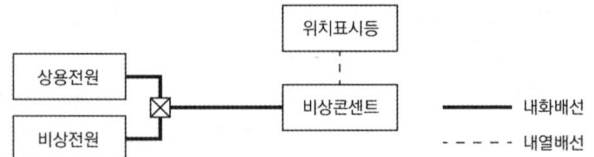

정답 15 ② 16 ④

17 상중하

비상 콘센트설비 비상전원의 설치기준 중 다음 (   ) 안에 알맞은 것은?

> 지하층을 제외한 층수가 7층 이상으로서 연면적이 (㉠) [m²] 이상이거나 지하층의 바닥면적의 합계가 (㉡) [m²] 이상인 특정소방대상물의 비상콘센트설비에는 자가발전설비, 비상전원수전설비 또는 전기저장장치, 축전지설비를 비상전원으로 설치할 것

① ㉠ 2000, ㉡ 3000
② ㉠ 3000, ㉡ 2000
③ ㉠ 4000, ㉡ 3000
④ ㉠ 3000, ㉡ 4000

해설 비상콘센트설비 비상전원

1) 설치대상
   지하층을 제외한 층수가 7층 이상으로서 연면적이 2000 [m²] 이상이거나 지하층의 바닥면적의 합계가 3000 [m²] 이상인 특정소방대상물
2) 비상전원 종류
   ⑴ 자가발전설비, 비상전원수전설비, 전기저장장치, 축전지설비
   ⑵ 둘 이상의 변전소에서 전력을 동시에 공급받을 수 있거나 하나의 변전소로부터 전력의 공급이 중단되는 때에는 자동으로 다른 변전소로부터 전력을 공급받은 수 있도록 상용전원을 설치한 경우에는 비상전원을 설치하지 않을 수 있다.
3) 설치 면제
   ⑴ 2 이상의 변전소에서 전력을 동시에 공급받을 수 있도록 상용전원을 설치한 경우
   ⑵ 하나의 변전소로부터 전력의 공급이 중단되는 때에는 자동으로 다른 변전소로부터 전력을 공급받을 수 있도록 상용전원을 설치한 경우

18 상중하

비상콘센트설비 표시등의 기능기준 중 다음 (   ) 안에 알맞은 것은?

> 적색으로 표시되어야 하며, 주위의 밝기가 (㉠)[lx] 이상인 장소에서 측정하여 앞면으로부터 (㉡) [m] 떨어진 곳에서 켜진 등이 확실히 식별되어야 한다.

① ㉠ 100, ㉡ 1
② ㉠ 100, ㉡ 3
③ ㉠ 300, ㉡ 1
④ ㉠ 300, ㉡ 3

해설 비상콘센트 표시등

1) 전구는 사용전압의 130 [%]인 교류전압을 20시간 연속하여 가하는 경우 단선, 현저한 광속변화, 흑화, 전류의 저하 등이 발생하지 아니하여야 한다.
2) 소켓은 접속이 확실하여야 하며 쉽게 전구를 교체할 수 있도록 부착하여야 한다.
3) 전구에는 적당한 보호카바를 설치하여야 한다. 다만 발광다이오드의 경우에는 그러하지 아니하다.
4) 적색으로 표시되어야 하며 주위의 밝기가 300 [lx] 이상인 장소에서 측정하여 앞면으로부터 3 [m] 떨어진 곳에서 켜진 등이 확실히 식별되어야 한다.

CHAPTER

09 무선통신보조설비

3회독 월 일
2회독 월 일
1회독 월 일

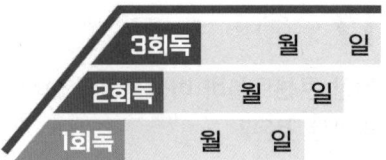

학습목표

1 무선통신보조설비의 용어정의에 대해 학습한다.
2 누설동축케이블의 설치기준에 대해 학습한다.
3 분배기, 분파기, 혼합기의 설치기준에 대해 학습한다.
4 증폭기 등 설치기준에 대해 학습한다.

학습MAP

- 무선통신보조설비의 정의 및 설치대상
  - 무선통신보조설비의 정의
  - 무선통신보조설비 설치대상 및 면제대상
- 무선통신보조설비의 설치기준
  - 누설동축케이블의 설치기준
  - 무선통신보조설비의 설치기준
  - 옥외안테나의 설치기준
  - 분배기·분파기·혼합기의 설치기준
  - 증폭기 등 설치기준
- 무선통신보조설비의 용어정리(NFTC 505)

01 무선통신보조설비의 정의 및 설치대상

1 무선통신보조설비의 정의 ★★★

1) 정의

지상과 지하의 무선연락이 원활히 소통하여 소화활동에 지장이 없도록 하는 설비이다.

2) 용어정의 ★★★

(1) 누설동축케이블 : 동축케이블의 외부도체에 가느다란 홈을 만들어서 전파가 외부로 새어나갈 수 있도록 한 케이블

(2) 분배기 : 신호의 전송로가 분기되는 장소에 설치하는 것으로 임피던스 매칭과 신호 균등분배를 위해 사용하는 장치

(3) 분파기 : 서로 다른 주파수의 합성된 신호를 분리하기 위해 사용하는 장치

(4) 혼합기 : 두 개 이상의 입력신호를 원하는 비율로 조합한 출력이 발생하도록 하는 장치

(5) 증폭기 : 신호 전송 시 신호가 약해져 수신이 불가능해지는 것을 방지하기 위해서 증폭하는 장치

(6) 무선중계기 : 안테나를 통하여 수신된 무전기 신호를 증폭한 후 음영지역에 재방사하여 무전기 상호 간 송수신이 가능하도록 하는 장치

(7) 옥외안테나 : 감시제어반 등에 설치된 무선중계기의 입력과 출력포트에 연결되어 송수신 신호를 원활하게 방사·수신하기 위해 옥외에 설치하는 장치

> 서로 다른 주파수의 합성된 신호를 분리하기 위해 사용하는 장치는 분배기이다. ☒ 분파기

> 두 개 이상의 입력신호를 원하는 비율로 조합한 출력이 발생하도록 하는 장치는 증폭기이다. ☒ 혼합기

2 무선통신보조설비 설치대상 및 면제대상

1) 설치대상

설치대상	기준
30층 이상 특정소방대상물	16층 이상 부분의 모든 층
• 지하층의 바닥면적 합계가 3000 [m²] 이상인 것 • 지하층 층수가 3층 이상이고, 지하층의 바닥면적 합계가 1000 [m²] 이상인 것	지하층 전 층
터널	길이 500 [m] 이상
지하상가	연면적 1000 [m²] 이상
공동구	-

2) 무선통신보조설비 설치 제외 ★★★
   (1) 지하층으로서 특정소방대상물의 바닥부분 2면 이상이 지표면과 동일한 층
   (2) 지하층으로서 지표면으로부터의 깊이가 1 [m] 이하인 층

02 무선통신보조설비의 설치기준

1 누설동축케이블의 설치기준 ★★★

1) 소방전용주파수대에서 전파의 전송 또는 복사에 적합한 것으로서 소방전용의 것으로 할 것
   다만 소방대 상호 간의 무선연락에 지장 없는 경우에는 다른 용도와 겸용 가능하다.
2) 누설동축케이블과 이에 접속하는 안테나 또는 동축케이블과 이에 접속하는 안테나에 따른 것으로 할 것
3) 누설동축케이블은 불연 또는 난연성의 것으로서 습기에 따라 전기의 특성이 변질되지 아니하는 것으로 하고, 노출하여 설치한 경우에는 피난 및 통행에 장애가 없도록 할 것
4) 누설동축케이블은 화재에 따라 해당 케이블의 피복이 소실된 경우에 케이블 본체가 떨어지지 아니하도록 4 [m] 이내마다 금속제 또는 자기제 등의 지지금구로 벽·천장·기둥 등에 견고하게 고정시킬 것. 다만 불연재료로 구획된 반자 안에 설치하는 경우에는 그러하지 않는다.
5) 누설동축케이블 및 안테나는 금속판 등에 따라 전파의 복사 또는 특성이 현저하게 저하되지 아니하는 위치에 설치할 것
6) 누설동축케이블 및 안테나는 고압의 전로로부터 1.5 [m] 이상 떨어진 위치에 설치할 것. 다만 해당 전로에 정전기 차폐장치를 유효하게 설치한 경우에는 그러하지 않는다.
7) 누설동축케이블의 끝부분에는 무반사 종단저항을 견고하게 설치할 것 ★★★
8) 누설동축케이블 또는 동축케이블의 임피던스는 50 [Ω]으로 하고, 이에 접속하는 안테나·분배기 기타의 장치는 해당 임피던스에 적합한 것으로 하여야 한다.

P.374 문 04

지하층으로서 지표면으로부터의 깊이가 2 [m] 이하인 층은 무선통신보조설비 설치 제외이다. X 1 [m]

P.374 문 03
P.374 문 05

누설동축케이블은 케이블의 피복이 소실된 경우에 케이블 본체가 떨어지지 아니하도록 5 [m] 이내마다 금속제 또는 자기제 등의 지지금구로 벽·천장·기둥 등에 견고하게 고정한다. X 4 [m]

누설동축케이블 또는 동축케이블의 임피던스는 50 [Ω]으로 한다. O

2 무선통신보조설비의 설치기준

1) 누설동축케이블 또는 동축케이블과 이에 접속하는 안테나가 설치된 층은 모든 부분(계단실, 승강기, 별도 구획된 실 포함)에서 유효하게 통신이 가능할 것
2) 다음 기기 간의 상호통신이 가능할 것
   (1) 옥외 안테나와 연결된 무전기와 건축물 내부에 존재하는 무전기
   (2) 건축물 내부에 존재하는 무전기 간의 상호통신
   (3) 옥외 안테나와 연결된 무전기와 방재실
   (4) 건축물 내부에 존재하는 무전기와 방재실

3 옥외안테나의 설치기준

1) 건축물, 지하가, 터널 또는 공동구의 출입구(「건축법」 시행령 제39조에 따른 출구 또는 이와 유사한 출입구를 말한다) 및 출입구 인근에서 통신이 가능한 장소에 설치할 것
2) 다른 용도로 사용되는 안테나로 인한 통신장애가 발생하지 않도록 설치할 것
3) 옥외안테나는 견고하게 설치하며 파손의 우려가 없는 곳에 설치하고, 그 가까운 곳의 보기 쉬운 곳에 "무선통신보조설비 안테나"라는 표시와 함께 통신 가능거리를 표시한 표지를 설치할 것
4) 수신기가 설치된 장소 등 사람이 상시 근무하는 장소에는 옥외 안테나의 위치가 모두 표시된 옥외안테나 위치표시도를 비치할 것

> 옥외안테나는 견고하게 설치하며 파손의 우려가 없는 곳에 설치하고, 그 가까운 곳의 보기 쉬운 곳에 "무선용 안테나"라는 표시와 함께 통신 가능거리를 표시한 표지를 설치할 것
> [X] "무선통신보조설비 안테나"

4 분배기·분파기·혼합기의 설치기준 ★★★

1) 먼지·습기 및 부식 등에 따라 기능에 이상을 가져오지 아니하도록 할 것
2) 임피던스는 50 [Ω]의 것으로 할 것
3) 점검에 편리하고 화재 등의 재해로 인한 피해의 우려가 없는 장소에 설치할 것

> 분배기는 점검에 편리하고 화재 등의 재해로 인한 피해의 우려가 없는 장소에 설치할 것 [O]

 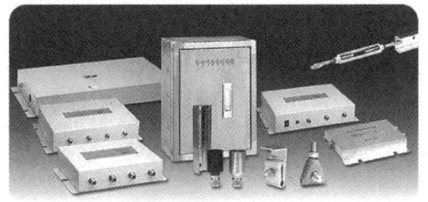

[무선통신보조설비 부속사진]

5 증폭기 등 설치기준

1) 전원은 전기가 정상적으로 공급되는 축전지, 전기저장장치 또는 교류전압 옥내간선으로 하고, 전원까지의 배선은 전용으로 할 것
2) 증폭기의 전면에는 주회로의 전원이 정상인지의 여부를 표시할 수 있는 표시등 및 전압계를 설치할 것
3) 증폭기에는 비상전원이 부착된 것으로 하고, 해당 비상전원 용량은 무선통신보조설비를 유효하게 30분 이상 작동시킬 수 있는 것으로 할 것
4) 증폭기 및 무선중계기를 설치하는 경우 적합성 평가를 받은 제품으로 설치하고, 임의로 변경하지 않도록 할 것
5) 디지털방식의 무전기를 사용하는 데 지장이 없도록 설치할 것

03 무선통신보조설비의 용어정리(NFTC 505) ★★★

1) "누설동축케이블"이란 동축케이블의 외부도체에 가느다란 홈을 만들어서 전파가 외부로 새어나갈 수 있도록 한 케이블을 말한다.
2) "분배기"란 신호의 전송로가 분기되는 장소에 설치하는 것으로 임피던스 매칭(Matching)과 신호 균등분배를 위해 사용하는 장치를 말한다.
3) "분파기"란 서로 다른 주파수의 합성된 신호를 분리하기 위해서 사용하는 장치를 말한다.
4) "혼합기"란 2 이상의 입력신호를 원하는 비율로 조합한 출력이 발생하도록 하는 장치를 말한다.
5) "증폭기"란 전압·전류의 진폭을 늘려 감도 등을 개선하는 장치를 말한다.
6) "무선중계기"란 안테나를 통하여 수신된 무전기 신호를 증폭한 후 음영지역에 재방사하여 무전기 상호 간 송수신이 가능하도록 하는 장치를 말한다.
7) "옥외안테나"란 감시제어반 등에 설치된 무선중계기의 입력과 출력포트에 연결되어 송수신 신호를 원활하게 방사·수신하기 위해 옥외에 설치하는 장치를 말한다.
8) "임피던스"란 교류회로에 전압이 가해졌을 때 전류의 흐름을 방해하는 값으로서 교류회로에서의 전류에 대한 전압의 비를 말한다.

P.373 문 01

증폭기의 비상전원 용량은 20분이다. [X] 30분

P.373 문 02

예상문제

01 상중하

무선통신보조설비의 화재안전기술기준(NFTC 505)에 따라 무선통신보조설비의 주회로 전원이 정상인지 여부를 확인하기 위해 증폭기의 전면에 설치하는 것은?

① 상순계
② 전류계
③ 전압계 및 전류계
④ 표시등 및 전압계

해설 증폭기 등 설치기준

1) 전원은 전기가 정상적으로 공급되는 축전지, 전기저장장치 또는 교류전압 옥내간선으로 하고, 전원까지의 배선은 전용으로 할 것
2) 증폭기의 전면에는 주회로의 전원이 정상인지의 여부를 표시할 수 있는 표시등 및 전압계를 설치할 것
3) 증폭기에는 비상전원이 부착된 것으로 하고 해당 비상전원 용량은 무선통신보조설비를 유효하게 30분 이상 작동시킬 수 있는 것으로 할 것
4) 증폭기 및 무선중계기를 설치하는 경우 적합성 평가를 받은 제품으로 설치하고, 임의로 변경하지 않도록 할 것
5) 디지털방식의 무전기를 사용하는 데 지장이 없도록 설치할 것

02 상중하

무선통신보조설비의 화재안전기술기준(NFTC 505)에 따라 서로 다른 주파수의 합성된 신호를 분리하기 위하여 사용하는 장치는?

① 분배기
② 혼합기
③ 증폭기
④ 분파기

해설 무선통신보조설비 용어정의

1) 누설동축케이블 : 동축케이블의 외부도체에 가느다란 홈을 만들어서 전파가 외부로 새어나갈 수 있도록 한 케이블
2) 분배기 : 신호의 전송로가 분기되는 장소에 설치하는 것으로 임피던스 매칭(Matching)과 신호 균등분배를 위해 사용하는 장치
3) 분파기 : 서로 다른 주파수의 합성된 신호를 분리하기 위해서 사용하는 장치
4) 혼합기 : 2 이상의 입력신호를 원하는 비율로 조합한 출력이 발생하도록 하는 장치
5) 증폭기 : 전압·전류의 진폭을 늘려 감도 등을 개선하는 장치
6) 무선중계기 : 안테나를 통하여 수신된 무전기 신호를 증폭한 후 음영지역에 재방사하여 무전기 상호 간 송수신이 가능하도록 하는 장치
7) 옥외안테나 : 감시제어반 등에 설치된 무선중계기의 입력과 출력포트에 연결되어 송수신 신호를 원활하게 방사·수신하기 위해 옥외에 설치하는 장치
8) 임피던스 : 교류회로에 전압이 가해졌을 때 전류의 흐름을 방해하는 값으로서 교류회로에서의 전류에 대한 전압의 비

정답 01 ④ 02 ④

03 （상 중 하）

무선통신보조설비의 화재안전기술기준(NFTC 505)에 따라 금속제 지지금구를 사용하여 무선통신 보조설비의 누설동축케이블을 벽에 고정시키고자 하는 경우 몇 [m] 이내마다 고정시켜야 하는가? (단, 불연재료로 구획된 반자 안에 설치하는 경우는 제외한다)

① 2
② 3
③ 4
④ 5

해설 누설동축케이블

1) 소방전용주파수대에서 전파의 전송 또는 복사에 적합한 것으로서 소방전용의 것으로 할 것. 다만 소방대 상호 간의 무선연락에 지장 없는 경우에는 다른 용도와 겸용 가능하다.
2) 누설동축케이블과 이에 접속하는 안테나 또는 동축케이블과 이에 접속하는 안테나에 따른 것으로 할 것
3) 누설동축케이블은 불연 또는 난연성의 것으로서 습기에 따라 전기의 특성이 변질되지 아니하는 것으로 하고, 노출하여 설치한 경우에는 피난 및 통행에 장애가 없도록 할 것
4) 누설동축케이블은 화재에 따라 해당 케이블의 피복이 소실된 경우에 케이블 본체가 떨어지지 아니하도록 4 [m] 이내마다 금속제 또는 자기제 등의 지지금구로 벽·천장·기둥 등에 견고하게 고정시킬 것. 다만 불연재료로 구획된 반자 안에 설치하는 경우에는 그러하지 않는다.
5) 누설동축케이블 및 공중선은 금속판 등에 따라 전파의 복사 또는 특성이 현저하게 저하되지 아니하는 위치에 설치할 것
6) 누설동축케이블 및 공중선은 고압의 전로로부터 1.5 [m] 이상 떨어진 위치에 설치할 것. 다만 해당 전로에 정전기 차폐장치를 유효하게 설치한 경우에는 그러하지 않는다.
7) 누설동축케이블의 끝부분에는 무반사 종단저항을 견고하게 설치할 것
8) 누설동축케이블 또는 동축케이블의 임피던스는 50 [Ω]으로 하고, 이에 접속하는 공중선·분배기 기타의 장치는 해당 임피던스에 적합한 것으로 하여야 한다.

04 （상 중 하）

무선통신보조설비의 화재안전기술기준(NFTC 505)에 따른 설치 제외에 대한 내용이다. 다음 ( )에 들어갈 내용으로 옳은 것은?

> (ⓐ)으로서 특정소방대상물의 바닥 부분 2면 이상이 지표면과 동일하거나 지표면으로부터의 깊이가 (ⓑ) [m] 이하인 경우에는 해당 층에 한하여 무선통신보조설비를 설치하지 아니할 수 있다.

① ⓐ 지하층, ⓑ 1
② ⓐ 지하층, ⓑ 2
③ ⓐ 무창층, ⓑ 1
④ ⓐ 무창층, ⓑ 2

해설 무선통신보조설비 설치 제외 장소

- 지하층으로서 특정소방대상물의 바닥부분 2면 이상이 지표면과 동일한 층
- 지하층으로서 지표면으로부터의 깊이가 1 [m] 이하인 층

05 （상 중 하）

무선통신보조설비의 화재안전기술기준(NFTC 505)에 따라 누설동축케이블 또는 동축케이블의 임피던스는 몇 [Ω]인가?

① 5
② 10
③ 30
④ 50

해설 누설동축케이블

1) 소방전용주파수대에서 전파의 전송 또는 복사에 적합한 것으로서 소방전용의 것으로 할 것. 다만 소방대 상호 간의 무선연락에 지장 없는 경우에는 다른 용도와 겸용 가능하다.
2) 누설동축케이블과 이에 접속하는 안테나 또는 동축케이블과 이에 접속하는 안테나에 따른 것으로 할 것
3) 누설동축케이블은 불연 또는 난연성의 것으로서 습기에 따라 전기의 특성이 변질되지 아니하는 것으로 하고, 노출하여 설치한 경우에는 피난 및 통행에 장애가 없도록 할 것

정답 03 ③ 04 ① 05 ④

4) 누설동축케이블은 화재에 따라 해당 케이블의 피복이 소실된 경우에 케이블 본체가 떨어지지 아니하도록 4 [m] 이내마다 금속제 또는 자기제 등의 지지금구로 벽·천장·기둥 등에 견고하게 고정시킬 것. 다만 불연재료로 구획된 반자 안에 설치하는 경우에는 그러하지 않는다.

5) 누설동축케이블 및 공중선은 금속판 등에 따라 전파의 복사 또는 특성이 현저하게 저하되지 아니하는 위치에 설치할 것

6) 누설동축케이블 및 공중선은 고압의 전로로부터 1.5 [m] 이상 떨어진 위치에 설치할 것. 다만 해당 전로에 정전기 차폐장치를 유효하게 설치한 경우에는 그러하지 않는다.

7) 누설동축케이블의 끝부분에는 무반사 종단저항을 견고하게 설치할 것

8) 누설동축케이블 또는 동축케이블의 임피던스는 50 [Ω]으로 하고, 이에 접속하는 공중선·분배기 기타의 장치는 해당 임피던스에 적합한 것으로 하여야 한다.

06 (상 중 하)

무선통신보조설비의 증폭기에는 비상전원이 부착된 것으로 하고, 비상전원의 용량은 무선통신보조설비를 유효하게 몇 분 이상 작동시킬 수 있는 것이어야 하는가?

① 10분 ② 20분
③ 30분 ④ 40분

해설 증폭기 비상전원

1) 전원은 전기가 정상적으로 공급되는 축전지, 전기저장장치 또는 교류전압 옥내간선으로 하고, 전원까지의 배선은 전용으로 할 것
2) 증폭기의 전면에는 주회로의 전원이 정상인지의 여부를 표시할 수 있는 표시등 및 전압계를 설치할 것
3) 증폭기에는 비상전원이 부착된 것으로 하고, 해당 비상전원 용량은 무선통신보조설비를 유효하게 30분 이상 작동시킬 수 있는 것으로 할 것
4) 증폭기 및 무선중계기를 설치하는 경우 적합성 평가를 받은 제품으로 설치하고 임의로 변경하지 않도록 할 것
5) 디지털방식의 무전기를 사용하는 데 지장이 없도록 설치할 것

07 (상 중 하)

신호의 전송로가 분기되는 장소에 설치하는 것으로 임피던스 매칭과 신호 균등분배를 위해 사용되는 장치는?

① 혼합기 ② 분배기
③ 증폭기 ④ 분파기

해설 무선통신보조설비 용어정의

1) 누설동축케이블 : 동축케이블의 외부도체에 가느다란 홈을 만들어서 전파가 외부로 새어나 갈 수 있도록 한 케이블
2) 분배기 : 신호의 전송로가 분기되는 장소에 설치하는 것으로 임피던스 매칭(Matching)과 신호 균등분배를 위해 사용하는 장치
3) 분파기 : 서로 다른 주파수의 합성된 신호를 분리하기 위해서 사용하는 장치
4) 혼합기 : 2 이상의 입력신호를 원하는 비율로 조합한 출력이 발생하도록 하는 장치
5) 증폭기 : 전압·전류의 진폭을 늘려 감도 등을 개선하는 장치
6) 무선중계기 : 안테나를 통하여 수신된 무전기 신호를 증폭한 후 음영지역에 재방사하여 무전기 상호 간 송수신이 가능하도록 하는 장치
7) 옥외안테나 : 감시제어반 등에 설치된 무선중계기의 입력과 출력포트에 연결되어 송수신 신호를 원활하게 방사·수신하기 위해 옥외에 설치하는 장치
8) 임피던스 : 교류회로에 전압이 가해졌을 때 전류의 흐름을 방해하는 값으로서 교류회로에서의 전류에 대한 전압의 비

08 신유형 (중)

무선통신보조설비를 설치하여야 할 특정소방 대상물의 기준 중 다음 ( ) 안에 알맞은 것은?

> 층수가 30층 이상인 것으로서 ( )층 이상 부분의 모든 층

① 11 ② 15
③ 16 ④ 20

해설 무선통신보조설비 설치

소방대상물	설치대상
지하상가	연면적 1000 [m²] 이상
지하층 바닥면적 합계 3000 [m²] 이상 또는 지하층 층수가 3층 이상이고, 지하층 바닥면적 합계가 1000 [m²] 이상	지하층의 모든 층
터널	길이 500 [m] 이상
공동구	-
층수가 30층 이상인 것	16층 이상 모든 층

위험물 저장 및 처리시설 중 가스시설은 제외

09 (중)

무선통신보조설비에 대한 설명으로 틀린 것은?

① 소화활동설비이다.
② 증폭기에는 비상전원이 부착된 것으로 하고 비상전원의 용량은 30분 이상이다.
③ 누설동축케이블의 끝부분에는 무반사 종단저항을 부착한다.
④ 누설동축케이블 또는 동축케이블의 임피던스는 100 [Ω]의 것으로 한다.

해설 무선통신보조설비

[누설동축케이블 설치기준]
1) 소방전용주파수대에서 전파의 전송 또는 복사에 적합한 것으로서 소방전용의 것으로 할 것. 다만 소방대 상호 간의 무선연락에 지장 없는 경우에는 다른 용도와 겸용 가능하다.
2) 누설동축케이블과 이에 접속하는 안테나 또는 동축케이블과 이에 접속하는 안테나에 따른 것으로 할 것
3) 누설동축케이블은 불연 또는 난연성의 것으로서 습기에 따라 전기의 특성이 변질되지 아니하는 것으로 하고, 노출하여 설치한 경우에는 피난 및 통행에 장애가 없도록 할 것
4) 누설동축케이블은 화재에 따라 해당 케이블의 피복이 소실된 경우에 케이블 본체가 떨어지지 아니하도록 4 [m] 이내마다 금속제 또는 자기제 등의 지지금구로 벽·천장·기둥 등에 견고하게 고정시킬 것. 다만 불연재료로 구획된 반자 안에 설치하는 경우에는 그러하지 않는다.
5) 누설동축케이블 및 공중선은 금속판 등에 따라 전파의 복사 또는 특성이 현저하게 저하되지 아니하는 위치에 설치할 것
6) 누설동축케이블 및 공중선은 고압의 전로로부터 1.5 [m] 이상 떨어진 위치에 설치할 것. 다만 해당 전로에 정전기 차폐장치를 유효하게 설치한 경우에는 그러하지 않는다.
7) 누설동축케이블의 끝부분에는 무반사 종단저항을 견고하게 설치할 것
8) 누설동축케이블 또는 동축케이블의 임피던스는 50 [Ω]으로 하고, 이에 접속하는 공중선·분배기 기타의 장치는 해당 임피던스에 적합한 것으로 하여야 한다.

[증폭기 등 설치기준]
1) 전원은 전기가 정상적으로 공급되는 축전지, 전기저장장치 또는 교류전압 옥내간선으로 하고, 전원까지의 배선은 전용으로 할 것
2) 증폭기의 전면에는 주회로의 전원이 정상인지의 여부를 표시할 수 있는 표시등 및 전압계를 설치할 것
3) 증폭기에는 비상전원이 부착된 것으로 하고, 해당 비상전원 용량은 무선통신보조설비를 유효하게 30분 이상 작동시킬 수 있는 것으로 할 것
4) 증폭기 및 무선중계기를 설치하는 경우 적합성 평가를 받은 제품으로 설치하고, 임의로 변경하지 않도록 할 것
5) 디지털방식의 무전기를 사용하는 데 지장이 없도록 설치할 것

정답 08 ③ 09 ④

10 상(중)하

무선통신보조설비 증폭기 무선이동중계기를 설치하는 경우의 설치기준으로 틀린 것은?

① 전원은 전기가 정상적으로 공급되는 축전지, 전기저장장치 또는 교류전압 옥내간선으로 하고, 전원까지의 배선은 전용으로 할 것
② 증폭기의 전면에는 주 회로의 전원이 정상인지의 여부를 표시할 수 있는 표시등 및 전류계를 설치할 것
③ 증폭기에는 비상전원이 부착된 것으로 하고, 해당 비상전원 용량은 무선통신보조설비를 유효하게 30분 이상 작동시킬 수 있는 것으로 할 것
④ 무선이동중계기를 설치하는 경우에는 「전파법」의 규정에 따른 적합성평가를 받은 제품으로 설치할 것

해설 증폭기 설치기준

1) 전원은 전기가 정상적으로 공급되는 축전지, 전기저장장치 또는 교류전압 옥내간선으로 하고, 전원까지의 배선은 전용으로 할 것
2) 증폭기의 전면에는 주회로의 전원이 정상인지의 여부를 표시할 수 있는 표시등 및 전압계를 설치할 것
3) 증폭기에는 비상전원이 부착된 것으로 하고, 해당 비상전원 용량은 무선통신보조설비를 유효하게 30분 이상 작동시킬 수 있는 것으로 할 것
4) 증폭기 및 무선중계기를 설치하는 경우 적합성 평가를 받은 제품으로 설치하고, 임의로 변경하지 않도록 할 것
5) 디지털방식의 무전기를 사용하는 데 지장이 없도록 설치할 것

11 상(중)하

무선통신보조설비의 누설동축케이블 및 안테나는 고압의 전로로부터 1.5 [m] 이상 떨어진 위치에 설치해야 하나 그렇게 하지 않아도 되는 경우는?

① 해당 전로에 정전기차폐장치를 유효하게 설치한 경우
② 금속제 등의 지지금구로 일정한 간격으로 고정한 경우
③ 끝부분에 무반사종단저항을 설치한 경우
④ 불연재료로 구획된 반자 안에 설치한 경우

해설 누설동축케이블

1) 소방전용주파수대에서 전파의 전송 또는 복사에 적합한 것으로서 소방전용의 것으로 할 것. 다만 소방대 상호 간의 무선연락에 지장 없는 경우에는 다른 용도와 겸용 가능하다.
2) 누설동축케이블과 이에 접속하는 안테나 또는 동축케이블과 이에 접속하는 안테나에 따른 것으로 할 것
3) 누설동축케이블은 불연 또는 난연성의 것으로서 습기에 따라 전기의 특성이 변질되지 아니하는 것으로 하고, 노출하여 설치한 경우에는 피난 및 통행에 장애가 없도록 할 것
4) 누설동축케이블은 화재에 따라 해당 케이블의 피복이 소실된 경우에 케이블 본체가 떨어지지 아니하도록 4 [m] 이내마다 금속제 또는 자기제 등의 지지금구로 벽·천장·기둥 등에 견고하게 고정시킬 것. 다만 불연재료로 구획된 반자 안에 설치하는 경우에는 그러하지 않는다.
5) 누설동축케이블 및 공중선은 금속판 등에 따라 전파의 복사 또는 특성이 현저하게 저하되지 아니하는 위치에 설치할 것
6) 누설동축케이블 및 공중선은 고압의 전로로부터 1.5 [m] 이상 떨어진 위치에 설치할 것. 다만 해당 전로에 정전기 차폐장치를 유효하게 설치한 경우에는 그러하지 않는다.
7) 누설동축케이블의 끝부분에는 무반사 종단저항을 견고하게 설치할 것
8) 누설동축케이블 또는 동축케이블의 임피던스는 50 [Ω]으로 하고, 이에 접속하는 공중선·분배기 기타의 장치는 해당 임피던스에 적합한 것으로 하여야 한다.

정답 10 ② 11 ①

12 (상 중 하)

무선통신보조설비에서 두 개 이상의 입력신호를 원하는 비율로 조합한 출력이 발생하도록 하는 장치는?

① 분배기
② 분파기
③ 혼합기
④ 증폭기

해설 용어

1) 누설동축케이블 : 동축케이블의 외부도체에 가느다란 홈을 만들어서 전파가 외부로 새어나 갈 수 있도록 한 케이블
2) 분배기 : 신호의 전송로가 분기되는 장소에 설치하는 것으로 임피던스 매칭(Matching)과 신호 균등분배를 위해 사용하는 장치
3) 분파기 : 서로 다른 주파수의 합성된 신호를 분리하기 위해서 사용하는 장치
4) 혼합기 : 2 이상의 입력신호를 원하는 비율로 조합한 출력이 발생하도록 하는 장치
5) 증폭기 : 전압·전류의 진폭을 늘려 감도 등을 개선하는 장치
6) 무선중계기 : 안테나를 통하여 수신된 무전기 신호를 증폭한 후 음영지역에 재방사하여 무전기 상호 간 송수신이 가능하도록 하는 장치
7) 옥외안테나 : 감시제어반 등에 설치된 무선중계기의 입력과 출력포트에 연결되어 송수신 신호를 원활하게 방사·수신하기 위해 옥외에 설치하는 장치
8) 임피던스 : 교류회로에 전압이 가해졌을 때 전류의 흐름을 방해하는 값으로서 교류회로에서의 전류에 대한 전압의 비

정답 12 ③

CHAPTER

10 비상전원수전설비

3회독 월 일
2회독 월 일
1회독 월 일

학습목표

1 비상전원수전설비의 용어에 대해 학습한다.
2 비상전원수전설비의 설치기준에 대해 학습한다.
3 각 설비들의 절연저항 측정위치와 측정계기, 절연저항값을 쓸 수 있다.
4 각 설비들의 비상전원 종류와 용량을 쓸 수 있다.

학습MAP

- **비상전원수전설비 용어정리(NFTC 602)**
- **비상전원수전설비의 설치기준**
  - 인입선 및 인입구 배선의 시설
  - 특별고압 또는 고압으로 수전하는 경우
  - 저압으로 수전하는 경우
- **절연저항 정리**
  - 자동화재 탐지설비
  - 자동화재 속보설비 + 가스누설경보기
  - 비상경보설비
  - 비상방송설비
  - 누전경보기
  - 유도등
  - 비상조명등
  - 비상콘센트
- **특별고압 · 저압 수전결선도**
  - 고압 또는 특별고압 수전 시
  - 저압 수전 시
- **비상전원 종류 및 용량**
  - 비상전원 종류
    - 자가발전설비
    - 축전지설비
    - 전기저항장치
    - 비상전원수전설비
  - 비상전원 종류 및 용량

01 비상전원수전설비 용어정리(NFTC 602) ★★★

📎 P.388 문 06

1) "과전류차단기"란 「전기설비기술기준의 판단기준」 제38조와 제39조에 따른 것을 말한다.
2) "방화구획형"이란 수전설비를 다른 부분과 건축법상 방화구획을 하여 화재 시 이를 보호하도록 조치하는 방식을 말한다.
3) "변전설비"란 전력용변압기 및 그 부속장치를 말한다.
4) "배전반"이란 전력생산시설 등으로부터 직접 전력을 공급받아 분전반에 전력을 공급해주는 것으로서 다음의 배전반을 말한다.
   (1) "공용배전반"이란 소방회로 및 일반회로 겸용의 것으로서 개폐기, 과전류차단기, 계기와 그 밖의 배선용 기기 및 배선을 금속제 외함에 수납한 것을 말한다.
   (2) "전용배전반"이란 소방회로 전용의 것으로서 개폐기, 과전류차단기, 계기와 그 밖의 배선용 기기 및 배선을 금속제 외함에 수납한 것을 말한다.
5) "분전반"이란 배전반으로부터 전력을 공급받아 부하에 전력을 공급해주는 것으로서 다음의 배전반을 말한다.
   (1) "공용분전반"이란 소방회로 및 일반회로 겸용의 것으로서 분기개폐기, 분기과전류차단기와 그 밖의 배선용 기기 및 배선을 금속제 외함에 수납한 것을 말한다.
   (2) "전용분전반"이란 소방회로 전용의 것으로서 분기개폐기, 분기과전류차단기와 그 밖의 배선용 기기 및 배선을 금속제 외함에 수납한 것을 말한다.
6) "비상전원수전설비"란 화재 시 상용전원이 공급되는 시점까지만 비상전원으로 적용이 가능한 설비로서 상용전원의 안전성과 내화성능을 향상시킨 설비를 말한다.
7) "소방회로"란 소방부하에 전원을 공급하는 전기회로를 말한다.
8) "수전설비"란 전력수급용 계기용변성기·주차단장치 및 그 부속기기를 말한다.
9) "옥외개방형"이란 건물의 옥외 또는 건물의 옥상에 울타리를 설치하고, 그 내부에 수전설비를 설치하는 방식을 말한다.
10) "인입개폐기"란 「전기설비기술기준의 판단기준」 제169조에 따른 것을 말한다.
11) "인입구배선"이란 인입선의 연결점으로부터 특정소방대상물 내에 시설하는 인입개폐기에 이르는 배선을 말한다.

전용배전반이란 소방회로 및 일반회로 겸용의 것으로서 개폐기, 과전류차단기, 계기와 그 밖의 배선용 기기 및 배선을 금속제 외함에 수납한 것을 말한다. ✗ 공용배전반

공용분전반이란, 소방회로 전용의 것으로서 분기개폐기, 분기과전류차단기와 그 밖의 배선용 기기 및 배선을 금속제 외함에 수납한 것을 말한다. ✗ 전용분전반

12) "인입선"이란 「전기설비기술기준」 제3조 제1항 제9호에 따른 것을 말한다.
13) "일반회로"란 소방회로 이외의 전기회로를 말한다.
14) "전기사업자"란 「전기사업법」 제2조 제2호에 따른 자를 말한다.
15) "큐비클형"이란 수전설비를 큐비클 내에 수납하여 설치하는 방식으로서 다음의 형식을 말한다.
   (1) "공용큐비클식"이란 소방회로 및 일반회로 겸용의 것으로서 수전설비, 변전설비와 그 밖의 기기 및 배선을 금속제 외함에 수납한 것을 말한다.
   (2) "전용큐비클식"이란 소방회로용의 것으로 수전설비, 변전설비와 그 밖의 기기 및 배선을 금속제 외함에 수납한 것을 말한다.

02 비상전원수전설비의 설치기준

1 인입선 및 인입구 배선의 시설
1) 인입선은 특정소방대상물에 화재가 발생할 경우에도 화재로 인한 손상을 받지 않도록 설치하여야 한다.
2) 인입구배선은 옥내소화전설비의 화재안전기술기준(NFTC 102)의 규정에 따른 내화배선으로 하여야 한다.

2 특별고압 또는 고압으로 수전하는 경우
일반전기사업자로부터 특별고압 또는 고압으로 수전하는 비상전원 수전설비는 방화구획형, 옥외개방형 또는 큐비클(Cubicle)형으로 하여야 한다.
1) 방화구획형
   (1) 전용의 방화구획 내에 설치할 것
   (2) 소방회로배선은 일반회로배선과 불연성 벽으로 구획할 것. 다만 소방회로배선과 일반회로배선을 15 [cm] 이상 떨어져 설치한 경우는 그러하지 않는다.
   (3) 일반회로에서 과부하, 지락사고 또는 단락사고가 발생한 경우에도 이에 영향을 받지 아니하고 계속하여 소방회로에 전원을 공급시켜 줄 수 있어야 할 것
   (4) 소방회로용 개폐기 및 과전류차단기에는 "소방시설용"이라 표시할 것

> **보충** 큐비클형이란 전기제품을 어떤 입방체 내에 설치하는 것을 말한다.

P.388 문 03

2) 옥외개방형
  (1) 건축물의 옥상에 설치하는 경우에는 그 건축물에 화재가 발생할 경우에도 화재로 인한 손상을 받지 않도록 설치할 것
  (2) 공지에 설치하는 경우에는 인접 건축물에 화재가 발생한 경우에도 화재로 인한 손상을 받지 않도록 설치할 것

3) 큐비클형
  (1) 전용큐비클 또는 공용큐비클식으로 설치할 것
  (2) 외함은 두께 2.3 [mm] 이상의 강판과 이와 동등 이상의 강도와 내화성능이 있는 것으로 제작하여야 하며, 개구부에는 60분+ 방화문 또는 60분 방화문 또는 30분 방화문을 설치할 것
  (3) 옥외에 설치하는 것에 있어서는 아래의 표시등, 전선인입구·인출구, 환기장치에 해당하는 것은 외함에 노출하여 설치할 수 있다.
    ① 표시등(불연성·난연성 재료로 덮개 설치한 것)
    ② 전선의 인입구 및 인출구
    ③ 환기장치
    ④ 전압계(퓨즈 등으로 보호한 것)
    ⑤ 전류계(변류기의 2차 측에 접속된 것)
    ⑥ 계기용 전환스위치(불연성 또는 난연성 재료로 제작된 것)
  (4) 외함은 건축물의 바닥 등에 견고하게 고정할 것
  (5) 외함에 수납하는 수전설비, 변전설비 그 밖의 기기 및 배선은 다음에 적합하게 설치할 것
    ① 외함 또는 프레임 등에 견고하게 고정할 것
    ② 외함의 바닥에서 10 [cm](시험단자, 단자대 등의 충전부는 15 [cm]) 이상의 높이에 설치할 것
  (6) 전선 인입구 및 인출구에는 금속관 또는 금속제 가요전선관을 쉽게 접속할 수 있도록 할 것
  (7) 환기장치는 다음 기준에 적합하게 설치할 것
    ① 내부의 온도가 상승하지 않도록 환기장치를 할 것
    ② 자연환기구의 개구부 면적의 합계는 외함의 한 면에 대하여 당해 면적의 3분의 1 이하로 할 것(이 경우 하나의 통기구의 크기는 직경 10 [mm] 이상의 둥근 막대가 들어가서는 안 됨)
    ③ 자연환기구에 따라 충분히 환기할 수 없는 경우에는 환기설비를 설치할 것
    ④ 환기구에는 금속망, 방화댐퍼 등으로 방화조치를 하고, 옥외에 설치하는 것은 빗물 등이 들어가지 않도록 할 것

(8) 공용큐비클식의 소방회로와 일반회로에 사용되는 배선 및 배선용 기기는 불연재료로 구획할 것

3 저압으로 수전하는 경우

전기사업자로부터 저압으로 수전하는 비상전원설비는 전용배전반(1·2종)·전용분전반(1·2종)또는 공용분전반(1·2종)으로 하여야 한다.

1) 제1종 배전반 및 제1종 분전반
   (1) 외함은 두께 1.6 [mm](전면판 및 문은 2.3 [mm]) 이상의 강판과 이와 동등 이상의 강도와 내화성능이 있는 것으로 제작할 것
   (2) 외함의 내부는 외부의 열에 의해 영향을 받지 않도록 내열성 및 단열성이 있는 재료를 사용하여 단열할 것. 이 경우 단열부분은 열 또는 진동에 따라 쉽게 변형되지 아니하여야 한다.
   (3) 다음에 해당하는 것은 외함에 노출하여 설치할 수 있다.
      ① 표시등(불연성 또는 난연성 재료로 덮개를 설치한 것에 한함)
      ② 전선의 인입구 및 입출구
   (4) 외함은 금속관 또는 금속제 가요전선관을 쉽게 접속할 수 있도록 하고, 당해 접속부분에는 단열조치를 할 것
   (5) 공용배전판 및 공용분전판의 경우 소방회로와 일반회로에 사용하는 배선 및 배선용 기기는 불연재료로 구획되어야 할 것

2) 제2종 배전반 및 제2종 분전반
   (1) 외함은 두께 1 [mm](함전면의 면적이 1000 [cm²]를 초과하고, 2000 [cm²] 이하인 경우에는 1.2 [mm], 2000 [cm²]를 초과하는 경우에는 1.6 [mm]) 이상의 강판과 이와 동등 이상의 강도와 내화성능이 있는 것으로 제작할 것
   (2) 120 [℃]의 온도를 가했을 때 이상이 없는 전압계 및 전류계는 외함에 노출하여 설치할 것
   (3) 단열을 위해 배선용 불연전용실내에 설치할 것

3) 그 밖의 배전반 및 분전반
   (1) 일반회로에서 과부하·지락사고 또는 단락사고가 발생한 경우에도 이에 영향을 받지 아니하고 계속하여 소방회로에 전원을 공급시켜 줄 있어야 할 것
   (2) 소방회로용 개폐기 및 과전류차단기에는 "소방시설용"이라는 표시를 할 것

○— 제1종 배전반 및 제1종 분전반의 외함은 두께 2.5 [mm] 이상의 강판과 이와 동등 이상의 강도와 내화성능이 있는 것으로 제작할 것
 ✗ 1.6 [mm]

03 절연저항 정리 ★★★

> **선생님 TIP**
> 누전경보기, 유도등, 비상조명등은 무조건 숫자 5만 기억합시다.

설비명	측정위치	측정계기	절연저항
자동화재 탐지설비	• 감지기회로 및 부속회로 전로 • 대지 사이 및 배선상호 간	직류 250 [V] 절연저항 측정기	0.1 [MΩ] 이상
자동화재 속보설비 + 가스누설 경보기	절연된 충전부와 외함	직류 500 [V] 절연저항 측정기	5 [MΩ] 이상
	• 교류입력 측과 외함 • 절연된 선로 간	직류 500 [V] 절연저항 측정기	20 [MΩ] 이상
비상경보설비	• 감지기회로 및 부속회로 전로 • 대지 사이 및 배선상호 간	직류 250 [V] 절연저항 측정기	0.1 [MΩ] 이상
	절연된 충전부와 외함	직류 500 [V] 절연저항 측정기	5 [MΩ] 이상
	• 교류입력 측과 외함 • 절연된 선로 간	직류 500 [V] 절연저항 측정기	20 [MΩ] 이상
비상방송설비	• 감지기회로 및 부속회로 전로 • 대지 사이 및 배선상호 간	직류 250 [V] 절연저항 측정기	0.1 [MΩ] 이상
누전경보기	[변류기] • 절연된 1차 권선과 2차 권선 • 절연된 1차 권선과 외부금속부 • 절연된 2차 권선과 외부금속부	직류 500 [V] 절연저항측정기	5 [MΩ] 이상
	[수신기] • 절연된 충전부와 외함 간 및 차단 기구의 개폐부 • 열린 상태에서는 같은 극의 전원 단자와 부하 측 단자와의 사이 • 닫힌 상태에서는 충전부와 손잡이 사이	직류 500 [V] 절연저항측정기	5 [MΩ] 이상
유도등	• 교류입력 측과 외함 • 교류입력 측과 충전부 사이 • 절연된 충전부와 외함 사이	직류 500 [V] 절연저항측정기	5 [MΩ] 이상
비상조명등	• 교류입력 측과 외함 • 교류입력 측과 충전부 사이 • 절연된 충전부와 외함 사이	직류 500 [V] 절연저항측정기	5 [MΩ] 이상
비상콘센트	절연된 충전부와 외함	직류 500 [V] 절연저항측정기	20 [MΩ] 이상

04 특별고압 · 고압 · 저압 수전결선도 ★

고압 또는 특별고압 수전 시	
전용의 전력용 변압기	공용의 전력용 변압기

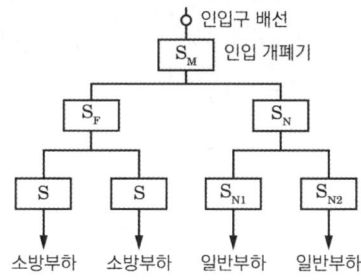

- 차단순서
  CB_{10}이 CB_{12}, CB_{22}보다 먼저 차단되어서는 안 된다.
- 차단용량 $CB_{11} \geqq CB_{12}$

- 차단순서
  CB_{10}이 CB, CB_{22}보다 먼저 차단되어서는 안 된다.
- 차단용량 $CB_{21} \geqq CB_{22}$

저압수전 시

- 차단순서
  S_M이 S_N, S_{N1}, S_{N2}보다 먼저 차단되어서는 안 된다.
- 차단용량 $S_F \geqq S_N$

※ 약호 및 명칭

약호	명칭
CB	전력차단기
PF	전력퓨즈(고압 또는 특별고압용)
F	퓨즈(저압용)
Tr	전력용 변압기
S	저압용 개폐기 및 과전류차단기

○ CB는 퓨즈의 약호이다.
  ☒ 전력차단기의 약호
○ Tr은 전력퓨즈의 약호이다.
  ☒ 전력용 변압기

05 비상전원 종류 및 용량 ★★★

1 비상전원 종류
1) 자가발전설비
2) 축전지설비
3) 전기저장장치
4) 비상전원수전설비

2 비상전원 종류 및 용량

설비	비상전원				용량
	자가발전	축전지	전기저장장치	비상전원수전설비	
• 비상방송설비 • 자동화재탐지설비 • 비상경보설비		○	○		• 감시상태 60분 이상 • 작동상태 10분 이상
• 유도등		○			• 20분 이상 • 60분 이상 (지하층 제외 11층 이상, 지하층·무창층으로 도·소매시장, 여객자동차터미널, 지하역사, 지하상가)
• 비상조명등	○	○	○		
• 무선통신보조설비		○			• 30분 이상
• 비상콘센트설비	○	○	○	○	• 20분 이상

자동화재탐지설비는 감시상태 30분 작동상태 10분 이상의 용량이 필요하다. [X] 감시상태 60분

예상문제

01 상중하

소방시설용 비상전원수전설비의 화재안전기술기준(NFTC 602)에 따른 제1종 배전반 및 제1종 분전반의 시설기준으로 틀린 것은?

① 전선의 인입구 및 입출구는 외함에 노출하여 설치하면 아니 된다.
② 외함의 문은 2.3 [mm] 이상의 강판과 이와 동등 이상의 강도와 내화성능이 있는 것으로 제작하여야 한다.
③ 공용배전판 및 공용분전판의 경우 소방회로와 일반회로에 사용하는 배선 및 배선용 기기는 불연재료로 구획되어야 한다.
④ 외함은 금속관 또는 금속제 가요전선관을 쉽게 접속할 수 있도록 하고, 당해 접속부분에는 단열조치를 하여야 한다.

해설 제1종배전반·분전반

1) 외함 노출 설치기기 : <u>표시등·전선 인입구, 입출구</u>
2) 전면판·문 : 2.3 [mm] 이상 강판과 동등 이상 강도·내화성능 갖는 것
3) 공용배전판·분전판 : 소방·일반회로 배선, 배선용 기기 불연재료 구획
4) 외함접속 시(접속부분 단열조치) : 금속관·금속제 가요전선관 쉽게 접속

02 상중하

소방시설용 비상전원수전설비의 화재안전기술기준(NFTC 602)에 따라 큐비클형의 시설기준으로 틀린 것은?

① 전용큐비클 또는 공용큐비클식으로 설치할 것
② 외함은 건축물의 바닥 등에 견고하게 고정할 것
③ 자연환기구에 따라 충분히 환기할 수 없는 경우에는 환기설비를 설치할 것
④ 공용큐비클식의 소방회로와 일반회로에 사용되는 배선 및 배선용 기기는 난연재료로 구획할 것

해설 수전설비 큐비클형

- 전용·공용큐비클식으로 설치
- 외함 : 건축물 바닥 등에 견고하게 고정
- 자연환기구 : 환기설비 설치
- 소방·일반회로 배선 및 배선용 기기 : <u>불연재료로 구획</u>

정답 01 ① 02 ④

03 상(중)하

소방시설용 비상전원수전설비의 화재안전기술기준(NFTC 602)에 따라 일반전기사업자로부터 특고압 또는 고압으로 수전하는 비상전원 수전설비의 경우에 있어 소방회로배선과 일반회로배선을 몇 [cm] 이상 떨어져 설치하는 경우 불연성 벽으로 구획하지 않을 수 있는가?

① 5
② 10
③ 15
④ 20

해설 특고압·고압수전 배선
- 소방·일반회로배선 : 불연성 벽 구획
- 15 [cm] 이상 이격 설치 시 : 구획 안 함
- 화재 시 적정거리 배치로 위험감소

04 상(중)하

소방시설용 비상전원수전설비에서 전력수급용 계기용변성기·주차단장치 및 그 부속기기로 정의되는 것은?

① 큐비클설비
② 배전반설비
③ 수전설비
④ 변전설비

해설 수전설비 구성설비
- 정의 : 전력회사 전기를 받는 전기설비
- 전력수급용 계기용변성기
- 주차단장치
- 부속기기

암기 전주부

05 상 중(하)

일반전기사업자로부터 특별고압 또는 고압으로 수전하는 비상전원수전설비의 형식 중 틀린 것은?

① 큐비클(Cubicle)
② 옥내개방형
③ 옥외개방형
④ 방화구획형

해설 특·고압 수전설비
- 옥외개방형
- 큐비클형
- 방화구획형

암기 올캐방

06 상(중)하

소방시설용 비상전원수전설비에서 소방회로 전용의 것으로서 분기 개폐기, 분기과전류차단기, 그 밖의 배선용 기기 및 배선을 금속제 외함에 수납한 것은?

① 전용분전반
② 전용배전반
③ 공용배전반
④ 전용수전반

해설 전용분전반
- 소방회로전용
- 분기개폐기·과전류차단기·그 밖 배선용 기기 배선 : 금속제 외함 수납

정답 03 ③ 04 ③ 05 ② 06 ①

CHAPTER 11 화재알림설비

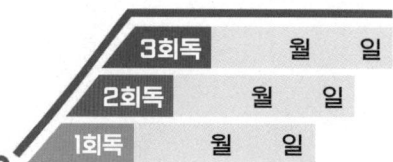

학습목표

1 화재알림설비의 정의에 대해 파악한다.
2 화재알림형 수신기와 감지기 설치기준을 학습한다.
3 화재알림형 비상경보장치의 설치기준을 학습한다.
4 원격감시서버에 대해 학습한다.

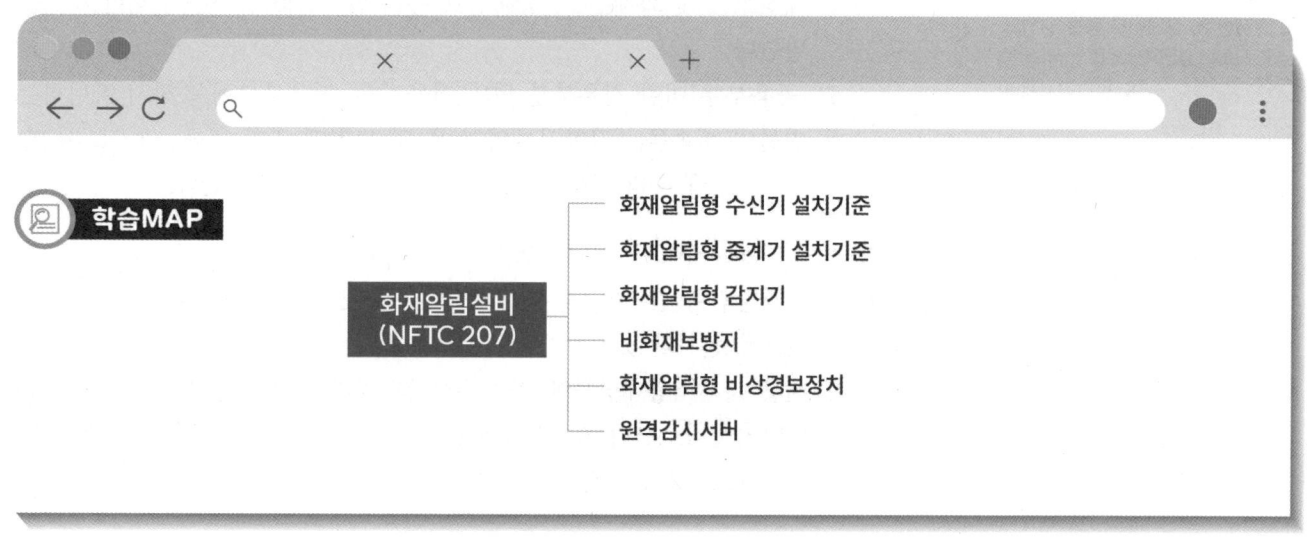

01 화재알림설비(NFTC 207)

1 정의

1) "화재알림형 감지기"란 화재 시 발생하는 열, 연기, 불꽃을 자동적으로 감지하는 기능 중 두 가지 이상의 성능을 가진 열·연기 또는 열·연기·불꽃 복합형 감지기로서 화재알림형 수신기에 주위의 온도 또는 연기의 양의 변화에 따라 각각 다른 전류 또는 전압 등(이하 "화재정보값"이라 한다)의 출력을 발하고, 불꽃을 감지하는 경우 화재신호를 발신하며, 자체 내장된 음향장치에 의하여 경보하는 것을 말한다.

2) "화재알림형 중계기"란 화재알림형 감지기, 발신기 또는 전기적인 접점 등의 작동에 따른 화재정보값 또는 화재신호 등을 받아 이를 화재알림형 수신기에 전송하는 장치를 말한다.

3) "화재알림형 수신기"란 화재알림형 감지기나 발신기에서 발하는 화재정보값 또는 화재신호 등을 직접 수신하거나 화재알림형 중계기를 통해 수신하여 화재의 발생을 표시 및 경보하고, 화재정보값 등을 자동으로 저장하여 자체 내장된 속보기능에 의해 화재신호를 통신망을 통하여 소방관서에는 음성 등의 방법으로 통보하고, 관계인에게는 문자로 전달할 수 있는 장치를 말한다.

4) "발신기"란 수동누름버튼 등의 작동으로 화재신호를 수신기에 발신하는 장치를 말한다.

5) "화재알림형 비상경보장치"란 발신기, 표시등, 지구음향장치(경종 또는 사이렌 등)를 내장한 것으로 화재 발생 상황을 경보하는 장치를 말한다.

6) "원격감시서버"란 원격지에서 각각의 화재알림설비로부터 수신한 화재정보값 및 화재신호, 상태신호 등을 원격으로 감시하기 위한 서버를 말한다.

7) "공용부분"이란 전유부분 외의 건물부분, 전유부분에 속하지 아니하는 건물의 부속물, 「집합건물의 소유 및 관리에 관한 법률」 제3조 제2항 및 제3항에 따라 공용부분으로 된 부속의 건물을 말한다.

> 발신기란 원격지에서 각각의 화재알림설비로부터 수신한 화재정보값 및 화재신호, 상태신호 등을 원격으로 감시하기 위한 서버를 말한다.
> ✗ 원격감시서버

2 화재알림형 수신기 적합기준

1) 화재알림형 감지기, 발신기 등의 작동 및 설치지점을 확인할 수 있는 것으로 설치할 것

2) 해당 특정소방대상물에 가스누설탐지설비가 설치된 경우에는 가스누설탐지설비로부터 가스누설신호를 수신하여 가스누설경보를 할 수 있는 것으로 설치할 것

3) 화재알림형 감지기, 발신기 등에서 발신되는 화재정보·신호 등을 자동으로 저장할 수 있는 용량의 것으로 설치할 것
4) 화재알림형 수신기에 내장된 속보기능은 화재신호를 자동적으로 통신망을 통하여 소방관서에는 음성 등의 방법으로 통보하고, 관계인에게는 문자로 전달할 수 있는 것으로 설치할 것

3 화재알림형 수신기 설치기준

1) 상시 사람이 근무하는 장소에 설치할 것. 다만 사람이 상시 근무하는 장소가 없는 경우에는 관계인이 쉽게 접근할 수 있고 관리가 용이한 장소로서 화재 및 침수 등의 재해로 인한 피해를 받을 우려가 없는 곳에 설치하여야 한다.
2) 화재알림형 수신기가 설치된 장소에는 화재알림설비 일람도를 비치할 것
3) 화재알림형 수신기의 내부 또는 그 직근에 주음향장치를 설치할 것
4) 화재알림형 수신기의 음향기구는 그 음압 및 음색이 다른 기기의 소음 등과 명확히 구별될 수 있는 것으로 할 것
5) 화재알림형 수신기의 조작 스위치는 바닥으로부터의 높이가 0.8 [m] 이상 1.5 [m] 이하인 장소에 설치할 것
6) 하나의 특정소방대상물에 둘 이상의 화재알림형 수신기를 설치하는 경우에는 화재알림형 수신기를 상호 간 연동하여 화재 발생 상황을 각 화재알림형 수신기마다 확인할 수 있도록 할 것
7) 화재로 인하여 하나의 층의 화재알림형 비상경보장치 또는 배선이 단락되어도 다른 층의 화재통보에 지장이 없도록 각 층 배선상에 유효한 조치를 할 것

4 화재알림형 중계기 설치기준

1) 화재알림형 수신기와 화재알림형 감지기 사이에 설치할 것
2) 조작 및 점검에 편리하고 화재 및 침수 등의 재해로 인한 피해를 받을 우려가 없는 장소에 설치할 것
3) 화재알림형 수신기에 따라 감시되지 않는 배선을 통하여 전력을 공급받는 것에 있어서는 전원입력 측의 배선에 과전류 차단기를 설치하고 해당 전원의 정전이 즉시 화재알림형 수신기에 표시되는 것으로 하며, 상용전원 및 예비전원의 시험을 할 수 있도록 할 것

○ 화재알림형 수신기의 내부 또는 극 직근에는 지구음향장치를 설치할 것
　　　　　　　　　Ⓧ 주음향장치

○ 화재알림형 수신기의 조작 스위치는 바닥으로부터의 높이가 0.8 [m] 이상 1.0 [m] 이하인 장소에 설치할 것　　Ⓧ 1.5 [m] 이하

5 화재알림형 감지기

1) 화재알림형 감지기는 열을 감지하는 경우 공칭감지온도범위, 연기를 감지하는 경우 공칭감지농도범위, 불꽃을 감지하는 경우 공칭감시거리 및 공칭시야각 등에 따라 적합한 장소에 설치해야 한다.
2) 무선식의 경우 화재를 유효하게 검출하기 위해 해당 특정소방대상물에 음영구역이 없도록 설치해야 한다.
3) 동작된 감지기는 자체 내장된 음향장치에 의하여 경보를 발해야 하며, 음압은 부착된 화재알림형 감지기의 중심으로부터 1 [m] 떨어진 위치에서 85 [dB] 이상으로 해야 한다.

> 음압은 부착된 화재알림형 감지기의 중심으로부터 1 [m] 떨어진 위치에서 90 [dB] 이상으로 해야 한다. ☒ 85 [dB]

6 비화재보방지

화재알림형 수신기 또는 화재알림형 감지기는 자동보정기능이 있는 것으로 설치해야 한다.

7 화재알림형 비상경보장치

1) 화재알림형 비상경보장치는 다음 각 호의 기준에 따라 설치해야 한다. 다만 전통시장의 경우에는 공용부분에 한하여 설치할 수 있다.
   (1) 층수가 11층(공동주택의 경우에는 16층) 이상의 특정소방대상물은 발화층에 따라 경보하는 층을 달리하여 경보를 발할 수 있도록 할 것
   (2) 화재알림형 비상경보장치는 특정소방대상물의 층마다 설치하되, 해당 특정소방대상물의 각 부분으로부터 하나의 화재알림형 비상경보장치까지의 수평거리가 25 [m] 이하가 되도록 하고, 해당 층의 각 부분에 유효하게 경보를 발할 수 있도록 설치할 것
   (3) 제2호에도 불구하고 제2호의 기준을 초과하는 경우로서 기둥 또는 벽이 설치되지 아니한 대형공간의 경우 화재알림형 비상경보장치는 설치대상 장소 중 가장 가까운 장소의 벽 또는 기둥 등에 설치할 것
   (4) 화재알림형 비상경보장치는 조작이 쉬운 장소에 설치하고, 발신기의 스위치는 바닥으로부터 0.8 [m] 이상 1.5 [m] 이하의 높이에 설치할 것
   (5) 화재알림형 비상경보장치의 위치를 표시하는 표시등은 함의 상부에 설치하되, 그 불빛은 부착면으로부터 15도 이상의 범위 안에서 부착지점으로부터 10 [m] 이내의 어느 곳에서도 쉽게 식별할 수 있는 적색등으로 설치할 것

> 층수가 11층(공동주택의 경우에는 16층) 이상의 특정소방대상물은 일제경보를 할 것 ☒ 우선경보

2) 화재알림형 비상경보장치는 다음 각 목의 기준에 따른 구조 및 성능의 것으로 해야 한다.
   (1) 정격전압의 80퍼센트의 전압에서 음압을 발할 수 있는 것으로 할 것
   (2) 음압은 부착된 화재알림형 비상경보장치의 중심으로부터 1 [m] 떨어진 위치에서 90데시벨 이상이 되는 것으로 할 것
   (3) 화재알림형 감지기 및 발신기의 작동과 연동하여 작동할 수 있는 것으로 할 것
3) 하나의 특정소방대상물에 둘 이상의 화재알림형 수신기가 설치된 경우 어느 화재알림형 수신기에서도 화재알림형 비상경보장치를 작동할 수 있도록 해야 한다.

B 원격감시서버

특정소방대상물의 관계인은 원격감시서버를 보유한 관리업자에게 화재알림설비의 감시업무를 위탁할 수 있다. 다만 감시업무에서 원격제어는 제외한다.

1) 원격감시서버의 비상전원은 상용전원 차단 시 24시간 이상 전원을 유효하게 공급될 수 있는 것으로 설치한다.
2) 화재알림설비로부터 수신한 정보(주소, 화재정보·신호 등)를 1년 이상 저장할 수 있는 용량을 확보한다.
3) 저장된 데이터는 원격감시서버에서 확인할 수 있어야 하며 복사 및 출력도 가능할 것
4) 저장된 데이터는 임의로 수정이나 삭제를 방지할 수 있는 기능이 있을 것

 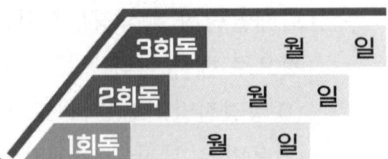

CHAPTER 12 창고시설의 화재안전성능기준

 **학습목표**

1 비상방송설비의 창고시설의 화재안전성능기준을 파악한다.
2 자동화재탐지설비의 창고시설의 화재안전성능기준을 파악한다.
3 유도등의 창고시설의 화재안전성능기준을 파악한다.

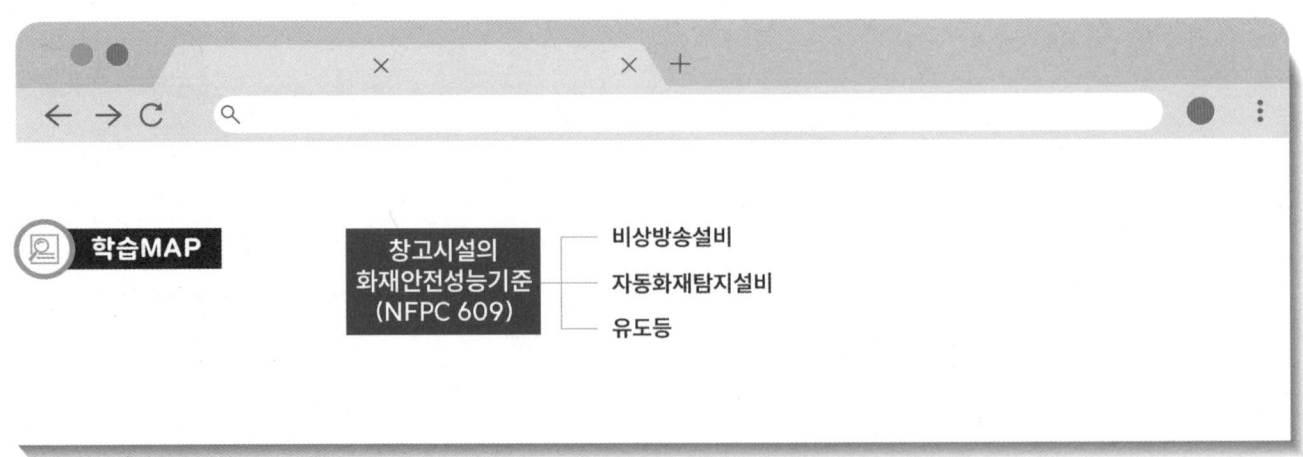

01 창고시설의 화재안전성능기준(NFPC 609)

1 비상방송설비

1) 확성기의 음성입력은 3 [W](실내에 설치하는 것을 포함한다) 이상으로 해야 한다.
2) 창고시설에서 발화한 때에는 전 층에 경보를 발해야 한다.
3) 비상방송설비에는 그 설비에 대한 감시상태를 60분간 지속한 후 유효하게 30분 이상 경보할 수 있는 축전지설비(수신기에 내장하는 경우를 포함한다. 이하 같다) 또는 전기저장장치를 설치해야 한다.

○ 창고시설의 화재안전성능기준에 따라 확성기의 음성입력은 1 [W] 이상이다.   ✖ 3 [W]

2 자동화재탐지설비

1) 감지기 작동 시 해당 감지기의 위치가 수신기에 표시되도록 해야 한다.
2) 「개인정보보호법」 제2조 제7호에 따른 영상정보처리기기를 설치하는 경우 수신기는 영상정보의 열람·재생 장소에 설치해야 한다.
3) 스프링클러설비를 설치하는 창고시설의 감지기는 다음 각 호의 기준에 따라 설치해야 한다.
    (1) 아날로그방식의 감지기, 광전식 공기흡입형 감지기 또는 이와 동등 이상의 기능·성능이 인정되는 감지기를 설치할 것
    (2) 감지기의 신호처리방식은 「자동화재탐지설비 및 시각경보장치의 화재안전성능기준(NFPC 203)」 제3조의2에 따를 것
4) 창고시설에서 발화한 때에는 전 층에 경보를 발해야 한다.
5) 자동화재탐지설비에는 그 설비에 대한 감시상태를 60분간 지속한 후 유효하게 30분 이상 경보할 수 있는 비상전원으로서 축전지설비 또는 전기저장장치를 설치해야 한다. 다만 상용전원이 축전지설비인 경우에는 그렇지 않다.

○ 창고시설에서 발화한 때에는 해당 층만 경보를 한다.   ✖ 전 층

3 유도등

1) 피난구유도등과 거실통로유도등은 대형으로 설치해야 한다.
2) 피난유도선은 연면적 15000 [m²] 이상인 창고시설의 지하층 및 무창층에 다음 각 호의 기준에 따라 설치해야 한다.
    (1) 광원점등방식으로 바닥으로부터 1 [m] 이하의 높이에 설치할 것
    (2) 각 층 직통계단 출입구로부터 건물 내부 벽면으로 10 [m] 이상 설치할 것
    (3) 화재 시 점등되며 비상전원 30분 이상을 확보할 것
    (4) 피난유도선은 소방청장이 정해 고시하는 「피난유도선 성능인증 및 제품검사의 기술기준」에 적합한 것으로 설치할 것

○ 창고시설의 화재안전성능기준에 따라 유도등은 화재 시 점등되며 20분 이상의 비상전원 용량을 확보할 것   ✖ 30분

CHAPTER 13 공동주택의 화재안전성능기준

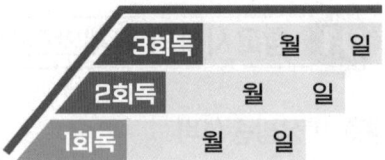

학습목표

1 자동화재탐지설비의 공동주택의 화재안전성능기준을 학습한다.
2 비상방송설비의 공동주택의 화재안전성능기준을 학습한다.
3 유도등의 공동주택의 화재안전성능기준을 학습한다.
4 비상조명등의 공동주택의 화재안전성능기준을 학습한다.
5 비상콘센트설비의 공동주택의 화재안전성능기준을 학습한다.

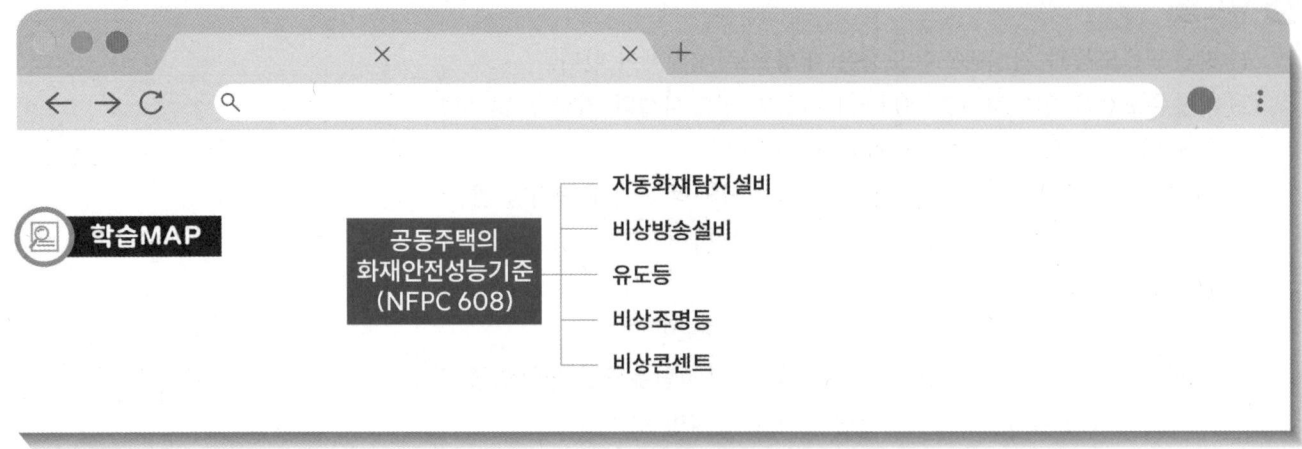

01 공동주택의 화재안전성능기준(NFPC 608)

1 자동화재탐지설비

1) 감지기는 다음 각 호의 기준에 따라 설치해야 한다.
   (1) 아날로그방식의 감지기, 광전식 공기흡입형 감지기 또는 이와 동등 이상의 기능·성능이 인정되는 것으로 설치할 것
   (2) 감지기의 신호처리방식은 「자동화재탐지설비 및 시각경보장치의 화재안전성능기준(NFPC 203)」 제3조의2에 따른다.
   (3) 세대 내 거실(취침용도로 사용될 수 있는 통상적인 방 및 거실을 말한다)에는 연기감지기를 설치할 것
   (4) 감지기회로 단선 시 고장표시가 되며 해당 회로에 설치된 감지기가 정상 작동될 수 있는 성능을 갖도록 할 것
2) 복층형 구조인 경우에는 출입구가 없는 층에 발신기를 설치하지 아니할 수 있다.

2 비상방송설비

1) 확성기는 각 세대마다 설치할 것
2) 아파트등의 경우 실내에 설치하는 확성기 음성입력은 2와트 이상일 것

3 유도등

1) 소형 피난구유도등을 설치할 것. 다만 세대 내에는 유도등을 설치하지 않을 수 있다.
2) 주차장으로 사용되는 부분은 중형 피난구유도등을 설치할 것
3) 「건축법」 시행령 제40조 제3항 제2호 나목 및 「주택건설기준 등에 관한 규정」 제16조의2 제3항에 따라 비상문자동개폐장치가 설치된 옥상 출입문에는 대형 피난구유도등을 설치할 것
4) 내부구조가 단순하고 복도식이 아닌 층에는 「유도등 및 유도표지의 화재안전성능기준(NFPC 303)」 제5조 제3항 및 제6조 제1항 제1호 가목 기준을 적용하지 아니할 것

4 비상조명등

비상조명등은 각 거실로부터 지상에 이르는 복도·계단 및 그 밖의 통로에 설치해야 한다. 다만 공동주택의 세대 내에는 출입구 인근 통로에 1개 이상 설치한다.

- 공동주택의 화재안전성능기준에 따라 비상방송설비의 확성기는 피난층만 설치할 것 [X] 각 세대마다
- 아파트등의 경우 실내에 설치하는 확성기 음성입력은 1와트 이상일 것 [X] 2와트

5 비상콘센트

아파트등의 경우에는 계단의 출입구(계단의 부속실을 포함하며 계단이 2개 이상 있는 경우에는 그중 1개의 계단을 말한다)로부터 5 [m] 이내에 비상콘센트를 설치하되, 그 비상콘센트로부터 해당 층의 각 부분까지의 수평거리가 50 [m]를 초과하는 경우에는 비상콘센트를 추가로 설치해야 한다.

CHAPTER 14 도로터널의 화재안전기술기준

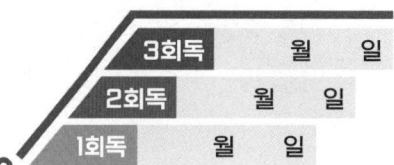

학습목표

1 비상경보설비의 도로터널의 화재안전기술기준을 학습한다.
2 자동화재탐지설비의 도로터널의 화재안전기술기준을 학습한다.
3 비상조명등의 도로터널의 화재안전기술기준을 학습한다.
4 무선통신보조설비의 도로터널의 화재안전기술기준을 학습한다.
5 비상콘센트설비의 도로터널의 화재안전기술기준을 학습한다.

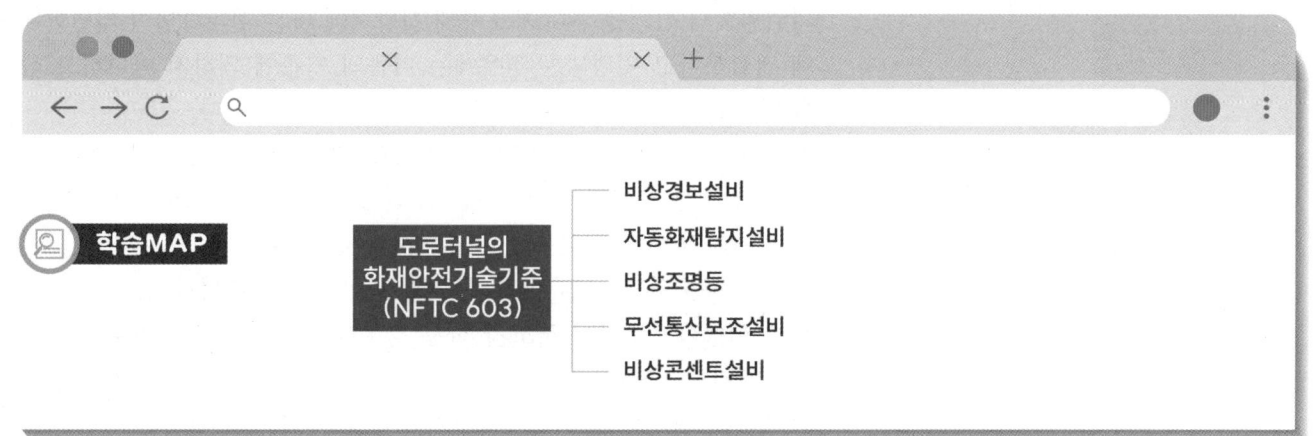

01 도로터널의 화재안전기술기준(NFTC 603)

1 비상경보설비

1) 발신기는 주행차로 한쪽 측벽에 50 [m] 이내의 간격으로 설치하며, 편도 2차선 이상의 양방향터널이나 4차로 이상의 일방향터널의 경우에는 양쪽의 측벽에 각각 50 [m] 이내의 간격으로 엇갈리게 설치하고, 발신기는 바닥면으로부터 0.8 [m] 이상 ~ 1.5 [m] 이하의 높이에 설치할 것
2) 음향장치는 발신기 설치위치와 동일하게 설치할 것. '비상방송설비의 화재안전기술기준(NFTC 202)'에 적합하게 설치된 방송설비를 비상경보설비와 연동하여 작동하도록 설치한 경우에는 비상경보설비의 지구음향장치를 설치하지 않을 수 있다.
3) 음향장치의 음량은 부착된 음향장치의 중심으로부터 1 [m] 떨어진 위치에서 90 [dB] 이상이 되도록 하고, 음향장치는 터널 내부 전체에 동시에 경보를 발하도록 설치할 것
4) 시각경보기는 주행차로 한쪽 측벽에 50 [m] 이내의 간격으로 비상경보설비의 상부 직근에 설치하고, 설치된 전체 시각경보기는 동기방식에 의해 작동될 수 있도록 할 것

2 자동화재탐지설비

1) 터널에 설치할 수 있는 감지기의 종류는 다음의 어느 하나와 같다.
   (1) 차동식 분포형 감지기
   (2) 정온식 감지선형 감지기(아날로그식에 한한다. 이하 같다)
   (3) 중앙기술심의위원회의 심의를 거쳐 터널화재에 적응성이 있다고 인정된 감지기
2) 하나의 경계구역의 길이는 100 [m] 이하로 해야 한다.
3) 위에 의한 감지기의 설치기준은 다음의 기준과 같다. 다만 중앙기술심의위원회의 심의를 거쳐 제조사의 시방서에 따른 설치방법이 터널화재에 적합하다고 인정되는 경우에는 다음의 기준에 의하지 아니하고 심의결과에 의한 제조사의 시방서에 따라 설치할 수 있다.
4) 감지기의 감열부(열을 감지하는 기능을 갖는 부분을 말한다. 이하 같다)와 감열부 사이의 이격거리는 10 [m] 이하로, 감지기와 터널 좌·우측 벽면과의 이격거리는 6.5 [m] 이하로 설치할 것
5) 위에도 불구하고 터널 천장의 구조가 아치형의 터널에 감지기를 터널 진행방향으로 설치하고자 하는 경우에는 감열부와 감열부 사이의 이격거리를 10 [m] 이하로 하여 아치형 천장의 중앙 최상부에 1열로 감지기를 설치해야 하며, 감지기를 2열 이상으로 설치하고자 하는

• 차동식 스포트형 감지기는 터널에 설치할 수 있다.
　　[X] 차동식 분포형 감지기
• 하나의 경계구역의 길이는 터널 50 [m] 이하로 한다.
　　[X] 100 [m] 이하

경우에는 감열부와 감열부 사이의 이격거리는 10 [m] 이하로 감지기 간의 이격거리는 6.5 [m] 이하로 설치할 것

6) 감지기를 천장면(터널 안 도로 등에 면한 부분 또는 상층의 바닥 하부 면을 말한다. 이하 같다)에 설치하는 경우에는 감지기가 천장면에 밀착되지 않도록 고정금구 등을 사용하여 설치할 것

7) 형식승인 내용에 설치방법이 규정된 경우에는 형식승인 내용에 따라 설치할 것. 다만 감지기와 천장면과의 이격거리에 대해 제조사의 시방서에 규정되어 있는 경우에는 시방서의 규정에 따라 설치할 수 있다.

8) 위에도 불구하고 감지기의 작동에 의하여 다른 소방시설 등이 연동되는 경우로서 해당 소방시설 등의 작동을 위한 정확한 발화 위치를 확인할 필요가 있는 경우에는 경계구역의 길이가 해당 설비의 방호구역 등에 포함되도록 설치해야 한다.

3 비상조명등

1) 상시 조명이 소등된 상태에서 비상조명등이 점등되는 경우 터널 안의 차도 및 보도의 바닥면의 조도는 10 [lx] 이상, 그 외 모든 지점의 조도는 1 [lx] 이상이 될 수 있도록 설치할 것

2) 비상조명등의 비상전원은 상용전원이 차단되는 경우 자동으로 비상조명등을 유효하게 60분 이상 작동할 수 있어야 할 것

3) 비상조명등에 내장된 예비전원이나 축전지설비는 상용전원의 공급에 의하여 상시 충전상태를 유지할 수 있도록 설치할 것

○ 비상조명등의 터널 안의 차도 및 보도의 바닥면의 조도는 1 [lx] 이상이다. ✗ 10 [lx]

4 무선통신보조설비

1) 무선통신보조설비의 옥외안테나는 방재실 인근과 터널의 입구 및 출구, 피난연결통로 등에 설치해야 한다.

2) 라디오 재방송설비가 설치되는 터널의 경우에는 무선통신보조설비와 겸용으로 설치할 수 있다.

5 비상콘센트설비

1) 비상콘센트설비의 전원회로는 단상교류 220 [V]인 것으로서 그 공급 용량은 1.5 [kVA] 이상인 것으로 할 것

2) 전원회로는 주배전반에서 전용회로로 할 것. 다만 다른 설비의 회로 사고에 따른 영향을 받지 않도록 되어 있는 것은 그렇지 않다.

3) 콘센트마다 배선용 차단기(KS C 8321)를 설치해야 하며 충전부가 노출되지 않도록 할 것

4) 주행차로의 우측 측벽에 50 [m] 이내의 간격으로 바닥으로부터 0.8 [m] 이상 ~ 1.5 [m] 이하의 높이에 설치할 것

CHAPTER 15 지하구의 화재안전기술기준

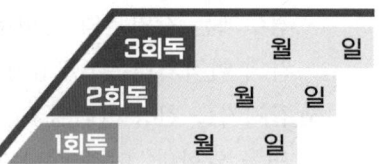

학습목표

1 자동화재탐지설비의 지하구의 화재안전기술기준에 대해 학습한다.
2 유도등의 지하구의 화재안전기술기준에 대해 학습한다.
3 무선통신보조설비의 지하구의 화재안전기술기준에 대해 학습한다.
4 기존 지하구에 대한 특례에 대해 학습한다.

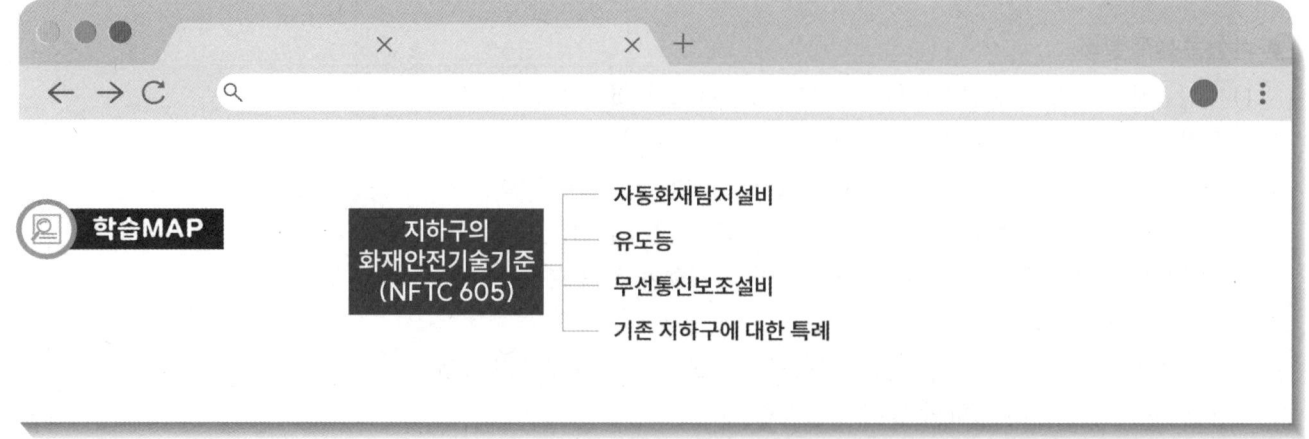

학습MAP

지하구의 화재안전기술기준 (NFTC 605)
- 자동화재탐지설비
- 유도등
- 무선통신보조설비
- 기존 지하구에 대한 특례

01 지하구의 화재안전기술기준(NFTC 605)

1 자동화재탐지설비

1) 먼지·습기 등의 영향을 받지 않고 발화지점(1 [m] 단위)과 온도를 확인할 수 있는 것을 설치할 것
2) 지하구 천장의 중심부에 설치하되 감지기와 천장 중심부 하단과의 수직거리는 30 [cm] 이내로 할 것. 다만 형식승인 내용에 설치방법이 규정되어 있거나, 중앙기술심의위원회의 심의를 거쳐 제조사 시방서에 따른 설치방법이 지하구 화재에 적합하다고 인정되는 경우에는 형식승인 내용 또는 심의결과에 의한 제조사 시방서에 따라 설치할 수 있다.
3) 발화지점이 지하구의 실제거리와 일치하도록 수신기 등에 표시할 것
4) 공동구 내부에 상수도용 또는 냉·난방용 설비만 존재하는 부분은 감지기를 설치하지 않을 수 있다.
5) 발신기, 지구음향장치 및 시각경보기는 설치하지 않을 수 있다.

2 유도등

사람이 출입할 수 있는 출입구(환기구, 작업구를 포함한다)에는 해당 지하구의 환경에 적합한 크기의 피난구유도등을 설치해야 한다.

3 무선통신보조설비

무선통신보조설비의 옥외안테나는 방재실 인근과 공동구의 입구 및 연소방지설비의 송수구가 설치된 장소(지상)에 설치해야 한다.

4 기존 지하구에 대한 특례

기존 지하구에 설치하는 소방시설 등에 대해 강화된 기준을 적용하는 경우에는 다음 각 호의 설치·관리 관련 특례를 적용한다.

1) 특고압 케이블이 포설된 송·배전 전용의 지하구(공동구를 제외한다)에는 온도 확인 기능 없이 최대 700 [m]의 경계구역을 설정하여 발화지점(1 [m] 단위)을 확인할 수 있는 감지기를 설치할 수 있다.
2) 소방본부장 또는 소방서장은 이 기준이 정하는 기준에 따라 해당 건축물에 설치해야 할 소방시설 등의 공사가 현저하게 곤란하다고 인정되는 경우에는 해당 설비의 기능 및 사용에 지장이 없는 범위 안에서 소방시설 등의 화재안전성능기준의 일부를 적용하지 않을 수 있다.

○ 지하구의 화재안전기준에 의거 자동화재탐지설비의 감지기는 먼지·습기 등의 영향을 받지 않고 발화지점(3 [m] 단위)과 온도를 확인할 수 있는 것을 설치할 것
  [X] 발화지점(1 [m] 단위)

○ 사람이 출입할 수 있는 출입구(환기구, 작업구를 포함한다)에는 해당 지하구의 환경에 적합한 크기의 거실통로유도등을 설치해야 한다.
  [X] 피난구유도등을 설치

2026 초격차 소방설비기사·산업기사 필기 전기

발행일	2025년 10월 15일 개정판 1쇄
지은이	황모아, 오민정
발행인	황모아
발행처	(주)모아교육그룹
주 소	서울특별시 영등포구 영신로 32길 29 세화빌딩 2층
전 화	02-2068-2393(출판, 주문)
등 록	제2015-000006호 (2015.1.16.)
이메일	moagbooks@naver.com
ISBN	979-11-6804-452-4 (14500)
	979-11-6804-458-6 (14500) (전5권)

이 책의 가격은 뒤표지에 있습니다.

Copyright ⓒ (주)모아교육그룹 Co., Ltd. All Rights Reserved.

이 책은 저작권법에 의해 보호를 받는 저작물이므로 저자와 출판사의 서면 허락 없이 내용의 전부 또는 일부를 이용하는 것을 금합니다.

정오표 안내

틀린 부분을 바로잡는 것은 모아의 책임입니다!
더 정확한 교재를 만들기 위해 항상 노력하겠습니다!

QR로 확인하실 경우

교재 뒤표지에 있는 **QR코드** 스캔

▼

정오표를 확인하실 수 있습니다.

PC로 확인하실 경우

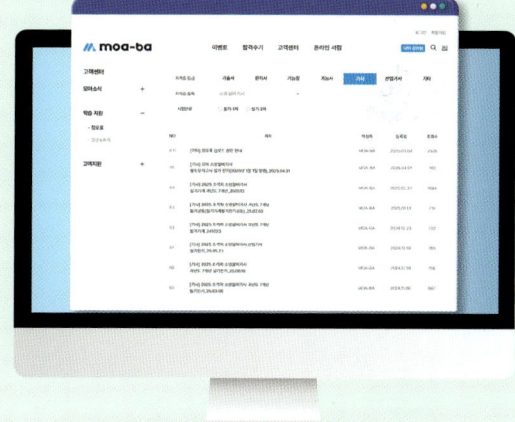

모아바(moa-ba.com) 접속

▼

온라인서점

▼

정오표로 이동

▼

자격증 등급에서 **기사** 선택

▼

자격증 종목에서 **소방설비기사** 선택

▼

정오표를 확인하실 수 있습니다.

*모바일도 동일합니다.

> 지금 **초격차**와 함께하는
> 당신의 **다짐**을 적어보세요!

나는
_____년 제 _____회
소방설비(산업)기사 자격 시험에
최선을 다해 합격할 것입니다.

_____년 _____월 _____일

소방설비기사·산업기사

필기 전기 | 빈칸쏙쏙 + 중요빈출지문

2026 초超 격格 자差

CONTENTS

PART 01 소방전기일반

- CHAPTER 01 직류회로 · 408
- CHAPTER 02 정전계 · 413
- CHAPTER 03 정자계 · 416
- CHAPTER 04 교류회로 · 423
- CHAPTER 05 비정현파 교류와 과도현상 · · · · · · · · · · · · · 433
- CHAPTER 06 제어회로 · 436
- CHAPTER 07 전자회로 · 444
- CHAPTER 08 기타 · 449

PART 02 소방전기시설의 구조 및 원리

- CHAPTER 01 자동화재탐지설비 · 454
- CHAPTER 02 비상경보설비 및 단독경보형 감지기 · · · · · · · · 472
- CHAPTER 03 비상방송설비 · 476
- CHAPTER 04 자동화재속보설비 · 478
- CHAPTER 05 가스누설경보기 및 누전경보기 · · · · · · · · · · 482
- CHAPTER 06 유도등 · 489
- CHAPTER 07 비상조명등 · 497
- CHAPTER 08 비상콘센트설비 · 500
- CHAPTER 09 무선통신보조설비 · 503
- CHAPTER 10 비상전원수전설비 · 506

PART 03 중요빈출지문

- PART 01 소방전기일반 · 512
- PART 02 소방전기시설의 구조 및 원리 · · · · · · · · · · · · · 522

PART 01 소방전기일반

CHAPTER 01	직류회로
CHAPTER 02	정전계
CHAPTER 03	정자계
CHAPTER 04	교류회로
CHAPTER 05	비정현파 교류와 과도현상
CHAPTER 06	제어회로
CHAPTER 07	전자회로
CHAPTER 08	기타

CHAPTER 01 직류회로

📖 $Q = I \cdot t \, [C]$

1 전하량
전하가 가지고 있는 전기적인 양

2 전기력(쿨롱력)
(1) 전하끼리 밀고 당기는 힘
(2) 극성이 다르면 흡인력, 같으면 반발력 작용

3 전류·전압·저항관계
전류는 전압에 비례, 저항에 반비례 $V = IR$, $I = \dfrac{V}{R}$

4 컨덕턴스 G[℧, S, Ω⁻¹]
저항의 역수 $G = \dfrac{I}{V}$ [℧]

5 고유저항 ρ
(1) 모든 물질이 가지는 고유한 저항값
(2) 국제 표준 연동선의 고유 저항 $\rho = 1.7241 \times 10^{-2} \, [\Omega \cdot \text{mm}^2/\text{m}]$

📖 $R = \rho \dfrac{L}{A} \, [\Omega]$

6 도전율 σ(전도율)
고유저항의 역수, 전류가 잘 흐르는 정도를 나타낸 값

7 직렬·병렬 저항 계산

직렬접속		병렬접속	
전로가 하나일 때		전로가 2개 이상일 때	
전류 일정	$I = I_1 = I_2$	전압 일정	$V = V_1 = V_2$
전압 합	$V = V_1 + V_2$	전류 합	$I = I_1 + I_2$

	직렬접속		병렬접속	
합성저항	1)		합성저항	2)
전압분배 법칙	$V_1 = (\dfrac{R_1}{R_1+R_2})V$ $V_2 = (\dfrac{R_2}{R_1+R_2})V$		전류분배 법칙	$I_1 = (\dfrac{R_2}{R_1+R_2})I$ $I_2 = (\dfrac{R_1}{R_1+R_2})I$

> 1) $R_0 = R_1 + R_2$
> 2) $R_0 = \dfrac{R_1 \times R_2}{R_1 + R_2}$

8 직렬저항과 병렬 합성저항의 합

$$R_0 = R_1 + \dfrac{R_2 \times R_3}{R_2 + R_3}$$

9 저항의 온도계수 α

온도변화에 의한 저항의 변화를 비율로 나타낸 것

$$R_2 = R_1[1 + \alpha_t(t_2 - t_1)]$$

합성저항 온도계수 = $\dfrac{\text{합성저항}}{\text{저항성분}} = \dfrac{\alpha_1 R_1 + \alpha_2 R_2}{R_1 + R_2}$

10 휘스톤 브리지 평형조건

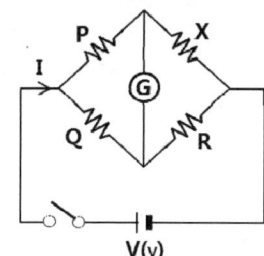

$PR = XQ$

11 키르히호프 법칙

(1) 키르히호프 제1법칙(*   )

　$\Sigma I = 0$, Σ유입전류 = Σ유출전류

　$I_1 + I_2 = I_3$

(2) 키르히호프 제2법칙(*   )

　Σ기전력 = Σ전압강하　$V = IR_1 + IR_2 = V_1 + V_2$

> 전류법칙

> 전압법칙

12 전압과 전류측정

(1) 전압계 : 부하 전압 측정, 부하 *[병렬연결]

(2) 전류계 : 부하 전류 측정, 부하 *[직렬연결]

13 배율기와 분류기

배율기		분류기	
• 전압계와 직렬로 연결 • 전압분배 법칙 이용		• 전류계와 병렬로 연결 • 전류분배 법칙 이용	
전압분배 법칙	$E = (\dfrac{R_v}{R_v + R_m})V$	전류분배 법칙	$I = (\dfrac{R_s + R_a}{R_s})I_0$
배율기 배율	$m = 1 + \dfrac{R_m}{r_V}$	분류기 배율	$n = 1 + \dfrac{r_a}{R_s}$
배율기 저항	$R_m = (m-1)r_v$	분류기 저항	$R_s = \dfrac{r_a}{n-1}$

R_m : 배율기 저항
R_v : 전압계 내부저항
V : 전압계 최대눈금
V_0 : 측정하고자 하는 전압

R_s : 분류기 저항
R_a : 전류계 내부저항
I : 전류계 최대눈금
I_0 : 측정하고자 하는 전류

14 전력 P [W]

전기가 단위시간 동안 한 일의 양 $P = VI = I^2R = \dfrac{V^2}{R} = \dfrac{W}{t}$

15 전력량 W [J]

일정시간 동안 사용한 전기적 에너지의 양

$W = Pt = VIt = I^2Rt = \dfrac{V^2}{R}t = Pt$

16 열량 H [cal]

열량 $H = 0.24VIt = 0.24I^2Rt = 0.24\dfrac{V^2}{R}t = 0.24Pt$

17 주요단위 환산

(1) 1 [W] = 1 [J/s]   1 [J] = 1 [W·s]

(2) 1 [J] = *[0.24 [cal]]   1 [cal] = $\dfrac{1}{0.24}$ = 4.2 [J]

(3) 1 [HP] = 746 [W] = 0.746 [kW]   1 [kgf] = 9.8 [N]

18 열전기 현상

(1) 제어백 효과 : 서로 다른 금속 → 온도차 → 열기전력 (전류) 발생
(2) 펠티에 효과 : 서로 다른 금속 → 전류흐름 → 열의 발생과 흡수

19 전지의 분류

(1) 1차 전지 : 재사용 불가능(망간전지)
(2) 2차 전지 : 충전을 통해 재사용 가능 (리튬이온전지, 납(연)축전지, 니켈카드뮴전지)

20 연(납) 축전지와 알칼리 축전지

연(납) 축전지	알칼리 축전지
• 양극(+) : 이산화납 (PbO_2)	• 양극(+) : 수산화니켈 ($Ni(OH)_2$)
• 음극(-) : 납 (Pb)	• 음극(-) : 카드뮴 (Cd)
• 전해액 : 묽은 황산 (H_2SO_4)	• 전해액 : 수산화칼륨 (KOH)
• 비중 : 1.2 ~ 1.24	• 비중 : 1.2 ~ 1.25
• 공칭전압 : [1)]	• 공칭전압 : 1.2 [V/cell]
• 공칭용량 : [2)]	• 공칭용량 : 5 [Ah]

1) 2 [V/cell]
2) 10 [Ah]

$$\underset{\text{이산화납}}{PbO_2} + \underset{\text{황산}}{2H_2SO_4} + \underset{\text{납}}{Pb}$$
(양극)   (전해액)   (음극)

$$\underset{\text{충전} \leftarrow \text{방전} \rightarrow}{} \underset{\text{황산납}}{PbSO_4} + \underset{\text{물}}{2H_2O} + \underset{\text{황산납}}{PbSO_4}$$
(양극)   (전해액)   (음극)

21 전지의 기전력과 단자전압

(1) 기전력 $E = Ir + IR = I(r + R)$
(2) 단자전압 $V = E - Ir$

22 전지의 연결

(1) 직렬연결 : 전압은 2배이고, 용량은 일정
(2) 병렬연결 : 전압은 일정하고, 용량은 2배

	직렬접속(n개 직렬접속)	병렬접속(m개 병렬접속)
기전력 (E)	1) ☐	2) ☐
내부저항 (r)	n배	$\frac{1}{m}$배
용량 (전류량)	불변	m배
전류계산	$\dfrac{nE}{nr+R}$	$\dfrac{E}{\dfrac{r}{m}+R}$

▶ 1) n배
  2) 불변

23 부동 충전방식

(1) 축전지의 자기방전의 보충과 동시에 상용부하에 대한 공급은 충전기가 부담
(2) 충전기가 부담하기 어려운 대전류는 축전지가 부담
(3) 교류 → 변압기 → 정류회로 → 필터 → 부하보상 → 부하
                                    ↳ 전지

24 축전지 용량

☐

▶ $C = \dfrac{1}{L} KI$ [Ah]

CHAPTER 02 정전계

1 정전유도 = 흡입력 발생
(1) 대전된 도체와 대전되지 않은 도체를 가까이 하면, 가까운 쪽은 다른 전하가 나타나고 반대쪽은 같은 전하가 나타나는 현상
(2) 대전체와 가까운 쪽 : 다른 종류의 전하
(3) 대전체와 먼 쪽 : 같은 종류의 전하

2 정전력
전하가 대전되어 생기는 현상, 정전기에 의하여 작용하는 힘

*[   ]

$F = 9 \times 10^9 \times \dfrac{Q_1 Q_2}{r^2}$ [N]

3 전기장
(1) 전기장 : 전기력이 작용하는 공간
(2) 전기력선의 성질
   ① 정 (+)전하에서 시작하여 부 (-)전하에서 끝
   ② 전기력선의 접선방향은 그 접점에서의 전계방향과 일치
   ③ 그 자신만으로는 *[   ]이 안 됨 — 폐곡선
   ④ 전기력선은 서로 교차하지 않음
(3) 가우스 정리
   ① 임의의 폐곡면을 통해 나오는 전기력선의 총수를 가우스 정리에 의해 정의한다.
   ② 전기력선의 총수 $N = \dfrac{Q}{\varepsilon} = \dfrac{Q}{\varepsilon_0 \varepsilon_s}$ [개]

4 전계(전기장)의 세기
$E = \dfrac{1}{4\pi\varepsilon_0} \times \dfrac{Q}{r^2} = 9 \times 10^9 \times \dfrac{Q}{r^2}$ [V/m], $E = \dfrac{V}{d}$ [V/m]

5 전계의 힘(전기력)
*[   ], $E = \dfrac{F}{Q}$ [V/m = A·Ω/m = N/C]

$F = Q \cdot E$ [N]

6 전위

(1) 전위의 개념
   ① 전기장 내에서 단위 점전하를 기준점에서 임의의 점까지 옮기는 데 필요한 에너지, 또는 전기장 내에서 단위 전하가 갖는 위치 에너지이다.
   ② 음전하가 갖는 전기에너지의 전위는 (-)전위로서, 어떤 기준점보다 전위가 낮다는 의미이며, 양전하가 음전하보다 전위가 높다.

(2) $V_p = E \cdot r = \dfrac{1}{4\pi\varepsilon_0} \times \dfrac{Q}{r} = 9 \times 10^9 \times \dfrac{Q}{r}$ [V]

🔖 $V = E \cdot r$

(3) 전위와 전기장과의 관계 *[　　　　]

7 전속밀도

단위 면을 지나는 전속선의 양

$D = \dfrac{Q}{A} = \dfrac{Q}{4\pi r^2}$ [C/m²]

8 콘덴서 정전용량

콘덴서가 전하를 축적할 수 있는 능력 [F]

*[　　　　], $C = \dfrac{Q}{V}$, $V = \dfrac{Q}{C}$

🔖 $Q = CV$

9 평행판 콘덴서 정전용량

$C = \dfrac{\varepsilon A}{d} = \dfrac{\varepsilon_0 \varepsilon_s A}{d}$ [F]

10 콘덴서의 접속

직렬접속	병렬접속
$V = V_1 + V_2 = \dfrac{Q}{C_1} + \dfrac{Q}{C_2}$	$Q = Q_1 + Q_2 = (C_1 + C_2)V$
합성정전용량	합성정전용량
$C_0 = \dfrac{Q}{V} = \dfrac{C_1 \times C_2}{C_1 + C_2}$	$C_0 = \dfrac{Q}{V} = C_1 + C_2$

11 직렬콘덴서, 병렬콘덴서

(1) 직렬콘덴서 : 전압강하 보상

(2) 병렬콘덴서 : *☐ ← 역률 개선

12 콘덴서 특수현상 : *☐ (Piezo-effect) ← 압전기 현상

압축이나 인장(기계적 변위)을 가하면 전기가 발생되고, 반대로, 전기를 흘려주면 기계적 변화가 생기는 현상으로서 주로 라이터에 사용하며, 마이크나 스피커의 원리가 된다.

13 콘덴서에 축적되는 에너지 [W]

$$W = \frac{1}{2}QV = \frac{1}{2}CV^2 \, [J]$$

14 에너지 밀도

$$W_0 = \frac{1}{2}ED = \frac{1}{2}\varepsilon E^2 = \frac{D^2}{2\varepsilon} \, [J/m^3][N/m^2]$$

CHAPTER 03 정자계

1 자성체의 종류

강자성체	자기 유도에 의해 강하게 자화되어 쉽게 자석이 되는 물질
	철(Fe), 니켈(Ni), 코발트(Co), 망간(Mn)
상자성체	강자성체와 같은 방향으로 약하게 자화되는 물질
	알루미늄(Al), 산소(O), 백금(Pt), 텅스텐(W)
반자성체	강자성체와는 반대로 자화되는 물질
	구리(Cu), 아연(Zn), 비스무트(Bi), 납(Pb)

2 쿨롱의 법칙(자기력)

두 자극 사이에 작용하는 힘

$$F = \frac{1}{4\pi\mu_0} \times \frac{m_1 m_2}{r^2} = 6.33 \times 10^4 \times \frac{m_1 m_2}{r^2} \text{ [N]}$$

3 자기장

(1) 자극에 의해 자기력이 작용하는 공간
(2) 자기력선의 성질
  ① 1) ☐극에서 나와 2) ☐극으로 들어감
  ② 도중에 끊어지거나 서로 3) ☐되지 않음
  ③ 자기력선이 조밀할수록 자기장의 세기가 큼
  ④ 자신만으로 폐곡선이 됨
(3) 가우스 정리
  ① 임의의 폐곡면 내 자석이 있을 때, 이 폐곡면을 통해서 나오는 자기력선의 총수를 가우스 정리에 의해 정의한다.
  ② 자기력선의 총수 $N = \dfrac{m}{\mu} = \dfrac{m}{\mu_0 \mu_s}$ [개]

4 자계(자기장)의 세기

$$H = \frac{1}{4\pi\mu_0} \times \frac{m}{r^2} = 6.33 \times 10^4 \times \frac{m}{r^2} \text{ [AT/m]}$$

1) N
2) S
3) 교차

5 자계의 힘(자기력)

$F = mH\,[N]$, $H = \dfrac{F}{m}\,[AT/m,\ N/Wb]$

6 자속과 자속밀도

(1) 자속 : 자극에서 나온 전체 자기력선 수 $\phi = m\,[Wb]$

(2) 자속밀도 : 단위면적당 통과하는 자기력선속의 수

$^{*}\boxed{} = \mu H = \mu_0 \mu_s H\ [\text{Wb}/\text{m}^2]$

7 자기모멘트와 토크

(1) 자기 모멘트 : $M = m \cdot l$ ($m[wb]$: 자극의 세기, $l[m]$: 길이)

(2) 토크 : $T = MH\sin\theta\,[N \cdot m] = mlH\sin\theta\,[N \cdot m]$

8 앙페르의 오른나사 법칙

(1) 전류에 의한 자계의 방향을 결정하는 법칙

(2) 전류의 방향 : $^{*}\boxed{}$의 진행방향

(3) 자계의 방향 : $^{*}\boxed{}$의 회전방향

9 비오–사바르의 법칙

(1) 전류에 의해 발생되는 자계의 세기를 정의하는 법칙

(2) $\Delta H = \dfrac{I\Delta l}{4\pi r^2}\sin\theta\ [\text{AT/m}]$

10 앙페르의 주회적분 법칙(전류와 자계와의 관계)

(1) 직선 전류에 의해 발생되는 자계의 선적분은 전 전류와 같다.

(2) 수식

① $\oint H dl = \sum I$

② 권수가 N인 경우 $\oint H dl = NI \Rightarrow Hl = NI$

11 원형코일에 전류가 흐를 때 중심의 자계의 세기

$^{*}\boxed{}$

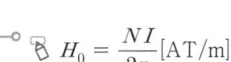
$H_0 = \dfrac{NI}{2r}\,[\text{AT/m}]$

12 무한장 직선전류에 의한 자계의 세기

$H = \dfrac{I}{2\pi r}\,[AT/m]$

— 📝 $B = \dfrac{\phi}{A}$

— 📝 오른나사
— 📝 오른나사

13 무한장 솔레노이드 내부 자계의 세기

$Hl = NI$

$H = \dfrac{NI}{l}$

$\therefore H = n_0 I \, [AT/m]$

14 환상 솔레노이드 내부의 자계의 세기

$\sum Hl = H \cdot 2\pi r = NI$

$\therefore H = \dfrac{NI}{l} = \dfrac{NI}{2\pi r} \, [AT/m]$

15 삼각형, 사각형(장방형), 정육각형 자계의 세기

(1) 정삼각형 : ☆ $H = \dfrac{9}{2}\dfrac{I}{\pi l}\,[AT/m]$

(2) 정사각형(정방형) : $H = 2\sqrt{2}\,\dfrac{I}{\pi l}\,[AT/m]$

(3) 정육각형 : $H = \sqrt{3}\,\dfrac{I}{\pi l}\,[AT/m]$

16 전기회로와 자기회로 비교

	전기회로		자기회로	
전류	$I = \dfrac{V}{R}\,[\Omega]$	자속		$\varnothing = \dfrac{F}{R_m}\,[Wb]$
전압(기전력)	1) $V = IR\,[V]$	기자력		2) $F = NI\,[AT]$
전기저항 (에너지 소비)	$R = \rho\dfrac{l}{A}\,[\Omega]$	자기저항 (에너지 소비하지 않음)		$R_m = \dfrac{l}{\mu A}\,[AT/Wb]$
도전율	$\sigma\,[\mho/m]$	투자율		$\mu\,[H/m]$
전기장의 세기	$E = \dfrac{V}{d}\,[V/m]$	자기장의 세기		$H = \dfrac{F}{l}\,[AT/m]$
전속밀도	$D = \dfrac{Q}{A}\,[C/m^2]$	자속밀도		$B = \dfrac{\varnothing}{A}\,[Wb/m^2]$

17 공극이 있는 철심

공극이 없는 철심과 있는 철심과의 관계

$R = R_m + R_0$ (R_m : 공극이 없는 철심, R : 공극이 있는 철심)

$$\frac{R}{R_m} = \frac{R_m + R_0}{R_m} = 1 + \frac{R_0}{R_m} = 1 + \frac{\frac{l_g}{\mu_0 A}}{\frac{l}{\mu A}} = 1 + \frac{l_g}{l} + \frac{\mu}{\mu_0}$$

18 히스테리시스 곡선

(1) 자기장의 세기 [H]에 따라 생기는 자속밀도 [B]의 이력현상을 나타내는 곡선
(2) 히스테리시스 손실
(3) 히스테리시스 손 감소 : 규소강판 사용

19 와전류 손실(맴돌이 전류)

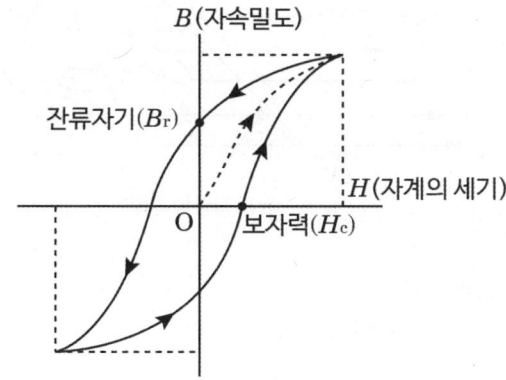

(1) 도체 내부에 전기유도현상에 의한 *[　　　] 전류에 의한 손실 ── 소용돌이
(2) 와전류를 감소시키기 위해 성층철심을 사용한다.

20 전자력

자기장 안에 도체를 놓고 전류를 흘릴 때 도체에 작용하는 힘

*[　　　] ── $F = BlI\sin\theta \,(N)$

21 플레밍 *오른손법칙

도체의 운동에 의한 유도기전력의 방향으로 자기장 내에 움직이는 도체에 유도된 기전력의 방향을 나타낸 법칙

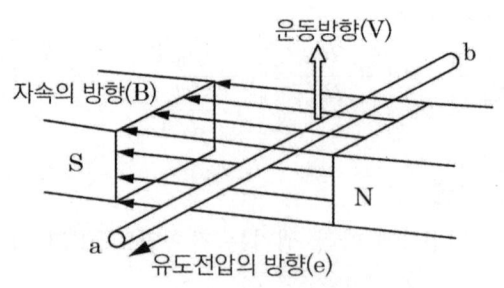

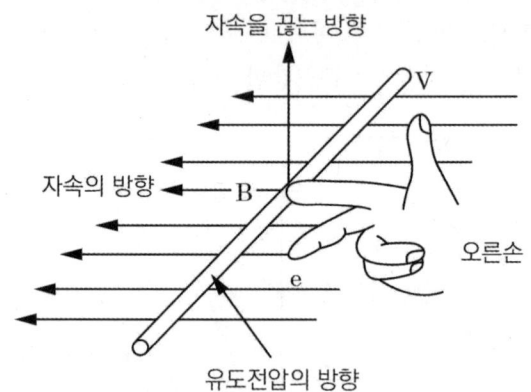

(1) 엄지 : 도체의 운동방향 (V)
(2) 검지 : 자장, 자속밀도 방향 (B)
(3) 중지 : *유도기전력의 방향 (e)

22 평행도체 사이에 작용하는 힘(F)

(1) 전류가 같은 방향 : *흡인력(당기는 힘)
(2) 전류가 다른 방향 : *반발력(미는 힘)
(3) 평행도체 힘

$$F = \frac{2I_1 I_2}{r} \times 10^{-7} [N/m] \ (F \propto \frac{1}{r})$$

23 유도기전력 발생

전자유도	자기유도	상호유도
코일권수(N)	자기인덕턴스(L)	상호인덕턴스(M)
자석운동 → 자속변화 → 유도기전력발생	전류흐름 → 전류변화 → 유도기전력발생	전류흐름(1차) → 전류변화 → 유도기전력발생(2차)
$e = -N\dfrac{d\varnothing}{dt}$	$e = -L\dfrac{di}{dt}$	$e_2 = -M\dfrac{dI_1}{dt}$
렌츠의 법칙 페러데이 법칙	자기인덕턴스	결합계수 $M = k\sqrt{L_1 L_2}$

24 패러데이의 법칙(유도기전력의 크기)
유도기전력은 코일에 쇄교하는 자속의 변화율과 코일의 감은 횟수에 비례

25 렌츠의 법칙
(1) 유도기전력 방향은 자속의 증가·감소를 방해하는 방향으로 발생
(2) (-) 부호 : 유도기전력이 자속변화를 방해하는 방향으로 나타냄
(3) 자속변화에 의한 유기기전력의 방향 결정

26 자기유도
코일에 전류가 흐르면 코일 자신에 유도기전력이 유도되는 현상

$e = -L\dfrac{di}{dt}$

27 자기인덕턴스
코일의 자기 유도능력 정도
$N\varnothing = LI,\ L = \dfrac{N\varnothing}{I}\ [H]$

28 환상솔레노이드 자기 인턱턴스
자기 인턱턴스는 권수의 자승에 비례

$L \propto N^2$

29 상호 유도작용
코일 두 개를 상호 연결 시 유도되는 인덕턴스 $e_2 = -M\dfrac{dI_1}{dt}\ [V]$

30 상호 인덕턴스와 결합계수

(1) 2개 코일 사이의 자기적 결합의 정도
(2) 상호인덕턴스 *[   ]
(3) 결합계수 $k = \dfrac{M}{\sqrt{L_1 L_2}}$

📌 $M = k\sqrt{L_1 L_2}$

31 코일의 접속

가동결합	차동결합
(L₁ ―•―∭∭―•― L₂)	(L₁ ―•―∭∭― ∭∭―•― L₂)
*[ ]	$L_0 = L_1 + L_2 - 2M$

📌 $L_0 = L_1 + L_2 + 2M$

32 직렬·병렬 합성인덕턴스

직렬접속
$L_0 = L_1 + L_2$

33 코일에 축적되는 에너지 [W]

$W = \dfrac{1}{2} L I^2 \,[J]$

CHAPTER 04 교류회로

1 주기와 주파수 관계

*$\boxed{}$, $f = \dfrac{1}{T}$ [Hz]

$T = \dfrac{1}{f}$ [s]

2 각속도(ω)

원을 그리면서 일정한 속도로 운동하는 것

$w = \dfrac{\theta}{t} = \dfrac{2\pi}{T} = 2\pi f$ [rad/s], $\theta = \omega t$ [rad], *$\boxed{}$

$t = \dfrac{\theta}{\omega}$

3 각도와 라디안 표시

도수법	30°	45°	60°	90°	180°
호도법 [rad]	$\dfrac{\pi}{6}$	$\dfrac{\pi}{4}$	$\dfrac{\pi}{3}$	$\dfrac{\pi}{2}$	π

4 위상차

(1) 위상 : 주파수가 같은 교류 파형 간의 시간적인 차이
(2) $v_1 = V_m \sin \omega t$ [V], $v_2 = V_m \sin(\omega t - \theta)$ [V]

5 실횻값과 최댓값의 관계

$V = \dfrac{V_m}{\sqrt{2}} = 0.707 V_m$

$I = \dfrac{I_m}{\sqrt{2}} = 0.707 I_m$

V : 전압의 실횻값 [V]
I : 전류의 실횻값 [A]
V_m : 전압의 최댓값 [V]
I_m : 전류의 최댓값 [A]

6 순시값

(1) 교류전압의 값이 시간에 따라 매순간 변하는 것을 의미
(2) $v = V_m \sin \omega t = \sqrt{2} V \sin \omega t$, $i = I_m \sin \omega t = \sqrt{2} I \sin \omega t$

7 최댓값

(1) 순시값 중 최대의 전압값 : V_m, I_m
(2) 실횻값에 *$\boxed{}$배 한 값

$\sqrt{2}$

8 실횻값

(1) 교류의 각 순시값 $i(t)$의 제곱에 대한 1주기 평균(평균값)의 제곱근
(2) 가정에서 사용하는 교류전원

9 파형별 실횻값과 평균값

파형	실횻값	평균값
정현파	$\frac{1}{\sqrt{2}}I_m$	$\frac{2}{\pi}I_m$
반파정현파	$\frac{1}{2}I_m$	$\frac{1}{\pi}I_m$
구형파	I_m	I_m
반파구형파	$\frac{1}{\sqrt{2}}I_m$	$\frac{1}{2}I_m$
삼각파	$\frac{1}{\sqrt{3}}I_m$	$\frac{1}{2}I_m$

10 기본 교류회로의 특징

구분	임피던스	위상차	역률	위상
R	R	0	1	전압과 전류는 동상이다.
L	$X_L = \omega L = 2\pi f L$	90°	0	전류는 전압보다 위상이 90° *
C	$X_c = \frac{1}{\omega C} = \frac{1}{2\pi f C}$	90°	0	전류는 전압보다 위상이 90° *

☞ 뒤진다.

☞ 앞선다.

11 RLC 직렬회로

(1) 입력전압 : $v = V_m \sin \omega t [V] = V_m \angle 0°$

(2) 임피던스
$$Z = R + X_L = R + j\omega L = |Z| \angle \theta [\Omega], \quad |Z| = \sqrt{R^2 + X_L^2} [\Omega]$$

(3) 위상차 : $\theta = \tan^{-1} \frac{\omega L}{R}$

(4) 전류
$$i = \frac{V}{Z} = \frac{V_m \angle 0°}{|Z| \angle \theta} = \frac{V_m}{|Z|} \angle -\theta = \frac{V_m}{\sqrt{R^2 + X_L^2}} \sin(\omega t - \theta)[A]$$

(5) 전류가 전압보다 $\theta°$ 뒤진다($V > I$ = 지상전류, 유도성 회로).

(6) $\cos\theta = \frac{R}{|Z|}, \quad \sin\theta = \frac{X_L}{|Z|}$

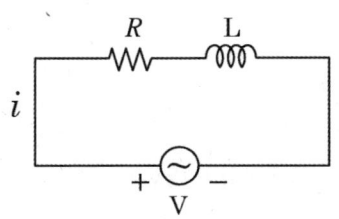
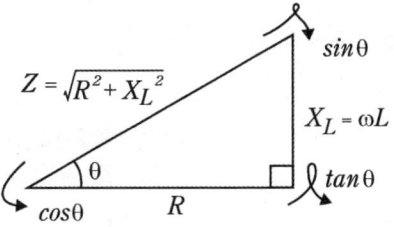

12 R-L-C 직렬 회로정리

회로	순시전류	위상차	전류의 크기	역률
R-L	$i = I_m \sin(\omega t - \theta)$	$\theta = \tan^{-1} \dfrac{X_L}{R}$	$I = \dfrac{V}{\sqrt{R^2 + X_L^2}}$	$\dfrac{R}{\sqrt{R^2 + X_L^2}}$
R-C	$i = I_m \sin(\omega t + \theta)$	$\theta = \tan^{-1} \dfrac{X_C}{R}$	$I = \dfrac{V}{\sqrt{R^2 + X_C^2}}$	$\dfrac{R}{\sqrt{R^2 + X_C^2}}$
R-L-C	$i = I_m \sin(\omega t \pm \theta)$	$\theta = \tan^{-1} \dfrac{X_L - X_C}{R}$	$I = \dfrac{V}{\sqrt{R^2 + (X_L - X_C)^2}}$	$\dfrac{R}{\sqrt{R^2 + (X_L - X_C)^2}}$

13 공진조건

(1) 공진회로 : 허수부 = 0이 되는 회로
(2) 전류가 최대가 되는 조건 : * [　　　] ○──◎ $X_L = X_C$

14 공진주파수 (f_0)

(1) 최대전류가 흐를 수 있는 교류전압의 고유진동수(공진주파수)
(2) * [　　　] ○──◎ $f_0 = \dfrac{1}{2\pi\sqrt{LC}}$ [Hz]

15 직렬, 병렬공진 비교

구분	직렬공진	병렬공진
조건	$X_L = X_C$, $\omega L = \dfrac{1}{\omega C}$	$\dfrac{1}{X_L} = \dfrac{1}{X_C}$, $\omega C = \dfrac{1}{\omega L}$
특징	• 허수부가 0이다. • 전압과 전류가 동상이다. • 역률이 1이다. • 임피던스가 최소이다. • 흐르는 전류가 최대이다.	• 허수부가 0이다. • 전압과 전류가 동상이다. • 역률이 1이다. • 어드미턴스가 최소이다. • 흐르는 전류가 최소이다.
전류	$I = \dfrac{V}{Z}$	$I = YV$
공진 주파수	* [　　　]	$f_0 = \dfrac{1}{2\pi\sqrt{LC}}$
전류 확대율	$Q = \dfrac{X}{R} = \dfrac{\omega L}{R} = \dfrac{1}{\omega CR} = \dfrac{1}{R}\sqrt{\dfrac{L}{C}}$	$Q = \dfrac{R}{X} = \dfrac{R}{\omega L} = \omega CR = R\sqrt{\dfrac{C}{L}}$

○──◎ $f_0 = \dfrac{1}{2\pi\sqrt{LC}}$

16 교류전력의 삼각도

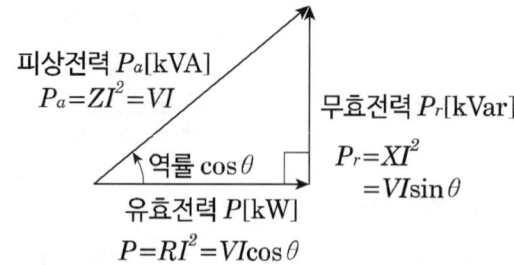

17 sinθ 계산

*[$\sin^2\theta + \cos^2\theta = 1$]에서 $\sin\theta = \sqrt{1-\cos^2\theta}$

18 역률과 무효율

(1) 역률($\cos\theta$)
  ① 전압과 전류의 위상차 여현
  ② 피상전력 중에서 유효전력으로 사용되는 비율
  ③ $\cos\theta = \dfrac{P}{P_a} = \dfrac{R}{|Z|}$

(2) 무효율($\sin\theta$)
  ① 전압과 전류의 위상차 정현
  ② $\sin\theta = \dfrac{P_r}{P_a} = \dfrac{X}{|Z|}$

19 복소 전력

(1) 2단자 회로망에서 공급되는 유효전력을 실수부로, 무효전력을 허수부로 하는 복소수를 그 회로에 대한 복소 전력이라 한다.

(2) $V = V_1 + jV_2 \,[\text{V}]$, $I = I_1 + jI_2 \,[\text{A}]$ 라면,

$$\begin{aligned}P_a &= V\bar{I} = (V_1 + jV_2)(I_1 - jI_2) \\ &= (V_1 I_1 + V_2 I_2) + j(V_2 I_1 - V_1 I_2) \\ &= P + jP_r \,[\text{VA}]\end{aligned}$$

20 최대전력

(1) 전달조건 : 내부저항과 외부저항이 같을 때 최대전력을 전송

(2) $P_{\max} = I^2 R = \left(\dfrac{V}{r+R}\right)^2 R = \left(\dfrac{V}{2R}\right)^2 R = \dfrac{V^2}{4R^2} R = \dfrac{V^2}{4R}$

21 전력용 콘덴서

(1) 부하의 역률을 개선하기 위하여 설치

(2) 진상용 콘덴서(병렬)

(3) $Q_C = P\left(\dfrac{\sqrt{1-\cos^2\theta_1}}{\cos\theta_1} - \dfrac{\sqrt{1-\cos^2\theta_2}}{\cos\theta_2}\right)$ [kVA]

22 대칭 3상 교류

(1) 각 기전력의 크기가 같고, *☐ $\dfrac{2\pi}{3}(rad)$ 만큼 위상차가 있는 교류

(2) 대칭 3상 교류의 조건
   ① 기전력의 크기가 같을 것
   ② 주파수가 같을 것
   ③ 파형이 같을 것
   ④ 위상차가 $\dfrac{2\pi}{3}(rad)$일 것

23 Y결선과 △결선

구분	Y결선(성형결선 = 스타결선)	△결선(델타결선 = 환상결선)
결선도	$V_p = V_a = V_b = V_c$ $V_\ell = V_{ab} = V_{bc} = V_{ca}$	$I_p = I_{ab} = I_{bc} = I_{ca}$ $I_\ell = I_a = I_b = I_c$
상전압	$V_p = \dfrac{V_l}{\sqrt{3}}$	$V_p = V_l$
선간전압	1) $V_l = \sqrt{3}\,V_p$	2) $V_l = V_p$
상전류	$I_p = I_l$	3) $I_p = \dfrac{I_l}{\sqrt{3}}$
선전류	$I_l = I_p$	$I_l = \sqrt{3}\,I_p$
특징	• 선간전압이 상전압보다 $\sqrt{3}$ 배 크고, 위상차는 $\dfrac{\pi}{6}$ 앞섬 • 평형 3상 회로의 중성선에는 전류가 흐르지 않음	• 선간전류가 상전류보다 $\sqrt{3}$ 배 크고, 위상차는 $\dfrac{\pi}{6}$ 뒤짐 • 제 3고조파는 내부에서 순환

24 평형부하의 결선

(1) Y → △ 변환 : $Z_\Delta = 3Z_Y$

(2) △ → Y 변환 : $Z_Y = \frac{1}{3}Z_\Delta$

25 V결선

(1) △결선에서 1상이 고장 시 고장 난 변압기 제거 후, 평형 3상 전력을 공급

(2) $P_V = \sqrt{3}\,P_1 = \sqrt{3}\,V_P I_P \cos\theta$

(3) *□ $= \dfrac{P_V(V결선시\ 출력)}{P_\Delta(\Delta결선시\ 출력)} = \dfrac{\sqrt{3}\,VI}{3VI}\times 100 = 57.7[\%]$

출력비

(4) 변압기 1대의 *□
$= \dfrac{P_V(V결선\ 시\ 출력)}{P_2(변압기\ 2대의\ 출력)} = \dfrac{\sqrt{3}\,VI}{2VI}\times 100 = 86.6[\%]$

이용률

26 3상 교류전력

(1) 유효전력 $P = 3V_p I_p \cos\theta = \sqrt{3}\,V_\ell I_\ell \cos\theta\,[\text{W}]$

(2) 무효전력 $P_r = 3V_p I_p \sin\theta = \sqrt{3}\,V_\ell I_\ell \sin\theta\,[\text{Var}]$

(3) 피상전력 $P_a = 3V_p I_p = \sqrt{3}\,V_\ell I_\ell\,[\text{VA}]$

(4) △결선에서 3상 전력 $P = 3P_1 = 3I_p^2 R\,[\text{W}]$

27 단상 전력 측정

(1) 직접 측정

$P = VI\cos\theta\,[W]$

*□ , $\cos\theta = \dfrac{P}{VI} = \dfrac{R}{Z} = \dfrac{R}{\sqrt{R^2 + X^2}}$

(2) 간접 측정

3 전압계법	3 전류계법
전압계 3개와 저항 1개를 연결하여 측정	전류계 3개와 저항 1개를 연결하여 측정
1) □	2) □

1) $P = \dfrac{1}{2r}(V_3^2 - V_2^2 - V_1^2)$

2) $P = \dfrac{r}{2}(I_3^2 - I_2^2 - I_1^2)$

28 3상 전력 측정

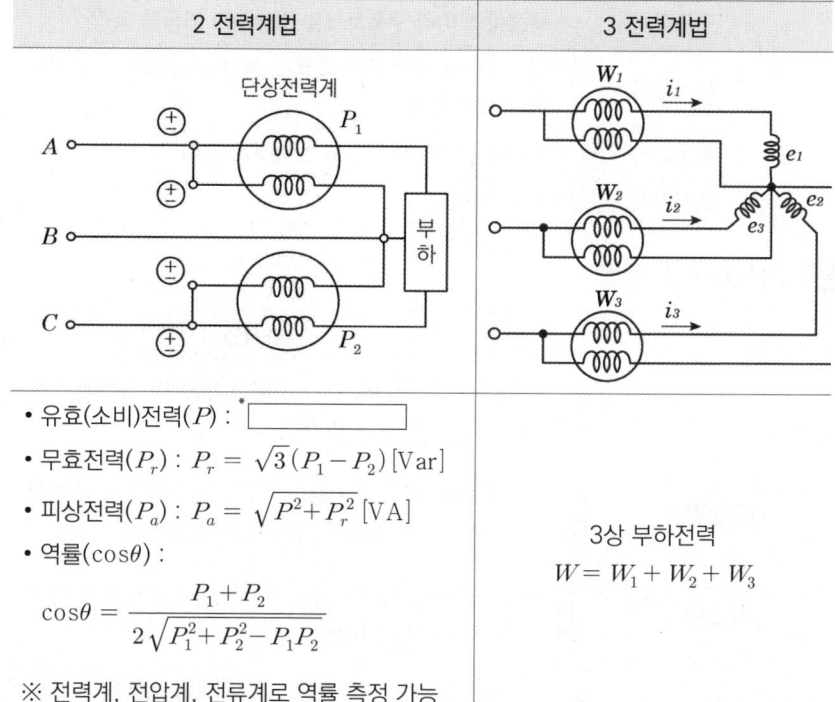

2 전력계법	3 전력계법
• 유효(소비)전력(P) : *[ ] • 무효전력(P_r) : $P_r = \sqrt{3}(P_1 - P_2)$ [Var] • 피상전력(P_a) : $P_a = \sqrt{P^2 + P_r^2}$ [VA] • 역률($\cos\theta$) : $\cos\theta = \dfrac{P_1 + P_2}{2\sqrt{P_1^2 + P_2^2 - P_1 P_2}}$ ※ 전력계, 전압계, 전류계로 역률 측정 가능	3상 부하전력 $W = W_1 + W_2 + W_3$

🔑 $P = P_1 + P_2$ [W]

29 오차

오차 백분율	오차율 $= \dfrac{M-T}{T} \times 100 [\%]$
보정 백분율	보정률 $= \dfrac{T-M}{M} \times 100 [\%]$

M : 지시값
T : 참값

30 지시계기 구비조건

(1) 정확도가 높고, 외부 영향을 받지 않아야 함
(2) 튼튼하고, 취급 편리
(3) 눈금 균등, 대수 눈금
(4) 측정값의 변화에 신속한 응답 가능
(5) 절연내력이 *[ ] 함

🔑 커야

31 지시계기 구성요소

구동장치	측정량에 따라 구동토크를 발생시켜 가동부 동작
제어장치	진동각도에 따른 제어토크가 생겨 구동토크와 평형된 위치에서 지침 정지
제동장치	지침이 진동되지 않도록 신속하게 정지
표시장치	눈금, 지침

32 지시계기의 종류

종류		동작원리
가동코일형		영구자석 자기장 내에 코일을 두고 이 코일에 전류를 통과시켜 발생되는 힘 이용
가동철편형		• 전류에 의한 자기장이 연철편에 작용하는 힘 이용 • 구조형태 : 흡인형, 반발형, 반발흡인형
유도형		회전 자기장 또는 이동 자기장과 이것에 의한 유도 전류와의 상호작용 이용
정류형		가동 코일형 계기 앞에 정류회로를 삽입하여 교류를 측정하므로 가동코일형과 동일
열전형		다른 종류의 금속제 사이에 발생되는 기전력 이용
정전형		충전된 대전체 사이에 작용하는 흡인력 또는 반발력(즉, 정전력) 이용
전류력계형		전류 상호 간에 작용하는 힘 이용

33 기타 측정

	절연저항을 측정하는 계기
어스테스터	접지저항 측정
후크 온 메타	전선의 전류를 측정하는 계기
역률계	역률을 측정하는 계기
회로시험기	저항, 전압, 전류 등을 측정하는 계측기
	축전지의 내부저항 측정

🔖 메거

🔖 코울라우시 브리지

34 이상적인 전압·전류원
(1) 정전압원의 내부저항 : 0
(2) 정전류원의 내부저항 : ∞

35 회로망의 정리

중첩의 원리	전압원, 전류원이 여러 개 있을 때
*[ ]	전압원이 병렬로 여러 개 있을 때
*[ ]	전압원과 직렬저항(등가전압을 구함)
노튼의 정리	전류원과 병렬저항(등가전압을 구함)

○─ 밀만의 정리
○─ 테브낭 정리

36 중첩의 원리
(1) 전압원·전류원이 다수로 존재할 경우 전류의 총합은 전류원·전압원을 단독으로 했을 때의 총합과 같음
(2) 각각을 단독으로 했을 경우
  ① 전압원 *[   ] : 전류원을 전원으로 (I_1)
  ② 전류원 *[   ] : 전압원을 전원으로 (I_2)
  ③ 한소자에 흐르는 전류는 $I = I_1 + I_2$

○─ 단락(전류원 개방)
○─ 개방(전압원 단락)

37 테브난의 정리
(1) 임의의 단자 a, b를 기준으로 외측에 대해서는 하나의 전원전압 V_{ab}와 하나의 저항 R_{ab}가 직렬로 연결된 등가회로로 표시

(2) $V_{ab} = \dfrac{R_2}{R_1 + R_2} \times E$

(3) $R_{ab} = \dfrac{R_1 R_2}{R_1 + R_2} + R_3 [\Omega]$ → 전압원 단락시키고 구함

38 노튼의 정리
(1) 복잡한 회로망은 하나의 전류원과 하나의 등가저항(병렬접속)으로 대치 가능

(2) $R_{ab} = \dfrac{R_1 R_2}{R_1 + R_2}$ → 전압원 단락시키고 구함

(3) 전류원 : $I = \dfrac{E}{R_1}$ → a, b 단락시키고 전체 전류를 구함

㊴ 밀만의 정리

$$V_{ab} = IZ = \frac{I}{Y} = \frac{\frac{E_1}{Z_1} + \frac{E_2}{Z_2} + \cdots + \frac{E_n}{Z_n}}{\frac{1}{Z_1} + \frac{1}{Z_2} + \cdots + \frac{1}{Z_N}} = \frac{I_1 + I_2 + \cdots + I_n}{Y_1 + Y_2 + \cdots Y_n}$$

㊵ 영점과 극점

영점(Zero)	• 회로망 함수 $Z(s)$가 0이 되는 s의 값(분자 = 0) • 회로상태 : 단락상태
극점(Pole)	• 회로망 함수 $Z(s)$가 ∞이 되는 s의 값(분모 = 0) • 회로상태 : 개방상태

㊶ 4단자망

(1) 2개의 입력단자와 2개의 출력단자로 이루어진 회로망

(2) 영상임피던스

$Z_{01} = \sqrt{\dfrac{AB}{CD}}\,[\Omega]$: 1차 측 (입력 측)

$Z_{02} = \sqrt{\dfrac{BD}{AC}}\,[\Omega]$: 2차 측 (출력 측)

CHAPTER 05 비정현파 교류와 과도현상

1 비정현파
비정현파 = *[   ]

📱 직류분 + 고조파 + 기본파

2 실횻값
각 고조파의 실횻값의 제곱의 합의 제곱근

$V = \sqrt{V_0^2 + V_1^2 + V_2^2 + \cdots + V_n^2}$ [V]

$I = \sqrt{I_0^2 + I_1^2 + I_2^2 + \cdots + I_n^2}$ [A]

3 왜형률
파형의 일그러짐 정도로서 비정현파에서 기본파에 대한 고조파 성분의 함유 정도

$THD = \dfrac{\text{전 고조파의 실횻값}}{\text{기본파의 실횻값}} = \dfrac{\sqrt{I_2^2 + I_3^2 + \cdots + I_n^2}}{I_1} \times 100$

4 파고율과 파형율

파고율	파형률
파형에서 파두의 날카로운 정도	기울기의 정도

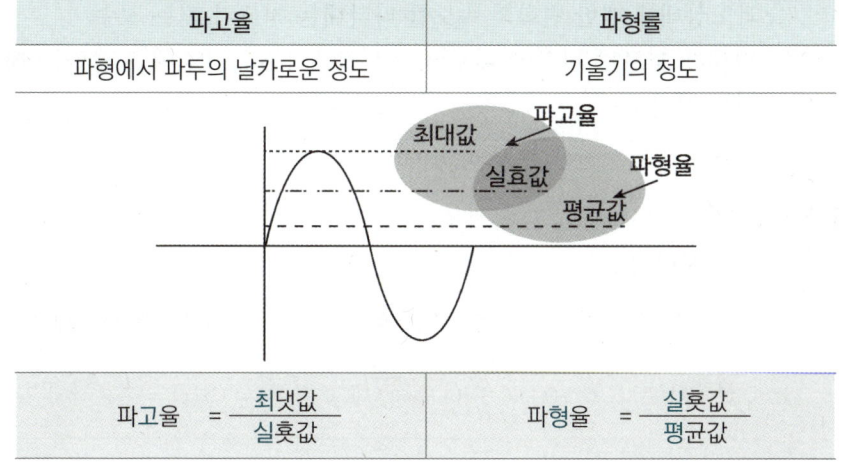

파고율 = $\dfrac{\text{최댓값}}{\text{실횻값}}$	파형율 = $\dfrac{\text{실횻값}}{\text{평균값}}$

🔑 암기 ▶ 고최실, 형실평

5 각 파형별 정리

파형	최댓값	실횻값	평균값	파형률	파고율
정현파 (전파정류파)	V_m	1) ☐	2) ☐	$\dfrac{\pi}{2\sqrt{2}}$ (1.11)	$\sqrt{2}$ (1.41)
반파정현파 (정현반파)	V_m	3) ☐	$\dfrac{1}{\pi}V_m$	$\dfrac{\pi}{2}$ (1.57)	2
반파구형파 (구형반파)	V_m	$\dfrac{1}{\sqrt{2}}V_m$	$\dfrac{1}{2}V_m$	$\dfrac{2}{\sqrt{2}}$ (1.41)	$\sqrt{2}$ (1.41)
삼각파 (톱니파)	V_m	$\dfrac{1}{\sqrt{3}}V_m$	$\dfrac{1}{2}V_m$	$\dfrac{2}{\sqrt{3}}$ (1.15)	$\sqrt{3}$ (1.73)

1) $\dfrac{1}{\sqrt{2}}V_m$
2) $\dfrac{2}{\pi}V_m$
3) $\dfrac{1}{2}V_m$

6 과도현상

회로에서 스위치를 닫은 후 정상상태에 이르는 사이에 나타나는 여러 가지 현상

7 시정수

(1) 과도상태에 대한 변화의 속도를 나타내는 척도가 되는 정수
(2) 전류가 흐르기 시작할 때부터 정상전류의 63.2 [%]에 도달하는 데 걸리는 시간
(3) 시정수가 클수록 과도현상이 오랫동안 지속

8 직렬회로

(1) R-L 직렬회로

R-L 직렬	스위치를 닫았을 때	스위치를 개방시켰을 때
전류 $i(t)$	$i(t)=\dfrac{E}{R}(1-e^{-\frac{R}{L}t})$	$i(t)=\dfrac{E}{R}e^{-\frac{R}{L}t}$
시정수	* ☐	$\tau=\dfrac{L}{R}$ (sec)
리액턴스 상태	• $t=0$일 때 L = 개방상태 • $t=\infty$일 때 L = 단락상태	—

$\tau=\dfrac{L}{R}$ (sec)

(2) R-C 직렬회로

R-C 직렬	스위치를 닫았을 때	스위치를 개방시켰을 때
전류 $i(t)$	$i(t) = \dfrac{E}{R}e^{-\frac{1}{RC}t}$ [A]	$i(t) = -\dfrac{E}{R}e^{-\frac{1}{RC}t}$ [A]
시정수	*□	$\tau = RC$ [sec]
리액턴스 상태	• $t=0$일 때 C = 단락상태 • $t=\infty$일 때 C = 개방상태	-

🔑 $\tau = RC$ [sec]

9 자동제어계의 과도응답(2차계의 자동응답)

특성근의 종류	제동비
서로 다른 실근	*□ ($\delta > 1$)
중복근	임계제동($\delta = 1$)
공액 복소수	부족제동($\delta < 1$)

🔑 과제동

10 라플라스 변환

	함수명	F(s)	$f(t)$	함수명	F(s)
$\delta(t)$	단위 임펄스 함수	1	e^{at}	지수 함수	$\dfrac{1}{s-a}$
$u(t)$	단위 계단 함수	$\dfrac{1}{s}$	e^{-at}	지수 함수	$\dfrac{1}{s+a}$
t	단위 램프 함수	$\dfrac{1}{s^2}$	$te^{\mp at}$	지수 램프 함수	$\dfrac{1}{(s\pm a)^2}$
t^2	2차 램프 함수	$\dfrac{1}{s^3}$	$\sin\omega t$	정현파 함수	1) □
t^n	n차 램프 함수	$\dfrac{1}{s^{n+1}}$	$\cos\omega t$	여현파 함수	2) □

🔑 1) $\dfrac{\omega}{s^2+\omega^2}$

2) $\dfrac{s}{s^2+\omega^2}$

CHAPTER 06 제어회로

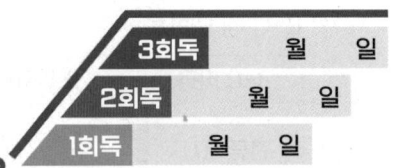

1 제어의 종류
(1) 수동제어 : 사람의 판단으로 직접 조작하는 제어
(2) 자동제어 : 미리 설정된 목표치에 대하여 편차 발생 시 자동적으로 출력을 제어

2 자동제어의 장점
(1) 연속적인 작업이 가능
(2) 위험한 사고의 방지 및 위험장소에서의 작업이 가능
(3) 생산성의 향상, 고속 작업이 가능
(4) 제품의 품질이 균일화

3 목푯값에 의한 분류

구분		내용
*☐		목푯값이 일정한 자동제어에 적용
추치제어	추종제어	시간적 변화를 하는 목푯값에 제어량을 추종시키는 제어
	프로그램제어	미리 정해진 시간변화에 따라 정해진 순서대로 제어
	*☐	목푯값이 서로 다른 어떤 양과 일정한 비율관계를 가지는 제어
	*☐	미리 정해진 순서에 따라 각 단계가 순차적으로 진행

4 제어량에 의한 분류

구분	내용	제어량
서보기구	기계적 변위를 제어량으로 하는 변화량제어	물체의 방위, 위치, 각도 등
프로세스제어	플랜트나 생산공정 중의 상태량 제어	온도, 압력, 유량, 농도 등
자동조정제어	제어량이 전기적, 기계적 양을 제어	주파수, 전압, 전류, 회전속도 힘 등

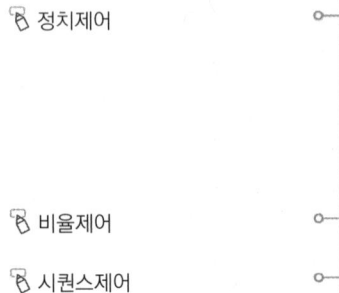

5 제어동작에 의한 분류

구분		내용
불연속 제어	*[ON-OFF]	단속적 제어동작
	샘플링(Sampling)	전압, 전류, 위상을 제어
연속 제어	비례제어(P 제어)	잔류 편차(Off Set) 발생
	*[적분제어(I 제어)]	• 잔류 편차(Off Set) 개선 • 시간지연(속응성) 발생
	미분제어(D 제어)	• *[시간지연] 개선, 잔류 편차(Off Set)존재, 오차 방지 • 진동방지, 오버슈트가 커진다.
	비례적분제어(PI제어)	• 잔류 편차는 제거되지만 시간지연이 길다. • 간헐현상 존재, 지상보상 요소에 대응한다.
	비례미분제어(PD제어)	시간지연(응답속응성)을 개선, 잔류 편차는 있다.
	비례 미분적분제어 (PID제어)	시간지연도 향상시키고 잔류 편차도 제거한 제어계로 가장 안정적인 제어계

○ ON-OFF제어

○ 적분제어(I 제어)

○ 시간지연

(1) 2위치 동작(ON-OFF)

설정온도에 대하여 측정온도의 높고 낮음에 의해 ON-OFF를 행하는 제어를 ON-OFF동작이라 한다.

(2) 비례동작(P동작) : $y = K_p Z$ (K_p : 비례연산자)

(3) 적분동작(I동작) : $y = K_i \int Z dt$ (K_i : 적분연산자)

(4) 미분동작(D동작) : $y = K_d \dfrac{dz}{dt}$ (K_d : 미분제어)

(5) 비례 적분동작(PI동작) : $y = K_p \left(Z + \dfrac{1}{T_i} \int Z dt \right)$

(6) 비례 미분동작(PD동작) : $y = K_p \left(Z + T_d \dfrac{dz}{dt} \right)$

(7) 비례 적분 미분동작(PID동작) : $y = K_P \left(Z + \dfrac{1}{T_i} \int Z dt + T_d \dfrac{dz}{dt} \right)$

6 제어기기 변환요소

기기	변환요소
포텐셔미터, 차동변압기, 전위차계	*[변위] → 전압
일반도체, 열전대감지기	온도 → 전압(기전력)
유압분사관	변위 → 압력
정온식 감지선형 감지기	온도 → *[임피던스(저항)]

○ 변위

○ 임피던스(저항)

7 제어기기의 응용

(1) 조작용 기기 : 제어 대상에 직접 구동시키는 장치

구분	내용
*☐ (기계식)	다이아프램 밸브, 클러치, 밸브 포지셔너 등
유압식	피스톤, 분사관, 안내밸브, 조작실린더 등
*☐ (전기식)	솔레노이드 밸브, 전동밸브, 서보 전동기 등

(2) 증폭용 기기

구분	내용
전기식	정지기 : SCR, 트랜지스터, 자기증폭기 등
	회전기 : 앰플리다인, 로토트롤, 다이나모 등
공기식	노즐플래퍼, 파일롯트밸브, 벨로우즈 등
유압식	분사관, 안내밸브 등

(3) 앰플리다인
① 입력 신호와 출력 신호가 모두 직류이다.
② 최대출력 *☐ [kW]까지 증폭한다.
③ 작은 전력의 변화를 큰 전력의 변화로 증폭하는 발전기이다.
④ 계자전류를 변화시켜 출력을 변화시킨다.

8 피드백제어

(1) 정확성증가
(2) 제어계의 특성 변화에 대한 입력 대 출력비의 감도 감소
(3) 비선형성과 왜형에 대한 효과 감소
(4) 감도 대역폭 증가
(5) 발진을 일으키고 불안정한 상태로 되어가는 경향성

9 피드백제어계의 구성

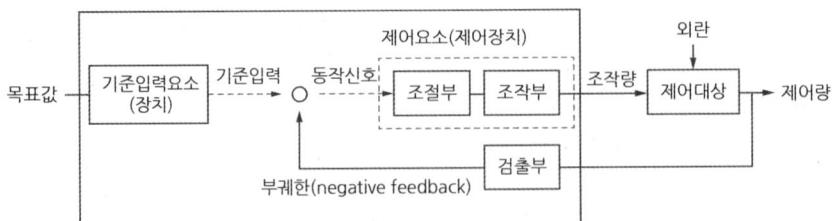

10 피드백제어계의 요소

용어	설명
목푯값	제어량이 어떤 값을 갖도록 목표를 설정하여 외부에서 주어지는 신호
기준입력장치	목푯값을 제어할 수 있는 기준입력신호로 변환하는 장치
기준입력(신호)	제어계를 동작시키는 기준(목푯값에 비례)
동작신호	기준입력신호와 주궤환신호의 편차신호(제어동작 일으키는 신호)
*☐	조절부와 조작부로 구성, 동작신호를 조작량으로 변환시키는 요소
조작량	제어요소가 *☐에 주는 양
제어량	제어대상이 속하는 양
검출부	제어대상으로부터 제어량 검출, 기준입력신호와 비교하는 부분

○─📱 제어요소
○─📱 제어대상

11 블록선도의 전달함수

블록선도	전달함수
$R(s) \to G_1 \to G_2 \to C(s)$	$\dfrac{C}{R} = \dfrac{G_1 G_2}{1-0} = G_1 G_2$
$R(s) \to \ominus \to G_1 \to C(s)$ (피드백)	$\dfrac{C}{R} = \dfrac{G_1}{1-(-G_1)} = \dfrac{G_1}{1+G_1}$
$R(s) \to G_1 \to \oplus \to C(s)$, G_2 피드백(+)	*☐
$R(s) \to \ominus \to G_1 \to C(s)$, G_2 피드백	*☐
$R(s) \to \oplus \to G_1 \to G_2 \to C(s)$, G_3 피드백(+)	$\dfrac{C}{R} = \dfrac{G_1 G_2}{1 - G_1 G_2 G_3}$
$R(s) \to \ominus \to G_1 \to G_2 \to C(s)$, G_3, G_4 피드백	$\dfrac{C}{R} = \dfrac{G_1 G_2}{1 + G_1 G_2 G_3 G_4}$

○─📱 $\dfrac{C}{R} = \dfrac{G_1}{1-G_2}$

○─📱 $\dfrac{C}{R} = \dfrac{G_1}{1+G_1 G_2}$

12 불대수의 기본정리

정리	정리의 공식
항등법칙	$0+A=A,\ 1+A=1,\ 0\times A=0,\ 1\times A=A$
동일법칙	$A+A=A,\ A\times A=A$
보원법칙	$A+\overline{A}=1,\ A\times\overline{A}=O$
복원법칙	$\overline{\overline{A}}=A$
교환법칙	$A+B=B+A,\ A\times B=B\times A$
결합법칙	$A+(B+C)=(A+B)+C,\ A(BC)=(AB)C$
분배법칙	$A(B+C)=AB+AC,\ A+BC=(A+B)(A+C)$
흡수법칙	$A+AB=A,\ A(A+B)=A$

🔖 드모르간

13 *⬜의 정리

(1) 논리합과 논리곱이 완전한 독립이 아니고, 부정을 포함하면 상호교환이 가능
(2) NAND회로와 NOR회로의 응용 및 논리회로를 간소화시키는 데 이용
(3) $\overline{A+B}=\overline{A}\times\overline{B}$

$\overline{A\times B}=\overline{A}+\overline{B}$

14 시퀀스제어의 특성

(1) 미리 정해진 순서에 따라 제어의 각 단계를 순차적으로 진행해나가는 제어
(2) 시퀀스제어 기본회로는 논리회로, 자기유지회로, 인터록회로 등
(3) 시간지연요소 및 기계적 계전기 접점이 사용

15 유접점 회로기호

유점접 기호	설명	비고
a 접점	개로 상태에서 폐로 상태로 되는 접점(열려 있는 접점)	─o─o─
b 접점	폐로 상태에서 개로 상태로 되는 접점(닫혀 있는 접점)	─o⊥o─
c 접점	전환접점 / a, b 공통 가동접점	

16 접점의 심벌

	수동조작 작동복귀 a접점 (푸시버튼)		수동조작 작동복귀 b접점
	전자접촉의 보조 a접점		전자접촉의 보조 b접점
	기계적 접점 (리밋스위치) a접점		기계적 접점 (리밋스위치) b접점

17 AND 논리회로

유접점회로	무접점회로
	· 입력신호가 모두 1일 때 1이 출력 · *

$X = A \times B$

18 OR 논리회로

유접점회로	무접점회로
	· 입력신호 중 한 개라도 1이면 1이 출력 · *

$X = A + B$

19 NAND(Not + AND) 논리회로

유접점회로	무접점회로

- AND의 부정
- 입력신호가 동시에 1일 때만 출력 신호가 0

20 NOR(Not+OR)회로

유접점회로	무접점회로

- OR의 부정
- 입력신호가 동시에 0일 때만 출력 신호가 1

21 XOR회로

유접점회로	무접점회로

- 입력신호가 모두 같으면 *□
- 한 개라도 다르면 *□ 출력

22 자기유지회로 및 인터록 회로

(1) 자기유지 회로 : *□ 동작을 기억하는 회로

(2) 인터록 회로 : 상호 관련 있는 기기의 동작을 서로 구속하는 회로기기 보호와 조작자 안전이 목적인 회로

※ 0
※ 1
※ 스스로

23 유접점회로의 논리식

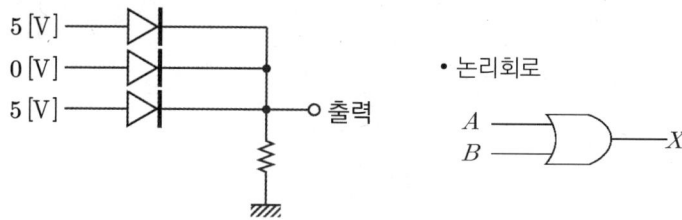

$$(A+B)(A+C) = AA + AC + AB + BC$$
$$= A + AC + AB + BC$$
$$= A(1 + C + B) + BC$$
$$= A + BC$$

24 논리식 간략화

$$\overline{X} + XY = \overline{X}(1+Y) + XY = \overline{X} + \overline{X}Y + XY$$
$$= \overline{X} + (\overline{X} + X)Y = \overline{X} + Y$$

$$X + \overline{X}Y = X(1+Y) + \overline{X}Y = X + XY + \overline{X}Y$$
$$= X + (X + \overline{X})Y = X + Y$$

$$X(X + Y) = XX + XY = X + XY$$
$$= X(1 + Y) = X$$

25 DIODE OR게이트의 출력전압

- 논리회로

- 입력신호 중 A, B 중 어느 하나라도 1이면 출력신호 X가 1
- 이때 5 [V]는 전압의 크기가 아니라 동작전압(진리표 1에 해당)
- 출력전압 *☐

○─ 🖉 5 [V]

CHAPTER 07 전자회로

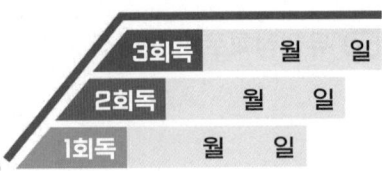

1 반도체
(1) 반도체에 빛을 쬐면 전기저항이 감소
(2) 속의 접촉면이나 상이한 반도체 사이에서 정류 작용
(3) 온도가 상승하면 저항률은 감소하는 부(-)의 온도 계수를 가짐
(4) 불순물을 첨가함에 따라 전기저항은 급격히 감소
(5) 상온에서 저항률이 $10^{-4} \sim 10^{7}\,[\Omega \cdot m]$ 정도

2 N형 반도체
(1) 진성반도체에 원자가(가전자)가 5가 원소인 도너 불순물을 넣은 반도체
(2) *[　　　　]: N형 반도체를 만드는 불순물

🔖 도너(Donor)

3 P형 반도체
(1) 진성반도체에 원자가 3가 원소인 억셉터 불순물 넣은 반도체
(2) *[　　　　]: P형 반도체를 만드는 불순물

🔖 억셉터(Acceptor)

4 다이오드의 종류

명칭	기호	특성
정류용 다이오드	▶◁	일반적으로 다이오드라 불리는 것으로 정류작용(전류를 한쪽의 (+)나 (-)로만 흐름)
*[　　　　] (정전압다이오드)	▽	주로 정전압 전원회로에 사용(전원·전압을 일정하게 유지, 안정화)
터널다이오드 (PN접합)	▶◁	증폭작용·발진작용·개폐작용을 하며, 고속 스위칭 회로·논리회로에 사용
*[　　　　]	▶◁	빛을 쬐면 광량에 비례하는 전류가 흐름(빛 검출용, 광센서에 사용)
가변용량다이오드 (버랙터)	▽╪	역전압을 크게 해서 정전용량을 조절(무선마이크, 발진주파수 조절)

🔖 제너다이오드

🔖 포토다이오드

명칭	기호	특성
*□ (LED)	⟁↗	• 전기적 신호를 빛의 신호로 변환하는 소자 • PN 접합 시 순방향으로 전류가 흘러 발광한다. • 응답속도가 빠르고, 발열이 적다. • 수명이 길고, 진동에 강하다. • 재질 : 비소갈륨(GaAs), 인화갈륨(GaP)

○ 발광다이오드

5 다이오드의 안정화

직렬연결	*□으로부터 보호	─▶│─▶│─
병렬연결	*□로부터 보호	(병렬 다이오드 회로)

○ 과전압

○ 과전류

6 트랜지스터의 특성

(1) P형과 N형 반도체를 3개 층으로 접합한 것
(2) 트랜지스터의 전극은 가운데 베이스(B)와, 전자나 정공을 방출하는 이미터(E), 이미터에서 방출된 전자나 정공을 모으는 컬렉터(C)의 3개의 다리로 구성
(3) 베이스전류에 따라 컬렉터전류가 흐르거나 흐르지 않기도 하는 스위칭 작용함
(4) 약간의 베이스전류로 큰 컬렉터 전류를 얻을 수 있는 증폭특성을 가짐
(5) 고온에 약함

7 이미터의 전류

$I_e = I_b + I_c$

I_e : 이미터의 전류, I_b : 베이스의 전류, I_c : 컬렉터의 전류

8 전류 증폭률(α, β)

$\alpha = \dfrac{I_c}{I_e} = \dfrac{I_c}{I_b + I_c},\ \beta = \dfrac{I_c}{I_b}$

9 α와 β의 관계

*□, $\beta = \dfrac{\alpha}{1-\alpha}$

○ $\alpha = \dfrac{\beta}{1+\beta}$

🔟 반도체 종류 및 특성

명칭	기호	특성

SCR	*[ ] A▶◁K G	• 사이리스터의 한 종류
		• 애노드 (A), 캐소드 (K), 게이트 (G)로 구성
		• 단방향 3단자
		  – 역방향 내전압 500 ~ 1000 [V]로 가장 크다.
		  – 허용온도 140 ~ 200 [℃]로 온도의 영향이 적다.
		  – 효율이 가장 좋다(99 [%]).
		  – 전류밀도가 크다(2 ~ 10배).
		  – 대용량정류에 적합하다.
		• 도전상태에 있는 SCR을 차단하는 방법 : 양극전압을 음으로, 음극전압을 양으로 전압의 극성을 바꾸어 준다.
		• 래칭전류 : SCR이 OFF상태에서 ON 상태로의 전환이 이뤄지고, 트리거 신호가 제거된 직후에 SCR을 ON 상태로 유지하는 데 필요한 최소한의 양극전류를 래칭전류라 한다.
		• 유지전류
		  – SCR의 ON 상태를 유지하기 위한 최소한의 양극전류를 말한다. ON 상태에 있는 SCR의 Gate 회로를 개방하고 양극 전류를 줄여가면 어느 전류부터 OFF 상태로 옮아가서 전류가 흐르지 않게 된다. 이때의 전류를 유지 전류라 한다.
		  – 유지전류는 래칭전류보다 항상 작은 값을 갖는다.

트라이악 (TRIAC)	▶◁ G	• npnpn의 5층구조 • 직·교류에서 모두 사용할 수 있는 3단자 스위칭 소자 • 교류전력 기기 제어용 • *[ ] 3단자
다이악 (DIAC)	▶◁	• 소용량 저항부하의 AC전력 제어용 • 쌍방향 2단자
서미스터	*[ ] ─⏛─	• 온도에 의해 저항값이 변하는 반도체 소자 • 부 (−) 저항온도계수의 특성 : 온도 증가 시 저항 감소 • 열을 감지하는 감열저항체 소자 • 온도보상용, 온도계측용 (온도계), 온도보정용

- SCR
- 쌍방향
- 서미스터

명칭	기호	특성
바리스터		• 인가되는 전압에 따라 저항값이 변하는 비선형 반도체 소자 • 전압에 따라 저항값이 변화하는 저항 소자 • 회로를 병렬로 연결하여 사용 • 서지전압으로부터 기기보호 • 계전기접점의 불꽃소거
사이리스터		• p형 반도체와 n형 반도체의 4층 이상 접합한 것 • 전극 단자 수가 2, 3, 4인 것이 있다(위상제어, 타이머회로, 트리거회로).
직접회로		• 하나의 실리콘 칩 내부에 트랜지스터, 다이오드 저항, 콘덴서 등 여러 가지 전자부품을 고밀도로 집적하여 패키지로 만든 것 • 시스템이 소형화, 가볍고 얇다. • 신뢰성이 높고 부품의 교체가 쉽다.

11 전압변동률

$$\varepsilon = \frac{V_0 - V_L}{V_L} \times 100$$

12 평활회로

(1) 다이오드를 통해 정류된 전압은 건전지와 같이 완전한 직류가 되지 못한다.

(2) 콘덴서를 설치하여, 콘덴서의 방전전류에 의해서 완만한 직류에 근접할 수 있도록 해준다.

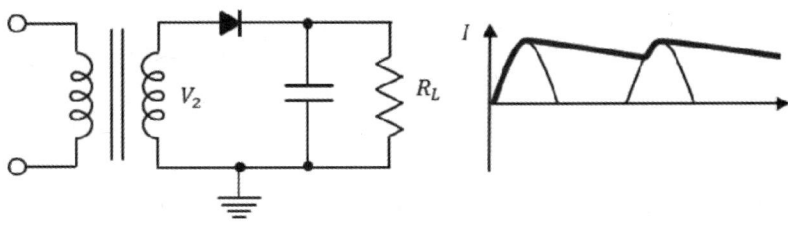

13 각 파형별 맥동률·정류효율·맥동주파수

구분	단상 반파	단상 전파	3상 반파	3상 전파 (6상 반파)
정류효율[%]	40.6	81.2	96.7	99.80
맥동률[%]	121	15	17	4
맥동주파수[Hz] ★★★	f	1) ☐	$3f$	$6f$
직류전압 (평균값, E_d)	2) ☐ [V] (V : 교류실횻값)	3) ☐ [V]	1.17 [V]	1.35 [V]

1) $2f$
2) 0.45
3) 0.9

CHAPTER 08 기타

1 발전기
(1) 동기 발전기 병렬운전 조건
　① 기전력의 *[　　]가 같을 것 ── 크기
　② 기전력의 *[　　]이 같을 것 ── 위상
　③ 기전력의 주파수가 같을 것
　④ 기전력의 파형이 같을 것
(2) 발전기에서 유도 기전력
　*[　　　　　]　　　　$E = \dfrac{PZ}{60a}\phi N\,[V]$

2 직류 전동기
(1) 3상 직권 정류자 전동기에서 중간 변압기 사용하는 이유
　① 경부하 시 속도의 이상 상승 방지
　② 실효 권수비를 조정하여 전동기 특성 조정
　③ 전원 변압기의 크기에 관계없이 정류자 전압 조정

3 직류전동기 속도제어
(1) 저항에 의한 속도제어
(2) 계자에 의한 속도제어
(3) 전압에 의한 속도제어

4 직류전동기 전기적 제동법
직류 제동, 역상 제동, 회생 제동, 발전 제동

5 권수비
(1) 회전수와·전압과는 비례하고 *[　　]와는 반비례 ── 전류

(2) $a = \dfrac{N_1}{N_2} = \dfrac{V_1}{V_2} = \dfrac{E_1}{E_2} = \dfrac{I_2}{I_1} = \sqrt{\dfrac{Z_1}{Z_2}} = \sqrt{\dfrac{R_1}{R_2}} = \sqrt{\dfrac{X_1}{X_2}}$

6 변압기 손실

(1) 무부하손
　① 철손 : *[　　　　　], 와전류손실
　② 유전체손

(2) 부하손실 (가변손실)
　① 동손 : 저항손, 구리손
　② 표류부하손

(3) 전 손실 전력량 : 전 부하 손실 + 부분 부하 손실

$$W = [P_i + P_e]t + \left[P_i + \left(\frac{1}{n}\right)^2 P_e\right]t$$

📎 히스테리시스손실

📎 $\eta = \dfrac{출력}{입력} \times 100[\%]$

7 변압기 효율

(1) 실측 효율 *[　　　　]

(2) 규약효율
　① 전동기 $\eta = \dfrac{입력 - 손실}{입력} \times 100[\%]$
　② 발전기 $\eta = \dfrac{출력}{출력 + 손실} \times 100[\%]$

8 변압기 병렬운전 조건

(1) 극성이 같을 것
(2) 정격전압(권수비)가 같을 것
(3) 임피던스 전압이 같을 것
(4) 내부저항과 누설 리액턴스의 비가 같을 것

9 변압기 Y-Y결선 및 △-△결선

(1) *[　　　　]
　① 제3고조파가 발생하여 그에 따른 영향을 많이 받음
　② 중성점 접지 가능
　③ 순환전류가 흐르지 않음

📎 Y-Y결선

(2) △-△결선
　① 변압기 외부 선로에 제3고조파가 발생하지 않아서 통신장해가 없다.
　② 1상분에 고장이 생기면 나머지 2대로 V결선으로 사용할 수 있다.
　③ 중성점을 접지할 수 없으므로 지락사고 전류검출이 곤란하다.
　④ 각 상의 권선 임피던스가 다르면 3상 부하가 평형이 되어도 변압기의 부하전류는 불평형이 된다.

10 동기속도

*$\boxed{}$ [rpm]

11 슬립 (Slip)

(1) 3상 유도 전동기는 항상 동기속도와 회전자 속도 사이에 차이가 생기게 되며 이 차이 ($N_s - N$)와 동기속도와의 비

(2) $s = \dfrac{동기속도 - 회전속도}{동기속도} = \dfrac{N_s - N}{N_s}$

12 단상유도전동기 기동토크 순서

반발기동형 > 반발유도형 > 콘덴서기동형 > 분상기동형 > *$\boxed{}$

13 농형 유도전동기의 기동방법

(1) 전전압기동(직입기동) : 5 [kW] 이하, 소형
(2) $Y - \Delta$기동 : 1)$\boxed{}$ [kW] 이하, Y기동 시 Δ기동에 비하여 기동전류, 기동토크 2)$\boxed{}$으로 감소
(3) 리액터기동 : 팬, 송풍기, 펌프 등과 같이 자승저감 토크부하 때 사용
(4) 기동보상기 : 15 [kW] 초과, 단권변압기를 Y결선한 후 탭을 낮춰 기동한 후 점차로 높여서 전전압으로 운전
(5) 콘돌파기동 : 대용량 모터, 송풍기, 팬, 기동토크부하 때 사용

14 펌프의 동력계산

$P = \dfrac{9.8\, Q_1 H}{\eta} \times K,\ P = \dfrac{\gamma\, Q_1 H}{102\, \eta} \times K$

15 전기 저압 범위

전압 구분	KEC
저압	교류 : 1000 [V] 이하, 직류 : 1500 [V] 이하
고압	교류 : 1000[V] 초과 7 [KV] 이하 직류 : 1500[V] 초과 7 [KV] 이하
특별 고압	교류 및 직류 : 7 [KV] 초과

※ $= \dfrac{120f}{p}$

※ 셰이딩코일형
[암기] 반반콘분셰

※ 1) 15
2) 1/3

[암기] 전Y리기콘

16 전선의 굵기 결정 3요소

(1) 전선의 허용전류 : 전선이나 케이블에 흘릴 수 있는 전류의 최댓값
(2) 전선의 전압강하
(3) 기계적 강도

17 전선 접속 시 유의 사항

(1) 전선의 강도를 *☐ [%] 이상 감소시키지 않을 것
(2) 접속부는 노출시키지 말 것
(3) 접속부분은 동등이상의 절연내력이 있을 것
(4) 다른 종류의 도체와 접속 시 전기적 부식이 발생하지 않을 것

※ 20

18 전선 단면적 계산

$A = \dfrac{35.6 LI}{1,000 e}$

| 단상 2선식 | *☐ | e : 각 선간의 전압강하 [V]
e' : 외측선 또는 각 상의 1선과 중선선 사이의 전압강하 [V]
A : 전선의 단면적 [mm²]
L : 전선의 1본의 길이 [m]
I : 부하기기의 정격전류 [A] |

PART 02 소방전기시설의 구조 및 원리

CHAPTER 01 자동화재탐지설비	**CHAPTER 06** 유도등
CHAPTER 02 비상경보설비 및 단독경보형 감지기	**CHAPTER 07** 비상조명등
CHAPTER 03 비상방송설비	**CHAPTER 08** 비상콘센트설비
CHAPTER 04 자동화재속보설비	**CHAPTER 09** 무선통신보조설비
CHAPTER 05 가스누설경보기 및 누전경보기	**CHAPTER 10** 비상전원수전설비

CHAPTER 01 자동화재탐지설비

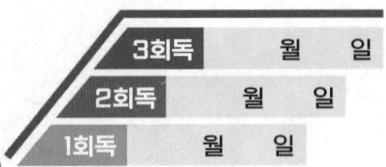

1 자동화재탐지설비 설치대상

설치대상	기준
• 교육연구시설(교육시설 내에 있는 기숙사 및 합숙소를 포함한다), 수련시설(기숙사·합숙소 포함, 숙박시설 제외) • 동·식물 관련 시설 • 자원순환 관련 시설 • 교정 및 군사시설 • 묘지 관련 시설	연면적 *☐ [m²] 이상인 경우에는 모든 층
목욕장, 문화 및 집회시설, 종교시설, 판매시설, 운수시설, 운동시설, 업무시설, 창고시설, 공장, 지하상가, 위험물 저장 및 처리시설, 항공기 및 자동차 관련 시설, 교정 및 군사시설 중 국방·군사시설, 방송통신시설, 발전시설, 관광 휴게시설	연면적 *☐ [m²] 이상인 경우에는 모든 층
• 근린생활시설(목욕장 제외) • 의료시설(정신의료기관, 요양병원 제외) • 위락시설, 장례시설 및 복합건축물	연면적 600 [m²] 이상인 경우에는 모든 층
정신의료기관, 의료재활시설	• 바닥면적 합계 300 [m²] 이상 • 바닥면적 합계 300 [m²] 미만, 창살 설치
터널	길이 *☐ [m] 이상
공장 및 창고시설	500배 이상 특수가연물
요양병원, 지하구, 전통시장, 조산원, 산후조리원	-
전기저장시설, 노유자생활시설	-
공동주택 중 아파트등·기숙사, 숙박시설, 6층 이상인 건축물	-
노유자시설	연면적 400 [m²] 이상인 경우에는 모든 층
숙박시설이 있는 수련시설	수용인원 100명 이상인 경우에는 모든 층

📖 2000

📖 1000

📖 1000

2 수평적 경계구역

(1) 하나의 경계구역이 2개 건축물 및 각 층에 미치지 않을 것
2개의 층을 하나의 경계구역으로 산정하는 경우 : 바닥 합 500 [m²] 이하
(2) 하나의 경계구역 면적 : *☐ [m²] 이하 — 600
　① 한 변 길이 : *☐ [m] 이하 — 50
　② 주출입구에서 내부 전체 보이는 것 : 한 변 길이가 50 [m] 범위 내 1000 [m²] 이하

3 수직적 경계구역

(1) 계단·경사로(에스컬레이터 포함)는 별도의 경계구역 산정 → *☐ [m] 이하 — 45
(2) 엘리베이터 승강로(권상기실 포함)·린넨슈트·파이프피트 및 덕트 기타 이와 유사한 부분은 별도의 경계구역 산정 → 높이 기준 없음
(3) 지하층의 계단 및 경사로(지하층 층수 1일 경우 제외)에는 별도로 경계구역 산정

4 외기 면하는 경계구역

차고·주차장·창고 등 : *☐ [m] 미만의 범위 안 부분은 면적 산입 제외 — 5

5 수신기의 정의 및 종류

(1) 수신기 정의 : 감지기나 발신기에서 발하는 화재신호를 직접 수신하거나 중계기를 통하여 수신하여 화재의 발생을 표시 및 경보하여 주는 장치
(2) 수신기 종류

수신기 종류	작동원리 및 기능	
P형 수신기	감지기 및 발신기의 화재신호를 직접 또는 중계기를 통하여 공통신호로서 수신하여 소방대상물의 관계자에게 경보하여 주는 것	
R형 수신기	감지기, 발신기의 화재신호를 직접 또는 중계기를 통하여 고유 신호로 수신하여 소방대상물의 관계자에게 경보하여 주는 것	
복합식 수신기	일반수신기의 주기능인 화재표시 및 경보 기능 이외에 소방설비나 방재설비 등을 자동 또는 수동으로 제어할 수 있는 기능을 겸한 수신기	① P형 복합식 수신기 ② R형 복합식 수신기 ③ GP형 복합식 수신기 ④ GR형 복합식 수신기

수신기 종류	작동원리 및 기능	
아날로그식 수신기	• 아날로그 감지기로부터 신호를 수신한 경우 예비표시신호 및 화재표시등과 지구경종이 동시에 작동 • 입력신호량(열 또는 연기)을 단계별로 표시하는 기능이 있을 것 • 아날로그 감지기의 작동레벨 조정장치가 있을 것	
간이형 수신기 (유선식 또는 무선식)	수신기 및 가스누설경보기의 기능을 각각 또는 함께 가지고 있는 수신기로써 수신기 및 가스누설경보기의 구조 및 기능을 단순화시켜 구성되거나 여기에 화재, 가스누설을 자동 탐지하여 경보하여 주는 기능 또는 도난경보, 원격제어기능 등이 복합적으로 구성된 제품	① 화재수신용 ② 가스누설수신용 ③ 화재수신용 및 가스누설수신용
무선식 수신기	전파에 의해 신호를 송·수신하는 방식의 수신기	
	기능	감지기 등의 건전지 성능저하 신호 발신 개시부터 수신완료까지 시간	200초 이내
		수동 또는 자동(주기 168시간 이내) 통신점검 개시로부터 확인신호 수신까지 소요시간	200초 이내
		통신점검시험 중에도 다른 회선의 화재신호 시 화재표시가 될 것	
		수신성능시험(10개의 화재신호를 동시에 발신할 때)	최초 화재표시 : 5초 이내 모든 화재표시 : 100초 이내

6 수신기 설치 기준

(1) 수신기 기준

① 해당 특정소방대상물의 경계구역을 각각 표시할 수 있는 회선수 이상의 수신기를 설치할 것

② 해당 특정소방대상물에 가스누설탐지설비가 설치된 경우에는 가스누설탐지설비로부터 가스누설신호를 수신하여 가스누설경보를 할 수 있는 수신기를 설치할 것(가스누설탐지설비 수신부 별도 설치 시 제외)

(2) 수신기 설치기준

① 수위실 등 상시 사람이 근무하는 장소에 설치할 것(접근과 관리가 용이한 장소도 가능)

② 수신기가 설치된 장소에는 경계구역 *[   ]를 비치할 것(주수신기만 해당) — 일람도

③ 수신기의 음향기구는 그 음량 및 음색이 다른 기기의 소음 등과 명확히 구별될 것

④ 수신기는 감지기·중계기 또는 발신기가 작동하는 *[   ]을 표시할 수 있는 것으로 할 것 — 경계구역

⑤ 화재·가스 전기 등에 대한 종합방재반을 설치한 경우에는 해당 조작반에 수신기의 작동과 연동하여 감지기·중계기 또는 발신기가 작동하는 경계구역을 표시할 수 있는 것으로 할 것

⑥ 하나의 경계구역은 하나의 표시 등 또는 하나의 문자로 표시되도록 할 것

⑦ 수신기의 조작 스위치는 바닥으로부터의 높이가 1)[   ][m] 이상 2)[   ][m] 이하인 장소에 설치할 것 — 1) 0.8 2) 1.5

⑧ 하나의 특정소방대상물에 2개 이상의 수신기를 설치하는 경우에는 수신기를 상호 간 연동하여 화재 발생 상황을 각 수신기마다 확인할 수 있도록 할 것

⑨ 화재로 인하여 하나의 층의 지구음향장치 배선이 단락되어도 다른 층의 화재통보에 지장이 없도록 각 층 배선 상에 유효한 조치를 할 것

7 축적형 수신기

(1) 설치장소(비화재보 우려장소)

장소	원인
지하층·무창층 등으로서 환기가 잘되지 않는 장소	일시적으로 발생한 열·연기 또는 먼지 등으로 인하여 감지기가 화재 신호를 발신할 우려가 있는 때
실내면적이 *[ ][m²] 미만인 장소	
감지기의 부착 면과 실내바닥과의 거리가 *[ ][m] 이하인 장소	

— 40
— 2.3

(2) 축적형 수신기와 같이 사용할 수 없는 감지기

① 불꽃감지기　　　　② 정온식 감지선형 감지기
③ 분포형 감지기　　　④ 복합형 감지기
⑤ 광전식 분리형 감지기　⑥ 아날로그방식의 감지기
⑦ 다신호방식의 감지기　⑧ 축적방식의 감지기

암기▶ 불정분복 광아다축

8 수신기 절연저항시험
(1) 측정기기 : DC 500 [V] 절연저항계
(2) 절연저항
　① 절연된 충전부와 외함 간 : *☐ [MΩ] 이상(교류입력 측과 외함 : 20 [MΩ] 이상)
　② 절연된 선로 간 : *☐ [MΩ] 이상일 것

※ 5
※ 20

9 수신기 형식승인 및 제품검사 기술기준
(1) 외함 재질은 불연성 또는 난연성으로 할 것
(2) 정격전압 60 [V]를 넘는 기구의 금속제 외함에 접지단자 설치할 것
(3) 예비전원회로에 단락사고 등으로부터 보호하기 위한 퓨즈를 설치할 것
(4) 수신완료시간은 5초 이내일 것(단, 축적형의 경우 60초 이내)

10 중계기 설치기준
(1) 수신기에서 직접 감지기회로의 도통시험을 행하지 아니하는 것에 있어서는 수신기와 감지기 사이에 설치할 것
(2) 조작 및 점검에 편리하고 화재 및 침수 등의 재해로 인한 피해를 받을 우려가 없는 장소에 설치할 것
(3) 수신기에 따라 감시되지 아니하는 배선을 통하여 전력을 공급받는 것에 있어서는 전원입력 측의 배선에 과전류 차단기를 설치하고 해당 전원의 정전이 즉시 수신기에 표시되는 것으로 하며, 상용전원 및 예비전원의 시험을 할 수 있도록 할 것

11 중계기 형식승인 및 제품검사의 기술기준
(1) 반복시험 : 작동을 *☐회 반복 시 구조 및 기능에 이상이 없어야 함
(2) 변압기
　① 정격 1차 전압 : 300 [V] 이하일 것
　② 변압기 외함 : 접지단자 설치할 것
　③ 용량 : 최대사용전류에 연속하여 견딜 수 있는 크기 이상일 것
(3) 절연저항시험
　① 절연된 충전부와 외함 간 : *☐ [MΩ] 이상일 것
　② 절연된 선로 간 : 20 [MΩ] 이상일 것

※ 2000

※ 20

12 열 감지기
(1) 차동식 스포트형 : 온도 일정 상승률 이상 + 일국소
공기팽창식 · 열기전력식 · 열반도체식

(2) 차동식 분포형 : 온도 일정 상승률 이상 + 넓은 범위

    공기관식·열전대식·열반도체식

(3) 정온식 스포트형 : 일정한 온도 이상 + 외관 전선 (×)

(4) 정온식 감지선형 : 일정한 온도 이상 + 외관 전선 (○)

(5) 보상식 스포트형 : 차동식 + 정온식

(6) 아날로그 감지기 : 온도 또는 연기 양의 변화에 따른 전류·전압값 출력을 발하는 방식

13 연기 감지기

(1) 이온화식 스포트형 : 이온전류 변화하여 작동

(2) 광전식 : 광전소자에 접하는 광량의 변화로 작동

14 복합형 감지기

열 복합·연기 복합·열 + 연기 복합

15 불꽃 감지기

자외선·적외선·자/적외선 겸용

16 차동식 스포트형

(1) 종류
　① 공기의 팽창을 이용한 것
　② 열기전력을 이용한 것
　③ 반도체를 이용한 것

(2) 공기팽창식
　① 구성요소 : 1)☐☐☐(챔버), 다이어프램, 접점, 2)☐☐☐☐☐, 작동표시 장치
　② 리크구멍 : 비화재보 방지

                                                        1) 감열실
                                                        2) 리크구멍(리크공)

17 열기전력

(1) 반도체형 열전대의 열기전력을 이용한 것

(2) 구성요소 : 감염실(챔버), 반도체 열전대, 고감도 릴레이, 온접점, 냉접점

18 반도체를 이용한 감지기

(1) 구성요소 : *☐☐☐☐☐

(2) 서미스터 : 온도가 상승할 경우 저항이 변화하는 소자

                                                         서미스터(Thermistor)

19 차동식 분포형 감지기 공기관식

(1) 구성요소
  ① 감열부 : 공기관
  ② 검출부 : 다이어프램, 리크구멍, 접점, 시험장치
(2) 고정방법
  ① 직선 부분 : 35 [cm] 이내
  ② 굴곡 부분 : 5 [cm] 이내
  ③ 접속 부분 : 5 [cm] 이내(검출부와 마감고정금구)
  ④ 굴곡 반경 : 5 [mm] 이상
  ⑤ 공기관 두께 : *☐ [mm] 이상, 공기관 외경 : 1.9 [mm] 이상 〔0.3〕
(3) 접속방법
  ① 검출부와 공기관의 접속 : 공기관의 접속단자에 삽입 후 납땜
  ② 공기관 상호 접속 : 슬리브에 삽입 후 납땜
(4) 접속방법
  ① 공기관의 노출부분 : *☐ [m] 이상 〔20〕
  ② 하나의 검출부에 접속하는 공기관의 길이 : *☐ [m] 이하 〔100〕
  ③ 공기관과 감지구역의 각 변과의 수평거리 : 1.5 [m] 이하
  ④ 공기관 상호 거리 : 6 [m] 이하(주요 구조부가 내화 구조인 경우 : 9 [m])
  ⑤ 공기관은 도중에 분기 금지
  ⑥ 검출부는 5° 이상 경사되지 않을 것
  ⑦ 검출부는 바닥으로부터 0.8 이상 ~ 1.5 [m] 이하의 위치에 설치할 것

20 차동식 분포형 감지기 열전대식

(1) 구성요소 : 감열부(열전대), 검출부(미터릴레이, 접속배선)
  ① 열전대(Thermo-electric Couple) : 두 종류의 금속을 접합하여 폐회로를 만들고, 접합점에서 온도를 달리 하면 폐회로에 기전력이 발생하는 현상으로 대표적인 금속은 콘스탄탄이다.
  ② 제백효과(Seebeck Effect)를 이용한다.
(2) 고정방법 : 슬리브에 삽입한 후 압착한다.
(3) 설치기준
  ① 열전대부는 감지구역 바닥면적 18 [m^2](내화 구조 : 22 [m^2])마다 1개 이상으로 할 것, 다만 바닥 면적이 72 [m^2](내화 구조 : 88 [m^2]) 이하인 특정 소방대상물에 대해서는 4개 이상으로 할 것
  ② 하나의 검출부에 접속하는 열전대부는 20개 이하일 것

주요 구조부	면적	열전대부 개수
일반	*☐ [m²]	1개 이상
일반	*☐ [m²] 이하 대상물	4개 이상
내화	22 [m²]	1개 이상
내화	88 [m²] 이하 대상물	4개 이상

21 차동식 분포형 감지기 열반도체식

(1) 화재 시 발생하는 열에 의해 수열판이 가열되어 열반도체 소자에 열기전력이 발생하여 미터릴레이를 작동시켜 수신기에 신호를 발신한다.

(2) 설치기준
  ① 검출부에 접속하는 감지부는 *☐개 이상 15개 이하
  ② 감지부 설치 바닥면적 기준

부착높이 및 특정소방대상물의 구분		감지기의 종류 [m²]		비고
		1종	2종	
8 [m] 미만	내화구조	*☐	36	부착높이가 8 [m] 미만이고, 바닥면적이 왼쪽 표에 따른 면적 이하인 경우에는 1개
8 [m] 미만	기타구조	40	23	
8 [m] 이상 15 [m] 미만	내화구조	50	*☐	
8 [m] 이상 15 [m] 미만	기타구조	30	23	

22 공기관식 감지기의 시험방법(기능시험)

(1) 화재작동시험, 화재작동계속시험 → 정상이면 3정수시험을 실시하지 않음

(2) 3정수시험 : 유통시험, 접점수고시험, 리크저항시험 → 원인 규명 목적

(3) 화재작동시험 : 감지기의 작동 및 작동시간의 정상 여부 확인

(4) 화재작동계속시험 : 작동시간 정상 여부를 확인함으로써 비화재보 및 실보발생 여부 확인

(5) 유통시험 : 공기관의 누설 여부 확인

(6) 접점수고시험 : 다이어프램의 접점 간격 확인

(7) 리크저항시험 : 리크 구멍의 적합성 확인

23 정온식 감지기

(1) 화재 시 열에 의해 주위 온도가 감지기가 작동되는 공칭작동온도가 될 경우 이를 감지하는 방식

(2) 공칭작동온도 ≥ 최고주위온도 + *☐ [℃]

24 정온식 감지선형 감지기

(1) 설치기준
  ① 보조선이나 고정금구를 사용하여 감지선이 늘어지지 않도록 설치할 것
  ② 단자부와 마감 고정금구와의 설치간격은 10 [cm] 이내로 설치할 것
  ③ 감지선형 감지기의 굴곡반경은 5 [cm] 이상으로 할 것
  ④ 감지기와 감지구역의 각 부분과의 수평거리
   • 내화구조 : 1종 4.5 [m] 이하, 2종 *<u>3</u> [m] 이하
   • 기타구조 : 1종 *<u>3</u> [m] 이하, 2종 1 [m] 이하
  ⑤ 케이블트레이에 감지기를 설치하는 경우에는 케이블트레이 받침대에 마감금구를 사용하여 설치할 것
  ⑥ 창고의 천장 등에 지지물이 적당하지 않은 장소에는 보조선을 설치하고 그 보조선에 설치할 것
  ⑦ 분전반 내부에 설치하는 경우 접착제를 이용하여 돌기를 바닥에 고정시키고 그곳에 감지기를 설치할 것

(2) 특성
  ① 일시적인 온도상승 및 훈소화재에 적응성
  ② 부식, 먼지, 습기에 강함
  ③ 고장 오류가 적고, 설치가 용이
  ④ 시간지연 발생 및 단락에 주의 필요

(3) 감지선형 감지기 온도 표시

공칭작동온도	80도 미만	80도 이상 - 1)<u>120</u>도 미만	2)<u>120</u>도 이상
색상	백색	청색	적색

25 보상식 스포트형

(1) 구조 : 차동식 감지기 성능 + 정온식 감지기 성능
(2) 구성요소 : 감열실, 다이어프램, 리크구멍, 고팽창 금속, 저팽창 금속
(3) 정온점 ≥ 최고주위온도 + *<u>20</u> [℃]

26 열감지기 설치기준

(1) 천장 또는 반자의 옥내에 면하는 부분에 설치
(2) 실내로의 공기유입구로부터 1.5 [m] 이상 이격(차동식 분포형 제외)
(3) 차동식 스포트형, 보상식 스포트형, 정온식 스포트형 감지기의 면적기준

부착 높이 및 소방대상물의 구분		차동식		보상식		정온식		
		1종	2종	1종	2종	특종	1종	2종
4 [m] 미만	주요구조부가 내화 구조	90	1)☐	90	70	70	60	20
	기타 구조	50	40	50	2)☐	3)☐	30	15
4 [m] 이상 8 [m] 미만	주요구조부가 내화 구조	45	35	45	35	35	30	-
	기타 구조	30	25	30	25	25	15	-

○ 1) 70
　 2) 40
　 3) 40

　(4) 스포트형 감지기 : 45° 이상 경사되지 아니하도록 부착
　(5) 보상식 스포트형 감지기 정온점 : 주위 평상시 최고온도보다 20 [℃] 이상 높을 것
　(6) 정온식 스포트형 감지기 공칭작동온도 : 주위 최고온도보다 20 [℃] 이상 높을 것

27 열감지기 특성

　(1) 작동 빠르기 : 보상식 > 차동식 > 정온식
　(2) 훈소 화재 적응성 : 정온식, 보상식
　(3) 일시적인 온도 상승에 적응성 : 정온식

감지기	적응성	동작원리	특성
차동식	불꽃 연소	*☐ [℃/min] 이상 시 동작	훈소비적응성, 비화재보 발생
정온식	불꽃 연소, 훈소	정온점 이상 온도 상승	시간지연 발생
보상식	불꽃 연소, 훈소	차동식 + 정온식	일시적 온도 상승 비화재보

○ 15

28 광전식 스포트형 연기감지기

　(1) 구성
　　① 발광부 : 적외선 LED
　　② 수광부 : *☐
　　③ 차광판
　　④ 증폭회로 : 수광부에서 발생한 미소한 전압을 전기신호로 증폭
　　⑤ 스위칭회로 : 증폭신호에 따라 폐회로 구성

○ Photo Diode

(2) 작동원리
① Mie의 분산법칙 응용(반사)
② 연기에 의해 빛의 산란으로 수광부 광량 증가

(3) 특성
① 큰 연기에 유리(광원의 파장에 따라 0.3 ~ 1 [μm])하므로 훈소화재 적응성
② 연기 색상에 따라 영향 → 흰색 연기에 유리
③ 비화재보 및 실보 발생 우려

(4) 사용 장소 : A급 화재 등 훈소화재, 화재 시 엷은 색 연기 발생 장소, 지하상가

29 광전식 분리형 연기감지기

(1) 개념
① 광원인 송광부와 수광부가 분리된 구조로써 연기에 의한 수광량 감소에 의해 작동
② 비화재보 방지 및 신뢰도가 좋고, 층고가 높고, 넓은 대공간에 사용 가능

(2) 작동원리 : Mie의 분산법칙 응용 → 흡수, 반사

(3) 설치기준
① 광축은 나란한 벽으로부터 *[0.6] [m] 이상 이격(오동작 방지 개념)
② 수광면은 햇빛을 직접 받지 않도록 설치
③ 송광부와 수광부는 설치된 뒷벽으로부터 *[1] [m] 이내 위치에 설치(미감시구역 증가 방지 개념)
④ 광축의 높이는 천장 등 높이의 *[80] [%] 이상일 것
⑤ 광축의 길이는 공칭감시거리 범위 이내일 것
(검정기술기준 공칭감시거리 : 5 [m] 이상 ~ 100 [m] 이하, 5 [m] 간격)
⑥ 그 밖은 형식승인 내용에 따르며 형식승인 사항이 아닌 것은 제조사의 시방에 따라 설치할 것

(4) 설치 시 주의 장소
① 광축에 장애물이 있는 장소
② 점검이 불가능한 장소
③ 물, 습기, 이슬 등이 맺히는 장소, 가스 발생 장소
④ 감지기 수광부 정면이 태양빛을 받는 장소

30 공기 흡입형 연기감지기

(1) 구성요소 : 흡입배관, 공기흡입펌프, 감지부, 제어부, 필터
(2) 동작원리 : 흡입된 공기 중에 함유된 연소생성물의 성분을 분석하여 화재를 감지
(3) 설치장소 : 전산실 또는 반도체공장
(4) 설치(배치)방식 : 주흡입방식, 보조흡입방식, 국소방식

31 연기 감지기 설치장소 및 설치기준

(1) 연기감지기 설치장소
 ① 계단·경사로 및 에스컬레이터 경사로
 ② 복도(30 [m] 미만의 것을 제외한다)
 ③ 엘리베이터 승강로(권상기실이 있는 경우에는 권상기실)·린넨슈트·파이프피트 및 덕트 기타 이와 유사한 장소
 ④ 천장 또는 반자의 높이가 15 [m] 이상 20 [m] 미만의 장소
 ⑤ 다음 각 목의 어느 하나에 해당하는 특정소방대상물의 취침·숙박
  • 입원 등 이와 유사한 용도로 사용되는 거실
  • 공동주택·오피스텔·숙박시설·노유자시설·수련시설
  • 교육연구시설 중 합숙소
  • 의료시설, 근린생활시설 중 입원실이 있는 의원·조산원
  • 교정 및 군사시설
  • 근린생활시설 중 고시원

(2) 연기감지기 설치기준
 ① 감지기의 부착높이에 따른 바닥면적

부착높이	감지기의 종류(단위 [m²])	
	1종 및 2종	3종
4 [m] 미만	1) ☐	2) ☐
4 [m] 이상 20 [m] 미만	75	-

1) 150
2) 50

 ② 복도·통로 : 보행거리 30 [m] (3종 20 [m])마다, 계단·경사로 : 수직거리 15 [m]
 (3종 10 [m])마다 1개 이상 설치
 ③ 천장 또는 반자가 낮은 실내 또는 좁은 실내에 있어서는 출입구의 가까운 부분에 설치할 것
 ④ 천장 또는 반자부근에 배기구가 있는 경우에는 그 부근에 설치할 것
 ⑤ 감지기는 벽 또는 보로부터 *☐ [m] 이상 떨어진 곳에 설치할 것

0.6

(3) 연기 감지기 감시 챔버
   ① 연기의 크기에 따라 감지기 오작동 및 미작동 방지
   ② 1.3 ± 0.05 [mm] 크기의 물체가 침입할 수 없는 구조일 것

32 불꽃 감지기

(1) 설치기준
   ① 공칭감시거리 및 공칭시야각은 형식승인을 따를 것
   ② 감시구역을 모두 포용할 수 있을 것
   ③ 모서리 또는 벽 등에 설치할 것
   ④ 천장 등에 설치 시 바닥을 향할 것
   ⑤ 수분이 많은 지역은 방수형을 설치할 것
   ⑥ 기타 : 형식승인에 따르며, 형식승인이 아닌 것은 제조사의 시방에 따라 설치함

(2) 불꽃 감지기 도로형의 최대 시야각 : 180° 이상

33 축적형 감지기

(1) 설치 장소 및 설치 제외 장소

설치 장소	설치 제외 장소
• 지하층, 무창층으로 환기가 잘 되지 않는 장소 • 실내면적이 *☐ [m²] 미만인 장소 • 감지기의 부착면과 실내바닥과의 사이가 *☐ [m] 이하인 곳	• 교차회로방식을 사용하는 경우 • 급속한 연소 확대의 우려가 예상되는 곳 • 축적형 수신기에 연결하여 사용하는 경우

🔖 40

🔖 2.3

34 감지기 부착높이

부착 높이	감지기의 종류
4 [m] 미만	차동식(스포트형, 분포형), 보상식 스포트형, 정온식(스포트형, 감지선형), 이온화식 또는 광전식(스포트형, 분리형, 공기흡입형), 열복합형, 연기복합형, 열연기복합형, 불꽃감지기
4 [m] 이상 ~ *☐ [m] 미만	차동식(스포트형, 분포형), 보상식 스포트형, 정온식(스포트형, 감지선형) 특종 또는 1종, 이온화식 1종 또는 2종, 광전식(스포트형, 분리형, 공기흡입형) 1종 또는 2종 열복합형, 연기복합형, 열연기복합형, 불꽃감지기
*☐ [m] 이상 ~ 15 [m] 미만	차동식 분포형(차동식 분포형 외의 열감지기는 8 [m] 미만), 이온화식 1종 또는 2종, 광전식(스포트형, 분리형, 공기흡입형) 1종 또는 2종, 연기복합형, 불꽃감지기

🔖 8

🔖 8

암기 ▶ 차분한 이광연 12

부착 높이	감지기의 종류
15 [m] 이상 ~ 20 [m] 미만	이온화식 1종, 광전식(스포트형, 분리형, 공기흡입형) 1종, 연기복합형, 불꽃감지기
20 [m] 이상	불꽃감지기, 광전식(분리형, 공기흡입형) 중 아날로그방식

※ 부착 높이 20 [m] 이상에 설치하는 광전식 중 아날로그 감지기는 공칭감지농도 하한값이 감광률 5 [%/m] 미만인 것으로 한다.

암기 ▶ 이광연 1

35 장소에 따른 설치 감지기

장소	감지기
• 지하층·무창층 등으로서 환기가 잘 되지 아니하거나, 실내면적이 40 [m²] 미만인 장소 • 감지기의 부착면과 실내바닥과의 사이가 2.3 [m] 이하인 곳	축적방식의 감지기, 복합형 감지기, 불꽃감지기, 아날로그방식의 감지기, 광전식 분리형 감지기, 다신호방식의 감지기, 정온식 감지선형 감지기, 분포형 감지기
• 계단 및 경사로, 복도(30 [m] 미만 제외) • 엘리베이터 승강로(권상기실)·린넨슈트·파이프덕트 등 • 천장 또는 반자의 높이가 15 [m] 이상 20 [m] 미만의 장소 • 다음 특정소방대상물의 취침·숙박·입원 등 용도의 거실 　가. 공동주택·오피스텔·숙박시설·노유자시설·수련시설 　나. 교육연구시설 중 합숙소 　다. 의료시설, 근린생활시설 중 입원실이 있는 의원·조산원 　라. 교정 및 군사시설 　마. 근린생활시설 중 고시원	*[　　　] (교차회로 방식에 따른 감지기가 설치된 장소 또는 지무환·면사·감이상에 따른 감지기가 설치된 장소는 제외)
주방·보일러실 등으로서 다량의 화기 취급 장소	*[　　　]
지하구	먼지·습기 등의 영향을 받지 아니하고 발화지점(1 [m] 단위)과 온도를 확인할 수 있는 것
화학공장, 격납고, 제련소 등	광전식 분리형 감지기, 불꽃감지기
전산실, 반도체 공장 등	광전식 공기흡입형 감지기

─◦ 연기감지기

─◦ 정온식 감지기

36 발신기 설치기준

(1) 조작스위치 : 바닥으로부터 0.8 [m] 이상 1.5 [m] 이하 설치
(2) 특정소방대상물의 층마다 설치
　① 수평거리 : *☐ [m] 이하 설치(각 부분부터 하나의 발신기까지의 거리) — 25
　② 보행거리 : *☐ [m] 이상 경우 추가 설치(복도·별도 구획된 실) — 40
(3) 위치 표시등 : 함 상부 설치
(4) 불빛 : 부착면부터 *☐° 이상의 범위 안, 부착지점부터 10 [m] 이내 어느 곳에서도 쉽게 식별할 수 있는 적색등 — 15
(5) 발신기 외함 두께(형식승인 기준)
　① 발신기 외함은 불연성 또는 난연성으로 함
　② 강판으로 사용하는 경우

강판으로 사용하는 경우	합성수지 사용 시
외함 1)☐ [mm] 이상	강판의 2)☐배 이상
매립 시 매립되는 외함 부분 1.6 [mm] 이상	

1) 1.2　2) 2.5

37 음향장치 설치기준

(1) 주 음향장치 : 수신기의 내부 또는 그 직근에 설치할 것
(2) 지구 음향장치
　① 특정소방대상물 층마다 설치
　② 수평거리 : *☐ [m] 이하 설치(각 부분부터 음향장치까지) — 25
　③ 해당층 각 부분 유효하게 경보를 발할 수 있도록 설치
　④ 기둥·벽 없는 대형공간은 가장 가까운 벽·기둥 등에 설치
　⑤ 설치 제외 : 비상방송설비의 화재안전기준에 적합한 방송설비를 자동화재탐지설비의 감지기와 연동하여 작동하는 경우 지구음향장치 설치 면제
(3) 경보방식
　① 일제경보방식 : 화재 시 전 층에 경보하는 방식(소규모)
　② 우선경보방식 : 층수가 1)☐층(공동주택의 경우에는 2)☐층)의 특정소방대상물은 다음과 같은 경보를 발할 수 있어야 한다.
　　• 2층 이상의 층에서 발화한 때에는 발화층 및 그 직상 4개 층에 경보
　　• 1층에서 발화한 때에는 발화층. 그 직상 4개 층 및 지하층에 경보
　　• 지하층에서 발화한 때에는 발화층. 그 직상 4개 층 및 기타 지하층 경보

1) 11　2) 16

38 음향장치 구조 및 성능
(1) 음향전압 : 정격전압의 80 [%] 전압
(2) 음량 : 부착된 음향장치의 중심부터 1 [m] 떨어진 위치에서 *☐ [dB] 이상   ○ 90
(3) 작동 : 감지기 및 발신기의 작동과 연동

39 시각경보장치 설치기준
(1) 시각경보기 정의
화재 시 광원에 의해 점멸(조명) 형태로 경보를 발하여 특정소방대상물 관계인 등 청각장애인에게 화재 발생을 통보하는 경보설비
(2) 시각 경보장치 설치기준
① 장소 : 복도·통로·청각장애인용 객실 및 공용으로 사용하는 거실에 설치하며, 각 부분으로부터 유효하게 경보를 발할 수 있는 위치에 설치할 것
② 위치 : 공연장·집회장·관람장 또는 이와 유사한 장소에 설치하는 경우에는 시선이 집중되는 무대부 부분 등에 설치할 것
③ 높이 : 바닥으로부터 2 [m] 이상 1)☐ [m] 이하 장소 설치(다만 천장의 높이 2 [m] 이하 경우에는 천장으로부터 2)☐ [m] 이내 장소 설치)   ○ 1) 2.5 2) 0.15
④ 전원(광원) : 전용의 축전지설비 또는 전기저장장치에 의해 점등

40 전원의 종류
(1) 상용전원(전용배선) : 축전지, 전기저장장치, 교류전압 옥내간선
(2) 비상전원(예비전원) : 축전지, 전기저장장치
(3) 비상전원 용량 : 감시상태 60분간 지속 후 유효하게 10분 이상 경보

41 배선
(1) 배선
① 전원 회로 : 내화배선
② 그 밖 배선(감지기 관련 제외) : 내화 또는 내열배선
③ 감지기 상호 간 또는 감지기 회로

(2) 배선 종류

자동화재탐지설비 배선		배선 종류	비고
전원회로 배선		내화 배선	
감지기회로배선 (감지기 상호 간 또는 감지기로부터 수신기에 이르는 감지기 회로 배선)	아날로그식 다신호식 감지기 R형 수신기용	*☐	전자파 방해를 받지 않는 방식은 제외
	감지기 상호 간	내화배선 또는 내열배선	-
	기타	내화배선 또는 내열배선	-
그 밖의 회로배선		내화배선 또는 내열배선	-

※ 쉴드선(차폐선)

(3) 배선 신호전달방식 : 송배전식(보내고 받기)으로 할 것

(4) 배선 절연저항

감지기회로 및 부속회로의 전로와 대지 사이 및 배선 상호 간의 절연저항은 1경계구역마다 직류 250 [V]의 절연저항측정기를 사용하여 측정한 절연저항이 0.1 [MΩ] 이상

(5) 배선 구획

다른 전선과 별도의 관·덕트·몰드 또는 풀박스 등에 설치, 다만 60 [V] 미만의 약 전류회로에 사용하는 전선으로서 각각의 전압이 같을 때에는 그러하지 아니함

(6) 배선 경계구역

피(P)형 수신기 및 지피(G.P.)형 수신기의 감지기 회로의 배선에 있어서 하나의 공통선에 접속할 수 있는 경계구역 : *☐개 이하

※ 7

(7) 전로저항 및 종단감지기 배선 전압

① 전로저항 : *☐ [Ω] 이하

※ 50

② 종단 감지기에 접속되는 배선의 전압 : 감지기 정격전압 80 [%] 이상(전압강하 20 [%])

42 종단저항 설치기준

(1) 점검 및 관리가 쉬운 장소 설치

(2) 전용함 설치 시 높이 : 바닥으로부터 *☐ [m] 이내

※ 1.5

(3) 감지기 회로의 끝부분에 설치하며, 종단감지기에 설치할 경우에는 구별이 쉽도록 해당 감지기의 기판 및 감지기 외부 등에 별도의 표시를 할 것

43 내화·내열배선의 사용전선

(1) 450/750 [V] 저독성 난연 가교 폴리올레핀 절연 전선
(2) 0.6/1 [kV] 가교 폴리에틸렌 절연 저독성 난연 폴리올레핀 시스 전력 케이블
(3) 6/10 [kV] 가교 폴리에틸렌 절연 저독성 난연 폴리올레핀 시스 전력용 케이블
(4) 가교 폴리에틸렌 절연 비닐시스 트레이용 난연 전력 케이블

44 내화배선 공사방법

(1) 금속관·2종 금속제 가요전선관 또는 합성 수지관에 수납하여 내화구조로 된 벽 또는 바닥 등에 벽 또는 바닥의 표면으로부터 25 [mm] 이상의 깊이로 매설
(2) 다음 각목의 기준에 적합하게 설치하는 경우 제외
① 배선을 내화성능을 갖는 배선전용실 또는 배선용 샤프트·피트·덕트 등에 설치하는 경우
② 배선전용실 또는 배선용 샤프트·피트·덕트 등에 다른 설비의 배선이 있는 경우에는 이로 부터 *□ [cm] 이상 떨어지게 하거나 소화설비의 배선과 이웃하는 다른 설비의 배선 사이에 배선지름(배선의 지름이 다른 경우에는 가장 큰 것을 기준으로 한다)의 *□배 이상의 높이의 불연성 격벽을 설치하는 경우

→ 15

→ 1.5

CHAPTER 02 비상경보설비 및 단독경보형 감지기

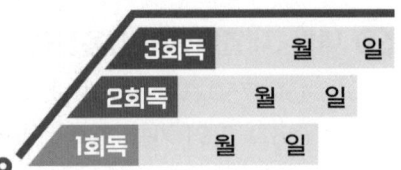

1 비상경보설비 설치대상 및 설치제외

(1) 설치대상

설치대상	기준
일반 (지하구, 축사, 동·식물 관련 시설 제외)	연면적 400 [m²] 이상인 것은 모든 층
지하층·무창층	바닥면적 150 [m²](공연장 100 [m²]) 이상인 것은 모든 층
*□ 터널	500 [m] 이상
50명 이상 근로자가 작업하는 옥내 작업장	-

(2) 설치제외
① 자동화재탐지설비를 화재안전기준에 적합하게 설치한 경우 그 설비의 유효범위에서 설치 면제
② 단독 경보형 감지기를 *□ 2 개 이상의 단독 경보형 감지기와 연동하여 설치하는 경우에는 그 설비의 유효범위에서 설치 면제

2 비상경보 설비 설치기준

(1) 비상벨설비 또는 자동식사이렌설비는 부식성가스 또는 습기 등으로 인하여 부식의 우려가 없는 장소에 설치하여야 한다.
(2) 지구음향장치는 특정소방대상물의 층마다 설치, 해당 특정소방대상물의 각 부분으로부터 하나의 음향장치까지의 수평거리가 *□ 25 [m] 이하가 되도록 하고, 해당 층의 각 부분에 유효하게 경보를 발할 수 있도록 설치하여야 한다. 다만, 비상방송설비를 비상벨설비 또는 자동식사이렌설비와 연동하여 작동하도록 설치한 경우에는 지구음향장치를 설치하지 아니할 수 있다.
(3) 음향장치는 정격전압의 *□ 80 [%] 전압에서 음향을 발할 수 있도록 하여야 한다.
(4) 음향장치의 음량은 부착된 음향장치의 중심으로부터 1 [m] 떨어진 위치에서 90 [dB] 이상이 되는 것으로 하여야 한다.

(5) 발신기는 다음 각 호의 기준에 따라 설치하여야 한다.
   ① 조작이 쉬운 장소에 설치하고, 조작스위치는 바닥으로부터 0.8 [m] 이상 1.5 [m] 이하의 높이에 설치할 것
   ② 특정소방대상물의 층마다 설치하되, 해당 특정소방대상물의 각 부분으로부터 하나의 발신기까지의 수평거리가 25 [m] 이하가 되도록 할 것, 다만 복도 또는 별도로 구획된 실로서 보행거리가 *☐ [m] 이상일 경우에는 추가로 설치하여야 한다. ― 40
   ③ 발신기의 위치표시등은 함의 상부에 설치하되, 그 불빛은 부착 면으로부터 1)☐° 이상의 범위 안에서 부착지점으로부터 2)☐ [m] 이내의 어느 곳에서도 쉽게 식별할 수 있는 적색등으로 할 것 ― 1) 15, 2) 10

(6) 비상벨설비 또는 자동식사이렌설비의 상용전원은 다음 각 호의 기준에 따라 설치하여야 한다.
   ① 전원은 전기가 정상적으로 공급되는 축전지, 전기저장장치(외부 전기에너지를 저장해 두었다가 필요한 때 전기를 공급하는 장치) 또는 교류전압의 옥내 간선으로 하고, 전원까지의 배선은 전용으로 할 것
   ② 개폐기에는 "비상벨설비 또는 자동식 사이렌설비용"이라고 표시한 표지할 것

(7) 비상벨설비 또는 자동식 사이렌설비에는 그 설비에 대한 감시상태를 *☐분간 지속한 후 유효하게 10분 이상 경보할 수 있는 축전지설비 또는 전기저장장치를 설치하여야 한다. ― 60

(8) 비상벨설비 또는 자동식사이렌설비의 배선
   ① 전원회로 : 내화배선
      그 밖의 배선 : 내화배선 또는 내열배선에 따를 것
   ② 부속회로의 전로와 대지 사이 및 배선 상호 간의 절연저항은 1경계구역마다 직류 250 [V]의 절연저항측정기를 사용하여 측정한 절연저항이 *☐ [MΩ] 이상 ― 0.1
   ③ 배선은 다른 전선과 별도의 관·덕트·몰드 또는 풀박스 등에 설치할 것, 다만 60 [V] 미만의 약전류 회로에 사용하는 전선으로서 각각의 전압이 같을 때에는 그러하지 아니함

3 비상경보설비의 축전지설비 외함
(1) 강판 외함 : 1.2 [mm] 이상
(2) 합성수지 외함 : 3 [mm] 이상

4 단독경보형 감지기 설치대상

설치대상	기준
교육연구시설 및 수련시설 내에 있는 합숙소·기숙사	바닥면적 2000 [m²] 미만
*☐ 유치원	연면적 400 [m²] 미만
수련시설(숙박시설이 있는 것)	수용인원 100명 미만
공동주택 중 연립주택 및 다세대주택	-

5 단독경보형 감지기 설치기준

(1) 각 실(이웃하는 실내바닥 면적이 각각 1)☐ 30 [m²] 미만이고 벽체의 상부의 전부 또는 일부가 개방되어 이웃하는 실내와 공기가 상호 유통되는 경우 이를 1개의 실로 본다)마다 설치하되, 바닥 면적이 2)☐ 150 [m²]를 초과하는 경우에는 3)☐ 150 [m²]마다 1개 이상 설치할 것

(2) 최상층의 계단실의 천장(외기 상통하는 계단실 경우 제외)에 설치할 것

(3) 건전지를 주전원으로 사용하는 단독경보형 감지기는 정상적인 작동상태를 유지할 수 있도록 건전지를 교환할 것

(4) 상용전원을 주전원으로 사용하는 단독경보형 감지기의 2차 전지는 제품검사시험에 합격한 것을 사용할 것

6 단독경보형 감지기 형식승인 및 제품기술기준

(1) 자동 복귀형 스위치에 의하여 수동으로 작동시험을 할 수 있는 기능이 있어야 한다.

(2) 주기적으로 섬광하는 전원표시등에 의하여 전원의 정상 여부를 감시할 수 있는 기능이 있어야 하며, 전원의 정상상태를 표시하는 전원표시등의 섬광주기는 1초 이내의 점등과 30초에서 60초 이내의 소등으로 이루어져야 한다.

(3) 감지기에 내장하는 음향장치는 정 위치에 부착된 음향장치 중심으로부터 1 [m] 떨어진 지점에서 ☐ 85 [dB] 이상으로 10분 이상 계속하여 경보하여야 한다.

(4) 건전지의 성능이 저하되어 건전지의 교체가 필요한 경우에는 음성안내를 포함한 음향 및 표시등에 의하여 72시간 이상 경보할 수 있어야 한다. 이 경우 음향경보는 1 [m] 떨어진 거리에서 ☐ 70 [dB](음성안내 60 [dB]) 이상이어야 한다.

(5) 단독경보형 감지기의 무선기능 화재신호는 다음 각 항목에 적합하여야 한다.
  ① 작동한 단독경보형 감지기는 화재경보가 정지하기 전까지 60초 미만 간격으로 화재신호를 발신하여야 한다.
  ② 화재신호를 수신한 단독경보형 감지기는 10초 이내에 경보를 발하여야 한다.

CHAPTER 03 비상방송설비

1 비상방송설비 설치대상 및 설치면제

(1) 설치대상

소방대상물	설치대상
연면적 *□ [m²] 이상	-
층수가 *□층 이상인 것	-
지하층 층수가 3층 이상인 것	-

🔖 3500
🔖 11

(2) 설치 제외

자동화재탐지설비 또는 비상경보설비와 동등 이상의 음향을 발하는 장치를 부설한 방송설비를 화재안전기준에 적합하도록 설치한 경우

2 비상방송설비 구조

(1) 확성기 : 소리를 크게 하여 멀리까지 전달될 수 있도록 하는 장치, 스피커
(2) 음량조절기 : 가변저항을 이용하여 전류를 변화시켜 음량을 크게 하거나 작게 조절할 수 있는 장치
(3) 증폭기 : 전압전류의 진폭을 늘려 감도를 좋게 하고 미약한 음성전류를 커다란 음성전류로 변화시켜 소리를 크게 하는 장치

3 비상방송설비 설치기준

(1) 확성기
① 음성입력 : 실외 *□ [W] 이상, 실내 1 [W] 이상
② 수평거리 : 층 각 부분으로부터 하나의 확성기까지의 25 [m] 이하
③ 확성기는 각 층마다 설치, 당해 층의 각 부분에 유효하게 경보를 발하도록 설치

🔖 3

(2) 음량조정기(ATT) : 음량조정기의 배선은 *□선식으로 한다.
(3) 조작부
① 조작스위치 높이 : 바닥으로부터 0.8 [m] 이상 1.5 [m] 이하
② 기동장치의 작동과 연동하여 당해 기동장치가 작동한 층 또는 구역을 표시
③ 조작부 및 증폭기 설치 장소 : *□ 등 상시 사람이 근무, 점검이 편리, 방화상 유효한 곳

🔖 3

🔖 수위실

④ 2 이상 조작부 설치 시 설치장소 상호 간 동시통화 가능, 어느 조작부에서도 전 구역 방송 가능
(4) 층수가 11층(공동주택의 경우에는 16층)의 특정소방대상물은 다음과 같은 경보를 발할 수 있어야 한다.
① 2층 이상의 층에서 발화한 때에는 발화층 및 그 직상 4개 층에 경보
② 1층에서 발화한 때에는 발화층. 그 직상 4개 층 및 지하층에 경보
③ 지하층에서 발화한 때에는 발화층. 그 직상층 및 기타 지하층 경보
(5) 기동장치에 따른 화재신고를 수신한 후 필요한 음량으로 화재 발생 상황 및 피난에 유효한 방송이 자동으로 개시될 때까지의 소요시간은 *☐초 이하로 할 것 ─○ 🔑 10
(6) 다른 방송설비와 공용할 경우 화재 시 비상경보 외의 방송을 차단할 수 있는 구조
(7) 다른 전기회로에 따라 유도장애가 생기지 아니하도록 할 것
(8) 음향장치의 구조 및 성능
① 정격전압의 *☐[%] 전압에서 음향을 발할 수 있는 것을 할 것 ─○ 🔑 80
② 자동화재탐지설비의 작동과 연동하여 작동할 수 있는 것으로 할 것

4 배선 설치기준

(1) 화재로 인해 하나의 층의 확성기 또는 배선이 단락 또는 단선되어도 다른 층의 화재 통보에 지장이 없을 것
(2) 전원회로의 배선은 내화배선
(3) 그 밖의 배선은 내화배선 또는 내열배선으로 할 것
(4) 절연저항
① 전원회로의 전로와 대지 사이 및 배선 상호 간 : 전기사업법 기술기준 적용
② 부속회로의 전로와 대지 사이 및 배선 상호 간 : 1경계구역마다 직류 250[V]의 절연저항측정기를 사용하여 측정한 절연저항 *☐[MΩ] 이상 ─○ 🔑 0.1

5 전원 및 배선(자동화재 탐지설비와 유사)

(1) 상용전원
① 축전지, 교류전압의 옥내 간선, 전기저장장치
② 전원까지의 배선은 전용
③ 개폐기에는 "비상방송설비용"이라고 표시한 표지를 할 것
(2) 감시상태를 *☐분간 지속한 후 유효하게 10분 이상, 층수가 30층 이상은 30분 이상 경보할 수 있는 축전지설비(수신기 내장 포함)를 설치 ─○ 🔑 60

CHAPTER 04 자동화재속보설비

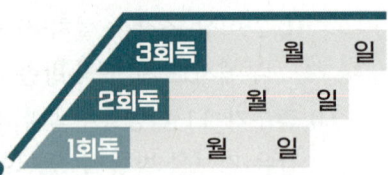

1 자동화재속보설비 정의

(1) 속보기 : 수동작동 또는 자동화재탐지설비 수신기와 연동으로 관계인에게 화재 발생을 경보함과 동시에 소방관서에 자동적으로 통신망을 통해 화재 발생 및 위치 등을 음성으로 통보하여 주는 것

(2) 통신망 : 유선이나 무선 또는 유무선 겸용방식을 구성하여 음성 또는 데이터 등을 전송할 수 있는 집합체

2 자동화재속보설비 설치대상

🔖 24

화재 수신반이 설치된 장소에 *☐시간 화재를 감시할 수 있는 사람이 근무하고 있는 경우 자동화재속보설비를 설치하지 않을 수 있다.

설치대상	기준
• 노유자시설 • 숙박 가능한 수련시설 • 의료재활시설, 정신병원	바닥면적 500 [m²] 이상
• 종합병원, 병원, 치과병원, 한방병원, 요양병원 • 근린생활시설 중 의원, 치과의원, 한의원으로서 입원실이 있는 것 • *☐ • 노유자생활시설 • 보물·국보 지정 목조건축물 • 조산원, 산후조리원,	—

🔖 전통시장

3 속보기 설치기준

(1) 자동화재탐지설비와 연동으로 작동하여 자동적으로 화재 발생 상황을 소방관서에 전달되는 것으로 할 것(이 경우 부가적으로 특정소방대상물의 관계인에게 화재 발생 상황을 전달되도록 할 수 있다)

(2) 조작스위치는 바닥으로부터 0.8 [m] 이상 1.5 [m] 이하의 높이에 설치할 것

(3) 속보기는 소방관서에 통신망으로 통보하도록 하며, 데이터 또는 코드 전송방식을 부가적으로 설치할 수 있다. 단, 데이터 및 코드전송방식의 기준은 소방청장이 정하여 고시한 자동화재속보설비의 속보기의 성능인증 및 제품검사의 기술기준에 따른다.

(4) 문화유산에 설치하는 자동화재속보설비는 제1호의 기준에도 불구하고 속보기에 감지기를 직접 연결하는 방식(자동화재탐지설비 1개의 경계구역에 한함)으로 할 수 있다.

4 속보기 구조

(1) 부식방지조치 : 칠, 도금 등 내식 또는 방청가공할 것
(2) 전기적 기능 영향 있는 단자, 나사, 와셔, 동합금 또는 이와 동등이상 내식성 재질 사용할 것
(3) 정격전압이 *60[V]를 넘는 기구의 금속제 외함 : 접지단자 설치할 것
(4) 예비전원회로 : 단락사고 등으로부터 보호를 위하여 퓨즈를 설치할 것
(5) 속보기 내부 : 예비전원(알칼리계 또는 리튬계 2차 축전지, 무보수밀폐형 축전지)을 설치하여야 하며 예비전원의 인출선 또는 접속단자는 오접속을 방지하기 위하여 적당한 색상에 의하여 극성을 구분할 수 있도록 하여야 한다.
(6) 속보기 전면 : 주전원, 예비전원 상태 감시장치 각각 설치할 것
(7) 작동 시 그 작동시간과 작동회수를 표시할 수 있는 장치를 하여야 한다.
(8) 수동 통화용 송수화기를 설치하여야 한다.
(9) 표시등에 전구를 사용하는 경우에는 2개를 병렬로 설치하여야 한다. 다만 발광다이오드의 경우에는 그러하지 않는다.
(10) 회로방식의 제한
  ① 접지전극에 직류전류를 통하는 회로방식
  ② 수신기에 접속되는 외부 배선과 다른 설비의 외부 배선공용 회로방식
(11) 외함의 두께
  ① 강판 외함 : *1.2[mm] 이상
  ② 합성수지 외함 : *3[mm] 이상

5 속보기시험

(1) 속보기 반복시험 : 정격전압에서 1000회의 화재작동을 반복 실시하는 경우 그 구조 또는 기능에 이상이 생기지 아니하여야 한다.
(2) 속보기 절연저항시험 : 속보기의 절연된 충전부와 외함 간의 절연저항은 직류 500[V] 절연저항계로 측정한 값이 *5[MΩ](교류입력 측과 외함 간 및 절연된 선로 간에는 각각 20[MΩ]) 이상이어야 한다.

6 속보기 기능

(1) 작동신호를 수신하거나 수동으로 동작시키는 경우 20초 이내에 소방관서에 자동적으로 신호를 발하여 통보하되, 3회 이상 속보할 수 있어야 한다.

(2) 주전원이 정지한 경우에는 자동적으로 예비전원으로 전환되고, 주전원이 정상상태로 복귀한 경우에는 자동적으로 예비전원에서 주전원으로 전환되어야 한다.

(3) 예비전원은 자동적으로 충전되어야 하며 자동과충전방지장치가 있어야 한다.

(4) 화재신호를 수신하거나 속보기를 수동으로 동작시키는 경우 자동적으로 적색 화재표시등이 점등되고 음향장치로 화재를 경보하여야 하며 화재표시 및 경보는 수동으로 복구 및 정지시키지 않는 한 지속되어야 한다.

(5) 연동 또는 수동으로 소방관서에 화재 발생 음성정보를 속보 중인 경우에도 송수화 장치를 이용한 통화가 우선적으로 가능하여야 한다.

(6) 예비전원을 병렬로 접속하는 경우에는 역충전 방지 등의 조치를 하여야 한다.

(7) 예비전원은 감시상태를 *☐분간 지속한 후 10분 이상 동작(화재속보 후 화재표시 및 경보를 10분간 유지하는 것을 말한다)이 지속될 수 있는 용량이어야 한다. ▶ 60

(8) 속보기는 연동 또는 수동 작동에 의한 다이얼링 후 소방관서와 전화접속이 이루어지지 않는 경우에는 최초 다이얼링을 포함하여 *☐회 이상 반복적으로 접속을 위한 다이얼링이 이루어져야 한다. 이 경우 매회 다이얼링 완료 후 호출은 *☐초 이상 지속되어야 한다. ▶ 10 ▶ 30

(9) 속보기의 송수화장치가 정상위치가 아닌 경우에도 연동 또는 수동으로 속보가 가능하여야 한다.

(10) 음성으로 통보되는 속보내용을 통하여 해당 특정소방대상물의 위치, 화재 발생 및 속보기에 의한 신고임을 확인할 수 있어야 한다.

(11) 속보기는 음성속보방식 외에 데이터 또는 코드전송방식 등을 이용한 속보기능을 설치할 수 있다.

7 속보기 부품의 구조 및 기능

(1) 전원 변압기 : 용량은 최대사용전류에 연속하여 견딜 수 있을 것
(2) 퓨즈 : 점검 및 교체가 쉽고, 쉽게 흔들리지 아니하도록 부착할 것
(3) 예비전원시험 : 상온 충방전시험, 주위 온도 충방전 시험, 안전장치시험
(4) 안전장치시험 : 예비전원은 1)☐(C) 이상 2)☐(C) 이하의 전류로 역충전하는 경우 3)☐시간 이내에 안전장치가 작동하여야 한다.

1) 1/5
2) 1
3) 5

CHAPTER 05 가스누설경보기 및 누전경보기

1 가스누설경보기 구성

(1) 탐지부 : 가스누설경보기 중 가스누설을 감지하여 중계기 또는 수신부에 가스누설의 신호를 발신하는 부분 또는 가스누설을 검지하여 이를 음향으로 경보하고 동시에 중계기 또는 수신부에 가스누설신호를 발신하는 부분

(2) 수신부 : 가스누설경보기 중 탐지부에서 발하여진 가스 누설신호를 직접 또는 중계기를 통하여 수신하고, 이를 관계자에게 음향으로서 경보하여 주는 것

(3) 지구경보부 : 가스누설경보기의 수신부로부터 발하여진 신호를 받아 경보음을 발하는 것으로서 가스누설경보기에 추가로 부착하여 사용하는 부분

2 가연성 가스 경보기

(1) 분리형 경보기의 수신부 설치기준
   ① 가스연소기 주위의 경보기의 상태 확인 및 유지 관리에 용이한 위치에 설치할 것
   ② 가스누설 음향의 음량과 음색이 다른 기기의 소음 등과 명확히 구별될 것
   ③ 가스누설 음향은 수신부로부터 1) ☐ [m] 떨어진 위치에서 음압이 2) ☐ [dB] 이상일 것
   ④ 수신부의 조작 스위치는 바닥으로부터의 높이가 0.8 [m] 이상 1.5 [m] 이하인 장소에 설치할 것
   ⑤ 수신부가 설치된 장소에는 관계자의 비상연락 번호를 기재한 표를 비치할 것

(2) 분리형 경보기의 탐지부 설치기준
   ① 가스연소기의 중심에서 직선거리 8 [m](공기보다 무거운 가스는 4 [m]) 이내에 1개 이상 설치
   ② 공기보다 가벼운 가스 : 천장부터 탐지부 하단까지 *☐ [m] 이하로 설치

🔖 1) 1
   2) 70

🔖 0.3

③ 공기보다 무거운 가스 : 바닥면부터 탐지부 *☐까지 0.3 [m] 이하로 설치 ○─ 상단

(3) 단독형 경보기 설치기준
① 가스연소기 주위의 경보기의 상태 확인 및 유지 관리에 용이한 위치에 설치할 것
② 가스누설 음향의 음량과 음색이 다른 기기의 소음 등과 명확히 구별될 것
③ 가스누설 음향장치는 수신부로부터 1 [m] 떨어진 위치에서 음압이 70 [dB] 이상일 것
④ 단독형 경보기는 가스연소기의 중심으로부터 직선거리 *☐ [m](공기보다 무거운 가스를 사용하는 경우에는 *☐ [m]) 이내에 1개 이상 설치하여야 한다. ○─ 8 ○─ 4
⑤ 공기보다 가벼운 가스 : 천장부터 경보기 하단까지 0.3 [m] 이하로 설치
⑥ 공기보다 무거운 가스 : 바닥면부터 경보기 상단까지 0.3 [m] 이하로 설치
⑦ 경보기가 설치된 장소에는 관계자 등의 비상연락 번호를 기재한 표를 비치할 것

3 일산화탄소 경보기

(1) 분리형 경보기의 수신부 설치기준
① 가스누설 음향의 음량과 음색이 다른 기기의 소음 등과 명확히 구별될 것
② 가스누설 음향은 수신부로부터 1 [m] 떨어진 위치에서 음압이 *☐ [dB] 이상일 것 ○─ 70
③ 수신부의 조작 스위치는 바닥으로부터의 높이가 0.8 [m] 이상 1.5 [m] 이하인 장소에 설치할 것
④ 수신부가 설치된 장소에는 관계자 등의 비상연락 번호를 기재한 표를 비치할 것

(2) 분리형 경보기의 탐지부는 천정부터 탐지부 하단까지 거리가 0.3 [m] 이하가 되도록 설치

(3) 단독형 경보기 설치기준
① 가스누설 음향의 음량과 음색이 다른 기기의 소음 등과 명확히 구별될 것
② 가스누설 음향장치는 수신부로부터 1 [m] 떨어진 위치에서 음압이 *☐ [dB] 이상일 것 ○─ 70

③ 단독형 경보기는 천장부터 경보기 하단까지의 거리가 0.3 [m] 이하가 되도록 설치
④ 경보기가 설치된 장소에는 관계자 등의 비상연락 번호를 기재한 표를 비치할 것

4 가스누설 경보기 설치장소
분리형 경보기의 탐지부 및 단독형 경보기는 다음 각 호의 장소 이외의 장소에 설치한다.
(1) 출입구 부근 등으로서 외부의 기류가 통하는 곳
(2) 환기구 등 공기가 들어오는 곳으로부터 *[　] [m] 이내인 곳
(3) 연소기의 폐가스에 접촉하기 쉬운 곳
(4) 가구·보·설비 등에 가려져 누설가스의 유통이 원활하지 못한 곳
(5) 수증기, 기름 섞인 연기 등이 직접 접촉될 우려가 있는 곳

✎ 1.5

5 가스누설 경보기 기능
(1) *[　] 수신부
  ① 2회선에서 가스누설신호를 동시에 수신하는 경우 가스 누설표시를 할 수 있어야 한다.
  ② 도통시험장치의 조작 중에 다른 회선으로부터 누설신호를 수신하는 경우 가스누설표시를 할 수 있어야 한다. 다만 접속할 수 있는 회선수가 하나인 것 또는 탐지부의 전원의 정지를 경음부측에서 알 수 있는 장치를 가진 것에 있어서는 그러하지 아니하다.
  ③ 다음 경우에 발하여지는 신호를 수신하는 때에는 음향장치 및 고장표시등이 자동으로 작동하여야 한다.
    ㉠ 탐지부, 수신부 또는 다른 중계기로부터 전력을 공급받는 방식의 중계기에서 외부부하에 전력을 공급하는 회로의 퓨즈, 브레이커, 그 밖의 보호장치가 작동하는 경우
    ㉡ 탐지부, 수신부 또는 다른 중계기에서 전력을 공급받지 아니하는 방식의 중계기의 전원이 정지한 경우 또는 그 중계기에서 외부부하에 전력을 공급하는 회로의 퓨즈, 브레이커 등의 보호장치가 작동하는 경우
(2) 수신개시부터 가스누설표시까지 소요시간은 60초 이내이어야 한다.
(3) 표시등 및 음향장치
  ① 가스의 누설을 표시하는 표시등(누설등) 및 가스의 누설경계구역의 위치를 표시하는 표시등(지구등)은 등이 켜질 때 *[　]으로 표시할 것

✎ 분리형

✎ 황색

② 음향장치는 중심부터 1 [m] 떨어진 지점에서 주음향장치는 90 [dB] 이상(단, 단독형 및 분리형 중 영업용은 *☐ [dB], 고장 표시는 60 [dB]) 이상 ─○ 70

6 가스누설경보기 시험

(1) 반복시험 : 분리형경보기의 수신부는 가스누설표시의 작동을 정격전압에서 *☐회 반복 실시 ─○ 10000

(2) 절연저항시험 : 경보기의 절연된 충전부와 외함 간 500 [V] 직류절연저항기로 측정하여 *☐ [MΩ](교류입력 측과 외함 간, 절연된 선로 간의 절연저항 각각 20 [MΩ]) 이상 ─○ 5

7 누전경보기 구성

내화구조가 아닌 건축물로서 벽, 바닥 또는 천장의 전부나 일부를 불연재료 또는 준불연재료가 아닌 재료에 철망을 넣어 만든 건물의 전기설비로부터 누설전류를 탐지하여 경보를 발하는 기기로서, 변류기와 수신부로 구성된 것을 말한다.

(1) 수신부 : 변류기로부터 검출된 신호를 수신하여 누전의 발생을 해당 특정소방대상물의 관계인에게 경보하여 주는 것(차단기구를 갖는 것을 포함)

(2) 변류기 : 경계전로의 누설전류를 자동적으로 검출하여 이를 누전경보기의 수신부에 송신하는 것

(3) *☐ : 누전경보기가 누설전류를 검출하는 대상 전선로 ─○ 경계전로

(4) 과전류차단기 : 「전기설비기술기준의 판단기준」 제38조와 제39조에 따른 것

(5) 분전반 : 배전반으로부터 전력을 공급받아 부하에 전력을 공급해주는 것

(6) 인입선 : 「전기설비기술기준」 제3조 제1항 제9호에 따른 것으로서, 배전선로에서 갈라져서 직접 수용장소의 인입구에 이르는 부분의 전선

(7) 정격전류 : 전기기기의 정격출력 상태에서 흐르는 전류

8 누전 경보기 설치기준

(1) 경계전로 정격전류에 따른 구분

정격전류	60 [A] 초과	60 [A] 이하
경보기 종류	1)☐	2)☐

─○ 1) 1급
   2) 1급, 2급

정격전류가 60 [A]를 초과하는 전로가 분기되어 각 분기회로의 정격전류가 60 [A] 이하로 되는 경우 당해 분기회로마다 2급 누전경보기 설치 가능

(2) 변류기 설치기준
  ① 옥외 인입선의 제1지점의 부하 측 또는 제2종 접지선 측의 점검이 쉬운 위치에 설치
  ② 부득이한 경우에는 인입구에 근접한 옥내에 설치
  ③ 옥외의 전로에 설치하는 경우에는 옥외형의 것을 설치

(3) 수신부 설치제외 장소
  ① 가연성의 증기·먼지·가스 등이나 부식성의 증기·가스 등이 다량 체류하는 장소
  ② 화약류를 제조하거나 저장 또는 취급하는 장소
  ③ 습도가 높은 장소
  ④ 온도의 변화가 급격한 장소
  ⑤ 대전류회로·고주파 발생회로 등에 따른 영향을 받을 우려가 있는 장소

(4) 누전경보기 전원
  ① 전원은 분전반으로부터 전용회로로 하고, 각 극에 개폐기 및 *☐ [A] 이하의 과전류차단기(배선용 차단기에 있어서는 *☐ [A] 이하의 것으로 각 극을 개폐할 수 있는 것)를 설치할 것 〔📖 15 / 📖 20〕
  ② 전원을 분기할 때에는 다른 차단기에 따라 전원이 차단되지 아니하도록 할 것
  ③ 전원의 개폐기에는 누전경보기용임을 표시한 표지를 할 것

(5) 공칭작동전류치 및 감도조정장치
  ① 공칭작동 전류치 : *☐ [mA] 이하 〔📖 200〕
  ② 감도조정장치의 조정범위 최대치 : *☐ [mA] 〔📖 1000〕

9 누전경보기 구조 및 기능

(1) 작동이 확실하고 취급·점검이 쉬어야 함
(2) 보수 및 부속품의 교체가 쉬워야 함(방수형 및 방폭형 제외)
(3) 부식에 의하여 기계적 기능에 영향을 초래할 우려가 있는 부분은 칠, 도금 등으로 유효하게 내식가공을 하거나 방청가공을 하여야 하며, 전기적 기능에 영향이 있는 단자, 나사 및 와셔 등은 동합금이나 이와 동등 이상의 내식성능이 있는 재질사용
(4) 외함은 불연성 또는 난연성 재질로 만들어져야 하며 다음과 같아야 함
  ① 누전경보기의 외함은 *☐ [mm] 이상 〔📖 1.0〕
  ② 직접 벽면에 접하여 벽속에 매립되는 외함의 부분은 1.6 [mm] 이상
(5) 정격전압이 *☐ [V]를 넘는 기구의 금속제 외함에는 접지단자 설치 〔📖 60〕

10 기타 기술기준

(1) 공칭작동전류치 : 공칭작동전류치 *200 [mA] 이하일 것
(2) 감도조정장치(감도절환부) : 최대 1 [A](조정범위 0.2, 0.5, *1 [A] 구분)
(3) 전압강하방지시험 : 경계전로의 전압강하는 *0.5 [V] 이하
(4) 전압 지시전기계기의 최대눈금 : 정격전압의 140 [%] 이상 200 [%] 이하
(5) 반복시험 : 수신부는 정격전압에서 1만 회 누전작동시험 시 기능 이상 없을 것
(6) 누전 경보기의 기능시험 : 동작시험, 도통시험, 누설전류 측정시험

11 절연저항시험

(1) 측정장치 : DC 500 [V]의 절연저항계
(2) 절연저항시험 : 5 [MΩ] 이상
(3) 측정위치

절연저항계	구분	측정 개소	절연 저항
직류 500 [V]	수신부	① 절연된 충전부와 외함 간 ② 차단기구의 개폐부 　- 열린상태 : 같은 극의 전원단자와 부하 측 단자 사이 　- 닫힌상태 : 충전부와 손잡이 사이	*5 [MΩ] 이상
	변류기	- 절연된 1차 권선과 2차 권선 간 - 절연된 1차 권선과 외부 금속부 간 - 절연된 2차 권선과 외부 금속부 간	5 [MΩ] 이상

12 수신부의 구조 및 기능검사

(1) 수신부의 구조
① 전원 표시하는 장치 설치(단, 2급 제외)
② 수신부는 다음 회로에 단락이 생기는 경우, 유효 보호 조치 강구
 • 전원 입력 측의 회로(단, 2급 수신부 제외)
 • 수신부에서 외부 음향장치와 표시등에 직접전력을 공급되는 외부 회로
③ 감도조정부는 외함 바깥쪽에 노출금지(*감도조정장치 제외)
④ 주전원 양극을 동시 개폐 전원스위치 설치(단, 보수 시 자동 차단 시 제외)
⑤ 전원입력·외부부하에 직접전원 송출구성 회로에 퓨즈·브레이커 등 설치

(2) 수신부 기능검사
① 방수시험　　　　　　　② 충격시험
③ 절연저항시험　　　　　④ 진동시험
⑤ 충격파 내 전압시험　　⑥ 절연내력시험
⑦ 과입력전압시험　　　　⑧ 반복시험
⑨ 전원전압변동시험　　　⑩ 개폐기 조작시험
⑪ 온도특성시험

13 누전표시
수신부는 변류기로부터 송신된 신호를 수신하는 경우 적색표시 및 음향 신호에 의하여 누전을 자동적으로 표시할 수 있어야 하며, 이 경우 차단기구가 있는 것은 차단 후에도 누전되고 있음을 적색표시로 계속 표시되는 것

14 음향장치
(1) 사용전압 *□ [%]에서 음향을 발생할 것　　　　　80
(2) 음향장치의 중심으로부터 1 [m] 위치 70 [dB] 이상, 고장표시는 *□ [dB] 이상　　　　　60

15 누전표시
(1) 변압기는 전자기기용 소형전원변압기 또는 이와 동등 이상 성능 있는 것 정격 1차 전압은 *□ [V] 이하　　　　　300
(2) 변압기의 외함에는 접지단자를 설치
(3) 용량은 최대사용전류에 연속하여 견딜 수 있는 크기 이상

CHAPTER 06 유도등

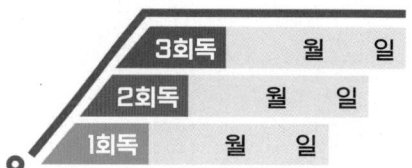

1 유도등 설치대상 및 종류

(1) 설치대상

설비	설치 대상
피난구유도등 통로유도등 유도표지	모든 특정소방대상물 {터널 및 축사(가축을 직접 가두어 사육하는 부분) 제외}
객석유도등	• 유흥주점영업시설(손님이 춤을 출 수 있는 무대가 설치된 카바레, 나이트클럽 또는 그 밖에 이와 비슷한 영업시설만 해당) • 문화 및 집회시설, 종교시설, 운동시설

(2) 유도등 종류

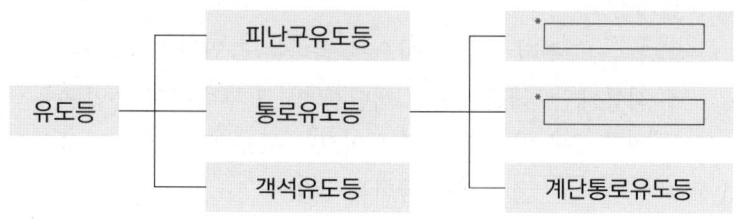

○─ 📖 거실통로유도등

○─ 📖 복도통로유도등

2 용도별 설치해야 할 유도등 및 유도표지

설치장소	유도등 및 유도표지
1. 공연장·집회장(종교집회장 포함)·관람장·운동시설	• *☐피난구유도등 • 통로유도등 • 객석유도등
2. 유흥주점영업시설(유흥주점영업중 손님이 춤을 출 수 있는 무대가 설치된 카바레, 나이트클럽 등 영업시설만 해당)	
3. 위락시설·판매시설·운수시설·관광숙박업·의료시설·장례식장·방송통신시설·전시장·지하상가·지하철역사	• 대형피난구유도등 • 통로유도등
4. 숙박시설 (관광숙박업 외의 것)·오피스텔	• *☐피난구유도등 • 통로유도등
5. 1~3 외 건축물로서 지하층·무창층 또는 층수가 11층 이상 특정소방대상물	

○─ 📖 대형

○─ 📖 중형

설치장소	유도등 및 유도표지
6. 1~5 외 건축물로서 근린생활시설·노유자시설·업무시설·발전시설·종교시설(집회장 용도로 사용하는 부분 제외)·교육연구시설·수련시설·공장·교정 및 군사시설 (국방·군사시설 제외)·자동차정비공장·운전학원 및 정비학원·다중이용업소·복합건축물	• *☐피난구유도등 • 통로유도등
7. 그 밖의 것	• 피난구유도표지 • 통로유도표지

- 소방서장은 특정소방대상물의 위치·구조 및 설비의 상황을 판단하여 대형피난구유도등을 설치하여야 할 장소에 중형피난구유도등 또는 소형피난구유도등을, 설치하게 할 수 있다.
- 복합건축물의 경우, 주택의 세대 내에는 유도등을 설치하지 아니할 수 있다.

📎 소형

3 피난유도표시 방법

(1) 피난구유도등 : 녹색바탕, 백색문자
(2) 통로유도등 : 백색바탕, 녹색문자

암기 ▶ 피녹바 통백바

4 피난구유도등

(1) 설치장소

① *☐로부터 직접 지상으로 통하는 출입구 및 그 부속실 출입구

📎 옥내

② 직통계단·직통계단의 계단실 및 그 부속실의 출입구
③ ①과 ②에 따른 출입구에 이르는 복도 도는 통로로 통하는 출입구
④ *☐ 거실로 통하는 출입구

📎 안전구획된

⑤ 피난층으로 향하는 피난구의 위치를 안내할 수 있도록 ① 또는 ②의 출입구 인근 천장에 ① 또는 ②에 따라 설치된 피난구유도등의 면과 수직이 되도록 피난구유도등을 추가로 설치(다만 ① 또는 ②에 따라 설치된 피난구유도등이 입체형인 경우 제외)

※ 추가로 설치하는 피난구유도등은 피난구의 식별이 용이하도록 피난구 방향의 화살표가 함께 표시된 것으로 설치해야 한다.

(2) 설치 높이 : 바닥으로부터 높이 *☐[m] 이상 위치에 설치

📎 1.5

(3) 형식승인 및 제품검사기술기준(거실통로 유도등 동일)

① 상용전원 점등 시 : 직선거리 30 [m] 위치, 10~30 [lx] (글자, 색채, 화살표 확인)
② 비상전원 점등 시 : 직선거리 *☐[m] 위치, 0~1 [lx]

📎 20

5 복도통로유도등

(1) 복도통로유도등

① 설치 기준
- 복도에 설치할 것
- 옥내로부터 직접 지상으로 통하는 출입구 및 그 부속실의 출입구 또는 직통계단·직통계단의 계단실 및 그 부속실의 출입구의 경우, 피난구 유도등이 설치된 출입구의 맞은편 복도에는 입체형으로 설치하거나 바닥에 설치할 것
- 구부러진 모퉁이 및 위에 따라 설치된 통로유도등 기점으로 보행거리 *☐[m]마다 설치할 것 — 20
- 바닥에 설치하는 통로 유도등은 하중에 따라 파괴되지 않는 강도의 것으로 할 것

② 설치 높이

바닥으로부터 높이 1[m] 이하의 위치에 설치할 것(다만 지하층 또는 무창층의 용도가 도매시장·소매시장·여객자동차터미널·지하역사 또는 지하상가인 경우에는 복도·통로 바닥에 설치)

③ 형식승인 및 제품 시 식별도 기준
- 상용전원 점등 시 : 직선거리 *☐[m] 위치(표시면 화살표 식별 가능) — 20
- 비상전원 점등 시 : 직선거리 *☐[m] 위치(표시면 화살표 식별 가능) — 15

6 거실통로유도등

(1) 설치기준

① 거실의 통로에 설치할 것, 다만 거실의 통로가 벽체 등으로 구획 시 복도통로유도등을 설치하여야 함

② 구부러진 모퉁이 및 보행거리 *☐[m]마다 설치할 것 — 20

(2) 설치높이 : 바닥으로부터 높이 *☐[m] 이상의 위치에 설치, 다만 거실 통로에 기둥이 설치 시 기둥부분의 바닥으로부터 *☐[m] 이하의 위치에 설치 가능 — 1.5 / 1.5

7 계단통로유도등 설치기준

(1) 설치기준 : 각층의 경사로 참 또는 계단참마다(1개 층에 경사로참 또는 계단참이 *☐ 이상 있는 경우에는 2개의 계단참마다) 설치할 것 — 2

(2) 설치높이 : 바닥으로부터 높이 *☐[m] 이하의 위치에 설치할 것 — 1

8 객석유도등 설치기준

(1) 설치기준 : 객석의 통로, 바닥 또는 벽에 설치할 것
(2) 객석 내의 통로가 경사로 또는 수평로로 되어 있는 부분에 있어서는 다음의 식에 따라 산출한 수(소수점 이하의 수는 1로 본다)의 유도등을 설치할 것

설치개수 = $\dfrac{\text{객석의 통로의 직선부분의 길이(m)}}{4} - 1$

9 유도등 전원

(1) 축전지, 전기저장장치, 교류전압의 옥내간선으로 하고 전원까지의 배선은 전용으로 할 것
(2) 비상전원
  ① 축전지(알칼리계 2차 축전지)
  ② 용량 : 유도등은 *20분 이상 작동
  ③ *60분 이상 작동해야 하는 경우
     • 지하층을 제외한 층수가 *11층 이상의 층
     • 지하층, 무창층의 용도가 도매·소매시장·여객자동차터미널·지하역사 또는 지하상가

10 유도등 3선식 배선

유도등은 전기회로에 점멸기를 설치하지 않고 항상 점등 상태를 유지할 것, 다만 특정소방대상물 또는 그 부분에 사람이 없거나 다음의 어느 하나에 해당하는 장소로서 3선식 배선에 따라 상시 충전되는 구조인 경우에는 그렇지 않음

(1) 외부의 빛에 의해 피난구 또는 피난방향을 쉽게 식별할 수 있는 장소
(2) 공연장, *암실(暗室) 등으로서 어두워야 할 필요가 있는 장소
(3) 특정소방대상물의 관계인 또는 종사원이 주로 사용하는 장소
(4) *3선식 유도등 점등조건
  ① 자동화재탐지설비의 감지기 또는 발신기가 작동되는 때
  ② 비상경보설비의 발신기가 작동되는 때
  ③ 상용전원이 정전되거나 전원선이 단선되는 때
  ④ 방재업무를 통제하는 곳 또는 전기실의 배전반에 수동으로 점등하는 때
  ⑤ 자동소화설비가 작동되는 때

11 피난구 유도등 설치제외

(1) 바닥면적이 *[1000] [m²] 미만인 층으로서 옥내로부터 직접 지상으로 통하는 출입구(외부의 식별이 용이한 경우에 한한다)

(2) 대각선 길이가 *[15] [m] 이내인 구획된 실의 출입구

(3) 거실 각 부분으로부터 하나의 출입구에 이르는 보행거리가 20 [m] 이하이고 비상조명등과 유도표지가 설치된 거실의 출입구

(4) 출입구가 *[3] 이상 있는 거실로서 그 거실 각 부분으로부터 하나의 출입구에 이르는 보행거리가 *[30] [m] 이하인 경우에는 주된 출입구 2개소 외의 출입구(유도표지가 부착된 출입구), 다만 공연장·집회장·관람장·전시장·판매시설·운수시설·숙박시설·노유자시설·의료시설·장례식장의 경우에는 그러하지 아니하다.

12 통로 유도등 설치제외

(1) 구부러지지 아니한 복도 또는 통로로서 길이가 *[30] [m] 미만인 통로 또는 통로

(2) (1)에 해당하지 않는 복도 또는 통로로서 보행거리가 *[20] [m] 미만이고 그 복도 또는 통로와 연결된 출입구 또는 그 부속실의 출입구에 피난구유도등이 설치된 복도 또는 통로

13 객석 유도등 설치제외

(1) 주간에만 사용하는 장소로서 채광이 충분한 객석

(2) 거실 등의 각 부분으로부터 하나의 거실 출입구에 이르는 보행거리가 20 [m] 이하인 객석의 통로로서 그 통로에 통로유도등이 설치된 객석

14 유도등 형식승인 및 제품검사 기술기준

(1) 인출선 전선 굵기 및 사용전압

① 인출선 전선 굵기
- 단면적이 *[0.75] [mm²] 이상

② 사용전압
- 사용전압은 300 [V] 이하이어야 한다.
- 충전부가 노출되지 아니한 것은 300 [V]를 초과할 수 있다.

(2) 절연저항시험

① 절연저항계 전압 : DC 500 [V]

② 절연저항 : *[5] [MΩ] 이상

③ 측정위치
- 유도등의 교류입력 측과 외함 사이

- 교류입력 측과 충전부 사이
- 절연된 충전부와 외함 사이

15 유도표지

(1) 설치기준
① 계단에 설치하는 것을 제외하고 각층마다 복도 및 통로의 각 부분으로부터 하나의 유도표지까지의 보행거리가 *☐ [m] 이하가 되는 곳과 구부러진 모퉁이의 벽에 설치할 것
② 주위에는 이와 유사한 등화·광고물·게시물 등을 설치하지 아니할 것
③ 유도표지는 부착판 등을 사용하여 쉽게 떨어지지 아니하도록 설치할 것
④ 축광방식의 유도표지는 외광 또는 조명장치에 의하여 상시 조명이 제공되거나 비상조명등에 의한 조명이 제공되도록 설치할 것

(2) 설치높이
피난구 유도표지는 출입구 상단에 설치하고, 통로유도표지는 바닥으로부터 높이 *☐ [m] 이하 위치에 설치할 것

📎 15

📎 1

16 축광표지 식별도시험 및 휘도시험

(1) 식별도시험
① 주위 조도 0 [lx]에서 *☐분간 발광 후 직선거리 20 [m](위치표지 10 [m]) 떨어진 위치에서 보통시력으로 유도표지가 있다는 것이 식별가능
② 직선거리 *☐ [m] 거리에서 표시면의 문자 또는 화살표 등을 쉽게 식별할 수 있는 것으로 할 것

(2) 휘도시험
조도 0 [lx]에서 60분간 발광 후 *☐ [mcd/m²] 이상으로 할 것

📎 60

📎 3

📎 7

17 축광식 피난 유도선 설치기준

(1) 구획된 각 실로부터 주출입구 또는 비상구까지 설치할 것
(2) 바닥으로부터 높이 50 [cm] 이하의 위치 또는 바닥 면에 설치할 것
(3) 피난유도 표시부는 *☐ [cm] 이내의 간격으로 연속되도록 설치
(4) 부착대에 의하여 견고하게 설치할 것
(5) 외광 또는 조명장치에 의하여 상시 조명이 제공되거나 비상조명등에 의한 조명이 제공되도록 설치할 것

📎 50

18 광원점등방식 피난 유도선

(1) 구획된 각 실로부터 주출입구 또는 비상구까지 설치할 것
(2) 피난유도 표시부는 바닥으로부터 높이 1 [m] 이하의 위치 또는 바닥면에 설치할 것
(3) 피난유도 표시부는 *50 [cm] 이내의 간격으로 연속되도록 설치하되 실내장식물 등으로 설치가 곤란할 경우 *1 [m] 이내로 설치할 것
(4) 수신기로부터의 화재신호 및 수동조작에 의하여 광원이 점등되도록 설치할 것
(5) 비상전원이 상시 충전상태를 유지하도록 설치할 것
(6) 바닥에 설치되는 피난유도 표시부는 *매립하는 방식을 사용할 것
(7) 피난유도제어부는 조작 및 관리가 용이하도록 바닥으로부터 0.8 [m] 이상 1.5 [m] 이하의 높이에 설치할 것

19 유도등·유도표지·피난유도선 설치높이

설비	설치 높이
피난구유도등, 거실통로유도등	바닥으로부터 *1.5 [m] 이상
복도통로유도등, 계단통로유도등 통로유도표지	바닥으로부터 1 [m] 이하
피난구유도표지	출입구 상단
피난유도선(축광방식)	바닥으로부터 0.5 [m] 이하 또는 바닥면
피난유도선(광원점등방식)	바닥으로부터 *1 [m] 이하 또는 바닥면

지하층 무창층 용도가 도매/소매시장, 여객자동차터미널, 지하역사, 지하상가의 복도통로 유도등은 복도 통로 중앙부분 바닥에 설치

20 피난 유도선 식별도시험과 휘도시험

(1) 식별도시험

시험조건	표시면에 200 [lx] 밝기의 광원으로 20분간 조사시킨 상태	
	주위조도를 0 [lx]로 하여 유효발광시간 동안 발광시킨 후	
기준	직선거리 10 [m] 떨어진 위치	피난유도선이 있는 것 식별
	직선거리 3 [m]의 거리	표시면의 방향표시 명확히 식별

(2) 휘도시험

시험조건	0 [lx] 상태에서 유효 발광시간 이상 방치한 후	
	표시면에 200 [lx] 밝기의 광원으로 *☐분간 조사시킨 상태	
	주위조도를 0 [lx]로 하여 발광시간에 따라 발광시킨 후	
기준	5분간 발광	110 [mcd/m^2] 이상
	10분간 발광	50 [mcd/m^2] 이상
	20분간 발광	24 [mcd/m^2] 이상
	60분간 발광	*☐ [mcd/m^2] 이상

21 광원점등방식 피난유도선

(1) 휘도시험

시험조건	상용전원 및 비상전원 점등상태에서 표시부에 대하여 실시
기준	방향표시 부분의 휘도가 20 [cd/m^2] 이상

(2) 절연저항시험 : 교류 입력 측과 외함 및 충전부, 충전부와 외함 사이 DC *☐ [V] 절연저항계로 5 [MΩ] 이상

🔖 20

🔖 7

🔖 500

CHAPTER 07 비상조명등

1 비상조명등 설치대상

소방대상물	설치대상
지하층 포함 층수 5층 이상 건축물	연면적 3000 [m²] 이상
지하층 또는 무창층 (지하층 포함 층수 5층 이상 건축물 제외)	바닥면적 450 [m²] 이상
터널	길이 *[500] [m] 이상

※ 창고시설 중 창고 및 하역장, 위험물 저장 및 처리시설 중 가스시설 제외

2 휴대용 비상조명등 설치대상

설치대상	기준
숙박시설, 다중이용업소	구획된 실마다 1개 이상 설치
수용인원 100명 이상의 영화상영관, 대규모점포	보행거리 50 [m] 이내마다 *[3]개 이상 설치
지하상가, 지하역사	보행거리 *[25] [m] 이내마다 3개 이상 설치

3 비상조명등 설치기준

(1) 특정소방대상물의 각 거실과 그로부터 지상에 이르는 복도·계단 및 그 밖의 통로에 설치할 것
(2) 조도는 비상조명등이 설치된 장소의 각 부분의 바닥에서 *[1] [lx] 이상이 되도록 할 것
(3) 예비전원을 내장하는 비상조명등에는 평상시 점등여부를 확인할 수 있는 점검스위치를 설치하고 해당 조명등을 유효하게 작동시킬 수 있는 용량의 축전지와 예비전원 충전장치를 내장할 것
(4) 예비전원을 내장하지 않는 비상조명등의 비상전원은 자가발전설비, 축전지설비 또는 전기저장장치를 다음 각 목의 기준에 따라 설치할 것
　① 점검 편리하고 화재 및 침수 등의 재해로 인한 피해를 받을 우려가 없는 곳에 설치
　② 상용전원으로부터 전력의 공급이 중단된 때에는 자동으로 비상전원으로부터 전력을 공급받을 수 있도록 할 것

③ 비상전원의 설치장소는 다른 장소와 방화구획할 것(이 경우 그 장소에는 비상전원의 공급에 필요한 기구나 설비외의 것을 두어서는 안 된다)

④ 비상전원을 실내에 설치하는 때에는 그 실내에 비상조명등을 설치할 것

(5) 비상전원은 비상조명등을 *☐분 이상 유효하게 작동시킬 수 있는 용량으로 할 것. 다만 다음 각 목의 특정소방대상물의 경우에는 그 부분에서 피난층에 이르는 부분의 비상조명등을 *☐분 이상 유효하게 작동시킬 수 있는 용량으로 해야 한다.

① 지하층을 제외한 층수가 11층 이상의 층
② 지하층 또는 무창층으로서 용도가 도매시장·소매시장·여객자동차터미널·지하역사 또는 지하상가

(6) 비상조명등의 설치면제 요건에서 "그 유도등의 유효범위 안의 부분"이란 유도등의 조도가 바닥에서 *☐ [lx] 이상이 되는 부분을 말한다.

④ 유도등·비상조명등 전원 비교

구분	유도등	비상조명등
상용전원	축전지, 전기저장장치, 교류전압 옥내간선	특별한 기준 없음
비상전원	• 축전지 : 20, 60분 • 터널 : 기준 없음	• 축전지, 전기저장장치, 자가발전설비 : 20, 60분 • 터널 : 60분
비상전원이 축전지인 경우	알칼리계 2차, 리튬계 2차, 콘덴서	알칼리계 2차, 리튬계 2차, 무보수밀폐형 연(납) 축전지

⑤ 휴대용 비상 조명등

(1) 설치장소

설치장소	설치개수
숙박시설 또는 다중이용업소에는 객실 또는 영업장안의 구획된 실마다 잘 보이는 곳 (외부 설치 시 출입문 손잡이로부터 1 [m] 이내 부분)	*☐개 이상
대규모점포(지하상가·지하역사 제외), 영화상영관	보행거리 50 [m] 이내마다 3개 이상
지하상가 및 지하역사	보행거리 25 [m] 이내마다 3개 이상

(2) 설치기준
① 바닥으로부터 0.8 [m] 이상 1.5 [m] 이하의 높이에 설치할 것
② 어둠 속에서 위치를 확인할 수 있도록 할 것
③ 사용 시 자동으로 점등되는 구조일 것
④ 외함은 *☐성능이 있을 것 ——○ 난연
⑤ 건전지 사용 시 방전방지조치를 하고, 충전식 배터리 사용 시 상시 충전되도록 할 것
⑥ 건전지 및 충전식 배터리 용량은 20분 이상 유효하게 사용할 수 있는 것

6 비상 조명등 설치제외

(1) 거실의 각 부분으로부터 하나의 출입구에 이르는 보행거리가 *☐[m] 이내인 부분 ——○ 15
(2) 의원·경기장·공동주택·의료시설·학교의 거실
(3) 지하 1층 또는 피난층으로서 복도, 통로 또는 창문 등의 개구부를 통하여 피난이 용이한 경우 숙박시설로서 복도에 비상조명등을 설치한 경우

CHAPTER 08 비상콘센트설비

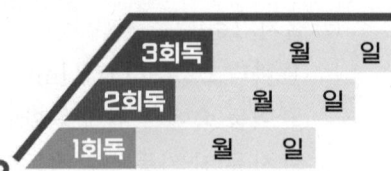

1 비상콘센트설비 전압의 구분

구분	직류	교류
저압	1) ☐ [V] 이하	2) ☐ [V] 이하
고압	1,500 [V] 초과 ~ 7 [kV] 이하	1000 [V] 초과 ~ 7 [kV] 이하
특별고압	7 [kV] 초과	3) ☐ [kV] 초과

1) 1,500
2) 1000
3) 7

2 비상콘센트설비 설치대상

소방대상물	설치대상
층수가 11층 이상인 특정소방대상물	11층 이상의 층
지하층의 층수가 3층 이상이고 지하층의 바닥면적의 합계가 1000 [m²] 이상인 것	지하층의 모든 층
터널	길이 *☐ [m] 이상
위험물 저장 및 처리 시설 중 가스시설 또는 지하구는 제외	

500

3 상용전원 회로의 배선
(1) 저압수전 : 인입개폐기 직후
(2) 고압수전 또는 특고압수전 : 전력용변압기 2차 측의 주차단기 1차 측 또는 2차 측에서 분기하여 전용배선으로 할 것

4 비상전원 설치대상
지하층 제외 7층 이상으로서 연면적이 *☐ [m²] 이상이거나 지하층의 바닥면적의 합계가 *☐ [m²] 이상인 특정소방대상물

2000
3000

5 비상전원 종류
(1) 자가발전설비, 비상전원수전설비, 전기저장장치, 축전지설비
(2) 둘 이상의 변전소에서 전력을 동시에 공급받을 수 있거나 하나의 변전소로부터 전력의 공급이 중단되는 때에는 자동으로 다른 변전소로부터 전력을 공급받을 수 있도록 상용전원을 설치한 경우에는 비상전원을 설치하지 않을 수 있음

6 전원회로 설치기준

(1) 전원회로 : 단상교류는 1) ☐ [V], 공급용량은 2) ☐ [kVA] 이상   1) 220
(2) 전원회로는 각 층에 3) ☐ 이상이 되도록 설치, 다만 설치하여야 할 층의 비상콘센트가 1개인 때에는 하나의 회로 가능   2) 1.5
    3) 2
(3) 전원회로는 주배전반에서 전용회로로 할 것
(4) 전원으로부터 각 층의 비상콘센트에 분기되는 경우에는 분기배선용 차단기를 보호함 안에 설치할 것
(5) 콘센트마다 배선용 차단기를 설치하여야 하며, 충전부가 노출되지 아니하도록 할 것
(6) 개폐기에는 "비상콘센트"라고 표시한 표지를 할 것
(7) 비상콘센트용의 풀박스 등은 방청도장을 한 것으로서, 두께 *☐ [mm] 이상의 철판으로 할 것   1.6
(8) 하나의 전용회로에 설치하는 비상콘센트는 10개 이하로 할 것. 이 경우 전선 용량은 각 비상콘센트(비상콘센트가 3개 이상인 경우에는 3개)의 공급용량을 합한 용량 이상의 것으로 할 것

7 비상콘센트의 플러그 접속기 및 설치 높이

(1) 비상콘센트 플러그 접속기
  ① 접지형 *☐극 플러그접속기 사용   2
  ② 비상콘센트의 플러그접속기의 칼받이의 접지극에는 접지공사
(2) 비상콘센트 설치높이
    바닥으로부터 높이 0.8 [m] 이상 1.5 [m] 이하의 위치에 설치

8 비상콘센트 설치기준

(1) 비상콘센트 배치
    바닥면적이 *☐ [m²] 미만인 층은 계단의 출입구(계단의 부속실을 포함하며 계단이 2 이상 있는 경우에는 그중 1개의 계단을 말한다)로부터 5 [m] 이내에, 바닥면적 1000 [m²] 이상인 층은 각 계단의 출입구 또는 계단부속실의 출입구(계단의 부속실을 포함하며 계단이 3 이상 있는 층의 경우에는 그중 2개의 계단을 말한다)로부터 5 [m] 이내에 설치하되, 그 비상콘센트로부터 그 층의 각 부분까지의 거리가 다음의 기준을 초과하는 경우에는 그 기준 이하가 되도록 비상콘센트를 추가하여 설치할 것   1000

(2) 비상콘센트 설치 수평거리

구분	수평거리
• 지하상가 • 지하층 바닥면적 합계가 3000 [m²] 이상	수평거리 *☐ [m] 이내마다 설치
• 기타	수평거리 *☐ [m] 이내마다 설치

9 전원부와 외함 사이의 절연저항

500 [V] 절연저항계로 측정할 때 *☐ [MΩ] 이상일 것

10 전원부와 외함 사이의 절연내력

(1) 정격전압 150 [V] 이하 : 1000 [V]의 실효전압
(2) 정격전압 150 [V] 이상 : (정격전압 × *☐) + 1000 [V] = 실효전압
(3) 실효전압시험에서 *☐분 이상 견디는 것으로 할 것

11 비상콘센트 보호함

(1) 보호함에는 쉽게 개폐할 수 있는 문을 설치할 것
(2) 보호함 표면에 "비상콘센트"라고 표시한 표지를 할 것
(3) 보호함 상부에 적색의 표시등을 설치할 것(비상콘센트의 보호함을 옥내소화전함 등과 접속하여 설치하는 경우에는 옥내소화전함 등의 표시등과 겸용 가능)

📖 25

📖 50

📖 20

📖 2
📖 1

CHAPTER 09 무선통신보조설비

1 무선통신보조설비 정의

(1) 누설동축케이블 : 동축케이블의 외부도체에 가느다란 홈을 만들어서 전파가 외부로 새어나갈 수 있도록 한 케이블
(2) *[　　]: 신호의 전송로가 분기되는 장소에 설치하는 것으로 임피던스 매칭과 신호 균등분배를 위해 사용하는 장치 ─○ 분배기
(3) 분파기 : 서로 다른 주파수의 합성된 신호를 분리하기 위해 사용하는 장치
(4) 혼합기 : 두 개 이상의 입력신호를 원하는 비율로 조합한 출력 발생
(5) *[　　]: 신호전송 시 신호가 약해져 수신이 불가능해지는 것 방지하기 위해 증폭 ─○ 증폭기
(6) *[　　　]: 안테나를 통하여 수신된 무전기 신호를 증폭한 후 음영지역에 재방사하여 무전기 상호 간 송수신이 가능하도록 하는 장치 ─○ 무선중계기
(7) 옥외안테나 : 감시제어반 등에 설치된 무선중계기의 입력과 출력포트에 연결되어 송수신 신호를 원활하게 방사·수신하기 위해 옥외에 설치하는 장치

2 무선통신보조설비 설치대상

설치대상	기준
30층 이상 특정소방대상물	16층 이상 부분의 모든 층
• 지하층의 바닥면적 합계가 3000 [m²] 이상인 것 • 지하층 층수가 3층 이상이고 지하층의 바닥면적 합계가 1000 [m²] 이상인 것	지하층 전 층
터널	길이 *[　] [m] 이상 ─○ 500
지하상가	연면적 *[　] [m²] 이상 ─○ 1000
공동구	–

※ 무선통신보조설비 설치 제외
　(1) 지하층으로서 특정소방대상물의 바닥부분 *[　]면 이상이 지표면과 동일한 층 ─○ 2
　(2) 지하층으로서 지표면으로부터의 깊이가 *[　] [m] 이하인 층 ─○ 1

3 누설동축케이블 설치 기준

(1) 소방전용주파수대에서 전파의 전송 또는 복사에 적합한 것으로서 소방전용의 것으로 할 것, 다만 소방대 상호 간의 무선연락에 지장 없는 경우에는 다른 용도와 겸용 가능함

(2) 누설동축케이블과 이에 접속하는 안테나 또는 동축케이블과 이에 접속하는 안테나에 따른 것으로 할 것

(3) 누설동축케이블은 불연 또는 난연성의 것으로서 습기에 따라 전기의 특성이 변질되지 아니하는 것으로 하고, 노출하여 설치한 경우에는 피난 및 통행에 장애가 없도록 할 것

(4) 누설동축케이블은 화재에 따라 해당 케이블의 피복이 소실된 경우에 케이블 본체가 떨어지지 아니하도록 *☐ [m] 이내마다 금속제 또는 자기제 등의 지지금구로 벽·천장·기둥 등에 견고하게 고정시킬 것, 다만 불연 재료로 구획된 반자 안에 설치하는 경우에는 그러하지 않음
  - ☞ 4

(5) 누설동축케이블 및 안테나는 금속판 등에 따라 전파의 복사 또는 특성이 현저하게 저하되지 아니하는 위치에 설치할 것

(6) 누설동축케이블 및 안테나는 고압의 전로로부터 *☐ [m] 이상 떨어진 위치에 설치할 것, 다만 해당 전로에 정전기 차폐장치를 유효하게 설치한 경우에는 그러하지 않음
  - ☞ 1.5

(7) 누설동축케이블의 끝부분에는 *[무반사 종단저항]을 견고하게 설치할 것
  - ☞ 무반사 종단저항

(8) 누설동축케이블 또는 동축케이블의 임피던스는 *☐ [Ω]으로 하고, 이에 접속하는 안테나·분배기 기타의 장치는 해당 임피던스에 적합한 것으로 하여야 함
  - ☞ 50

4 옥외 안테나 설치기준

(1) 건축물, 지하가, 터널 또는 공동구의 출입구(「건축법 시행령」제39조에 따른 출구 또는 이와 유사한 출입구를 말한다) 및 출입구 인근에서 통신이 가능한 장소에 설치할 것

(2) 다른 용도로 사용되는 안테나로 인한 통신장애가 발생하지 않도록 설치할 것

(3) 옥외안테나는 견고하게 설치하며 파손의 우려가 없는 곳에 설치하고 그 가까운 곳의 보기 쉬운 곳에 "무선통신보조설비 안테나"라는 표시와 함께 통신 가능거리를 표시한 표지를 설치할 것

(4) 수신기가 설치된 장소 등 사람이 상시 근무하는 장소에는 옥외 안테나의 위치가 모두 표시된 옥외안테나 *[위치 표시도]를 비치할 것
  - ☞ 위치 표시도

5 분배기·분파기·혼합기 설치기준

(1) 먼지·습기 및 부식 등에 따라 기능에 이상을 가져오지 아니하도록 할 것
(2) 임피던스는 *☐[Ω]의 것으로 할 것 — 50
(3) 점검에 편리하고 화재 등의 재해로 인한 피해의 우려가 없는 장소에 설치할 것

6 증폭기 등 설치기준

(1) 전원은 전기가 정상적으로 공급되는 축전지, 전기저장장치 또는 교류전압 옥내간선으로 하고, 전원까지의 배선은 전용으로 할 것
(2) 증폭기의 전면에는 주회로의 전원이 정상인지의 여부를 표시할 수 있는 표시등 및 전압계를 설치할 것
(3) 증폭기에는 비상전원이 부착된 것으로 하고 해당 비상전원 용량은 무선통신보조설비를 유효하게 *☐분 이상 작동시킬 수 있는 것으로 할 것 — 30

7 무선통신보조설비 설치 제외

지하층으로서 특정소방대상물의 바닥부분 2면 이상이 지표면과 동일하거나 지표면으로부터의 깊이가 *☐[m] 이하인 경우에는 해당 층에 한하여 무선통신보조설비를 설치하지 않을 수 있음 — 1

CHAPTER 10 비상전원수전설비

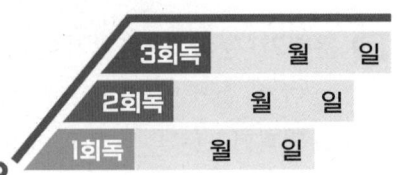

1 비상전원수전설비 정의

(1) "과전류차단기"란 「전기설비기술기준의 판단기준」 제38조와 제39조에 따른 것을 말한다.
(2) "방화구획형"이란 수전설비를 다른 부분과 건축법상 방화구획을 하여 화재 시 이를 보호하도록 조치하는 방식을 말한다.
(3) "변전설비"란 전력용변압기 및 그 부속장치를 말한다.
(4) "▢▢▢▢▢"이란 전력생산시설 등으로부터 직접 전력을 공급받아 분전반에 전력을 공급해주는 것으로서 다음의 배전반을 말한다.
  (4)-1 "▢▢▢▢▢"이란 소방회로 및 일반회로 겸용의 것으로서 개폐기, 과전류차단기, 계기와 그 밖의 배선용기기 및 배선을 금속제 외함에 수납한 것을 말한다.
  (4)-2 "전용배전반"이란 소방회로 전용의 것으로서 개폐기, 과전류차단기, 계기와 그 밖의 배선용기기 및 배선을 금속제 외함에 수납한 것을 말한다.
(5) "분전반"이란 배전반으로부터 전력을 공급받아 부하에 전력을 공급해주는 것으로서 다음의 배전반을 말한다.
  (5)-1 "공용분전반"이란 소방회로 및 일반회로 겸용의 것으로서 분기 개폐기, 분기과전류차단기와 그 밖의 배선용기기 및 배선을 금속제 외함에 수납한 것을 말한다.
  (5)-2 "전용분전반"이란 소방회로 전용의 것으로서 분기 개폐기, 분기과전류차단기와 그 밖의 배선용기기 및 배선을 금속제 외함에 수납한 것을 말한다.
(6) "비상전원수전설비"란 화재 시 상용전원이 공급되는 시점까지만 비상전원으로 적용이 가능한 설비로서 상용전원의 안전성과 내화성능을 향상시킨 설비를 말한다.
(7) "소방회로"란 소방부하에 전원을 공급하는 전기회로를 말한다.
(8) "▢▢▢▢▢"란 전력수급용 계기용변성기·주차단장치 및 그 부속기기를 말한다.
(9) "옥외개방형"이란 건물의 옥외 또는 건물의 옥상에 울타리를 설치하고 그 내부에 수전설비를 설치하는 방식을 말한다.

⑩ "인입개폐기"란 「전기설비기술기준의 판단기준」 제169조에 따른 것을 말한다.
⑪ "인입구배선"이란 인입선의 연결점으로부터 특정소방대상물 내에 시설하는 인입개폐기에 이르는 배선을 말한다.
⑫ "*[ ]*"이란 「전기설비기술기준」 제3조 제1항 제9호에 따른 것을 말한다. ─○ 🔑 인입선
⑬ "일반회로"란 소방회로 이외의 전기회로를 말한다.
⑭ "전기사업자"란 「전기사업법」 제2조 제2호에 따른 자를 말한다.
⑮ "큐비클형"이란 수전설비를 큐비클 내에 수납하여 설치하는 방식으로서 다음의 형식을 말한다.
  ⑮-1 "공용큐비클식"이란 소방회로 및 일반회로 겸용의 것으로서 수전설비, 변전설비와 그 밖의 기기 및 배선을 금속제 외함에 수납한 것을 말한다.
  ⑮-2 "전용큐비클식"이란 소방회로용의 것으로 수전설비, 변전설비와 그 밖의 기기 및 배선을 금속제 외함에 수납한 것을 말한다.

2 *[   ]*으로 수전하는 경우 ─○ 🔑 특별고압 또는 고압
(1) 방화구획형
(2) 옥외개방형
(3) 큐비클형

3 큐비클형
(1) 전용큐비클 또는 공용큐비클식으로 설치할 것
(2) 외함은 두께 *[ ]*[mm] 이상의 강판과 이와 동등 이상의 강도와 내화 ─○ 🔑 2.3
  성능이 있는 것으로 제작하여야 하며, 개구부에는 60분+ 방화문 또는
  60분 방화문 또는 *[ ]*분 방화문을 설치할 것 ─○ 🔑 30
(3) 옥외에 설치하는 것에 있어서는 아래의 표시등, 전선인입구·인출구, 환기장치에 해당하는 것은 외함에 노출하여 설치
(4) 외함은 건축물의 바닥 등에 견고하게 고정할 것
(5) 외함에 수납하는 수전설비, 변전설비 그 밖의 기기 및 배선은 외함 또는 프레임 등에 견고하게 고정할 것
(6) 전선 인입구 및 인출구에는 금속관 또는 금속제 가요전선관을 쉽게 접속할 수 있도록 할 것

4 저압으로 수전하는 경우

(1) 전용배전반(1·2종)
(2) 전용분전반(1·2종)
(3) 공용분전반(1·2종)

5 약호 및 명칭

약호	명칭
*☐ (CB)	전력차단기
PF	전력퓨즈(고압 또는 특별고압용)
F	*☐ (퓨즈(저압용))
Tr	*☐ (전력용 변압기)
S	저압용개폐기 및 과전류차단기

6 절연저항 정리

설비명	측정위치	측정계기	절연저항
자동화재 탐지설비	• 감지기회로 및 부속회로 전로 • 대지 사이 및 배선상호 간	직류 250 [V] 절연저항 측정기	*☐ [MΩ] 이상 (0.1)
자동화재 속보설비, 가스누설 경보기	절연된 충전부와 외함	직류 500 [V] 절연저항 측정기	*☐ [MΩ] 이상 (5)
	• 교류입력 측과 외함 • 절연된 선로 간	직류 500 [V] 절연저항 측정기	20 [MΩ] 이상
비상경보설비	• 감지기회로 및 부속회로 전로 • 대지 사이 및 배선상호 간	직류 250 [V] 절연저항 측정기	0.1 [MΩ] 이상
	절연된 충전부와 외함	직류 500 [V] 절연저항 측정기	5 [MΩ] 이상
	• 교류입력 측과 외함 • 절연된 선로 간	직류 500 [V] 절연저항 측정기	*☐ [MΩ] 이상 (20)
비상방송설비	• 감지기회로 및 부속회로 전로 • 대지 사이 및 배선상호 간	직류 250 [V] 절연저항 측정기	*☐ [MΩ] 이상 (0.1)

설비명	측정위치	측정계기	절연저항
누전경보기	[변류기] • 절연된 1차권선과 2차권선 • 절연된 1차권선과 외부금속부 • 절연된 2차권선과 외부금속부	직류 500 [V] 절연저항측정기	5 [MΩ] 이상
	[수신기] • 절연된 충전부와 외함 간 및 차단기구의 개폐부 • 열린 상태에서는 같은 극의 전원단자와 부하 측 단자와의 사이 • 닫힌 상태에서는 충전부와 손잡이 사이	직류 500 [V] 절연저항측정기	5 [MΩ] 이상
유도등	• 교류입력 측과 외함 • 교류입력 측과 충전부 사이 • 절연된 충전부와 외함 사이	직류 500 [V] 절연저항측정기	*☐ [MΩ] 이상
비상조명등	• 교류입력 측과 외함 • 교류입력 측과 충전부 사이 • 절연된 충전부와 외함 사이	직류 500 [V] 절연저항측정기	*☐ [MΩ] 이상
비상콘센트	절연된 충전부와 외함	직류 500 [V] 절연저항측정기	20 [MΩ] 이상

PART 03 중요빈출지문

PART 01　소방전기일반

PART 02　소방전기시설의 구조 및 원리

PART 01 소방전기일반

Chapter 01 • 직류회로

☑☐☐ 저항은 도체의 단면적에 반비례한다.
$$R = \rho\frac{l}{A} = \rho\frac{l}{\pi r^2} = \rho\frac{l}{\pi\left(\dfrac{D}{2}\right)^2} = \rho\frac{l}{\dfrac{\pi D^2}{4}} = \rho\frac{4l}{\pi D^2}$$

☑☐☐ 저항체는 내열성과 내식성을 가져야 한다.

☑☐☐ 전류의 측정범위를 확대하기 위해 전류계와 병렬로 분류기를 접속한다.

☑☐☐ 배율기 배율을 구하는 공식은 $m = 1 + \dfrac{R_m}{r_V}$ 이다.

☑☐☐ 전력량은 전력에 시간을 곱해서 구한다.
$$W = P \cdot t\,[W \cdot \sec = J] = VIt = I^2Rt = \frac{V^2}{R}t$$

☑☐☐ 저항체의 구비조건 중 하나는 고유저항이 커야 하는 것이다.

☑☐☐ 휘스톤 브리지는 저항 측정 시 이용되며 브리지의 평형조건이 성립되면 검류계에는 전류가 흐르지 않는다.

☑☐☐ 전력은 단위 시간당 소비되는 에너지 비율이다.

☑☐☐ 1 [kWh]는 860 [kcal]이다.

☑☐☐ 키르히호프 제1법칙은 전류에 관한 법칙이다. $\sum I = 0$

☑☐☐ 연(납) 축전지의 공칭전압값은 2 [V/cell]이다.

☑☐☐ 알칼리 축전지의 공칭용량은 5 [Ah]이다.

☑☐☐ 전지의 자기방전을 보충함과 동시에 상용부하에 대한 전력공급은 충전기가 부담하도록 하되, 충전기가 부담하기 어려운 일시적인 대전류 부하는 축전지로 하여금 부담하게 하는 충전방식은 부동 충전방식이다.

☑☐☐ 축전지 용량을 구하는 공식은 $C = \dfrac{1}{L} KI \, [\mathrm{Ah}]$이다.

☑☐☐ 키르히호프 제2법칙은 기전력의 합 = 전압강하의 합과 같다는 법칙이다.

☑☐☐ 줄의 법칙은 저항체를 가진 도선에 전류를 흘리면 도선에서 열이 발생하는 현상을 나타내는 법칙이며, 그 수식은 $H = I^2 R t \, [J] = 0.24 I^2 R t \, [cal]$이다.

☑☐☐ 충전기 2차 전류를 구하는 공식은
$\dfrac{축전지정격용량[Ah]}{축전지공칭용량[h]} + \dfrac{상시부하용량[VA]}{표준전압[V]}$ 이다.

Chapter 02 · 정전계와 콘덴서

☑☐☐ 같은 종류의 전하 사이에는 반발력이 작용한다.

☑☐☐ 임의의 공간 내에서 두 점전하 Q_1, Q_2 사이에 작용하는 힘은 두 전하량의 곱에 비례하고, 거리의 제곱에 반비례한다.
$$F = \dfrac{1}{4\pi r^2} \times \dfrac{Q_1 Q_2}{\varepsilon} \, [N] = 9 \times 10^9 \times \dfrac{Q_1 Q_2}{r^2} \, [N]$$

☑☐☐ 전기력선은 그 자신만으로 폐곡선이 되지 않는다.

☑☐☐ 전위와 전기장과의 관계는 $V = E \cdot r$이다.

☑☐☐ 콘덴서를 병렬로 접속하였을 때 합성정전용량은 $C_0 = C_1 + C_2$로 구한다.

☑☐☐ 전기장의 세기를 구하는 공식은 $E = 9 \times 10^9 \times \dfrac{Q}{r^2} \, [V/m]$이다.

☑☐☐ 전위를 구하는 공식은 $V = 9 \times 10^9 \times \dfrac{Q}{r} \, [V]$이다.

☑☐☐ 콘덴서에 축적되는 전기에너지를 구하는 공식은 $W = \dfrac{1}{2} C V^2 \, [J]$ 이다.

Chapter 03 · 정자계와 전자유도

☑☐☐ 구리는 반자성체이다.

☑☐☐ 두 자극 m_1, m_2 사이에 작용하는 힘의 크기는 두 자극 세기의 곱에 비례한다.

☑☐☐ 자기력선은 그 자신만으로 폐곡선이 된다.

☑☐☐ 암페어의 주회적분 법칙은 전류와 자계와의 관계를 나타내는 법칙이며 그 수식은 $\oint H dl = N I$이다.

☑☐☐ 기자력 $F = NI$이다.

☑☐☐ 평행한 두 전선에서 두 전류방향이 같을 때는 흡인력이 작용한다.

☑☐☐ 환상코일에서의 자체 인덕턴스는 N²에 비례한다. $L = \dfrac{\mu A N^2}{l} \, [H]$

☑☐☐ 자기장의 세기를 구하는 공식은 $H = 6.33 \times 10^4 \times \dfrac{m}{r^2} \, [AT/m]$이다.

☑☐☐ 비투자율이 큰 물질일수록 자화의 세기가 크다.

☑☐☐ 무한장 직선전류에 의한 자장의 세기를 구하는 공식은 $H = \dfrac{I}{2\pi r}$이다.

Chapter 04 • 교류 기본회로

☑☐☐ 주기와 주파수는 반비례관계이다.

☑☐☐ 실횻값과 최댓값의 관계는 $V = \dfrac{V_m}{\sqrt{2}}$ 이다.

☑☐☐ 정현파의 파고율은 $\sqrt{2}$ 이다.

☑☐☐ 인덕턴스만의 회로에서 $X_L = 2\pi f L$ 이며, 전류는 전압보다 위상이 90° 뒤진다.

☑☐☐ 직렬공진은 역률이 1이다.

☑☐☐ 직렬공진의 임피던스는 최소이다.

☑☐☐ 공진주파수를 구하는 공식은 직렬공진과 병렬공진이 동일하며, $f_0 = \dfrac{1}{2\pi\sqrt{LC}}$ 이다.

☑☐☐ 각속도 $\omega = \dfrac{\theta}{t} = \dfrac{2\pi}{T} = 2\pi f \ [\text{rad/s}]$ 이다.

☑☐☐ 인덕턴스만의 회로는 전류의 위상이 전압보다 90° 뒤진다.

☑☐☐ 콘덴서만의 회로는 전류의 위상이 전압보다 90° 앞선다.

Chapter 05 · 교류전력 및 다상교류

☑□□ 유효전력은 부하에서 유효하게 사용되는 전력이며 단위는 [W]이다.

☑□□ 피상전력은 전원에 공급되는 전력이며, $P_a = \dfrac{P}{\cos\theta}$, $P_a = \sqrt{P^2 + P_r^2}$ 이다.

☑□□ 내부저항과 외부저항이 같을 때 최대전력을 전송한다.

☑□□ 전력용 콘덴서는 전압강하를 감소하기 위해 사용한다.

☑□□ Y결선은 상전류와 선전류가 같다.

☑□□ 델타결선은 상전류가 선전류의 $\dfrac{1}{\sqrt{3}}$ 배이다. $I_p = \dfrac{I_l}{\sqrt{3}}$

☑□□ V결선 시 변압기 1대의 이용률은 86.6 [%]이다.

☑□□ 3전류계법에 의해 전력을 측정하는 공식은 $P = \dfrac{r}{2}(I_3^2 - I_2^2 - I_1^2)\,[\text{W}]$ 이다.

☑□□ 피상전력은 전원에 공급되는 전력이다.

☑□□ V결선 시 변압기 1대의 출려깁는 57.7 [%]이다.

Chapter 06 • 전기계측 및 회로망

☑☐☐ 오차 백분율을 구하는 공식은 $\dfrac{M-T}{T}\times 100[\%]$ 이다.

☑☐☐ 배선의 절연저항 측정기는 메거이다.

☑☐☐ 중첩의 원리를 사용할 때 전압원은 단락시킨다.

☑☐☐ 노튼의 정리는 복잡한 회로망을 하나의 전류원으로 나타낸다.

☑☐☐ 밀만의 정리는 저항과 전원이 병렬로 연결된 회로의 단자전압을 구하는 정리이다.

☑☐☐ 2단자망 회로에서 영점은 분자가 0일 때이다.

☑☐☐ 간접측정은 측정하고자 하는 양과 일정한 관계가 있는 다른 종류의 양을 각각 직접 측정하여 그 결과로부터 계산에 의해 측정량의 값을 결정하는 방법이다.

☑☐☐ 지시계기의 구성요소는 구동장치, 제어장치, 제동장치, 표시장치이다.

☑☐☐ 배선의 절연저항 측정을 위해 사용하는 측정기는 메거이다.

☑☐☐ 축전지의 내부저항, 전해액 저항 측정을 위해 사용하는 측정기는 코올라우쉬 브뤼지이다.

Chapter 07 • 비정현파 교류와 과도현상 및 라플라스 변환

☑☐☐ 파고율은 최댓값을 실횻값으로 나누어서 구한다.

☑☐☐ 시정수란 정상 상태의 63.2 [%]에 도달하는 데 걸리는 시간이다.

☑☐☐ R-L-C 직렬회로에서 $R > 2\sqrt{\dfrac{L}{C}}$ 인 상태는 과제동이다.

☑☐☐ R-L-C 직렬회로에서 $R = 2\sqrt{\dfrac{L}{C}}$ 인 상태는 비진동이다.

☑☐☐ 정현파 함수를 라플라스 변환하면 $\dfrac{\omega}{s^2 + \omega^2}$ 이다.

☑☐☐ 비정현파교류란 주파수가 다른 다수의 정현파가 합성된 것으로서 직류분과 고조파 기본파의 합으로 표현한다.

☑☐☐ 파형률은 실횻값을 평균값으로 나누어서 구한다.

☑☐☐ 시정수가 클수록 과도현상은 오래 지속되며, 천천히 사라진다.

☑☐☐ 여현파함수를 라플라스변환하면 $\dfrac{s}{s^2 + \omega^2}$ 이다.

Chapter 08 · 제어회로

☑☐☐ 정치제어는 목푯값이 일정한 제어이다.

☑☐☐ 프로세스제어는 온도, 압력, 유량, 농도 등을 제어한다.

☑☐☐ 적분제어는 잔류편차가 개선된다.

☑☐☐ 노즐플래퍼는 변위를 압력으로 변환한다.

☑☐☐ 제어요소는 동작신호를 조작량으로 변환시키는 요소이다.

☑☐☐ 시퀀스제어는 미리 정해진 순서에 따라 제어의 각 단계를 순차적으로 진행해 나가는 제어이다.

☑☐☐ 한시동작 순시복귀타이머는 동작시간이 늦게 되는 타이머이다.

☑☐☐ 입력신호 중 한 개라도 1이면 출력이 나오는 회로가 OR회로이다.

☑☐☐ 서보 전동기는 전기식 조작용 기기이다.

☑☐☐ 피드백제어는 정확성이 증가한다

☑☐☐ 상호 관련 있는 기기의 동작을 서로 구속하여 회로기기 보호와 조작자의 안전이 목적인 회로는 인터록회로이다.

Chapter 09 · 전자회로 및 정류회로

☑☐☐ 진성반도체에 5가 원소를 추가한 반도체는 N형 반도체이다.

☑☐☐ 제너다이오드는 주로 정전압 전원회로에 사용한다.

☑☐☐ 다이오드를 직렬로 연결하면 과전압으로부터 보호할 수 있다.

☑☐☐ 다이악은 쌍방향 2단자이다.

☑☐☐ 서미스터는 온도보상용, 온도보정용 반도체이다.

☑☐☐ 단상 반파 정류 시 맥동주파수는 f이다.

☑☐☐ 3상 반파 정류 시 맥동주파수는 3f이다.

☑☐☐ 포토다이오드는 빛을 쬐면 광량에 비례하는 전류가 흐르는 용도이다.

☑☐☐ 다이오드 1개를 사용하여 단상 반파 정류시켰을 때의 직류전압은 0.45 [V]이다.

☑☐☐ 단상 전파 정류시켰을 때의 맥동주파수는 2f로 구한다.

Chapter 10 · 전기기계 및 전기법규

☑☐☐ 변압기의 권수비는 회전수와는 비례하고 전류와는 반비례한다.

☑☐☐ 변압기 효율은 $\eta = \dfrac{출력}{입력} \times 100[\%]$으로 구한다.

☑☐☐ 유도전동기의 동기속도는 슬립을 고려하지 않는다. $N_s = \dfrac{120f}{P}[rpm]$

☑☐☐ 단상유도전동기의 기동토크가 제일 큰 것은 반발기동형이다.

☑☐☐ 단상 2선식의 전압강하 계산공식은 $e = \dfrac{35.6\,LI}{1,000\,A}$이다.

☑☐☐ 열동계전기는 전동기의 과부하 보호용으로 사용하는 계전기이다.

☑☐☐ 변압기의 내부고장 보호용으로 사용하는 계전기는 비율차동계전기이다.

☑☐☐ 3상 유도 전동기는 항상 동기속도와 회전자의 속도 사이에 차이가 생기게 되는데 이 차이와 동기속도와의 비를 슬립이라고 한다.

☑☐☐ 농형 유도전동기의 기동법은 전전압기동법, Y - △기동법, 리액터기동법, 기동보상기법, 콘도르파법이 있으며, 게르게스법은 권선형 유도전동기 기동법에 해당한다.

PART 02 소방전기시설의 구조 및 원리

Chapter 01 ・ 자동화재탐지설비

☑☐☐ 자동화재탐지설비의 수평적 경계구역은 한 변의 길이가 50 [m] 이하이며 면적은 600 [m²] 이하여야 한다.

☑☐☐ 수신기의 조작 스위치는 바닥으로부터의 높이가 0.8 [m] 이상 1.5 [m] 이하인 장소에 설치한다.

☑☐☐ 수신기 공통선시험에서 단선 표시의 회선수가 7회선 이하이어야 정상이다.

☑☐☐ 차동식 분포형 감지기 공기관의 노출부분은 20 [m] 이상 100 [m] 이하이다.

☑☐☐ 정온식 감지선형 감지기의 굴곡반경은 5 [cm] 이상으로 한다.

☑☐☐ 스포트형 감지기는 45도 이상 경사되지 않도록 부착한다.

☑☐☐ 광전식 분리형 연기감지기의 광축은 나란한 벽으로부터 0.6 [m] 이상 이격설치한다.

☑☐☐ 발신기의 위치표시등은 부착면부터 15° 이상의 범위 안, 부착지점부터 10 [m] 이내 어느 곳에서도 쉽게 식별할 수 있는 적색등이다.

☑☐☐ 지구음향장치의 음량은 부착된 음향장치 중심부터 1 [m] 떨어진 위치에서 90 [dB] 이상이어야 한다.

☑☐☐ 시각경보장치의 높이는 바닥으로부터 2 [m] 이상 2.5 [m] 이하인 장소에 설치한다.

Chapter 02 · 비상경보설비 및 단독경보형 감지기

☑☐☐ 비상경보설비의 발신기는 특정소방대상물의 층마다 설치하되, 해당 특정소방대상물의 각 부분으로부터 하나의 발신기까지의 수평거리가 25 [m] 이하가 되도록 설치한다.

☑☐☐ 단독경보형 감지기는 수용인원 100명 미만인 수련시설에 설치한다.

☑☐☐ 단독경보형 감지기는 각 실마다 설치하되, 바닥면적이 150 [m^2]를 초과하는 경우 150 [m^2]마다 1개 이상 설치한다.

☑☐☐ 단독경보형 감지기에 내장하는 음향장치는 정 위치에 부착된 음향장치 중심으로부터 1 [m] 떨어진 지점에서 85 [dB] 이상으로 10분 이상 계속하여 경보해야 한다.

☑☐☐ 건전지의 성능이 저하되어 건전지의 교체가 필요한 경우에는 음성안내를 포함한 음향 및 표시등에 의하여 72시간 이상 경보할 수 있어야 한다. 이 경우 음향경보는 1 [m] 떨어진 거리에서 70 [dB](음성안내 60 [dB]) 이상이어야 한다.

☑☐☐ 비상경보설비는 비상벨설비와 자동식 사이렌설비로 구분된다.

☑☐☐ 화재신호를 수신한 단독경보형감지기는 10초 이내에 경보를 발하여야 한다.

Chapter 03 • 비상방송설비

- ☑☐☐ 층수가 11층 이상인 특정소방대상물에는 전 층에 비상방송설비를 설치한다.

- ☑☐☐ 가변저항을 이용하여 전류를 변화시켜 음량을 크게 하거나 작게 조절할 수 있는 장치를 음량조절기라고 한다.

- ☑☐☐ 비상방송설비의 확성기는 음성입력이 실외 3 [W] 이상, 실내 1 [W] 이상이다.

- ☑☐☐ 음량조정기의 배선은 3선식으로 한다.

- ☑☐☐ 층수가 11층 이상인 특정소방대상물에는 우선경보를 한다.

- ☑☐☐ 기동장치에 따른 화재신고를 수신한 후 필요한 음량으로 화재 발생 상황 및 피난에 유효한 방송이 자동으로 개시될 때까지의 소요시간은 10초 이하로 한다.

- ☑☐☐ 비상방송설비의 구조 중 소리를 크게 하여 멀리까지 전달될 수 있도록 하는 장치로서, 일명 스피커를 말하는 기기는 확성기이다.

- ☑☐☐ 비상방송설비의 전원회로의 전로와 대지 사이 및 배선 상호 간의 절연저항은 1경계구역마다 직류 250 [V]의 절연저항측정기를 사용하여 측정한 절연저항값이 0.1 [MΩ] 이상이어야 한다.

Chapter 04 • 자동화재속보설비

☑☐☐ 전통시장에는 자동화재속보설비를 설치한다.

☑☐☐ 자동화재속보설비의 조작스위치는 바닥으로부터 0.8 [m] 이상 1.5 [m] 이하의 높이에 설치한다.

☑☐☐ 정격전압이 60 [V]를 넘는 기구의 금속제 외함에는 접지단자를 설치한다.

☑☐☐ 속보기의 표시등에 전구를 사용하는 경우에는 2개를 병렬로 설치하여야 한다.

☑☐☐ 작동신호를 수신하거나 수동으로 동작시키는 경우 20초 이내에 소방관서에 자동적으로 신호를 발하여 통보하되, 3회 이상 속보할 수 있어야 한다.

☑☐☐ 속보기의 예비전원은 감시상태를 60분간 지속한 후 10분 이상 동작이 지속될 수 있는 용량이어야 한다.

☑☐☐ 속보기는 연동 또는 수동 작동에 의한 다이얼링 후 소방관서와 전화접속이 이루어지지 않는 경우에는 최초 다이얼링을 포함하여 10회 이상 반복적으로 접속을 위한 다이얼링이 이루어져야 한다. 이 경우 매회 다이얼링 완료 후 호출은 30초 이상 지속되어야 한다.

☑☐☐ 속보기의 외함 두께는 강판일 경우 1.2 [mm] 이상이어야 한다.

Chapter 05 • 가스누설경보기 및 누전경보기

☑□□ 단독형 경보기는 가스연소기의 중심으로부터 직선거리 8 [m](공기보다 무거운 가스를 사용하는 경우에는 4 [m]) 이내에 1개 이상 설치하여야 한다.

☑□□ 가스누설경보기는 용도에 따라서 단독형은 가정용, 분리형은 영업용, 공업용으로 구분한다.

☑□□ 가스누설경보기는 수신개시부터 가스누설표시까지 소요시간은 60초 이내이어야 한다.

☑□□ 누전경보기에서 경계전로의 누설전류를 자동적으로 검출하여 이를 누전경보기의 수신부에 송신하는 것은 변류기이다.

☑□□ 누전경보기의 각 극에 개폐기 및 15 [A] 이하의 과전류차단기(배선용 차단기는 20 [A] 이하)를 설치한다.

☑□□ 누전경보기의 공칭작동전류치는 200 [mA] 이하이어야 한다.

☑□□ 누전경보기의 감도조정장치는 최대 1 [A]이다.

☑□□ 누전경보기의 음향장치는 중심으로부터 1 [m] 위치한 곳에서 70 [dB] 이상이어야 한다.

☑□□ 공기보다 무거운 가스의 가스누설경보기 탐지부는 바닥으로부터 탐지부 상단까지 0.3 [m] 이하로 설치하여야 한다.

Chapter 06 • 피난구조설비

☑☐☐ 피난구유도등은 녹색 바탕에 백색문자이다.

☑☐☐ 복도통로유도등은 보행거리 20 [m]마다 설치한다.

☑☐☐ 거실통로유도등은 바닥으로부터 높이 1.5 [m] 이상의 위치에 설치한다.

☑☐☐ 대각선의 길이가 15 [m] 이내인 구획된 실의 출입구에는 피난구유도등을 설치하지 않을 수 있다.

☑☐☐ 통로유도표지는 바닥으로부터 높이 1 [m] 이하인 위치에 설치한다.

☑☐☐ 광원점등방식의 피난유도선의 피난유도 표시부는 바닥으로부터 높이 1 [m] 이하의 위치 또는 바닥면에 설치한다.

☑☐☐ 축광방식의 피난유도 표시부는 0.5 [m] 이내의 간격으로 연속되도록 설치한다.

☑☐☐ 피난유도 제어부는 조작 및 관리가 용이하도록 바닥으로부터 0.8 [m] 이상 1.5 [m] 이하의 위치에 설치한다.

☑☐☐ 공연장에 설치하는 유도등은 대형피난구유도등, 통로유도등, 객석유도등이다.

☑☐☐ 객석유도등의 설치개수를 구하는 식은
설치개수 $= \dfrac{\text{객석의 통로의 직선부분의 길이}(m)}{4} - 1$ 이다.

Chapter 07 • 비상조명등

☑☐☐ 지하상가, 지하역사에는 보행거리 25 [m] 이내마다 휴대용 비상조명등을 3개 이상 설치한다.

☑☐☐ 비상조명등의 비상전원은 20분 이상 유효하게 작동시킬 수 있는 용량으로 한다.

☑☐☐ 다만 지하층을 제외한 층수가 11층 이상의 층에 있어서는 60분 이상 유효하게 작동시킬 수 있는 용량으로 한다.

☑☐☐ 휴대용 비상조명등은 바닥으로부터 0.8 [m] 이상 1.5 [m] 이하의 높이에 설치한다.

☑☐☐ 비상조명등은 전선의 굵기가 인출선인 경우 단면적이 0.75 [mm^2] 이상이어야 한다.

☑☐☐ 숙박시설 또는 다중이용업소에는 객실 또는 영업장안의 구획된 실마다 잘 보이는 곳에 휴대용 비상조명등을 1개 이상 설치한다. 이때, 휴대용 비상조명등을 외부 설치 시 출입문 손잡이로부터 1 [m] 이내 부분에 설치한다.

☑☐☐ 거실의 각 부분으로부터 하나의 출입구에 이르는 보행거리가 15 [m] 이내인 부분은 비상조명등을 설치하지 않을 수 있다.

Chapter 08 • 비상콘센트설비

☑☐☐ 층수가 11층 이상인 특정소방대상물에는 11층 이상인 층에 비상콘센트설비를 설치한다.

☑☐☐ 비상전원 설치면제 기준은 2 이상의 변전소에서 전력을 동시에 공급받을 수 있도록 상용전원을 설치한 경우다.

☑☐☐ 비상콘센트설비의 전원회로는 단상교류 220 [V]이다.

☑☐☐ 비상콘센트설비의 공급용량은 1.5 [kVA] 이상이다.

☑☐☐ 하나의 전용회로에 설치하는 비상콘센트는 10개 이하로 한다.

☑☐☐ 비상콘센트는 접지형 2극 플러그접속기를 사용한다.

☑☐☐ 비상콘센트의 보호함 상부에는 적색의 표시등을 설치한다.

☑☐☐ 비상콘센트설비의 표시등은 주위의 밝기가 300 [lx] 이상인 장소에서 측정하여 앞면으로부터 3 [m] 떨어진 곳에서 켜진 등이 확실히 식별되어야 한다.

☑☐☐ 전원으로부터 각 층의 비상콘센트에 분기되는 경우에는 분기배선용 차단기를 보호함 안에 설치한다.

Chapter 09 · 무선통신보조설비

☑☐☐ 서로 다른 주파수의 합성된 신호를 분리하기 위해 사용하는 장치는 분파기이다.

☑☐☐ 30층 이상인 특정소방대상물의 16층 이상인 층에 무선통신보조설비를 설치한다.

☑☐☐ 누설동축케이블은 화재에 따라 해당 케이블의 피복이 소실된 경우에 케이블 본체가 떨어지지 아니하도록 4 [m] 이내마다 금속제 또는 자기제 등의 지지금구로 벽·천장·기둥 등에 견고하게 고정한다.

☑☐☐ 누설동축케이블 및 안테나는 고압의 전로로부터 1.5 [m] 이상 떨어진 위치에 설치한다.

☑☐☐ 누설동축케이블의 끝부분에는 무반사 종단저항을 견고하게 설치한다.

☑☐☐ 누설동축케이블의 임피던스는 50 [Ω]으로 한다.

☑☐☐ 증폭기에는 비상전원이 부착된 것으로 하고 해당 비상전원 용량은 무선통신보조설비를 유효하게 30분 이상 작동시킬 수 있는 것으로 한다.

☑☐☐ 옥외안테나는 견고하게 설치하며 파손의 우려가 없는 곳에 설치하고 그 가까운 곳의 보기 쉬운 곳에 "무선통신보조설비 안테나"라는 표시와 함께 통신 가능거리를 표시한 표지를 설치한다.

Chapter 10 • 비상전원수전설비

☑☐☐ 공용배전반이란 소방회로 및 일반회로 겸용의 것으로서 개폐기, 과전류차단기, 계기와 그 밖의 배선용 기기 및 배선을 금속제 외함에 수납한 것을 말한다.

☑☐☐ 전용큐비클식이란 소방회로용의 것으로 수전설비, 변전설비와 그 밖의 기기 및 배선을 금속제 외함에 수납한 것을 말한다.

☑☐☐ 소방회로배선은 일반회로배선과 불연성 벽으로 구획한다. 다만 소방회로배선과 일반회로배선을 15 [cm] 이상 떨어져 설치한 경우는 그러하지 않는다.

☑☐☐ CB는 전력차단기의 약호다.

☑☐☐ 유도등의 교류입력 측과 외함 사이의 절연저항은 5 [MΩ] 이상이다.

☑☐☐ 배전반이란 전력생산시설 등으로부터 직접 전력을 공급받아 분전반에 전력을 공급해주는 것이다.

☑☐☐ 큐비클형의 외함의 두께는 2.3 [mm] 이상의 강판과 이와 동등 이상의 강도와 내화성능이 있는 것으로 제작하여야 하며, 개구부에는 60분+방화문 또는 60분 방화문 또는 30분 방화문을 설치한다.

Chapter 11 · 화재알림설비, 기타 화재안전성능기준, 기타 화재안전기술기준

☑☐☐ 화재알림형 감지기의 음압은 부착된 화재알림형 감지기의 중심으로부터 1 [m] 떨어진 위치에서 85 [dB] 이상으로 해야 한다.

☑☐☐ 도로터널의 화재안전기술기준상에 의해 자동화재탐지설비의 하나의 경계구역 길이는 100 [m] 이하로 해야 한다.

☑☐☐ 지하구의 화재안전기술기준상에 의해 기존 지하구에 대한 특례에 따르면 특고압 케이블이 포설된 송·배전 전용의 지하구(공동구를 제외한다)에는 온도 확인 기능 없이 최대 700 [m]의 경계구역을 설정하여 발화지점(1 [m] 단위)을 확인할 수 있는 감지기를 설치할 수 있다.

☑☐☐ 화재알림형 비상경보장치는 층수가 11층 이상의 특정소방대상물일 때 발화층에 따라 경보하는 층을 달리하여 경보를 발할 수 있도록 한다.

☑☐☐ 창고시설의 화재안전성능기준에 의해 확성기의 음성입력은 실내 3 [W] 이상이다.

☑☐☐ 공동주택의 화재안전성능기준에 의해 아파트등의 경우 실내에 설치하는 확성기 음성입력은 2 [W] 이상이다.

초격차 Self Study-Plan

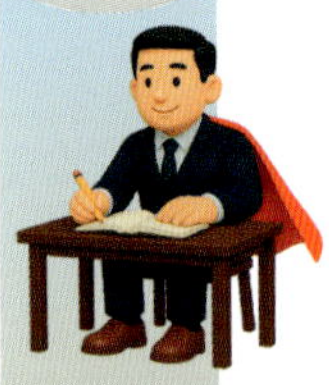

1 회독   익힘학습

☐☐ 일 완성

| 날짜 | 학습목표 / 학습내용 |

☑ ☐☐ ~ ☐☐
☐ ☐☐ ~ ☐☐
☐ ☐☐ ~ ☐☐
☐ ☐☐ ~ ☐☐
☐ ☐☐ ~ ☐☐

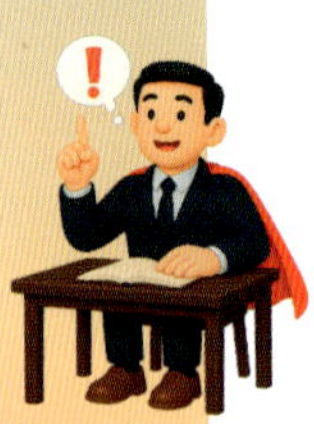

2 회독   점검학습

☐☐ 일 완성

| 날짜 | 학습목표 / 학습내용 |

☑ ☐☐ ~ ☐☐
☐ ☐☐ ~ ☐☐
☐ ☐☐ ~ ☐☐
☐ ☐☐ ~ ☐☐
☐ ☐☐ ~ ☐☐

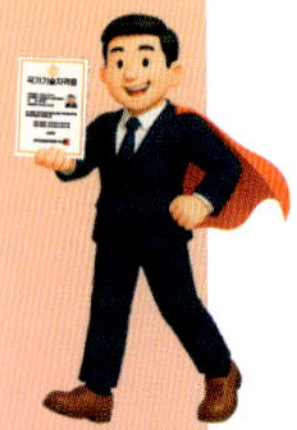

3 회독   마무리학습

☐☐ 일 완성

| 날짜 | 학습목표 / 학습내용 |

☑ ☐☐ ~ ☐☐
☐ ☐☐ ~ ☐☐
☐ ☐☐ ~ ☐☐
☐ ☐☐ ~ ☐☐
☐ ☐☐ ~ ☐☐

2026 초격차 시리즈

👉 결과로 증명하는, 초압축 전략 교재!

모아소방전기학원, 모아바(moa-ba.com),
전국 온/오프라인 서점에서 만나보실 수 있습니다.

소방설비기사

필기
- 소방설비기사 · 산업기사 [필기 공통]
- 소방설비기사 · 산업기사 [필기 기계]
- 소방설비기사 과년도 7개년 [필기 기계]
- 소방설비기사 · 산업기사 [필기 전기]
- 소방설비기사 과년도 7개년 [필기 전기]

실기
- 소방설비기사 · 산업기사 [실기 기계]
- 소방설비기사 과년도 7개년 [실기 기계]
- 소방설비기사 · 산업기사 [실기 전기]
- 소방설비기사 과년도 7개년 [실기 전기]

소방설비산업기사

필기
- 소방설비기사 · 산업기사 [필기 공통]
- 소방설비기사 · 산업기사 [필기 기계]
- 소방설비산업기사 과년도 7개년 [필기 기계]
- 소방설비기사 · 산업기사 [필기 전기]
- 소방설비산업기사 과년도 7개년 [필기 전기]

실기
- 소방설비기사 · 산업기사 [실기 기계]
- 소방설비산업기사 과년도 7개년 [실기 기계]
- 소방설비기사 · 산업기사 [실기 전기]
- 소방설비산업기사 과년도 7개년 [실기 전기]

여러분의 합격은

모아의 보람입니다.

MOAG